Die humanoide Herausforderung

Die humanoide Herausforderung

E. W. Udo Küppers

Die humanoide Herausforderung

Leben und Existenz in einer anthropozänen Zukunft

 Springer

E. W. Udo Küppers
Bremen, Deutschland

ISBN 978-3-658-17919-9   ISBN 978-3-658-17920-5 (eBook)
https://doi.org/10.1007/978-3-658-17920-5

Die Deutsche Nationalbibliothek verzeichnet diese Publikation in der Deutschen Nationalbibliografie; detaillierte bibliografische Daten sind im Internet über http://dnb.d-nb.de abrufbar.

Planung: Dr. Daniel Fröhlich
Lektorat: Tobias Hinrichs

Gedruckt auf säurefreiem und chlorfrei gebleichtem Papier.

Springer ist Teil von Springer Nature
Die eingetragene Gesellschaft ist Springer Fachmedien Wiesbaden GmbH
Die Anschrift der Gesellschaft ist: Abraham-Lincoln-Str. 46, 65189 Wiesbaden, Germany

*Gewidmet allen Kindern und Enkelkindern,
für einen besonnenen und überlegten Umgang mit der Natur,
in einer kommenden human-humanoiden Gesellschaft
großer Herausforderungen.*

Der Mai ist gekommen, die Bäume schlagen aus.
Da bleibe wer Lust hat, mit Sorgen zu Haus.
Wie die Wolken dort wandern am himmlischen Zelt,
so steht auch mir der Sinn in die weite, weite Welt.

Im Jahr 1841 schuf Emanuel Geibel das Gedicht zum Frühling, von dem die erste Strophe dieses Vorwort einleitet. Ein Jahr später wurde das Gedicht von Wilhelm Lyra vertont und noch ein Jahr später wurde es als Wanderlied populär.[1]

Bis in die 50er-Jahre des vergangenen Jahrhunderts hinein war das Singen von Volksliedern in *Volksschulen* und auch höheren Bildungseinrichtungen fester Bestandteil des Musikunterrichts. Das Singen von Volksliedern verkörperte und stärkte einen kulturellen Zusammenhalt. Es war eine zutiefst humane Angelegenheit. Jedes Kind, aber auch jeder Erwachsene sang nicht mechanisch den buchstabengetreuen Text. Die Melodie hatte

---

[1] http://www.lieder-archiv.de/der_mai_ist_gekommen-notenblatt_300063.html (Zugriff: 02.05.2016).

diesem noch einige zusätzliche schwungvolle Tonvariationen verpasst. So wurde zum Beispiel aus dem reinen Text der gesungene Text „[...] Wie die Wo*hol*ken dort wa*han*dern am *hi*himmli*hich*e*he*n Zelt [...]". Die Gefühle, die Menschen mit dem Singen des Liedes verbanden – vielleicht auch heute noch verbinden –, waren so zahlreich wie die Gesangssolisten. Die Ganzheitlichkeit des Wohlbefindens war beim Singen für Momente deutlich zu spüren; erst recht, wenn in natürlicher Umwelt, in sich selbst organisierenden Wäldern oder entlang arten- und blütenreicher Wiesen gesungen wurde – fern von alltäglichen Zwängen.

Der Schreibtisch im Arbeitszimmer ist so ein Zwang. Auf und neben dem Schreibtisch liegen Stapel von Büchern, Fachzeitschriften und kopierten Blättern aus Fachartikeln, handschriftliche Notizen, verteilt auf unzähligen kleinen farbigen Klebezetteln, auch einige DVDs (Digital Versatile Disk, also ein digitales vielseitiges optisches Speichermedium in Form einer Scheibe) mit Dokumentationen zu Buchkapiteln. Mit anderen Worten: Es herrscht ein konzentriertes Chaos mit kleinen Inseln von Ordnung darin.

Das Schreiben eines Buches ist unstreitig keine rein mechanische Angelegenheit. Man könnte sie aber zu einer machen! Schließlich haben Ingenieure, Mathematiker und Informatiker die Technik der Robotik relativ weit entwickelt. Die programmierten Algorithmen eines Schreibautomaten schöpfen aus dem künstlichen Gedächtnis eine Unzahl von Textbausteinen, die je nach Zielvorgabe in eine sinngebende Syntax übersetzt und niedergeschrieben bzw. ausgedruckt werden. Mit intelligenten Speichermedien, Big Data, künstlicher Intelligenz, künstlichen neuronalen Netze und anderen Techniken mehr könnten *Humanoide* (Menschenähnliche) die kompliziertesten Musikstücke, Gedichte, Romane oder Sachbuchtexte einschließlich damit verbundener Fotos und Grafiken im Handumdrehen aufs Papier bzw. auf den hochauflösenden „Retina-Bildschirm" zaubern.

Einige Fragen bleiben aber noch offen: Können derartige Humanoide auch die Gefühle, die Gedanken, die den Menschen bei seiner kreativen Arbeiten begleiten und die auf irgendeine Weise in die Ergebnisse seiner Arbeit einfließen, transportieren? Können Humanoide auch die hochkomplexen Umwelteinflüsse, in der sich die Menschen – nicht nur – während der Arbeitsphasen befinden und die einen nicht unerheblichen Einfluss auf die Menschen als ganzheitliche soziale Lebewesen ausüben, ebenso berücksichtigen? Zweifel sind durchaus angebracht. Das humane Bewusstsein will erst noch humanoid erobert werden.

Wer hat die folgende Situation nicht schon erlebt: Gefesselt an die Schreibtischarbeit – nahe am Thema – will sich auch über Stunden kein entscheidender Fortschritt einstellen. Ideen sind wie weggeblasen. Was tun? Die Erinnerung daran, dass neue Umgebungen neue Einflüsse auf uns Menschen ausüben, wie weiter oben angedeutet, lässt einen Umgebungswechsel sinnvoll erscheinen. Also: hinaus in die Natur, sich bewegen, mobil sein, weit weg von der eigentlichen Schreibtischarbeit, und hoffen, dadurch neue Anregungen für den stockenden Fortschritt des Buchschreibens zu bekommen.

Im nahegelegenen Bürgerpark, einem mit vielen verschiedenen Baumarten und Sträuchern angelegten Erholungsgebiet mitten in der Stadt, empfängt einen – besonders in den Morgenstunden – ein Konzert variantenreicher Vogelstimmen. Kohlmeisen trällern mit

Abb. V.1 Naturwiese

Buchfinken, Rotkehlchen und Zilpzalpen um die Wette. Junge Amseln scheinen noch keine Angst vor Menschen zu haben, die sich bis auf weniger als 1 m nähern. Das Laufen im artenreichen Park wird begleitet von angenehmen Gerüchen frisch gesägten Holzes. Gelegentlich kriechen kleine Nacktschnecken über den Weg, denen auszuweichen eine gewisse mäandrierende Flexibilität beim Laufen erfordert. Frühlingsregentropfen fallen hier und da von den Blättern der Bäume, man könnte sagen, fast gezielt zwischen Brillengläser und Augen. Die Wiesen duften und stehen in voller Blüte. An besonderen Stellen weisen Schilder auf das Nichtbetreten der Wiesen hin, weil sie als Futtergras für freilebende Rehe angelegt wurden (Abb. V.1).

In unregelmäßigen Zeitabständen kommen einem Läuferinnen und Läufer entgegen. Nicht wenige tragen weiße oder andersfarbige Ohrstöpsel, durch die – mit kleinen technischen *digitalen Wunderwerken* am Oberarm befestigt oder als „Handheld" im eigentlichen Sinne – Musik oder andere künstliche Geräusche das Ohrinnere beschallen. Der Laufstil bzw. die sich wiederholenden Bein- und Armbewegungen scheinen perfekt gleichmäßig zu sein. Fast könnte man auf den Gedanken kommen, dass Humanoide kaum bessere Bewegungsmuster perfekter Gleichmäßigkeit erzeugen können. Ziehen wir den *gesunden Menschenverstand* zu Rate, den es in unserer digitalisierenden Welt noch gerüchteweise zu geben scheint, dann ist es verblüffend, wie viele Menschen sich bereits als Vorboten fremdgesteuerter humanoider Existenzen verstehen. Mehr als vier Milliarden[2] von ins-

---

[2] http://www.statista.com/statistics/274774/forecast-of-mobile-phone-users-worldwide/ (Zugriff: 31.05.2016).

gesamt 7,35 Mrd.[3] Menschen sind gegenwärtig im Besitz eines *Mobile Phone*. Und der Trend zeigt nach oben.

Jedenfalls ist klar: Die unbeschreibliche Vielfalt der Eindrücke aus der Natur und Umwelt, die mit allen Sinnen berauschend aufgenommen werden können, wird von diesen Läuferinnen und Läufern bewusst völlig ausgeblendet. Aber es sind genau diese Einflüsse aus der belebten Natur – fern von der mechanischen Bucharbeit am Schreibtisch –, die unverhofft neue Ideen zum Vorschein bringen und zu neuen Gedankengängen für Texte und Grafiken führen, die in der Umgebung des Arbeitszimmers vermutlich kaum verarbeitet worden wären, und wenn doch, sicher erst mit mühevoller zeitlicher Verzögerung.

Aber auch der Aufenthalt in schönster Umgebung hat in unserem „zeitbeschleunigten" Dasein ein Ende. Die feuchtwarme Luft im Bürgerpark erzeugt kurz vor Ende der Laufstrecke eine durch Lichtstreuung sichtbare Nebelwand, durch die in der Ferne eine diffuse Sonne in den frühen Maitag strahlt. Die herunterfallenden Ketten von Regentropfen scheinen an Intensität zuzunehmen. Unmittelbar danach ertönt ein schrilles piepsendes Geräusch aus den Baumkronen, das sich fallend auf den Boden zubewegt und dort mit blinkenden Lichtern ankommt und verstummt. Der Gegenstand ähnelt einem braun gefiederten Singvogel – vielleicht ein Zaunkönig, der von einem Kuckuck aus dem Nest geworfen wurde? Aber was bedeuten die blinkenden Lichter? Bei näherer Untersuchung zeigt sich ein perfekt modellierter Zaunkönigkörper, mit kleinsten LEDs (Licht emittie-

Abb. V.2 Digitalwiese

---

[3] http://de.statista.com/statistik/daten/studie/1716/umfrage/entwicklung-der-weltbevoelkerung/ (Zugriff: 31.05.2016).

rende Dioden, stromführende elektrische Bauteile) und einem Gewirr von Verdrahtungen. Die Überraschung nach diesem Befund ist groß. Ein *Animaloid*? Eine künstliche Tierart in lebendiger biologischer Umgebung? Ein seltsamer Fund in der Natur! Bevor noch ausführlich darüber nachgedacht werden kann, verzieht sich der Nebel und eine große freiliegende Wiese breitet sich aus, an deren Rand wieder das bekannte Hinweisschild steht, diesmal mit einem Text – Abb. V.2 –, der überrascht.

Ist das ein Tagtraum? Oder spielt uns die Wahrnehmung einen Streich? War nicht vor kurzer Zeit noch alles biologisch und analog? Und nun erscheinen Umwelt und Natur als künstlich digitalisiert in einer täuschend realistischen Weise, so wie sie bisher unser Leben bestimmt?

Gottseidank löst sich diese Diffusion der Gedanken schnell auf und die wahre Realität ist wieder Herr des Geschehens. Der Weg zum Arbeitsplatz Schreibtisch nimmt einige neue Ideen mit in dieses Buch. Man kann sich noch auf sein bewährtes, über Jahrmillionen stetig weiterentwickeltes komplexes Gehirn verlassen – gelegentliche optische Täuschungen hin oder her. Die produktive Arbeit am Buch kann wieder aufgenommen werden – bis zum nächsten Waldlauf, fern vom eigentlichen Ort des Geschehens.

Mein besonderer Dank gilt dem Springer-Verlag der dieses Buch ermöglichte. Insbesondere aber danke ich Herrn Dr. Daniel Fröhlich im Springer Lektorat Energie- I Umwelttechnik und Herrn Tobias Hinrichs vom Lektorat T. Hinrichs. Mit beiden konnte die Zusammenarbeit nicht besser sein. Einen herzlichen Dank geht an meine Frau Christiane und meine Kinder Jan-Philipp und Bianca, für ihre vielen Ratschläge und praktischen Hilfen, die den Text des Buches bereichern. Insbesondere danke ich aber meiner Frau, die meine langen Tage und Nächte des Recherchierens und Schreibens tapfer ertrug und mich stets mit ihrer Gelassenheit und einer Tasse Kaffee aufmunterte.

Inhaltsverzeichnis

Sicher erinnern Sie sich noch an unbeschwerte, abwechslungsreiche Stunden bei Ihrem Spaziergang über ein Volksfest. Die Atmosphäre war bunt und schrill. Aus jeder Kirmesbude prasselte eine andere Musik in Ihre Ohren. Die Losbudenverkäufer hatte kaum mehr Stimme, sie überschlugen sich im Anbieten von Losen mit Sonderpreisen. Hier und da bleiben Sie stehen, um etwas zu essen, zu trinken oder Karussell zu fahren. Wild-West-Wasserrutschen und Achterbahnen haben es Ihnen angetan. Der Rausch der Geschwindigkeit, immer begleitet mit etwas Unsicherheit, macht den Reiz des Fahrens aus. Sie gehen in eines der großen Festzelte, in denen Musikkapellen bzw. Rock-Bands versuchen, sich gegenseitig in der Lautstärke zu übertreffen, sodass normale Gesprächslautstärke untergeht. Das Schlagen mit dem Hammer auf einen Metallstift (haut den Lukas) muss auch sein. Dabei saust – je nach Schlagstärke – eine Markierung an einem Brett senkrecht in die Höhe, um Ihnen mit lustigen Worten wie „Supermann" oder „Pantoffelheld" anzuzeigen, wie physisch stark oder schwach Sie doch eigentlich sind.

Es ist ein Volksfest, bei dem alle Ihre Sinne angesprochen werden. In keiner Sekunde Ihres Rundgangs verspüren Sie auch nur den Hauch von Langeweile oder Müdigkeit, obwohl Sie bereits etliche Kilometer gelaufen sind. Ihre Neugier treibt Sie immer weiter über den Platz, um Neues zu sehen, sich im Spiegelkabinett zu beweisen oder mit der Geisterbahn Gruseleffekte zu erleben, die Ihren ganzen Körper zittern lassen.

In gewisser Weise begeben Sie sich beim Lesen der folgenden Kapitel auch auf eine Art Reise über ein gesellschaftliches „Volksfest" – nur mit anderen Beteiligten. Menschen – Humane – und Menschenähnliche – Humanoide – sind die beiden Pole in einem Zeitalter zunehmender Unsicherheit und Ungewissheit. Menschen sind – trotz hinreichender Erkenntnisse – aktiv dabei, ihre eigene Lebensgrundlage zu zerstören. Das Zeitalter des *ANTHROPOZÄNs* sagt nichts anderes aus. Zwischen den beiden Polen Mensch und Humanoide (im erweiterten Sinn zählen zu Humanoiden sowohl menschenähnliche Schreitroboter als auch sich rollend fortbewegende Roboter in vager Menschengestalt) besteht ein komplexes Netzwerk aus Haupt- und Nebenverknüpfungen. Nur leiten diese Hauptwege Sie nicht von Karussell zum Karussell, sondern direkt oder indirekt zu techni-

© Springer Fachmedien Wiesbaden GmbH 2018

E. W. U. Küppers, *Die humanoide Herausforderung*,

https://doi.org/10.1007/978-3-658-17920-5_1

schen, wissenschaftlichen bzw. gesellschaftlichen Erkenntnissen, vorteilhaften Lösungen, Problemen, aber auch Ängsten und Befürchtungen. Innerhalb der Einzelkapitel werden Sie verführt, viele Nebenwege oder kleine Trampelpfade zu gehen, die zu überraschenden Erkenntnissen führen oder führen können.

So ähnlich, wie Sie mit allen Ihren Sinnen ein Volksfest wahrnehmen, so möchte ich Sie durch das Wegenetz von humanen und humanoiden Verknüpfungen führen. Nicht die Fokussierung auf einzelne Vor- und Nachteile, die in diesem Wirkungsnetz auch besprochen werden, ist grundlegend, sondern erst durch das *Erkennen von Zusammenhängen* und deren Wirkungsauslösungen zeigt sich der wahre Kern in dieser komplexen *HUMANEN* und *HUMANOIDEN* Umwelt.

Eine überlieferte, vielfach bekannte Weisheit des Zen-Buddhismus besagt: *Wenn Du in Eile bist, mache einen Umweg.* Die folgenden Kapitel bieten dazu ausreichend Gelegenheit. Schließlich ist auch der Weg des Lebens nicht immer geradlinig. Es verläuft um viele Ecken, durch viele Kurven, sozusagen in Mäandern entlang einer Zeitlinie. Auf dem Weg durch dieses *Sachbuch* verbergen sich hinter den Kurven der Kapitel gelegentlich neue Erkenntnissen aus anderen Disziplinen, die in einem streng strukturierten *Fachbuch* kaum vorkommen. An dieser Stelle kann daher nur auf das reichhaltige Fachbuchreservoir über Robotik und noch mehr Konferenzen zum Thema verwiesen werden.

Das vorliegende Sachbuch „Die humanoide Herausforderung – Leben und Existenz in einer anthropozänen Zukunft" verknüpft zwei dominante gesellschaftliche Einflusssphären miteinander: Natur und Technik oder Umwelt und Digitalisierung. Daraus ergibt sich ein Kosmos von interdisziplinärem bzw. intradisziplinärem Wissen, durch den viele Fachdisziplinen angesprochen werden. Der Wissensprofit wird aber dadurch nicht einseitig auf Ingenieure gelenkt, die sich neben anderen Zielen mit neuesten Technikvariationen von mehrdimensionalen Steuerungsprozessen im Raum gegenseitig zu übertrumpfen versuchen. Unstreitig tragen derartige Ingenieurleistungen auch zum Fortschritt der Robotik bei – aber eben nicht ausschließlich.

Den geneigten Leserinnen und Lesern wird aufgrund der Vielfalt der angesprochenen Themenkomplexe auch ein Glossar – am Ende des Buches – mitgegeben, in dem Begriffe verschiedenster Disziplinen verständlich erklärt werden.

Drei römisch bezifferte Hauptbereiche teilen den Buchinhalt nach

I Anforderungen
II Veränderungen und
III Entspannungen.

Unter *I Anforderungen* werden grundlegende Erkenntnisse der humanoiden Robotik beschrieben, wobei wir historisch bis in die Zeit der Renaissance Leonardo da Vincis und davor zurückblicken. Es folgt ein Kapitel über analoge und digitale Prozesse bei Menschen und Robotern, um anschließend auf das grundlegende Thema Anthropozän und seine Folgen einzugehen, an denen Menschen ursächlich beteiligt sind und in das humanoide Roboter hineinwachsen. Fundamentale Treiber des Lebens und der Robotik wie

Energie, Stoffe und Informationen werden ausführlich behandelt. Das Folgekapitel befasst sich mit drei besonderen Themenkomplexen zu Risiko, Ethik und Recht, die insbesondere bei Mensch-Roboter-Interaktionen noch am Anfang ihrer Entwicklung stehen.

Unter *II Veränderungen* subsummieren sich Optimierungsstrategien für Menschen und Humanoide, die – verknüpft mit sogenannter künstlicher Intelligenz – unterschiedliche Ziele und Anwendungen verfolgen. Außerdem werden tierische und pflanzliche Roboter als kleine digitale Helfer des Menschen präsentiert. Es folgt das Kapitel Arbeiten und arbeiten lassen, in dem die kollaborierenden Arbeitsprozesse zwischen Mensch und Roboter und damit zusammenhängende Kriterien herausgestellt und beschrieben werden. Dieses arbeitsspezifische Tätigkeitsumfeld von Mensch und Roboter wird anschließend erweitert durch den Bereich Freizeitaktivitäten.

Unter *III Entspannungen* fragen wir nach Muße im digitalisierenden humanoiden Anthropozän und ob sie überhaupt im ursprünglichen Wortsinn für Menschen erreicht werden kann. Das letzte Themenkapitel nimmt Entspannungen im optischen Sinn wahr. Es weitet den Blick fürs Ganze und widmet sich der Frage: Wem gerät die Digitalisierung und Robotik im Anthropozän zum Vorteil und welche grundlegenden Beziehungen sind zu berücksichtigen, um nachhaltige Entwicklungen anzustoßen, ohne Gefahr zu laufen, in Katastrophen zu enden?

Ihre Lesereise kann nun beginnen. Das Ziel Ihrer Reise ist nicht – wie bereits angedeutet – schnell und sicher durch die *KOMPLEXITÄTSLANDSCHAFT* des Buches zu eilen, sondern durch Seitenpfade von Kapiteln und Unterkapiteln zu streifen, auch wieder zurückzugehen oder im Kreis zu wandern, hier und da innezuhalten und am Ende der Reise zu rufen: *Heilige Scheiße, was für ein Abenteuer!*

Über das visionäre Thema *HUMANOIDE* zu schreiben, ist immer dann gewagt, wenn der klar umrissene ingenieurtechnische Raum von Forschung, Entwicklung und präziser Funktionalität in der Anwendung überschritten wird und Aspekte menschlichen evolutionären Daseins berührt werden. Warum ist das so? Weil mit einem Mal eine Explosion von Komplexität hinzukommt, die keiner durchschauen kann. Wir begeben uns in ein Umfeld von Wahrscheinlichkeiten, Unsicherheiten und Überraschungen, das Ingenieuren nicht vertraut ist. In diesen hochgradig dynamischen und vernetzten Zusammenhängen von Mensch und Maschine, von Gesellschaft und Technologie ist die Zukunft ungewiss.

Und doch wagen sich nicht wenige Menschen auf diesen Pfad der Voraussagen zukünftiger Entwicklungen. Andererseits: Was wäre die Menschheit ohne Visionen oder visionäre Fortschritte? Wir wären wahrscheinlich gedankenärmer, eintöniger, gleichgültiger, mechanischer. Visionen zu besitzen und zu benutzen, um neue Entwicklungen anzustoßen, die den Menschen eine hoffentlich segensreiche Zukunft verheißen, ist sowohl ein vielversprechendes als auch ein riskantes Unterfangen.

Es ist vielversprechend, weil durch innovative Prinzipien und Techniken erfolgversprechende Lösungen für bisher nicht lösbare Probleme – in welchem biosphärischen Umfeld auch immer – erarbeitet werden können. Denn die Biosphäre ist der Raum, in dem Leben erzeugt wird, wächst und sich fortpflanzt. Seit mehr als vier Milliarden Jahre existiert Leben auf der Erde. Die Spezies des *homo sapiens, des weisen Menschen,* blickt auf eine zirka 200.000-jährige Entwicklung zurück (Mayr 2003, 296).

Die konkrete Alterszahl 200.000 Jahre für die Spezies des „weisen Menschen" wird nachfolgend noch in anderem Zusammenhang genannt, wobei klar ist, dass die Entwicklungslinie des Menschen bzw. Frühmenschen zirka 4 Millionen Jahre zurückreicht.

Riskant ist der Weg des Fortschritts in eine unbestimmte Zukunft, weil die Neugier des Menschen eine starke evolutionäre Triebfeder ist, die oft Grenzen überschreitet um der unbedingten Machbarkeit willen und nicht zuletzt auch aus dem Bestreben heraus, Macht zu demonstrieren.

© Springer Fachmedien Wiesbaden GmbH 2018
E. W. U. Küppers, *Die humanoide Herausforderung,*
https://doi.org/10.1007/978-3-658-17920-5_2

Es ist also ein zweischneidiges Entwicklungsschwert das wir höchst angepasst führen müssen:

▶ Fortschritt in Richtung nachhaltiger Weiterentwicklung unter ganzheitlicher vorausschauender Berücksichtigung möglicher Folgeprobleme.

Eben diese Dualität von Vision und Risiko berührt auch den Kern dieses Buches. Aus ihr können zwei fundamentale Fragen abgeleitet werden, deren spezifische Antworten, Bezüge und Gegenüberstellungen sich über die Kap. 2, 3, 4, 5, 6, 7 und 8 verteilen:

1. Was ist Leben?
2. Was ist humanoide Existenz?[1]

Ganz allgemein wollen wir aber schon an dieser Stelle auf beide Fragen mit der notwendigen Tiefe eingehen und versuchen herauszuarbeiten, welche Bedeutung sie für die Weiterentwicklung auf unserem Planeten besitzen.

Die vernetzte Darstellung in Abb. 2.1 basiert auf folgenden Annahmen:

1. Die evolutionäre Weiterentwicklung des Menschen ist im humanen-humanoiden Beziehungsgeflecht der zentrale Zeitpfeil, der alle anderen Entwicklungen dominiert.
2. Die Verknüpfungen zwischen humanen und humanoiden Entwicklungen führen sowohl zu immateriellen (Software, z. B. Künstliche Intelligenz, Schwarm-Algorithmen) als auch zu materiellen (Hardware, z. B. Exoskelett, Roboterarm) Lösungen oder Verbünden beider.
3. Genetische und bionische/systembionische Entwicklung sind additive (PLUS-Symbol)- „Techniken", die aus evolutionärer Entwicklung hervorgegangen sind. Ihr praktischer Einsatz ist sowohl in humanen wie auch in humanoiden Entwicklungsszenarien sowie über geeignete Bio-Tech-Schnittstellen im Verbund beider Sphären zu sehen.

Eine Ahnung dieser Entwicklung führt zurück in die 1960er und 1970er-Jahre, die frühe Entwicklungsphase der Bionik – als eine Wissenschaftsdisziplin im Grenzbereich zwischen Natur und Technik, die sich natürlichen optimalen Prinzipien und deren technischen Anwendungen widmet –, in der bereits als eigenständiger Zweck die bionische

---

[1] In Zusammenhang mit dem Adjektiv humanoid (menschenähnlich) wird im Folgenden statt Leben der Begriff der Existenz (Vorhandensein) benutzt, weil das Substantiv Leben ein Zustand ist, den alle Lebewesen gemeinsam besitzen, um sich von toter Materie abzugrenzen. Humanoide werden daher als menschenähnliche, aber nicht lebende Existenzen beschrieben, die sich deutlich von der lebenden *Ganzheit* eines Menschen unterscheiden. Zwischen beiden Polen, Mensch und menschenähnliche Existenz, sind eine Vielzahl von Hybriden denkbar (siehe auch weiter unten Abb. 2.2). Der Begriff Roboter, hergeleitet aus dem tschechischen Wort *robota*, was so viel bedeutet wie unfreiwilliger Arbeiter, wurde durch den Tschechen Karel Câpek in seinem Theaterstück R.U.R (Rossum's Universal Robots) 1921 geprägt (Bear in Asimov 2006). Letztlich bedeuten humanoide *Existenz* oder humanoide Roboter aber dasselbe.

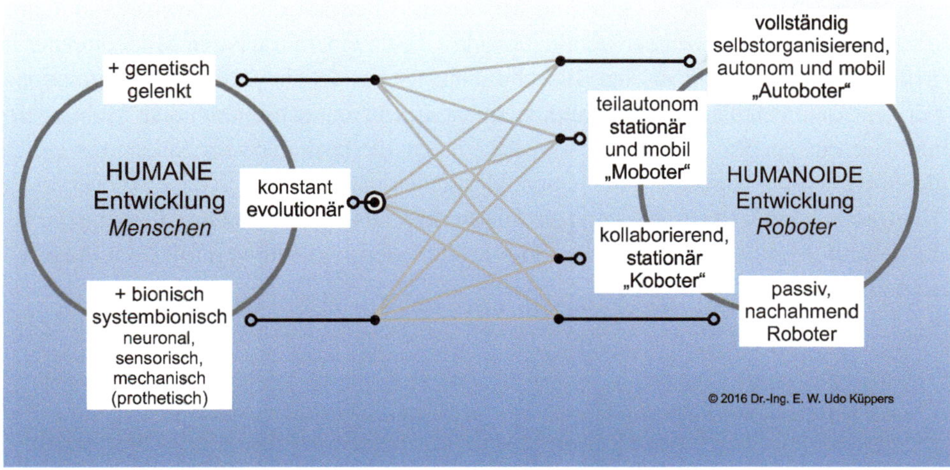

Abb. 2.1 Hybride Lebens-Existenz-Formen zwischen den beiden extremen Humane und Humanoide

Prothetik präsent ist. Nicht nur die Technik künstlicher Gliedmaßen sondern auch künstliche Gehörimplantate, impulsgebende Nervenschrittmacher oder elektronische neuronale Schaltungsnetze waren neben aero- und hydrodynamischen Analysen und Experimenten frühe bionische Forschungen und Entwicklungen.[2]

In diesem Zusammenhang möglicher Verknüpfungen zwischen Mensch und Humanoiden taucht auch der Begriff des *Cyborg* auf. Er ist ein Akronym von *Cybernetic* Organism, also eines kybernetischen Organismus, wobei Kybernetik seit Norbert Wiener (1963) der Ausdruck für *Regelung und Nachrichtenübertragung in Lebewesen und in der Maschine* ist.

Cyborgs werden weder als zu 100 % Mensch noch als zu 100 % Maschine angesehen. Ausgehend von menschlichen Schwächen, die durch Krankheiten, Unglücke oder genetisch bedingt entstehen, werden Teile vom menschlichen Körper durch funktional vergleichbare biologisch verträgliche, technische bzw. technisch-elektronische Elemente ersetzt. Lesenswert ist hierzu der Beitrag über „*Chemie der Cyborgs – Zur Verknüpfung technischer Systeme mit Lebewesen*" von Gieselbrecht u. a. (2013).

Technisch-philosophisch, aber auch rechtlich-verantwortlich schließt sich die Frage an: Wann, bzw. in welchem Stadium der Cyborg-Entwicklung dominiert noch der Mensch oder schon die künstlich intelligente Existenz? Ist die Antwort so einfach, wie es Spreen (2010, 170) skizziert, indem er die „*Technisierung des Körpers*" durch einen Schiebe-

---

[2] Der Autor hat Ende der 1970er/Anfang der 1980er-Jahre an der Technischen Universität Berlin im Fachbereich Verfahrenstechnik in Bionik promoviert.

regler auf einem horizontalen Maßstab zwischen lowtech – Niedrigtechnologie – (links) und hightech – Hochtechnologie – (rechts) über die mittig angebrachte Markierung der *„Hautgrenze"* positioniert? Oder sind wir bereits – bewusst oder unbewusst – mitten in einer *Cyborgschen Sphäre*, etwa mit „Google-Glass", einem tragbaren Minicomputer im Brillengestell, der uns über eine Bildschirmanzeige zusätzliche Daten und Informationen vor den Augen einblendet, oder durch permanentes Verbundensein mit dem Mobiltelefon und Nachrichten aus aller Welt? Dies sind Fragen, die noch ganz am Anfang der laufenden Entwicklung Humaner und Humanoider stehen und sicher noch die eine oder andere Überraschung in sich bergen – und sie führen ebenfalls zurück zur Grundfassung der Kybernetik in Mensch und Maschine. So schreibt Wiener im Vorwort zur 2. Auflage von Kybernetik:

> Als ich zuerst [1948 d. A.] über Kybernetik schrieb, bestanden die Hauptschwierigkeiten, einen Standpunkt einzunehmen, darin, dass die Vorstellungen der statistischen Informationstheorie und der Regelungstechnik neu waren und sogar auf die Denkhaltung der Zeit schockierend wirkten. Heute sind sie so allgemein bekanntgeworden wie das Rüstzeug der Fernmeldeingenieure und der Entwickler automatischer Regelungen, [...]. Die Rolle der Rückkopplung, sowohl bei technischen Entwicklungen wie auch in der Biologie, ist wohlbekannt geworden. die Betrachtung der Information und die Technik des Messens und des Übertragens von Information ist für den Ingenieur, für den Physiologen, den Psychologen und den Soziologen zu einer regelrechten Disziplin geworden. Die Automaten, von der ersten Ausgabe dieses Buches kaum vorhergesagt, sind Wirklichkeit geworden, und die mit ihnen verknüpften sozialen Gefahren, vor denen ich nicht nur in diesem Buch, sondern auch in seinem kleinen populären Gefährten „The Human Use of Human Beings" warnte, sind ebenfalls eine Realität.

Wissenschaftler vom Range eines Norbert Wiener, die – nicht nur – technisches Neuland betreten und dadurch bisher völlig unbekannte Erkenntnisse der Nachwelt zur Verfügung stellen, haben immer auch vorausschauend Probleme und Risiken thematisiert, die mit ihren Erkenntnissen oder Erfindungen gekoppelt sind, beziehungsweise sein könnten. Sie waren zu ihrer Zeit weitblickender als manche heutige Gelehrte, Forscher und Entwickler, die mit großer Akribie und großem Ehrgeiz neue Ziele zu verfolgen scheinen, bei deren Realisierung Folgeprobleme oft stillschweigend in Kauf genommen werden.

In welche Richtung und mit welcher Intensität und Kreativität uns die humanoide Entwicklung führen wird, ist ungewiss. Eines bleibt allerdings festzuhalten:

Die Macht der Evolution wird auch durch die oft postulierte Weiterentwicklung des Menschen an der Schwelle zu humanoiden Existenzen nicht so leicht aus den Angeln zu heben sein.

2.1 Was ist Leben?

> Tell me, what is my life without your love?
> Tell me, who am I without you, by my side?
>   Chorus aus WHAT IS LIFE
>   von George Harrison, 1970

Die Suche nach einer Antwort darauf, was Leben ist, ist vermutlich so alt wie der erste Mensch, der darüber nachdachte. Vielleicht war es ein *Australopithecus* vor 3 bis 4 Mio. Jahren oder ein *Homo sapiens neanderthalensis* vor 200.000 bis 300.000 Jahren oder einer der ersten Vertreter moderner Menschen (*homo sapiens sapiens*), der *Cromagnon-Mensch* in den Höhlen von Lascaux, in Frankreich, vor rund 40.000 Jahren. Wir wissen es nicht. Auch hat sich die Philosophie (Wolf 1999) des Themas „Leben" angenommen, indem sie nach dem Sinn des Lebens oder danach fragte, was gutes Leben ist. All dies sind Versuche einer Beschreibung, die sich um den eigentlichen Kern, *was* Leben ist, drehen.

Im Vorwort zu Lynn Margulis und Dorion Sagans Buch über Leben (1997) erklärt Nils Eldredge vom Amerikanischen Museum für Naturgeschichte in New York:

> Leben ist eine wahre Orgie biologischer und intellektueller Vielfalt. Wir treffen auf Mikroorganismen, für die Sauerstoff ein Gift ist, und auf andere, die Schwefelverbindungen veratmen. Wieder andere ernähren sich von Wasserstoff und Kohlendioxid, ohne jemals Energie direkt aus dem Sonnenlicht oder aus der Substanz anderer Lebewesen aufzunehmen. [...] Wir sehen, wie die Haut der Erde sich als überzeugendes Bild eines einzigen Überlebenswesens darstellt. Und wir erfahren, dass die Evolution, die diese üppige Fülle hervorgebracht hat, auf erstaunlichen Wegen vorgegangen ist: Mehr als einmal sind einfache Organismen zu komplexen Folgearten verschmolzen. Darin liegt eine besonders interessante Geschichte von intellektueller Tiefe und Tollkühnheit.

Diese *Tiefe* und *Tollkühnheit* von Leben hat sich über Jahrmilliarden zu einer biologischen Vielfalt ausgebreitet, deren Fortschritt höchst gefährdet scheint. E. O. Wilson lässt in seinem Buch mit dem Titel *Ende Der Biologischen Vielfalt* (1988, deutsch 1992) verschiedene Autoren zu Wort kommen, die sich mit der Bewahrung und Gefährdung der biologischen Vielfalt auseinandersetzen. Zwei Themenkomplexe sollen hier gebührend betrachtet werden:

1. Der Wert der biologischen Vielfalt und
2. Wissenschaft und Technologie: Welche Hilfen leisten sie?

Das erste Thema ist so aktuell wie nie. Die sukzessive wirtschaftliche Vereinnahmung der Natur führt uns fast täglich vor Augen, wie es um die Zukunft unseres Planeten und unser aller Leben bestellt ist: nicht besonders gut.

Das zweite Thema ist nicht weniger aktuell. Es betrifft einerseits die zunehmende Technisierung und Ausbeutung natürlicher Ressourcen (hier geht es in erster Linie um wirtschaftliche Kosteneffizienz, weit jenseits jeder *wahren Werte*, die uns die Natur zum Leben kostenlos (!) zur Verfügung stellt). Anderseits helfen Techniken auch, Arten zu erhalten. Ob Humanoide eines Tages überhaupt (und wenn ja: auf welche Weise) Anteil am Erhalt und Fortbestand von Leben besitzen werden, ist gegenwärtig noch völlig offen.

Konzentrieren wir uns erst einmal auf den Wert der biologischen Vielfalt an sich, als essentielle Grundlage für die Entwicklung von Leben. *„Wie hoch sind die Kosten eines bestimmten Investitionsvorhabens oder eines Naturschutzprogramms, und welchen Nutzen haben wir davon? Lohnt es sich, das Projekt zu realisieren?"* (Hanemann in Wilson 1992, 215). Normative (Wie hoch ist die wirtschaftliche Effizienz?) und positive – soziale – Analysen (Wie gehen Menschen mit natürlichen Ressourcen um? Welchen Wert ordnen sie der Artenvielfalt zu? Welche Entscheidungen treffen sie mit Blick auf die Arterhaltung?) müssen gleichzeitig berücksichtigt werden, um annähernd einen perspektivischen Blick für die Ganzheit biologischer Artenvielfalt und Artenerhaltung zu bekommen. Das ist alles andere als leicht, angesichts unserer mangelhaften Erkenntnis über die komplexe vernetzte Natur. Zur Erarbeitung von Argumenten, die Werte biologischer Vielfalt zuzuordnen sind, zählt Hanemann (ebd. 216) folgende auf:

- „Die Entscheidung, gegenwärtige Konsumgelegenheiten zum Wohle künftiger Generationen ungenutzt zu lassen, ist von allgemeinem Wert." Also der Schutz natürlicher Ressourcen ist von kollektivem Wert.
- „[…] auch die Ressourcen selbst sind häufig ein Gut der Allgemeinheit" (Gefahr des Raubbaus mangels ungeklärter Eigentumsrechte). Auch das Ressourcenschutz-Dilemma „allgemeine Interessen kontra individuelle Interessen" belastet die Bestimmung von Werten der biologischen Vielfalt.
- Bei natürlichen Systemen besteht beträchtliche Unsicherheit darüber, wie sich gegenwärtige Erhaltungs- und Ausbeutungsmaßnahmen in Zukunft auswirken.
- „[…] ist es problematisch, Präferenzen oder Werte von Einzelpersonen zusammenzufassen." Unterschiedliche Vorlieben für und Abneigungen gegen die biologische Vielfalt lassen sich wegen des sozialen komplexen Verhaltens nicht wie eine mathematische Gleichung behandeln, obwohl es genügend Versuche – auch auf anderen Gebieten – gibt, dies zu tun.

Brian Norton (in Wilson 1992, 223) beleuchtet den Wert biologischer Vielfalt mit wirtschaftswissenschaftlichen Termini:

- *„Man spricht davon, dass eine Art einen Handelswert hat, wenn man aus ihr ein Produkt herstellen kann, das sich auf dem Markt kaufen oder verkaufen lässt."* In dem Sinn besitzt ein Baum oder ein Wald einen potenziellen Wert für das Holz-Sägewerk oder das Handelshaus für Holzmöbel.
- *Man spricht davon, dass Arten einen Annehmlichkeitswert besitzen, „[…] wenn sie unser Leben in immaterieller Weise bereichern […]."* Ein Waldspaziergang in der Frühlingssonne, die Beobachtung von Amseln beim Füttern ihrer Jungen, der Hund

als treuer Begleiter im Alltag, Schwimmen im korallenreichen Meer und vieles mehr sind Beispiele hierzu.

- Man spricht davon, dass eine Art einen *moralischen Wert* besitzt, der – philosophischen Meinungen nach – von Natur aus vorhanden ist (Taylor 2011). Norton erwähnt zum moralischen Verhalten von Arten den amerikanischen Schriftsteller Henry David Thoreau (1817–1862), der davon überzeugt war (Thoreau 2007), dass die sorgfältige Beobachtung anderer Arten ihm helfen werde, ein besseres Leben zu führen.

Verlässliche Antworten auf den Wert der biologischen Vielfalt zu finden, zumal sie einer permanenten, differenzierten Anpassungsdynamik folgt, mit wechselseitigen Beeinflussungen der Arten, scheint schon nach der kurzen Aufzählung im Ganzen unmöglich und im Detail äußert schwierig. Es wäre in hohem Maß vermessen, die Summe der Arten als Ganzes als die biologische Vielfalt zu sehen. Nicht zuletzt auch deshalb, weil immer wieder Arten neu entdeckt werden, die wir gestern noch nicht kannten, oder auch unbekannten Arten ein *potenzieller Wert* zugeschrieben wird (Norton in Wilson 1992, 224). Es bleibt eine beängstigende Vorstellung, diese potenziellen Werte von Leben in Geld aufzuwiegen. Bleiben wir realistisch und stellen fest:

Ein Adler ist mehr als ein Adler, weil er Teil einer hochkomplexen Nahrungskette ist. Eine Biene ist mehr als eine Biene, weil ganze Biotope von ihr abhängig sind, die in Mitleidenschaft gezogen werden, wenn sie temporär oder auf Dauer durch menschliche Aktivitäten drastisch reduziert oder vernichtet wird. Ein Baum – erst recht ein Wald – ist mehr als ein Baum, technisch gemessen in Kosten pro Festmeter, weil er als Photosynthese-Maschine „saubere" Energiewandlung betreibt, Speicher für Kohlendioxid ist und Sauerstoff produziert, Vögeln und Insekten als Nahrung und Behausung dient, Filter und Indikator für Schadstoffe bereitstellt sowie Aufenthaltsort mit Erholungswert für uns Menschen ist (Vester 1985, 1983).

Muss – so könnte gefragt werden – einer Art oder der biologischen Vielfalt überhaupt ein Wert, ein ökonomischer Kostenfaktor zuordnet werden? Und wenn ja, zu welchem Zweck? Das Wirtschaftsprinzip *ökonomische Effizienz* wirkt hier in aller Regel als die treibende Kraft, wahre Werte durch wirtschaftliche Kosten zu überdecken – ein ebenso kurzsichtiges wie realitätsfernes Vorgehen.

Sollte – so könnte auch gefragt werden – einer Art oder der biologischen Vielfalt, mit ihren über Jahrmillionen bewährten Erfahrungen, die sich uns als höchst effiziente Prinzipien des Überlebens zu erkennen geben, nicht gehorcht werden? Warum? Weil die Nutzung diese Prinzipien auch für die menschliche Entwicklung ungeahnte Vorteile bieten, die per se ökologische, soziale und ökonomische Werte beinhalten. Das Meta-Prinzip *Nachhaltigkeit* ist in diesem Fall der Leitgedanke, der auch die menschliche Kreativität verinnerlicht und fördert.

Jedenfalls wäre der Weg in eine zunehmende Ökonomisierung (Mathematisierung) der Natur höchst kontraproduktiv für eine nachhaltige Überlebensfähigkeit der biologischen Vielfalt. Und davon hängt unstreitig ebenso unser eigener Fortbestand auf der Erde ab. Belege für die Vielfalt exzessiver Naturzerstörungen durch Ausbeutung natürlicher

Ressourcen für Technik und Wirtschaft, insbesondere aber für die damit verbundenen Folgeprobleme, die eine Extraklasse nachwirkender Zerstörungspotenziale in sich tragen und breitgestreut in gesellschaftliche Bereiche hineinragen, anzuführen, hieße Eulen nach Athen tragen. In welchem Zustand die biologische Vielfalt – auch Biodiversität genannt – ist, zeigen folgende Ergebnisse:

- Die Vereinten Nationen haben im Jahr 2000 acht Millennium-Entwicklungsziele[3] (*Millennium Development Goals,* MDG) vorgegeben, darunter auch Ziel 7: Ökologische Nachhaltigkeit mit dem Unterpunkt „Verlust der Biodiversität verringern" verabschiedet (siehe auch Tab. 2.1 mit zehn Leitthemen in der Erforschung des Lebens). Keines der acht Ziele – trotz Fortschritten im Detail – wurde bis zum Ende der 15-Jahresperiode 2015 erreicht. Kritiker bemängeln u. a. die Schönung von Daten und Zielen durch manipulierte Trendumkehr.[4] Armut, Hunger und Entwicklungspolitik stehe hier im Vordergrund, wobei sich alle drei Argumente mit dem Verlust an Biodiversität verknüpfen lassen.
- „Transforming our World" ist die UN-logische Fortsetzung der MDG für die kommende 15-Jahresperiode bis 2030. Aus den unvollendeten acht Entwicklungszielen sind nun 17 Entwicklungsziele geworden. In Ziel 15 wird die biologische Vielfalt nur noch am Rande erwähnt und gefordert, sie einzudämmen.[5] Was für ein Fortschritt!
- Der World Wildlife Fund Deutschland (WWF-D) veröffentlichte 2008 zum Thema biologische Vielfalt unter dem Titel *Abschied der Arten* Folgendes: „*36 Prozent unserer untersuchten einheimischen Tierarten sind bedroht, zudem 72,5 Prozent der Lebensräume. Damit erreicht Deutschland mit die höchsten Negativwerte in Europa – vor allem wegen intensiver Flächennutzung und des Eintrags von Schad- und Nährstoffen. Von dem EU-Ziel, den Verlust an biologischer Vielfalt bis zum Jahre 2010 zu stoppen, ist Deutschland weit entfernt.* Mit unserem Lebenswandel haben wir es geschafft, dass die Aussterberate heute laut der Weltnaturschutzunion IUCN um den Faktor 1000 bis 10.000 höher liegt als in all den gut vier Milliarden Jahren der Evolution zuvor."[6] Siehe hierzu auch de Vos et al. 2015, Urban 2015.

Weltweit sprechen nicht wenige Anzeichen dafür, dass die biologische Vielfalt höchst gefährdet ist. Humanes Leben, also wir Menschen tragen in erheblichem Maß mit unserem Verhalten dazu bei, egal ob es die Rohstoffexploration, die Produktion, den Konsum, Arbeit und Freizeit und vieles mehr betrifft. Wir werden in Abschn. 3.1 noch einmal in

---

[3] United Nations: The Millennium Development Goals Report 2015.

[4] Grefe, C. (2015): Erfolge sind auf kosmetische Mathematik zurückzuführen. Interview mit dem Philosophen Thomas Pogge. Die Zeit Online, 3 Juni 2015.

[5] United Nations (2015): Transforming the World. The 2030 Agenda for Sustainable Development. A/RES/70/1.

[6] WWF-Deutschland (2008): Abschied der Arten. Wie unser Lebenswandel die Natur in die Enge treibt.

Zusammenhang mit dem Begriff Anthropozän auf den Einfluss des Menschen auf das Leben zu sprechen kommen.

Begeben wir uns nun auf eine kurze Zeitschleife, zurück ins Jahr 1944. Zu der Zeit erschien ein kleines Buch mit dem Titel „*What is Life?*" des Physikers Erwin Schrödinger (1944). Er hatte für seine Arbeiten zur Quantenmechanik 1933 den Nobelpreis bekommen. Seine Hinwendung zu einem biologischen Thema, das nicht zu seinem wissenschaftlichen Kerngebiet zählt, beschrieb er im Vorwort (Schrödinger 1987, 29 f.):

> Wir haben von unseren Vorfahren das heftige Streben nach einem ganzheitlichen, alles umfassenden Wissen geerbt. [...] aber das Wachstum in der Weite und Tiefe, das die mannigfaltigen Wissenszweige seit etwa einem Jahrhundert zeigen, stellt uns vor ein seltsames Dilemma. Es wird uns klar, dass wir erst jetzt beginnen, verlässliches Material zu sammeln, um unser gesamtes Wissensgut zu einer Ganzheit zu verbinden. Anderseits aber ist es einem einzelnen Verstand beinahe unmöglich geworden, mehr als nur einen kleinen spezialisierten Teil zu beherrschen.
>
> Wenn wir unser wahres Ziel nicht für immer aufgeben wollen, dann dürfe es nur den einen Ausweg aus dem Dilemma geben: dass einige von uns sich an die Zusammenschau von Tatsachen und Theorien wagen, auch wenn ihr Wissen teilweise aus zweiter Hand stammt und unvollständig ist – und sie Gefahr laufen, sich lächerlich zu machen.

Der wissenschaftliche *Sprung* Schrödingers über die Grenze seines Fachgebietes, der Physik bzw. Quantenphysik in die Biologie, dort wo Leben beschrieben wird, verleitete ihn zu fragen: „*Wie lassen sich die Vorgänge in Raum und Zeit, welche innerhalb der räumlichen Begrenzung eines Organismus vor sich gehen, durch die Physik und die Chemie erklären?*" (*ebd. 30*). In diesem Zusammenhang interessierte ihn ebenfalls die Frage nach dem Erhalt von organischer Ordnung und Unordnung[7] – *Entropie*[8].

Im Vorwort zur deutschen Ausgabe von 1987 schrieb bereits Ernst Peter Fischer dazu, dass heute das „Problem der Ordnung" begreifbar sei; Leben in keinem Konflikt mit physikalischen Gesetzmäßigkeiten stehe (Prigogine und Stengers 1980) und „*die Zunahme der Ordnung in der Evolution*" kompatibel mit der Physik sei (Eigen 1976).

Schrödingers Weitblick über den Fachhorizont sollte die Entwicklung der Naturwissenschaften, vor allem aber die moderne Biologie maßgebend beeinflussen.

Ergänzend hierzu ist aus heutiger Sicht noch hinzuzufügen, dass die präsenten großen Konflikte unseres Lebens, ob sie die Ernährung, die Energie, die Migration, die Armut, aus dem Ruder laufende Finanzkrisen gesellschaftlichen Ausmaßes oder die oft zu kurz greifenden Eingriffe der Politik in hochkomplexe Felder betreffen, mehr denn je aus ganzheitlicher Perspektive und Verantwortung zu lösen sind, ein Weg, den Schrödinger mutig beschritten hat, ohne sich dabei im Geringsten lächerlich gemacht zu haben.

Entscheidungsträger, die sich dazu berufen fühlen, über heutiges und noch mehr zukünftiges Leben zu bestimmen, können daher von Schrödingers Erkenntnis nur lernen.

---

[7] Der zweite Hauptsatz (HS) der Thermodynamik besagt: Jeder Transfer oder Wandel von Energie vergrößert unaufhaltsam die Entropie im Universum. Zwar kann lokal Ordnung geschaffen werden, wie es wachsende Organismen tun; global gesehen vergrößert sich aber die Unordnung.

[8] Entropie wird als Maß für die Unordnung oder den Zufall verwendet.

Tab. 2.1 Zehn Leitthemen in der Erforschung des Lebens. (Campbell u. a. 2006, 1–26)

Die Erforschung des Lebens auf seinen vier Ebenen

1	Jede biologische Organisationsebene weist *emergente* Eigenschaften auf, das sind neue Eigenschaften oder Strukturen infolge eines Zusammenwirken einzelner Elemente, die diese nicht besitzen
2	*Zellen* sind die Basiseinheiten der Struktur und Funktion eines Lebewesens
3	Die Kontinuität des Lebens beruht auf vererbbarer Information in Form von *DNA* – Desoxyribonukleinsäure, Biomolekül, Träger der Erbsubstanz, somit der Gene
4	*Struktur und Funktion* sind auf allen biologischen Organisationsebenen *miteinander gekoppelt*
5	Organismen sind *offene Systeme*, d. h., sie transportieren und verarbeiten sowohl Energie, Materie als auch Information. Sie stehen kontinuierlich mit ihrer Umwelt in Wechselbeziehung. Offene System stehen im Gegensatz zu geschlossenen Systemen, die keine Materie transformieren und somit nur Energie bzw. Information verarbeiten
6	Regulationsmechanismen sorgen in lebenden Systemen für ein *dynamisches Gleichgewicht.* Sogenannte *Dissipative Dynamische Systeme* (offene Systeme) können durch wachsende Energiezufuhr fern vom *thermischen Gleich*gewicht neue Ordnungen und Strukturen – wie bei wachsenden Organismen – erzeugen. Viele biologische Prozesse regulieren sich selbst durch Rückkopplungsmechanismen; der Prozess wird durch sein Produkt reguliert. Es existieren zwei Arten von Rückkopplungen, einerseits verstärken sie die Reaktionsfolge eines Prozesses (positive Rückkopplung), anderseits hemmen sie diese (negative Rückkopplung). Die negative Rückkopplung überwiegt in lebenden Systemen

Evolution, Einheitlichkeit und Vielfalt der Organismen

7	*Vielfalt – Biodiversität – und Einheitlichkeit* sind die zwei Seiten des Lebens auf der Erde
8	Die *Evolution* ist das zentrale Thema der Biologie

Naturwissenschaftliche Forschung

9	Naturwissenschaftliche Forschung ist ein *Erkenntnisprozess* aus wiederholbaren Beobachtungen und überprüfbaren Hypothesen
10	Naturwissenschaft und Technik sind *tragende Säulen unserer Gesellschaft*

Die Antwort auf die Frage „Was ist Leben" kann heute zu Beginn des 21. Jahrhunderts plausibel beschrieben werden (Campbell et al. 2006; Mayr 2003; Wilson 1995). Woher Leben kommt, ist jedoch noch immer eine heiß diskutierte Frage.

Die Erforschung des Lebens steht inzwischen auf einem sehr breiten und stabilen Fundament, an dem viele Fachdisziplinen mitwirken. Abschließend zeigen die genannten „Zehn Leitthemen in der Erforschung des Lebens" (Campbell et al. 2006), wie facettenreich Leben heute betrachtet wird, wobei anzumerken bleibt, dass über viele Jahrhunderte seit dem Altertum als Lehrmethode „*[. . .] nur die universale Betrachtungsweise voll anerkannt wurde.*" (Schrödinger 1987, 29)

Leben hat sich bis heute – nach mehreren, in geologischen Zeiträumen stattfindenden großen Perioden von Zerstörungen – erhalten und immer wieder neu weiterentwickelt. Insgesamt fünf großen Massensterben (Massenextinktionen) über zirka 500 Mio. Jahre,

„[...] *die sich anhand von Ablagerungen mariner Fossilien rekonstruieren lassen, führten jeweils auf der Ebene der Familien zu einem starken Rückgang der Vielfalt.*" (Kolbert 2015, 24). Konnten bei diesem fünf erdgeschichtlichen Massensterben noch ursächlich Auslöser natürlichen Ursprungs ins Kalkül gesetzt werden, so besitzt das sogenannte sechste Massensterben die deutliche Handschrift des homo sapiens. An dieser Stelle seien nur wenige, aber für den Fortschritt des Lebens entscheidende Zerstörungspotenziale zum sechsten, anthropozänen[9] Massensterben genannt:

- Der außergewöhnlich hohe Anstieg von atmosphärischen Kohlendioxidkonzentrationen, ist seit der Industrialisierung vor zirka 200 Jahren bis heute deutlich zu erkennen. Es ist der Hartnäckigkeit des Chemikers Charles David Keeling (1960) zu verdanken, dass heute die Frage: „[...] ist der (Kohlendioxidpegel) [...] tatsächlich eine Folge zivilisatorischer Umtriebe?" durch den renommierten Klimaforscher Hans Joachim Schellnhuber (2015, 73) mit einem klaren „Ja" beantwortet wird. Keelings Aufzeichnungen der Messwerte von jahreszeitlich bedingten Schwankungen der Konzentration des atmosphärischen Kohlendioxids, zugleich ein Grundstoff für die pflanzliche Photosynthese, ähnelt einer Sägezahnkurve – jedoch mit erschreckendem Anstieg über die letzten Jahrzehnte. Zu Beginn der Messreihe im Jahr 1958 wurde ein atmosphärischer CO_2-Wert am Mauna-Loa-Observatorium von 317 ppmv (parts per million volume %) gemessen (ebd.). „Zum silbernen Jubiläum des International Geophysical Year im Jahr 1988 näherte sich der Gehalt an Kohlendioxid in der Atmosphäre dreihundertfünfzig Teilen pro Million" (Weiner 1990, 43). 2015 wurde die 400-ppmv-Marke durchbrochen und seit dem Beginn der industriellen Revolution haben sich 40 % mehr atmosphärisches CO_2 angesammelt (Schellnhuber 2015, 73). Dadurch zeichnet sich ein Trend ab, der das Klima der Erde und somit das *Lebenserhaltungssystem* aller Lebewesen in eine beunruhigende Schieflage bringen kann – vielleicht schon gebracht hat. Dieses besondere hochkomplexe Zerstörungspotenzial ist ein Schlüsselereignis für die Menschheit und alles Leben.
- Die Vermüllung des Meeres durch zunehmende human-zivilisatorische Unfähigkeit, mit Materialien in der Technosphäre nachhaltig umzugehen, ist nicht minder beängstigend. Der Lebensgrundstoff Wasser, ob als Nahrungsmittel für Lebewesen an Land, in der Luft oder in den Flüssen und Ozeanen der Erde, die *noch* reich sind an Biodi-

---

[9] Der Begriff Anthropozän wurde vom Nobelpreisträger Paul J. Crutzen Anfang des 2. Jahrtausends kreiert. Er sagt aus, dass Umweltbelastungen deutliche Rückschlüsse auf die Lebensweise des Menschen zulassen, der Mensch somit zu einem atmosphärischen, geologischen und biologischen Faktor geworden ist. Das Zeitalter des Anthropozäns könnte vermutlich im späten 18. Jahrhundert begonnen haben, als die Messungen von Lufteinschlüssen im Polareis den Beginn einer wachsenden globalen Konzentration von Kohlendioxid und Methan nachwiesen. Hierbei ergibt sich eine gute Übereinstimmung mit dem Datum der Erfindung von James Watts Dampfmaschine, 1784 (Crutzen 2002). Nach wie vor bleibt aber der Beginn des geologisch definierten Zeitraums Anthropozän unklar. Darauf wird in Abschn. 2.5 näher eingegangen.

versität, wird zunehmend verschmutzt bzw. ungenießbar. In dem Zusammenhang ist bemerkenswert, dass Myriaden von Lebewesen nur wenige Dutzend Grundbausteine benötigen, um ein unvergleichliches Nahrungsnetz in sozialer Gemeinschaft und hochkomplexer Umwelt – ohne jeden Verluststoff (Abfall im technischen Sinn) – aufrecht zu erhalten (Küppers, Tributsch 2002; Küppers 2015, 24).

Es ist ein Armutszeugnis sondergleichen, wenn intelligente Menschen zehntausend und mehr Kunststoffe produzieren, um technische Güter mit gewissen Qualitätseigenschaften zu vermarkten, die natürlich auch der Bequemlichkeit (convenience) von uns Verbrauchern dienen, von denen die Hersteller aber wissen, dass eine hohe Zahl der enthaltenen Stoffbausteine hochgiftig bis tödlich für Lebewesen sein können und sind. Im Fall eines naturzerstörerischen Unfalls durch chemische Stoffformulierungen folgt nicht selten die reflexartige Anmaßung der Verursacher der Unglücke: Wir werden unseren Umwelt- und Naturschutz (weiter) verstärken.

Das zunehmende Vordrängen technischer Innovationen und Raubwirtschaften ist für die Nachhaltigkeit unserer Lebensgrundlage alles andere als förderlich. Multikonzerne und ganzen Ländern beteiligen sich durch Massentierzucht, riesige Monokulturen, erdweiten Landraub (*land grabbing*) und weiteres mehr – unbewusst und bewusst – an der Zerstörung subsidiären Wirtschaftens. Grundlegende Lebenserhaltungssysteme unseres Planeten (sogenannte *hot spots*, Bereiche hoher Biodiversität) sind davon nicht ausgeschlossen.

Die menschliche Macht, etwas zu tun und es auch zu können, ist in erschreckender Weise dem *Matthäus-Prinzip*[10] unterworfen. Die zunehmende Dividierung der Menschheit in arm und reich, habend und nicht-habend, besitzend und nicht-besitzend stärkt in beklemmender Weise den von Samuel P. Huntington formulierten Kampf der Kulturen (original: Clash of Civilizations, 1996).

Es könnte die Ironie der kommenden Jahrzehnte oder Jahrhunderte sein, dass Humanoide ihre eigenen selbstorganisierten Handlungen in biosphärischer Umwelt besser und folgenvermeidender erkennen und Lösungen entwerfen und umsetzen, als es selbsternannte Human-Visionäre in Technik, Wirtschaft und Gesellschaft zur Zeit praktizieren. Diese postulierte Vision geht aber über mögliche realistische Lösungsansätze der drei genannten Potenzialbereiche menschlicher Destruktivität weit hinaus.

Drohende Kriege (Rinke und Schwägerl 2012) durch Pandemien, Migration, Rohstoffe, Welternährung, Demographie, Spezialitäten von Weltfinanzkrisen und Waffenhandel (Feinstein 2012) und nicht zuletzt humanoide Existenzen mit künstlicher Intelligenz werden die „Klasse" der HUMANEN noch weit in die Zukunft beschäftigen. Zu diesem Reigen human ausgelöster Katastrophen zählen – besonders schmerzlich – Rückkopplungsprozesse, die Laurin Gerrett als „Die kommenden Plagen – Neue Krankheiten in einer gefährdeten Welt" betitelt (Gerrett 1996). Der Ausbruch der tödlichen Ebola-Epide-

---

[10] Es ist die Logik des Matthäus-Prinzips, denen, die haben, noch mehr zu geben und denen, die nichts haben, noch mehr zu nehmen.

mie in Westafrika im Jahr 2013 ist hierbei nur ein kleiner Beleg dafür, was noch auf die Gesundheit der Menschheit – trotz aller medizinischer Fortschritte im Detail – zukommen kann, wenn sie ihr *„business as usual"* weiter betreibt.[11] Unverkennbare zivilisatorische Fortschritte haben für den Erhalt und die Verlängerung des Lebens gesorgt. Es wird sie auch weiterhin geben.

Nur – und diese Frage steht im Mittelpunkt zukünftiger humaner-humanoider Entwicklung: Auf Kosten welcher zerstörerischer Eingriffe in die Grundlage jeden Lebens, in die evolutionäre Natur finden Fortschritte statt?

In seiner Bedienungsanleitung für das *Raumschiff Erde* (Original 1969: Operating Manual for Spaceship Earth) hat R. Buckminster Fuller (1998, 37) auf zwei Fachbeiträge aufmerksam gemacht. Der eine befasste sich aus anthropologischer Sicht mit ausgestorbenen menschlichen Rassen, während der andere aus biologischer Sicht die Geschichte aller bekannten biologischen Arten untersuchte, die ausgestorben waren. Erstaunlich war, dass die Ergebnisse beider Untersuchungen, unabhängig voneinander, zu identischen Schlussfolgerungen kamen. Denn: „In beiden Fällen erwies sich das Aussterben als eine Folge der Überspezialisierung. [...] Dabei opfert man allerdings die allgemeine Anpassungsfähigkeit, beziehungsweise man züchtet sie weg. [...] Spezialisierung *geht immer* auf Kosten der allgemeinen Anpassungsfähigkeit." (Kursive Hervorhebung durch den Autor (d. d. A.).)

Heute würden wir sagen: Die zunehmende Detailversessenheit trübt deutlich den Blick für das Ganze. Mit kurzfristigen und kurzsichtigen Entwicklungsstrategien erreichen wir in unserer komplexen Umwelt oft das Gegenteil von dem, was nachhaltig von Vorteil wäre. Fehlgeleitete kurzfristige Aktionen – *short-term-missent* – des schnellen Erfolges wegen, wie sie im politischen, wirtschaftlichen und finanztechnischen Umfeld in den letzten Jahren kulminieren, sind kaum geeignet, einer humanen, sozialen gesellschaftlichen Weiterentwicklung förderlich zu sein.

▶ Wer die Natur verstehen will, muss ihr gehorchen. Wer diese hochkomplexe Lebensgrundlage erhalten will, muss sich ihr anpassen.

---

[11] Der Zusammenhang zwischen „business as usual", Rückkopplungsprozess und Ebola-Epidemie kann wie folgt erklärt werden: Die westafrikanischen Staaten Guinea, Sierra Leone, Liberia, Nigeria und Senegal zählen zu den ärmsten Ländern der Welt, trotz Ölreichtums wie z. B. in Nigeria. Ihre Regierungen sind eher darauf bedacht, eigene Bodenschätze zu plündern oder sie zu verkaufen und sich selbst zu bereichern, als den Gefahren von Hunger, Armut und Krankheit der Bevölkerung vorzubeugen. Insofern steht wirtschaftliches „business as usual" den zunehmenden Gefahren der Bevölkerung gegenüber. Es bildet sich ein „Teufelskreis" mit „positiven" verstärkenden Rückkopplungen, die den einen immer mehr Nutzen bescheren und den anderen zunehmend Schaden zufügen. Hinzu kommt, dass der westafrikanische Markt für die Pharmakonzerne zu klein ist (ökonomischer Effekt), um dafür Heilmittel zu produzieren. Das verstärkt noch zunehmend die Gefahren für die Bevölkerung. Mangelnde Hygiene, notdürftige Unterkünfte und anderes mehr fördern zudem noch den Ausbruch von Krankheiten, wie die Ebola-Epidemie.

Daran führt kein Weg vorbei! Es heißt: Wer die Nahrungsnetze der Natur erforscht, die auf umfassende Weise die Zusammenhänge zwischen Organismen – Menschen eingeschlossen – in ihren Lebensräumen abbilden, lernt die Natur kennen und verstehen. Mit einem trainierten Denken in Wirkungsnetzen (Küppers 2013), das detailreiches Spezialwissen keineswegs ausschließt, erkennen wir deutlich klarer die lokalen und globalen Probleme unseres Planeten Erde. Und deren Lösungen bedürfen unser aller Anstrengungen. Franklin D. Roosevelt brachte es auf den Punkt, als er sagte:

Men are not prisoners of fate, but only prisoners of their own minds.[12]

Übersetzt: Die Menschen sind nicht Gefangene des Schicksals, sondern ihres eigenen Denkens.

Zusammenhänge erkennen, die richtigen Schlussfolgerung daraus ziehen und sie für den Fortbestand des Lebens nachhaltig anwenden bleibt ein Leitgedanke – auch in der sich abzeichnenden Entwicklung von Humanoiden bzw. einer kooperativen Entwicklung von Humanen und Humanoiden.

Anfang der achtziger Jahre entwickelten die Ökologen Paul und Anne Ehrlich von der Stanford University die *,Nieten-Hypothese'* der biologischen Vielfalt. Sie bezeichneten die Ökosphäre als ein riesiges Flugzeug, das anstatt von Stahlnieten von Arten zusammengehalten wurde. Wenn eine Spezies ausstarb, blieb die Gesamtmasse des ,Flugzeugs' vielleicht dieselbe, aber diese Nieten waren verloren, und diese schwächte die Gesamtstruktur. Wenn schließlich eine kritische Zahl von Nieten fehlte, fiel das Flugzeug auseinander, krachte zu Boden und war für immer verloren.

Die Glaubwürdigkeit der epochalen *,Nieten-Hypothese'* wurde durch mehrere Experimente in Laboratorien in aller Welt unterstützt." (Garrett 1996, 764) (kursive Hervorhebung d. d. A.).

Dieser sehr plastische Rückgriff auf die Zusammenhänge der Biodiversität macht deutlich: Wir Menschen tun viel, um humanes, tierisches und pflanzliches Leben zu schützen – die dynamische Ausgewogenheit, mit der sich die Evolution durch vernetzte ganzheitliche *und* spezialisierte Entwicklungen ihren Weg auf nachhaltige Weise bahnt, müssen wir jedoch noch lernen. Trotz des angehäuften immensen Human-Wissens scheinen wir uns paradoxerweise mehr und mehr dem „Rand des Erde-Chaos" zu nähern.

Kann ein Verbund aus Humanen und von Humanen entwickelten Humanoiden Überlebensstrategien entwickeln, die dem Gebot der Nachhaltigkeit dienen? Mit technischen, sensorischen, mobilen, durch künstliche Intelligenz gesteuerten, selbstorganisierenden Existenzen von Robotern bzw. Cyberphysischen Systemen – *Cyber Physical Systems, CPS* – heutiger Generationen werden vorerst andere Ziele fokussiert, die unter den Schlagworten Industrie 4.0, Big Data, Internet der Dinge u. a. m. firmieren.

---

[12] http://www.brainyquote.com/quotes/quotes/f/franklind130048.html (Zugriff: 18.05.2016).

Ob gesellschaftliche, ökologische und ökonomische Aufgaben aus *ganzheitlichen* Perspektiven und Wirkungsräumen auch für Humanoide erfassbar und lösbar sind, bleibt vorerst noch im Nebel zukünftiger Entwicklungen.

Im Detail werden aber bereits eine Vielzahl von humanoiden bzw. kooperativen animaloiden gesellschaftlichen Dienstleistungen für den Menschen präsentiert, z. B. das aus japanischer Roboterforschung bekannte animaloide therapeutische Kuschel-Sattelrobbenbaby PARO für ältere Personen[13] oder ein von Panasonic entwickelter, mit 24 Fingern versehener Roboter fürs Haare waschen und Kopf massieren oder Roboteranzüge, die älteren Erntehelfern die körperlich schwere Arbeit erleichtern sollen[14], bzw. vielfältige Gehhilfen in Form von Exoskeletten u. a. m.

Es bleibt abzuwarten, ob diese humanoiden bzw. animaloiden Dienste am Menschen auf Dauer von Wert sind. Insbesondere dann, wenn sie verstärkt zu prekären humanen Arbeitsverhältnissen führen, und ob es vorerst nicht nachhaltiger erscheint, das volle Potenzial zwischenmenschlicher Kommunikation, soziale Kontakte des Miteinander, deutlich mehr auszuschöpfen, als es bislang in vielen hochindustrialisierten Gesellschaften geschieht. Feiertags- und ferienfreie Zeiten, Essen und Trinken in den Kantinen der Unternehmen, ein Schwätzchen in den Kaffeeküchen, lebhafte Gruppenbesprechungen zu einem neu anvisierten Ziel etc. sind notwendige Teilbereiche im Arbeitsleben der Menschen, die sie mit reinen Arbeitstätigkeiten verknüpfen. Das macht die Vielseitigkeit und Flexibilität des Menschen aus. Robotern, mit welchen Aufgaben sie auch immer betraut, korrekter: programmiert werden, benötigen keine Pausen, es sei denn, ihre Funktionen sind defekt und bleiben auch defekt, nach noch so vielen Selbstdiagnosezyklen.

Stehen wir Menschen wirklich an einer *Bifurkation*[15] oder *Multi-Bifurkation*, bei der in naher, mittlerer oder ferner Zukunft, in wenigen Jahrzehnten, Jahrhunderten oder später, Humanoide mehr und mehr die Kontrolle im System übernehmen? Dieser Wunschtraum vieler wird durch zahlreiche Science-Fiction-Versionen stark genährt. Vor wenigen Jahren waren *mobile phones*, mit denen über Zehntausende Kilometer nahezu zeitverlustfrei telefoniert werden konnte, noch undenkbar. Heute ist die Technik Teil unseres Alltages, die – zugegeben – auch neue, unerwartete Probleme schafft, auf die bereits die Stockholmer Verkehrsbehörde mit einem neuen Verkehrsschild reagiert.[16] Siehe hierzu auch die DEKRA[17]-Studie Dekra Automobil GmbH (2016) aus April d.J. oder das Video der Polizei Lausanne, Schweiz, aus 2017, das drastisch vor Augen führt, was passieren kann, wenn

---

[13] http://www.de.emb-japan.go.jp/NaJ/NaJ1001/paro.html (Zugriff: 18.05.2016).

[14] http://www.ingenieur.de/Fachbereiche/Robotik/Japan-entwickelt-zunehmend-Roboter-fuer-alte-Menschen (Zugriff: 18.05.2016).

[15] Bifurkation ist ein Begriff, der in Zusammenhang mit komplexen Systemen benutzt wird. Er bedeutet wörtlich Verzweigung an einem instabilen Ort auf einem Entwicklungsweg, der bei gegebenen Werten eines Kontrollparameters die eine oder andere Entwicklungsrichtung einschlägt.

[16] http://www.bento.de/art/verkehrsschilder-in-stockholm-achtung-handy-fussgaenger-133295/ (Zugriff: 18.05.2016).

[17] DEKRA steht für Deutscher Kraftfahrzeug-Überwachungsverein.

sich Personen mit mobile phones völlig unachtsam durch den Straßenverkehr bewegen[18]. Auf die praktizierbare Antwort der interstellaren Aufforderung: „Beam me up, Scotty!" (aus der Film- und Fernsehserie *Star Trek*[19]) warten wir indes noch – auf einen Humanoiden mit der Qualität eines DATA (auch aus *Star Trek*) ebenfalls. Und: Die Realität einer superintelligenten BORG-Queen (Star Trek: „Der erste Kontakt"), die alle Daten, Informationen und alles Wissen ihrer cyberkinetischen Zivilisation, der Borg, in sich zu einer Singularität verdichtet, liegt weit jenseits unserer Vorstellungen. Auch wenn die visionäre Vorstellung einer „Superintelligenz" des Philosophen Nick Bostrom (Bostrom 2014) dies heraufbeschwört und den „Untergang der Menschheit" (Schmitt, 2016) zum Forschungsthema in seinem Future of Humanity Institute in Oxford macht, bleibt für den rational denkenden Menschen und seine überaus starke Partnerin – die mit höchsten funktionalen Qualitäten ausgestattete und über Jahrmillionen bewährte Natur – noch genügend Zeit, seinen adaptiven Weg in eine überlebensfähige Zukunft maßgebend zu gestalten.

Die heutige humanoide bzw. quasi-humanoide Realität ist: Wir arbeiten noch intensiv an Robotern der verschiedensten Formen, Strukturen und Fähigkeiten im wissenschaftlichen, zivilen und militärischen Umfeld (siehe u.a. Dillmann et al. 2002). Sogenannte Schreitroboter, mit zugegeben geringem menschlichen Aussehen, die auf abschüssigem Waldgelände Bäume fällen, der für militärische Zwecke vorgesehene, martialisch aussehende Roboter ATLAS der Firma Boston Dynamics[20], humanoide „Empfangsdamen"[21] in Hotels und nicht zuletzt die Unzahl von ballspielenden Mini-Humanoiden, für die eine eigene Roboter-Fußball-Weltmeisterschaft[22] – RoboCup – kreiert wurde, und vieles mehr sind bereits unsere täglichen Begleiter in mehr oder weniger privater oder isolierter Umgebung.

Wenn wir den Rahmen der zur Verfügung stehenden Perspektiven humaner und humanoider Entwicklungen in Augenschein nehmen und die Bifurkationsschwellen herausarbeiten, an denen sich Entscheidendes vollzieht, vollziehen kann und wohl auch vollziehen wird, sehen wir in Abb. 2.2 eine mehrfach vernetzte humane-humanoide Entwicklung – „H^2-Entwicklung" – mit entsprechenden zweifachen und mehrfachen Verzweigungspunkten, unter ergänzendem Einschluss plantoider und animaloider Entwicklungen gegenüber Abb. 2.1. Generell fasst diese Darstellung mögliche Entwicklungspfade zusammen, auf denen humane und humanoide Fortschritte – aber auch Rückschritte – stattfinden können.

Interessant wird sein, wie sich mögliche Vernetzungen zwischen den vier Hauptentwicklungspfaden aufbauen und gestalten und zu welchen Konsequenzen sie führen. Vergleichbar mit Organisationen in hochkomplexen Systemen wird es auch bei den humanen-

---

[18] Zaubertrick mit dem Smartphone im Straßenverkehr. Police Lausanne, 2017, Realisierung Raphael Sibilla und Jérome Piguet.

[19] STAR TREK and related marks are trademarks of CBS Studios Inc.

[20] http://www.bostondynamics.com (Zugriff: 18.05.2016).

[21] http://www.dnaindia.com/scitech/report-toshiba-s-new-humanoid-receptionist-coming-to-hotels-soon-2189474, (Zugriff: 18.05.2016).

[22] http://www.fira.net/main/, Federation of International Robot-soccer Association (Zugriff: 18.05.2016).

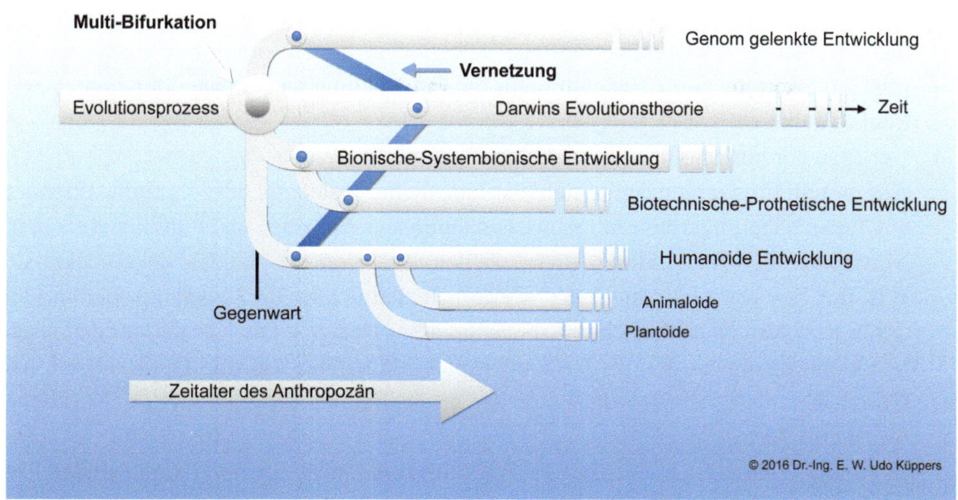

Abb. 2.2 Gekoppelte humane und humanoide Entwicklungspfade – H^2-Entwicklung

humanoiden Fortentwicklungen darauf ankommen, wie wir mit dem Unerwarteten umgehen und es managen (Weick und Sutcliffe 2003).

Folgen wir den einzelnen Strängen an den Verzweigungspunkten, so sind 4 Hauptpfade humaner-humanoider Entwicklungen erkennbar:

1. Der Pfad der biologischen – humanen – Evolution.
   Er ist – wie bereits in Abb. 2.1 erwähnt – der zentrale übergeordnete Zeitpfeil, der auf einen unergründlich reichen Erfahrungsschatz höchst angepasster und effizienter Lösungen aufbaut. Wer die darin enthaltenen evolutionären Prinzipien zerstört, zerstört alles andere.
2. Der Pfad der humanen-genomgelenkten Entwicklung.
   Hier greifen künstliche Techniken in lebende Substanz, in humanes Erbgut (DNA, Desoxyribonukleinsäure) ein. Dabei werden Werkzeuge, sogenannte Genscheren, benutzt, um die Genmutationen gezielt beeinflussen können (Stichwort: Gen Editing, s. a. Technology Review Juni 2016, Themenheft: Was ist Leben? Siehe u.a. Karberg 2016). Ethische Aspekte dieses nicht unumstrittenen human-genomen Entwicklungspfades werden in Abschn. 3.1 angesprochen.
3. Der Pfad der humanen-bionischen, systembionischen/prothetischen Entwicklung.
   Der humanbionische Pfad nutzt evolutionäre Prinzipien mit herausragenden langzeitbewährten Funktionen als biotechnischen Ersatz für menschliche Körperteile. Wobei „bio-technisch" alle menschlichen Funktionalitäten umfasst. Von Hautersatz über künstliche Cochlea-Implantate bis zu kompletten Gliedmaßen (biotechnische Prothesen) reicht das Anwendungsspektrum. Eng verbunden bleiben Teillösungen dieser bio-

nischen Entwicklungen mit medizinischen Lösungen, z. B. die Züchtung von künstlicher Haut aus körpereigenen Zellen oder neuere technische Fertigungsverfahren, z. B. das sogenannte 3D-Druckverfahren.[23] Dieser eher human orientierte Entwicklungspfad hat ebenfalls große Bedeutung für die Entwicklung und Anwendung humanoider Funktionalitäten.

4. Der Pfad der humanoiden Entwicklung.
   Auf diesem Entwicklungspfad steht das künstliche, gesteuerte oder regelungsorientierte Objekt, näherungsweise mit menschenähnlichem Aussehen und Funktionalitäten im Mittelpunkt der Entwicklung. Hierzu zählen auch einfache Handhabungsobjekte, die z. B. in Form von Multigelenk-Roboterarmen alleine oder im Zusammenspiel mit anderen Robotern oder Menschen Arbeitsprozesse erledigen. Die Nachahmung menschlicher Bewegungsmuster, im Zusammenspiel mit Mimik, Akustik, Optik, Haptik und Olfaktorik, zählen ebenso dazu wie der große Bereich programmierter, künstlicher neuronaler Netze.
   In Abb. 2.2 wird der humanoide Entwicklungspfad noch von zwei ergänzenden Entwicklungen begleitet: der animaloiden und plantoiden Entwicklung. Auf beide wird im Abschn. 4.6 ausführlich eingegangen. Das weiter oben erwähnte Beispiel des therapeutischen Kuschel-Sattelrobbenbabys PARO für ältere Personen zeigt nur eine Entwicklungsrichtung; die Nachahmung effizienter Strategien von Pflanzenwurzeln für Untersuchungen von Bodenexplorationen eine andere.

Alle vier humanen-humanoiden Entwicklungspfade werden uns durch zahlreiche Beispiele im Verlauf der Kapitel wieder begegnen. *Zusammenhänge erkennen* bleibt auch im Entwicklungs- und Anwendungsbereich humanoider Sphären ein *Metaziel*. Es ist aber insbesondere dann von Bedeutung, wenn kooperative oder kollaborierende Arbeiten mit Menschen anstehen.

---

[23] Mit dem 3D-Druck werden – computergesteuert – Produkte beliebiger Gestalt, Struktur, Materialeinsatzes, Festigkeit und Auflösungen im sogenannten Schichtaufbau hergestellt. Sie reichen von filigranen Strukturen und Schichtdicken im Millimeter-Submillimeterbereich (Tumbleston et al. 2015), z. B. die naturgetreue Form- und Struktur-Herstellung körpereigenen Knochenersatzes, bis zu täuschend echten Hand- und Vorfußprothesen (Donner 2016).

2.2 Was ist *humanoide* Existenz?

> Um die Probleme der Zukunft zu bewältigen, schafft sich der Mensch einen Partner:
> den Roboter – eine perfekte Maschine, dem Menschen so ähnlich, dass es fast unmöglich ist,
> das Geschöpf von seinem Schöpfer zu unterscheiden.
> Die ausgeklügelte Programmierung des positronischen[24] Gehirns sorgt dafür,
> dass der Roboter als Beschützer des Menschen fungiert, und zuweilen kommt es sogar vor,
> dass Mensch und Maschine zu Freunden werden.
> Was aber geschieht, wenn die Programmierung fehlerhaft ist?
> Kurztext zum Buch v. I. Asimov: Meine Freunde die Roboter

Was motiviert eigentlich Menschen, humanoide Existenzen zu bauen? Hierauf werden wir zu Beginn dieses Kapitels kurz eingehen und das damit verbundene Thema Angst ansprechen. Anschließend widmen wir uns der Beantwortung der zentralen Frage: *Was ist humanoide Existenz?* Oder: *Was ist ein humanoider Roboter?* Wir schauen auf mögliche Definitionen, grundsätzliche Eigenschaften und Anforderungen von Humanoiden und tangieren kurz eine Besonderheit von menschlich-humanoider Verbundenheit, bevor wir einen Streifzug von historischen bis zu aktuellen Humanoiden antreten.

2.2.1 Was motiviert Menschen, Humanoide zu entwickeln?

R. Brooks (1997) beschreibt zwei generelle Antriebe des Menschen, humanoide Roboter zu konstruieren und weiter zu entwickeln:

1. Die Gestalt des menschlichen Körpers steht in einem entscheidenden Verhältnis zu unserer Darstellung, in welcher Art sie auch immer geschieht, zum Beispiel durch Gesten, Sprache oder Gedanken. Wenn wir demzufolge eine menschenähnliche Intelligenz bauen wollen, sollte der humanoide Körper menschenähnlich sein.
2. Wenn die humanoide Existenz einen menschenähnlichen Körper besitzt, empfinden Menschen eher einen leichteren und natürlicheren – nicht unbedingt vertrauteren (d. A.) – Zugang, um mit dem Humanoiden zu kommunizieren.

Punkt zwei leitet uns direkt in ein unheimliches Tal zwischen Vertrautheit und Menschenähnlichkeit, das im nachfolgenden Abschn. 2.2.2 durchschritten wird. Vorab gehen wir noch auf eine mögliche dritte Motivation ein, die Menschen antreibt, menschenähnliche Helfer zu bauen. Dazu schreibt M. Eaton (2007):

---

[24] Ein Positron ist das Antiteilchen eines Elektrons, eines sehr stabilen elektrisch geladenen Elementarteilchens, mit dem viele gängige Schaltungstechniken in der Elektrotechnik und Elektronik realisiert werden. Positronische Schaltungen existieren real nicht, nur in Science Fiction. Jedoch nutzt die Nuklearmedizin die Positronen-Emissions-Tomographie – PET – als bildgebendes Verfahren auf der Basis emittierender Strahlung die bei einem Zusammenstoß von Elektron und Positron (Annihilation, Paar-Vernichtung) auftritt.

3. Humanoide tun sich leicht, in der Umgebung zu operieren, wo auch Menschen tätig sind, zum Beispiel im Haushalt Türen zu öffnen und zu schließen, Treppen zu steigen, Handreichungen durchzuführen u. v. m.

Ein zukünftiges Hauptaugenmerk kann – angesichts der zunehmend älteren Bevölkerungsgruppen in vielen Ländern, insbesondere in Industrienationen – sicher auch in häuslichen Hilfen durch Humanoide für immobile, kranke oder hilfebedürftige Menschen gesehen werden. Japan ist hier seit langem Vorreiter.

2.2.2 Bukimi no tani – Masahiro Moris Tal der Unheimlichkeit

Wer fürchtet sich heute noch, im tiefdunklen Wald alleine spazieren zu gehen, zumal Geräusche in unsere Ohren dringen, die wir Stadtmenschen nicht kennen und daher auch deren potenzielle Gefahr für uns nicht einschätzen können? Hand aufs Herz! Obwohl heute in dunkler Nacht im Wald Angst irreal erscheinen mag – in dunklen belebten Stadtbezirken dagegen aber umso realer –, steckt trotz allem tief in uns noch immer ein Funken Urangst. Es ist ein evolutionäres Erbe unserer Vorfahren, das sie in früheren Jahrhunderten wachsam und hochachtsam werden ließ, eben weil echte Gefahren drohten. Auch heute empfinden wir in bestimmten Situationen voller Unsicherheit, Unwissenheit und Unachtsamkeit noch hier und da ein unheimliches Gefühl.

Bezog sich dieses menschliche Gefühl bislang auf die evolutionäre Entwicklung und seine biosphärischen Mitspieler, auf eine Umwelt mit Menschen, Tieren und Pflanzen, so wird dieses Gefühl nun erweitert durch eine digitale Sphäre mit humanoiden Existenzen, mit teils verblüffend menschenvergleichbarem Aussehen und Bewegungen. Kommt durch diese Entwicklung humanoider Existenzen eine neue Art von Angstgefühl in uns auf? Üben wir in Kommunikation, Kooperation oder Kollaboration mit Humanoiden eher Zurückhaltung oder eher Vertrautheit bzw. Verbundenheit oder wählen wir einen *gesunden* Mittelweg?

Dem animaloiden Sattelrobbenbaby PARO würden wir – aus heutiger Sicht – vermutlich mehr Zuneigung und Vertrauen schenken als dem menschenähnlichen, mit künstlicher Intelligenz versehenen Humanoiden DATA, der mit Aussehen, Körpersprache, Ausdrucksweise, selbsttätigen Handlungen und vielem mehr kaum einen (äußeren) Unterschied zu Menschen erkennen lässt – abgesehen von seiner blassen Gesichtsfarbe. Oder flößt der nahezu perfekt aussehende menschenähnliche DATA Menschen mit der Zeit doch zunehmend Vertrauen ein, eben weil er sich kaum mehr unterscheiden lässt von seinen Erbauern? In der Realität stellt sich diese Frage *noch* nicht. Ebenso wird aus dieser Entweder-oder-Frage keine generelle Erkenntnis ableitbar sein oder erwachsen. Zu unterschiedlich sind die menschlichen Charaktereigenschaften, die im dynamischen, komplexen Umfeld keine elementaren Antworten zulassen, weswegen sich auch ein Reihe von Autoren mit Moris Uncanny-Valley-Effekt wissenschaftlich auseinandersetzen (so etwa

Mara, Appel 2015; Cheetham 2014; Kageki 2012; Mori, MacDerman, Kageki 2012; Tinwell, Grimshaw 2009).

Aus psychologischer Sicht erwähnenswert ist, dass bereits 1906 der Psychologe E. Jentsch (1906) psychische Unsicherheiten als dominanten Auslöser dafür beschrieb, wenn einem unheimlich zumute ist, wenn einem Schauer den Rücken herunterlaufen. Da reicht schon ein unbekanntes Rascheln in fremder Umwelt.

Würden Sie, liebe Leserinnen und Leser, der menschenähnlichen Bunraku aus Abb. 2.3 Ihre Zuneigung schenken oder sich in deren Nähe mehr oder weniger unheimlich fühlen?

M. Mori (1970) ist vor mehr als 45 Jahren der Frage nachgegangen, wie sich eine Verbundenheit zwischen Menschen mit Humanoiden zu deren menschenähnlichen Aussehen verhält. Seine Erkenntnisse sind in einer Grafik in Abb. 2.4 zusammengefasst (aus der ersten von Mori autorisierten englischen Übersetzung von MacDerman und Kageki 2012).

Abb. 2.4 zeigt zwischen der y-Ordinate – weniger (−) oder mehr (+) Verbundenheit – und der x-Abszisse – weniger (0 %) oder mehr (100 %) menschliche Ähnlichkeit – zwei nichtlinear verlaufende Kurven, eine für stationäre, ruhende und eine für sich bewegende Humanoide, Menschen sowie Puppen. Erkennbar ist, dass der Kurvenverlauf ohne Bewe-

Tab. 2.2 Sechs Entwicklungsstufen für Humanoide. (Nach Eaton 2015, 36 f.)

Sechs Entwicklungsstufen für Humanoide		
Ebene Taxonomie nach Eaton	Humanoide	Beschreibung
0	Replicant	Identisch zu Menschen in physikalischen und handlungsorientierten Merkmalen, außer offensichtlichen Unterschieden im Essen, Trinken, bei Stoffwechselprozessen etc.
1	Android[a]	Besser als ein Replicant, nahe an menschlicher Gestalt und menschlichem Verhalten
n−3	Humanoid	Nahe am Menschen, in „Körper" und „Gehirn" aber unmissverständlich kein Mensch, hoher Grad an künstlicher Intelligenz und Geschicklichkeit
n−2	Inferior Humanoid	Geringwertiger Humanoid, eindeutig nicht mit Menschen verwechselbar, besitzt aber umfassend Gestalt mit Kopf, zwei Armen, zweibeiniges Laufen, Stereosehen, akustische Fähigkeiten, gewisse Geschicklichkeit und künstliche Intelligenz
n−1	Human-Inspired	Menschlich inspirierter Humanoid, sieht nicht gerade menschenähnlich aus, besitzt aber die grundlegenden Gestalelemente für zwei- oder mehrbeiniges Laufen oder Bewegung auf Rollen, begrenzte künstliche Intelligenz und Fertigkeiten
n	Built-for-Human	Humanoid gebaut für Menschen in deren Umgebung, sieht Menschen nicht ähnlich, kann aber in menschlicher Umgebung mit begrenzten Tätigkeiten agieren

[a] Ergänzende Definitionen zu Tab. 2.2 sind: Ein Humanoid, der einen Mann verkörpert, wird Android genannt. Ein Humanoid, der eine Frau verkörpert, wird Gynoid genannt

Abb. 2.3 Titelbild der IEEE-Zeitschrift v. Juni 2012 mit einer Bunraku-Puppe. Bunraku ist eine traditionelle japanische Form eines musikalischen Puppentheaterspiels

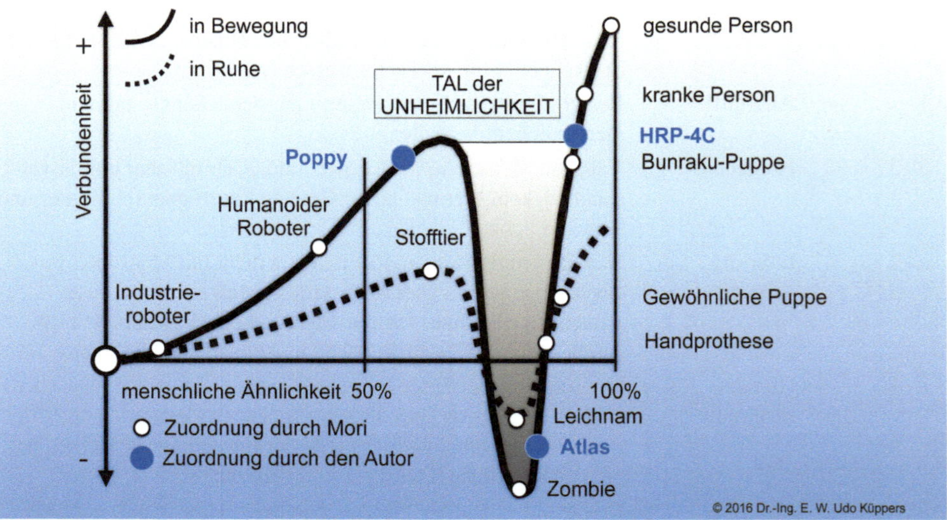

Abb. 2.4 Masahiro Moris Bukimi no tani (*Tal der Unheimlichkeit*, eine präzisere Übersetzung als *das unheimliche Tal, englisch*: Uncanny Valley); deutsche Übersetzung der Begriffe d. d. A (Auswahl)

gung niedrigere Verbundenheitswerte und eine geringere Bandbreite, von ausgestopften Tieren bis zum Leichnam, zeigt. Die Kurve mit Bewegung ordnet die humanoiden Roboter – zur Zeit der Untersuchung durch Mori – noch im Mittelfeld der Verbundenheit zu menschlicher Ähnlichkeit ein. In einem Interview mit Kageki (2012) 42 Jahre später antwortet Mori auf die Frage:

> „Do you think there are robots that have crossed the uncanny valley?" mit: „Yes. I think the HRP-4C is one of them. Though on second thought, it may still have a bit of eeriness in it."

> Übersetzt: „Denken sie, dass Roboter existieren, die das unheimliche Tal überquert haben? Ja, ich denke HRP-4C ist einer davon [siehe Tab. 2.2, d. A.]. Wenn ich aber weiter darüber nachdenke, kann auch ein wenig Unheimlichkeit darin verbogen sein."

In der Bildsequenz visualisierter humanoider Roboter (Abb. 2.13, 2.14, 2.15, 2.16, 2.17 und 2.18) können Sie selbst erkunden, wem Sie mehr oder weniger Vertrauen und Verbundenheit entgegenbringen, sollten Sie einem oder mehreren dieser Humanoiden real begegnen.

2.2.3 Humanoide Existenz ist …

Im Kontext des Zusammenspiels humaner und humanoider Sphären wäre eine verhältnismäßig einfache Antwort auf die Frage „Was ist humanoide Existenz?" die folgende:

Alles, was nicht der Definition von humanem Leben entspricht. Als ein solches dürfte gelten:

- Humanes Leben ist Bewusstsein. – Humanoide Existenz besitzt kein Bewusstsein. Leben – und somit Bewusstsein – ist ein emergentes Phänomen, das mit hoher Komplexität verbunden ist. Unser Gehirn ist dafür ein Beispiel mit seinen nahezu 86 Mrd. Neuronen (Herculano-Houzel 2009) und nahezu 10.000 Verknüpfungen pro Neuron. Sich über etwas bewusst zu sein, zum Beispiel über den Text, der hier gerade entsteht, oder sich selbst bewusst zu sein, sich aus seinem Inneren heraus zu freuen oder zu sorgen, ohne dass unser neuronales Netz zusammenbricht, bedingt auch einen hohen inhärenten Grad an Redundanz. Es ist überhaupt nicht absehbar, und aus heutiger Sicht zu verneinen, ob humanoide Existenzen jemals ein menschenähnliches Bewusstsein erlangen werden.
- Humanes Leben trägt Verantwortung. – Humanoide Existenz kann das nicht. Verantwortung zu tragen, setzt ein Bewusstsein voraus, das humanoide Existenzen nicht besitzen.
- Humanes Leben entscheidet für sich selbst. – Humanoide Existenz kann nicht für sich selbst und erst recht nicht für uns entscheiden.
- Humanes Leben erfasst komplexe Wirklichkeit. – Humanoide Existenz erfasst nur Ausschnitte aus der Wirklichkeit.

- Humanes Leben ist fähig, vernunftbegabt zu denken. – Humanoide Existenz kann das nicht.
- Humanes Leben stellt sich intellektuellen neuen Herausforderungen. – Humanoide Existenz kann das nicht.

Ergänzen wir die voranstehenden Gruppen von ausgewählten negierten Antworten auf Fähigkeiten humanen Lebens aus der Sicht humanoider Existenzen mit einer Auswahl direkter Zuordnung von besonderen Eigenschaften bzw. Funktionen. Dabei sollte immer berücksichtigt werden, dass der Mensch Quelle aller Leistungsmerkmale humanoider Existenzen ist. Das gilt auch für deren Replizierbarkeit. Selbstreplizierende Humanoide sind noch nicht existent, wohl aber selbstreplizierende Software, oft als Schad-Software unterwegs, mit der jeder Computerbenutzer schon Bekanntschaft gemacht haben dürfte.

- Humanoide Existenz ist eine Maschine mit Merkmalen und Eigenschaften, die auf konstruktive, mechanische, elektrische oder elektronische Weise mehr oder weniger menschlichen Formen und Strukturen nachempfunden ist (siehe Abschn. 2.2.2). Sie nutzt für ihre Existenz dieselben physikalischen und chemischen Naturgesetze wie die Menschen.
- Humanoide Existenz ist in ihrer Entwicklung dafür vorgesehen, mit Menschen in menschlicher Umgebung zusammenzuarbeiten oder Dienstleistungen für Menschen zu erbringen (kollaborierende Roboter = Koboter).
- Voraussetzung dafür ist, dass humanoide Existenz mit Menschen in geeigneter Weise kommunizieren, das Kommunizierte verstehen und praktisch sinnvoll anwenden kann.[25]
- Humanoide Existenz ist durch sensorische Eigenschaften befähigt, sich sicher im Umfeld von Menschen zu bewegen, ob in privater oder beruflicher Umgebung.
- Humanoide Existenz ist fähig, mehrachsige Bewegungsmuster durchzuführen, statische und dynamische Kräfte und Momente zu realisieren, ähnlich Robotern in produktionstechnischem Umfeld, mit einem Vielfachen menschlicher Vergleichswerte, wodurch menschliche Arbeit, z. B. das Tragen schwerer Lasten, erleichtert wird (Stichwort: Exoskelett).
- Humanoide Existenz ist in seiner Mobilität bzw. Kooperation mit Menschen zwingend „Gesetzen" verpflichtet, die das humane Leben schützen (siehe Abschn. 2.2.5).

---

[25] Ein Paradox der Entwicklung von Humanoiden durch Menschen wäre, wenn der Weg konsequent zu Ende gedacht wird, dass der Mensch sich seinen persönlichen Humanoiden schafft, der menschliche natürliche Bewegungsmuster und funktionale Handlungen archetypisch verinnerlicht. Die sogenannte *Semantische Lücke* als gegenseitige Verständnislücke zwischen Mensch und Maschine wäre aufgehoben. Humane und Humanoide wären gleichgestellt. Und dann? Das ist aus heutiger Sicht ein überaus theoretisches Konstrukt mit viel Phantasie und wenig Realität, angesichts der Probleme, die noch auf dem programmatischen Weg zu beseitigen sind. Darüber hinaus ist noch überhaupt nicht klar, wie sich potenzielle eigenständige Humanoide den gesellschaftlichen, ökologischen und ökonomischen Problemen stellen, die noch ihrer nachhaltigen Lösungen bedürfen.

Es erscheint nicht übertrieben, wenn aufgrund bisheriger Erkenntnisse aus evolutionärer Entwicklung und humanoiden Fortschritten behauptet wird:

▶ Humanoide werden Menschen in ihrer Bedeutsamkeit nie ersetzen können.
Humanoide werden sich menschlichen Verhaltensweisen nur annähern können.

2.2.4 Definitionen, Anforderungen, Eigenschaften

Definitionen und die damit verbundenen Anforderungen und Eigenschaften an Humanoide oder humanoide Existenzen bzw. humanoide Roboter scheinen – in der Vielzahl einschlägiger Literatur, ohne im Einzelnen detailliert darauf einzugehen – eine Frage der persönlichen Interpretation zu sein. Sie lassen daher mehrere Deutungen zu. Das Deutungsspektrum reicht von *menschenähnlich (besonders von Robotern)* (Duden) über *Körper mit zwei Armen, zwei Beinen und Kopf, aufrechter Gang* (triviale Beschreibung) bis hin zu Verkörperung selbstlernender Humanoider mit Schwarmintelligenz[26].

Bar-Cohen und Hanson (2009, 22) definieren Humanoide als Roboter, die eindeutig Maschinen sind, aber menschliche Charakteristika aufweisen, wie beispielsweise einen Kopf ohne Gesichtsmimik, ein Oberkörper, Arme und Beine. Weiterhin unterscheiden sie zwischen Humanoiden und menschenähnlichen Robotern – humanlike robots. Letztere sind durch ihre Komplexität der Bewegung und ihr veränderbares Aussehen bzw. die Variabilität ihrer Gesichtszüge in einem deutlich expressiveren Entwicklungsstadium, das heute bereits Stand der Technik ist (siehe Abschn. 3.3).

Ob nun Humanoide – menschenähnliche Erscheinung – oder menschenähnliche Roboter per Definition gebaut und weiterentwickelt werden, ist von untergeordneter Bedeutung. Aus einem inneren Antrieb heraus versuchen die Menschen sich seit jeher, Ebenbilder zu schaffen. In diesem Jahrhundert scheinen die notwendigen Werkzeuge vorhanden zu sein, um den Traum ein wenig näher an die Realität zu rücken und mit ihm in Lebens- und Arbeitsbereiche vorzudringen, die bislang den Menschen vorbehalten blieben. Wir werden darüber in den folgenden Kap. 4, 5 und 6 unter *II Veränderungen* noch Ausführlicheres erfahren.

---

[26] Schwarmintelligenz, auch kollektive Intelligenz genannt, ist ein Verhalten von sozialen Lebewesen: Menschen, Wale, Sardinen, Stare, Störche, Bienen, Ameisen, um nur einige zu nennen. Sie nutzen Schwarmformationen etwa als effizienten energiesparsamen Flug oder zur Überlebenssicherung. Es sind nur wenige kommunikative Eigenschaften einzelner Lebewesen nötig, um einen hohen Grad an intelligentem Verhalten im Schwarm zu erzeugen. Im nicht evolutionären Umfeld wird oft auf sogenannte „Agenten" des Internets verwiesen, die sich eine technisch programmierte Schwarmintelligenz zunutze machen, um Daten, Information und Wissen zu generieren. Aus dem Wirtschaftssektor ist das sogenannte *Crowdfunding* (Schwarmfinanzierung) bekannt, bei dem ein Schwarm gleichinteressierter Menschen Geld für technische oder andere Entwicklungen bereitsstellt. Und schließlich ist im Bildungsbereich – noch weitgehend durch klassische Fächerabgrenzung strukturiert – der Ansatz grenzüberschreitenden Lernens und Lehrens mit interdisziplinärem Kompetenzerwerb eine Schwarmintelligenz von besonderer Dringlichkeit.

In seinem Buch über *Evolutionary Humanoid Robotics* definiert und beschreibt M. Eaton (2015, 33 ff.) eine Taxonomie von Robotern, die alle unter dem Oberbegriff Humanoide subsummiert werden können.

Einige Anforderungen und Eigenschaften von Humanoiden mit statischen, flexiblen, funktionalen, sozialen, gestalterischen, strukturierten und weiteren Merkmalen wurde unmittelbar vorab in Abschn. 2.2.3 bereits erwähnt.

Abschließend fassen S. Hesse und V. Malisa (2016, 411), in einer kurzen Aufzählung, eine Reihe von teils bereits bekannten Basisanforderungen und Eigenschaften von Humanoiden kompakt zusammen:

- Zwei Beine
- Ein Körper (Rumpf)
- Einhaltung der menschlichen Proportionen
- Ähnlichkeit mit menschlichen Verhaltensweisen
- Ähnlichkeit mit der menschlichen Erscheinung
- Hohe Flexibilität
- Möglichkeit zur Kommunikation
- Ausrichtung auf die menschliche Infrastruktur
- Lern- und Kooperationsfähigkeit

Von Humanoiden oder menschenähnlichen Robotern, die eines Tages in menschlicher Infrastruktur im Wohnbereich oder außerhalb des persönlichen menschlichen Umfeldes in großer Zahl tätig sein werden, wird erwartet, dass sie auf mehrere Sachverhalte und Befürchtungen eingehen können. Humanoide finden Menschen in einem Umfeld, in dem ethische Aspekte und missbräuchliche Aussagen alltäglich sind. Darauf müssen Humanoide mit der nötigen Achtsamkeit reagieren können, ob im Unterhaltungsbereich, im Rahmen gesetzlicher Vorgaben, bei medizinischen Eingriffen, bei militärischen Operationen oder im Sozialbereich (siehe Bar-Cohen und Hanson 2009, 153–155). In Kap. 3 werden wir kommunikative, fehlerimplizierte, ethische und rechtliche Aspekte im Umgang mit Humanoiden näher thematisieren.

2.2.5 Gesetze für Humanoide

Gefahren für Menschen, die von humanoiden Robotern ausgehen können, hat der tschechische Schriftsteller Karel Câpek (1890–1938) in seinem Theaterstück „Rossums Universal Robots" beschrieben, in dem auch erstmals der Name *Robot* als ein von Menschen geschaffenes künstliches Wesen auftaucht.

Der bekannte Science-Fiction-Schriftsteller Isaac Asimov (1919–1992) hat sich mit Bedrohungsszenarien, die von Robotern mit künstlicher Intelligenz (KI) gegenüber Menschen ausgehen, ausführlich beschäftigt und schließlich einen sogenannten Verhaltenskodex für Roboter kreiert.

In Abschn. 3.3 (Ethik) werden wir noch weitere „Gesetze" über ethische Aspekte in Verbindung mit Humanoiden kennenlernen. Asimovs Verhaltenskodex für Roboter enthält drei grundlegende, hierarchisch strukturierte Robotergesetze (Asimov 2006, orig. Runaround, 1942):

▶ Gesetz 1: Ein Roboter darf einem menschlichen Wesen keinen Schaden zufügen oder durch Untätigkeit zulassen, dass einem menschlichen Wesen Schaden zugefügt wird.
  Gesetz 2: Ein Roboter muss den Befehlen gehorchen, die ihm von Menschen erteilt werden, es sei denn, dies würde gegen das erste Gesetz verstoßen.
  Gesetz 3: Ein Roboter muss seine eigene Existenz schützen, solange solch ein Schutz nicht gegen das erste oder zweite Gebot verstößt.

Ergänzt wurden diese drei Robotergesetze später noch durch ein viertes Gesetz, das Gesetz 0 (Asimov (1988), orig. The Caves of Steel, 1954):

▶ Gesetz 0: Ein Roboter darf der Menschheit keinen Schaden zufügen oder durch Untätigkeit zulassen, dass der Menschheit Schaden zugefügt wird.

Die Verletzung oder Tötung eines Menschen durch einen Roboter zum Schutz bzw. Wohlergehen einer größeren Zahl Menschen oder sogar der Menschheit ist der Kern des Nullten Robotergesetzes, wenn auch ein sehr umstrittener.

Die über 50 Jahre alten Gesetze – insbesondere Gesetz 1, 2 und 3 – finden auch noch heute grundlegende Beachtung, obwohl sich viele Roboter hinsichtlich ihrer spezifischen Aufgaben, beispielsweise Schweiß- oder Montageroboter in Werkhallen, ohne direkten Kontakt zu Menschen, oder auch nicht-humanoide Roboter (Drohnen) für militärische Zwecke den drei Robotergesetzen entziehen. Für die voranschreitende Entwicklung kollaborierender humanoider Roboter sind sie aber nach wie vor gültig. Die bekannt gewordenen tödlichen Zwischenfälle bei Mensch-Humanoiden-Kontakt stärken die Verbundenheit mit den drei Gesetzen. Wobei aber deutlich herauszustellen ist, dass nicht Humanoide selbst, sondern in erster Linie Menschen (u. a. Programmierer) haftbar gemacht werden müssen.

Bevor wir die frühe Entwicklung von Humanoiden bis in die Gegenwart beleuchten, können wir in einem ersten Zwischenergebnis, aus heutiger Sicht, zwei wesentliche Erkenntnisse für Humanoide ableiten:

▶ Erkenntnis 1: Humanoide Existenzen sind dumm! Sie besitzen weder Bewusstsein noch Intelligenz im menschlichen Sinn. Auch sogenannte Künstliche Intelligenz (*KI*) wird nicht in der Lage sein, unserem komplexesten Organ vollständig Paroli zu bieten.
  Erkenntnis 2: Fehler bei Mensch-Humanoiden-Interaktion, mit und ohne tödlichen Ausgang, sind immer Menschen zuzuschreiben.

Zur Erkenntnis 2 gehört auch im erweiterten Sinn eine intensive *Fehlerkultur*. Sie ist alleine schon dadurch geboten, dass die Interaktion von Mensch und Humanoiden in zunehmend komplexeren Umfeldern ohne trennende Schutzgrenzen stattfindet und Fehler dadurch noch wahrscheinlicher werden. Abschn. 3.2 geht hierauf besonders ein.

2.2.6 *Humanoide* vor Leonardo da Vinci

Es gibt eine Welt vor dem berühmten toskanischen Universalgenie Leonardo da Vinci (1452–1519), mit Einflüssen bis in die heutige Zeit, und eine nach ihm. Wir werden anhand des hier betrachteten Themas über Humanoide sogleich sehen, warum das so ist.

Ergänzend sei hinzugefügt, dass die wissenschaftlichen und technischen Leistungen vieler Persönlichkeiten seit der Antike[27] keineswegs ignoriert oder randständig beurteilt werden sollen, sich eine direkte Verknüpfung zu humanoiden Konstruktionen, wie sie hier betrachtet werden, aber nicht herleiten lässt, wohl aber deren Einfluss ingenieurtechnischer Lösungen. Hierzu zählen Heron von Alexandrias (1. Jahrhundert) durch aero- und hydrodynamische Kräften angetriebene Automatenkonstruktionen[28]. Ebenso verdanken wir dem genialen arabischen Ingenieur Ibn ar-Razzaz al-Dschazarī (12. Jahrhundert) wegbereitende Techniken bzw. Konstruktionen von Uhren, Brunnen und Schöpfwerken[29] (siehe auch Hill 1974). Beide Ingenieure und Wissenschaftler waren Wegbereiter moderner Techniken.

Ebenso existierten bereits Jahrhunderte vor Leonardo da Vincis Wirken und seinen humanoiden Konstruktionen visionäre Vorstellungen vom Bau eines künstlichen Wesens, eines künstlichen Menschleins. Diese Visionen waren zeitlich gesehen noch weit entfernt von den heutigen Visionen eines genetisch instrumentalisierten und manipulierten Geschöpfes. Und doch folgen beide demselben Traum, mit technischen Mitteln „lebende" Geschöpfe oder Organismen außerhalb der natürlichen Evolution zu kreieren. Eine bemerkenswerte Duplizität der Ereignisse, nur getrennt durch Jahrhunderte und unterscheidbar durch Werkzeuge, die unterschiedlicher nicht sein können.

Wenn wir – kulturgeschichtlich gesehen – frühe Überlieferungen zum Begriff des *Homunkulus* oder *Homunculus* zu Rate ziehen, wird von Wimmel (in Döring und Kullmann 1974) bereits Marcus Tullius Cicero (106–43 v. Chr.) mit dem Begriff in Verbindung gebracht. Cicero, als gewandter Redner bekannt, nannte *seinen virtuellen* Idealredner Homunculus, mit dem er ein vertrauliches Verhältnis pflegte. Jahrhunderte später taucht der Homunculus, der künstliche „Mensch", wieder in Goethes Stück Faust II (Teil II beendet 1830) auf, als ein Männlein, das in einer Gasflasche aus chemischen Stoffen erzeugt wurde (Goethe 2014, 65–71). Noch heute wird der Begriff des Homunculus in der Neurowissen-

---

[27] Grob geschätzt eine Periode, die um 1100 v. Chr. begann und mit dem Zusammenbruch des römischen Reiches um 500 n. Chr. endete.

[28] https://de.wikipedia.org/wiki/Heron_von_Alexandria, mit weiteren Quellenangaben (Zugriff: 05.08.2016).

[29] https://de.wikipedia.org/wiki/Al-Dschazarī (Zugriff: 05.08.2016).

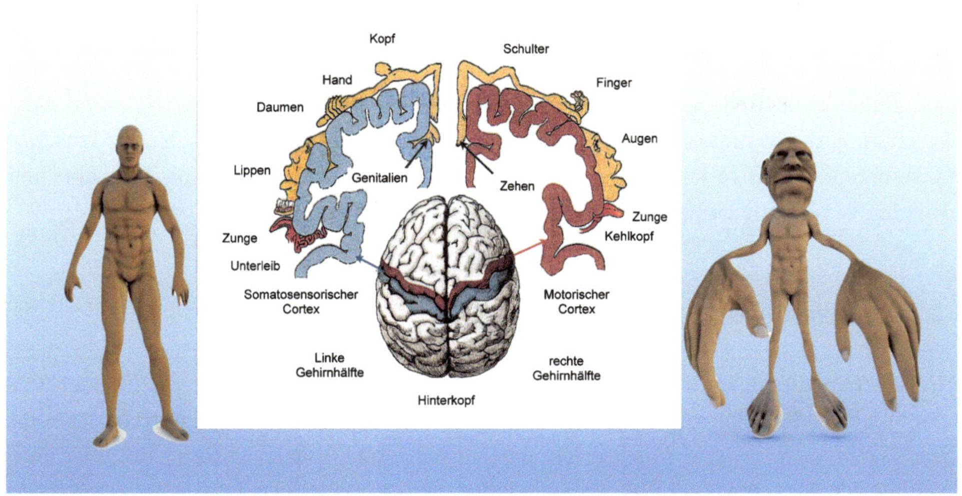

Abb. 2.5 Neurologischer Homunculus. (Aus: Reinert et al. 2012, 2165–2171; Brunetti 2015, 14)

schaft – hier definiert als *Menschlein* – verwendet. Es zeigt „[…] die Zuordnung von motorischen und somatosensorischen Arealen der Großhirnrinde des Menschen zu Körperteilen als Ausdruck einer funktionellen Architektonik der Großhirnrinde (Abb. 2.5), die von Penfield und Rasmussen (1950) erstmals beschrieben wurde."[30]

In Abb. 2.5 ist links die Gestalt des Menschen erkennbar, wie wir ihn sehen, und rechts der menschliche Homunculus (aus Reinert et al. 2012). Die Bildmitte zeigt die somatosensorischen und motorischen Areale der Großhirnrinde des Menschen zu Körperteilen als Ausdruck einer funktionellen Architektonik der Großhirnrinde, die von Penfield und Rasmussen 1950 erstmals beschrieben wurde (aus Brunetti 2015). Vor und hinter der Zentralfurche kann man die genaue punktuelle Repräsentation des Körpers darstellen. Man unterscheidet einen somatosensorischen Homunculus auf dem Gyrus postcentralis (hinter der Zentralfurche gelegene Hirnwindung, Abb. 2.5 mittlere Skizze, blau) und einen motorischen Homunculus auf dem Gyrus praecentralis (vor der Zentralfurche gelegene Hirnwindung, Abb. 2.5 mittlere Skizze, rot). Die Proportionen des „Männleins" ergeben sich aus der jeweiligen biologischen Bedeutung: Hand und Mund zusammen nehmen beim Menschen mehr als die Hälfte des Areals ein. Man beachte auch die Unterschiede zwischen den beiden Männlein. Es gibt z. B. ein sensorisches Feld für Zähne (Zahnschmerzen) und Gaumen, aber kein motorisches Äquivalent dafür, da die Zähne nicht separat bewegt werden können. Die Homunculi entsprechen den primären Rindenfeldern für Motorik und Somatosensorik (Quelle: Lexikon der Neurowissenschaft, 2000, Stichwort Homunculus, Copyright Spektrum Akademischer Verlag, Heidelberg).

---

[30] Lexikon der Neurowissenschaft, Stichwort Homunculus, Copyright 2000 Spektrum Akademischer Verlag, Heidelberg.

Das künstliche Menschlein, der Homunculus, der sich aus dem Gebräu chemischer Substanzen einerseits und gedanklichen Interpretationen andererseits zusammensetzen, selbst wenn letzteres in der heutigen Neurologie Bedeutung besitzt, hat seit dem Spätmittelalter neue Bedeutung bekommen. Menschenähnliche – geistlose – Geschöpfe zu erschaffen, die bestimmten funktionalen Zwecken dienen und denen sich der Mensch zu seinem Schutz und zu seiner Bequemlichkeit bedient, hat seit Leonardo da Vinci eine neue pragmatische Entwicklung eingeläutet.

2.2.7 *Humanoide* seit Leonardo da Vinci

In seinem bemerkenswerten Buch über Leonardo da Vinci beleuchte Mario Taddei (2008) den genialen Forscher und Praktiker auch als erfindungsreichen Ingenieur von Robotern und Automaten. Es sind konstruierte mechanische funktionale Abläufe, die über einen raffinierten Mechanismus Roboter selbsttätig menschenähnliche Bewegungen ausführen lassen, und alles ohne den Eingriff von Menschen. Aus heutiger Sicht wurden diese technischen Leistungen vor 500 Jahren, in einer *Zeit des Umbruchs,* der *Renaissance* geschaffen.

> Leonardos oberstes Ziel war ein Höchstmaß an Klarheit und Kürze. Einfachheit und Knappheit, das waren die Prinzipien, die sein wirken als Maler prägten, nach denen er wissenschaftliche Entdeckungen erklärte, seine Zeichnungen ausführte und nach denen er schrieb. Leonardos knapp formulierte Sätze sind ein Spiegelbild seiner präzisen, scharfen Denkweise, die stets die Unschärfe, die Ungenauigkeit ablehnte. Daher ist selbst in seinen Entwürfen von Automaten und in den Mechanikzeichnungen das Bestreben erkennbar, maximale Wirkung durch einen Mindesteinsatz an Kraft und durch höchste Einfachheit zu erzielen – eben genau wie die Natur. Jede natürliche Aktion geschieht auf dem kürzestmöglichen Weg. (Taddei 2008, 11).

Komplexe Bewegungsmuster erzielte Leonardo durch den Einsatz von mechanischen Energiespeichern, kombiniert mit einer Vielzahl von Techniken (ebd. 54–81), die auch noch nach 500 Jahren ihren Zweck erfüllen. Dazu zählen unter anderem:

- Nichtlineare Bewegung entlang einer Welle
- Wechselbewegung durch Kurbelantrieb
- Wechselnde Drehbewegung
- Vorprogrammierte Fortbewegung entlang einer eingestellten Spur
- Schwerkraft-Gyroskop
- Phasenverschobener Motor mit Federaufzug
- Schwungräder mit Kurbeln
- Mehrfachrollensysteme
- Räder ohne Zähne und Zapfen
- Bohr- und Schleifvorrichtungen mit kombinierten translatorischen und rotatorischen Bewegungen.

Die Mechaniken bzw. Elektromechaniken und elektronischen Bauteile heutiger Roboter funktionieren demgegenüber mit komplett anderen Speicher- und Steuerungstechniken, wobei jedoch die grundlegenden mechanischen Prinzipien dieselben geblieben sind wie vor 500 Jahren, was den Wert von da Vincis Leistungen noch erhöht.

Lassen sich auch die Ingenieur- und Naturwissenschaftler einerseits und die begabten Praktiker andererseits bei ihren Roboter-Konstruktionen von Leonardos *Höchstmaß an Klarheit und Kürze, Einfachheit und Knappheit* leiten? Zweifel sind angebracht. Der technische Fortschritt macht es möglich, dass heutige Roboterentwickler auf einen großen Fundus an technischen Materialien und elektronischen Bauteilen zurückgreifen können. Gefragt ist weniger Sparsamkeit und Einfachheit von Roboterkonstruktionen, sondern steigende Funktionalität, mit welchen komplizierten Materialverbünden sie auch immer erreicht werden. Der sparsame Einsatz von Energie ist zweitrangig, der Einsatz naturverträglicher Werkstoffe ebenso.

Die Ausbeutung natürlicher Ressourcen und infolgedessen die Zerstörung natürlicher Lebensgrundlagen waren auch vor Jahrhunderten nicht unbekannt. Heute haben sie jedoch ein Ausmaß angenommen, dass jede technische Innovation, auch die der Robotik, bereits im Planungsstadium darauf reagieren und ihren eigenen potenziellen Beitrag daraufhin prüfen sollte – siehe Abschn. 3.2.2, Fehlerchronik.

Leonardo da Vincis technische Leistungen können auch unter dem Gesichtspunkt des effektiven und effizienten Einsatzes von Energie und Materialien, die ihm zu seiner Zeit zur Verfügung standen, auch nach 500 Jahren noch nicht annähernd vollständig gewürdigt werden. Die Abb. 2.6 und 2.7 zeigen Details zum Entwurf und Bau eines humanoiden Roboters.

Ähnlich wie die Zuordnung, durch seine biologisch-technischen Analysen als erster Bioniker zu gelten, trifft auch die Behauptung, der erste gewesen zu sein, der eine humanoide Existenz, einen humanoiden Roboter konstruiert hat, auf Leonardo da Vinci zu.

Die Abb. 2.7 zeigt eine Vielzahl von Details als Konstruktionselemente, Führungsvorrichtungen und Bewegungsmuster. Links etwas unterhalb der Mitte ist ein schlangenartiges Seil erkennbar, das nichts anderes zeigt als den freigeschnittenen Bewegungsablauf des Seils durch ein Rollensystem.

Die Bildsequenz aus den Abb. 2.8, 2.9 und 2.10 zeigt drei Hand-Arm-Systeme von Mensch und Humanoiden aus unterschiedlichen Entwicklungsperioden.

Die erste Abbildung (Abb. 2.8) in der Dreier-Sequenz zeigt einen menschlichen Arm, mit Oberarm, Ellbogengelenk, Unterarm, Handgelenk und Hand als zentralem „Greiforgan" im Raum. Das hauptsächlich durch Muskulatur gesicherte Schultergelenk gilt als beweglichstes Körpergelenk des Menschen. Es folgt der Oberarmknochen, umgeben mit einer Vielzahl von Muskelbündeln. Es schließt das Ellbogengelenk mit zugehörigen Muskelbündeln an, ein Dreiteilegelenk, das übergeht in den rotatorisch beweglichen Unterarm aus Elle und Speiche. Schließlich komplettiert das komplizierte Handgelenk mit Hand und fünf beweglichen Fingern mit Beugungs-, Streck-, Spreizungsbewegungen das menschliche Hand-Arm-System. Die Grenzschicht zur Umwelt wird durch das flexible, regenerative Organ Haut gebildet, mit einer Vielzahl unterschiedlicher, für physikalisch-chemische Regelungsfunktionen optimierter Sensoren und Aktoren.

Den kompletten menschlichen Arm mit allen komplexen Eigenschaften und Funktionalitäten zu beschreiben, ist nicht das Ziel. Als Vorbild für humanoide Techniken bleibt das weit über 200.000 Jahre entwickelte Wunderwerk, wie auch der Mensch als Ganzes, trotz erreichter Fortschritte bei technischen elektronischen Analogien, unerreichbares Ziel.

Die zweite Abbildung (Abb. 2.9) der Dreier-Sequenz zeigt ebenso ein Hand-Arm-System, diesmal das des vermutlich ersten humanoiden Roboters, skizziert und entworfen von Leonardo da Vinci vor 500 Jahren und in der Gegenwart als dreidimensionales Modell nachgebaut. Mit Hilfe eines einzigen Seilzuges werden über Rollensysteme Schlussbewegungen (Strecken und Beugen) der Arme von Leonardos humanoiden Roboter realisiert. Elemente des inneren Mechanismus sind dem Menschen nachempfundene Gelenke, die mit Stiften fixiert sind, eine bewegliche „Knochenstruktur" und weitere Verbindungarten. Wobei dem mechanischen Reibungsverschleiß und auch der Last der Metallrüstung mit dem härtesten Holz widerstanden wurde, das Leonardo zur Verfügung stand: Ulmenholz (Taddei 2008, 408). Mit einfachsten Materialien aus der Umwelt wurden Bewegungsmuster von Armen und Beinen realisiert. Sowohl die noch stark eingeschränkte Materialvielfalt und mechanische Dynamik als auch Techniken aus der Zeit der Renaissance sind bis in die Gegenwart geradezu explosionsartig gewachsen.

Die dritte Abbildung (Abb. 2.10) in der Dreier-Sequenz zeigt wieder ein Hand-Arm-System, allerdings nach dem Stand der heutigen Technik, in der zweiten Dekade des 21. Jahrhunderts. Materialien, Dynamiken und Techniken, wie sie heute nicht nur für die Konstruktion humanoider Roboter eingesetzt werden, haben die Grenze zwischen natürlicher und künstlicher Sphäre längst überschritten bzw. hinter sich gelassen. Das trifft

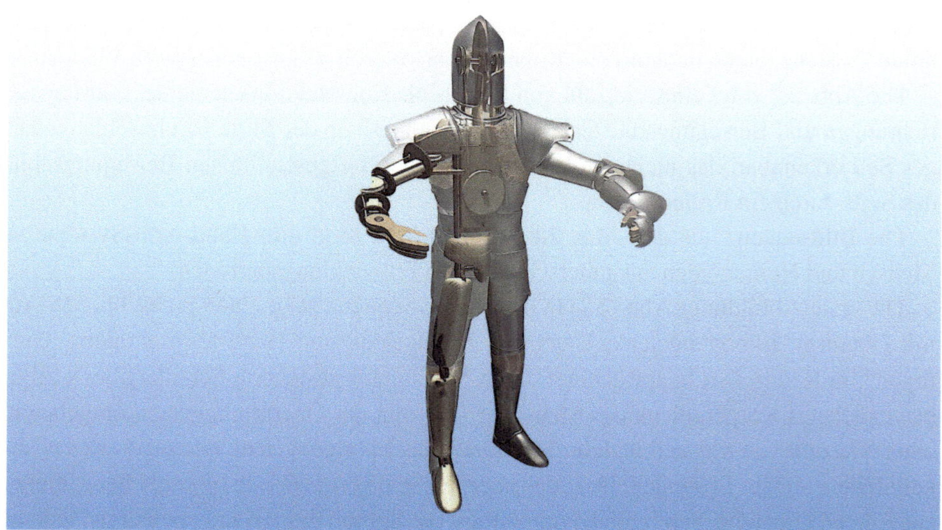

Abb. 2.6 3D-Rekonstruktion eines humanoiden Roboters mit Elementen für den inneren Mechanismus nach Skizzen von Leonardo da Vinci. (Aus: Taddei 2008, 373)

Abb. 2.7 3D-Rekonstruktion von Roboterteilen nach Skizzen von Leonardo da Vinci. (Aus: Taddei, 2008, 254)

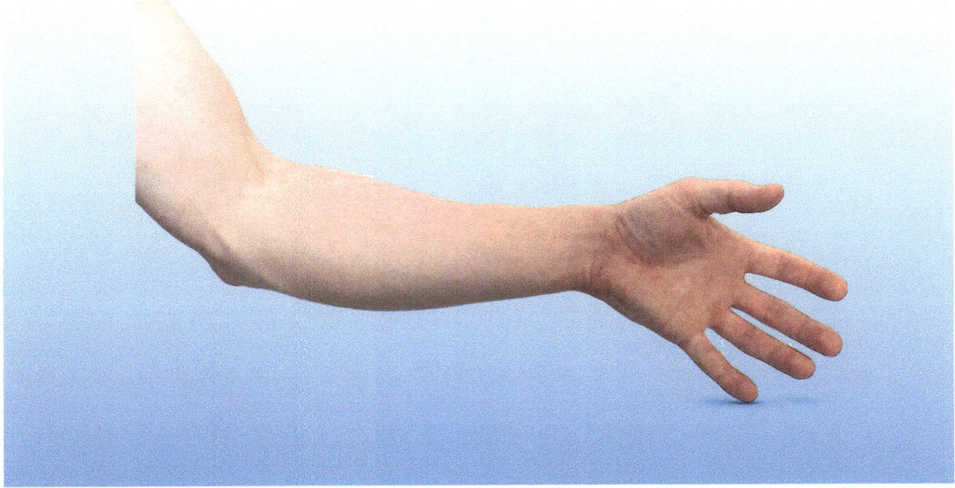

Abb. 2.8 Evolutionäres Hand-Arm-System. (Mit freundlicher Unterstützung von Jan-Philipp Küppers)

insbesondere die Gruppe der Materialien und Werkstoffe. Unterschiede zeigen sich allerdings ebenso beim Hand-Arm-System selbst.

Neben Konstruktionen von künstlichen Gliedmaßen zur Mobilitätsunterstützung von hand-, arm-, fuß- und beinamputierten Menschen im biomedizinischen/biotechnischen

Abb. 2.9 3D-Rekonstruktion eines Roboterarms nach Skizzen von Leonardo da Vinci. (Aus: Taddei 2008, 366)

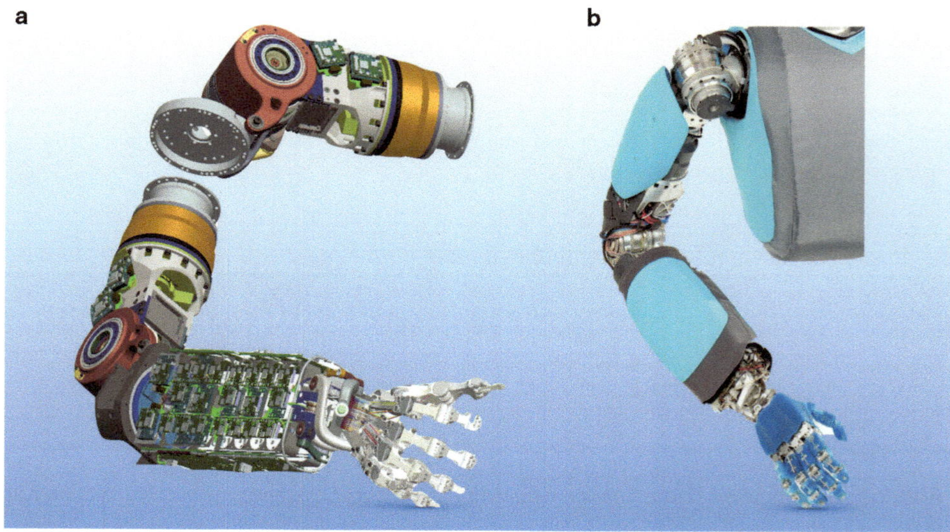

Abb. 2.10 **a** Hand-Arm-System „HASy10", **b** kollaborierender humanoider Roboter mit HASy10 und Schutzmanschetten zur Vermeidung von menschlichen Verletzungen. (Mit freundlicher Unterstützung des Deutsches Zentrums für Luft- und Raumfahrt e. V. – DLR in der Helmholtz-Gemeinschaft – Institut für Robotik und Mechatronik, Oberpfaffenhofen)

Umfeld werden natürlich auch elektronisch gesteuerte bzw. geregelte Hand-Arm-Systeme für Roboter entwickelt. Beide Forschungs- und Entwicklungsrichtungen ergänzen beziehungsweise beeinflussen sich gegenseitigen, wie bereits in den Abb. 2.1 und 2.2 angedeutet wurde. Links in Abb. 2.10 ist ein „Integriertes Hand-Arm-System" – HASy – mit variabler Impedanz (Wechselstromwiderstand) zu sehen, von dem gesagt wird, dass es „*[…] dem menschlichen Vorbild an Größe, Dynamik und Greifkraft so nahe kommt wie vermutlich noch kein System zuvor.*" (Hirzinger 2015, 168; siehe auch ebd., Vorab-Kommentar d. A. zu Menschenhand und Menschenarm). Der Roboterarm besitzt Gelenke mit einstellbarer Nachgiebigkeit (variable Steifigkeit), künstliche Bizeps und Trizeps, Seilzüge, die Sehnenähnlich Kräfte über den Unterarm auf die Finger übertragen, sowie energiespeichernde Federelemente. Rechts ist dasselbe HASy mit stoßdämpfenden Polstern versehen, bei dem der humanoide Roboter kollaborierend und ohne trennenden Schutzbereich mit Menschen zusammenarbeiten soll.

Zwischen der weit über 200.000 Jahre alten evolutionären Technik des menschlichen Hand-Arm-Systems, dem zirka 500 Jahre alten ersten künstlichen Hand-Arm-System eines humanoiden Roboters mit raffinierten Bewegungsmustern und Bauteilen, die ausschließlich natürlichen Werkstoffen entspringen, und schließlich dem heuten elektrisch/elektronisch gesteuerten Hand-Arm-System mit Duzenden von Präzisionsmotoren und über hundert Sensoren, mit einer Materialvielfalt, die teils persistente und naturbelastende Eigenschaften aufweist, liegen im wahrsten Sinn des Wortes Welten. Fortschritte müssen sein, jedoch fordern sie auch ihren Tribut. Die zunehmende Komplexität, die wir ohne Wenn und Aber zur Kenntnis nehmen müssen und mit der wir uns – auch im Sinne des Fortschritts und des Überlebens – arrangieren müssen, wird zeigen, wie humane und humanoide Koexistenz, der wir nicht entgehen können, bestehen bleibt. Dafür Prognosen zu treffen für die nächsten Jahrzehnte oder bis zum kommenden Jahrhundert, wäre unseriös. Aus Sicht des Autors wäre eher eine Strategie der Hochachtsamkeit angebracht, die technische Fortschritte im Zusammenhang von gesellschaftlichen und natürlichen Umfeldern stärkt – und zwar auf nachhaltige Weise.

Vernachlässigte Ehrfurcht vor den Ergebnissen der Evolution, auf Kosten des persönlichen ehrgeizigen Technikfortschritts, erst recht auf dem Weg in die digitale Sphäre, ist kein guter Ratgeber für eine nachhaltige Zukunft. Künstliche Intelligenzen oder sogar eine Superintelligenz (Bostrom 2014), eine technologische Singularität, die uns Menschen nicht nur verändern, sondern überflüssig (!?) machen soll (Kurzweil 2013; Lotter 2016), haben das Spiel ohne die Rechnung und Raffinessen der Natur gemacht. Denn diese verstehen wir bis heute nur ansatzweise und beherrschen werden wir sie wohl kaum.

Es bleibt die Weisheit des deutschen Gymnasialprofessors Otto Kimming (1858–1913), der einst bemerkte:

„Nicht jedes Fortschreiten ist ein Fortschritt. "[31]

Das trifft sicher auch auf die Entwicklung humanoider Existenzen und deren Kooperation mit Menschen zu.

---

[31] https://www.aphorismen.de/zitat/196240 (Zugriff: 26.07.2016).

Abb. 2.11 Jacques de Vaucansons (1709–1782) humanoide Musikanten. (Aus: https://de.wikipedia. org/wiki/Jacques_de_Vaucanson, Zugriff: 08.08.2016)

Nach diesem eingeschobenen Vergleich einer humanen/humanoiden Teil-Konstruktion über eine Entwicklungsspanne vom Menschwerden bis in die Jetztzeit, knüpfen wir wieder an historische Entwicklungen von humanoiden Konstruktionen nach da Vinci (15./16. Jhd.) an und springen zurück ins 18. Jahrhundert:

Jacques de Vaucanson war ein ernst zu nehmender Mechaniker in hohen Staatsdiensten. Seine Versuche, einen automatischen Webstuhl zu konstruieren, riefen allerdings den handgreiflichen Zorn der Weber hervor. [...] Die Mutter, voller Vertrauen in die Talente ihres Sohnes, zahlte eine beträchtliche Summe für seine Aufnahme in das Collège de Juilly, eines katholischen Internats, wo Jacques lesen und schreiben lernte. Pater Jean-Simon Mazières, ein Mitglied der Akademie der Wissenschaften, wurde auf Jacques aufmerksam und half ihm beim Bau eines Bootmodells mit mechanischem Antrieb. Jacques de Vaucanson begann, Dinge zu erfinden, die ihn weit über Frankreich hinaus bekannt machten. 1738 stellte er der französischen Akademie der Wissenschaften einen fast lebensgroßen mechanischen Flötenspieler vor, der ein Repertoire von 12 Stücken beherrschte. Im gleichen Jahr konstruierte er zwei weitere spektakuläre Automaten, einen Tamburin-Spieler – und sein berühmtestes Stück, eine mechanische Ente. (Schulenburg 2007) (siehe Abb. 2.11 und Abschn. 4.6, Kleine Helfershelfer).

Mitte des 19. Jahrhunderts schien die Entwicklung humanoider Roboter geradezu zu explodieren: „Word Robot", „Mr. Eisenbrass", „Steam Men", „Elektric Man", „Eric Robot", Mechanical Man „Rupert", „Gakuensoku", „Sabor II", „Mr. Radio Robot", „Egbert", „Budapest Robot", „Elektro", „Robin the Robot", „Mr. Magnetron", „MM6", „REM", „Orion Robot", Anthropomorphic Robot „Shadow" und viele mehr (http://cyberneticzoo. com/robot-time-line, Zugriff: 18.08.2016). Eisen und Nichteisen, wie Messing und Aluminium, waren bevorzugte Materialien für die menschenähnlich geformten Körper der Roboter.

„Eric Robot" ist ein typisches Beispiel. Seine menschenähnlichen Konstruktionen wurde 1928 in England von Captain Richard und A. H. Reffell erschaffen. Er war dafür vorgesehen, eine Ausstellung zu eröffnen, zwar als stationärer Roboter, aber mit verschiedenen Körper-, Kopf- und Armbewegungen. Sein Sprechen war ferngesteuert und 35.000 V waren erforderlich, um dabei ein blaues Funkeln seiner Zähne zu erzeugen. Im Sockel, auf dem Eric stand, war ein 12-Volt-Elektromotor, im Körper ein weiterer Motor, zudem elf Elektromagnete und über 4,5 km Kabel montiert.[32]

Die sprechende, zählende und rauchende (!) Maschinengestalt „Electro" wurde 1939 von der Firma Westinghouse als humanoider Roboter auf der Weltausstellung in New York präsentiert. Er ist über zwei Meter groß. Auf bestimmte Sätze, die ein Moderator in ein verkabeltes Mikrophon spricht, antwortet Elektro mit vorprogrammierter Sprachausgabe.[33] Ebenso beginnt er nach Aufforderung, an einer Zigarette zu ziehen, die sichtbar Qualm erzeugt.[34] Beide Beispiele aus der Epoche des 19. Jahrhundert zeigen das Bemühen, künstliche Existenzen nach Menschengestalt zu schaffen, mit näherungsweise menschenähnlichen Bewegungen, Sprachausgaben oder anderen programmierten Kunststücken, die mehr oder weniger ferngesteuert sind.

Eine Übersicht über die Entwicklung humanoider Roboter, die mit unterschiedlichsten Funktionen und für verschiedenste Zwecke konstruiert wurden und werden, und deren Anzahl vermutlich die Tausende überschritten hat, ist mit etlichen Querverweisen auf Forschungseinrichtungen und Unternehmen, unter folgenden Adressen zu finden:

- https://de.wikipedia.org/wiki/Humanoider_Roboter
- https://en.wikipedia.org/wiki/Humanoid_robot
- https://sites.google.com/site/luisbeck0072/humanoid907686532 (Liste der 400 bekanntesten humanoiden Roboter) (Zugriff auf alle drei Quellen: 08.08.2016).

Eine weitere Auswahl, als „Zeitleiste menschenähnlicher Roboter" definiert, findet sich in Hesse und Malisa 2016, 406–409. Auf einige humanoide Exemplare, die den Stand der Forschung und Entwicklung von August 2016 widerspiegeln, werden wird nun näher eingehen.

---

[32] Eine Anekdote nebenbei: Der oben erwähnte Zorn der Weber gegen die Automatisierung hatte Jahre später, ab 1741, als Vaucanson zum Chefinspekteur der französischen Seidenmanufakturen ernannt wurde, eine Wendung erfahren. Vaucanson konstruierte den ersten lochkartengesteuerten Webstuhl, der – aus Kostengründen – jedoch in einem Museum verschwand. Fast ein halbes Jahrhundert später, um 1804, nahm sich der Erfinder Josef-Marie Jacquard der Maschine an und entwickelt den bis heute bekannten Jacquard-Webstuhl als automatische Textilmaschine, die maßgebend zur industriellen Revolution beitrug. http://cyberneticzoo.com/robots/1928-eric-robot-capt-richards-english (Zugriff: 08.08.2016).

[33] Richards kontrollierte die Antworten von Eric Robot auf Fragen an den Humanoiden auf zweierlei Weise: erstens durch eine nicht sichtbare, antwortgebende Person und zweitens durch einen präparierten Fragenkatalog, bestehend aus 50–60 Fragen – die passende Antworten durch Eric Robot erzeugten – und einer Standardantwort: „I do not know, sir (or madam)". Den Schriftzug RUR kennen wir schon aus Karel Câpeks gleichnamigen Theaterstück von 1921. Die Kontrolle von Electro wurde bereits vorab im Text beschrieben.

[34] https://www.youtube.com/watch?v=T35A3g_GvSg (Zugriff:08.08.2016)

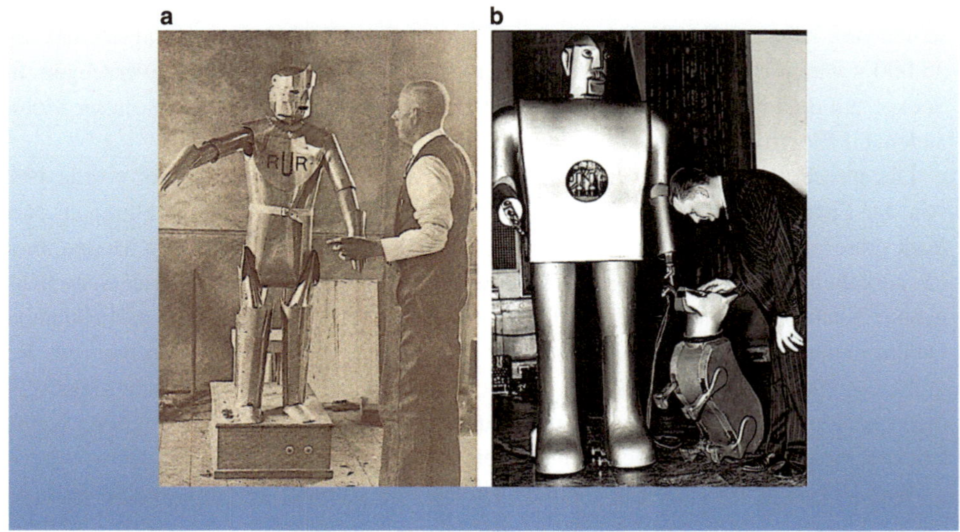

Abb. 2.12 a Humanoider Roboter Eric Robot mit Erbauer Cpt. Richards. (Aus: Knapton, S., Britain's first robot „Eric" to rise again after lost plans found, The Telegraph, 10.05.2016); **b** Humanoider Roboter Elektro mit dem Roboterhund Sparko und Erbauer J. M. Barrett, 19.05.1940. (Aus: http://cyberneticzoo.com/tag/westinghouse/ (Zugriff: 08.08.2016))

Die Abb. 2.12 zeigt die beiden beschriebenen humanoiden Roboter Eric (1928, Capt. Richard und A. H. Reffell) und Electro (1939, Westinghouse Company).

Die Vielzahl recherchierbarer Varianten in der Forschung und Entwicklung humanoider Roboter zwingt zu einer Auswahl, die verknüpft ist mit unterschiedlichen praktischen Anwendungen, sowohl in ziviler als auch in militärischer Umwelt. Zunächst sind in Tab. 2.3 Fünfzehn verschiedene Typen bipedaler humanoider Roboter – Laufroboter – und menschenähnliche stationäre Roboter aufgelistet, nach Jahr, Name, Hersteller und (potenziellem) Einsatz. In den Abb. 2.13, 2.14, 2.15, 2.16, 2.17 und 2.18 sind alle fünfzehn Humanoide in Momentaufnahmen visualisiert (Copyrights: siehe zugehörige Quellen-Adressen in Tab. 2.4).

▶ „Handle" Boston Dynamics

Eine neueste Entwicklung, der Humanoide „*Handle*" von Boston Dynamics (USA), bewegt sich auf zwei Rollen, ähnlich einem *Segway*, einem *Personentransporter* auf zwei Rädern. Er kann Treppen herunterrollen und besitzt zudem zwei Greifarme zum Transport von Lasten, ggf. auch für assistierende Hilfe von Verletzten. Der im Februar 2017 präsentierte Humanoide erreicht eine Geschwindigkeit von bis zu 15 km/h, kann Lasten bis 45 kg tragen und nahezu 1,2 m hoch springen. Boston Dynamics als ein vom US-Verteidigungsministerium gefördertes Unternehmen wird „*Handle*" vermutlich vorrangig für militärische Zwecke einsetzen, z. B. zum Aufnehmen von Verletzen in Krisengebieten, mit relativ schnellem Fortbewegen in sicheren Zonen. Der parallele Einsatz im zivilen Bereich, z. B. nach Erdbeben, um Verletzte zu bergen und aus der Gefahrenzone zu schaffen, wäre ein ebenso sinnvoller Rettungseinsatz.[35]

Bereits diese Beispiele zeigen: Humanoide Roboter zeigen ein reiches Spektrum an Aussehen und Verhalten, ob sie

- in Bewegung oder in Ruhe sind,
- sich als kindlich aussehende Wesen zeigen,
- als Kopien von Menschen mit täuschend echtem Aussehen und Mimiken sympathisch wirken oder erschrecken,

---

[35] Quellen zu Handle: Guizzo, E., Ackermann, E. (2017) Boston Dynamics Officially Unveils Its Wheel-Leg Robot: Best of Both Worlds. IEEE Spectrum, 27.02.2017, http://spectrum. ieee.org/automaton/robotics/humanoids/boston-dynamics-handle-robot (Zugriff: 19.04.2017); Kefer, M. (2017) Mit Roboter Handle macht Boston Dynamics große Sprünge. Ingenieur.de, 01.03.2017, http://www.ingenieur.de/Fachbereiche/Robotik/Mit-Roboter-Handle-Boston-Dynamics-grosse-Spruenge (Zugriff: 19.04.2017).

Tab. 2.3 Fünfzehn ausgewählte humanoide Laufroboter – bipedale Fortbewegung – und stationäre Humanoide, chronologisch nach Jahren geordnet (siehe auch Tab. 2.4)

Jahr	Name	Hersteller	Einsatz	Quelle
ASIMO – Advanced **S**tep in **I**nnovative **MO**bility				
2003 bis …	ASIMO	Honda, Japan	Bipedale menschenähnliche Bewegungen	1
iCUB – Cognitive h**U**manoid Ro**B**ot Platform				
2005 bis …	iCUB	IIT, Italien, EU Italien	Humanoider Roboter mit Aussehen eines 4-jährigen Kindes, offene Plattform für Forschung und kognitive Entwicklung	2
HUBO – HUmanoid Ro**BO**t Research Center				
2005 bis …	HUBO Labs	KAIST, Südkorea	Bipedale menschenähnliche Bewegungen, Gesichtsmimik	3
NAO				
2006 bis …	NAO, NAO next gen, NAO Evolution	Aldebaran, Frankreich	Akademischer Zweck, Labor, Forschung, mehrsprachig, Kommunikation durch Berührung	4
GEMINOID – Humanoider Roboter mit dem Aussehen eines Mannes				
2006 bis …	GEMINOID	ATR-Resarch Institute Japan, Hiroshi Ishiguri Laboratories	Humanoider Roboter, Nachahmung von: äußerer menschlicher Gestalt, täuschend echte Gesichtszüge, Sprache, Kommunikation, Gesichtsmimik	5
WABIAN-2R – WAseda **BI**pedal hum**AN**oid No. **2 R**efined				
2006 bis …	WABIAN-2R	Takanishi Laboratory, Japan	Nachahmung menschlicher Bewegungen, Anwendung in realer Umwelt	6
ROMEO				
2009 bis …	ROMEO	Aldebaran, Frankreich, EU-Institute	Helfer für ältere Personen und Menschen mit eingeschränkter Bewegungsfreiheit	7
PETMAN – Protection **E**nsemble **T**est **Man**nequin				
2009 bis …	PETMAN	Boston Dynamics, USA, US-Militär	1. anthropomorpher Roboter mit Beweglichkeit wie beim Menschen, Testmodell für Schutzkleidung gegen chemische Stoffe, Einsatz für militärische Zwecke	8
HRP 4c – Humanoid **R**obot **P**latform				
2010 bis …	HRP-4c	Kawada und AIST, Japan	Weiblich aussehender humanoider Roboter, leichtgewichtige schlanke Körperform, Kommunikation mit Menschen, tanzend, singend	9

Tab. 2.3 (Fortsetzung)

Jahr	Name	Hersteller	Einsatz	Quelle
ECCE – Embodied Cognition in a Compliantly Engineered-Robot				
2011 bis …	ECCE-Robot	EU-Eccerobot	Humanoide Roboter als Menschenkopien in Aussehen, Bewegung, innerer Struktur und des Bewegungsapparates	10
POPPY – Offene Plattform für die Entwicklung und Nutzung von Robotern in 3D-Druck				
2012 bis …	POPPY	Inria's Flowers Lab, Frankreich, EU	Experimente in humanoidem Design, humanoide 3D-Konstruktion mit additiver Fertigungstechnik	11
ATLAS – (griechische Mythologie)				
2013 bis …	ATLAS Folgemodell von PETMAN	Boston Dynamics, USA, US-Militär	Hochmobiler humanoider Roboter für Einsätze in unebenem Gelände, Katastropheneinsätze, Militäreinsätze	12
VALKYRIE – (Walküre) offizieller Name „R5"				
2013 bis …	VALKYRIE „R5"	NASA, USA	Weltraumaktivitäten, Einsatzerleichterung nach Unglücken	13
TORO – TOrque controlled humanoid RObot				
2013 bis …	TORO	DLR, Deutschland	Humanoider Forschungsroboter zum Erproben von Balancieren und Gehen	14
NADINE – Abgeleitet vom Vornamen der Entwicklerin Nadia Thalmann				
2015 bis …	NADINE	NTU Singapur	Menschenähnlicher sozialer Roboter in Aussehen, Mimik und Berühren, Kommunikation mit Menschen	15

- als Spezialroboter konstruiert sind für technische Sicherheitstests gegen chemische Gefahren
- als martialisch daherkommende „Krieger" auftreten oder
- als Entwicklungen von humanoiden Robotern in Erscheinung treten, die als Gesprächspartner und Dienstleister für Menschen und mit Menschen Arbeiten verrichten.

Das Spektrum in Forschung und Entwicklung humanoider Roboter *im Dienst des Menschen* scheint unbegrenzt. Dabei spielt die Kontaktaufnahme durch humanoide Roboter, zum Beispiel durch sanftes Berühren oder visuelles und sprachliches Kommunizieren, eine zunehmend wichtige Rolle. Kurz gesagt: Menschen und humanoide Roboter rücken spürbar näher zusammen. Hierbei entstehen – menschlich natürlich – Reflexe von Sympathie und Antipathie. Ein kindlicher humanoider Roboter wie *iCub*, der sich menschenähnlich bewegt, sieht, hört und spricht, in einem Wort: agiert, wird vermutlich sympathischer auf Menschen wirken als der Humanoide *ATLAS*, ein erwachsen aussehender, höchst mo-

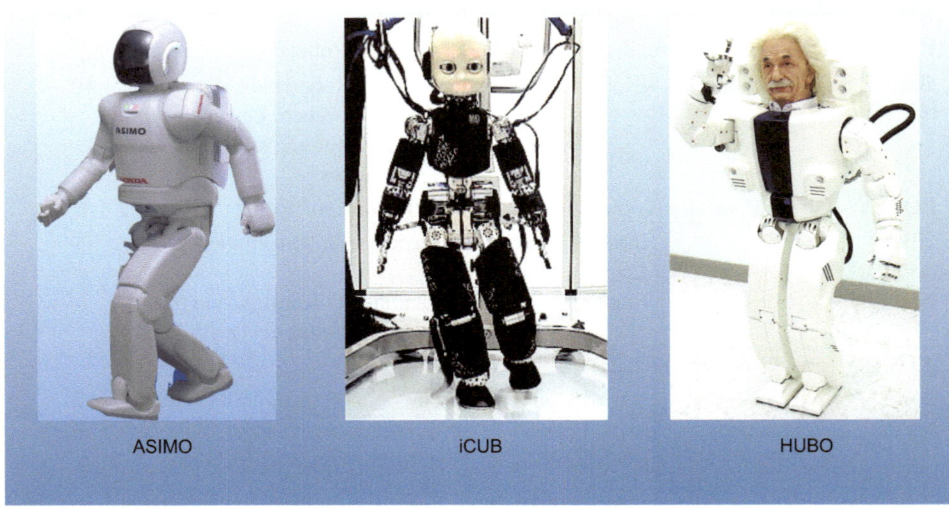

Abb. 2.13 Humanoide bipedale Roboter Asimo, iCub und Hubo

Abb. 2.14 Humanoide Roboter Geminoid und Geminoid F (Female, weiblich)

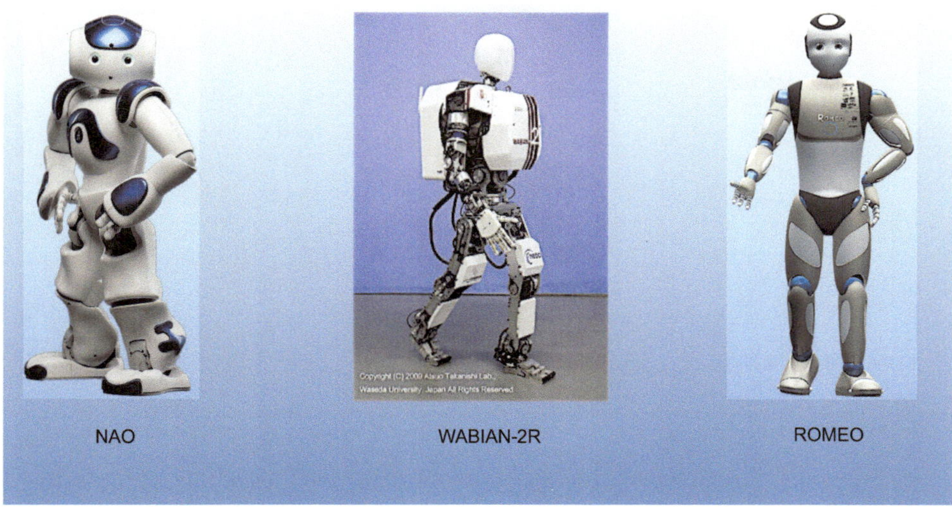

Abb. 2.15 Humanoide bipedale Roboter Nao, Wabian-2R und Romeo

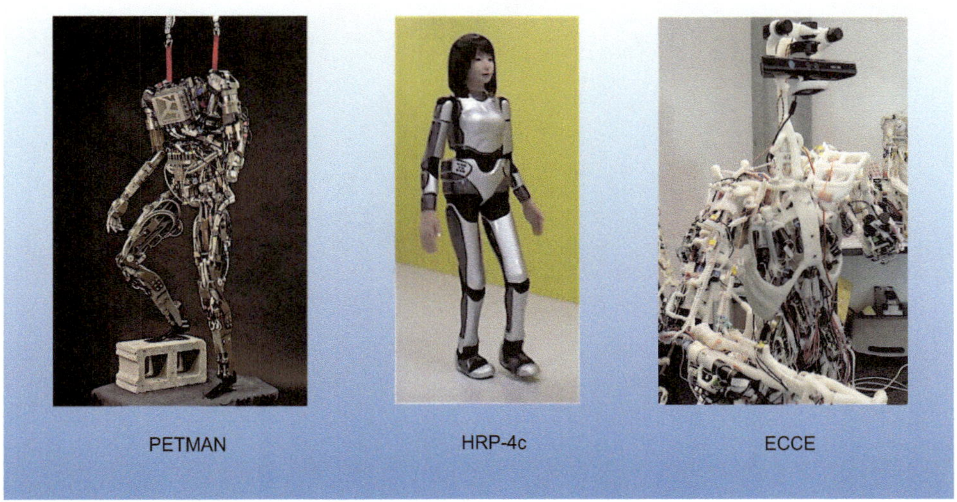

Abb. 2.16 Humanoide bipedale Roboter Petman und HRP-4c sowie Ecce

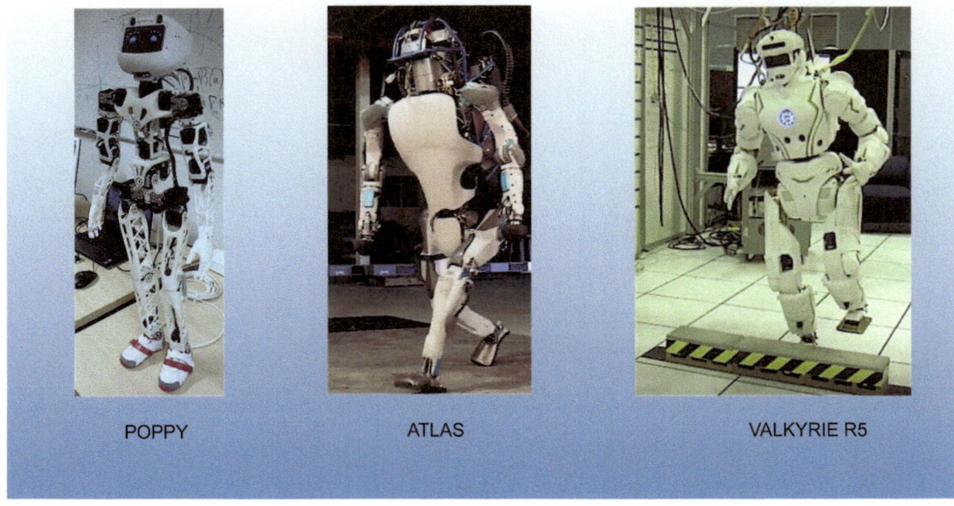

Abb. 2.17 Humanoide bipedale Roboter Poppy, ATLAS und Valkyrie R5

Abb. 2.18 Humanoide Roboter Toro und Nadine

Tab. 2.4 Quellen-Adressen von Unternehmen und FE-Instituten zu Tab. 2.3. (Alle Quellenzugriffe August 2016)

1	Honda	http://world.honda.com/ASIMO/
2	Instituto Italiano di Tecnologia	https://www.iit.it/it/linee/icub
3	Kaist-Hubo Labs	https://de.wikipedia.org/wiki/HUBO_Labs
4	Aldebaran	https://www.ald.softbankrobotics.com/en
5	ATR-Resarch Institute Japan	http://www.geminoid.jp/en/robots.html
6	Takanishi Laboratory	http://www.takanishi.mech.waseda.ac.jp/top/research/wabian/
7	Aldebaran	https://www.ald.softbankrobotics.com/en
8	Boston Dynamics	http://www.bostondynamics.com
9	Kawada	http://global.kawada.jp/mechatronics/
10	EU-ICT-Challenge 2	http://eccerobot.org/index.html
11	Inrias Flowers Lab	https://www.poppy-project.org/en/about/
12	Boston Dynamics	http://www.bostondynamics.com
13	Nasa	https://www.nasa.gov/feature/nasa-looks-to-university-robotics-groups-to-advance-latest-humanoid-robot
14	DLR	http://www.dlr.de/rm/en/desktopdefault.aspx/tabid-6838/11291_read-25964/
15	NTU-Singapur	http://imi.ntu.edu.sg/Pages/Home.aspx

biler, in unebenem Gelände schnell laufender Roboter, der auch nach einem Hinfallen sich selbstständig wieder aufrichtet und allein durch seine Größe bei Menschen Furcht einflößen kann (siehe Abschn. 2.2.2 und Abb. 2.4).

Die humanoide ingenieurtechnische Entwicklung zu immer perfekteren sozialen Verhaltensweisen und Ausdrucksformen von Menschen reicht bis in kleinste Bewegungsmuster von Augenlidbewegungen oder Zuckungen auf künstlicher Haut. Das Zusammenwirken verschiedener wissenschaftlich-technischer Disziplinen wird zunehmend effizienter und lässt aus heutiger Sicht nur erahnen, wann Humanoide Musikkonzerte geben, gegen Menschen Fußball spielen, systematisch als Ersatz für körperlich schwere Arbeiten herangezogen werden oder Routinearbeiten in öffentlichen Verwaltungen übernehmen.

Aber Technik und Wissenschaft alleine können auf Dauer keinen humanoiden Fortschritt in der evolutionären humanen Gesellschaft auf den Weg bringen – was im Rückblick auf die letzten beiden Abschnitte als ein erstes Zwischenfazit – zwischen „menschlichem Leben" und „humanoider Existenz" – gelten kann. Da aber auch die Entwicklung kaum aufzuhalten ist, kommt es darauf an, die richtigen Rahmenbedingungen und Grenzen zu setzen, vernünftige humane-humanoide Organisationsstrukturen und -prozesse zu entwickeln, Prinzipien und Ziele zu erarbeiten, die zu einem konflikttoleranten und nachhaltigen Fortschritt führen.

Organisationsmuster sind in diesem Kontext eine grundlegende Voraussetzung für das Zusammenleben von Menschen. Ohne diese entstünden auf Dauer chaotische Zustände. Jede Gesellschaft, von der kleinsten familiären Einheit bis zu erdumspannenden länderübergreifenden Verbünden, folgen bestimmten organisatorischen Abläufen innerhalb einer gegebenen Struktur. Dahinter kommen zentralistische, hierarchische, kooperative und auch selbstlernende Prozesse zum Vorschein, mit mehr oder weniger fehlertoleranten, widerstandsfähigen, zuverlässigen und erfolgversprechenden Eigenschaften.

Im zentralen Fokus steht bei allen Organisationen der Umgang mit dynamischen Prozessen – mit natürlicher und technischer Komplexität. Davon hängt nicht zuletzt auch der existenzielle Fortbestand ab. Humanen bzw. Menschen bereitet es enorme Schwierigkeiten, mit ihrem überwiegenden Kurzfristdenken Fortschritte innerhalb ihrer zunehmend komplexen – auch persönlich nahen – Umwelt nachhaltig zu gestalten. Dies ist erst recht dann der Fall, wenn reale Probleme oder Gefahren unerwartet kommen, physisch nicht greifbar sind oder schleichend ihre zerstörende Wirkung vollziehen. Werden die einen oder anderen Gefahren in ihrem komplexen Ausmaß erkannt, ist es oft zu spät, um zu reagieren. Reparaturen können dann nur als „Tropfen auf den heißen Stein" eine Verlegenheitslösung sein.

Wenn aber Menschen mit diesen lokalen und globalen, in jedem Fall komplexen Problemen – die ihr Überleben angreifen und schwächen – stark überfordert sind, können dann „intelligente" oder intelligent eingesetzte Humanoide ein Ausweg aus dem Dilemma von menschlichem Fortschritt und zunehmender Zerstörung ihrer Lebensgrundlage sein? Werden Humanoide einst die von Menschen verursachten und weiterhin – trotz besseren Wissens (Waldzerstörung, Monokulturen, Atmosphären-„CO_2-Vergasung", Meeres- und Gebirgsvermüllung, Politik-Krisenversagen, Diktaturdominanz der Ökonomie gegenüber Ökologie und Sozialem u. v. m.) praktizierten Fehler im Denken und Handeln zügig erkennen, reduzieren und vermeiden können?

Es sind Fragen von nachhaltiger Bedeutung für Menschen, die heutigen Entwicklungswegen von Humanoiden überlagert sind. Technische Steuerungs- und Regelungsfunktionalität, äußere Form, künstliche Haut-Oberflächen, kleine Handreichungen und Hilfen für immobile Menschen, laufende, springende, tanzende, sprechende und auch militärische Fähigkeiten sind Beispiele aktueller humanoider Forschung, bei der künstliche Intelligenz (siehe Abschn. 4.3) nicht fehlen darf. Vielleicht müssen erst noch viele grundlegende Detail-Experimente durchgeführt werden, bis Humanoide in Kooperation mit Menschen die übergeordneten Menschenprobleme zu lösen helfen können.

Ein generelles Problem bleibt jedoch bestehen: Die Zeit läuft unaufhaltsam. Wie auch immer die Entwicklung im Netzwerk zwischen Humanen und Humanoiden (Abb. 2.1) oder auf den vier Entwicklungspfaden (Abb. 2.2) verlaufen wird, im Zeitalter des Anthropozäns gilt mehr denn je die Maxime:

▶ Humane Evolution und humanoide Entwicklung besitzen ein gemeinsames Ziel: den Fortbestand von Leben!

2.3 Analoges Denken, Lernen, Vergessen versus digitales Sammeln, Verarbeiten, Speichern

Warum können wir überhaupt denken? Wie denken wir? Was denken wir uns eigentlich? – Warum lernen wir ein Leben lang, wenn wir, und dies teils Sekunden nach einem Erlebnis, den größten Teil unserer Lernfülle doch wieder vergessen – vielleicht ja gerade deshalb? In diesem Kapitel werden markante Merkmale und Eigenschaften neurobiologischer Prozesse im notwendigen begrenzten Rahmen thematisiert. Informationen über tiefergehende Erkenntnisse zu Forschung und Entwicklung in Neurobiologie, Bewusstseinsforschung etc. mögen die geneigten Leserinnen und Leser in der einschlägigen Fachliteratur finden.

Nach einer kurzen Einführung in die *Hardware* menschlichen Denkens wird aus bio-kybernetischer Sicht die Software netzwerkorientierter Prozesse menschlichen Denkens, Lernens und Vergessens näher analysiert. Wir werden einen Blick darauf werfen, wie vernetzte Abläufe in uns nicht nur lebenserhaltend sind, sondern vernetztes Denken auch *die* unbedingte Voraussetzung für nachhaltige Lösungen in unserer komplexen Umwelt ist. Ergänzend wird noch auf einen wesentlichen Aspekt fortschrittlichen Lernens, nämlich den des aufeinander aufbauenden Lernens über Daten, Information und Wissen, eingegangen.

Sodann betrachten wir die humanoide Seite, die informationstechnische Verarbeitung von Daten, die daraus generierten Informationen und das Wissen durch Prozesse des digitalen Sammelns, Verarbeitens und Speicherns.

Schließlich gehen wir einer der wichtigsten Zukunftsfragen humanen und humanoiden Zusammenwirkens nach: Wie verständigen sich Menschen und Humanoide im gegenseitigen fehlertoleranten Einvernehmen? Eingeschlossen dabei sind alle menschlichen Stärken und Schwächen, humanoide technische Anforderungen und Erwartungen und nicht zuletzt die Bewältigung unserer zunehmenden komplexen Umweltprobleme im Zeitalter des Anthropozäns (siehe Abschn. 2.5).

2.3.1 Drei spezielle Blicke auf unser Denkorgan

Das Hinführen zu den drei Abschn. 2.3.2, 2.3.3 und 2.3.4 wird durch drei visuelle Sichtweisen auf unser Gehirn eingeleitet, die sich von unserem menschlichen Gehirn über ein modelliertes Elektronengehirn bis zu einem möglichen neurologisch-elektronischen Gehirnkonstrukt (Abb. 2.19, 2.20 und 2.21) erstrecken. Beginnen wir mit einem Blick auf unsere eigene „Schaltzentrale".

Der Blick auf ein präpariertes menschliches Gehirns (Abb. 2.19) zeigt die äußere, nur wenige Millimeter dicke Großhirnrinde oder *Cortex cerebri*. In ihr finden die komplexesten und höchsten Hirnleistungen statt. Der Cortex ist der eigentliche Ort der Informationsverarbeitung, sozusagen die „Leitstelle" für unsere kognitiven – *denkenden* – Leistungen (s. u. a. Costandi 2015; Madeja 2012; Blackmore 2008; Greenfield 2007; Roth 2001):

- hier nehmen wir Reize aus der Umwelt unbewusst und bewusst wahr,
- hier erkennen wir, lernen und erinnern uns,

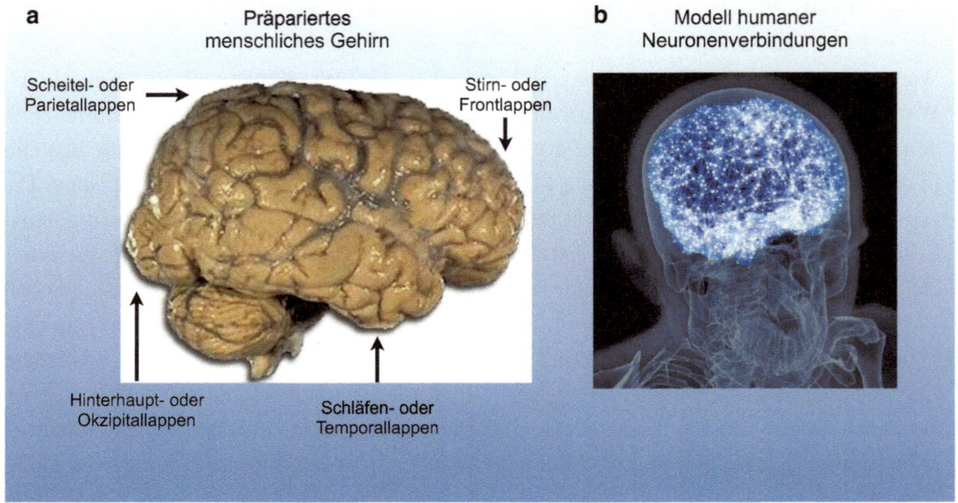

Abb. 2.19 **a** Menschliches Gehirn (aus: https://de.wikipedia.org/wiki/Gehirn (Zugriff: 10.08.2016)), **b** Modelliertes, humanes neuronales Netz. (Aus: Mirco Ilic, Zeitschrift Spektrum der Wissenschaft, Oktober 2011, 22 (Zugriff: 10.08.2016))

- hier wird unsere Aufmerksamkeit beansprucht,
- hier planen wir, sind kreativ, lösen Probleme,
- hier argumentieren wir – auch emotional – u. v. m.

Im Einzelnen können folgende Verarbeitungsleistungen der in Abb. 2.19 gezeigten rechten Hirnhälfte mit vier Bereichen zugeordnet werden, die linke Hirnhälfte ist ebenso aufgebaut (Costandi 2015, 4 f.):

- *Stirn- oder Frontallappen*: komplexe geistige Funktionen, wie logisches Denken und Entscheidungsfindung, motorische Areale, Planen und Durchführen willkürlicher Bewegungen.
- *Scheitel- oder Parietallappen*: somatosensorische Areale, die Informationen von Berührungen am Körper verarbeiten, Verknüpfung verschiedener sensorischer Informationen zur Erfassung eines Raumgefühls unseres Körpers.
- *Schläfen- oder Temporallappen*: Empfang von Ohr-Informationen, die Außenfläche enthält Areale für das Verstehen von Sprache, die Innenfläche enthält den *Hipocampus*. Der Bereich liegt in der Nähe des Hirnstamms und ist entscheidend für die Speicherung von Erinnerungen.
- *Hinterhaupts- oder Okzipitallappen*: verschiedene Areale, die auf Verarbeitung und Interpretation visueller Signale spezialisiert sind.

Drei physikalische Merkmale unseres *Denkorgans* Gehirn sollen – auch mit vergleichendem Blick auf künstlich-intelligente Humanoide – nicht unerwähnt bleiben, es sind dies:

- *Gewicht* von durchschnittlich *1300 g,*
- *Volumen* von durchschnittlich *1400 Kubikzentimeter* und
- *Energiebedarf* von zirka 18 % des menschlichen Grundumsatzes – GU[36].

Soweit es den Punkt Energie betrifft, werden wir diesem als einem von drei wesentlichen *Treibern* unseres humanen-humanoiden-anthropozänen Zeitalters in Abschn. 3.1.2 wiederbegegnen. Verfolgen wir nun den Gedanken der Energie in Zusammenhang mit unserem Denkorgan weiter.

Für einen durchschnittlichen Erwachsenen (abhängig von Alter, Geschlecht, Freizeit-aktivität, Art der Arbeit etc.) wird ein täglicher Grundenergieverbrauch GU/d von 1800 kcal gleich 7,53 MJ berechnet (Deutsche Gesellschaft für Ernährung, DGE 2015), der zu einem Energiebedarf des Gehirns von 1,36 MJ führt (7,53 MJ × 0,18 = 1,36 MJ).

▶ Damit errechnet sich die tägliche GU-Leistung P_{GU} des Gehirns zu 15,7 W.[37]

Vollziehen wir über den Tag mehr oder weniger anstrengende geistig-körperliche Tätigkeiten, wird unser Grundenergieverbrauch (1800 kcal) durch Multiplikation mit einem PAL-Wert (Physical Activity Level) zu einem Gesamtenergieverbrauch – GEV. Mit einen durchschnittlichen PAL-Wert von 1,6 errechnen wir für den Menschen eine GEV-Leistung P_{GEV}/d von 2880 Kcal oder 12,05 MJ.

▶ Damit errechnet sich die tägliche GEV-Leistung P_{GEV} des Gehirns zu 25 W.

Eine immer wieder verblüffende Erkenntnis: dass das zirka 86 Mrd. (10^9) Neuronen umfassende Gehirn eines Erwachsenen, mit in die Billiarden (10^{15}) gehenden synaptischen Kontakten, vergleichsweise nur die Leistung einer klassischen 20-Watt-Glühlampe erfordert!

Sehen wir uns die rechte Seite in Abb. 2.19 an. Konkret sind die Verbindungen (blau) von Gehirnregionen mit „Knotenpunkten" (rot) zu erkennen, die Signale aus unterschiedlichen Gehirnregionen miteinander verbinden. Ebenso existiert ein zentraler „Knotenpunkt" mit Verbindungen, die Befehle für unsere Gedanken und unser Verhalten übermitteln (Sporns 2013; Sporns 2011; Hagmann et al. 2008). Die Gesamtheit des kom-

---

[36] Der Grundumsatz eines erwachsenen Menschen, gemessen in der Energieeinheit Joule J bzw. Megajoule MJ, auf den Tag bzw. 24 h bezogen, ist diejenige Energiemenge, die ein menschlicher Körper bei geistiger und körperlicher Ruhe und zum Erhalt der Grundfunktionen benötigt.
[37] Leistung P(Gehirn)/Tag = 1,36 MJ/d = 1.360.000/86.400 J/s = 15,7 W.

plexen Neuronennetzes wird Konnektom[38] genannt. Eine vollständige Netzwerkarte aller menschlichen synaptischen Verbindungen (Kontaktstellen zweier Neuronen) herzustellen, ist sicher hilfreich für die Erkennung der komplexen Struktur (neuronale Hardware). Damit ist aber nicht gesagt, dass auch die Arbeitsweise unseres Gehirn bzw. die funktionalen Abläufe (Software) besser verstanden werden. Ist die Erstellung der kompletten[39] Hardware (immerhin ein Verbindungsnetz aus zirka 86 Mrd. Neuronen) bereits eine exponierte Aufgabe, wird die Erfassung und Bewertung funktionaler Prozesse vermutlich noch einige Schwierigkeitsgrade höher liegen.

Einen Vergleich zwischen der Leistung unseres Gehirns und dem gegenwärtigen Stand technisch-elektronischer Simulation eines künstlichen Gehirnnetzwerkes, vielleicht auf dem Weg zu einem Humanoiden mit einem künstlichen – dem Menschen vergleichbaren – neuronalen Netz, zeigt Tab. 2.5.

Der Leistungsvergleich in Zeile 11 von Tab. 2.5 zeigt – eindrucksvoll auf seine Weise – die evolutionäre Höchstleistung des komplexesten menschlichen Organs gegenüber dem Bemühen, ihm auf künstlichem Weg näher zu kommen.

Noch eindrucksvoller und ehrfurchteinflößend wird die Leistung unseres Denkorgans, wenn wir die durch Bartol et al. (2015) ermittelte Speicherkapazität einbeziehen, die der Größenordnung nach (Peta-Byte $= 10^{15}$ Byte) der Kapazität des Internets entspricht!

Heutige Humanoide besitzen zwar keine Schaltzentrale nach menschlichem Vorbild, wie es Abb. 2.20 mit Blick in die Zukunft symbolisiert. Dennoch benötigen freilaufende Humanoide eine Energie- und Steuereinheit am „Körper", die ihnen temporär unabhängige Bewegungen erlaubt. Wir erweitern den ganzheitlichen Vergleich des humanen-humanoiden Energieverbrauchs durch drei ausgewählte zweibeinige mobile Humanoide.

Technische Leistungsdaten des von Boston Dynamics entwickelten bipedalen Humanoiden ATLAS (hohe Beweglichkeit), vom Deutschen Zentrum für Luft- und Raumfahrt e. V. entwickelten zweibeinigen TORO und von SRI International entwickelten „energieeffizienten" Humanoiden DURUS (the root there being „durable") sind in Tab. 2.6 zusammengestellt.

Wenn wir auch in diesem humanen-humanoiden Vergleich des Energiebedarfs die menschlichen Daten des täglichen Gesamtenergieumsatzes mit 12,05 MJ bzw. 140 W zugrunde legen, dann sehen wir auch hier noch einen weiten Weg der Annäherung humanoider Roboter an das menschliche Vorbild.

Die Ära, in der Menschen und Humanoide durch interne intelligente Schnittstellen, möglicherweise auch über große Entfernungen, miteinander kommunizieren, ohne hinderliche Verkabelungen oder computerunterstützte Apparaturen, einfach unkompliziert und

---

[38] Konnektom oder connectome sind Schöpfungen des Computerneurowissenschaftlers Olaf Sporns und des biomedizinischen Ingenieurs und Neurowissenschaftlers Patric Hagmann aus 2005. Konnektom beschreibt den Gesamtkomplex der Verbindungen im Nervensystem von Lebewesen, hier des Menschen.

[39] Mit „komplett" soll der Grundbau eines menschlichen neuronalen Netzes verstanden werden. Reale Neuronennetze unterliegen dynamischen Veränderungen, je nach Anforderungen.

[39] Für die Information zu JUQUEEN und zur Simulation von künstlichen neuronalen Netzen am Forschungszentrum Jülich (D) danke ich Herrn Prof. Diesmann und Dr. Attig.

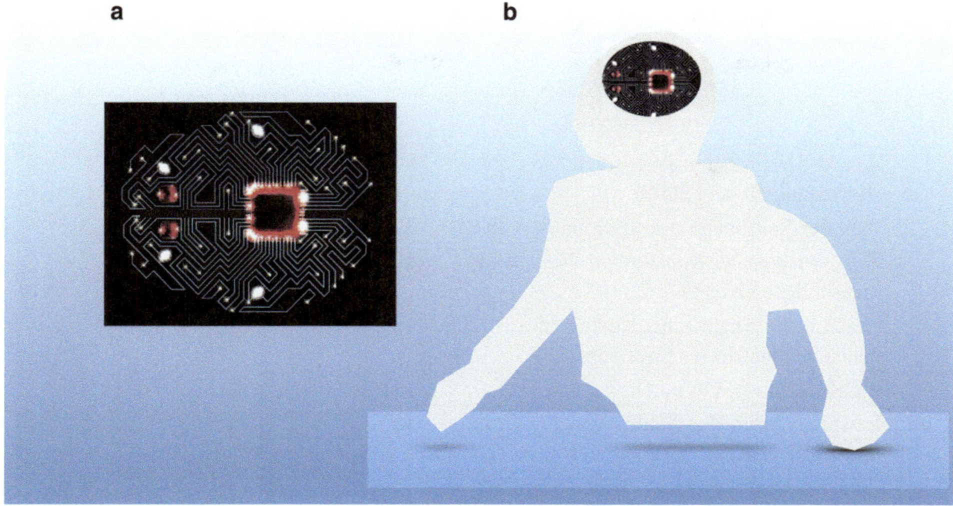

Abb. 2.20 **a** Modellierte Elektronengehirne von Humanoiden. (Aus: Watson 2014, Titelbild, verändert d. d. A.), **b** modellierte humanoide Steuerungszentrale nach Menschenvorbild, Beispiel eines Humanoiden

Abb. 2.21 Imaginäre bio-neurologisch-elektronische Kommunikation zwischen Humanen und Humanoiden über integrierte *intelligente* Schnittstellen. (Skizze in Bildmitte aus: Watson 2014, Titelbild)

Tab. 2.5 Menschliches Neuronennetz und mögliches humanoides Neuronennetz nach menschlichem Vorbild

Nr.	Information	MENSCH	HUMANOID – imaginär – Stand der Simulation (künstliches Neuronennetz) 2016
1	Zahl der Neuronen im menschlichen Gehirn (Herculano-Houzel 2009)	86×10^9	
2	Zahl der Neuronen im menschlichen Kortex	10×10^9	
3	Zahl synaptischer Kontakte pro Neuron im menschlichen Kortex	10^4	
4	Gesamtzahl synaptischer Kontakte im menschlichen Kortex (Wellach 2015)	10^{14}	
5	ø Gehirnvolumen in mm^3	14×10^5	
6	Leistungsbedarf des Gehirns pro Tag Grundumsatz in Watt	**16**	
7	Zahl der simulierten künstlichen Neuronen		10^6
8	Zahl der simulierten künstlichen synaptischen Verbindungen pro Neuron		10^4
9	Zahl simulierter künstlicher neuronaler Netzkontakte (entspricht 1 mm^3 simuliertem Gehirnvolumen)		10^9
10	Leistungsbedarf des Großrechners JU-QUEEN[41] in Gigawatt GW = 10^9 W, für die Simulation von zirka 1 % eines menschlichen Neuronennetzes		**1,7**
11	Leistungsbedarfsverhältnis Mensch: imaginärer Humanoide (mit 1 % des vergleichbaren Gesamt-Neuronennetzes des Menschen)	**1**	$\mathbf{1{,}0625 \times 10^8}$

direkt von Mensch zu Humanoide und umgekehrt, liegt noch tief im Nebel der Zukunft. Ausgeschlossen ist sie nicht – dass sie jemals realisiert wird, auch nicht.

2.3.2 Menschen unter sich – Analoges Denken, Lernen, Vergessen, Miteinander-Reden

Analoges Denken, Lernen und Vergessen ist eine dominante evolutionäre Beigabe, ein Kernelement oder Essential von Menschen, über sich selbst, über Mitmenschen und anderes nachzudenken, insbesondere auch vorausschauend zu denken, durch reflektieren zu lernen, auch Neues zu lernen und mit der Zeit Unwesentliches sukzessive zu vergessen.

Tab. 2.6 Technische Daten von ausgewählten zweibeinigen – bipedalen – Humanoiden

Bipedale Humanoide	Daten
ATLAS	– Größe: 175 cm – Gesamtgewicht: 82 kg – Gewicht der Energie- und Steuereinheit: ...[a] [kg] – Volumen der Energie- und Steuereinheit: ca. 40×10^3 cm^3 (berechneter Messwert nach Boston Dynamics Video: ATLAS, the next Generation, 2.2016) – Energiebedarf der Energie- und Steuereinheit: 3,7 kWh für 1 h in Betrieb – Energiebedarf der Energie- und Steuereinheit: 3,7 kWh für 1 h in Betrieb (Vorgängermodell) – Leistung während des Laufens: nn[a] [Watt = J/s]
TORO	– Größe: 174 cm – Gesamtgewicht: 76,4 kg – Gewicht der LiFePO$_4$-Energieeinheit: ca. 4,6 kg – Energiebedarf der Energie- und Steuereinheit: ca. 317 kWh – Leistung während des Laufens: 300 W = J/s, wobei der größte Teil auf die Steuereinheit entfällt – Geschwindigkeit $v_{MAX} = 0{,}5$ m/s – Laufdauer pro Batteriekapazität: ca. 60 min
DURUS	– Größe: ca. 180 cm – Gewicht von DURUS: 100 kg – Gewicht der Energieeinheit: 19 kg – Energiebedarf: 2,2 kWh für kontinuierliches Laufen von 8 h – Leistung während des Laufens: 350 W = J/s

[a] Werte waren von Boston Dynamics nicht zu bekommen

Es ist trivial, darauf hinzuweisen, dass analoges Denken, Lernen und Vergessen auch die Grundlage für digitales Sammeln, Verarbeiten und Speichern ist. Humanoide sind – in letzter Konsequenz – nicht selbst für ihre Fehler verantwortlich, sondern immer noch der kreative menschliche Programmierer.

> Denken hilft!
> Herr Janosch, kommt es heute auf Intelligenz noch an?
> Unbedingt, sage ich!
> Man sollte sich mindestens drei Mal am Tag mit Denken beschäftigen.
> Janosch in: Zeit-Magazin v. 07.11.2013

Denken

Analogie bedeutet allgemein Ähnlichkeit, Gleichheit oder Übereinstimmung. Dörner (1995, 309) beschreibt *analog* dahingehend, dass zwei Konstrukte strukturgleich oder strukturähnlich sind.

Analoges Denken – mit den Kategorien Zuordnen/Verstehen/Problemlösen – führt zur Beziehung mit Analogien, insbesondere zu deren Bildung, Erkennung und Nutzung (Aßmus 2013, 28). Aßmus schreibt:

> Fähigkeiten im analogen Denken werden als wesentliches Merkmal von Intelligenz angesehen. Analoges Denken ermöglicht, neue Anwendungsbereiche für bestehendes Wissen zu erkennen und dabei neue Wissensbereiche zu erschließen. Es hilft, Wissen zu organisieren, indem mithilfe von Analogien Kategorien vergleichbarer Strukturen und Relationen gebildet werden. Außerdem gestatten Analogien, „den Aufwand zur Repräsentation von Problemen und die Komplexität des Lösungsprozesses beträchtlich zu reduzieren" (van der Meer 1995, 357).

Ohne die evolutionär angelegte Struktur unseres Denkorgans ist Denken nicht möglich. Informationsaustausch unter Menschen und mit unserer Umwelt beherrscht einen großen Teil unserer Aktivitäten, somit auch unser Denken.

Ein arbeitsreicher Tag: Zunächst von einem „Meeting" zum anderen hetzen, Emails von Ihrem Mobiltelefon lesen, selbst welche schreiben und en passant einen Joghurt verzehren, nebenbei unaufhörlich Gesprächsfetzen Ihrer Arbeitskollegen mit fast allen Ihren Sinnen aufnehmen, zwischendurch einen Kaffee kochen und trinken, danach liegengebliebene Texte aufarbeiten, zum x-ten Mal wieder das Email-Postfach öffnen, kurz vor Feierabend noch zu Ihrem Chef gerufen werden, der Sie bittet, handgeschriebene dringende Konferenzvorlagen noch schnell zu korrigieren und ins Reine zu bringen, endlich die Bürotür von außen abschließen können, in Ihren SUV – Sport Utility Vehicle, Geländelimousine – steigen, durch den Straßenverkehr mit engen Einbahnstraßen fahren, die – seltsamerweise – seit gestern ihre Fahrtrichtung gewechselt haben und Sie mit einem Wust von Information neuer Verkehrsschilder auf Ihrer Fahrt nach Hause konfrontieren, endlich zu Hause ankommen, wo Ihnen Ihre Kinder entgegenlaufen und Sie bitten, mit Tennis zu spielen, woraufhin überraschenderweise noch unangekündigter Besuch vor der Tür steht …

Haben Sie nach all diesen verketteten, teils nervenaufreibenden Ereignissen endlich einmal versucht, an *nichts* zu denken? Versucht, Ihre von der Werbung auf geniale Weise suggerierte – und real doch nie erreichbare – *Work-Life-Balance*[41] zu finden?

---

[41] Der Begriff der „Work-Life-Balance", zusätzlich noch symbolisiert durch eine Waage, ist nach Meinung des Autors ein neuzeitlicher geschickter Schachzug der Werbebranche, sich die zuneh-

Nähern wir uns dem Denken von einer anderen Seite und fragen: Können wir überhaupt aufhören zu denken? Denken asiatische buddhistische Mönche, die monate- bis jahrelang in einer Ruheposition verharren? Oder etwas naheliegender: Der gestresste Mitteleuropäer sucht Entspannung durch wiederholtes, meditatives formelhaftes Vorsprechen von einfachen Sätzen, wobei er mit geschlossenen Augen in sich gekehrt ist und den Lärm um sich nur entfernt wahrnimmt, Gedanken, die ihn berühren, weiterziehen lässt und seinem inneren bildhaften Ablauf folgt (Technik des autogenen Trainings). Es fühlt sich wohl und entspannt an. Keine bewussten Gedanken über stressende Arbeitsgespräche stören. Nach einer Weile öffnet er die Augen. Diese Entspannung für Körper und Geist zwischendurch hilft. Das kann auch der Autor durch eigene Versuche bestätigen. Aber – hören wir während der Übungen auf zu denken? Nein. Gedanken tauchen wie aus dem Nichts auf. Es können imaginäre Gespräche mit Arbeitskollegen und im Familienkreis sein, schwierige Problemlösungen und Gefühle, die sie beschäftigen und anderes mehr. Dazu Blackmore (2008, 4): „Diese unaufhörlich fließenden Gedanken sind *Meme*[42]. Sie können ihnen nicht befehlen zu verschwinden. Sie können ihnen nicht einmal befehlen, langsamer zu fließen, oder sich weigern, sich mit ihnen einzulassen. Diese Gedanken sind offenbar eigenmächtig und führen ein Eigenleben."

Blicken wir vorausschauend auf die anschließend diskutierte digitale Sphäre von Daten sammeln, verarbeiten und speichern. Darin wird uns Menschen so vieles an informationsverarbeitenden Prozessen in unserem Gehirn durch technische elektronische Geräte mit digitalem „Eigenleben" abgenommen, um nicht zu sagen: aufgedrängt. Wir laufen Gefahr, uns in unserer evolutionär erworbenen Selbstständigkeit selbst zu degradieren und zu Befehlsempfängern digitaler humanoider und anderer Techniken zu erniedrigen. Bis es so weit ist, bis unser persönlicher Humanoider uns die komplette Hausarbeit ab- und Dienstleistungen von Fahrten durch die Stadt bis zur Organisation unserer nächsten Urlaubsreise übernimmt, dauert es noch ein Weilchen.

Andererseits verbringen Kinder und Jugendliche Stunden vor dem Bildschirm und tauchen ein in virtuelle digitale Welten, in denen sie sich – dank vorhandener raffiniert programmierter Algorithmen – nahezu real bewegen. Das reale analoge Denken wird überlagert durch gesteuerte künstliche Anreize mit Spaßfaktor. Bildung, so wie sie in unserer Gesellschaft verstanden wird, steht auf dem Spiel. Der Historiker Andreas Rödder (2016, 51) bemerkt dazu:

> Jugendliche dürfen nicht nur User und Konsumenten sein. Die Fähigkeit, moralisch zu urteilen, falsch und richtig zu unterscheiden, kann uns kein Algorithmus abnehmen. Selbststän-

---

menden Stresssituationen der Menschen monetär zu Nutze zu machen. Der Mensch ist aber *ein* Organismus, weder physisch noch psychisch teilbar, egal, wo es sich befindet, ob im Büro, an der Produktionsmaschine, zu Hause im Garten oder auf Reisen.

[42] Mem bedeutet griechisch Nachahmung. Es ist ein von dem Ethologen R. Dawkins vorgeschlagener umstrittener Begriff für die Replikationseinheit der kulturellen Evolution. Meme sind z. B. Ideen, Melodien, aber auch die Fertigung von Autos, das Bauen einer Brücke. Meme sind in Analogie zu Genen, den weitgehend anerkannten Replikationseinheiten der biologischen Evolution, zu sehen (s. Blackmore 2008, 10)

diges und kritisches Urteilsvermögen der Individuen, als der Kern der bürgerlichen Freiheit und Eigenverantwortung, sind gefährdet, wenn wir immer mehr Entscheidungen an Apps delegieren. Wir bezahlen diese Bequemlichkeit mit Entmündigung.

Dem ist nichts hinzuzufügen. Der Korrekturschlüssel Bildung liegt wie so oft in der Hand *analog* denkender Politiker.

„Denken ist riskant. Es verlangt die Bereitschaft, auch Irrtümer einzugestehen", so Carolin Emcke in einem Beitrag über Denken (Emcke 2016, 5). Humanoide können nicht denken. Umso vorausschauender ist es, mit Blick auf potenzielle Gefahren für Menschen, die mit Humanoiden zusammenarbeiten, dass deren Entwickler und Programmierer ihr eigenes Denken und mögliche Irrtümer richtig einschätzen und mehr als nur die technischen, funktionalen Optimierungsprozesse fokussieren. Denn auch digitale Humanoide unter sich oder zusammen mit Menschen existieren in einer analogen Umwelt, deren naturgegebene Regeln zu achten sind, mehr als es die Asimovschen Gesetze (s. Abschn. 2.2.5) erkennen lassen.

Lernen

> Lernen ist das Persönlichste auf der Welt.
> Es ist so eigen wie ein Gesicht oder ein Fingerabdruck –
> und noch individueller als das Liebesleben.
> Heinz von Foerster, Kybernetiker

> Der Nachteil der Intelligenz besteht darin,
> dass man ununterbrochen gezwungen ist, dazuzulernen.
> George Bernard Shaw

Lernen ist zu einem Schlüsselbegriff in einer Gesellschaft geworden, die im hegemonialen Verständnis über Wandel bestimmt wird. Wo sich alles dynamisch, rapide und permanent verändert, sei beschleunigtes und umfassendes Lernen angesagt. Nach herrschender Meinung sollten und müssten alle Individuen, Organisationen und gesellschaftlichen Systeme dauernd und immer noch schneller, überall und immer wieder neu lernen. Lernen scheint synonym mit Verändern (Faulstich 2013, 7).

Diese Anmerkungen zum Lernen, konkret zu *menschlichem Lernen*, ergänzt der Erziehungswissenschaftler Peter Faulstich noch durch seine Sicht auf dessen mögliche Definitionen:

> Es kann jedoch selbstverständlich nie eine abschließende, fertige Lerntheorie vorgelegt werden, die sich in Definitionen fixiert. Ein solches Denken in abgeschlossenen Systemen ist ein Versuch, Ordnungen herzustellen; diese drohen aber sich zu verfestigen, sogar zu versteinern (ebd. 8).

Definitionen zu menschlichem Lernen herauszustellen und gegeneinander zu bewerten, wäre also müßig in einer dynamischen Umwelt, erst recht unter dem zunehmenden Einfluss digitaler Lernwerkzeuge und -methoden, die immer tiefer in unsere analoge Welt der Kommunikation eindringen.

Recherchen nach dem Begriff Lernen treffen auf ein weites Feld der Anwendung. Ob nun Neurobiologen, Biologen, Psychologen, Philosophen, Pädagogen, Wirtschaftswissenschaftlern, natürlich auch Anthropologen, Pädiatern und Kognitionswissenschaftlern und nicht zuletzt Wissenschaftlern, die sich mit Künstlicher Intelligenz befassen – sie alle haben ihre eigene Deutung von dem, was sie unter Lernen verstehen.

Noch komplizierter wird es, wenn die beiden Unterscheidungsmerkmale des Lernens, *individuelles und soziales Lernen*, mit verschiedenen Durchführungsformen des Lernens verknüpft werden, wie Spielen und Lernen, Auswendiglernen, dialogisches Lernen, formales Lernen, episodisches Lernen, informelles Lernen, kumulatives Lernen und nicht zuletzt *E-Learning* (Lernen mittels elektronischer Hilfen, computerunterstütztes Lernen) und *Augmented Learning* (Lernen durch computerunterstützte Erweiterung des Wahrnehmungshorizontes).[43]

Gänzlich unübersichtlich wird es für jeden von uns, wenn die Vielzahl von Publikationen, nicht nur fachlicher, sondern auch belletristischer Art hinzugerechnet werden. Wie auch immer. Eines stand und steht felsenfest:

Wir lernen ein Leben lang.

Was sich aus historischer Sicht deutlich verändert hat, ist die enge Beziehung zwischen Lehrenden, die Lernstoff vermittelt, und Schülern, die Lernstoff empfangen.

▶ Wer erinnert sich noch zum Beginn des 20. Jahrhunderts an den Respekt einflößenden Gymnasialdirektor mit Rauschebart. Er hatte seine Lehranstalt im Griff. Wer über die Stränge schlug, kam für ein paar Tage in den Karzer, eine Arrestzelle in Schulen und Universitäten – zur Beruhigung ihres oder seines Temperaments. Ordnung war das halbe Leben und nicht für die Schule sondern für das Leben wurde gelernt. Und trotz allem: Gewisse Freiheiten, tun und lassen zu können, was man wollte, waren auch zu jener Zeit vorhanden. – Aber vor allem hat sich seither etwas Wesentliches, etwas Menschliches verändert: Respekt.

In den Mitte des 20. Jahrhunderts modernisierten Grundschulen, Realschulen und Gymnasien – getrennt nach Geschlechtern – hatte Ordnung auch einen hohen Stellenwert. Es ging aber wesentlich liberaler zu als noch 50 Jahre zuvor.

Heute erkennen wir fortschrittliche Lehranstalten, Fachhochschulen und Universitäten unter anderem daran, dass elektronische Tafeln die alten Schiefertafeln ersetzt haben. Schüler und Studierende werden mit Hilfe von „*Free and Open Source, Open Access, Creative Commons und E-Learning – Remix Culture* für das Lernen mit digitalen Medien", wie der Beitrag von Stührenberg und Seitz (2013) verspricht, vorbereitet. Präsenzveranstaltungen werden zu Gunsten von Computer-zu-Computer-Lernen reduziert. Der direkte Kontakt zwischenmenschlichen Lernens, mit Reden und Zuhören, mit der Führung eines hitzigen Diskurses, begleitet von Mimik und Sprachakustik, also das, was menschliche Kommunikation auszeichnet, wird zunehmend verdrängt durch scheinbar preiswerte

---

[43] Das Internet-Portal https://de.wikipedia.org/wiki/Lernen gibt hierzu einen ersten Überblick. (Zugriff: 20.08.2016)

digitale Lösungen. Der nächste Entwicklungsschritt des menschlichen Lernens ist bereits Realität. Wurden bislang noch Lehrer aus Fleisch und Blut beauftragt, findet in Japan seit einigen Jahren bereits Schulunterricht mit humanoiden Robotern als „Lehrern" statt.[44] (Weiterer Quellen zum Lernen sind u. a.: Kroeninger, Pietsch 2013; Kiesel, Koch 2012; Metzig, Schuster 2006).

Lernen wird dadurch erst recht zu einer vielleicht spaßigen, aber in letzter Konsequenz reinen Stoffvermittlung. Der Biokybernetiker Frederic Vester (1988, 46) betont aus seiner vernetzten Sicht des Lernens:

> Unsere Gehirntätigkeit, das Denken und Lernen, ist jedoch nicht etwas rein Geistiges, sondern immer eng mit zellulären hormonellen, biochemischen und biophysikalischen, also mit materiellen Vorgängen verknüpft. Ein Lernen ohne Einsatz des Organismus und damit ohne Einbeziehung der Umwelt ist aber widernatürlich und unökonomisch.

Wie soll diese natürliche Ganzheitlichkeit des menschlichen Lernens und Kommunizierens mit Humanoiden (Abschn. 2.3.4) jemals gelingen, wenn das zwischenmenschliche Lernen schon derart schwerfällt?

Vergessen
Wer kennt die Situation nicht: Auf dem Weg vom Büro zur Küche, um eine Tasse Kaffee zu holen, spricht mich eine Kollegin an und bitte um Rat. Wir gehen gemeinsam in ihr Büro, schauen uns die Projektunterlagen an und diskutieren über eine Lösung. Zwischendurch klingelt das Telefon. Die Kollegin wird in ein lebhaftes Gespräch verwickelt, wobei ich weiter über einer Lösung ihres Problems brüte. Schließlich, nach gefundener Lösung, verlasse ich den Raum und gehe wieder in mein Büro. Doch bevor ich weiterarbeiten kann, halte ich inne – war da nicht etwas? Richtig, die Tasse Kaffee. Hatte ich glatt vergessen.

Zu flüchtig war der Gedanke, einen Kaffee zu holen, im Gehirn gespeichert worden, um sich auch nach vielen verschiedenen Ablenkungen noch direkt danach zu erinnern. Das *Ultrakurzzeitgedächtnis* des Menschen behält den Gedanken (Kaffee holen) wenige Sekunden. Ablenkung durch andere Eindrücke führt dazu, dass die Information „Kaffee holen" mit der Zeit in den Hintergrund der Aufmerksamkeit rückt, bis sie gänzlich verschwunden ist. Das Ultrakurzzeitgedächtnis wird als Flaschenhals unseres Gedächtnisse beschrieben, weil es nur für wenige Sekunden eine begrenzte Zahl von Informationen speichern kann.

Widmen wir uns einem Vorhaben intensiv über Minuten und länger hinweg, schenken ihm unsere Aufmerksamkeit, dann gehen unsere Gedanken über in das sogenannte *Kurzzeit-* oder *Arbeitsgedächtnis*, wo sie bewusst verarbeitet werden. Nach differenziertem Wiederholen und Assoziieren gelangen sie schließlich in das *Langzeitgedächtnis*,

---

[44] http://www.spiegel.de/lebenundlernen/schule/roboter-als-lehrerin-frau-saya-beherrscht-sechs-emotionen-a-613777.html; http://www.news4teachers.de/2015/12/maschine-als-lehrer-roboter-nao-soll-einwandererkindern-beim-deutschlernen-helfen/; http://www.zeit.de/2015/37/roboter-lehrer-schulen-japan (alle Zugriff: 20.08.2016).

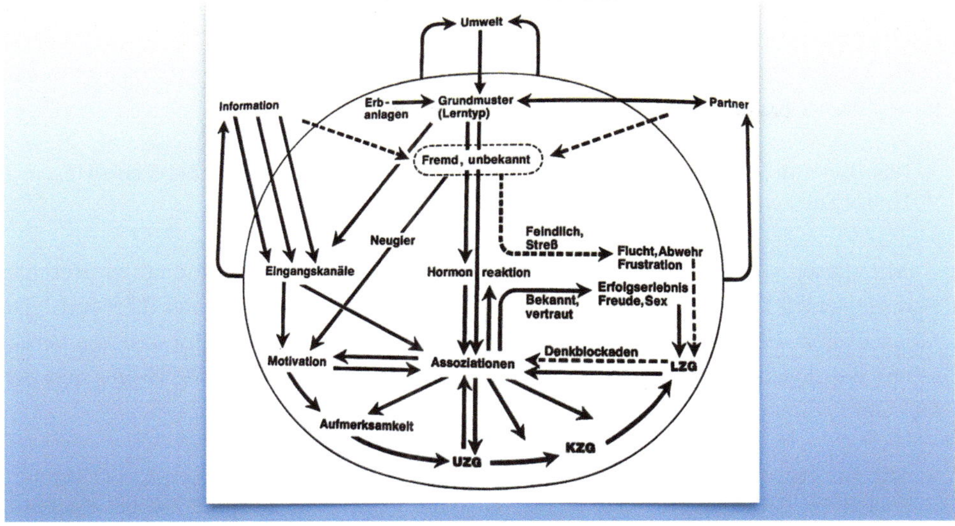

Abb. 2.22 Biologie der Lern- und Denkvorgänge (aus: Vester 1975, 190, leicht geändert d. d. A.). Es bedeuten: UZG = Ultrakurzzeitgedächtnis, KZG = Kurzzeitgedächtnis und LZG = Langzeitgedächtnis

wo Wissen in unterschiedlicher Form strukturiert und fest verankert wird (s. Altenmüller 2009, 86). Flüchtige Informationen, die wir über unsere Sinnesorgane aufnehmen und nicht weiter beachten, sind schnell vergessen. Was jedoch einmal gelernt wurde, wird nie ganz vergessen. „Was wir einmal beherrscht haben, können wir deshalb schnell wieder reaktivieren" (Degen 2007, 57). Das gilt auch für Unterbrechungen zwischendurch. Wer schwimmen kann, verlernen es nie, auch nicht nach jahrzehntelangen Pausen.

Blicken wir abschließend noch auf die seit Langem bekannten vernetzten Zusammenhänge im Lern-Netzwerk erwachsener Menschen (Vester 1975), das uns einen vagen Eindruck davon liefert, was aus biokybernetischem, neuronal-biologischem Blickwinkel geschieht. Wesentlich ist, dass wir bei unserem Denken, Lernen und Vergessen die komplexe Gesamtheit menschlicher Funktionen und Fähigkeiten berücksichtigen und nicht ausschließlich unser geniales hochkomplexes Denkorgan.

Die vernetzten, rückgekoppelten Prozesse beim Lernen in realer Umwelt bzw. mit Partnern durch Informationsaufnahme, Informationsaustausch und Informationsverarbeitung sind in Abb. 2.22 deutlich erkennbar. Durch Verfolgung der Merkmale und ihrer durch Pfeile gekennzeichneten Zusammenhänge lassen sich leicht Schlussfolgerungen erkennen. Beispielsweise die, dass unbekannte Informationen aus der Umwelt, die in keinem Gedächtnisspeicher abgelegt sind, einerseits Neugier wecken und motivieren, weiter zu recherchieren. Gegebenenfalls stellen sich erste Fortschritte ein, die zu Erfolgserlebnissen führen. Andererseits kann etwas gänzlich Neues, z. B. ein durch Umstrukturierung stark veränderter Arbeitsablauf, potenzielle Ängste schüren, die eine Hormonreaktion auslösen, was wieder zu Fehlern führen kann. Frustration oder „Einkapselung" bis hin zu starker Stressbelastung können die Folge sein.

Miteinander-Reden

Nachdem die neurobiologischen Aspekte analogen Denkens, Lernens und Vergessens beim Menschen gestreift wurden, blicken wir abschließend auf die Praxis zwischenmenschlicher Kommunikation.

Man kann Menschen zum Schweigen bringen, sie jedoch niemals zum Zuhören zwingen. Echtes Zuhören ist ein Geschenk (Pörksen 2016, 50).

Mit dieser vorangestellten Erklärung beginnt der Medienwissenschaftler Bernhard Pörksen seinen Beitrag über zwischenmenschliche Kommunikation und fährt fort: „Der Mensch hat zwei Ohren, das ist die Kernidee von allem, [. . .]." (ebd.). Im weiteren Verlauf seines Beitrages beschreibt Pörksen den Unterschied zwischen dem ICH-Ohr und dem DU-Ohr.

Mit dem ersten, dem ICH-Ohr, hören wir entlang unserer persönlichen Urteile und Vorurteile zu. [. . .] Hier fragen wir nach dem Grad der Übereinstimmung mit unseren eigenen Auffassungen, die als Filter funktionieren. [. . .] Das DU-Ohr bringt die nicht egozentrische Aufmerksamkeit. Hier versucht man, in die Welt des anderen einzutauchen. Man fragt: In welcher Welt ist das, was der andere sagt, plausibel, sinnvoll, wahr? Mit dem DU-Ohr hören wir den anderen wirklich – in seiner Schönheit, seinem Schrecken (ebd.).

Zuhör-Blockaden können vielfältig sein, durch innere Abwesenheit, weil gerade anderes wichtiger scheint und nur mit dem „halben" Ohr zugehört wird, durch Störungen aus der Umwelt, und nicht zuletzt spielt auch die zunehmende – durch digitale Medien verursachte – Verdichtung von Arbeit und Zeit eine wesentliche Rolle. Pörksen verweist auf den entscheidenden anthropologischen Aspekt:

Menschen sind widerspruchsfeindliche Wesen, eingehüllt in den Kokon ihrer Sehnsucht nach Bestätigung, äußerst energisch in dem Versuch, eigene Gewissheiten zu verteidigen. Man will nicht wahrnehmen, was nicht zur eigenen Weltsicht passt, die so dominant sein kann, dass man nicht einmal hört, dass man nicht hört (ebd.).

Und Pörksen zitiert den Kybernetiker Heinz von Foerster mit den Worten:

Das ist die Ur-Ursache der Ignoranz, eine Art Taubheit 2. Ordnung, [. . .] (ebd.).

Du-Ohren stehen in allen Lebenslagen oft auf „Durchzug", selbst wenn gesetzliche, soziale, wirtschaftliche, klimatische oder politische Themen unerschütterliche Belege für heraufziehende Katastrophen liefern.

Kognitive Dissonanz besagt in dem Zusammenhang: Obwohl wir heraufziehende – lebensbedrohliche – Gefahren erkennen, ändern wir unser Leben im Großen und Ganzen nicht.

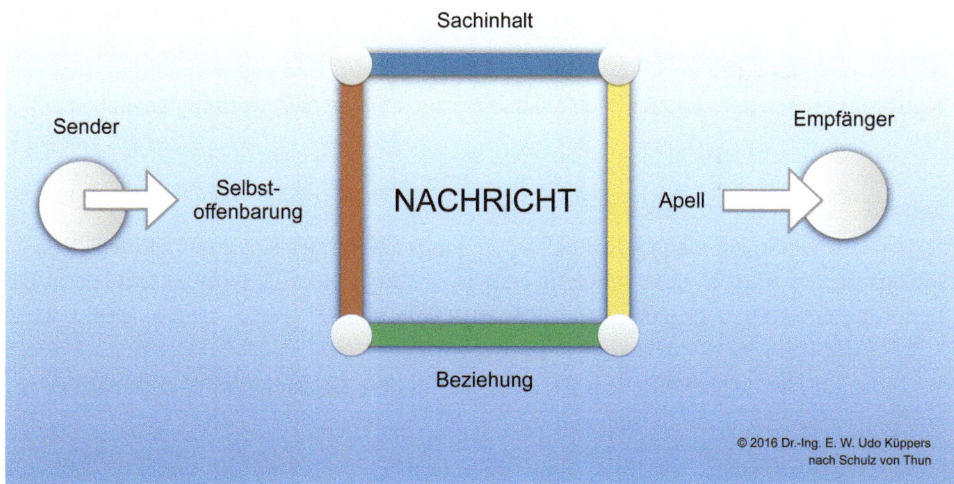

Abb. 2.23 Vier-Seiten-Modell einer Nachricht – ein psychologisches Modell der zwischenmenschlichen Kommunikation nach Schulz von Thun. (Basierend auf: Schulz von Thun 1998, 12–14)

Nicht nur Politiker sind in diesem Kommunikationsspiel höchst ambivalente und dominante ICH-Ohr-Teilnehmer. Aber wir müssen so weit nicht gehen, denn die eigene familiäre Umwelt ist ebenfalls oft Beleg dafür, in welcher Minderzahl DU-Ohren sind. Die Orientierung zu mehr DU-Ohr-Zuhören wird weniger mit „Fertigrezepten" – die es nicht gibt – nach Art kommunikationspsychologischer Forschung erreicht werden können, als vielmehr durch einen „[...] Akt der Freiheit vorstellbar, nicht als Resultat von schematisch-starren Rollenspielen [...]." (ebd.)

Der Psychologe, Philosoph und Pädagoge Friedemann Schulz von Thun beschäftigt sich bereits seit den späten 1960er-Jahren mit der Psychologie der Kommunikation. Auf ihn geht das charakteristische *Vier-Seiten-Modell* zurück, das bis heute seine Gültigkeit beweist. Die Frage, die sich Schulz von Thun am Anfang seiner Untersuchungen stellte, war: „Wie können Informationen verständlich vermittelt werden?" (Schulz von Thun 1998, 12).

Das in Abb. 2.23 gezeigte Vier-Seiten-Modell von Schulz von Thun wird im Folgenden mit praktischen Beispielen des Autors beschrieben.

Seite 1: Aspekt der Sache

Wie können Sachinhalte (Informationen) klar und verständlich wiedergeben werden? Es sind vier „Säulen" der Verständlichkeit, die diesen Kommunikationsaspekt fördern:

- Säule 1 „Einfachheit in der sprachlichen Formulierung"
- Säule 2 „Gliederung/Ordnung (im Aufbau des Textes)"

- Säule 3 „Kürze/Prägnanz (statt weitschweifender Ausführlichkeit)"
- Säule 4 „Zusätzliche Stimulanz (anregende Stilmittel)"

▶ Das Beispiel einer in Asien geschriebenen deutschen Bedienungsanleitung für einen Kaffeeautomaten hat vielleicht den einen oder anderen zur Verzweiflung getrieben.

Seite 2: Aspekt der Beziehung

„Wie behandle ich meinen Mitmenschen durch die Art der Kommunikation?" Wie ich ihn anspreche. Fühlt er sich vollwertig behandelt oder erniedrigt, ist er erfreut oder ärgerlich, fühlt er sich bevormundet oder nicht ernst genommen?

▶ Beispiel: Die deutsche Redensart „Wie man in den Wald hineinruft, so schallt es heraus" ist bezeichnend für die Behandlung des Mitmenschen.

Seite 3: Aspekt der Selbstoffenbarung

„Wenn einer etwas von sich gibt, gibt er auch etwas von *sich [. . .]*" *selbst* preis. Er wirkt umso authentischer, je weniger Ängste damit verbunden sind.

▶ Beispiel: Menschen sind – aus evolutionären Gründen – erst einmal vorsichtig und zurückhaltend gegenüber unbekannten Mitmenschen. Erst wenn ein Mindestmaß an Vertrauen vorliegt, wird offener miteinander umgegangen.

Seite 4: Aspekt des Apells

„Wenn einer etwas von sich gibt, will er in der Regel auch etwas bewirken." Er will andere überzeugen, manipulieren, täuschen, hinters Licht führen. Die Palette möglicher erzeugter Wirkungen ist breit gestreut.

▶ Beispiel: Die gesamte Palette der Produktwerbung zeigt alle Fassetten eines Apells, bei dem Kombinationen von realen und irrealen Argumenten fröhlich nebeneinander stehen. Die Glaubwürdigkeit des kommunikativen Apells ist nicht selten trügerisch.

In dem Interview, das Pörksen mit Schulz von Thun im Rahmen ihres Buches (Pörksen, Schulz von Thun 2014) führt, wird auch auf die typische informationstechnische Sprache – Sender, Empfänger, Nachricht – eingegangen, die im ersten Quadrat zwischenmenschlicher Kommunikation – auch in Abb. 2.23 zu sehen – erkennbar ist und so gar nichts Menschliches ausdrückt. Schulz von Thun begründet diese nach seinem Verständnis richtige Beobachtung damit, dass der Zeitgeist der Kybernetik ihn dazu verleitet hat. In einer neueren Darstellung (ebd. 31) besitzt der Sender vier Schnäbel und der Empfänger vier Ohren.

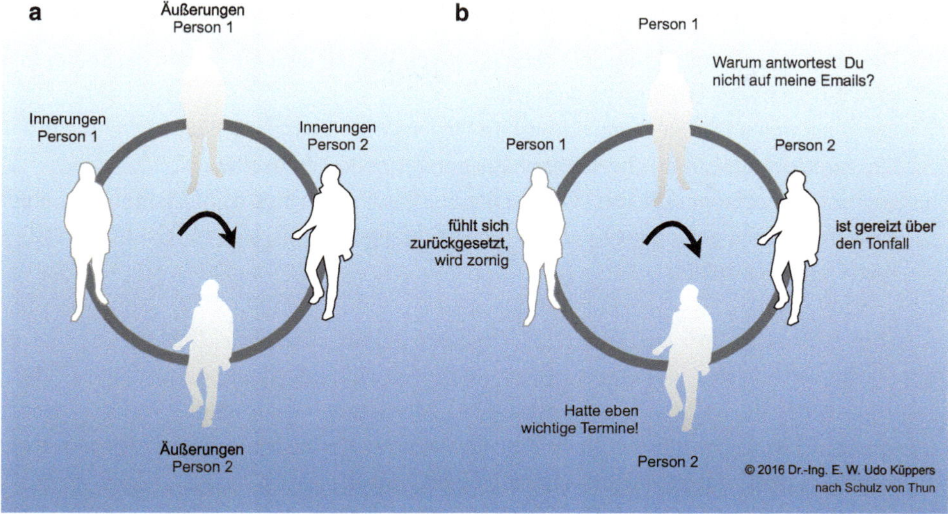

Abb. 2.24 Vier-Stationen-Kreislauf zur Interaktion nach Schulz von Thun. **a** Die allgemeine Struktur, **b** Das praktische Beispiel d. d. A

Keineswegs versteht Schulz von Thun sein Kommunikationsquadrat als ein mechanisches Instrument, mit dem immer alle vier Botschaften explizit formuliert werden müssen! Dazu Schulz von Thun:

> Zur wahren Meisterschaft gehört auch die Kunst der indirekten Kommunikation, die es ermöglicht, das eigene Gemeinte zwischen den Zeilen so anklingen zu lassen, dass der andere dies an sich heranlassen kann, ohne gleich reagieren zu müssen (ebd. 33).

Eine weitere Erkenntnis zwischenmenschlicher Kommunikation ist ein Vier-Stationen-Kreislauf, der nach Schulz von Thun die Interaktion, das „Hin und Her von Äußerung und Antwort, von Aktion und Reaktion" zeigt (Schulz von Thun 2001, 28). Abb. 2.24 zeigt die allgemeine Struktur des Kreislaufes systemischer Wechselwirkung, verknüpft mit einem praktischen Beispiel (ausgehend von ebd. 28–37, vergleiche auch die Routine-Kreisläufe in Abschn. 2.5).

Kreisläufe der Interaktion zwischen Menschen können offen (äußerlich erkennbar) oder verdeckt (innerlich, verdeckt) sein. Es ist nicht leicht, aus einem Teufelskreis, in dem sich die Interaktionen bis zu einer unkontrollierbaren Konfliktsituation „aufschaukeln" oder bis zu einem lethargischen Stillstand „sinken" können, auszubrechen. Oft hilft nur eine korrigierende Interaktion von außen, durch eine neutrale Person.

Ein Quadrat der Werte und Entwicklung für zwischenmenschliche Beziehungen ist ein drittes Werkzeug der Kommunikationspsychologie, mit dem Ziel, den Blick dafür zu schärfen und zu erkennen, dass Fehler nichts per se Schlechtes sind, sondern auch den Weg zu positiven Entscheidungen öffnen.

In Abb. 2.25 sind vier Beziehungen erkennbar:

1. Die obere horizontale Linie zwischen positiven Werten lässt ein „positives Spannungs- bzw. Ergänzungsverhältnis" erkennen.
2. Die diagonalen Linien zeigen „konträre Gegensätze" zwischen Wert und Unwert.
3. Die senkrechten Linien „bezeichnen die entwertende Übertreibung".
4. Die untere horizontale Linie zwischen zwei Unwerten zeigt das Flüchten von einem Unwert in einen entgegengesetzten anderen, mangels Kraft, sich in Richtung positiver Werte hochzuarbeiten.

Abb. 2.26 zeigt drei aus Abb. 2.25 abgeleitete Praxisbeispiele. In Abb. 2.27 ist die erweiterte Version des Wertequadrats zu einem Entwicklungsquadrat zu sehen. Dadurch lassen sich die Entwicklungsrichtungen eines Menschen – oder einer Gruppe – bestimmen, „[...] die angezeigt sind, um den besonderen Herausforderungen der jeweiligen Berufspraxis und Lebenswelt gerecht zu werden." (ebd. 47).

Abb. 2.27 links: Die Polarität „Konfrontation und Anerkennung" kann bei grundsätzlich positiver Kritikeinstellung des Abteilungsleiters dann zu der Geringschätzung des beliebten Sacharbeiters mit hohem Spezialwissen führen, wenn der Abteilungsleiter beginnt, den Sacharbeiter im wahrsten Sinn des Wortes „unter die negative Lupe" zu nehmen, um ihm Fehler nachweisen zu können. Die eigene Stärke des Vorgesetzten, Leistungen seines Untergebenen anzuerkennen und zu würdigen, wäre als Entwicklungspotenzial zu trainieren.

Abb. 2.27 rechts: Die Polarität „Direktheit und Takt" gerät dann aus den Fugen, wenn gesellschaftliche Kreise sich ihres taktvollen diplomatischen Stils rühmen, aber wenig Konkretes zu Sachlagen oder Problemlösungen beitragen, was diejenigen, die gerne Probleme beim Namen nennen, zu herabsetzenden Äußerungen gegenüber den „Diplomaten" veranlasst. Gefordert ist hier, die Stärke einer „taktvollen Direktheit" zu entwickeln – eine Übung, die keine Normvorgabe hat, sondern im praktischen Beispiel ihre Lösung findet.

Wenn Sie, geehrte Leserin und geehrter Leser, sich durch die – nur in Ausschnitten beschriebene – Psychologie zwischenmenschlicher Kommunikation und Interaktion „durchgekämpft" haben, geschieht dies, um Ihnen zu zeigen, was es im Kontext dieses Buches bedeutet, komplexe zwischenmenschliche Beziehungen – über die „Semantische Lücke" – mit humanoiden Kommunikations- und Interaktionsmuster zu berücksichtigen, wenn ein realistisches humanes-humanoides Verständnis überhaupt zwingend ist.

Kommunikation, Interaktion und Werte sind zusammengenommen ein komplexes Gebilde, das nicht in strukturierte Raster gegossen und Schritt für Schritt optimiert werden kann, wie zum Beispiel ein mathematischer Algorithmus zur Steuerung eines bestimmten Sprechverhaltens bei Humanoiden. Der dynamische Miteinander-Reden-Prozess ist mit so vielen Unsicherheiten behaftet, dass Fehlfunktionen oder Fehlinterpretationen zwangsläufig erfolgen. Alle beschriebenen Erkenntnis-Komplexe zu zwischenmenschlichen Beziehungen sind neben einem weiteren Schwerpunkt über das „Innere Team und situationsgerechte Kommunikation" (Schulz von Thun 2001a, Untertitel) grundlegende Kommuni-

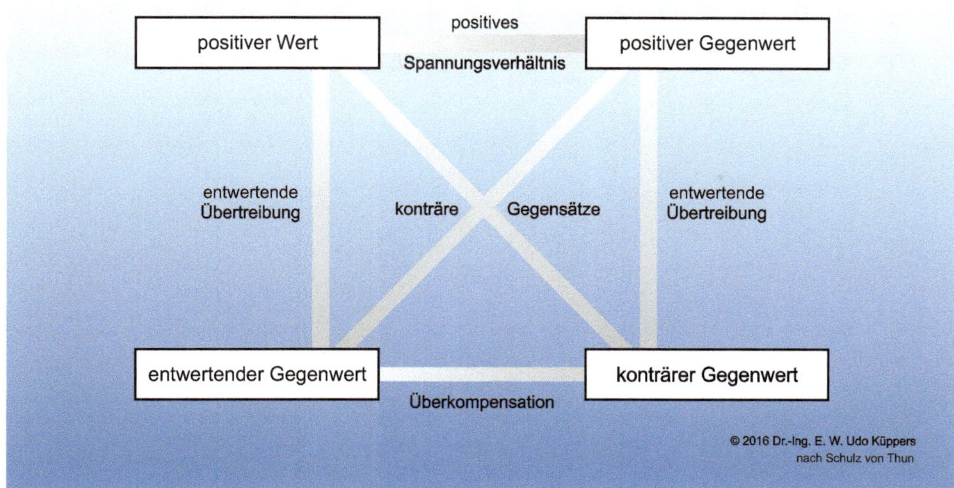

Abb. 2.25 Wertequadrat (nach: Schulz von Thun 2001, 38–55); allgemeine Struktur als Beziehungsnetz zwischen den vier Polen des Wertequadrates nach Helwig 1967

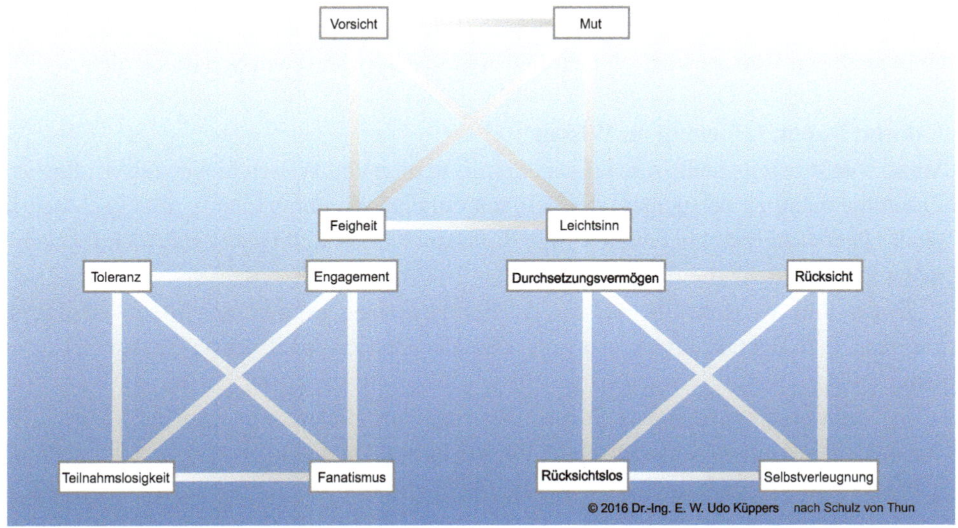

Abb. 2.26 Wertequadrat (nach: Schulz von Thun 2001, 38–55): drei praktische grundlegende Beispiele zwischenmenschlichen Miteinanders, die dem Leser vertraut sein dürften

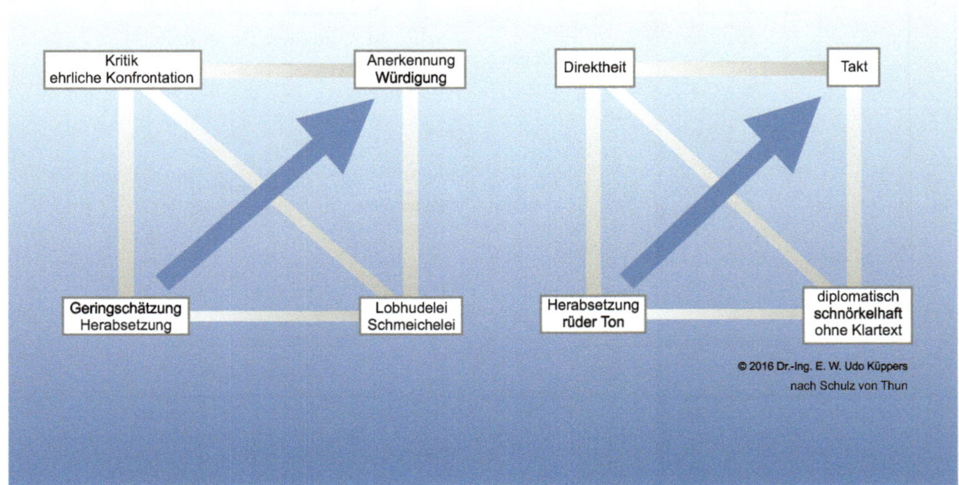

Abb. 2.27 Zwei praxisbezogene Entwicklungsquadrate. (Nach: ebd. 47–55)

kationsinstrumente aus der Werkstatt Schulz von Thuns und anderen. Wer sie anwendet, wird nicht automatisch ein guter Gesprächspartner, ist aber auf dem besten Weg dorthin.

Ob Humanoide jemals die nur oberflächlich angesprochene Komplexität zwischenmenschlichen Redens, wobei Akustik und Mimik noch zusätzliche Kommunikationsinterpretationen bereithalten, verstehen werden, um eine ordentliche akzeptable Existenz in einer analogen Welt zu werden, steht in den Sternen – wahrscheinlich ist sie nicht.

Exkurs: Daten, Information, Wissen

Vorab wurde bereits mehrfach auf Daten, Information und Wissen hingewiesen, ohne den Zusammenhang zu beleuchten, der bei menschlicher Kommunikation, aber auch bei digitaler Datenverarbeitung eine wichtige Rolle spielt. Was sind Daten, was ist Information und was ist Wissen? (North et al. 2016, 5).

Daten sind der Rohstoff, die aus Zeichen gewonnen werden, denen eine bestimmte Ordnung, z. B. Syntax, zugeordnet wird. Daten können Zahlen, Buchstaben, Noten u. v. m. sein.

Information entsteht, indem Daten eine bestimmte Bedeutung zugewiesen wird, z. B. die Zahl 50 auf einem Verkehrsschild, die Buchstaben in einem Wort oder Satz, die Note in einer Fuge von Bach usw.

Wissen entsteht durch Information, die zweckgebunden verknüpft ist, und Erfahrungswerte. „Wissen entsteht als Ergebnis der Verarbeitung von Informationen durch das menschliche Bewusstsein." (ebd.) Wissen ist demnach Information, die mit allen sensorischen Möglichkeiten, die dem Menschen zur Verfügung stehen, aus der Umwelt aufgenommen und neuronal verarbeitet wird. Wissen ist immer personenge-

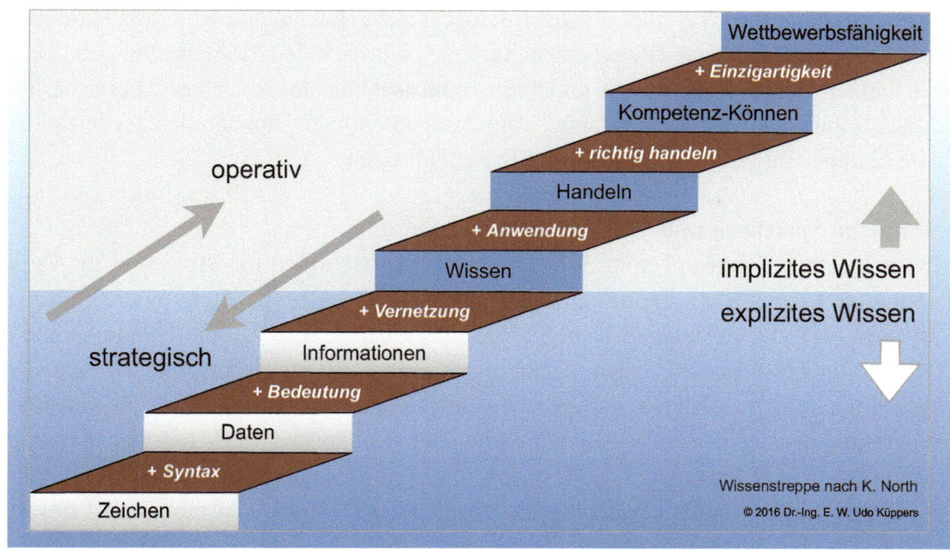

Abb. 2.28 Wissenstreppe nach K. North. (Aus: North et al. 2016, 6)

bunden. Beispielweise ist das Verstehen der Funktionen einer komplizierten Maschine, das Programmieren eines bestimmten Bewegungsablaufes für Humanoide usw. Wissen zuzuordnen. North et al. erwähnen zu Wissen noch einen weiteren wichtigen Punkt: „Der *Wert des Wissens* wird für eine Organisation [dies gilt eigentlich für alle Tätigkeiten in Gesellschaft, Umwelt und Natur, d. A.] nur dann sichtbar, wenn das Wissen (Wissen WAS) in ein Können (Wissen WIE) umgesetzt wird, das sich in entsprechenden Handlungen manifestiert." (ebd. 7)

Ein weiteres Unterscheidungsmerkmal von Wissen ist dessen Zugang.

Implizites Wissen, also persönliches Wissen in den Köpfen von Menschen, ist mit den persönlichen Werten, Gefühlen oder Erfahrungen eng verbunden und wird mittels Kommunikation und Interaktion an andere weitergegeben.

Explizites Wissen ist demgegenüber an verschiedenen Orten und in verschiedenen Medien (Prozesspläne, Gesetzestexte, Bibliotheken, Datenbanken usw.) in der Regel frei verfügbar. Daten und Informationen sind als Fakten *explizit* und jedem zugängig.

Abb. 2.28 zeigt die Wissenstreppe nach North et al. mit Ergänzung zu implizitem und explizitem Wissen d. d. A.

2.3.3 Humanoide unter sich – Digitales Sammeln, Speichern, Verarbeiten

Was Kommunikation der Menschen, der Humanen, auszeichnet und zugleich rätselhaft macht, ist deren unendliche Vielfalt komplexer Handlungen, Ausdrucksweisen und Überraschungsmomente. Was aber zeichnet demgegenüber humanoide Kommunikation und Interaktion aus? In dieser Dreierbeziehung fragen wir nach den Möglichkeiten und Grenzen humanoider Kommunikation und Interaktion, nachdem das bekannteste Praxisbeispiel dieses Kapitel einleitet, wonach eine Gruppe von autonomen Humanoiden gegen eine andere Gruppe von autonomen Humanoiden Fußball spielt.

Sammeln, Speichern und Verarbeiten

Zwanzig Jahre RoboCup! Vom 30. Juni bis 4. Juli 2016 fand die 20. RoboCup-Veranstaltung in Leipzig statt. Fußballspielende autonome Roboter spielen in mehreren Ligen, darunter auch die sogenannte Königsdisziplin, die *Humanoid League*.[45] Humanoide in Gestalt von Erwachsenen, Jugendlichen und Kindern, mit menschenähnlichen Sensoren bestückt, kämpfen als Mannschaft gegeneinander – mit dem fernen Ziel der menschlichen Programmierer, im Jahr 2050 gegen die offizielle Weltmeistermannschaft der Menschen anzutreten und zu gewinnen.

Skepsis sei hier angebracht. Denn ganz anders als bei Humanoiden außerhalb[46] des Humanoid-League-Spiels sind das Wahrnehmungsvermögen und die Umweltmodellierung auf dem Spielfeld nicht die einzige Herausforderung. Vergleichbar zum Fußballspiel der Menschen sind spezielle Techniken, dynamisches Laufen und Rennen, der Tritt gegen den Ball unter Beibehaltung des Gleichgewichts, die optische Verfolgung der Ballbewegung, anderer Mitspieler und des Spielfeldes, die Lokalisierung der eigenen Position auf dem Spielfeld, das Zusammenspiel und dessen strategische Spielzüge inklusive individuellen Spielverhaltens, wozu auch regelwidrige taktische oder Revanchefouls zählen, exponierte und herausfordernde Forschungsziele bis 2050.

Gegenwärtig macht noch kein talentierter Humanoider in der Humanoid-Soccer-League auf sich aufmerksam, der ein ganzes Spiel „an sich reißen" und zum Sieg führen kann. Auch konnte noch kein humanoider „Edson Arantes do Nascimento", auch Pele genannt, „Bobby Moore", „Zinédine Zidane", „Eosébio", „Alfredo di Stéfano", „Cristiano Ronaldo", „Uwe Seeler", „Gerd Müller" oder ein anderer „Ballzauberer" menschlicher Fußballkünste in der Humanoid-Soccer-League entdeckt werden. Humanoide Techniken des „mehrfach Übersteigens" nach Art Ronaldos, des präzisen Flankens und Ballstoppens, der Ballmitnahme nach rotierendem Überspringen des Balls nach Art Zidanes, des Bogenflankenschießens nach Art des früheren deutschen Nationalspielers Manfred Kaltz oder des Iren Gereth Bale müssen nicht nur beherrscht, sondern auch im Spielverlauf kreativ und oft überraschend wirken. Und: Mit Sicherheit werden bis 2050 neue humane „Ballzauberer" mit noch unbekannten kreativen Fußballtechniken entdeckt.

---

[45] https://www.robocuphumanoid.org (Zugriff: 25.08.2016).
[46] Die US-DARPA (Defense Advanced Research Projects Agency) veranstaltet Robotics Challenge für einzelne autonome Humanoide, die alltägliche Probleme zu bewältigen haben, wie z. B.: einen Hindernis-Parcours durchlaufen, zu einem Fahrzeug gehen, mit dem Fahrzeug fahren, Treppen steigen, ein Ventil finden und schließen. Siehe auch http://www.darpa.mil/program/darpa-robotics-challenge (Zugriff:20.08.2016).

Abb. 2.29 Szenen aus einem Fußballspiel der Humanoid-League der RoboCup-Veranstaltung in Leipzig 2016. (Aus: https://i.ytimg.com/vi/h_WV-tEd5c/maxresdefault.jpg (Zugriff: 20.08.2016))

Die Entwicklung „erwachsener" humanoider Fußballspieler (siehe Abb. 2.29) ist demgegenüber noch hoffnungslos im Rückstand. Es gibt also noch viel zu tun für die Programmierer humanoider Soccer-Teams bis 2050.

Denn Humanoide sind – hinreichend bekannt – künstliche menschenähnliche Existenzen bzw. Roboter, die mit Hilfe computerunterstützter Daten-, Informations- und Wissensverarbeitung, Bewegungstechniken und künstlicher Intelligenz kommunizieren und interagieren können. Von alleine schaffen sie es nicht. Der Mensch ist und bleibt die zentrale Steuereinheit im Hintergrund. Autonome mobile Humanoide, die ihre menschenähnlichen Bewegungen, Gesten und Mimiken geschickten Programmiertechniken zu verdanken haben, stehen hier im Vordergrund der Betrachtung. Autonome Humanoide müssen demnach alle Daten, Informationen und daraus generiertes Wissen, ob vorprogrammiert oder durch Nachahmung, von Menschen erworben oder durch selbstlernende algorithmische Regelungsprozesse generiert mit sich tragen. Dazu benötigen sie eine digitale Speichereinheit zum Sammeln von Daten, basierend auf dem aktuellen Entwicklungsstand computerisierter Speichertechniken. Und diese wachsen quantitativ und qualitativ mit Blick auf die Entwicklung künstlicher intelligenter Humanoide rapide. *Big Data* heißt hier das Schlagwort (s. Abschn. 3.1.4). Es bedeutet die massenhafte Sammlung von Daten, die mit zunehmend besseren Steuerungs- und Regelungstechniken für Humanoide exponentiell in die Höhe getrieben werden. Humanoide, wie der von Boston Dynamics entwickelte ATLAS (s. Tab. 2.3, Abb. 2.17), eine frei durch die Umwelt laufende Maschine, die stolpert und wieder aufsteht, die statische und dynamische Ereignisse in naher Umwelt optisch erkennt und in differenzierte Bewegungsmuster umsetzt, ist auf eine riesige Datenmenge angewiesen, die aber limitiert ist durch die Energie, Speicherkapazität und Geschwindigkeit der zentralen Prozesseinheit CPU. Die gegenwärtig schnellsten Desktop- oder Tischrechner-CPUs, wie z. B. die Prozessoren Intel Core i7 oder AMD FX-9370[47], die auch Humanoide nutzen, sind der Kern humanoider Steuer- und Regelungseinheiten, die zunehmend in *Echtzeit* – ohne merkliche Zeitverzögerung – ankommende Daten verarbeiten und Handlungen ausführen lassen wie Beine anwinkeln, Arme strecken, Kopf drehen, laufen, sprechen und vieles mehr.

Die Programmierung künstlicher neuronaler Netze, zur Selbstorganisation humanoider Roboter, treibt die bereits unvorstellbar große Datenmenge und Datenspeicherung weiter in die Höhe. Immer neue schnellere Prozessoren müssen daraufhin entwickelt werden. Der Wettlauf zwischen Speicherkapazität, Speichergröße und Verarbeitungsgeschwindigkeit ist in vollem Gang. Autonome Humanoide sind nach allen vorliegenden Erkenntnissen noch nicht in der Lage, über Tage, erst recht nicht über Wochen selbstständig zu agieren. Ihr heutiger Laufmaßstab oder Aktionsradius ist noch die Minute oder Stunde.

Die überwiegende Zahl humanoider zweibeiniger Roboter sind heute als Entwicklungsplattformen bekannt oder sind dafür vorgesehen, mit Menschen zu kommunizieren und zu interagieren. Wenn Humanoide menschenähnlicher werden sollen, also bei ihren Datenverarbeitungsprozessen als autonome Wahrnehmungs-Handlungs-Systeme aufgefasst werden müssen, wie Stefan Schaal vom Max-Planck-Institut für intelligente Systeme in Tübingen (Schaal 2014) es sieht, dann stehen Programmierer vor der herausfordernden Aufgabe, die Vielzahl von Einzelelementen humanoider Konstruktionen in eine robuste humanoide Ganzheitlichkeit hoher Zuverlässigkeit zu transformieren. Hinzu kommt die unabdingbare Fähigkeit autonomer Humanoider, aus der Umwelt zu lernen, mit dem Unerwarteten zu rechnen, möglicherweise neue Alternativen für Problemlösungen einzugehen u. a. m. Etwas bescheidener geht Schaal in seiner „Schule für Roboter" vor:

> „Wir möchten die Robustheit erreichen, indem wir in der Robotik auf vielfältige Weise maschinelles Lernen einsetzen", sagt Stefan Schaal, in dessen Gruppe sich alles um den Zyklus aus Wahrnehmen, Handeln und Lernen dreht. Wenn eine Maschine, das heißt ein Computer, der auch das Hirn jedes Roboters bildet, lernt, wird eine Software anhand großer Datenmengen auf eine Aufgabe trainiert (Hergersberg 2016).

Sich in der Umwelt über längere Zeit zurecht zu finden, ist ein Ziel humanoider Entwicklung. Das gelingt auch immer besser. Sich als autonome Humanoide untereinander zu verständigen, zu verabreden oder im Fußballspiel dem Mitspieler Informationen zum Spielverlauf zuzurufen, wie es Menschen untereinander tun, ist ein anderes Ziel. Bis dahin ist es noch ein weiter Weg, der über noch größere massenhafte Datensätze und ihre schnelle Verarbeitung führen wird.

---

[47] http://www.chip.de/artikel/CPU-Rangliste-Alle-Intel-und-AMD-Prozessoren-im-Test_69100830.html (Zugriff:20.08.2016). Ergänzend dazu: Der Intel-i7-Prozessor besitzt eine Taktrate von 4 GHz, das bedeutet eine elektronische Verarbeitungsgeschwindigkeit von 4×10^{09} Operationen pro Sekunde! Die während der Arbeit erzeugte Abwärme oder thermische Verlustleistung (Thermal Design Power – TDP) beträgt 140 W, wonach Stromzufuhr und Kühlung ausgelegt werden.

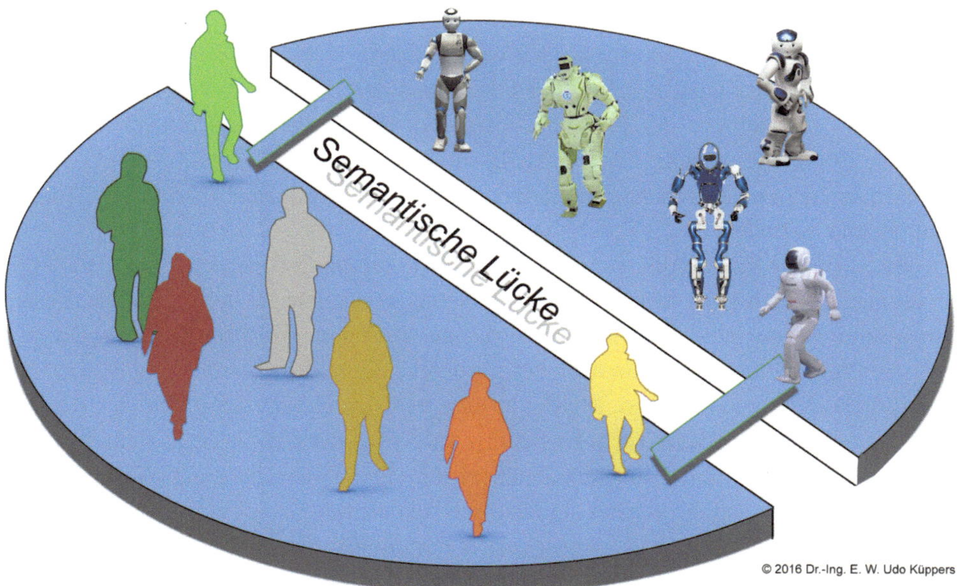

Abb. 2.30 Skizze einer Semantischen Lücke, einer Verständigungslücke zwischen Menschen und Humanoiden

Echte Kommunikation und Interaktion zwischen Menschen und autonomen Humanoiden, weniger vorprogrammierte Programmabläufe, auch mit Ansätzen von künstlicher Intelligenz, erfordert noch eine lange Versuchsstrecke, wenn der Lernkomplex der zwischenmenschlichen Kommunikation und Interaktion (Abschn. 2.3.2) zugrunde gelegt wird. Was vorerst bleibt, sind Versuche, unter zur Zuhilfenahme aller Kommunikations- und Interaktionstechniken für Humanoide, um die *Semantische Lücke* für zunehmend komplikationsfreie humane-humanoide Verständigung überbrücken zu helfen.

2.3.4   Die Semantische Lücke – Sich miteinander verständigen

Die Semantische Lücke (Abb. 2.30) weist auf den Unterschied in der Bedeutung zweier unterschiedlicher Beschreibungen ein- und desselben Gegenstandes oder Prozesses hin. Die Kommunikation zwischen Menschen und Humanoiden zeigt dies sehr deutlich. Der Mensch formuliert sein Wissen über einen Sachverhalt (z. B. über einen Stuhl, eine Kaffeemaschine oder einen Verkehrsstau) mit seiner spezifischen Ausdrucksweise. Dabei werden auch Zusammenhänge erkennbar und formulierbar. Diese Beschreibungen aus der realen analogen Umwelt müssen nun in eine digitale formale Sprache für Humanoide transformiert werden, um ein näherungsweise identisches Verständnis für das zu beschreibende Objekt oder den Prozess zu bekommen. Diese digitale Formalsprache (Programmiersprache) basiert nach wie vor auf der *von-Neumann-Architektur*, die die Grundstruktur aller gängigen Rechner bildet, und den binären – zweiwertigen Ja/Nein oder 1/0 – Operationen der *Booleschen Algebra*. Beide, die von-Neumann-Architektur und die Boolesche Algebra, sind Standards in vielen Mathematik- und Informatikbücher, weswegen auf eine eingehende Beschreibung verzichtet wird. Eine Kurzbeschreibung ist im Glossar zu finden.

Bedeutsamer für unser humanes-humanoides Kommunikationsverständnis ist aber die Tatsache, dass mit Hilfe formaler Programmiersprachen es kaum gelingen kann, Zusammenhänge zu bewerten, die der Mensch erkennt. Noch wesentlich herausfordernder ist es für die Programmierer, Humanoiden beizubringen, menschliche *verbale* mit *nonverbalen* Ausdrucksweisen zu bewerten. Mit der bisherigen Computerarchitektur ist das jedenfalls nicht möglich. Insofern ist auch der Schluss zulässig, dass sich beide Kommunikations-„Partner“, Humane und Humanoide, letztlich mit „ihrem“ gegenseitigen Verständnis nur annähern können und nie vollständig identisch sein werden.

Fortschritte auf dem Weg *vernünftiger*[48] Kommunikation und Interaktion zwischen Menschen und Humanoiden sind – im Vergleich zu dem in Abb. 2.21 visualisierten Hyperfortschritt einer direkten Kommunikation und Interaktion über neuronale-digitale Schnittstellen[49] – eher profaner Art. Facetten menschlichen Sprechens mit den Feinheiten unterschiedlichster Ausdrucksweisen – Zuhören, Verstehen, Antworten – der Optik und der Mimik sind Teil dieser vernünftigen Kommunikation und Interaktion. Alle diese kommunikativen und interaktiven Merkmale müssen bei Humanoiden in einen stabilen dynamischen Gesamtzusammenhang gesetzt werden, um menschlicher Kommunikation und Interaktion grundsätzlich näherkommen zu können.

Mit unserem evolutionären ausgeklügelten Gedächtnis stehen wir nun einem Humanoiden gegenüber, mit einem künstlichen „Gedächtnisspeicher“ als „Energie- und Steuerungs- bzw. Regelungseinheit“, dem massenhaft Daten mit immer größeren Speicherkapazitäten zugeführt werden können. Durch intelligente Verarbeitung von Algorithmen werden Befehle an geeignete „Körperstellen“ – Maschinenteile – in Echtzeit weitergeleitet. Dadurch setzt sich der Humanoide mehr oder weniger wendig mit seinen „Beinen“ in

---

[48] Das Adverb *vernünftig* soll nicht in dem Zusammenhang verstanden werden, dass dem berühmten Turing-Test genüge getan wird. Der britische Mathematiker Alan Turing (1912–1954) schlug 1950 einen Verständnistest vor, bei dem ein Testkandidat, getrennt von einem im Nebenzimmer sitzenden Menschen mit einem zu bedienenden Computer, mit diesem ein Gespräch führt und erkennen muss, wer Mensch und wer Computer ist. Hieraus sollte eine gewisse Intelligenz des Computers abgeleitet werden können, wenn die Testperson keinen Unterschied zwischen Mensch und Maschine erkennen sollte. Dieser rein funktionsbezogene Test sagt aber gar nichts über Intelligenz oder Bewusstsein aus. Im Sinne der hier verstandenen *vernünftigen* Kommunikation und Interaktion wird das reale Zwischenmenschliche als Maßstab für Humanoide angesehen.

[49] Im Detail sind aber auch auf dem biotechnischen direkten Entwicklungsweg neuro-biologischer Sender-Empfänger-Rückkopplung bereits seit Jahrzehnten beachtliche Erfolge, hauptsächlich im Umfeld der Medizin, zu verzeichnen (Carlson 2012), wie z. B. bei sensorischen Neuroprothesen (*Cochlea-Implantate*).

Bewegung, reicht uns seine geschmeidige Kunsthand, zwinkert mit einem „Augenlid" aus seinem sich weich anfühlenden Silikon-Kunstgesicht, lächelt uns täuschend echt an und fragt: „Wie geht es uns (!) heute?" „War deine Arbeit heute nicht so stressig wie gestern?" „Hast du Lust auf einen Kaffee? Ich kenne hier ganz in der Nähe ein nettes Gartenlokal, nur 5 min zu Fuß. Schau, dahinten läuft Robby, mein Bruder. Wollen wir ihn einladen mitzukommen?"

Bis Begegnungen und freie Gespräche dieser oder ähnlicher Art stattfinden können, wird wohl noch etwas Zeit vergehen.

▶ „Es wird wohl noch viel Zeit vergehen." Diese oder ähnliche Redewendungen begleiten uns nun schon eine Weile und sie ziehen sich noch weiter durch den Text. Einzig und alleine deshalb, um bei allen Variationen von Roboterentwicklungen darauf hinzuweisen, wie weit wir noch von einer echten, ganzheitlich bestimmten Mensch-Maschine-„Partnerschaft" entfernt sind.

Das Programmieren von Algorithmen, wie Humanoide das Lernen lernen, wie sie sich – nach dem Vorbild unseres neuronalen Netzes – künstlicher Intelligenz bedienen, all dies schreitet stetig voran. Dabei werden menschliche ethische Normen und Vorstellungen, die von Land zu Land und Kontinent zu Kontinent verschieden sind, berücksichtigt, um uns Menschen auf vernünftige Weise Helfer und „Partner" zu sein.

Noch sind auch auf wissenschaftlichen Konferenzen Humanoide nur Demonstrationsobjekte, mit denen sich ihre Erbauer und Programmierer Wettbewerbe liefern um die besten Lösungen menschenähnlicher Mobilität, Sprache, Hörverständnis und Dienstleistungen am Menschen verschiedenster Art (s. a. Abschn. 4.4). Noch wurde von keinem Fall berichtet, wo Humanoide im Menschenpublikum während eines rührseligen Filmes laut schluchzten. Noch sind Filmszenen aus „I, Robot"[50], wo Humanoide für Menschen Dienstleistungen aufs Wort vollbringen, mit Laufwegen quer durch den chaotischen Straßenverkehr einer Großstadt, reine Fiktion. Trotz aller Fortschritte: In der digitalen künstlichen Welt der Humanoiden, bei humanen-humanoiden Begegnungen, erst recht bei physischen Kontakten, bleibt immer ein Fünkchen Unsicherheit bei uns zurück.

Länder wie Japan – das Mutterland der humanoiden Robotik –, Korea, die USA, Frankreich und Deutschland, um nur einige zu nennen, zählen zu den führenden Nationen in der Forschung und Entwicklung humanoider Roboter. Der Trend geht in verschiedene Richtungen. Humanoide – wenn auch nicht unbedingt als laufende, sondern rollende Humanoide konstruiert, die oft als Entwicklungsplattformen dienen –, werden z. B. in Japan, mit hohem Anteil an älteren Bürgern, zunehmend für soziale Dienste entwickelt.

Viele Roboter-Forschungs- und Entwicklungseinrichtungen und Unternehmen fokussieren sich auf sogenannte kollaborierende Humanoide in Werkhallen von Fabriken. Andere Einrichtungen arbeiten an Humanoiden für militärische Zwecke (siehe Abschn. 4.4.3). Noch existieren keine Humanoiden, die speziell dafür programmiert sind,

---

[50] I, Robot ist ein Film der 20th Century Fox Gesellschaft, 2004, basierend auf Isaac Asimovs gleichnamigen Science-Fiction-Roman, 1950.

sich als produktive Problemlösungshelfer globaler sozialer, ökonomischer und ökologischer Risikobereiche anzunehmen, in Kollaboration mit Menschen oder autonom (siehe hierzu auch Abschn. 3.1). Erste Experimente lokaler Katastrophen-*Nachsorge* mit nichthumanoiden Robotern, z. B. im nahen Reaktorumfeld der 2011 zerstörten Kernkraftanlage in Fukushima Japan, in für Menschen gefährlichen Bereichen, sind aber bereits angelaufen.[51]

Kommunizieren und Interagieren

Für alle humanoiden Entwicklungen zählt Kommunikation[52] und Interaktion[53] zum Schlüsselelement des Fortschritts. Beide Begriffe werden in englischen und deutschen Publikationen zu Robotik und humanoider Robotik einzeln verwendet, aber auch miteinander verknüpft. Daher scheint es sinnvoll, sich mit ihnen kurz zu beschäftigen, bevor wir einen Blick auf die Entwicklung der Kommunikation und Interaktion zwischen Menschen und Humanoiden werfen.

► **Kommunikation** ist miteinander Reden, Gedanken austauschen, diskutieren, Zwiesprache halten. Kommunikation ist die notwendige Voraussetzung für Interaktion.
    Interaktion ist Wechselwirkung, ist Rückkopplung, ist Handlungen zwischen Personen – oder wie hier zwischen Personen und Humanoiden – vollziehen.

Die Zugänge zu Kommunikation und Interaktion sind breit gestreut. Kommunikation erfolgt über den eigenen Erfahrungsbereich, Psychologie, Verhaltenstheorie, Signaltheorie, Systemtheorie, Interdisziplinarität und andere Bereichen mehr. Interaktion wird mit Informatik, Statistik, Biologie, Physik, Pädagogik und weiteren Themenfeldern verknüpft. In der Information werden Kommunikation und Interaktion ähnlich behandelt. Entwickler von humanoiden Robotern sprechen auch gerne von physischer Kommunikation und Interaktion – physical communication and interaction –, um den Aspekt der Körperkontakte zwischen Mensch und Maschine zu betonen.
    Interessant dürfte für die weitere Entwicklung in Richtung *vernünftiger* human-humanoider Kommunikation deren Zugang über die *interdisziplinäre Sicht* sein – und dies nicht zuletzt deshalb, weil viele unterschiedliche Fachgebiete gemeinsam die Entwicklung humanoider Roboter betreiben und nur deren Gesamtzusammenhang letztlich die Qualität eines Humanoiden ausmacht.

---

[51] http://informationtechnologysystems.com/fukushima-robot-will-go-where-humans-can-not-go-in-fukushima/ (Zugriff: 01.09.2016).
[52] https://de.wikipedia.org/wiki/Kommunikation, entsprechend /Communication (Zugriff: 01.09.2016).
[53] https://de.wikipedia.org/wiki/Interaktion entsprechend /Interaction (Zugriff: 01.09.2016).

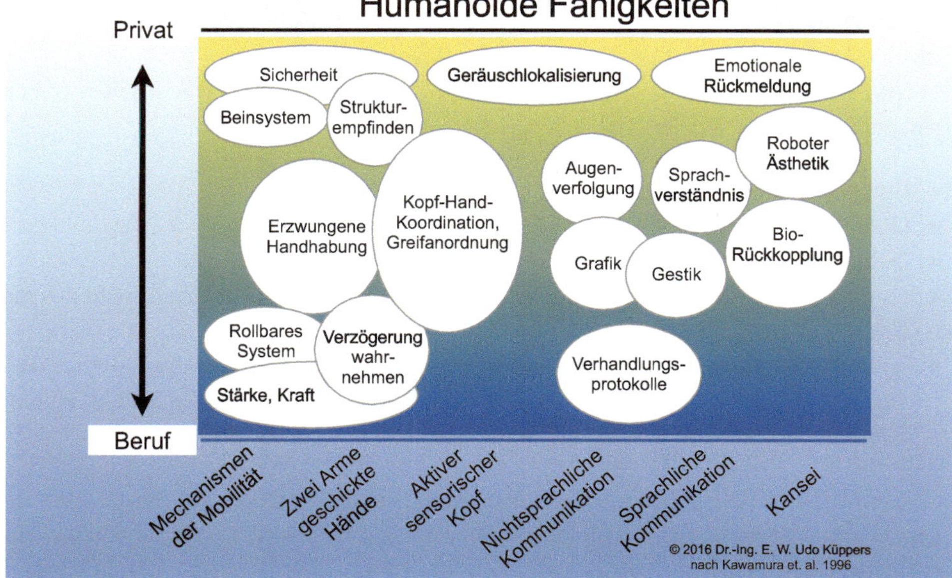

Abb. 2.31 Links: Grundlegende Sphären der Entwicklung humanoider Roboter, rechts: Grundlegende Techniken auf dem Weg der Entwicklung humanoider Roboter. (Nach: Kawamura et al. 1996, 2, geändert d. d. A.)

Beispiele humanoiden Kommunizierens und Interagierens

Ohne Anspruch auf Vollständigkeit werden in kurzen Sequenzen Beispiele von Entwicklungen humanoider Techniken vorgestellt, die für eine humanoides Kommunizieren und Interagieren von Bedeutung sind.

1990er-Dekade

Vom 30. bis 31. Oktober 1996 fand das erste internationale Symposium über humanoide Roboter in der Waseda Universität in Tokyo, Japan, statt. In einem Beitrag über die Zukunft humanoider Roboter wurden die grundlegenden Wege der Entwicklung, Ziele und Schlüsseltechnologien skizziert (Kawamura et al. 1996). Abb. 2.31 zeigt einerseits die grundlegenden Sphären humanoiden Wirkens und andererseits erforderliche Techniken, auch für Kommunizieren und Interagieren.

Grundsätzlich besitzen die 1996 postulierten Fähigkeiten humanoider Roboter nach Kawamura et al. auch heute (2017) noch Gültigkeit, wenn auch der eine oder andere Schwerpunkt anders gelagert sein mag und die Feinheiten der humanoiden Fähigkeiten deutlich fortgeschritten sind. Ganz rechts in Abb. 2.31 ist der Name Kansei erwähnt, der einer Erklärung bedarf.

KANSEI ist ein japanischer Begriff, der sehr schwer zu übersetzten ist (Lévy 2013). In Zusammenhang mit Mensch-Maschine-Kooperation bzw. -Kollaboration ist wohl Kansei-Ingenieurwissenschaften bzw. -Technik, -Maschinenbau gemeint.

Eine Übersetzung des Begriffs ins Englische bzw. Deutsche hängt nicht selten von der persönliche Einstellung des Nutzers ab. Kansei wird übersetzt als:

- Empfindlichkeit
- Gefühlsbetontheit
- Gefühl des Kunden und sein Bedürfnis nach dem Produkt
- als ein interner Prozess im Gehirn, beteiligt an intuitiven Reaktionen aufgrund externer Beeinflussung – aus der Umwelt
- individueller subjektiver Eindruck von einem bestimmten Kunsterzeugnis – Artefakt –, von der Umwelt oder von einer Situation unter Nutzung aller Sinne des Sehens, Hörens, Fühlens, Schmeckens, Tastens sowie der Anerkennung (Lévy 2013, 84).

KANSEI-ENGINEERING – KE – oder Kansei-Ingenieurwesen scheint für eindeutigere Übersetzungen geeignet, bei denen zwei herausgestellt werden, eine direkte und eine indirekte:

- Direkt: KE transportiert den subjektiven Eindruck des Benutzers in den Entwurf, die Konstruktion oder die Gestalt.
- Indirekt: Wenn Kansei subjektiv, mehrdeutig und unstrukturiert ist, dann ist es unmöglich, es zu messen. Daher benötigen wir indirekte Messmethoden, um alternative Ausdrucksformen zu prüfen. Kansei-Messung ist klassifiziert in physiologische und psycho-logische Maßnahmen (ebd. 84).

Soweit die Erklärungen zum japanischen Kansei.

Rodney A. Brooks et al. (1999) beschreiben einflussreiche Merkmale von Bedeutung für humanoide Interaktionen mit Menschen, wie z. B.:

- Gesichtserkennung
- Herausfiltern menschlicher Sprache von anderen Geräuschen
- Augenkontakt
- Augenkontakt halten, den Menschen anschauen, um eine Bewegungsänderung anzuzeigen, insbesondere bei sozialen Kontakten
- Verfolgen von menschlichen Armbewegungen, die auf etwas hinweisen
- Verstehen menschlicher Gesichtsausdrücke
- Verstehen menschlichen Raumgefühls

Darüber hinaus werden noch folgende Schlüsselmerkmale herausgestellt, die bei verhaltensorientierten Roboters weniger im Blickpunkt des Interesses standen. Brooks spricht von Robotern mit kognitiven, geistigen Fähigkeiten, sogenannten *cognobotics*. Diese Merkmale sind:

- körperliche Gestalt
- Leistungswille
- Zusammenhalt
- Selbstanpassung
- Entwicklung
- historische Eventualitäten
- Eingebung vom (künstlichen, d. A.) Gehirn.

Brooks et al. (1999) zeigen in ihrem Beitrag an zwei Beispielen humanoider Kommunikation und Interaktion die visuelle Interaktion des Menschen mit dem körperlosen humanoiden KISMET und an einem weiteren Beispiel komplexe humanoide Bewegungen ohne kinematische dynamische Modellierung, ausschließlich mit „neuronalen" Oszillatoren, also schwingungsfähige Systeme, die im Rahmen künstlicher neuronaler Netze konstruiert und als Steuerungselemente für verschiedene Handlungsmuster von natürlichen humanen-humanoiden Interaktionen realisiert werden können.

Stefan Schaal (1999) fragt, ob Lernen durch Nachahmung der Entwicklungsweg für humanoide Roboter ist, und betrachtet zwei Entwicklungsstränge: Künstliche Intelligenz und humanoide Robotik in Richtung autonomer Humanoide. Dabei formuliert er vier wesentliche Aufgaben der Entwicklung (ebd. 12, Original in Englisch):

- Wahrnehmung-Darstellung von Sinneseindrücken lernen
- Einfache Bewegungsmuster
- Wiedererkennung von Bewegungsmustern durch Erzeugen von Bewegungen
- Verstehen von Aufgabenzielen

Schließlich sieht Schaal in der Verknüpfung von Psychologie, Neurowissenschaften und Ingenieurwissenschaften für Forschungsprojekte in Richtung Humanoider einen neuen Trend mit Vorteilen für alle. Siehe auch Bischoff et al. (1999).

2000er-Dekade

2001 wurde von der Deutschen Forschungsgemeinschaft DFG ein auf 12 Jahre befristetes Vorhaben „Humanoide Roboter – Lernende und kooperierende multimodale Roboter" angelegt (Steinhaus et al. 2004). Forschungsschwerpunkte und Ziele waren: Entwicklung mechatronischer Komponenten und Aufbau des Demonstratorsystems, Perzeption der Umwelt und des Benutzers, Modellierung und Simulation von Roboter, Umwelt und Benutzer sowie Kooperation und Lernen.

1. *Humanoide Gestalt* – zumindest ein mobiles Zweiarmsystem mit fünf Fingern an den Händen, einem flexiblen Torso sowie einem Sensorkopf mit visuellen und akustischen Sensoren, damit das Verhalten des Roboters auf menschenähnlichen Bewegungen aufsetzen kann.

2. *Multimodalität* – intuitive Kommunikationskanäle wie Sprache, Gestik und Haptik, für die direkte Kommandierung oder Belehrung des Robotersystems.
3. *Kooperationsfähigkeit* – wichtig, um die menschliche Absicht zu erkennen, sich an bereits gemeinsam durchgeführte Handlungen zu erinnern und dieses Wissen im Einzelfall korrekt anzuwenden. Da die Sicherheit für den Menschen eine ganz wesentliche Rolle spielt, ist die Architektur des Systems speziell auf diesen Aspekt der Mensch-Maschine-Kooperation ausgelegt.
4. *Lernfähigkeit* – Als außergewöhnliche Eigenschaft ist die *Lernfähigkeit* des Systems hervorzuheben, da hierdurch der Roboter an neue, bisher unbekannte Aufgaben herangeführt werden kann; neue Begriffe und neue Gegenstände, sogar neue Bewegungen werden mit Hilfe des Menschen erlernbar und können auch von einem ungeübten Benutzer interaktiv korrigiert werden.

Identifizierte Forschungsschwerpunkte waren:

Ipke Wachsmuth (2006) fragt, ob mit dem Aufkommen von kommunizierenden Maschinen in Gestalt menschenähnlicher Körper, also Humanoiden, es nicht zunehmend interessanter wird, festzustellen, ob derartigen Systemen eine Art Bewusstsein oder Selbsterkennung zugeschrieben werden kann. Bewusstsein wird hierbei differenziert gesehen, als Bewusstsein von Empfindungen, von Wissen über physische Identität und in Form von Selbstwahrnehmung als aktiv Tätiger bis zum Verursacher einer Aktion.

Wachsmuth experimentierte mit einem Humanoiden I, MAX, als ein erkennender Akteur, ein vollimplementiertes System, das einen Humanoiden in virtueller Realität darstellt, der ausgestattet ist mit einem artikulierbaren beweglichen Körper, fähig, mit Menschen zu kommunizieren.

Interessant zum allgemeinen Verständnis zwischen Mensch und Humanoiden ist auch die Dissertation von Frauke Zeller (2005), die aus einer sprachwissenschaftlichen Perspektive die Mensch-Roboter-Interaktion beleuchtet. Ein Kapitel befasst sich mit „Robotersozietäten" (ebd. 30–32) in Analogie zu natürlichen, sozial lebenden Tieren (Bereich der *Informations-* und *Organisationsbionik*). Humanoide Roboter im Umfeld sozialer Tätigkeiten stehen hier im Blickpunkt des Interesses und dass dieses zunimmt, in alternden Gesellschaften wie in Japan, aber auch in unserem Land, liegt auf der Hand.

Shanyang Zhao (2006) untersuchte Humanoide im sozialen Umfeld als ein Medium von Kommunikation. Humanoide soziale Roboter werden als „prothetische Erweiterungen" individueller behinderter Menschen mit z. B. fehlenden Extremitäten betrachtet, denen in sozialer Interaktion bei alltäglichen Tätigkeiten geholfen wird.

Wege der Kommunikation zwischen Menschen und Humanoiden über Gesten des Hinzeigens auf Gegenstände untersuchten Osamu Sugiyama et al. (2007). Für Menschen ist es einfach: auf einen Gegenstand zeigen, eventuell dazu etwas sagen und die Aufmerksamkeit eines anderen auf den Gegenstand lenken. Diese Kommunikation und Interaktion als *Nachahmung* in die digitale Sprache der Maschine zu übersetzen und den Humanoiden menschenähnlich reagieren zu lassen, bedeutet, drei Prozesse miteinander zu verknüpfen:

Aufmerksamkeitssynchronisation, Fokussieren der Zusammenhänge und Glaubwürdigkeit, Korrektheit der Aktion.

Humanoides – auch allgemein roboterartiges – Erkennen und Lernen durch menschliches Demonstrieren (Argall et al. 2009; Atkeson et al. 2000) ist ein kommunikativer Prozess, der zunehmend wichtiger wird, ob im sozialen oder medizinischen Umfeld oder mit Blick auf die aktuell (2017) zunehmenden, kollaborierenden interaktiven Arbeiten in betrieblichen Umfeldern mit Robotern ohne Umzäunungen.

2010er-Dekade

François Ferland et al. (2012) entwickelten ein Konzept zur natürlichen Interaktion von humanoiden Robotern. Vorangegangene Roboterstudien führten in die Richtung, Humanoide holistisch, d. h. ganzheitlich zu entwickeln und zu beurteilen, eben um das System menschenähnlicher zu gestalten. Dies nicht zuletzt auch aus dem Grund, um die Feinheiten bei Interaktionen zwischen Mensch und Humanoiden besser verstehen zu lernen. Das führte wiederum zu zwei innovativen Technologien und Algorithmen für natürliche Interaktionen:

1. Differentiell-Elastischer-Aktuator (DEA), eine Stoß-absorbierendes elastisches Element, wesentlich für den Kontakt mit Menschen.
2. Mehrfachohren (Vier-Mikrofon-Anordnung) zur simultanen Aufnahme von vier Tonquellen, von denen drei getrennt werden können, alles unter widerhallenden und lärmenden Zuständen. Das ist für eine menschlich-humanoide Kommunikation unter starkem Umweltlärmeinfluss vorteilhaft, um nur die Töne zu erfassen, die der Kommunikation dienen.

2013: Die Zusammenarbeit des französischen Unternehmens Aldebaran Robotics (Humanoide Pepper, NAO) mit Nuance Communications und der Software für die Erkennung natürlicher Sprache sowie einer Text-Sprache-Funktion führte dazu, dass eine natürliche Konversation mit dem Roboter in neunzehn Sprachen möglich wurde.[54]

2015: Eine von mehreren praktischen Anwendungen des vollprogrammierbaren Humanoiden NAO[55] ist das Projekt L2TOR, mit dem Einwanderungskinder im Alter von 4 bis 5 Jahren in verschiedenen Ländern Europas (Niederlande, Deutschland) die Sprache des Gastlandes oder Englisch (Türkei) spielend lernen sollen. Ein durchaus praktischer Ansatz, zumal NAO in seiner kleinen Größe und Gestalt als Sprach-Tutor vermutlich eher zu Kindern Zugang haben dürfte als zu großen Erwachsenen (siehe Abb. 2.32).

Amy R. Wagoner und Eric T. Matson (2015) entwickelten das Sprachsystem HARMS – Human, Agent, Robot, Machine, Sensor –für natürliche Kommunikation zwischen Menschen-Humanoiden. Benutzer können ohne Training auf natürliche Weise mit Humanoiden kommunizieren. Getestet wurden drei Typen von Aussprache, die zwingende – im-

---

[54] http://www.nuance.de/company/news-room/press-releases/NC_030661 (Zugriff: 01.09.2016)
[55] https://www.newscientist.com/article/mg22830492-500-robot-language-tutors-to-get-kids-up-to-speed-before-school/ (Zugriff: 01.09.2016).

Abb. 2.32 Der vollprogrammierbare humanoide Roboter NAO als „Sprach-Tutor" für Einwanderungskinder in europäischen Ländern (Projekt L2TOR). (Bildausschnitt aus: https://www.newscientist.com/article/mg22830492-500-robot-language-tutors-to-get-kids-up-to-speed-before-school/, (Zugriff: 01.09.2016))

perative, die fragende – interrogative, und die erklärende – deklarative Aussprache. Das System weist im jetzigen Zustand eine beachtliche generelle Robustheit von 96,6 % aus. Nächste Schritte werden die Einbeziehung von Begriffsbestimmungen – Ontologie – und Lexika sein, um Bedeutungsinhalte – Semantik – einzubauen. Mit langsamen, aber stetigen Entwicklungsschritten werden weitere Mosaikstein gesetzt, um die Semantische Lücke zu überbrücken.

Berührungen zwischen Menschen und Humanoiden sind persönliche physische Interaktionen, mit denen sehr sensibel umgegangen werden soll. Sicherheitsaspekte, z. B. in der Arbeitsumgebung, spielen hierbei eine ebenso wichtige kommunikative und interaktive Rolle wie physische im privaten Umfeld. Li et al. (2016) haben herausgefunden, dass Menschen physisch erregt werden, wenn sie sensible „Körperstellen von humanoiden Roboter berühren".[56] Gefühle zu zeigen, die auch von Humanoiden erkannt und erwidert werden können, könnte letztlich auch dazu führen, das in Abschn. 2.2.2 beschrieben Tal der Unheimlichkeit mehr und mehr zu überbrücken (Koschate et al. 2016). Es sei aber an dieser Stelle daran erinnert, dass der Stand der Technik zu humanoider Emotionalität noch auf programmierten Nachahmungseffekte basiert und wir von einer autonomen „echten" künstlichen Emotionalität – trotz täuschend echter Gesichtszüge, wie Abb. 2.33 bei verschiedenen Humanoiden zu vermitteln sucht – noch sehr weit von der Realität entfernt

---

[56] https://www.washingtonpost.com/news/speaking-of-science/wp/2016/04/05/touching-robots-canturn-humans-on-study-finds/ (Zugriff: 01.09.2016).

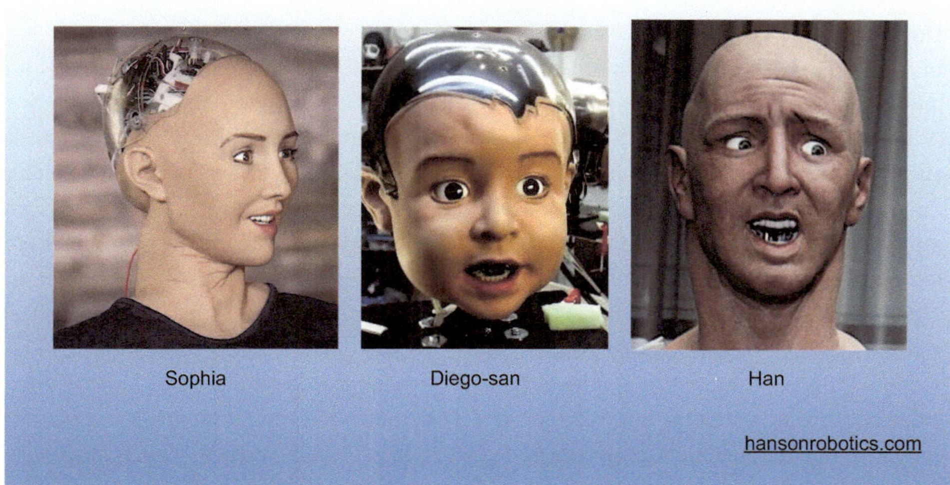

Abb. 2.33 Drei Beispiele humanoider gefühlsbetonter Ausdruckweisen. (Aus: Quelle: hansonrobotics.com, siehe auch https://www.washingtonpost.com/news/speaking-of-science/wp/2016/04/05/touching-robots-can.turn-humans-on-study-finds/ (Zugriff jeweils: 01.09.2016))

sind.[57] Aber wie wir alle wissen: Täuschen, vortäuschen, einen falschen Eindruck bewusst vermitteln sind ebenso emotionale Mittel verbaler und nonverbaler Kommunikation und Interaktion des Menschen wie echte Emotionen.

Abschließend soll noch auf eine Studie über „Mensch-Roboter-Interaktion – Eine Taxonomie für alle Anwendungsfälle" (Onnasch et al. 2016) verwiesen werden. Es wurde darin ein Klassifikationsschema der Mensch-Roboter-Interaktion entwickelt, die sowohl dem Anspruch einer möglichst hohen Generalisierbarkeit genügt als auch eine Interaktionscharakterisierung von Mensch und Roboter mit hohem Detailgrad ermöglicht. Etwas detaillierte wird auf diese Studie in Kap. 5 eingegangen.

Auf eine Reihe von Entwicklungen zu speziellen humanoiden Fähigkeiten wie flexible Oberflächenmaterialien von humanoiden Körpern, optische, taktile, greifende und weitere kommunikative und interaktive Techniken kann in Rahmen dieses Buches nicht eingegangen werden. Die wenigen Beispiele geben aber einen interessanten Einblick in das breit gestreute und detailreiche Vorhaben der Menschen, Maschinen menschenähnlicher zu gestalten, um sie sich, ob sinnvoll oder weniger sinnvoll, zu Nutze zu machen – oder sich *vielleicht* eines Tages mit seinem eigenen *Avatar*, seinem künstlichen eigenen Gegenüber zu unterhalten!?

---

[57] http://www.hansonrobotics.com/portfolio_category/robot/ (Zugriff: 01.09.2016).

2.4   Analoges Denkorgan – Doppelmoral und digitales Dauerfeuer

Doppelmoral

In Abschn. 2.3 sind wir ausführlich auf drei Aspekte menschlicher und humanoider Kommunikation und Interaktion eingegangen. Wir haben eine gewisse Vorstellung davon, was es heißt, klare verständliche Kommunikation zu betreiben, sowohl unter Menschen als auch in einem humanen-humanoiden Zusammenspiel. Das ist gewiss kein leichtes Unterfangen, insbesondere dann nicht, wenn wir auf der Ebene zwischenmenschlicher Kommunikation und Interaktion den menschentypischen Aspekt der Moral bzw. Doppelmoral mit einbeziehen (Nichelmann 2016). Wie soll zum Beispiel ein humanoider Roboter auf kommunikative Doppelmoral des Menschen programmiert werden, der diese täglich, in variantenreicher Vielfalt, vollzieht?

Zum Beispiel kaufen wir – umweltbewusst – scheinbar gesunde Lebensmittel direkt beim regionalen Erzeuger ein, scheuen uns aber nicht, mit einem an Abgasen reichen, luftverschmutzenden überdimensionierten SUV – Sport Utility Vehicle – allein im Wagen die Nahrung abzuholen. Oder: Wir akzeptieren die Verbannung von Plastiktüten an den Kassen von Supermärkten, kaufen aber zugleich aus deutlich größeren Warensortimenten umweltschädliche Plastikverpackungen, ohne den geringsten Gedanken an die Umwelt zu verschwenden, ein. Diese Vergleiche ließen sich beliebig fortsetzen und jede Leserin und jeder Leser kennt sie aus eigener Erfahrung.

Können kooperierende bzw. kollaborierende Humanoide eines Tages, wenn Kommunikation – vielleicht mit Hilfe ausgeklügelter künstlicher Intelligenz – deutlich fortgeschritten ist und längst das Stadium der Nachahmung verlassen hat, kommunikative Doppelmoral von Menschen erkennen und darauf angemessen reagieren, und zwar korrigierend reagieren? Uns bleibt vorerst nichts anderes übrig, als die Entwicklung humanen-humanoiden Zusammenwirkens abzuwarten und dort korrigierend einzugreifen, wo sich ein Gefühl der Belastung, Bedrohung oder deren praktische Auswirkungen für unsere alles entscheidende Lebensgrundlage, die Natur, offenbart. Aber oft tun wir wider besseres Wissen exakt das Gegenteil von dem, was getan werden sollte (siehe Abschn. 2.3.2, Kognitive Dissonanz).

Reizüberflutung statt Lernen und Entspannen – Burn-out

Ein völlig anderer, bereits stark aktiver und Einfluss nehmender Aspekt humaner-humanoider bzw. Mensch-Maschine-Kommunikation und -Interaktion bezieht sich auf die Fähigkeit von Menschen zu vergessen und auf die Fähigkeit von humanoiden Robotern oder „intelligenten" Maschinen nichts zu vergessen, sofern Speicherkapazität und Energie ausreichen. Von den beiden Welten – der gekoppelten analogen und digitalen Welt – wird erstere seit Jahren durch eine permanente Flut, besser: immer größer werdende Tsunamis von Daten und Informationen bombardiert. Unsere Kommunikationsfähigkeit durch unser Gehirn wird zunehmend dadurch überfordert – bis zum Zusammenbruch –, wodurch wir nicht mehr „abschalten" können, uns nicht mehr in einen Ruhebereich zurückziehen können, nicht mehr „die Seele baumeln lassen" können, nicht mehr den Gedanken freien Lauf lassen usw. Evolutionär ist unsere Gehirn aber auch darauf adaptiert, Pausen zu machen durch einen Modus der Ruhe und des Zurückschaltens von belastungsreichen Verarbeitungsprozessen des Denkens. Das Denken komplett abzuschalten, ist uns nicht gegeben, aber in einen sogenannten „Default Mode" – Ruhemodus – zu fallen, schon (Costandi 2015, 160 ff.).

Wie sollen Menschen untereinander und mit Humanoiden vernünftig kommunizieren und interagieren, wenn das Gehirn durch externe und selbst verursachte künstliche Dauerberieselung aller Art zu einem Differenzieren von Daten und Information immer weniger in der Lage ist? Auf diesem im Rahmen dieses Buches sehr wichtigen Gesichtspunkt werden wir nun näher eingehen.

Eine aktuelle Dokumentation zum Thema „Immer vernetzt – Wenn das Gehirn überfordert ist" (Original: „Hyperconnecttes – Le Cerveau en Surcharge" von Laurence Serfaty, 2016) ist die Grundlage der folgenden Ausführungen.[58] Sie zeigen auf eindrucksvolle und zugleich höchst bedenkliche Weise das Eindringen und Durchdringen der digitalisierten Daten und Informationen in unsere analoge Welt und räumt auch mit dem überaus weit verbreiteten Irrtum vom „*Multitasking*" auf, also der Fähigkeit, möglichst viele Tätigkeiten zugleich – mit voller Konzentration – bearbeiten zu können. Dies führt auch zu der Frage: Sind Humanoide fähig zum Multitasking? Können sie so programmiert werden oder sich durch künstliche Intelligenz so verhalten, dass sie mehrere Dinge mit derselben Aufmerksamkeit zugleich erledigen können? Mit den gegenwärtigen, digitalen technisch-elektronischen Mitteln einer von Neumannschen Rechnerarchitektur ist das – wie bereits in Abschn. 2.3.4 erwähnt – sicher nicht möglich.

► Aktuelle Angaben im Datenreport 2016 der Deutschen Stiftung Weltbevölkerung – DSW –, zur Zahl der Menschen auf unserem Planeten, ergeben einen Wert von 7,42 Mrd. (DSW 2016). Demgegenüber tummelt sich die Hälfte der Weltbevölkerung – 3,71 Mrd. Menschen – im Internet und tauscht täglich über 150 Mrd. Emails aus (01:22). Das entspricht pro Person 40 Emails pro Tag – weltweit. Diese Datenflut erzeugt Stress, der sich auf unser Gehirn und unser Leben auswirkt. Der Datenumfang ist so schnell und groß, dass wir ihn nicht bewältigen können (01:33, Thierry Venin, Soziologie Université de Pauet de pays de l' Adour). Wir produzieren in den letzten beiden Jahren so viel Informationen wie in den letzten 2 Mio. Jahren insgesamt (02:05). Ein Vergleich verdeutlicht diese unfassbare Differenz: 14 Mio. Bücher umfasst Frankreichs Nationalbibliothek, als eine der größten der Welt. Jede Sekunde wird die Datenmenge des Internets um die Daten von zirka 2 Nationalbibliotheken erweitert, pro Jahr sind das 63 Mio. Bibliotheken (02:31). Die Psychologin und Computerwissenschaftlerin Gloria Mark, University of California, Irvine, USA, spricht von einer Art technologischer Wildwestzeit (02:37).

---

[58] Daten und Informationen aus dem Film von Laurence Servaty werden mit Zirka-Zeitangaben anhand der Gesamtlaufzeit (52:07 min) des Films markiert. Zudem werden sie – abgesetzt vom Haupttext – besonders gekennzeichnet.

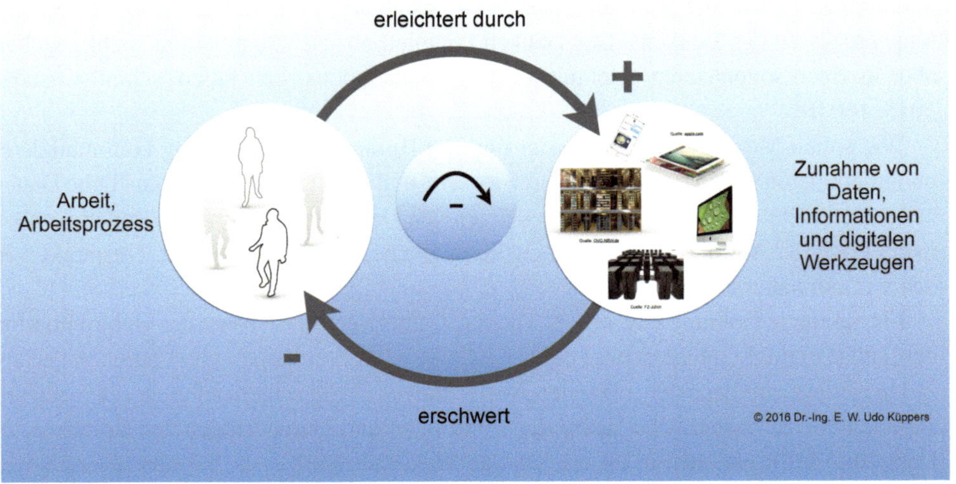

Abb. 2.34 Digital-Paradox

Es ist ein wiederkehrendes Paradox des digitalen Zeitgeistes, dass die digitalen Hilfen, die unser Leben erleichtern sollten, es noch komplizierten gestalten, wie Abb. 2.34 andeutet.

Der stabilisierende „Engels-Kreislauf" in Abb. 2.34 sagt aus: Es wird vorhergesagt, das menschliche Arbeit durch zunehmenden Einfluss digitaler Werkzeuge erleichtert wird (oberer Pfeil mit Plus-Zeichen, gleichgerichtete verstärkende Wirkung). Tatsächlich ist es aber so, dass die Arbeit, je mehr digitale Werkzeuge uns beeinflussen, eher erschwert wird (unterer Pfeil mit Minus-Zeichen, entgegengesetzte schwächende Wirkung). Insgesamt führt der Wirkungskreis zu einem stabilisierenden Systemverhalten, wenn ein sinnvoller Ausgleich zwischen beiden beteiligten Kriterien gefunden wird.

► Wie steht es um die Mitarbeiter in der digitalen Arbeitswelt und ergeben sich dabei neue psychosozialen Risiken? (03:32, Cindy Felio, Informationswissenschaftlerin, Université Bordeaux Montaigne, [zur Neugestaltung der Arbeitswelt siehe auch Kap. 5]). Führungskräfte sind am Stärksten betroffen, 100 von ihnen wurden befragt. Ein Ergebnis war, das sich die Arbeit verdichtet, rund um die eigentliche Aufgabe des Managens und Verarbeitens von Informationen, gegen den eigenen Zeitplan der Führungsperson.

► Filmbeispiel (04:54): Die Arbeit beginn um 08:30 Uhr, bereits um 08:36 kommt eine als dringend gekennzeichnete Email. Aber 60 % aller Emails werden als dringend gekennzeichnet, weil die Angst besteht, keine Antwort zu bekommen. Danach folgen SMS, Telefonanrufe usw. Ab ca. 11:00 Uhr kann man sich wieder um die in der Frühe angefangene Arbeit kümmern. Klingeltöne und andere Geräusche aus der Umgebung steigern noch zusätzlich die Unkonzentriertheit.

„Wenn er [die Führungskraft, d. A.] unterbrochen wird, [. . .] hat er große Mühe, wieder den Faden aufzunehmen, und das ist charakteristisch für eine Arbeitsumgebung, wenn man ohne Unterlass elektronisch bombardiert wird." (Venin, 05:46). Nach Schätzung von Forschern werden 30 % der Arbeitszeit für die Beantwortung von Emails verbraucht. „Jede zweite Führungskraft erlaubt es sich nicht, abends offline zu sein."

Reizüberflutung durch Überhandnehmen der Arbeit führt zu mentaler Erschöpfung und mündet nicht selten in einen *Burn-out*, der sich in körperlicher und geistiger Erschöpfung zeigt.

► Nach Venin sind in Frankreich und Deutschland 12 % der erwerbstätigen einem erhöhten Burn-out-Risiko ausgesetzt – eng verbunden mit der digitalen Informations- und Kommunikationstechnologie (11:50). Bereits 2500 bis 3000 Todesfälle sind in Frankreich nach extrem heftigen Burn-out-Fällen zu verzeichnen.

Labile und weniger labile Persönlichkeiten könnten, durch die zunehmende Digitalisierung von Auskunft-Dienstleistern, deren Stimmen elektronisch-humanoid sind und die einen in vielen Fällen zielgerichtet in Warteschleifen „verhungern" lassen, der Beginn einer Linie sein, die bei Mehrfachwiederholungen, gekoppelt mit weiteren Stressoren, verstärkt in einen Burn-out führt. Der Kommunikation zwischen Menschen und Humanoiden könnte, bei unsicheren Programmiertechniken und entsprechendem Verhalten kooperierender und kollaborierender Humanoide gegenüber Menschen, bei diesen möglicherweise ähnliche Folgen physischer und psychischer Art auslösen wie beim Burn-out. – Es könnte, muss aber nicht so sein.

Wie verändert uns die fortschreitende Mediennutzung, die Kommunikation zwischen Mensch und digitaler Maschine oder auch Humanoiden? Noch existiert kein reger humaner-humanoider Email-Austausch, was diesen zukünftig aber nicht ausschließt.

► Gloria Marks Untersuchungen zu Email-Bearbeitung und Konzentration am Bildschirm führten zu folgenden wesentlichen Ergebnissen (14:50):

1. Emails sind die größten Stressverursacher im Büroalltag. Je mehr Emails bearbeitet werden, umso höher steigt der Stresspegel.
2. Erhöhter Zeitaufwand für Emails führt zu einen Verringerung der Produktivität.
3. Die Konzentrationsdauer der Computerbenutzer fiel von durchschnittlich 3 min (2004) auf 1 min 15 s. Studierende der „Generation Y", die mit Internet und Smartphone aufgewachsen sind, waren nur zirka 45 s vor dem Bildschirm aufmerksam.

Dies ist ein nach Marks sehr verlässliches Ergebnis aus verschiedenen Berufsgruppen, ob Manager, Verwaltungsangestellte, Forscher oder Ingenieure.

Multitasking – eine wirksam manipulierte Illusion

► Die neuen digitalen Medien vergessen nichts. Daher haben wir direkten Zugang zu weltweiten Daten, die wir vor nicht allzu langer Zeit noch per Bibliotheken, Briefpost und Telefon mühsam erkunden und erfragen mussten. Der Konzentrationswechsel auf immer neue Aufgaben führt zum Burn-out. Neben den eigentlichen Arbeiten am Bildschirm – und ebenso im Hinblick auf kollaborierende Arbeiten zwischen Mensch und Humanoiden – wird telefoniert, gegessen und getrunken, Radio gehört. Alles zusammen, Konzentrationswechsel durch Unterbrechungen, Zeitdruck und „Multitasking" führen zu Stress und kognitiver Überlastung (17:27). Sie sind unsere alltäglichen Begleiter und keine Einzelfälle.

Eine von Stéphane Buffat, Institut für biomedizinische Forschung der französischen Armee, durchgeführte Studie mit Piloten, die unter höchster Konzentration bzw. mentaler Belastung in einem Cockpit voller Instrumentenanzeigen, einschließlich Multifunktionsanzeigen, arbeiten müssen, ergab Folgendes (18:11):

1. „Multitasking" führt nur zu oberflächlichen Wahrnehmungen.
2. Die Reaktion von einer zur anderen Aufgabe wird langsamer.
3. Das Leistungskriterium sinkt messbar.
4. „Multitasking" führt auch bei erfahrenen Piloten zu einem Leistungsabfall.

Es ist ein Trugschluss, zu behaupten, mehrere Dinge gleichzeitig bearbeiten zu können, weil sie in Wirklichkeit nur oberflächlich behandelt werden.

„Multitasking" und Leistung bewegen sich in einem Teufelskreis!

Der sich aufschaukelnde „Teufels-Kreislauf" in Abb. 2.35 sagt aus: Je mehr „Multitasking", also das Arbeiten an mehreren Vorgängen gleichzeitig, versucht wird, umso negativer, schlechter wirkt es sich auf die eigene Produktivität aus (oberer Pfeil mit Minus-Zeichen, entgegengesetzte Wirkung). Soll die Produktivität aber steigen, bedeutet das eine Abkehr von „Multitasking" (unterer Pfeil mit Minus-Zeichen, entgegengesetzte Wirkung). Insgesamt führt der Wirkungskreis zu einem Aufschaukeln des Problems oder zu einem Stillstand.

► Was passiert in unserem Gehirn, wenn mehrere Aufgaben zugleich durchgeführt werden und wie aufmerksam sind wir dabei? Aurélie Bidet-Caulet, Neurowissenschaftlerin, CNRL, Inserm, Lyon, untersucht verschiedene Arten von Aufmerksamkeit – Daueraufmerksamkeit, z. B. das Lesen eines Buches in ruhiger Umwelt, und selektive Aufmerksamkeit, z. B. das Lesen eines Buches in geräuschvoller Umwelt. Beide basieren auf Aktivitäten in unterschiedlichen Hirnregionen (24:10). Werden zwei Tätigkeiten, z. B. Telefonieren und Emailschreiben, gleichzeitig durchgeführt, die demselben neuronalen Netz – hier dem Sprachzentrum – zugeordnet werden, entsteht ein Konflikt. Das Sprachzentrum ist überlastet, mit der Folge, dass eine von beiden Aktivitäten zu kurz kommt bzw. benachteiligt wird.

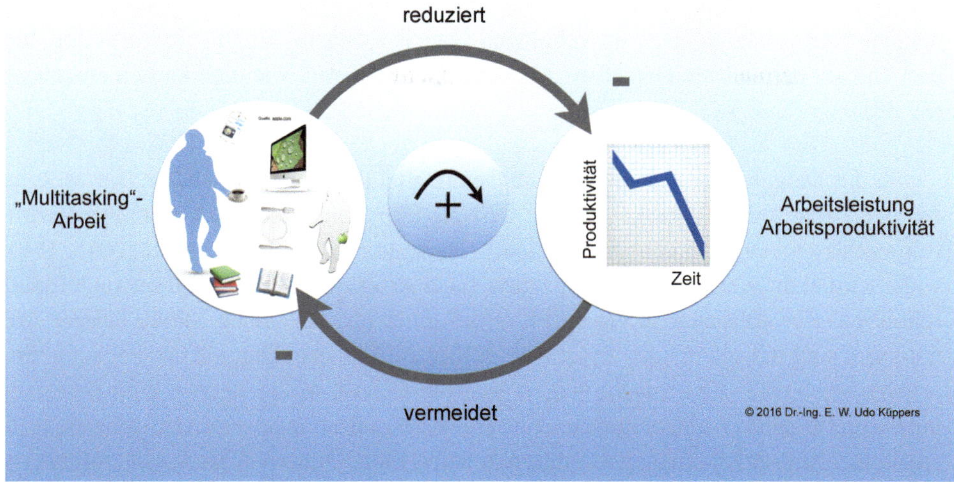

Abb. 2.35 Das „Multitasking"-Phänomen

Bei selektiver Aufmerksamkeit auf eine Tätigkeit ist unser Gehirn fähig, Nebengeräusche, nicht relevante Töne auszublenden – Fähigkeit zur Inhibition, auch laterale Hemmung –, eine unverzichtbare Kompetenz. Werden jedoch zwei Tätigkeiten zugleich durchgeführt, wird der Inhibitionsfilter außer Kraft gesetzt. Bearbeiten wir also zwei komplexe Aufgaben parallel, sinkt die Aufmerksamkeit. Die Schlussfolgerung ist: „Multitasking" ist nicht möglich.

Nach Aussage des Soziologen Venin bestätigt keine ernsthafte kognitive Studie, dass jüngere Personen (Generation Y), die mit elektronischen Medien eng verbunden sind, besser in Multitasking wären als ihre Vorfahren. „Laut einer europäischen Umfrage [GFK-Marktforschung, Befragung in 29 Ländern, d. A.] unter 30.000 Beschäftigten ist der Stress durch digitalen Technologien bei den Jüngeren im Vergleich zu den Älteren deutlich höher" (28:20).

Aufmerksamkeit kann sicher trainiert werden. Das Üben ein- und desselben Vorgangs, zum Beispiel des Autofahrens im komplexen Verkehrsgeschehen, ist zu Beginn noch mit etlichen Unsicherheiten behaftet. Je länger es aber gelernt wird, umso sicherer fühlt man sich. Es wird deutlich weniger auf jedes einzelne Verkehrssignal geachtet, dafür mehr auf wenige sogenannte Schlüsselmerkmale. Das stärkt die Sicherheit und Aufmerksamkeit für andere, unerwartete Ereignisse.

Default-Mode-Netzwerk im Gehirn – Ruhe trotz Aufmerksamkeit

► Trotz Aufmerksamkeitstrainings und Filtern nebensächlicher Daten und Informationen bleibt unser Gehirn nach wie vor einem permanenten, in seiner Quantität zunehmenden

Datenfluss durch immer neue digitale Sender ausgesetzt. Da ist die Frage erlaubt: Kann der analoge Mensch auf Dauer diese digitale Infiltrierung verkraften, ohne Schaden zu nehmen? Aus Sicht des Neuropsychologen Francis Eustache, EPHE, Inserm, Caen, hindert uns der permanente Datenfluss auf unser Gehirn daran, wichtige Pausen einzulegen (39:30).

Für das Default-Mode-Nervennetz im Gehirn sind Pausen unverzichtbar. Dieses Ruhe-Netzwerk bzw. die „[Ruheaktivität] [...] ist die Denkarbeit, die wir leisten, wenn wir in Ruhe gelassen werden und ungestört sind." (David Ingvar 1974 in: Costandi 2015, 161).

Es wird aktiv, wenn wir uns entspannen, beim Arbeiten nicht konzentriert sind, Emails schreiben oder entspannt in einem PKW auf einer uns bekannten Straße fahren. Aufmerksam sind wir schon, aber es ist eine diffuse Aufmerksamkeit, die uns begleitet. Forschungsergebnisse von Eustache zeigen, dass das Default-Mode-Netzwerk für unsere Erinnerung, für unser Wohlbefinden und unsere sozialen Bindungen eine maßgebende Rolle spielt. Ein sorgsamer Umgang mit unserem Ruhe-Mode-Netzwerk ist – weit entfernt von der digitalen Gerätschaft – daher äußerst wünschenswert, wenn nicht unausweichlich. Es ist oft ein innerer Zweikampf, Freiräume zu schaffen gegen den Reiz, auf digitale Informationen zu reagieren.

Unser Belohnungszentrum im Gehirn bemerkt und speichert Informationen, wenn uns etwas zufriedenstellt oder wir uns glücklich fühlen. Dies ist zum Beispiel bei Grundbedürfnissen wie Essen und Trinken der Fall, aber auch bei neuen positiven Erfahrungen. Neue Informationen durch das Mobile Phone stimulieren daher auch das Belohnungszentrum stark (Costandi 2015, 108–111). Wir sind dadurch motiviert, Handlungen und Verhaltensweisen zu wiederholen, die uns zufriedenstellen und erfreuen. Eine stark ausgeprägte Nutzung digitaler Medien, ob familiär oder gesellschaftlich verursacht, beeinflusst auch unseren Arbeitsalltag in zunehmendem Maß. Daher ist es wichtig, diese analogen-digitalen Verknüpfungen von Mensch und Maschine stetig zu hinterfragen. Ein analoger Weg empfiehlt sich für nachhaltige Prüfungen und Kontrollen.

► Auf digitalem Weg wäre die Frage interessant: Können sich Computer [oder autonome Humanoide] im Dialog mit Menschen eines Tages derart anpassen, dass sie unsere mentale Belastung reduzieren helfen? Der Informatiker Robert Jacob, Tufts University, USA, verfolgt das Ziel einer Echtzeitanpassung von Computern an unsere mentale Belastung beim Ausführen einer Tätigkeit (46:50). Mit anderen Worten: Digitale Informationen werden bei einem müden Zustand reduziert und erhöht, wenn unser Gehirn aufnahmefähig ist. Ein Gedankenlesen des Computers wäre jedoch ein falsches Verständnis. Demgegenüber ist die Echtzeiterkennung der Arbeitsbelastung, als deren Indikator der Sauerstoffverbrauch im vorderen Hirnbereich – präfrontaler Cortex – herangezogen wird, ein Ziel. Der Computer lernt dabei, die gesendete Informationsmenge an das Gehirn zu variieren.

Durch diese Echtzeitsteuerung der Daten- und Informationsmenge Richtung Gehirn wird auch eine Brücke geschlagen zu den vorab erwähnten Störeinflüssen, denen ein Computerbenutzer während seiner Arbeit ausgesetzt sein kann oder ist. Mit Hilfe der Messungen ist es auch möglich, zu entscheiden, ob und wann ein Computerbenutzer bei der Arbeit unterbrochen werden kann. Wenn eine Aufgabe beendet ist und kein intensives aktives Arbeiten erkennbar ist, wäre ein günstiger Zeitpunkt. Jacob spricht von einer impliziten Benutzerschnittstelle, „[…] die dem Benutzer Daten entlockt, ohne dass seine Aufmerksamkeit beeinträchtigt wird." Arbeitsbelastungen individuell anpassen, z. B. bei Büroarbeiten, würden von Jacobs Forschungsergebnissen, sofern sie tatsächlich den Weg in die Praxis finden, sicher auch betroffen.

Es wird in jedem Fall eine individuelle, aber ebenso auch eine gesellschaftliche und somit auch politische Entscheidung sein, ob und wann Menschen sich über bio-elektronische Schnittstellen definieren lassen wollen – es teilweise schon tun –, um ihre persönliche Leistungsbereitschaft zu optimieren, ob während der Arbeitszeit (Kap. 5) oder während ihrer Freizeit (Kap. 6).

Dass Techniken, wie sie Jacobs erforscht, Menschen stark beeinflussen, steht außer Frage. Dass allgemein gesehen die digitalen Medien uns aktiv beeinflussen, ebenso. Im gegenwärtigen Stadium von Mensch-Maschine-Entwicklungen scheint ein Punkt erreicht, an dem die Menschen den Umgang mit digitalen Werkzeugen noch intensiver lernen müssen, und zwar dahingehend, dass unser Wohlbefinden und unsere Achtsamkeit keinesfalls beeinträchtigt werden. Wie weit wir dazu bereit sind, unsere persönliche Produktivität auf

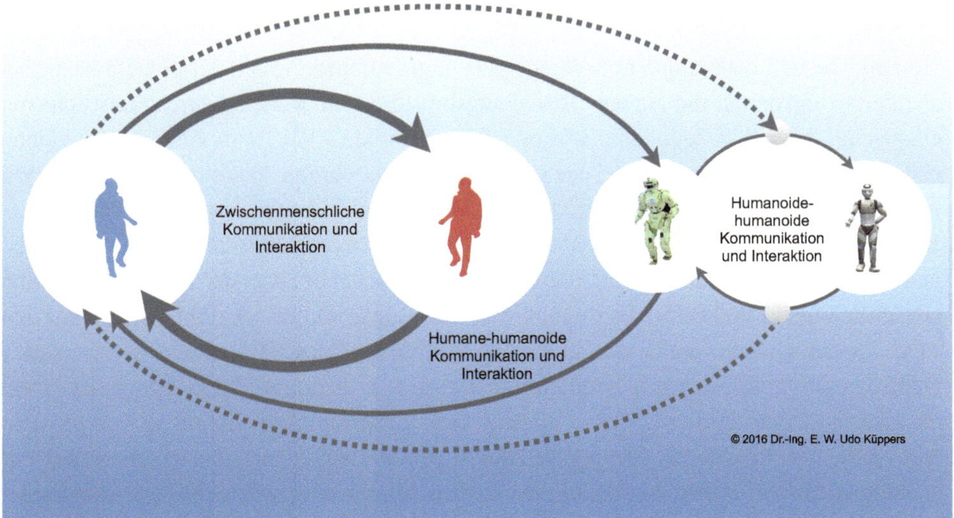

Abb. 2.36 Netzwerk kommunikativer und interaktiver Verknüpfungen zwischen Menschen und Humanoiden. Selbst wenn Humanoide mittels künstlicher Intelligenz untereinander kommunizieren und interagieren, wird sich der Mensch – schon aus einem evolutionären, tief verwurzelten Selbsterhaltungstrieb – vorbehalten, Herr der Lage zu bleiben, auch bei Auftreten neuer, bislang unberücksichtigter oder unerwarteter Risiken. Die gestrichelten Verbindungslinien deuten dies an

Kosten unserer Selbstbestimmung steuern und steigern zu lassen, hängt von vielen Einflussfaktoren ab.

Abb. 2.36 zeigt die fortschreitende Verknüpfung kommunikativer interaktiver Kreisläufe zwischen Mensch und Humanoiden und – in ferner (?) Zukunft – die einer selbstorganisierten Kommunikation und Interaktion von Humanoiden untereinander. Es ist vernünftig, anzunehmen, dass die Jahrmillionen lang existierende, vernetzte analoge Biosphäre noch eine Weile fortbesteht. Der starke Evolutionsdruck wird sich so schnell nicht durch Menschen bzw. Menschen im Verbund mit Humanoiden aus den Angeln heben lassen.

Es liegt letztlich an uns, wie dieses analoge-digitale Zusammenleben gestaltet wird, in einer Umwelt, in der die Menschheit mit ihren bisherigen technischen Erfindungen große Fortschritte erzielt, aber zugleich auch vernichtende Zerstörungen in Natur und Umwelt bewerkstelligt hat und weiter vollzieht. Darauf gehen wir im Abschn. 3.1 näher ein.

2.5 Macht des kurzfristigen Wohlgefallens – Ohnmacht der nachhaltigen Veränderung

Nur die Weisesten und die Dümmsten können sich nicht ändern.
Konfuzius, chinesischer Philosoph (551–479 v. Chr.)

2.5.1 Sich selbst verstehen und andere ändern?

Humanoide sind heutzutage in der Lage, aus menschlichen Gesten deren Gemütszustand abzuleiten und darauf mit eigenen Bewegungsmustern, zum Beispiel durch künstliche mechanische „Mundbewegungen", wie es der Humanoide ERWIN in Abb. 4.14 andeutet, näherungsweise so zu reagieren, wie es Menschen tun würden. Dahinter stehen ausgeklügelte mathematische Algorithmen, die dem Forschungsfeld der künstlichen Intelligenz – KI – zugeordnet sind. Aber reicht künstliches Nachahmen und künstliches – gegebenenfalls auch *lernfähiges* – Reagieren aus, um zu verstehen, was der Mensch gegenüber tatsächlich denkt und fühlt? Ist die uns vertraute Logik immer der richtige Weg auf dem Pfad der künstlichen Intelligenz, komplexeste Vorgänge der Natur – wie sie in unserem Gehirn stattfinden – richtig zu deuten und adäquat zu antworten bzw. zu agieren? Denn die richtige Deutung menschlicher Gesten, Gesichtsausdrücke – Mimiken –, allgemein: Bewegungen und weitere gekoppelte Aktivitäten wie Sprechen und Riechen sind entscheidend für den Fortschritt belastbarer – resilienter –, kooperativer und kollaborativer Zusammenarbeit zwischen Menschen und Humanoiden.

Beleuchten wir nun den zunehmenden Trend einer humanen-humanoiden Zusammenarbeit weniger aus KI-Sicht sondern aus der Sicht menschlicher Persönlichkeit, seiner Entscheidung und seines Verhaltens. Über die grundlegende Schwierigkeit, sich selbst zu verstehen und darüber hinaus andere ändern zu wollen, sagt der Neurobiologie Gerhard Roth:

> Jeder Versuch, die wahren eigenen Motive zu ergründen, d. h. die Frage zu beantworten, warum ich so und nicht anders gehandelt habe oder warum ich mich vor einem bestimmten Ereignis ängstige, das objektiv gar nicht bedrohlich ist, warum ich jetzt zornig oder entmutigt bin, zuversichtlich oder depressiv – all dies führt meist zu nichts (Roth 2012, 277 f.).

Es wäre falsch zu behaupten, das konditionierte ICH-Netzwerk „*[…] bestimme unsere Gedanken, unsere Äußerungen und unsere Handlungen.*" (ebd.).

> Hinter dem, was man im Gehirn als Informationsverarbeitung bezeichnen kann, zum Beispiel bei der visuellen Objektwahrnehmung, gibt es die Bedeutungsebene, auf der nicht nur gefragt wird: „Was ist das?", sondern „Was bedeutet das für mich?". Diese Bedeutungsebene gliedert sich […] in eine bewusste und eine unbewusste, eine rationale und eine emotionale, eine soziale und eine individuelle Achse auf.
>
> Die unbewussten Anteile unserer Existenz sind diejenigen, die zuerst entstehen und die wichtigeren sind. Zugleich sind sie dem Bewusstsein nicht zugänglich. […] Was in der Großhirnrinde also als bewusste Gefühle oder als Motive entsteht, sind Interpretationen der Erregungen aus den unbewusst arbeitenden limbischen Zentren auf den Ebenen des Bewusstseins. Wir erfahren bewusst nur diese Interpretationen, nicht das Original (ebd.).

Schließlich heißt es:

> Fest steht, dass all unsere Bemühungen, uns per Selbstreflexion zu verstehen, an Grenzen stoßen, die das Vorbewusstsein ihnen setzt, und dass wir nie in die Sphäre unseres Unbewussten eindringen können. Was wir erfahren können, ist das, was unser Vorbewusstsein unserem Bewusstsein als Deutungsmaterial zur Verfügung stellt (ebd. 281).

Die Schwierigkeit, um nicht zu sagen: die nahezu Unmöglichkeit, unser eigenes Verhalten, unsere Ausdrucksweisen zu erkunden und klar zu interpretieren, wird noch erweitert durch die Schwierigkeit, andere ändern zu wollen. Dazu wieder Roth:

> Menschen tun in aller Regel das, was die in ihrer Persönlichkeit verankerten unbewussten Motive und bewussten Ziele ihnen vorgeben – sie sind überwiegend binnengesteuert. Wenn sie sich ändern, dann überwiegend „von innen heraus". Solche Veränderungen sind, […], im Erwachsenenalter relativ selten, wenn sie nicht Nebensächlichkeiten, sondern Dinge der Lebensführung betreffen (ebd. 289).

Menschen bevorzugen nach Roth eine Anpassung mit wenig Veränderung und mehr Konstanz, obwohl ein Anpassungswechsel hier und da vorteilhaft wäre. Der Begriff der *kognitiven Dissonanz* drängt sich auf, den wir schon in Abschn. 2.3.2 kennengelernt haben. Zur Wiederholung: Er sagt nichts anderes, als dass wir an unserer bislang bewährten Lebensweise festhalten, obwohl wir wissen, dass eine Veränderung unsere Lebenslage verbessern könnte! Anders gesagt: *Wir gehen sehenden Auges ins Risiko*, obwohl wir es vermeiden könnten. Das ist wahrscheinlich auch *ein* Grund dafür, dass es so außerordentlich schwer ist, Vorsorge zu betreiben. Stattdessen nehmen wir lieber – unkalkulierbare, kostensteigernde – Probleme der Nachsorge, im Anschluss an einen Unfall oder eine Katastrophe, in Kauf. Dieses menschliche Verhalten beginnt beim Tragen – oder Nichttragen – eines Schutzhelms während des Fahrradfahrens und endet nicht bei eigentlich vorhersehbaren Brücken-, Hallen- oder Häusereinstürzen, problematischen Großveranstaltungen, realistisch unkalkulierbaren Risiko-Großinvestitionen (der öffentlichen Hand) oder hochkomplexen Systemen wie die von Kraftwerken. So weiterzumachen wie bisher trägt nach Roth

> [...] eine starke Belohnung in sich als Lust an der Routine, am Expertentum, am Statusbewahren. Hinzu kommt die Angst vor dem Neuen, das immer auch das Risiko des Scheiterns in sich birgt. Dies erzeugt bei vielen Menschen eine hohe Schwelle, welche der Belohnungswert der Veränderung des eigenen Verhaltens überwinden muss (ebd. 290).

Neurotransmitter wie *Serotonin* und *Dopamin*, die als Botenstoffe an den Synapsen unseres Neuronennetzes chemische Informationen übertragen und beteiligt sind an der Kommunikation zwischen den grauen Zellen, spielen bei Routinearbeiten eine wesentliche Rolle. Je mehr von diesen Neurotransmittern aktiv sind, umso größer ist das Gefühl des Wohlbefindens, weswegen der Volksmund sie auch als „Glückshormone" bezeichnet. Mangelt es an den beiden Botenstoffen, macht sich ein Gefühl der Unsicherheit, Angst oder Furcht breit. Bezogen auf unsere bewährten Routinearbeiten, die ohne große Schwankungen verlaufen, hieße das:

Wer mit einer neuen, über die Routinearbeit hinausgehenden, teils noch unbekannten und daher ungeübten Arbeit konfrontiert wird, ist unsicher, hat Angst (arm an Serotonin/-Dopamin), Fehler zu begehen, würde sich unter Umständen wieder in das sichere Terrain der Routinearbeit (reich an Serotonin/Dopamin) zurückziehen, wo sich wieder das Gefühl des Wohlfühlens einstellt. Mit

- *Befehlen von oben* – von den Vorgesetzten –,
- *Appellieren an die Einsicht* und
- *Berücksichtigung persönlicher Eigenschaften des oder der Betroffenen*

nennt Roth (ebd. 291–296) drei Strategien, die helfen können, Mitmenschen auf den gewünschten Pfad zu bringen, wobei letztere Strategie die schwierigste ist.

Praktische Beispiele menschlicher Verhaltensroutinen, aus denen auszubrechen vielen nicht leicht fällt, werden anschießend, im Umfeld ohne und mit Humanoiden, erläutert.

2.5.2 Mühelose Gewohnheit und Sisyphusarbeit
Nachhaltigkeit – Kurzfristiges Denken und langfristiges Denken

Gewohnheiten – oder besser: Gewohnheitsschleifen – sind Teil unserer neuronalen Arbeitsprozesse, unseres Denkens. Gewohnheiten sparen Energie, weil die Abläufe, die damit verbunden sind, nicht jedes Mal neu neuronal aufgebaut werden müssen. Sie haben sich sozusagen in unser Gedächtnis eingeschrieben.

Denken Sie zum Beispiel an das bekannte Beispiel erfahrener Autofahrer, die eine Fülle an sensorisch aufzunehmenden Signalen aus dem Straßenverkehr – wegen ihrer jahrelangen Fahrübungen – auf wenige Schlüsselmerkmale reduzieren, diese aber intuitiv beherrschen, um ihr *Verlangen*, unfallfrei zu fahren, einzulösen. Ein *Auslösereiz* wie das plötzliche Bremsen des vorabfahrenden Fahrzeuges leitet über in ein Gewohnheitsverhalten, eine *Routine*, die in der Regel dafür sorgt, dass es nicht zu einem Zusammenstoß kommt, zum Beispiel durch ausreichendes Abstandhalten und die Beobachtung der vorvorherigen Fahrzeugbremslichter. Diese Routine mündet wiederum in eine *Belohnung*, eben einen Unfall vermieden zu haben (vgl. allgemein zur Kraft der Gewohnheit, die es zu durchbrechen gilt, wenn neue angestrebte Ziele verfolgt und umsetzt werden sollen, oder wie das Festhalten an alten Gewohnheiten, Egoismen oder mangelnden Kooperationsbereitschaften zu Problemen führen kann, die über Mensch-Roboter-Interaktionen hinausgehen, Küppers und Küppers (2016) sowie Duhigg (2014)).

Dieser zirkulär ablaufende Prozess der Gewohnheitsschleife findet sich in vielen Variationen in unseren privaten und beruflichen Handlungen wieder. Gewohnheits- oder Routinearbeiten gehen einem *leicht von der Hand*, sofern keine unerwarteten außergewöhnlichen Umstände eintreten. In diesem Fall nützt die beste Routine nichts, drohende Situationen noch zu verhindern – im Gegenteil. Sie kann erheblichen Schaden anrichten, umso mehr, je undurchschaubarer, komplexer sich die neue Lage zeigt.

Aber auch temporäre oder allmähliche geplante Umstellungen von Gewohnheiten, wie sie durch die kooperative oder kollaborative Nutzung von Humanoiden im privaten Haushalt und im Arbeitsprozess zur Zeit stattfinden, setzen – mehr oder weniger – neue Gewohnheiten voraus, die erlernt werden müssen.

Zwei Gewohnheits- bzw. Routineebenen, die eine enge dienstleistende Verbundenheit von Mensch mit Humanoidem beeinflussen, können aufgespannt werden:

1. Funktionale Routineebene
2. Emotionale Routineebene

Auf der funktionalen, mechanischen Routineebene werden neue vorprogrammierte Handlungsanweisungen und technische Abläufe festgelegt. Für bereits jahrzehntelang im fertigungstechnischen Umfeld arbeitende Industrieroboter sind sukzessiv optimierte Routinearbeiten inzwischen Standard über 24 h am Tag (mit Ausnahme von Störung und Wartung). Für Mensch-Roboter-Kollaborationen, ob Roboter mit Schutzgittern gegen menschliche Verletzungen umzäunt sind oder Roboter ohne physischen Schutzbereich mit Menschen zusammenarbeiten, sind neue Routinen erforderlich, die bisherige Routinen zwischen kollaborierenden Menschen nicht 1:1 ersetzen können.

Auf der emotionalen Routineebene wirkt sich die Zusammenarbeit des Menschen mit stationären Robotern in industriellen Arbeitsbereichen ebenfalls durch neue erlernbare Routinen aus, die zu Beginn sicher noch mit einem hohen Maß an Unsicherheit verbunden sind. Trotz mechanisch durchoptimierter bzw. programmierter Routinearbeitsabläufe bleibt noch ein Rest Unsicherheit beim Menschen. Weiß ich als kollaborierender Mensch zum Beispiel, ob der programmierte stationäre Roboter – trotz vorhandener Sicherheitsfunktionen – seine Bewegungsmuster immer exakt ausführt und mich als Mensch nicht verletzt? Die Unsicherheit wird noch erhöht, wenn die Zusammenarbeit zwischen Mensch und Roboter verbunden ist mit Bewegungen beider im Raum. Und eine weitere Steigerung der Unsicherheit ist gegeben, wenn hilfsbedürftige – vielleicht immobile – Menschen mobilen dienstleistenden Humanoiden gegenüber wenig bis keine Möglichkeit besitzen, programmierten Dienstleistungen des Humanoiden, die sie nicht wollen, auszuweichen oder diese abzuwehren.

Programmierte Humanoide, die aufgrund eines *Auslösereizes* eine *Routinearbeit* mit oder am Menschen vollziehen, aber weder ein *Verlangen* noch eine *Belohnung*, noch eine *Gefahr* kennen, die nur Menschen zu eigen sind, ist eine fundamental neue Herausforderung zukünftiger human-humanoider Gesellschaften. Wobei sich zwischen Programmierern von Humanoiden, die Routinearbeiten mit Menschen ausführen, und den Humanoiden selbst noch vielfach eine räumliche Entfernung einstellt. Diese schließt nicht aus, dass direkte Gefahren fehlgeleiteter Auslösereize und somit falsche, Menschen gefährdende Routineabläufe von Robotern zu spät erkannt werden. Sicherheit ist – wie bekannt – eine relative Größe. Deshalb sollte bei Mensch-Humanoide-Arbeiten besonders *Risikovermeidung* vor *Risikominimierung* vor *Risikonachsorge* gehen!

Menschen vollziehen ihr Leben lang Routinearbeiten, die sie – trotz objektiver Notwendigkeiten durch sich verändernde innere (Gesundheit, Ernährung, Beweglichkeit etc.) und äußere (Unternehmensaufgaben, Umweltkatastrophen, Naturzerstörungen etc.) Umstände – teils verbissen beibehalten, obwohl sie es besser wissen. Es ist eine Sisyphusarbeit für Menschen, ihre eingefahrenen Routineschleifen, ihre zirkulären Gewohnheiten zu durchbrechen und durch neue, vorteilhaftere bzw. wertbeständigere zu ersetzen (siehe in Abschn. 2.5.1 Roths drei Strategien, die helfen können, Mitmenschen auf den gewünschten Pfad zu bringen).

Angestellte in starren Verwaltungshierarchien, die über Jahrzehnte Routinearbeiten perfektioniert haben, werden sich in offenen kybernetisch vernetzten Unternehmensorganisationen schwer tun, ihre bisherige Routinearbeit abzulegen und neue zu lernen. Dass das klassische *gefühlsmäßig entspannte* Rauchen tödlich ist, hindert viele nicht daran, an dieser Routine festzuhalten und sich die scheinbare Belohnung des Wohlfühlens durch das Rauchen abzuholen. Dies sind nur zwei Beispiele erlernter und verfestigter Routinekreisläufe, die aus eigener Kraft schwer zu durchbrechen sind – es existieren sicherlich noch viele mehr.

Somit erfordern neue humane-humanoide-Arbeitsprozesse neue Arbeitsroutinen in den Köpfen der kollaborierenden Menschen – und dies umso mehr, je dynamischer ein Arbeitsprozess verläuft. Die Anforderungen an Programmierer steigen, je mobiler sich die humanoiden Roboter durch den Raum bewegen sollen. Nicht nur technisch-elektronische Aspekte der Robotermaschinen und ihr räumliches Umfeld müssen erfasst werden, sondern darüber hinaus auch soziale, kulturelle und weitere Eigenschaften der kooperierenden

Menschen müssen mit ins Kalkül genommen werden. Und: Ob künstliche Roboter-Intelligenz, die ebenfalls von Menschen programmiert werden muss, letztlich die *Teamarbeit* zwischen Mensch und Humanoidem eher erleichtert oder doch mehr verunsichert, ist – wie vielfach herausgestellt – überhaupt noch nicht klar.

Diese Mensch-Humanoide-Gruppenarbeit wird vermutlich nicht dadurch leichter, dass industrielle Digitalisierungsprozesse zusätzlich mit dem Internet der Dinge vernetzt werden, wodurch die Komplexität der Abläufe – und der *Risiken* – noch um ein Vielfaches gesteigert wird. Die in Abschn. 2.2.5 vorgestellten, sehr global formulierten Asimovschen Robotergesetze helfen kaum weiter, den Menschen in diesem analogen-digitalen Umfeld detaillierte nachhaltige Sicherheit zu bieten.

Die Abb. 2.37, 2.38, 2.39, 2.40 und 2.41 zeigen Beispiele zirkulierender Routineschleifen.

Abb. 2.37 zeigt die beiden Standard-Routinekreisläufe mit Belohnung und Bestrafung. Auf einen beliebigen Auslösereiz aus der Umwelt, der den Kreislauf in Gang setzt, folgt eine Routinehandlung. Führt sie zu einem erfolgreichen Ziel, ist eine Belohnung der Preis für den Erfolg. Umgekehrt kann derselbe Auslösereiz auch zu einer Handlung führen, die Unsicherheit und Ängste weckt, mit der Konsequenz, statt belohnt nun bestraft zu werden.

Abb. 2.38 zeigt – wie Abb. 2.37 – dieselben Routinekreisläufe, nun am konkreten Praxisbeispiel betreuter Menschen im Alter. Wir erinnern uns an das in Abschn. 2.3.4 genannte Beispiel von Humanoiden, die in Japan seit Längerem in der privaten und staatlichen Alterspflege, unter anderem mangels ausreichendem Fachpersonal, erprobt bzw. eingesetzt werden. Die klassische Ausbildung für die Altenpflege findet immer weniger

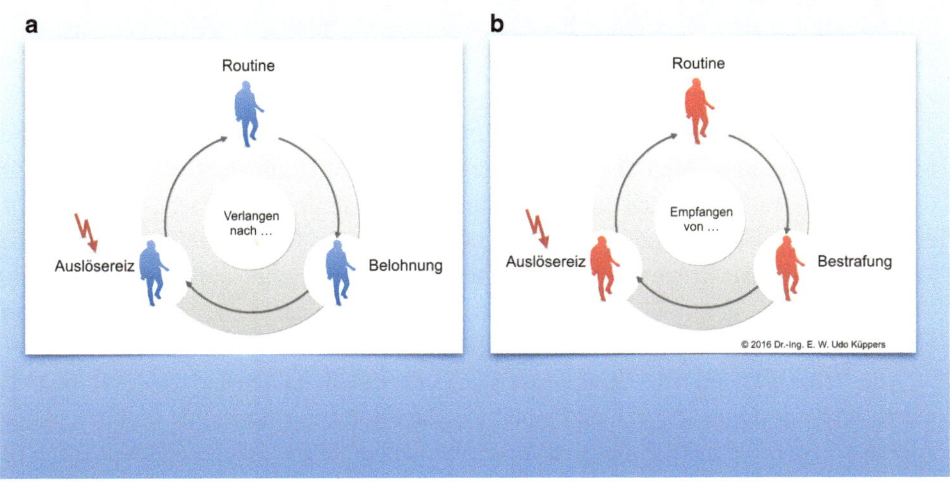

Abb. 2.37 Allgemeine Routinekreisläufe bei Menschen. **a** positive Erwartung, **b** negative Erfahrung

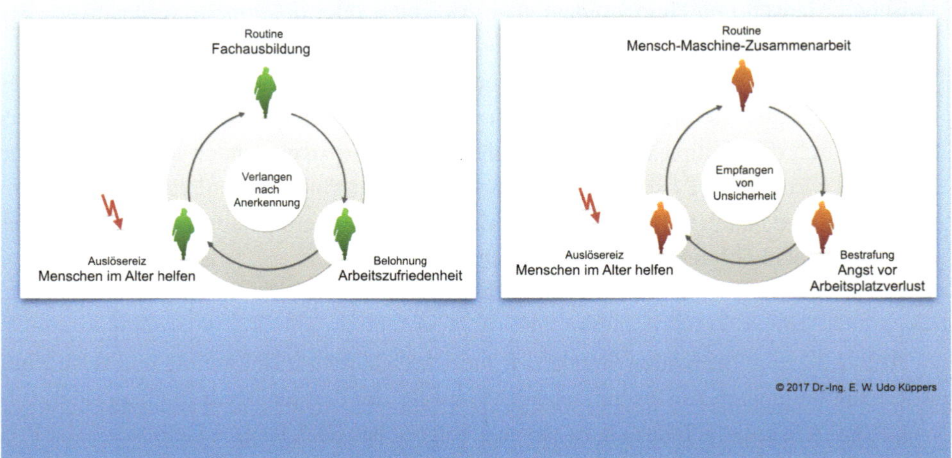

Abb. 2.38 Praxisbeispiele von Routinekreisläufen bei Menschen

Interessierte, die eine mehrjährige Fachausbildung durchlaufen. Der humanoide Roboter wird zum *Objekt der Begierde* in der japanischen Altenpflege. In Deutschland sind
ähnliche Verhältnisse zwischen älter werdenden Betreuten und Betreuenden erkennbar.
Es existiert eine deutliche Steigerungen von Pflegebedürftigen im Alter (BMG 2016;
DESTATIS 2017), wohingegen ein klarer Mangel an examinierten Fachkräften und Spezialisten der Altenpflege erkennbar ist, und zwar in allen (!) Bundesländern (BfA 2015).

Der Auslösereiz, Menschen im Alter zu helfen, wird – neben der klassischen Fachausbildung – in Abb. 2.38 linker Routinekreis – durch Humanoide Helfer erweitert – in
Abb. 2.38 rechter Routinekreis. Letzterer birgt für das engagierte Altenpflegepersonal die
zusätzliche Gefahr, durch Humanoide eines Tages verdrängt oder ersetzt zu werden.

Abb. 2.39 zeigt den fundamentalen Unterschied von Routinekreisläufen zwischen
Mensch und Roboter. Menschen verknüpfen Funktionalität mit Bedeutung und Empfindung dessen, was schließlich eine Belohnung oder Bestrafung ausmacht. Überflüssig zu
erwähnen, dass auch Programmierer von Maschinen diesen Routinekreislauf durchlaufen.
Die humanoiden Maschinen bzw. Roboter selbst, als Objekte, sind ohne jede Empfindung.
Sie vollziehen die programmierte Routinearbeit von dem, was Menschen ihnen – in Form
eines Auslösereizes – vorgeben.

Abb. 2.40 verknüpft beide Routinekreisläufe, die des Menschen und die des Roboters in
einem Wirkungsraum. Zunehmend mobile, kollaborierende Humanoide im betrieblichen
Arbeitsprozess oder mobile dienstleistende Humanoide in anderen gesellschaftlichen Bereichen, wie dem Privathaushalt, Hotels, Einkaufsmärkten, Krankenhäusern etc., führen
zu einer neuen Art *analoger-digitaler Zusammenarbeit*, die erst am Anfang der Entwicklung steht. Unsicherheiten und Überraschungen sind daher vorprogrammiert. Sie

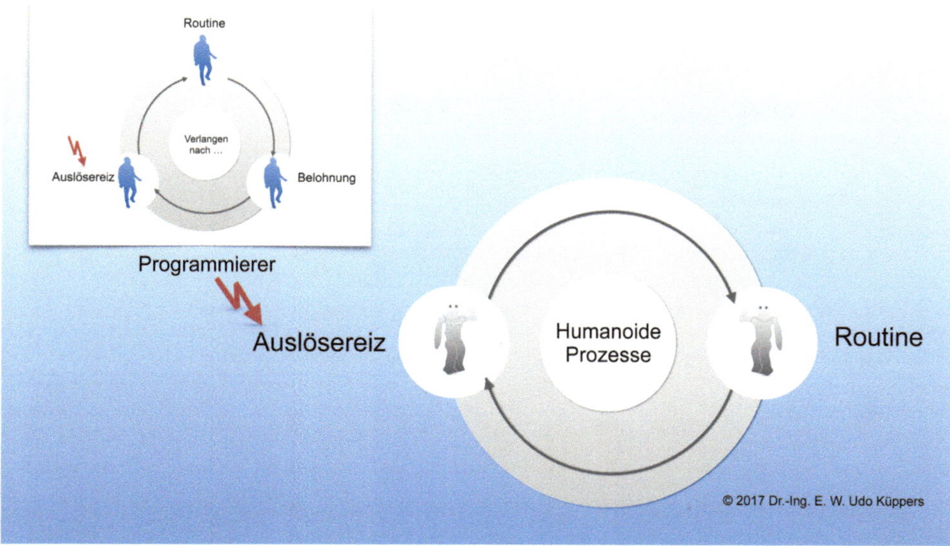

Abb. 2.39 Routinekreislauf bei Humanoiden, gesteuert bzw. ausgelöst durch Routinekreisläufe des Menschen

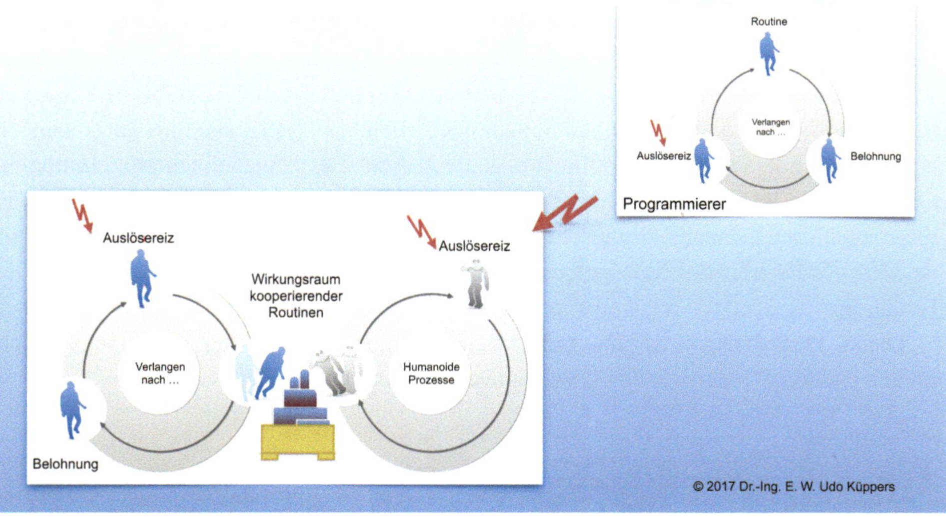

Abb. 2.40 Wirkungsraum koordinierender Routinekreisläufe bei Menschen in Zusammenarbeit mit Humanoiden

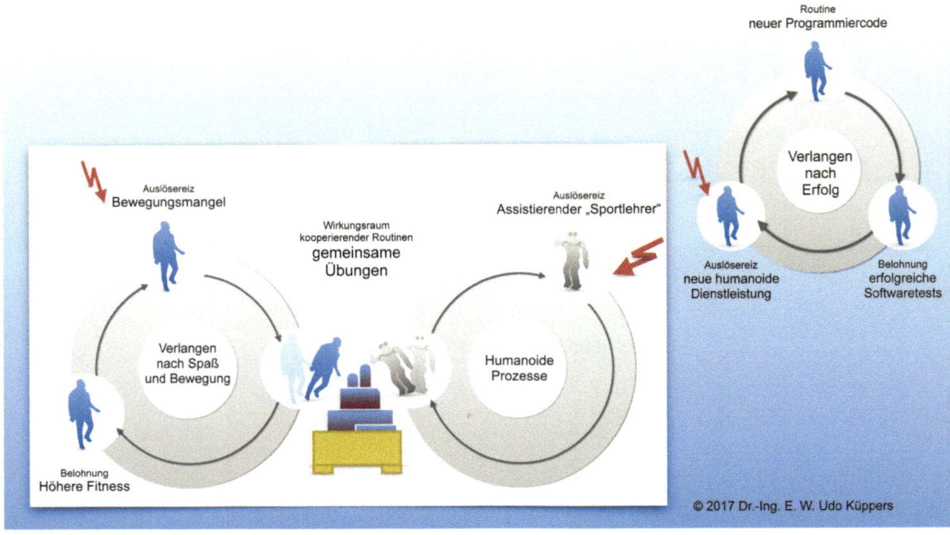

Abb. 2.41 Praxisbeispiel koordinierender Routinekreisläufe bei Menschen in Zusammenarbeit mit Humanoiden

zu erkennen, Rahmenrichtlinien für nachhaltige fehlertolerante Mensch-Humanoide-Kooperationsprozesse auszubauen und klare gesetzliche Grundlagen zu schaffen, ist eine unbedingte Notwendigkeit in einer achtsamen Gesellschaft, die zukunftsfähig sein will.

Abb. 2.41 beschreibt einen – in Ländern wie Japan bereits praktizierten – Einsatz von Mensch-Humanoide-Kooperation im Bildungsbereich. Humanoide wie NAO (s. Abb. 2.32), in der Größe von Kindern, finden eher Zugang zu gemeinsamen Aktionen wie so mancher Erwachsene. Der meist spielerische – und parallel dazu für die Kinder ertüchtigende – Umgang mit kleinen humanoiden „Lehrern" findet auch im Turnunterricht von Grundschulen statt. Die Routinekreisläufe in Abb. 2.41 zeigen einen programmierten assistierenden Roboter-„Sportlehrer", der den Kindern Bewegungsübungen vorturnt, die diese nachturnen. Japans Grundschulen sind auch hier wieder Vorreiter. Nebenbei wird aus dem Auslösereiz des Bewegungsmangels – gegebenenfalls verbunden mit ungesunder Ernährung der Kinder – nach und nach ein mobilisierendes Erfolgserlebnis für Kinder.

Dieses Praxisbeispiel an japanischen Schulen findet auch Einzug in Bildungseinrichtungen anderer Länder wie den USA, Frankreich und Deutschland.

2.5.3 Können Humanoide routiniert und innovativ, glücklich und traurig sein?

Es kommt auf den Standpunkt an: Humanoide selbst sind leblose Maschinen, zusammengesetzt aus einer Vielzahl technischer funktionaler Materialien und Werkstoffe. Alles, was den Maschinen mit menschlichem Antlitz beigebracht wird, entspringt – Programmzeile für Programmzeile, Subroutine für Subroutine, Algorithmus für Algorithmus – menschlichen Fähigkeiten. Selbst die so oft beschworene künstliche Intelligenz, die

- selbstlernenden Robotern hilft, mit Menschen ein Gespräch zu führen,
- Humanoiden, wie den von Boston Dynamics gebauten ATLAS (s. Abb. 2.17), über Stock und Stein springen lässt, wobei die Maschine hinfallen kann und selbstständig wieder aufsteht,
- Roboter ihrer nahe Umwelt präzise erkunden lässt,
- Humanoide Konversation mit Menschen durchführen und – aufgrund einer immensen Datensammlung und -auswertung – dem Menschen verblüffende Vorschläge unterbreiten lässt usw.

ist nur ein Produkt menschlicher Kreativität und Geschicklichkeit.

Alle aufgezählten humanoiden Aktivitäten lassen sich auf ein- und denselben Ursprung zurückführen: einen Algorithmus, bestehend aus einer Folge von Nullen und Einsen. Mehr nicht. Robotermaschinen werden daher nie in der Lage sein, die Wissenstreppe von North – siehe Abschn. 2.3.2, Abb. 2.28 – so zu erklimmen, wie es Menschen tun. Roboter können nur zwischen Daten, Wissen, Können, Handeln und Kompetenz unterscheiden, wenn ein entsprechend programmierter Algorithmus im Datenspeicher der Maschinen vorliegt, ein Prozessor die Daten an entsprechende Sensor-Aktor-Systeme weiterleitet und dem Roboter – zur Verblüffung seines menschlichen Gegenübers – eine perfekte Erklärung der vorab genannten Merkmale verlautbaren lässt.

▶ Es scheint der perfekte digitale Zirkelschluss zu sein, bei dem unbefangene Menschen den Worten und Erklärungen von Humanoiden lauschen, die vorab von Menschen programmtechnisch implementiert wurden, auch wenn gewisse programmierte Variationen in den Aussagen zu noch mehr menschlicher Verblüffung beitragen. Intelligent im menschlichen Sinn werden Humanoide dadurch nicht – höchsten unterhaltsamer.

In der Tat ist es so, dass auch Humanoide „traurig" sein können, „weinen", „glücklich sein können", „lachen", mit ihrer Silikongesichtshaut Grimassen schneiden und noch vieles mehr, wenn sie dazu die entsprechenden Programme implementiert haben. Humanoide können zwar – vorab programmiert – routiniert komplizierte Abläufe vollziehen – aber innovativ oder kreativ sein können sie nicht. Die Morgendämmerung der Roboter – rise of the robots –, insbesondere von mobilen Humanoiden, wie es einige Wissenschaftler und Autoren bereits sehen, liegt noch hinter dem Horizont unserer Erkenntnis.

Literatur[59]

Altenmüller, E. (2009) Musik hören – Musik entsteht im Kopf. In: Sentker et al. (Hrsg.) Schaltstelle Gehirn – Denken, Erkennen, Handeln, S. 83–106, Spektrum Akademischer Verlag, Springer, Heidelberg

Argall, B. D. et al. (2009) A survey of robot learning from demonstration. In: Robotics and Autonomous Systems, Vol. 57, No. 5, S. 469–483

Asimov, I. (1988) Die Stahlhöhlen. Heyne, München, Orig. (1954) The Caves of Steel. Doubleday, New York

Asimov, I. (2006) Meine Freunde die Roboter. 3. überarbeitete Neuauflage, Heyne, München

Aßmus, D. (2013) Fähigkeiten im analogen Denken bei mathematisch begabten Kindern. mathematica didactica, 36, S. 28–44

Atkeson, C. G. et al. (2000) Using humanoid robots to study human behavior. In: IEEE Intelligent Systems and their Applications, Vol. 15, No. 4, S. 46–56

Bar-Cohen, Y.; Hanson, D. (2009) The Coming Robot Revolution – Expectations and Fears about emerging Intelligent, humanlike Machines, Springer Science + Business Media, LLC

Bartol, T. M. et al. (2015) Nanoconectomic upper bound on the variability of synaptic plasticity. eLife 30. November, https://doi.org/10.7554/eLife.10778

Bear, G. (2006) Vorwort in Asimov, I. (2006), S. 9–13

BfA (2015) Der Arbeitsmarkt in Deutschland – Fachkräfteengpassanalyse. Statistik/Arbeitsmarktberichterstattung, Bundesanstalt für Arbeit, Dezember

Bischoff, R.; Jain, T. (1999) Natural Communication and Interaction with Humanoid Robots. Second International Symposium on Humanoid Robots. Tokyo, October, S. 1–8

Blackmore, S. (2008) Aus der Memperspektive. In: Sentker, A. und Wigger, F. (Hrsg.) Schaltstelle Gehirn – Denken, Erkennen, Handeln. Spektrum Akademischer Verlag, Heidelberg, S. 1–22

BMG (2016) Pflegekräftemangel. Bundesministerium für Gesundheit, Information v. 16. Juni

Bostrom, N. (2014) Superintelligenz: Szenarien einer kommenden Revolution. Suhrkamp, Berlin

Brooks, A. R. (1997) Evolutionary robotics: where from and where to. In: Embley, D.W. (Hrsg.) ER 1997. LNCS, Vol. 1331. Springer, Heidelberg, S. 1–13

Brooks, A. R. et. al. (1999) Technologies for Human/Humanoid Interactions. MIT Artificial Intelligence Laboratory, Cambridge, USA (brooks, Cynthia, scaz, unamay)@ai.mit.edu

Brunetti, M. (2015) Cerebral activation during visual stimulation of mirrored hand movements in normal subjects and stroke patients, Diss. FU-Berlin.

Campbell, N. A.; Reece, J. B.; Markl, J. (Hrsg.) (2006) Biologie. Pearson, München

Carlson, M. L. et al. (2012) Cochlear implantation: current and future device options. In: Otolaryngologic clinics of North America. Band 45, Nummer 1, Februar 2012, S. 221–248

Cheetham, M. (2014) The uncanny valley hypothesis: behavioural, eye-movement and functional MRI findings. University of Zurich, Faculty of Arts, Thesis

Costandi, M. (2015) Hirnforschung, 50 Schlüsselideen. Springer Spektrum, Berlin, Heidelberg

---

[59] Ein Gesamtliteraturverzeichnis zum Buch ist auf der Internetseite des Verlags verfügbar: http://www.springer.com/de/book/9783658179199.

Crutzen, P. J. (2002) Geology of mankind. Nature, Vol. 414, No. 23, https://doi.org/10.1038/415023a

Degen, M. (2007) Denken hilft. In: Sentker, A.; Wigger, F. (Hrsg.) Rätsel Ich – Gehirn, Gefühl, Bewusstsein. Spektrum Akademischer Verlag, Springer, Heidelberg, S. 56–64

Dekra Automobil GmbH (2016) Deutscher Kraftfahrzeug-Überwachungs-Verein. Fußgänger und ihr Nutzungsverhalten mit dem Handy/Smartphone in europäischen Hauptstädten. Verkehrsbeobachtung. April 2016, Stuttgart

DESTATIS (2017) Knapp 2,9 Mio. Pflegebedürftige im Dezember 2015. Statistisches Bundesamt, Pressemitteilung Nr. 017 vom 16. Januar

DGE (2015) Ausgewählte Fragen und Antworten zur Energiezufuhr. Deutsche Gesellschaft für Ernährung, DGE, Bonn

Dillmann, R. et al. (2002) Human Friendly Programming of Humanoid Robots. Proc. of the International Advanced Robotics Programme SFB 588: Humanoide Roboter: Lernende und kooperierende multimodale Roboter. Förderprojekt der Deutschen Forschungsgemeinschaft DFG (2001–2012)

Donner, S. (2016) Hand und Fuß aus dem Drucker. VDI-Nachrichten Nr. 25/26, S. 13

Dörner, Dietrich (1995) Problemlösen und Gedächtnis. In: Dörner, D., van der Meer, E. (Hrsgg.) Das Gedächtnis. Probleme – Trends – Perspektiven. Hogrefe, Göttingen, S. 295–320

DSW (2016) Datenreport 2016. Deutsche Stiftung Weltbevölkerung, 25. August, Hannover

Duhigg, Ch. (2014) Die Macht der Gewohnheit. Warum wir tun, was wir tun (Original: The Power of Habit 2013, Random House, London) Piper, München, Zürich (Beispiele von Routineschleifen in der Gesellschaft)

Eaton, M. (2007) Evolutionary Humanoid Robotics: Past, Present and Future, in: Lungarella, M. et al. (Hrsg.) 50 Years of Artificial Intelligence, LNAI 4850, Festschrift. Springer, Berlin, Heidelberg, S. 42–52

Eaton, M. (2015) Evolutionary Humanoid Robotics. Springer, Berlin, Heidelberg

Eigen, M. (1976) Wie entsteht Information? – Prinzipien der Selbstorganisation, in: Berichte der Bunsen-Gesellschaft für Physikalische Chemie, 80, S. 1059–1074

Emcke, C. (2016) Denken. Süddeutsche Zeitung Nr. 18, S. 5, Kolumne , 23./24. Jan.

Faulstich, P. (2013) Menschliches Lernen. Transcript, Bielfeld

Feinstein, A. (2012) Waffenhandel – Das globale Geschäft mit dem Tod. Hoffman und Campe, Hamburg

Ferland, F. et al. (2012) Natural Interaction Design of a Humanoid Robot. Journal of Human-Robot Interaction, Vol. 1, No. 2, S. 118–134

Fuller, R. Buckminster (1998) Bedienungsanleitung für das Raumschiff Erde. Verlag der Kunst, Amsterdam, Dresden

Garrett, L. (1996) Die kommenden Plagen – Neue Krankheiten in einer gefährdeten Welt. S. Fischer, Frankfurt/Main

Gieselbrecht, S.; Rapp, B. E.; Niemeyer, C.M. (2013) Chemie der Cyborgs – zur Verknüpfung technischer Systeme mit Lebewesen. Angewandte Chemie, Vol. 125, No. 52, S. 14190–14206

Goethe, J. W. (2014) Faust. Der Tragödie zweiter Teil. Reclams Universal-Bibliothek Nr. 2, Reclam, Stuttgart

Greenfield, S. A. (2007) Das erstaunlichste Organ der Welt, in: Sentker, A.; Wigger, F. (Hrsg.) Rätsel Ich – Gehirn, Gefühl, Bewusstsein. Spektrum Akademischer Verlag, Heidelberg, S. 1–26

Hagmann, P. et al. (2008) Mapping the Structural Core of Human Cerebral Cortex. PLOS Biology, https://doi.org/10.1371/journal.pbio.0060159

Hanemann, W. M. (1992) Die Wirtschaftswissenschaften und die Erhaltung der biologischen Vielfalt, in: Wilson, E. O. (Hrsg.) Ende der biologischen Vielfalt? Der Verlust an Arten, Genen und Lebensräumen und die Chancen für eine Umkehr, Spektrum Akademischer Verlag, Heidelberg, Berlin, New York, S. 215–221

Helwig, P. (1967) Charakterologie. Klett, Stuttgart

Herculano-Houzel, S. (2009) The Human Brain in Numbers: A Linearly Scaled-up Primate Brain. Front Hum. Neurosci. 3:31, Nov. 9

Hergersberg, P. (2016) Roboter machen Schule, Information der Max-Planck-Gesellschaft, Tübingen, 14. Januar 2016, https://www.mpg.de/9840706/roboter-machen-schule (Zugriff: 19.4.2017)

Hesse, S.; Malisa, V. (Hrsg.) (2016) Taschenbuch Robotik – Montage – Handhabung, Hanser, München

Hill, D. R. (Hrsg.) (1974) The Book of Knowledge of Ingenious Mechanical Devices by Ibn al-Razzaz al-Jazari. Reidel, Dordrecht, Boston

Hirzinger, G. (2015) Humanoide Roboter – die komplexen Sensor-Aktorsysteme der Zukunft, in: Wahrnehmen und Steuern, Sensorsysteme in Biologie und Technik, Nova Acta Leopoldina, Nummer 410, Band 122, Wissenschaftliche Verlagsgesellschaft, Stuttgart, S. 163–180

Huntington, S. P. (1998) Kampf der Kulturen. Die Neugestaltung der Weltpolitik im 21. Jahrhundert. 10. Auflage. Europa, München, Wien

Jentsch, E. (1906) Zur Psychologie des Unheimlichen. Psychiatrisch-neurologische Wochenschrift, 8, 195–198, S. 203–205

Kageki, N. (2012) An Uncanny Mind: Masahiro Mori on the Uncanny Valley and Beyond. IEEE-RoboticsAutomation Magazine, June, Vol. 19, No. 2, S. 108–112

Kawamura, K. et al. (1996) Humanoids: Future Robots for Home and Factory. Proceedings of the First International Symposium on Humanoid Robots, Waseda University, Tokyo, October 30–31, S. 53–62

Keeling, Ch. D. (1960) The concentration and isotopic abundance of carbon dioxide in the Atmosphere. Tellus, Vol. 12, No. 2, S. 200–203

Kiesel, A.; Koch, I. (2012) Lernen – Grundlagen der Lernpsychologie. VS-Verlag für Sozialwissenschaften, Springer, Wiesbaden

Kolbert, E. (2015) Das sechste Sterben. Wie der Mensch Naturgeschichte schreibt. Suhrkamp, Berlin

Koschate, M. et al. (2016) Overcoming the Uncanny Valley: Displays of Emotions Reduce the Uncanniness of Humanlike Robots. Proceedings of the eleventh ACM/IEEE International Conference on Human Robot Interaction. New Jersey: IEEE Press, S. 359–365

Kroeninger, K.; Pietzsch, T. (2013) Lernen – Grundlagen, Voraussetzungen, Anwendungen. Peter Lang, Frankfurt/Main

Küppers, U. (2013) Denken in Wirkungsnetzen – Nachhaltiges Problemlösen in Politik und Gesellschaft. Tectum, Marburg

Küppers, U. (2015) Systemische Bionik. Springer Vieweg, Wiesbaden

Küppers, J.-P.; Küppers, E. W. U. (2016) Bedingt handlungsbereit. ZPB 3/2015, Nomos, Baden Baden, S. 110–121 (Beispiele von Routineschleifen in der Politik)

Küppers, U.; Tributsch, H. (2002) Verpacktes Leben – Verpackte Technik. Bionik der Verpackung. Wiley-VCH, Weinheim

Kurzweil, R. (2013) Menschheit 2.0. Lola Books, Berlin

Lévy, P. (2013) Beyond Kansei Engineering: The Emancipation of Kansei Design. International Journal of Design, Vol. 7, No. 2, S. 83–94

Lexikon der Neurowissenschaft (2000) Stichwort: Homunculus. Spektrum Akademischer Verlag, Heidelberg

Li, J. et al. (2016) Touching a Mechanical Body: Tactile Contact with Intimate Parts of a Humanoid Robot is Physiologically Arousing. 66th Annual International Communication Association Conference, Fukuoka, Japan, 9–13 June

Lotter, W. (2016) Der Golem und du. brand eins, Heft 7, S. 27

Madeja, M. (2012) Das kleine Buch vom Gehirn. 2. Aufl. dtv, München

Mara, M.; Appel, M. (2015) Roboter im Gruselgraben: Warum uns menschenähnliche Maschinen oft unheimlich sind. im – The Inquisitive Mind, 05/2015, Medienpsychologie Teil 2, http://de.in-mind.org/article/roboter-im-gruselgraben-warum-uns-menschenaehn-liche-maschinen-oft-unheimlich-sind (Zugriff: 19.4.2017)

Margulis, L.; Sagan, D. (1997) Leben – Vom Ursprung zur Vielfalt. Spektrum Akademischer Verlag, Heidelberg, Berlin, Oxford.

Mayr, E. (2003) Das ist Evolution. C. Bertelsmann, München

van der Meer, Elke (1995) Gedächtnis und Inferenzen, in: Dörner, D.; van der Meer, E. (Hrsg.) Das Gedächtnis. Probleme – Trends – Perspektiven. Hogrefe, Göttingen, S. 341–380

Metzig, W.; Schuster, M. (2006) Lernen zu Lernen. 7. Aufl., Springer, Berlin, Heideberg

Mori, M. (1970) The Uncanny Valley. Energy, Vol. 7, No. 4, S. 33–35

Mori, M.; MacDerman, K. F.; Kageki, N. (2012) The Uncanny Valley. IEEE-RoboticsAutomation Magazine, Vol. 19, No. 2, S. 98–100

Nichelmann, J. (2016) Mit zweierlei Maß – Von Doppelmoral, Scheinheiligkeit und Heuchelei., Beitrag im Deutschlandradio, Freistil, am 18.9.2016 (20:05-21:00 h), Produktion DLF

North, K.; Brandner A.; Steininger, T. (2016) Wissensmanagement für Qualitätsmanager. Springer-Gabler, Wiesbaden

Norton, B. (1992) Waren, Annehmlichkeiten und Moral, in: Wilson, E. O. (Hrsg.) Ende der biologischen Vielfalt? Der Verlust an Arten, Genen und Lebensräumen und die Chancen für eine Umkehr, Spektrum Akademischer Verlag, Heidelberg, Berlin, New York, S. 222–228

Onnasch, L. et al. (2016) Mensch-Roboter-Interaktion – eine Taxonomie für alle Anwendungsfälle. S. Bundesanstalt für Arbeitsschutz und Arbeitsmedizin (BAuA), Friedrich-Henkel-Weg 1–25, 44149 Dortmund

Penfield, W.; Rasmussen, T. (1950) The cerebral cortex of man. The Macmillan Company, New York, N.Y.

Pörksen, B. (2016) Man kann den Menschen zum Schweigen bringen, sie jedoch niemals zum Zuhören zwingen. Echtes Zuhören ist ein Geschenk. Die Zeit, Nr. 34, S. 50

Pörksen, B.; Schulz von Thun, F. (2014) Kommunikation als Lebenskunst – Philosophie und Praxis des Miteinander-Redens. Carl-Auer, Heidelberg

Prigogine, I.; Stengers, I. (1980) Dialog mit der Natur. Piper, München

Reinert, B. et al. (2012) Homunculus Warping: Conveying importance using self-intersection-free non-homogeneous mesh deformation, MPI Informatik. Pacific Graphics, Vol. 31, No. 7, 2165–2171

Rinke, A.; Schwägerl, Chr. (2012) 11 Drohende Kriege – Künftige Konflikte und Technologien, Territorien und Nahrung. C. Bertelsmann, München

Rödder, A. (2016) Alles schon mal da gewesen. Interview Peter Laudenbach. brand eins, Heft 6, S. 48–51

Roth, G. (2001) Fühlen, Denken, Handeln – Wie das Gehirn unser Verhalten steuert. Suhrkamp, Frankfurt/Main

Roth, G. (2012) Persönlichkeit, Entscheidung und Verhalten. Warum es so schwierig ist, sich und andere zu ändern. 7. Aufl., Klett-Cotta, Stuttgart

Schaal, S. (1999) Is Imitation Learning the Route to Humanoid Robots? Trends in Cognitive Sciences 3, S. 233–242

Schaal, S. (2014) Roboter werden selbstständig, in: Jahresbericht der Max-Planck-Gesellschaft 2014, S. 27–35

Schellnhuber, H. J. (2015) Selbstverbrennung. Die fatale Dreiecksbeziehung zwischen Klima, Mensch und Kohlenstoff. C. Bertelsmann, München

Schmitt, S. (2016) Dieser Mann denkt über den Untergang der Menschheit nach. DIE ZEIT, Nr. 21, S. 29

Schrödinger, Erwin (1987) Was ist Leben? Piper, München (Original 1944, What is Life? Cambridge University Press, Cambridge, London, New York, Melbourne)

Schulenburg, M. (2007) Keine Spielereien. Vor 225 Jahren starb der französische Erfinder Jaques de Vaucanson, Beitrag im Deutschlandfunk, Kalenderblatt, 21.11.2007

Schulz von Thun (1998) Miteinander Reden 1 – Störungen und Klärungen. Original 1981, Rowohlt, Reinbek bei Hamburg

Schulz von Thun (2001) Miteinander Reden 2 – Stile, Werte und Persönlichkeitsentwicklung. Original 1989, Rowohlt, Reinbek bei Hamburg

Schulz von Thun (2001a) Miteinander Reden 3 – Das „Innere Team" und situationsgerechte Kommunikation. Original 1998, Rowohlt, Reinbek bei Hamburg

Serfaty, L. (2016) Immer vernetzt – Wenn das Gehirn überfordert ist. ©ARTE France – ZEO – INSERM

Sporns, O. (2011) The human connectome: a complex network. Annals of the New York Academy of Science, Vol. 1224, S. 109–125

Sporns, O. (2013) Structure and function of complex brain networks. Dialogues in Clinical Neuroscience, Vol. 15, No. 3, S. 247–262

Spreen, Dierk (2010) Der Cyborg: Diskurse zwischen Körper und Technik, in: Eßlinger, Eva et al. (Hrsg.) Die Figur des Dritten: ein kulturwissenschaftliches Paradigma, S. 166–179. Suhrkamp, Berlin

Steinhaus, P.; Becher, R. Dillmann, R. (2004) SFB 588 – Humanoide Roboter. Lernende und kooperierende multimodale Roboter. IAIM Universität Karlsruhe, Karlsruhe, Deutschland

Stührenberg, M.; Seitz, S. (2013) Free and Open Source, Open Access, Creative Commons und E-Learning – Remix Culture für das Lernen mit digitalen Medien, in: Ludwig et al. (Hrsg.) Lernen in der digitalen Gesellschaft – offen, vernetzt, integrativ, abschlussbericht April 2013, 1. Aufl., Eine Publikation des Internet Gesellschaft Co:llaboratory e. V., ohne Seitenangabe

Sugiyama, O. et al. (2007) Natural Deictic Communication with Humanoid Robots. Proceedings of the 2007 IEEE/RSJ International Conference on Intelligent Robots and Systems, San Diego, CA, USA, Oct 29–Nov 2, S. 1441–1448

Taddei, M. (2008) Leonardo dreidimensional 2, Neue Roboter und Maschinen, Belser, Stuttgart

Taylor, P. W. (2011) Respect for Nature. A Theory of environmental Ethics, 25th Anniversary Edition, Princeton, N. J.

Technology Review (2016) Fokus Gentechnik, versch. Autoren u. a. Karberg, S. et al. Das Superwerkzeug. Gene Editing revolutioniert die Gentechnik und ermöglicht völlig neue Kreationen, S. 66–70

Thoreau, H. D. (2007) Walden oder Leben in den Wäldern. Aus dem Amerikanischen von Emma Emmerich. 22. Auflage. Original 1854, Diogenes, Zürich

Tinwell, A.; Grimshaw, M. (2009) Bridging the Uncanny: An Impossible Travers? MindTrek '09, Proc. of the 13th Intern. MindTrek Conf.: Everyday Life in the Ubiquitous Era, ACM New York, S. 66–73

Tumbleston, J. R. et al. (2015) Continuous liquid interface production of 3D objects. Science, Vol. 347, No. 6228, S. 1349–1352

Urban, C. M. (2015) Acceleration extinction risk from climate change. Science, Vol. 348, No. 6234, S. 571–573

Vester, F. (1975) Denken Lernen Vergessen – Was geht in unserem Kopf vor, wie lernt das Gehirn, und wann lässt es uns im Stich?, Deutsche Verlags-Anstalt, Stuttgart

Vester, F. (1983) Der Wert eines Vogels. Ein Fensterbilderbuch. Kösel, München

Vester, F. (1985) Ein Baum ist mehr als ein Baum. Ein Fensterbuch. Kösel, München

Vester, F. (1988) Leitmotiv vernetztes Denken – für einen besseren Umgang mit der Welt. Heyne, München

de Vos, J. et al. (2015) Estimating the normal background rate of species extinction. Conservation Biology, Vol. 29, No. 2, S. 452–462

Wachsmuth, I. (2006) 'I, Max' – Communicating with an Artificial Agent. ZiF'06 Proceedings of the Embodied communication in humans and machines, 2nd ZiF research group international conference on Modeling communication with robots and virtual humans. Springer, Berlin, Heidelberg, S. 279–295

Wagoner, A. R.; Matson, E. T. (2015) A Robust Human-Robot Communication System Using Natural Language for HARMS. The 12th International Conference on Mobile Systems and Pervasive Computing (MobiSPC 2015), Belfort, France, Procedia Computer Science 56, S. 119–126

Watson, R. (2014) 50 Schlüsselideen der Zukunft, Titelbild. Springer Spektrum, Berlin, Heidelberg

Weick, K. E.; Sutcliffe, K. M. (2003) Das Unerwartete Managen. Wie Unternehmen aus Extremsituationen lernen. Klett-Cotta, Stuttgart

Weiner, J. (1990) Die nächsten hundert Jahre. Wie der Treibhauseffekt unser Leben verändern wird. C. Bertelsmann, München

Wellach, I. (2015) Praxisbuch EEG, 2. Aufl., Thieme, Stuttgart, New York

Wiener, Norbert (1963) Kybernetik – Regelung und Nachrichtenübertragung im Lebewesen und in der Maschine. 2. völlig neu überarbeitete Aufl. (engl. Original aus 1948) Econ, Düsseldorf, Wien

Wilson, E. O. (Hrsg.) (1992) (Original 1988) Ende Der Biologischen Vielfalt? Spektrum Akademischer Verlag, Heidelberg, Berlin, New York

Wilson, E. O. (1995) Der Wert der Vielfalt – Die Bedrohung des Artenreichtums und das Überleben des Menschen. Piper, München, Zürich

Wimmel, W. (1974) Cicero auf Platonischen Feld, in: Döring, K.; Kullmann, W. Studia Platonica: Festschrift für Hermann Gundert zu seinem 65. Geburtstag, B. R. Grüner. Amsterdam, S. 193

Wolf, U. (1999) Die Philosophie und die Frage nach dem guten Leben. Rowohlt, Reinbek

Zeller, F. (2005) Mensch-Roboter-Interaktion: Eine sprachwissenschaftliche Perspektive, Dissertation Uni Kassel, Kassel University Press, Deutschland

Zhao, S. (2006) Humanoid social robots as a medium of communication. SAGE Publications London, Thousand Oaks, CA and New Delhi, Vol. 8, No. 3, S. 401–419

3.1 Im HUMANoiden Anthropozän

3.1.1 Das Anthropozän

▶ Anthropozän – Von Menschen verursacht! – Durch Menschen gemacht!

Der Begriff Anthropozän sagt überdeutlich und unmissverständlich, dass Menschen, als evolutionäre biologische Lebewesen, die sich der Erde und deren Schätze in einem Ausmaß ohne nachhaltiges Augenmaß bemächtigt haben und bemächtigen, zu einem geologischen Faktor geworden sind. Der bereits in Abschn. 2.1 erwähnte niederländische Meteorologe Paul J. Crutzen hat gemeinsam mit dem Biologen Eugene F. Störmer den Anthropozän-Begriff im Jahr 2000, in der Zeitschrift Global Change Newsletter, vorgeschlagen (Crutzen, Störmer 2000, siehe auch Crutzen 2002). Sie haben damit einen Begriff für eine neue geologische Periode geprägt, die im Fachkreisen intensiv diskutiert und erforscht wird (aktuell u. a.: Steffen et al. 2011; Brown et al. 2013; Kersten 2014; Waters et al. 2014; Oldfield 2014; Renn und Scherer 2015; Sommer und Müller 2016; Leinfelder 2016; Steffen et al. 2016).

Wann hat dieser Prozess der erdgeschichtlichen Umgestaltung durch die Menschen begonnen, sodass auf der geologischen Zeitskala die neue Periode des Anthropozäns Platz findet? Was heißt das konkret: Sind Menschen zu einem geologischen Faktor geworden? Was bedeutet das für den Fortbestand des Lebens? Welche Rolle könnten Humanoide in diesem erdweiten unumkehrbaren Prozess spielen? Vier Fragen, die wir nun nacheinander beantworten wollen.

Anthropozän-Datierung

Jan Zalasiewicz (2015) und andere haben sich intensiv mit dem möglichen Beginn der erdgeschichtlichen Epoche des Anthropozäns befasst. Sicher ist, dass sich die aufeinanderfolgenden, sich über Millionen bzw. Tausende Jahre erstreckenden Zeitabschnitte nicht

© Springer Fachmedien Wiesbaden GmbH 2018
E. W. U. Küppers, *Die humanoide Herausforderung*,
https://doi.org/10.1007/978-3-658-17920-5_3

durch einen festen Trennstrich voneinander unterscheiden lassen. Ähnlich wie auch der evolutionäre Fortschritt in unserer Biosphäre sind es geologische Fließprozesse, die ineinander laufen. Der Mensch sucht daher nach markanten Kennzeichen, die es erlauben, eine erdgeschichtliche Epoche von der anderen zu unterscheiden oder sie in kleinere Zeitperioden aufzuteilen. In der Geologie existieren dafür zwei Methoden:

1. Global Stratigraphic Section Point – GSSP (auch Golden Spike genannt),
2. Global Standard Stratigraphic Age – GSSA.

> GSSP ist im Wesentlichen ein Referenzpunkt, der auf einer bestimmten Stratum-Ebene (Erdschicht-Ebene) an einem Ort gesetzt wird. [...] Der Punkt wird sorgfältig gewählt, sodass er ein in der Strata bewahrtes Ereignis markiert, etwa das Auftreten einer besonderen Fossilart oder einer chemischen Verbindung, die man für das bestmögliche Unterscheidungsmerkmal zwischen zwei Dynastien geologischer Zeit hält. Zugleich soll dieses Ereignis in den Strata weiträumig nachweisbar sein. Der GSSP kennzeichnet also eine relative Zeit. (Zalasiewicz 2015, 165–166).

GSSA ist einfach nur die Bestimmung des geologischen Alters, wozu eine Reihe von Messmethoden existieren, die eine Altersbestimmung über Jahrmillionen ermöglichen. Für vertiefende Informationen wird auf einschlägige Fachliteratur verwiesen.

Beide Messmethoden können sich auch in der exakten Datierung eines geologischen Alters ergänzen. Beispielsweise wurde das Alter des Holozäns – in dessen relativ stabilem Erdzeitalter wir zur Zeit leben und dem sich das Anthropozän anzuschließen scheint – mit der Radiokarbon-Methode (GSSA) auf zirka 10.000 Radiokarbonjahre – vor 1950 unserer Zeitrechnung – festgesetzt. Auf zirka 11.700 Eisschichtjahre – vor 2000 unserer Zeitrechnung datiert – wurde der frühere Wert korrigiert und präzisiert (ebd. 175–176).

Für die Bestimmung des Beginns eines erdgeologischen neuen Zeitraums Anthropozän existieren drei markante Zeitmarken. Vorab ist aber festzuhalten, dass die Suche nach erdweiten Merkmalen, die Indizien für den Beginn des Anthropozäns sein können, noch in vollem Gange ist. Für die zuständige Stratigrafische Kommission der Geological Society of London wären ähnliche bis identische Funde, die eindeutig Rückschlüsse für einen definitiven Beginn des Anthropozäns zulassen, wertvoll.

Die vorab genannten drei Zeitmarken für eine aussichtsreiche Bestimmung der chronostratographischen *Basis*, des Beginns des Anthropozäns, sind (ebd. 166 ff.):

1. Frühe menschliche Eingriffe in das Ökosystem der Erde, durch landschaftliche Umgestaltung. Wobei die umstrittene These aufgestellt wird, dieser Eingriff des Menschen in die Natur sei bereits für einen – wenn auch langsamen – Anstieg des Kohlendioxids CO_2 in der Atmosphäre verantwortlich.

2. Die erste Formulierung zur Anthropozän-These von Crutzen nennt den Beginn der industriellen Revolution mit der Erfindung der Dampfmaschine durch James Watt (1769 englisches Patent, 1776 erste industriell einsatzfähige Dampfmaschine).[1] Schnelles

---

[1] https://de.wikipedia.org/wiki/James_Watt (Zugriff: 25.09.2016).

Wachstum der Bevölkerung, umfangreiche Umgestaltung von Landschaften, betriebliche Industrialisierung durch fossile Brennstoffe, zunehmender Energieverbrauch und die Konzentration der Bevölkerung auf urbane Lebens- und Arbeitsbereiche. Durch die Nutzung fossiler, nicht regenerativer Brennstoffe konnten auch Bedürfnisse der Ernährung um ein Vielfaches gesteigert werden.

3. The Great Acceleration – die große Beschleunigung – ist das dritte und – wie es scheint – aussichtsreichste Datum für eine Festlegung des Beginns der Anthropozänzeit. Nach dem 2. Weltkrieg (1945) erfolgten starke Wachstumsschübe für die Bevölkerung und die Weltwirtschaft. Parallel dazu stieg der Energiebedarf, wieder hauptsächlich befeuert durch fossilen Brennstoff, enorm an. In diesen Jahrzehnen kam es auch zu einem rasanten Anstieg des Kohlendioxidgehaltes in der Atmosphäre, nicht zuletzt auch durch den enormen Anstieg der Zahl von Automobilen. Die Landwirtschaft (Zukunftsstiftung Landwirtschaft 2016) wurde – gekoppelt mit der Agrarchemie – effizienter. Megastädte mit über zehn Millionen Einwohner entstanden mit allen Vor- und Nachteilen der Zusammenballung, Infrastruktur, Wohnqualität u. a. m.

„Die Größenordnung menschlicher Einflussnahme bedeutet, dass der jährliche Materialtransport durch menschliche Aktivitäten heute erheblich größer ist als der sämtlicher Flüsse in Richtung Meer." (ebd. 167).

„Die ‚Great Acceleration' seit Mitte des 20. Jahrhunderts erweist sich heute klar als großer Entwicklungssprung des menschlichen Handelns auf der Erde." (ebd. 171 ff.) Diese Annahme wird durch eine Reihe geologischer Markierungen gestützt, „[…] die in der Strata weit verbreitet sind und auf der ganzen Welt mehr oder weniger synchron auftreten." (ebd. 171 ff.)

Beispiele dafür sind (s. ebd. 171–174, ergänzt d. d. A.):

- Weltweite Verbreitung von Radionukliden (radioaktive Stoffe) nach Atombombenversuchen 1945 bis 1950 und deren Messung.
- Verdopplung des reaktiven Stickstoffes an der Erdoberfläche durch künstliche Düngemittelherstellung nach dem Haber-Bosch-Verfahren, einem chemischen Verfahren zur Synthese (Zusammensetzung) von Ammoniak NH_3 in großem industriellen Einsatz.
- Die Erzeugung von bisher in der Natur nicht bekannten Stoffen wie reines Aluminium und mehr als 10.000 verschiedene Kunststoffformulierungen. Sie finden teils als Mikroplastik eine weite Verbreitung in den Weltmeeren, in der Tiefsee und arktischen Regionen.

Eine Besonderheit ist: Über natürliche Nahrungsketten finden die Kunststoffpartikel auch den Weg zum Verursacher Mensch. – Das ist übrigens eine Stoffkreislauf, auf den mit Fug und Recht verzichtet werden kann.

- Neue industrielle Schadstoffe, wie schwer abbaubare, persistente organische Schadstoffe – POP (Persistent Organic Pollutants) – oder seltene, teils hochgiftige und biologisch unverträgliche Schwermetalle wie Blei, Quecksilber, Kadmium breiten sich weltweit aus.

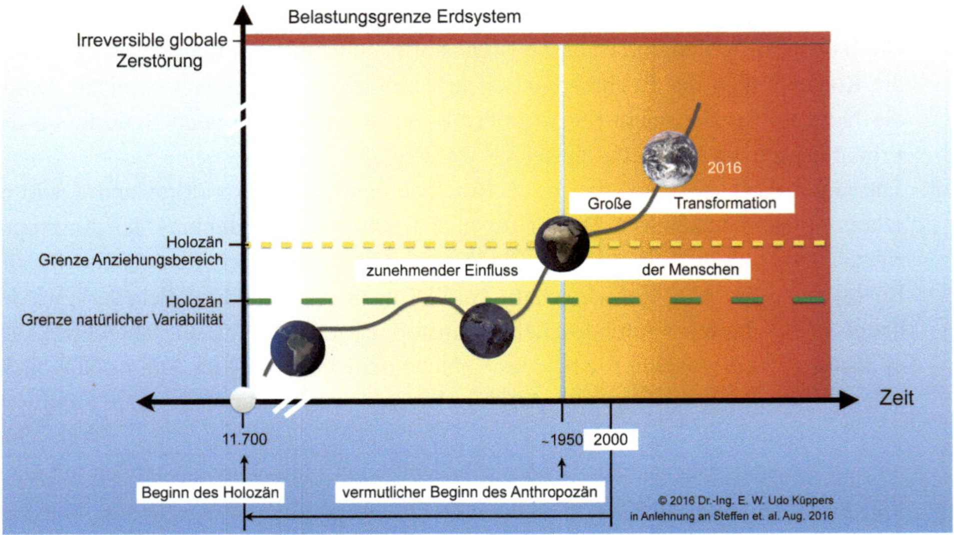

Abb. 3.1 Erdgeschichtlicher Holozän-Anthropozän-Übergang mit wahrscheinlichem markanten Beginn um 1950. (Nach: Steffen et al. 2016, 342)

- Signifikante Zunahme des Artensterbens.
- Signifikante Zunahme des CO_2-Gehaltes in der Atmosphäre seit der beschleunigten Verbrennung von Kohlenwasserstoffen – chemische Verbindungen aus Kohlenstoff und Wasserstoff, z. B. Methan CH_4 – Mitte des 20. Jahrhunderts.
- Veränderungen von tiefliegenden, erosionsunabhängigen Gesteinsschichten aufgrund weitreichender Durchbohrungen des Erduntergrundes (Bergbau).

Die Liste zeigt Anzeichen in weltweitem Maßstab, die alle darauf hindeuten, dass die Menschheit sich – geologisch gesehen – an der Schwelle eines neuen Zeitalters befindet, bzw. bereits mitten drin ist. Abb. 3.1 skizziert den Stand des Wissens in Anlehnung an Steffen et al. 2016, 342.

Mit der Überschrift *Der Mensch als Ausbeuter – und Gestalter?* wirft Jan Willmroth (2015) einen Blick auf die ökonomischen Wissenschaften und zeigt am Beispiel des Rohstoffes Sand (außer Wüstensand, der aufgrund seiner runden Körnung im Baubereich technisch nicht nutzbar ist), wie tief menschliches Wirken unseren Planeten bereits verändert hat. Sand – oder chemisch Siliziumdioxid (SiO_2) –ist nach Wasser (H_2O) die zweithäufigste chemische Verbindung auf der Erde. Keine (!) offizielle Rohstoffstatistik weist Sand und Kies weltweit als den häufigsten Rohstoff aus, der großvolumig abgebaut wird (ebd. 117). Mit einem heutigen Anteil zwischen 68 und 85 % sind Sand und Kies am gesamten Rohstoffabbau beteiligt. Dies verleitet Willmroth zu der Aussage, dass das Weltwirtschaftssystem ohne Sand in seiner jetzigen Form nicht funktionsfähig wäre.

Daher lässt sich ohne Umschweife zeigen, „[...] wie stark wirtschaftliches Wachstum und Ressourcennutzung mit dem Menschen als Hauptakteur im Anthropozän biologische, geologische und klimatische Prozesse – kurz die gesamte Biosphäre – verändert." (ebd. 118).

Die Natur ist zugleich Quelle für Rohstoffe, die zu Werkstoffen verarbeitet werden, und Senke für werkstoffliche Produktionsabfälle. Zwischen beiden wurde mit dem heutigen Wirtschaftssystem, das sich einseitig durch eine *Monokultur des Denkens* (Shiva 1993; Küppers 2013, 31) auf die Ressourcenausbeutung der Natur stützt, eine tiefe Kluft geschaffen, mit weitreichenden Folgen für die Erde. Der Teufelskreis zwischen Ressourcenverbrauch, Wirtschaftswachstum und Konsumanheizung hat zu einer Überlastung der über Jahrtausende perfektionierten natürlichen Selbstorganisationsprozesse geführt, die Schritt für Schritt auseinanderbrechen.

Die weltweiten ökonomischen Prozesse, mit den daraus erzielten Erträgen und Gewinnen, werden immer noch einseitig als Steuerungsinstrument für ökologische und soziale Belange missbraucht. Weil die begrenzten Rohstoffe der Natur auf exorbitante Weise ökonomischen Produktionsprozessen zugeführt werden, die Natur aber – und erst recht die Menschen – mit der Reproduktion dieser von der Natur bereitgestellten Stoffe nicht im selben Tempo nachkommen, klafft eine sich ständig vergrößernde Lücke. Darin türmen sich nicht gehandelte sowie nicht reproduzierte Stoffe und Stoffgemische auf. Zu allem Überfluss werden diese Stoffmengen noch mit giftigen, für den Menschen extrem schädlichen, als Sonderabfall deklarierten künstlichen Stoffen ergänzt. Deren Einfluss auf das Ökosystem der Natur und die Gesundheit des Menschen sind seit langer Zeit traurige Gewissheit.

Ein noch weitaus perfideres Spiel finanzstarker und wirtschaftsstarker Gestalter, im Spiel um Einfluss und Macht auf unserem Planeten, ist die Monetarisierung von Naturleistungen. Auch hierauf wurde weiter oben bereits hingewiesen. Hier zeigt sich, dass die Spieler und Lenker der Ökonomie keine Skrupel kennen, sich ungezügelt der eigenen Lebensgrundlage zu bemächtigen, sofern sie kapitalisiert und ertragreich genutzt werden kann.

Passend dazu schreibt Willmroth:

> Die Umwelt, die Natur ist nicht Teil der Ökonomie – es ist umgekehrt: Die Ökonomie ist ein in allen Belangen abhängiges Subsystem der Ökosphäre, und letztere ist eben ein Raum mit absoluten Grenzen. Wenn diese Verständnis nicht allen ökonomischen Überlegungen auf die Fragen des Anthropozäns vorangestellt wird, werden die Antworten der Ökonomik fehlerhaft sein oder gar die Krise des Menschen in seiner Rolle als Gestalter und Ausbeuter noch verschärfen. (ebd. 127).

Die Ökonomie und die Art, wie sie über natürliche biosphärische Ausbeutungsprozesse auch geologische Veränderungen bewirkt, zeigt Abb. 3.2. Demgegenüber ist in Abb. 3.3 ein veränderter Prozess dargestellt, der die Ökonomie zwingt, sich als Teil der natürli-

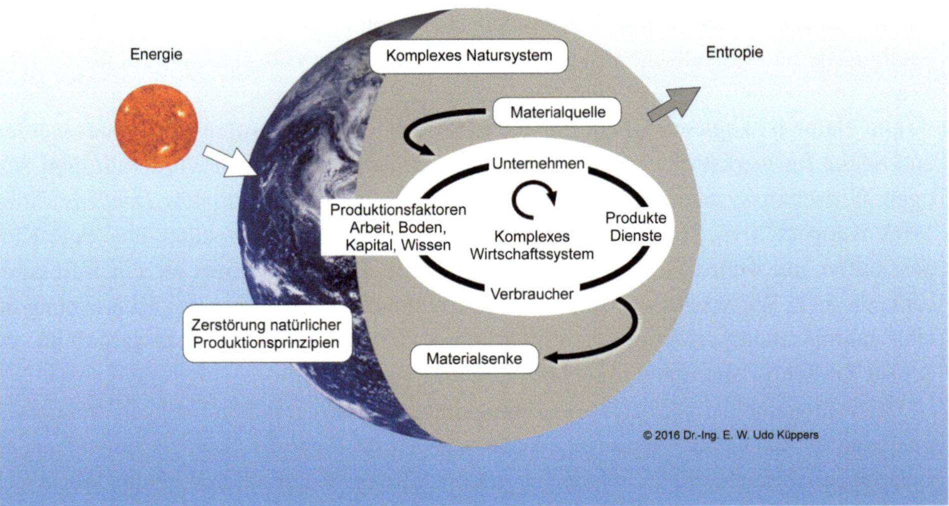

Abb. 3.2 Die Ökonomie als dominanter, aber destruktiver Spieler in der Biosphäre, mit weitreichenden Folgen für die Bio-Geosphäre

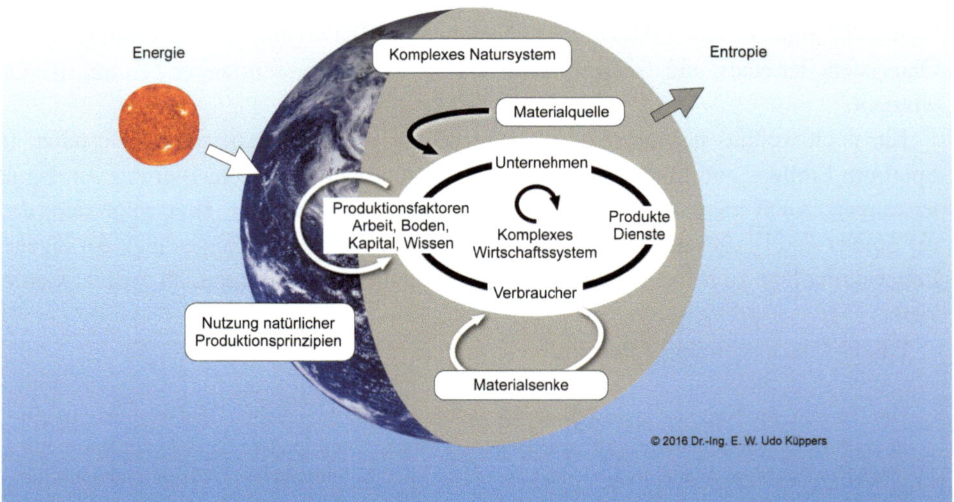

Abb. 3.3 Die Ökonomie als untergeordnetes Subsystem in der Biosphäre, ohne weitreichende Folgen für die Bio-Geosphäre

chen Kreislaufprozesse unterzuordnen. Und ergänzend dazu zeigt Tab. 3.1 eine Reihe von Produktionsdienstleistungen der Natur, die alle ihren Wert besitzen und nicht durch die Ökonomie auf ihre Kosten reduziert werden dürfen – im Gegenteil!

Tab. 3.1 Auswahl von Produktionsleistungen der vernetzten Natur. (Nach: Campbell 2006, ergänzt d. d. A.)

Produktionsleistungen der Natur	
Ausgeklügelte gekoppelte Nahrungsnetze	Multifunktionale Nährstoffkreisläufe
Reinigung von Luft und Wasser	Erosionsschutz von Küstengebieten
Abschwächungen von Dürren und Überflutungen	Schutz vor ultravioletter Strahlung
Schaffung und Erhalt fruchtbarer Böden	Abschwächung von Witterungsextremen
Entgiftung und Abbau von Abfallstoffen	Artenreiches produktives Wirtschaftsmanagement
Bekämpfung vieler Landwirtschaftsschädlinge durch natürliche Feinde	Ästhetische Schönheit und Erholungswert
Höchst effektive und effiziente Produkttechniken, Verfahrensprozesse und Organisationsprinzipien für technosphärische Anwendungen	Ausgeklügelte Optimierungsmethoden

▶ Der wahre Wert eines ökonomischen Produktes oder einer ökonomischen Dienstleistung umfasst alle Leistungen, die Technosphäre und Biossphäre bereitstellen. Für ein nachhaltiges Leben im Anthropozän wäre dies eine vernünftige Einstellung für ein gerechtes, ökologisches, soziales und ökonomisches Anliegen.

Leben im Anthropozän

Eine Auswahl von Kurven, die einerseits die Entwicklungen des Erdsystems beschreiben und andererseits sozio-ökonomische Entwicklungen anzeigen, soll diese Kapitel einleiten. Deutlicher kann man nicht belegen, dass die Menschen – wiewohl eine Differenzierung von Beteiligten an diesen messbaren Abläufen angebracht ist – nicht nur Mittelpunkt und treibende Kraft des Geschehens auf unserem Planeten sind, sondern zugleich auch diejenige Instanz, die es in der Hand hat, noch Verhängnisvolleres, noch Schlimmeres zu vermeiden.

Mit drei Ausnahmen zeigen alle Messkurven ab zirka 1950 deutliche exponentielle Anstiege, die als Indiz für den Beginn des Anthropozäns gewertet werden können. Die erste Ausnahme betrifft den stabilisierenden Trend des stratosphärischen Ozons, der mit dem internationalen, völkerrechtlich verbindlichen Montreal-Abkommen von 1987 verknüpft ist und die ozonzerstörenden Fluorchlorkohlenwasserstoffe (FCKWs) und Chlorkohlenwasserstoffe (CKWs) schrittweise aus dem Verkehr gezogen hat. Übrigens war dies der bis heute einzige internationale Vertrag dieser Größe – und mit nachhaltigem Erfolg!

Die zweite Ausnahme betrifft den Fischfang im Meer. Der Grund, warum die exponentielle Kurve des Fischfangs ein Plateau erreicht hat und teils zurückgeht, scheint banal, aber nicht ohne fortschreitendes Risiko: Zwischen 1970 und 2012 ging die marine Population um 49 % zurück (WWF Living Planet Report, WWF International 2015, 6).

Die dritte Ausnahme, eine Stabilisierung bewirtschafteten Landes betreffend, mag darauf zurückzuführen sein, dass mit zunehmendem Einsatz von Kunstchemie-Produkten

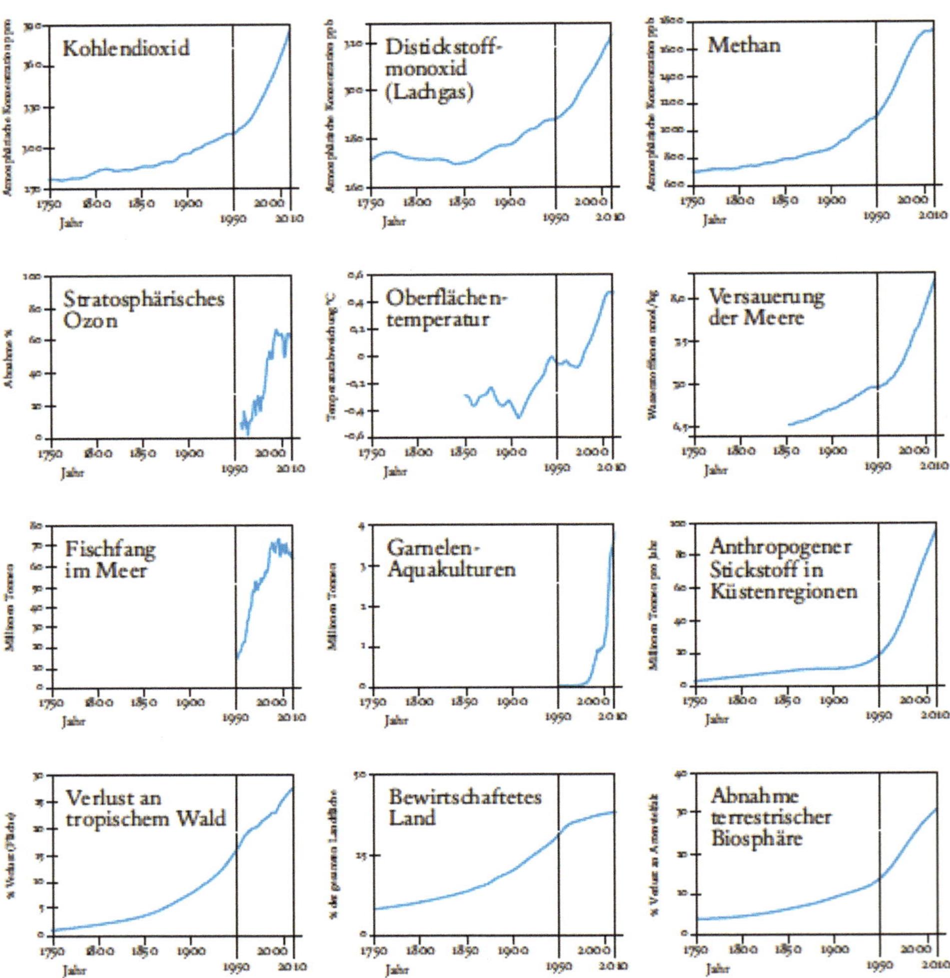

Abb. 3.4 Entwicklungen des Erdsystems und sozio-ökonomische Entwicklungen mit allen Anzeichen in Richtung eines anthropozänen Erdzeitalters. (Aus: Renn und Scherer 2015, 10–11; Übernahme mit freundlicher Genehmigung durch die Autoren)

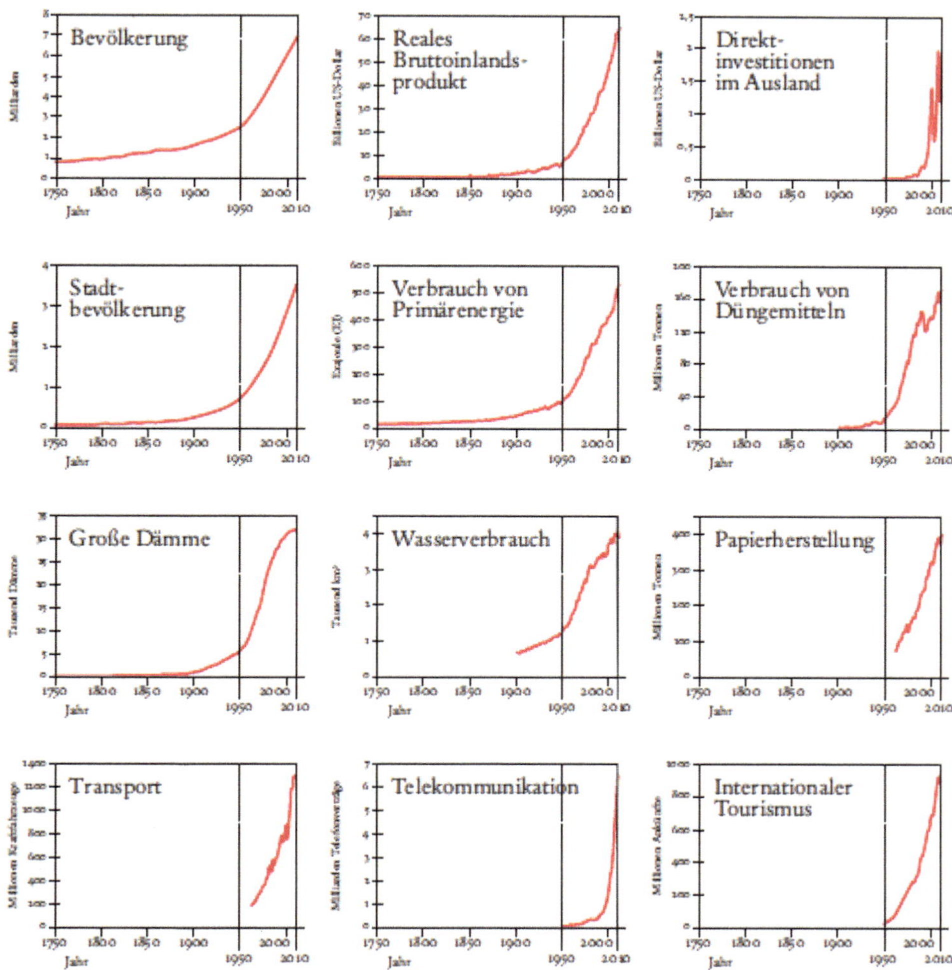

Abb. 3.4 (Fortsetzung)

und riesigen Monokulturen höhere Erträge pro Flächeneinheit erzielt werden. Auch werden mehr landwirtschaftliche Nutzflächen für den Anbau von Lebensmitteln zur Energiegewinnung genutzt. Dies ist besonders im Anbetracht der immer weiter steigenden Zahlen von hungerleidenden Menschen nicht unkritisch. Ebenso wird durch den Einsatz von Stoffen der Kunstagrarchemie die natürliche Bodenqualität mit ihrer Humusschicht zerstört – eine im doppelten Sinn zerstörerische Kraft der Ökonomie auf das Fundament unserer Ernährung (siehe Zukunftsstiftung Landwirtschaft, Weltagrarbericht 2016).

Die Fakten, die zu einem neuen Erdzeitalter auf Kosten einer zunehmend unsicheren, lebensfeindlichen Natur und Umwelt tendieren, sind hinlänglich bekannt. Können wir *jetzt* Konkretes dagegen tun? Können wir einen Vertrag mit uns selbst und der Natur schließen? Schließlich betreffen die nicht unbedingt vorteilhaften Auswirkungen der in Abb. 3.4 gezeigten Trends nicht nur einen begrenzten Teil der Menschheit, sondern uns alle, einschließlich aller Tiere und Pflanzen und – wie weiter oben gesehen – auch den Boden, von dem wir uns ernähren, die geologischen Strukturen auf und in unserer Erde, einfach alles, womit wir in Berührung kommen.

Jens Kersten (2014) hat sich in seinem Buch „Das Anthropozän-Konzept" mit „[…] Vertragsentwürfen für das Anthropozän […]" (ebd. 21) sehr eingehend befasst. Drei Konzepte, die im Rahmen eines Gesellschaftsvertrages eingebettet sind, der die Nachhaltigkeit und somit die ökologischen, sozialen und ökonomischen Aspekte gesellschaftlich-naturnahen Zusammenlebens in sich trägt, stehen neben- bzw. miteinander in Beziehung:

1. Der *Naturvertrag* → Michel Serres (1994)
2. Der *moderne Leviathan* → Hans Joachim Schellnhuber (1999)
3. Der globale Gesellschaftsvertrag für eine *Große Transformation* → wissenschaftlicher Beirat der Bundesregierung Globale Umweltveränderung (2011).

Im Folgenden werden wesentliche Textpassagen aus den drei „Gesellschaftsverträgen" zum Anthropozän herausgestellt. Für tiefergehende Analysen sei auf die angegebenen Quellen verwiesen.

Der Naturvertrag
Jahre vor dem wissenschaftlichen und öffentlichen Diskurs zum Anthropozän enthält Serres Schrift über den Naturvertrag bereits den Hinweis auf die *geologische Kraft des Menschen*, die Erde zu verändern (Kersten 2014, 22). Zugleich weist Serres auf die Begrenztheit der Erde hin, die nicht nach Belieben ausgebeutet werden kann. Er schreibt:

> „Die ERDE als Grundlage ist begrenzt; der Aufbruch, der von ihr wegführt, kennt kein Ziel."
> Sie „verfügt über keinerlei Rückzugs- und Zufluchtsmöglichkeiten, wo sich ein Zelt aufschlagen ließe, über kein Draußen. Andererseits ist sie in der Lage, technische Mittel in den

räumlichen, zeitlichen und energetischen Dimensionen der Welt herzustellen und zu nutzen."
(Serres 1994, zitiert nach Kersten 2014: 26)

Weiter heißt es:

Die globale Macht unserer neuen Werkzeuge gibt uns heute die Erde zum Partner, den wir
unaufhörlich mit unseren Bewegungen und Energien informieren und der uns im Gegenzug
durch Bewegungen und Energien über seine globale Veränderung informiert. (ebd.).

Serres sieht zwei Subjekte miteinander ringen, erstens „das solidarische Universalobjekt
Menschheit" und zweitens die „globale Natur, der ERD-Planet" (ebd.). Letztlich schlussfolgert Serres, dass nur ein Frieden untereinander die Welt und uns selbst retten kann.

Wie außerordentlich kompliziert und schwierig ein derartiges Verlangen nach Weltfrie-
den ist, der durch Institutionen wie die Vereinten Nationen (UN) vorangetrieben werden
soll, zeigen nicht zuletzt die aktuellen – oft konterkarierten – Bemühungen um die Befrie-
dung lokaler Kriege und kriegerischer Konflikte auf der Erde. Wie groß und realistisch ist
aus heutiger Perspektive die Wahrscheinlichkeit einer praktischen Umsetzung des Natur-
vertrages? Das Anthropozän ist nur der Rahmen – wenn auch ein alarmierender – für
praktische Vernunft und praktische Tatkraft, die immer noch hinter gesellschaftlichen
Theorie-Diskursen weit hinterher hinken.

Der moderne Leviathan

Der moderne Leviathan[2], so wie ihn Hans Joachim Schellnhuber versteht, ist nicht der
allmächtige – *mighty* – Bestimmer Hobbesscher Prägung, sondern wirkt auf nachhaltige
Weise als ein *Subjekt im Erdsystem*, eben als moderner Leviathan. Schellnhuber stilisiert
auch den menschlichen Faktor – *human factor* – als einen dem geologischen Faktor vergleichbaren „*megafactor*" des Erdsystems. Mi dem Aufgreifen des Crutzenschen Begriff
Anthropocene leitet er schließlich sein Konzept eines „post-Anthropocene Leviathan" ab.
Und das bedeutet, dass der moderne Leviathan Teil des Erdsystems und seiner Analyse ist.
Darin sieht Schellnhuber eine zweite kopernikanische Wende eingeleitet. Die erste führte
von einem geozentrischen zu einem heliozentrischen Weltbild. Die zweite führt nun wieder zurück in die Erde, diesmal betrachtet als holistisches, ganzheitliches Gebilde. Kersten
schreibt dazu:

Die Wissenschaft beobachtet das Erdsystem und muss dabei feststellen, dass dieses als eine
singuläre, komplexe, dissipative, dynamische Einheit von einem thermodynamischen Gleichgewicht weit entfernt ist und deshalb der wissenschaftlichen Modellierung bedarf: [...] . Dieses digitale „Weltbild" zeigt, dass die Ökosphäre des Planeten durch menschlichen Einfluss

---

[2] Leviathan war das 1651 erschienene Hauptwerk des englischen Universalgelehrten Thomas Hobbes, in dem er eine Theorie des Absolutismus vorstellte. Der Name Leviathan wurde von einem
mythischen Ungeheuer abgeleitet, mit übermächtiger Macht, ohne Chancen für die Menschen,
Widerstand zu leisten (siehe auch Originaltext: http://socserv2.socsci.mcmaster.ca/econ/ugcm/3ll3/
hobbes/Leviathan.pdf (Zugriff: 25.09.2016)).

qualitativ bereits verändert wurde und immer weiter verändert wird. Damit sieht Schellnhuber die Menschheit vor ein Kontrollproblem gestellt, das er als eine geo-kybernetische Aufgabe begreift, die drei Fragen beantworten muss: Erstens, in was für einer Art Welt leben wir? Zweitens, was für eine Art Welt wollen wir? Drittens, was müssen wir tun, um dorthin zu gelangen. (Kersten 2014, 30; vgl. Schellnhuber 1999, C20).

Das Erdsystem verstehen, um es dann zu regulieren
Dies ist der Weg Schellnhubers zur Beantwortung der drei Fragen vorab. Mit seiner höchst abstrakt formulierten Gleichung für das Verstehen des Erdsystems legt Schellnhuber die Grundlage für das Verstehen und spätere Regulieren des aus den Fugen geratenen Erdsystems im Anthropozän. Es ist (Schellnhuber 1999, C20):

$$\mathbf{E} = (\mathbf{N}, \mathbf{H}) \text{ mit} \tag{3.1}$$

$$\mathbf{N} = (\mathbf{a}, \mathbf{b}, \mathbf{c}, \dots) \tag{3.2}$$

$$\mathbf{H} = (\mathbf{A}, \mathbf{S}) \tag{3.3}$$

E = Erdsystem, N = Ökosphäre, H = menschliche Faktor,

a = Atmosphäre, b = Biosphäre, c = Cryosphäre,

A = Anthroposphäre, S = metaphysische Sub-Komponente.

Was sagt der menschliche Faktor H in Gl. 3.1 aus? Die Anthroposphäre A umfasst den kompletten menschlichen Lebensraum, deren Gestaltung, Prozesse und weitere Aktivitäten, die Menschen zum Leben und Arbeiten benötigen. Sämtliche Infrastrukturen, Fabriken, Kultureinrichtungen, Landwirtschaft, Sporteinrichtungen u. a. m. Dieser Lebensraum ist ein komplexes System, das von den physikalischen Flüssen Energie, Material und Information angetrieben wird (siehe Abschn. 3.1.2, 3.1.3 und 3.1.4).

Hinzu kommt Faktor S, der das Auftauchen eines „global subject" reflektiert. Dazu Schellnhuber (1999, C20–21): „This subject manifests itself, for instance, by adopting international protocols for climate protection." Es bedeutet: „Somit ist auch gewährleistet, dass politische Entscheidungen ebenso Teil des holistischen Erdsystems sind und nicht extern betrachtet werden können." (ebd.)

Die Große Transformation
Schellnhuber war als Mitgliedes des *wissenschaftlichen Beirats der Bundesregierung Globale Umweltveränderungen* – WBGU – auch an der Ausarbeitung des dritten Gesellschaftsvertrags beteiligt. Aus der 2011 erschienenen, 448 Seiten umfassenden Studie werden einige wesentliche Erkenntnisse aus der *Zusammenfassung für Entscheidungsträger* (WGBU 2011, 1–27) herausgestellt.

Unter der Überschrift *Ein Neuer Gesellschaftsvertrag* heißt es:

Das kohlenstoffbasierte Weltwirtschaftsmodell ist auch ein normativ unhaltbarer Zustand, denn es gefährdet die Stabilität des Klimasystems und damit die Existenzgrundlagen künftiger Generationen. Die Transformation zur Klimaverträglichkeit ist daher moralisch ebenso geboten wie die Abschaffung der Sklaverei und die Ächtung der Kinderarbeit. Bereits seit geraumer Zeit befindet sich das fossile ökonomische System international im Umbruch. Dieser Strukturwandel wird vom WBGU als Beginn einer „Großen Transformation" zur nachhaltigen Gesellschaft verstanden, die innerhalb der planetarischen Leitplanken der Nachhaltigkeit verlaufen muss. Langzeitstudien zeigen eindeutig, dass sich immer mehr Menschen weltweit einen Wandel in Richtung Langfristigkeit und Zukunftsfähigkeit wünschen. Überdies verdeutlicht das atomare Desaster in Fukushima, dass schnelle Wege in eine klimaverträgliche Zukunft ohne Kernenergie beschritten werden müssen. Es ist jetzt eine vordringliche politische Aufgabe, die Blockade einer solchen Transformation zu beenden und den Übergang zu beschleunigen. Dies erfordert nach Ansicht des WBGU die Schaffung eines nachhaltigen Ordnungsrahmens, der dafür sorgt, dass Wohlstand, Demokratie und Sicherheit mit Blick auf die natürlichen Grenzen des Erdsystems gestaltet und insbesondere Entwicklungspfade beschritten werden, die mit der 2 °C Klimaschutzleitplanke kompatibel sind. [...]

Diese „Große Transformation" ist also keineswegs ein Automatismus. Sie ist auf die „Gestaltung des Unplanbaren" angewiesen, wenn sie in dem engen Zeitfenster gelingen soll, das zur Verfügung steht. Dies ist historisch einzigartig, denn die „großen Verwandlungen der Welt" (Jürgen Osterhammel) der Vergangenheit waren Ergebnisse allmählichen evolutionären Wandels. [...]

Ein zentrales Element in einem solchen Gesellschaftsvertrag ist der „gestaltende Staat", der für die Transformation aktiv Prioritäten setzt, gleichzeitig erweiterte Partizipationsmöglichkeiten für seine Bürger bietet und der Wirtschaft Handlungsoptionen für Nachhaltigkeit eröffnet. [...]

Das Konzept eines neuen Gesellschaftsvertrages für die Transformation zur Nachhaltigkeit – weniger auf dem Papier als im Bewusstsein der Menschen – entwickelt der WBGU in Analogie zur Herausbildung der Industriegesellschaften im Verlauf des 19. Jahrhunderts. Karl Polanyi (2001, orig. 1944) bezeichnete diesen Prozess ebenfalls als eine „Große Transformation" und zeigte, dass die Stabilisierung und Akzeptanz der „modernen Industriegesellschaften" erst durch die Einbettung der ungesteuerten Marktdynamiken und Innovationsprozesse in Rechtsstaat, Demokratie und wohlfahrtsstaatliche Arrangements gelang – also durch die Emergenz eines neuen Gesellschaftsvertrages. [...]

Für den WBGU ist der nachhaltige weltweite Umbau von Wirtschaft und Gesellschaft die Große Transformation. Drei zentrale Transformationsfelder werden genannt:

1. Energie
2. Urbanisierung
3. Landnutzung

Aus der WBGU-Analyse zeigt sich deutlich, dass die „[...] heute bestehenden Institutionen für die globale Politikgestaltung (global governance) nicht gut auf die Transformation vorbereitet sind." (ebd.) Daher werden „[...] zehn transformative Maßnahmenbündel [...]" (ebd.) mit konkreten Handlungsoptionen vorgeschlagen, die über eine neue staatliche Gestaltung mit globaler Kooperation aller beteiligten Bürger erfolgen müssen, von einer globalen CO_2-Bepreisung und einer europäischen Energiepolitik über klimaverträgliche Landnutzung bis zu einer internationalen Kooperationsrevolution, wie die Konferenz der Vereinten Nationen über Umwelt und Entwicklung – Rio+20.

Was es für Menschen, Gesellschaften, Tiere, Pflanzen, ja für das gesamte Erdsystem bedeutet, weiterhin eine Strategie des kurzsichtigen – *short term missent* – Denkens und Handelns zu fahren, die wir auf vielen Ebenen unserer Aktivitäten so generös beherrschen, ist aus Abb. 3.5 erkennbar. Ziel der in der Abbildung dargestellten Transformation ist der Übergang in eine klimaverträgliche Gesellschaft. Kernstück der Transformation ist die Dekarbonisierung der Energiesysteme. Links: Der gestaltende Staat und die Pioniere des Wandels sind die zentralen Akteure. Bei den Pionieren des Wandels geht es darum, die Nische zu verlassen und ihre Breitenwirksamkeit durch gesellschaftliche Routinierung zu erhöhen. Rechts: Für die Transformation müssen die entscheidenden Weichen innerhalb der nächsten zehn Jahre gestellt werden, damit der Umbau in den nächsten 30 Jahren gelingen kann. Der nachhaltige Pfad (grün) schafft rechtzeitig den Übergang von der fossilen zur klimaverträglichen Gesellschaft. Durch eine Überkompensation von Dekarbonisierungsfortschritten (z. B. durch Rebound-Effekte) können Klimaschutzmaßnahmen wirkungslos werden, so dass die Transformation scheitert (gelb). Werden nur schwache Anstrengungen unternommen, drohen Pfadabhängigkeiten, die zu einer globalen Klimakrise führen (rot). Wollen wir das nicht, und alle drei hier genannten Gesellschaftsverträge sagen das aus, dann bleibt nur der Weg in eine klimaverträgliche Zukunft.

Anschließend gehen wir noch auf die Wissensinfrastruktur für das Anthropozän (Edwards 2015) ein, weil wir sicher nicht um ein neues Denken und Handeln in dieser veränderten Natur und Umwelt herumkommen, sollten wir unseren Fortbestand auf der Erde sichern wollen.

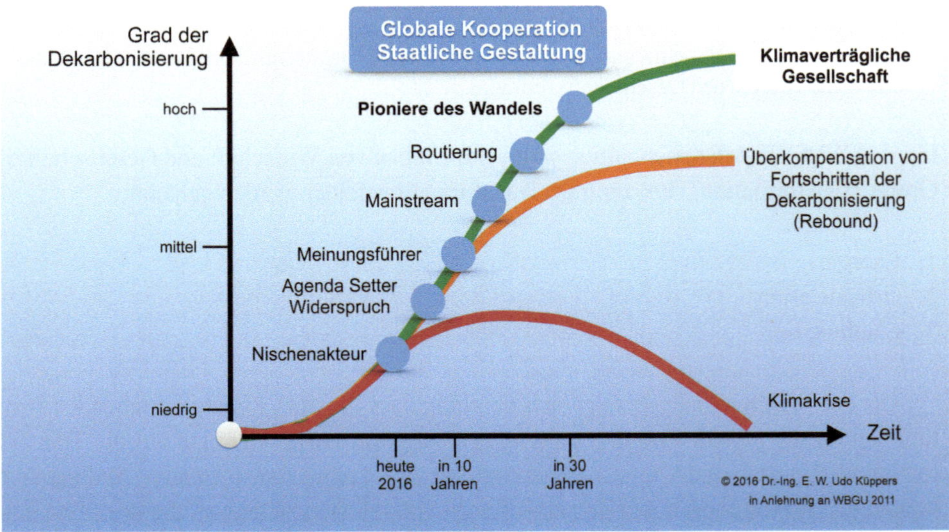

Abb. 3.5 Zeitliche Dynamik und Handlungsebenen der Transformation. (Nach: WBGU 2011 (Bildtext), modifiziert nach Grin et al. 2010, geringfügig ergänzt d. d. A.)

Wissensinfrastrukturen für das Anthropozän

Wenn wir an der Selbstzerstörung unserer Zivilisation in kurzsichtiger und teilnahmsloser Weise wie bisher weiterarbeiten wollen, dann benötigen wir keine Generalüberholung unserer Überlebensstrategie. Wir haben es – trotz aller erkennbaren Fortschritte in vielen Bereichen unseres Lebens und Arbeitens – nicht geschafft, unser Erdsystem vor den ausbeuterischen Wachstumsexzessen der Ökonomie, in inniger Verbundenheit mit dem Finanzkapital, zu schützen. Die bio-geologischen Kräfte und dadurch stattfindenden Veränderungen auf und in unserer Erde, die Menschen bis nahe an – teils über – die Erdsystemgrenzen getrieben haben, und deren anthropozäne Auswirkungen (Abb. 3.4) wir durch bisher nicht gekannte, zunehmend sich verdichtende Katastrophen deutlich spüren, sollten eigentlich jedem Menschen den hohen Grad lokaler und globaler Gefahr klar machen. Hier hilft keine kurzsichtiger Aktionismus von Politikern im Legislaturperioden-Rhythmus; hier hilft keine Milliarden-Subvention für temporäre Reparaturmaßnahmen; hier hilft nur ein völliges *Neudenken und Neugestalten* nachhaltiger Produkte, Prozesse und Organisationen mit intelligenten Mitteln, die wir uns geschaffen haben, in der Technik, in der Wirtschaft, in der Gesellschaft.

▶ Kurzfristiges, fehlgeleitetes Denken – short-term-missent – wird ersetzt durch nachhaltiges umsichtiges Denken – long-term-farseeing.

Unser Bildungssystem und das vieler anderer Länder ist – trotz einer imponierenden Zahl öffentlicher politischer Verlautbarungen – durchsetzt von Kastendenken, Facheinigelung und wissenschaftlichen Grenzziehungen.

Die oben genannte Große Transformation setzt aber Interdisziplinarität in allen Bildungsfächern zwingend voraus, ohne Fachliches im Detail zu vernachlässigen. Nur auf diese Weise kann das Verständnis für die komplexen vernetzten Zusammenhänge des Erdsystems, das uns Jahrmilliarden Entwicklung und Fortschritt beschert hat und nun seinen Systemgrenzen – durch uns Menschen – erschreckend nahe kommt, besser verstanden werden, eben durch *nachhaltiges umsichtiges Denken und Handeln*.

Die Schicksalsfrage, ob wir weiterhin unser Lebenssystem aufs Spiel setzen oder umdenken und uns eines Besseren besinnen, wird auch durch Nachdenken über neue Wissensinfrastrukturen mit entschieden. Für Paul N. Edwards (2015) sind Wissensinfrastrukturen „[…] widerstandsfähige Netzwerke von Menschen, Artefakten und Institutionen." (ebd. 242). Wir verlassen uns darauf, dass sie funktionieren, ohne einen Gedanken daran zu verschwenden. Zum Frühstück erwarten wir die Zeitung, anschließend erwarten wir das pünktliche Erscheinen der Bahn und rechtzeitige Ankommen am Arbeitsplatz usw. Erst wenn *Unerwartetes* eintritt und uns aus der gewohnten Bahn wirft, denken wir über die Infrastruktur nach.

Im Laufe der Zeit, erst recht seit Beginn des Internets, um 1990, wandelte sich unsere Wissensinfrastruktur und damit auch unser Zugang zu Daten, Informationen und Wissen enorm. Unvorstellbar große Datenbanken einzelner Konzerne sammeln und wissen nahezu alles über uns. Mit mathematischen Algorithmen, die unserem neuronalen Netz

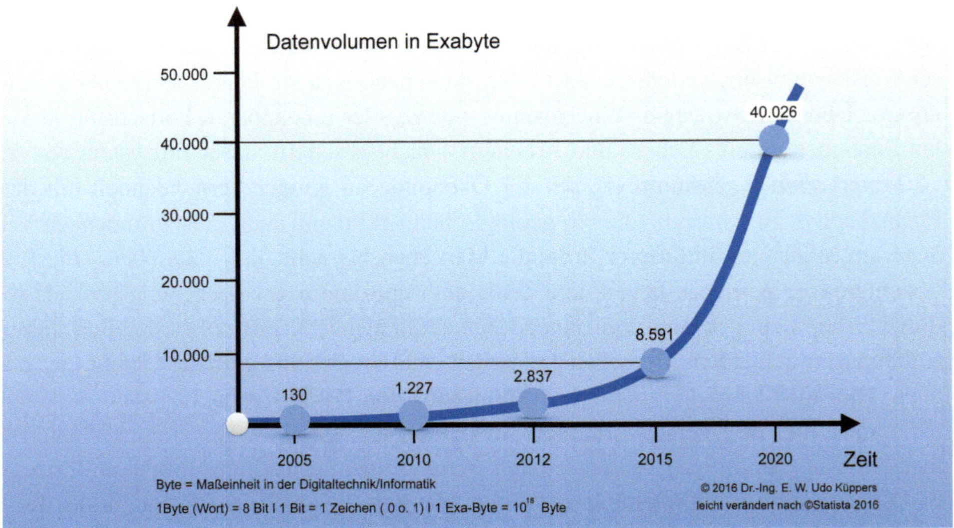

Abb. 3.6 Prognose zum Volumen der jährlich generierten digitalen Datenmenge weltweit in den Jahren 2005 bis 2020 (in Exabyte, 1Exabyte $= 10^{18}$ Byte). Die Grafik zeigt einen Trend zunehmender Daten mit konkreten Jahreszahlen. Andere Prognosen verweisen auf andere Jahreszahlen. Alle Voraussagen vereint jedoch der exponentielle Trend des Anstiegs. (Aus: https://de.statista.com/ statistik/daten/studie/267974/umfrage/prognose-zum-weltweit-generierten-datenvolumen (Zugriff: 30.09.2016), leicht verändert d. d. A.)

nachempfunden sind – Künstliche Intelligenz –, bekommen Internet-Benutzer bei ihren Suchprozessen auf ihre persönlichen Bedürfnisse abgestimmte Vorschläge serviert, was sie doch kaufen sollten, um sich besser zu ernähren, oder welchen Kurs sie zur Erhaltung ihrer Gesundheit belegen sollten usw. (Hofstetter 2014), siehe auch Abschn. 4.3.2.

Der exponentielle Anstieg der Datenmenge (Abb. 3.6) und daraus generierten Informationen und Wissen passt zu den Anthropozän-Trends in Abb. 3.4.

Seit 1950 haben internationale Konzerne gelernt, zunehmend leistungsfähigere Informationssysteme zur Erfassung von Produktion und Konsum, Angebot und Nachfrage, Modewellen, Rohmaterialien und Verarbeitungsprozessen einzusetzen. [...] Trotz ihrer Beherrschung der Logistik schafft es die Technosphäre bisher jedoch kaum, ihre Abfälle – die durch ihre Umwandlung von Energie und Material erzeugten Stoffwechselprodukte, die ihrerseits die Öko- und Geosphäre verändern – wiederzuverwerten. Grundlegendes Paradigma der Technosphäre ist nach wie vor die Ausbeutung von Rohstoffen und ihre Umwandlung in Produkte; der Abfall aus der Produktion und der Verbrennung fossiler Energieträger ist meist nicht mehr als ein verdrießlicher Gedanke im Hinterkopf, während die Entsorgung am Ende eines Produktionslebens den Verbrauchern überlassen bleibt. Über Märkte internalisiert die Technosphäre Rohstoffe (Erklärung von Bern (HG.) 2012) und Energieträger[3], aber sie externalisiert Ab-

---

[3] http://www.onvista.de/rohstoffe/. Die weltweit größte Rohstoffbörse ist die NYSME (New York Mercantile Exchange), die New Yorker Warenterminbörse. Dort werden Metalle, Energieprodukte,

fall als wertloses oder giftiges Ärgernis, das ins globale Gemeinschaftseigentum übergeht. (Edwards 2015, 250).

Edwards weist auch auf eine neue Datenquelle seit dem ausgehenden 20. Jahrhundert hin: sogenannte *„Datenabgase"*. Durch Milliarden Internetnutzer entstehen während der Such- und Ladeprozesse sowie Präsentationen in den sozialen Medien neue Daten und Spuren, durch die bestimmte Muster erkennbar sind. Neben den persönlichen Interessen der Datenbankbetreiber könnten derartige Muster auch für Lösungen ökologischer, gesellschaftlicher und anderer Probleme im Anthropozän genutzt und zu einer neuen, zielorientierten erdweiten Wissensinfrastruktur ausgebaut werden. Die ziemlich genaue Prognose der Grippewelle 2013/14, durch Kombination von Suchanfragen und empirischen Erhebungen, ist ein Beispiel dafür (ebd. 253).

> Wissensinfrastrukturen im Anthropozän können nicht nur den Energie-, Material- und Informationsstoffwechsel der Technosphäre erfassen, in Modelle fassen und visualisieren. Sie können diesen Stoffwechsel einschließlich seiner Abfälle in Begriffen der Lagerbestände und -flüsse endlicher Ressourcen darstellen. Sehr viel partizipatorischere und offenere Formen von Wissenschaft könnten sich verbreiten, Denksysteme demokratisieren und damit zugleich das öffentliche Vertrauen in die Wissenschaft verstärken. [...] neue, ökologisch zielgerichtete Logistik den Verbrauch von Energie und Rohstoffen in der Produktion verringern, neue Arten der Wiederverwertung und Wiedereinspeisung von Abfall finden und neue Ideen für die Beseitigung von toxischen Nebenprodukten, Treibhausgasemissionen und anderen Stoffwechselprodukten generieren. (ebd. 253 f.).

Ihnen als Leserin und Leser ist sicher aufgefallen, das Edwards seine Forderungen im Konjunktiv formuliert, der Möglichkeitsform. In den vergangenen Jahren bis Jahrzehnten sind bereits verschiedene Ansätze zur Ressourceneffizienz und zum nachhaltigen Handeln (Enzyklika Laudato Si, Vatikan 2015; von Weizsäcker et al. 2010; Schmidt-Bleek 1994; von Weizsäcker et al. 1997; Birnbacher et al. 1996; Gore 1992; Meadows et al. 1972 u. v. a. m.) auf den Weg gebracht worden. Der Autor hat sich in diesem Kontext mit den Effizienzmechanismen der vernetzten Naturtransportsysteme befasst und diese als Grundlage für nachhaltige technosphärische Produkte, Prozesse und Organisationen empfohlen. Denn: Welches Vorbild wäre für nachhaltiges Handeln in der Technosphäre besser geeignet als die Natur selbst? (Küppers und Küppers 2016 sowie Küppers 2015, 2013, 1998)

Das ausgerufene Zeitalter des Anthropozäns muss noch deutlich mehr in das Bewusstsein der Erdenbürger dringen und eine kritische Masse bilden. Diese muss den nach wie vor großen Widerständen Einzelner und ganzer Länder ihre fehlgeleiteten Ziele von persönlicher Bereicherung durch exzessive Ausbeutung unseres Planeten nicht nur deutlich vor Augen führen, was vielfach bereits geschehen ist und geschieht – sondern neue Entscheidungskriterien von vorausschauenden Politikern jüngerer Generationen müssen dem

---

Agrarrohstoffe und weitere Rohstoffe gehandelt. Die für Industriemetalle weltweit bedeutendste Rohstoffbörse, die LME (London Metal Exchange), befindet sich mit London hingegen in Europa. (Zugriff: 02.10.2016).

„Weiter so", dem „Business as usual" auf unserem Planeten konsequent praktische Grenzen zeigen.

Diese Grenzen müssen Teil des anthropozänen Gesellschaftsvertrages und der Großen Transformation, in welcher Form sie auch realisiert wird, sein. Es müssen sich nach Meinung des Autors erdweit vernetzte Transformationszentren bilden, die lokale Meilensteine setzen, um von Menschen verursachte anthropozäne Auswirkungen zu bremsen. Eine erdweiter Transformationsrat, wie z. B. die Vereinten Nationen (UN), würden die Maßnahmen koordinieren und lenken und: Es müssen klar definierte Rechtsschranken und schmerzliche Verurteilungen bei Überschreitung von Grenzen der Zerstörungen in Natur und Umwelt gesetzt werden. Wer Menschen tötet, wird zurecht hart bestraft. Wer Böden, Wasser, Luft, Pflanzen oder Tiere in Natur und Umwelt unwiederbringlich zerstört, kommt nicht selten mit Bagatellstrafen davon. Die weltweite Rechtsprechung hat hier in weiten Teilen versagt, weil sie den Wert eines Baumes oder Tieres oder eines Biotops in vernetzter Umwelt für unsere Weiterentwicklung völlig unterschätzt.

Angesichts der überwältigenden Aufgaben, die noch nach durchgreifenden, praktikablen funktionalen Lösungen für den Erhalt unseres Erdsystems suchen, wenden wir unseren Blick wieder auf humanoide Helfer und fragen: Was können von Menschen konstruierte Humanoide beim Gegensteuern anthropozäner Probleme und Gefahren anders oder besser machen als die Menschen selbst, denen dies bislang kaum gelungen ist bzw. die die Gefahren sogar noch zugespitzt haben?

Humanoides Anthropozän

Was ist darunter zu verstehen? Können Humanoide eine Rolle spielen, angesichts der in Abb. 3.4 gezeigten Kurven zur Entwicklung des Erdsystems und sozio-ökonomischen Entwicklungen?

Die Entwicklung humanoider Roboter fokussiert sich noch sehr auf seine Entwickler und Erbauer, auf deren äußere Gestalt, auf sensorische und andere Eigenschaften. Es sind überwiegend mechanisch-elektronische Funktionalitäten, die gelernt und optimiert werden, zum Beispiel Treppen steigen, Wiederaufstehen nach dem Hinfallen, kollaborierende Tätigkeiten in der Produktion, behinderte Menschen durch Darreichungen unterstützen usw. Humane-humanoide Kommunikation und Interaktion als grundlegende Voraussetzung jedes kooperativen Zusammenlebens steht noch am Anfang der Entwicklung. Selbstvertrauen, Selbstverantwortung, planendes Vorausschauen, Risikoerkennung, Risikovorbeugung und Risikovermeidung sind menscheneigene Qualitäten, die über Jahrmillionen erlernt wurden und in Zeiten des Anthropozäns riesigen, das Erdsystem umfassenden Herausforderungen gegenüberstehen. Wie also können Humanoide den Menschen hilfreich sein, die Große Transformation, möglichst ohne zusätzlich anheizende Störungen, zu vollziehen?

Guido Bugmann (2011) und andere fragten – ohne Differenzierung der Robotertypen – nach der Rolle der Robotik bei nachhaltiger Entwicklung, die auch der Großen Transformation innewohnt. Sie verstehen ihre Aussagen als eine Analyse vieler unbeantworteter

Fragen. Eine zentrale dieser Fragen wäre: Sind Roboter eher Teil des Problems oder Teil der Lösung?

In 2011 bezifferten Bugmann und Kollegen die Zeit der Rückführung für eingesetztes Kapital eines Industrieroboters, den *Return of Invest* – ROI –, auf 2 Jahre, mit jährlichen Energiekosten – für Roboter ausschließlich Elektroenergie – von 50mal kleiner als die Kosten für einen manuell arbeitenden Lohnarbeiter. Kein Wunder also, dass Unternehmen in Industrienationen in den letzten Jahren *kleine ökonomische Transformationen,* mit großer Wirkung auf die Arbeitswelt und somit auch auf die Arbeiterschaft, gestartet haben, um noch kosteneffizienter zu sein. Nur etwa 55 Industrieroboter wurden Ende 2011 weltweit pro 10.000 Beschäftigte in der verarbeitenden Industrie eingesetzt (ETZ 2012). Laut dem World Robotics Report 2016 der International Federation of Robotics – IFR – (2016) lag die Roboterdichte 2015 allein beim Spitzenreiter Südkorea bei 478 (Deutschland 292) Industrierobotern pro 10.000 Beschäftigte (siehe auch Kap. 5). Humanoide Roboter, erst recht bipedale, zweibeinige Humanoide spielen noch in einer niederen Liga und sind für einen Einsatz der nachfolgend aufgelisteten Tätigkeiten noch nicht gerüstet. Wie auch immer.

Humanoide Roboter und andere, die zum Teil präziser und ausdauernder arbeiten als Menschen, können diesen auch während der Großen Transformation zur Hand gehen (Auswahl nach Bugmann et al. 2011 sowie d. d. A.):

- bei der zielgerichteten Suche auf und in dem Erdsystem sowie in den Meeren nach neuen Ressourcen, ohne den Zerstörungsgrad menschlicher Aktivitäten nachzueifern
- bei der präzisen effizienten Auswahl von Stoffen und Stoffgemischen mittels eingebauter physikalischer Messverfahren, z. B. Infrarotspektroskopie, zu denen Menschen nicht fähig sind
- beim Entwurf gezielter Produktionsmethoden minimaler Umweltbelastungen, z. B. durch optimierte Auswahl von technisch-funktionalen und naturverträglichen Materialien, minimalem Energieverbrauch und problemlosem Wiederverwerten bzw. Wiederverwenden über die technischen Produkt- und Produktionsgrenzen hinaus
- bei der systematischen und kontinuierlichen Überwachung landwirtschaftlich genutzter Flächen zur Optimierung von Erträgen unter Beibehaltung natürlicher Bodenqualität, z. B. der Humusschicht
- beim Einsatz mobiler humanoider Roboter, die mittels eingebundener Messsysteme – in einem vernetzten Schwarm – an kritischen Orten in Umwelt und Natur den Verlauf von Schadstoffbelastungen des Erdsystems frühzeitig erkennen und stoppen helfen usw.

Es sind vielfältige Aufgaben, die Humanoide im Anthropozän systematischer, exakter, ausdauernder, sicherheitsrelevanter, risikovorbeugender für Menschen übernehmen können und zum Teil bereits übernehmen – denken wir an Einsätze nach Katastrophen, die nicht zuletzt auch den Menschen als Verursacher identifizieren. Denn bei Eintreten einer Katastrophe wird ein Grundsatz oft übersehen, wie das Beispiel Fukushima deutlich zeigt, bei dem letztlich Erdbeben und Tsunami in den Mittelpunkt des menschlichen Blickfeldes rückten:

▶ Katastrophen in unserer komplexen Umwelt werden oft dem letzten auslösenden Ereignis zugeschrieben. Das ist falsch. Es ist eine Verkettung von unglücklichen, auch unerwarteten Umständen, an denen Menschen maßgeblich beteiligt sind.

Die Entwicklung Humanoider, die problemnachsorgende und -vorbeugende sowie neue zukunftsweisende Aufgaben für die Große Transformation übernehmen können, und somit tatkräftig den Menschen in für ihn kritischen und gefährlichen Situationen zur Seite stehen, hat noch einen weiten Weg vor sich. Die Menschen können alle Anstrengungen übernehmen, sich humanoide Helfer zu erschaffen und mit künstlicher Intelligenz für funktionale Tätigkeiten auszustatten und zu optimieren, ob im sozialen, ökologischen oder ökonomischen Umfeld. Eines sollte dabei allerdings nicht vergessen werden: Es sind und bleiben Helfer. Die Kärrnerarbeit während der Großen Transformation kann und sollte an Humanoide delegiert werden. Intelligentes vorausschauendes und variationsreiches Planen und nachhaltiges Entwickeln sind jedoch noch eine Weile der Anstrengung natürlicher Intelligenz vorbehalten. Sie *muss* – im Sinne der heraufbeschworenen anthropozänen Randbedingungen – dafür konsequent eingesetzt werden. Die Zeit ist eine Einbahnstraße und führt nicht zurück ins stabile Holozän. Wir haben für unser Fortbestehen keine andere Wahl.

3.1.2 Energie

▶ Was ist Energie?

Energie ist eine „[…] grundlegende physikalische Eigenschaft jeder abgegrenzten Materie, die deren Fähigkeit ausdrückt, an ihre Umwelt Arbeit zu verrichten bzw. an sie Wärme oder Strahlung zu übertragen und sich dabei gleichzeitig gesetzmäßig zu verändern. Die Summe aller Energie in einem geschlossenen System ändert sich zeitlich nicht. Bei Energieübertragung zwischen zwei Systemen entspricht die Energiezunahme des einen die Energieabnahme des anderen." (Conrad 1981, 83–87).

Oder etwas einfacher: Energie besitzt die Fähigkeit, Arbeit zu verrichten, mit einem Anteil *Exergie*, der unbeschränkt in Arbeit umgewandelt wird, und einem Anteil *Anergie*, der nicht in Arbeit umgewandelt werden kann (Fricke et al. 1981, 22). Die Summe aus Exergie und Anergie ist konstant. Das ist der Erste Hauptsatz der Thermodynamik.

Das Erdsystem mit seinen komplexen Prozessabläufen grenzt sich gegenüber dem nicht lebensfähigen Weltall schichtweise durch die Erdatmosphäre ab. Das Leben auf unserer Erde verdankt seine Fortschritte unserer einzigen externen Energiequelle, der Sonne, die uns mit Strahlungsenergie versorgt. Zudem gestalten seit Jahrmilliarden geologische dynamische Prozesse die Struktur unserer Erdoberfläche. Seit Beginn der bemannten Raumfahrt, Anfang der 1960er-Jahre, bei der Menschen erstmals ihren eigenen Planeten von außerhalb sehen, erkennen sie die relativ hauchdünne Schutzatmosphäre und erahnen möglicherweise, was passieren könnte, würde diese zerstört.

R. Buckminster Fullers Metapher vom „Raumschiff Erde" – mit der 1969 veröffentlichten *Bedienungsanleitung für das Raumschiff Erde (Operating Manual for Spaceship Earth)* – nahm bereits viele grundlegende Handlungen der Menschen zum Schutz ihres *Raumschiffes* vorweg, die Teile der Menschheit bis heute ignorieren, weshalb wir in ein Zeitalter des Anthropozäns gerutscht sind. Gezwungenermaßen haben wir nun nur noch die Möglichkeit, unsere eigenen, vielfältig vernetzten Probleme auf der Erde zu reparieren und neue zu vermeiden. Der entscheidende Hebel dabei ist und bleibt, das thermische dynamische Gleichgewicht von eingestrahlter Sonnenenergie und von der Erde wieder abgegebener Energie aufrecht zu erhalten, bzw. wieder in ein dynamisches Gleichgewicht zu überführen. Abb. 3.7 zeigt die dünne Erdschutzhülle, während Abb. 3.8 die von Kevin E. Trennberth et al. (2009) aufgestellte globale Energiebilanz der Erde im Zeitraum März 2000 bis Mai 2004 skizziert.

Der äußere Bereich der Erde ist zugleich ein Werk der Schönheit und ein Geschenk für die Wissenschaft. Wenn wir die atmosphärischen Schichten aus dem Weltall betrachten, erinnern sie uns an die Zerbrechlichkeit eines lebensschützenden Kokons. Erst recht wenn aus dieser Weltall-Perspektive der Erddurchmesser von zirka 11.700 km mit der im troposphärischen und stratosphärischen Bereich (16–50 km Höhe) angesiedelten Ozon-Schutzschicht von durchschnittlich 35 km Dicke verglichen wird, ist die Zerbrechlichkeit dieser hauchdünnen Schichtgasschicht noch eindrucksvoller und erschreckender zugleich.

Abb. 3.7 Blaue Ozonschutzschicht des „Raumschiffs" Erde. (Aus: http://nasasearch.nasa.gov/search?affiliate=nasa&query=earth+from+space+viewing+ozone+layer (Zugriff: 02.10.2016); linkes Foto v. 31. Juli 2011, rechtes Foto vom 25. Mai 2010)

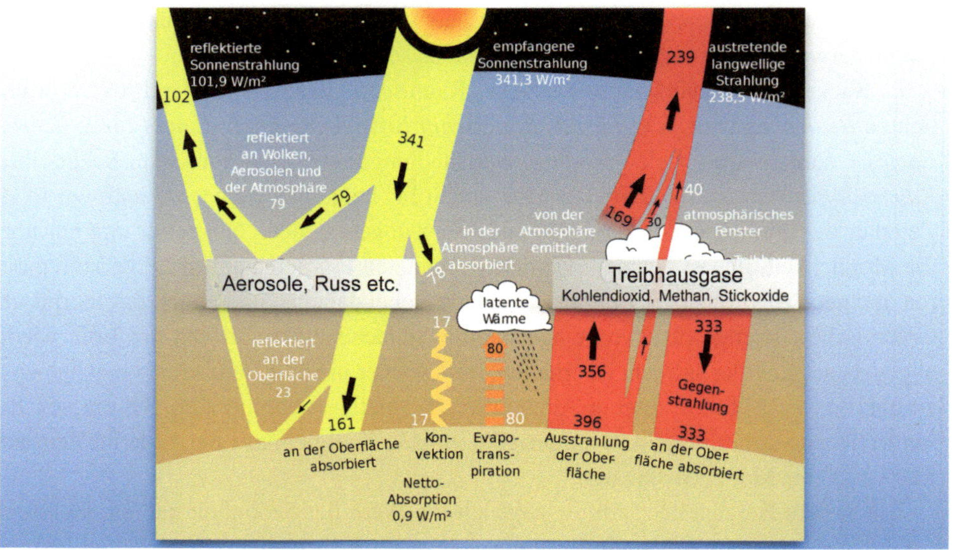

Abb. 3.8 Globale Energiebilanz der Erde mit menschlichen Eingriffen in den Energiehaushalt der Erde. (Aus: Trennberth 2009; Wild 2013; Ergänzung d. d. A.)

Nahe der Erdoberfläche offenbart das orange-rote Glühen die Troposphäre, die unterste dichteste Schicht der Atmosphäre und diejenige in der wir leben. Der obere braune Bereich der Troposphäre ist als Tropopause bekannt. Ein milchig grauer Streifen oberhalb, ein Anteil der Stratosphäre mit eingebetteten leuchtenden Nachtwolken. Darüber ins blaue übergehend, die Mesosphäre, Thermosphäre und Exosphäre bis ins Schwarze des Weltalls. Dominierende Gase und Partikel in den einzelnen Schichten, die als Prismen fungieren und unterschiedliche Lichtwellenlängen streuen, sind Ursache der verschiedenen Farben. (vgl. NASA Hovering on the Horizon, Nov. 26, 2011). In der Bildmitte ist der Mond zu sehen.

Die Schönheit und Zerbrechlichkeit des filigranen Schutzschildes der Erde wird ebenso deutlich im rechten Bild. Tief orange bis gelb ist die Troposphäre, ca. 6–20 km über der Erdoberfläche. Hier konzentrieren sich 80 % aller Massen der Atmosphäre. Der rosa bis weiße Streifen ist die untere Stratosphäre, die bis 50 km hoch über den Erdboden reicht. (vgl. NASA Sunset seen from the international Space Station June 14, 2010).

Auch wenn sich die Ozonschicht wieder zu schließen scheint[4], bleibt doch ein Unbehagen zurück, ob wir den Ernst der Lage wirklich erkannt haben und zu langfristigen Schutzmaßnahmen fähig sein werden, die direkt in Verbindung mit unserem anthropozänen Wirken stehen.

Der Strahlungsenergiefluss der Sonne, der auf die Erdatmosphäre trifft und mit Verlusten auf die Erdoberfläche weitergeleitet wird, ist überwältigend groß und für uns unbe-

---

[4] http://ozonewatch.gsfc.nasa.gov (Zugriff: 02.10.2016).

grenzt, weil es noch Milliarden Jahre braucht, bis die Sonnenenergie zur Neige geht. An der Grenze zur Erdatmosphäre beträgt die durchschnittliche extraterrestrische Leistung der Sonneneinstrahlung 1,37 kW/m^2. Dieser Wert ist die sogenannte Solarkonstante.[5] Bis zur Erdoberfläche verringert sich die *Leistung* durch Absorption, Reflexion, Streuung auf zirka *161 W/m^2* nach Abb. 3.8.

Der weltweite Primärenergieverbrauch, also diejenige Energiemenge, die aus natürlichen Energiequellen wie Kohle, Gas, Öl oder von Sonne, Wind etc. zur Verfügung steht, und durch Umwandlungsprozesse zu Sekundärenergieträgern wie Strom, Heizöl und Benzin verarbeitet wird, betrug 2009 zirka $1,42 \times 10^{14}$ kWh oder umgerechnet 511 EJ (EJ = Exa Joule = 10^{18} J) (Wosnitza, Hilgers 2012, 1). Beide Zahlen, die der solaren Energieleistung an der Erdoberfläche/m^2 und die des weltweiten Energieverbrauchs in EJ, sagen für sich genommen noch nicht viel aus. Durch Umrechnung wird allerdings deutlich, dass die Energie der Sonne auf die Gesamtoberfläche der Erde zirka 5000-mal größer ist als der jährliche Energieverbrauch aller Menschen.[6] An der zur Verfügung stehenden Sonnenenergie liegt es also gewiss nicht, wenn wir mit unserem Erdsystem immer tiefer in den Schlamassel rutschen, wie die menschlichen Einflüsse in Abb. 3.8 andeuten.

Humanoide Roboter und andere nutzen primär Strom als Sekundärenergie. Nach einer Prognose der International Federation of Robotics[7] werden 2018 zirka 2,3 Mio. (2009: 1 Mio.) Industrieroboter in den Werkhallen arbeiten. Eine Unterteilung von Industrierobotern und humanoiden Robotern liegt nicht vor. Letztere dürften aber in der Zahl ihrer praktischen Anwendung gering sein, da sie noch stärker mit der Forschung und Entwicklung verbunden sind als ausgereifte, für bestimmte, sich wiederholende Prozesszyklen entwickelte Industrieroboter. Der Energiebedarf aller Roboter weltweit ist schwer zu ermitteln. Zu viele Nebeneinflüsse wie Pausen, Reparaturzyklen, spezielle Einsatzbereiche, Umgebungseinflüsse, unterschiedliche Traglasten u. v. m. stehen dem entgegen. Ob sich die Zahl der Roboter einerseits und das Bemühen um deren Energieeffizienz andererseits eines Tages nicht auch in einem *Rebound-Effekt*[8] fangen, wie bei den Automobilen, bleibt zu hoffen.

Wie auch immer. Die Versorgung von mobilen Humanoiden mit Elektroenergie für Speicher und Steuerungsmodule, die sie – mit noch relativ geringer Kapazität und trotz Leichtbauweise noch beträchtlichem Gewicht – mit sich tragen, sollte regenerativen Energien vorbehalten sein.

Abschließen möchte ich dieses Energiekapitel mit einer Erfahrung schließen, die nicht zuletzt auch dazu beiträgt, den Wertgehalt der Energie zu verwässern:

▶ Um Energie umzuwandeln, benötigt man selbst Energie!

---

[5] http://www.spektrum.de/lexikon/physik/solarkonstante/13407 (Zugriff: 02.10.2016).
[6] https://de.wikipedia.org/wiki/Sonnenenergie (Zugriff: 02.10.2016).
[7] http://www.presseportal.de/pm/115415/3359256 (Zugriff: 02.10.2016).
[8] Der Rebound-Effekt tritt ein, wenn der Spareffekt zunehmende Effizienzsteigerungen von Produkten durch deren Quantität wieder neutralisiert oder ins Gegenteil verkehrt wird.

Um den wahren Wert der Energie für die Erzeugung von Gegenständen aller Art zu erfassen, muss der gesamte Energiewandlungsprozess betrachtet werden, nicht nur diejenige Energie, die mit dem letzten Schritt eines Produktes in den Markt verknüpft ist. Das würde zu einer deutlichen Steigerung des Wertgehaltes von Energie führen – und auch kostentreibend wirken. Dies wiederum sollte zwingend Anlass sein, nach neuen *ganzheitlichen* Energiespareffekten zu suchen, die mehr Vorteile versprechen, als die gegenwärtigen Einzelmaßnahmen es je könnten.

Der Volkswirt und emeritierte Professor Bruno Fritsch (ETH Zürich) äußerte sich präzise zum Thema Energie mit folgenden Worten (Fritsch 1990, 18):

> Wir verbrauchen nicht Energie, sondern Ordnungszustände. Es geht also nicht um Energiesparen, sondern um die Nutzung von Zeitkorridoren. Dazu müssen möglichst alle systemstörenden ökologischen Effekte in die Ökonomie internalisiert werden. Dabei sollten die „ökonomischen Amortisationsraten möglichst nahe an die energetischen Erntefaktoren von Einzelprozessen herangeführt werden." Erst aus der „Zeitkongruenz zwischen ökologischen und ökonomischen Prozessen" ergeben sich die gesuchten „richtigen" Preise für Energie.

3.1.3 Rohstoffe, Werkstoffe

Das Gebiet der Stoffe ist ähnlich umfangreich wie das der Energie, zählen doch beide – neben Information – zu den grundlegenden physikalischen Flüssen unseres Lebens. Ähnlich wie vorab im Energiekapitel kann die umfangreiche Thematik von Stoffen und deren Verarbeitung nur im Ansatz erläutert werden, aber doch so ausreichend, wie es zum Thema des Buches passt. Daher wird zuerst nach der Bedeutung der Begriffe gefragt, um anschließend in verschiedene Anwendungsbereiche zu gehen.

Wie also unterscheiden sich Rohstoffe von Werkstoffen hinsichtlich ihrer Bedeutung?

Rohstoff-Werkstoff-Definitionen

> „**Rohstoffe** sind natürlich vorkommende Stoffe tierischer, pflanzlicher oder mineralischer Herkunft. Sie dienen als Grundlage für die Herstellung neuer Produkte. Rohstoffe sind z. B. Kohle, Erdöl, Erze, Holz, Schwefel, Salz, Kautschuk, Steine und Erden."[9]
>
> „**Nachwachsende Rohstoffe** ist ein Sammelbegriff für stofflich und energetisch genutzte Biomasse [...]. Es handelt sich hierbei in der Regel um land- und forstwirtschaftlich erzeugte Rohstoffe wie Holz, Flachs, Raps, Zuckerstoffe und Stärke aus Rüben, Kartoffeln oder Mais, die nach der Aufbereitung einer weiteren stofflichen oder energetischen Anwendung zugeführt werden können.
>
> Auch tierische Rohstoffe wie Wolle und Leder lassen sich im weitesten Sinne zu dieser Kategorie zählen. Entscheidender Vorteil der Nachwachsenden Rohstoffe im Vergleich beispielsweise zu fossilen Rohstoffen ist, dass sie nachhaltig gewonnen werden können. Ein anderer Pluspunkt ist ihre CO_2-Neutralität bei der Verbrennung. Dies erklärt sich dadurch,

---

[9] http://www.umweltdatenbank.de/cms/lexikon/44-lexikon-r/947-rohstoff.html (Zugriff: 05.10.2016).

dass das bei der Verbrennung von pflanzlichen Rohstoffen freiwerdende Kohlenstoffdioxid vorher von der Pflanze durch die Photosynthese zunächst einmal gebunden wurde. Die heute populärste Anwendung von Nachwachsenden Rohstoffen ist der Einsatz von Holz in Feuerungen sowie auch neuerdings von Biodiesel in Dieselfahrzeugen [. . .]."[10]

„**Nicht erneuerbaren Rohstoffe**: Die Größe der nicht erneuerbaren Rohstoffe setzt sich zusammen aus der inländischen Entnahme (ohne Erzeugnisse) und der Einfuhr (einschließlich ihrer jeweiligen Erzeugnisse) von abiotischen – nicht erneuerbaren – Rohstoffen. Folgende Hauptgruppen sind enthalten: – Energieträger (Kohle, Erdöl, Erdgas) – Erze und deren Erzeugnisse – Mineralien und deren Erzeugnisse – Steine und Erde"[11]

„**Werkstoffe** umfassen sämtliche Roh-, Hilfs- und Betriebsstoffe, aus denen durch Umformung, Substanzänderung oder Einbau neue Fertigerzeugnisse (Halb- und Fertigfabrikate) hergestellt werden."[12] [Eine weitere Definition beschreibt **Werkstoffe** als] Arbeitsmittel rein stofflicher Natur, die in Produktionsprozessen als Arbeitsgegenstände weiter verarbeitet werden und in die jeweiligen Endprodukte eingehen. In der Regel handelt es sich dabei um Festkörper. Die Qualität und die Eigenschaften der Endprodukte oder Halbzeuge werden durch die Wahl mehr oder weniger geeigneter Werkstoffe entscheidend beeinflusst.[13]

Rohstoffe – Das Salz der Natur

Jeder einzelne sollte sich sagen:
Für mich ist die Welt erschaffen worden,
daher bin ich mit verantwortlich.
　　Babylonischer Talmud (2015)

Früher oder später, aber gewiss immer,
wird sich die Natur an allem Tun der Menschen rächen,
das wider sie selbst ist.
　　Johann Heinrich von Pestalozza (1746–1827)[14]

Rohstoffe sind das *Salz der Natur*. Man sollte pfleglich damit umgehen, insbesondere wenn es sich um nicht erneuerbare Rohstoffe handelt, deren Transformationswege zu technischen Werkstoffen von riesigen Umwelt- und Naturschäden begleitet werden, wenn an Abbauprozesse von Öl- und Gasvorkommen an Land und im Meer, wenn an Urwaldabholzungen, wenn an Edelmineralien, Edelmetall- und Sonderbergbau – insbesondere seltene Erden für die Elektronik und somit auch für die humanoide bzw. industrielle Robotik –, wenn an flächenweite Zerstörungen wertvoller Humusschichten u. v. m. gedacht wird.

Aber auch der über Jahrhunderte zerstörte nachwachsende Rohstoff Holz in Nadel- und Mischwäldern von borealen Zonen der Erde – nördliche Vegetationszonen zwischen

---

[10] http://www.umweltdatenbank.de/cms/lexikon/40-lexikon-n/756-nachwachsende-rohstoffe.html (Zugriff: 05.10.2016).

[11] http://www.umweltdatenbank.de/cms/lexikon/40-lexikon-n/2426-nicht-erneuerbaren-rohstoffe. html (Zugriff: 05.10.2016).

[12] http://www.wirtschaftslexikon24.com/d/werkstoffe/werkstoffe.htm (Zugriff: 05.10.2016).

[13] http://www.chemie.de/lexikoAn/Werkstoff.html (Zugriff: 05.10.2016).

[14] https://www.aphorismen.de/zitat/15081 (Zugriff: 05.10.2016).

50. und 70. Breitengrad –, in gemäßigten Zonen unserer europäischen oder nordamerikanischen Lebensräume und in den südlichen, tropischen-subtropischen Gegenden haben dem Erdsystem immensen Schaden zugefügt. Natürliche Regenerationsprozesse und menschliche Weitsicht – *Gedanke der Nachhaltigkeit*, geprägt in der Forstwirtschaft im Jahr 1713 durch Oberberghauptmann Johann „Hannß" Carl von Carlowitz (1645–1714) – (2000) arbeiten gegen den einseitig ökonomisch angeheizten Trend, um noch Schlimmeres zu verhindern, als es bereits durch die gezeigten Kurven in Abb. 3.4 deutlich wird. „Nachwachsen" und „nachhaltig" besitzen dieselbe Vorsilbe und sind nicht nur deshalb eng miteinander verknüpft (s. zur Nachhaltigkeit, die auch in Abschn. 2.5.2 thematisiert wird: Zimmermann 2016; Heinrichs, Michelsen 2014; Sächsische Hanns-von-Carlowitz-Gesellschaft e. V. 2013).

Nicht nachwachsende bzw. nicht erneuerbare Rohstoffe wie Kohle, Öl, Gas, die zu Treibstoffen für industrielles Wachstum mutiert sind und deren umwelt- und naturbelastende Folgen jeden betreffen, stehen hier nicht im Mittelpunkt des Interesses von Entwicklungen der weiter oben genannten Großen Transformation durch indizierte anthropozäne Kriterien. Der Schwerpunkt verlagert sich auf den stofflichen Nutzen nachwachsender Rohstoffe, die im Folgenden – wie auch technische Kriterien bzw. Eigenschaften dieser Stoffe zeigen – zu Konstruktionen von humanoiden Roboter führen können, die eng mit nachhaltigen Aspekten durch neue Materialien und Techniken verbunden sind. Diese bionisch orientierte Entwicklung ist nicht isoliert, sondern durchaus in einem ganzheitlichen Zusammenspiel mit technischen Funktionswerkstoffen zu sehen, die noch weiter unten vorgestellt werden.

Naturstoffe – biologische Eigenschaften – bionische Anwendungen

▸ Die Natur ist Rohstoff- und Werkstoff-Spezialist zugleich!

Ein Rohstoffspezialist ist die Natur deshalb, weil sie nur „eine Hand voll" Rohstoffe nutzt, die in perfekten, ineinandergreifenden Wiederverwertungskreisläufen *verluststofffrei* verarbeitet und für neue Lebenszyklen bereitgestellt werden.

Ein Werkstoffspezialist ist die Natur aus dem Grund, weil sie mit chemischen und physikalischen bzw. technischen Materialeigenschaften versehen ist, die in Jahrmilliarden unter schärfsten Auslesekriterien optimiert wurden und werden und Leistungen hervorbringen, die menschliche Entwicklungen auf vergleichender, funktionaler Basis weit übertreffen.

Wir hinken mit unseren besten Produktionstechniken noch weit hinter denen der Natur hinterher, wenn, aus ganzheitlicher Sicht, Sozialverträglichkeit, Naturverträglichkeit und Produktivität das gemeinsame Optimierungskriterium für nachhaltige Entwicklungen sind. Die abstrakten Ausdrücke in den Gln. 3.4, 3.5, 3.6 und 3.7 zeigen diese Naturstrategie zur Rohstoff- und Werkstoffoptimierung:

$$N = (R, W) \tag{3.4}$$

$$R = (o, a, v) \tag{3.5}$$

$$W = (E, L) \tag{3.6}$$

$$OPT\ (N) = MIN\ (R) \rightarrow MAX\ (W) \tag{3.7}$$

N = Natur, R = Rohstoffe, W = Werkstoffe,

o = organische R., a = anorganische R., v = Verbundstoffe,

W = Werkstoffe, E = Eigenschaften von W, L = Lebenszyklus von W,

OPT (N) = Evolutionäre Optimierungsprozesse in der Natur,

MIN (R) = Minimierung der $\sum$ aller erzeugten Rohstoffe,

MAX (W) = Maximierung der $\sum$ aller erzeugten Werkstoffe.

Den Evolutionsprozess der Natur als effizientes Optimierungsverfahren zu betrachten, das sich auch bereits in der Technik in Form mathematischer Optimierungsalgorithmen bestens bewährt hat (u. a. Kroll 2013; Klüver et al. 2012; Weicker 2007; Gerdes et al. 2004; Kull et al. 1995; Schöneburg et al. 1994), zeigt das Bestreben, mit einem Minimalsatz an Ausgangsstoffen eine unermessliche Fülle an Werkstoffvariationen mit spezifischen adaptierten Eigenschaften zu erzeugen (siehe Tab. 3.2).

▶ Die Natur der Stoffverarbeitung arbeitet nach dem Prinzip der Eingangs- oder Ressourcen-Effizienz. – Entscheidend ist, was zu Beginn eines ganzheitlichen, nachhaltigen vernetzten Stoffprozesses ist diesen hineinfließt.

Die nachfolgenden Abbildungen und Tabellen deuten die langzeitbewährten technischen Leistungen und Qualitäten des Naturstoffmanagements an. Sie sind zugleich eine Herausforderung für Konstrukteure humanoider – und industrieller – Roboter, deren Material- und Werkstofffokus noch überwiegend auf technische und naturfremde Stoffe – z. B. Kunststoffe – fixiert ist. Humanoide, deren Form und Struktur, Funktion und Bewegung menschenähnlich im Wortsinn genannt werden kann, liegen noch in weiter Ferne. Sicher scheint aber, dass Ergebnisse der Natur-Optimierungstechniken eine entscheidende, wenn nicht sogar die entscheidende Rolle auf dem Weg einer Annäherung von Mensch und Humanoiden spielen. Wie weit wir diesen Weg mit allen denkbaren Vorteilen und möglichen Konsequenzen tatsächlich gehen werden, weiß allerdings keiner.

Abb. 3.9 stellt Merkmale der Stoff- bzw. Materialverarbeitung auf den Entwicklungspfaden von Natur und Technik gegenüber und zeigt zugleich das in der Technik angewandte Prinzip der *Rohstoff-Ineffizienz*.

Tab. 3.2 Stoffbaukasten der Natur: die wesentlichen Rohstoffe bzw. Ausgangsstoffe mit ihren Anwendungen und technischen Funktionen. (Aus: Küppers, Tributsch 2002, 14; Eigenrecherchen d. A.; vgl. auch Türk 2014, 26)

NATURSTOFFE

Rohstoffe	Anwendungen	Funktionen
Wasser – in verschieden großen Mengen und Aggregatzuständen überall enthalten	Tierische und pflanzliche Schleime und Schäume Menschen (Erwachsene bestehen zu zirka 70 % aus Wasser)	Leichtbaustrukturen, Stabilität, Kälteschutz, Stoffwechselfunktionen
Kalk	Muschelschalen	Schutzfunktion, erhöht Bodenfruchtbarkeit
Proteine Strukturprotein Kollagen Hautkollagen	Federbälge	Kälteschutz, Schutz gegen UV-Strahlung, Schutz vor Mikroorganismen, erhöht Temperaturbeständigkeit
Keratine wasserunlösliche Faserproteine	Menschliche Finger- und Fußnägel, tierische Hornsubstanzen, Haare, Wolle	Je nach Struktur hoch dehnbar oder formstabil
Lignin	Schalen von Nüssen, pflanzliches Stützgewebe	Verleiht mechanische Festigkeit
Silikate – Silizium-Sauerstoff-Verbindungen, Si_xO_y	Hüllen von Kieselschwämmen, Diatomeen, Gräser, Wirbeltiere	Stabilisierungsfunktion
Zellulose Lignozellulose	Fast alle Arten pflanzlicher Biomasse, Kork	Hohe Reißfestigkeit, statische Funktionen, Speicher für Kohlenstoff CO im CO-Kreislauf
Tannine	Eichenrinde, Heidelbeeren, Walnussblätter, Tee, Wein, Schokolade	Antioxidative Eigenschaften
Mineralien	Überwiegend anorganisch, durch geologische Prozesse gebildet, mehr als 5000 an der Zahl, Quarz, Gold, Quecksilber (flüssiges Mineral), organisch (Nierensteine)	Mineral im Verbund mit Protein = elastisch-harte Funktionseigenschaft Körpermineralstoffe – Körperaufbau und Stoffwechselfunktion, organisch spezifische Funktionen, z. B. Energiegewinnung
Pektine	Schalen von Zitrusfrüchten, Gemüse Bestandteile von Sonnenblumen	Wasserregulierung, Stabilisierungsfunktion
Lipide – Öle – Fette – Wachse	Wasserunlösliche Stoffe, Lipide in Zellmembranen	Öle bzw. Fette als biologische Energiespeicher und Kälteschutz in der Haut von Tieren wie Walen, Wachse bei Pflanzen und Tieren als Umweltschutz, Schutz gegen Strahlung

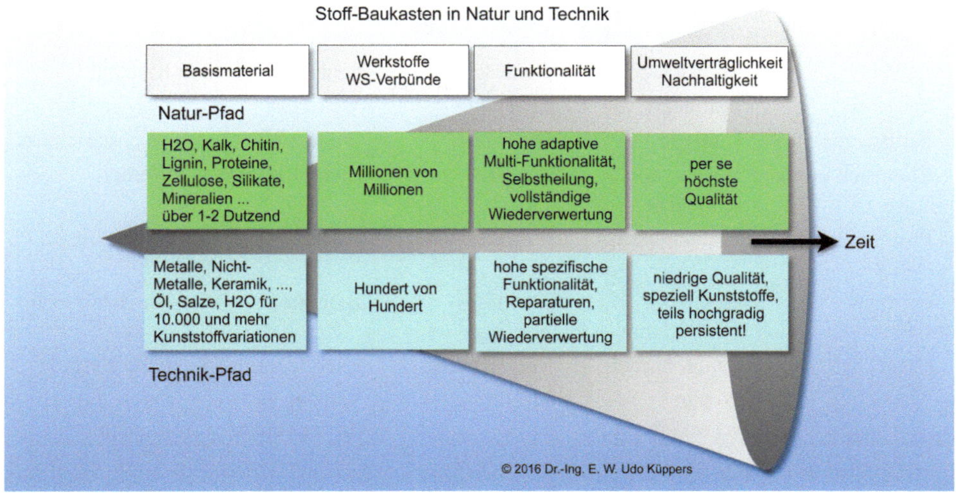

Abb. 3.9 Ein Vergleich der stoffverarbeitenden Vorgänge in Natur und Technik

► Die Technik der Stoffverarbeitung arbeitet nach dem Prinzip der Eingangs- oder Ressourcen-Ineffizienz. – Entscheidend ist, was am Ende eines ökonomisch getriebenen Stoffprozesses aus diesem herausfließt.

Im scharfen Kontrast hierzu kann ein einziges herausragendes Merkmal die funktionalen technischen Eigenschaften natürlicher Stoffverarbeitung zusammenfassen:

► Nahezu alle evolutionären stoffverarbeitenden Prozesse finden unter Raumtemperatur statt!

Es ist ein Energieeffizienz-Kriterium, das in der Technik seinesgleichen sucht.

Mit welcher unvorstellbaren Fülle an technischen, intelligenten stofflichen Lösungen die Natur operiert, von denen wir nur einen Bruchteil der geschätzten 8,7 Mio. Arten kennen, weil zirka 86 % aller Land- und 91 % aller Meereslebewesen noch unbekannt sind (Mora et al. 2011), können auch die in Tab. 3.3 beeindruckenden funktionalen Stoffeigenschaften biologischer Verpackungen nur näherungsweise wiedergeben. Verpackungen werden hier als Grenzschicht des Lebens zur Umwelt – beim Menschen ist es die multifunktionale Haut – definiert (nebenbei findet bei Humanoiden immer mehr eine künstliche Grenzschicht aus gefärbtem Silikon Anwendung, um sich im äußeren Aussehen und bei Berührungen noch mehr dem menschlichen Vorbild zu nähern – übrigens ist Silikon ein technischer Werkstoff, der nicht uneingeschränkt lebens- und umweltverträglich ist).

Funktionale Eigenschaften verschiedener Sensoren und Aktoren, Mobilitäten, Formen und Strukturen, die in biologischen Werkstoffen von Pflanzen, Tieren und Menschen per-

Tab. 3.3 Technische Leistungen von Grenzschichten des Lebens. (Aus: Küppers 2015, 27)

Atmend	Chemisch spezialisiert	Transparent	Schwimmend	Anhaftend
Gewebt	Multischichtig	Geräuscharm	Schäumend	Klebend
Feuerfest	Wärmend	Fliegend	Wetterfest	Gesponnen
Farbangepasst	Kühlend	Druckfest	Wehrhaft	Wachsgeschützt
Chemisch farbig	Wiederverschließbar	Staubabweisend	Lichtreflektierend	Wattiert
Physikalisch farbig	Flächenoptimal	Formangepasst	Faltbar	Antibakteriell
Formbar	Langlebig > 1000 Jahre	Funktionsgesteuert	Biegesteif	Antischimmelig
Genießbar	Raumoptimal	Mitwachsend	Energieoptimiert	Faserverstärkt
Klarsichtig	Wiederverwendbar	Multifunktional	Vollständig wiederverwertbar	Per se umweltverträglich

fekt arbeiten, können über *bionische Transferprozesse* werthaltig in die Technik allgemein oder in die humanoide Robotik im Speziellen übertragen werden:

- Elegante Armbewegungen mit kraftabhängigen Bewegungsmustern, z. B. durch das Prinzip der stufenlosen Elefantenrüsselbewegung im Raum
- Robotersteuerung nach dem Fliegenaugenprinzip
- kooperative humanoide Zusammenarbeit nach dem Ameisen-Algorithmus
- kletternde Humanoide, die auf bionische Weise die elegante Haftkraft- und Lösetechnik der Geckos nutzen
- optische Wärme- und Hitzedetektoren nach dem Vorbild von Käfern
- humanoide dreidimensionale Spiegeloptik, bionisch umsetzbar nach dem Krebsaugenprinzip
- Drachenbaumverzweigungen inspirieren zu effizienten Leichtbaustrukturen für Humanoide
- humanoide technische Bildschärfenerhöhung nach dem Springspinnenprinzip
- eine Vielzahl biologischer Geruchssensoren für spezielle humanoide Anwendungen, z. B. in Gefahrenbereichen
- effiziente Antireflexschichten von Pflanzenblättern steigern Lichtausbeute – ein besonders vorteilhafter Effekt für humanoide Roboter, die ihr Energiesystem mit sich tragen
- humanoide Druck- und Kraftsensortechnik nach natürlichen Technikprinzipien in Gliederfüßern, Fischen, Vögeln und nicht zuletzt auch bei Menschen
- allgemein: humanoide Technik der Multifunktionalität nach Prinzipien bei allen Lebewesen.

Bionische humanoide Techniken (siehe Abb. 2.1) sind längst im Alltag von Forschungs- und Entwicklungsinstituten einerseits sowie Universitäten und Hochschulen andererseits präsent. Allein die filigranen Techniken der Natur im Submillimeterbereich machen es gelegentlich schwierig, die perfekten Adaptivlösungen der Natur nachzuahmen. Noch zu oft scheitert eine Bionikstrategie an der simplen Kopiertechnik, ohne die ganzheitliche Funktionalität eines biologischen Sensors oder eines funktionalen Bewegungselementes ausreichend erfasst zu haben. Für weitergehende Informationen zu diesem Zweig der humanoiden Entwicklung wird auf die zahlreiche Literatur der über 50 Jahre alten Bionik verwiesen (Blüchel, Malik 2006; Nachtigall 2002; Küppers, Tributsch 2002 u. a.).

Produktivkraft Natur

Die gewaltige stoffverarbeitende Leistung der Natur, die sie jährlich bei der Wiederverwertung ihrer Biomasseproduktion – Nettoprimärproduktion[15] – von zirka 170 Mrd. Tonnen (Gleich et al. 2000) erbringt, ist enorm (siehe Abb. 3.10). Zum Vergleich: Die weltweit produzierte Menge an Kunststoffen aller Art betrug 2014 zirka 311 Mio. Tonnen (PlasticsEurope 2015). Das entspricht einer natürlichen jährlichen Stoffmenge zur Wiederverwertung, die weltweit 550-mal größer ist als die Stoffmenge der Kunststoffe. Dieser Vergleich alleine mag schon imposant sein. Noch wesentlich eindrucksvoller ist jedoch der Vergleich natürlicher und technischer Stoffarten (einschließlich Kunststoffen) hinsichtlich ihrer spezifischen Natur- und Umweltbelastung.

Eine ergänzende Zahl sei noch genannt, nämlich dass nach Mitteilung des Umweltbundesamtes UBA (2015) jährlich zirka 30 Mio. Tonnen Kunststoffe weltweit in den Meeren landen, mit den bekannten zerstörerischen bis tödlichen Folgen. Die ergänzende Abb. 3.11 zeigt noch einmal die Relation zwischen der zu verarbeitenden Menge an Abfallstoffen in Natur und Technik und dem damit verbundenen Grad systemischer Folgeprobleme (Küppers 2015, 26; Hoornweg et al. 2013).

Alles in allem bleibt festzuhalten: Es sind die Prinzipien des ganzheitlichen Systemansatzes der Natur, die energetischen und stofflichen, nicht zuletzt auch die informationsspezifischen Prinzipien, die uns helfen können, die Große Transformation auf dem Weg in eine unsichere Zukunft zu meistern. Doch nicht morgen oder übermorgen – wir sollten heute damit beginnen.

Die Technik fokussiert sich bekanntlich bei der relativ jungen Entwicklung von Humanoiden noch sehr stark auf deren Funktionalitäten. Noch nicht abzusehen ist der Zeitpunkt, wo in wirksamem effizientem Umfang Humanoide für Lösungsstrategien der von Menschen verursachten (stofflichen) Probleme in Natur und Umwelt programmiert werden und helfen können, sie zu lösen, mindestens aber sie nachhaltig zu reduzieren.

Ein flüchtiger Blick auf technische – humanoide – Werkstoffe

Humanoide Technik ist geprägt durch den Einsatz technischer Konstruktionswerkstoffe, wozu Metalle (Eisen- und Nichteisenlegierungen), Keramiken, Gläser, Polymerwerkstoffe sowie Verbundwerkstoffe zählen (s. u. a. Shackelford 2005; Ehrenstein 2011). Ebenso zäh-

---

[15] Nettoprimärproduktion ist der jährliche Zuwachs an Pflanzenmasse abzüglich des Wasseranteils.

Abb. 3.10 Gesamtbiomasse einschließlich Nettoprimärproduktion pro Jahr der Stoffverarbeitung in der Natur. (Aus: www.nasa.gov, Bild Erdkugel, Zugriff: 19.04.2017)

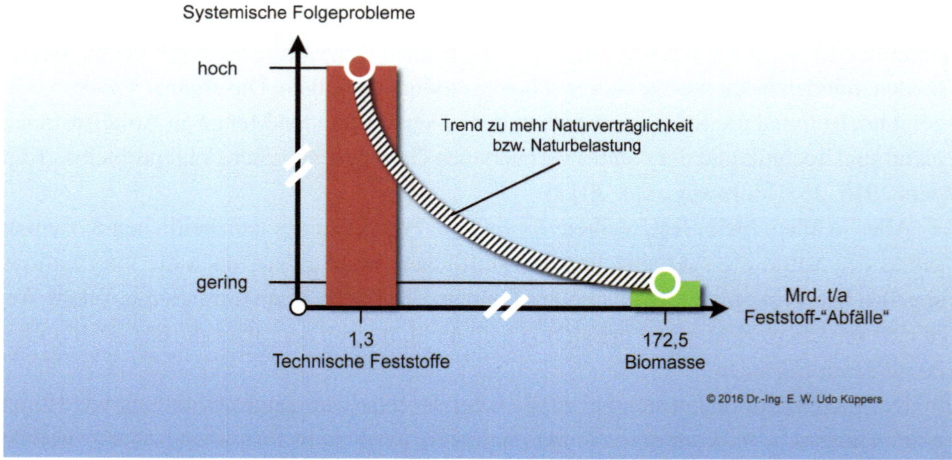

Abb. 3.11 Jährliche Naturstoff- und technische Stoffmengen im tendenziellen Verhältnis zu ihren Natur- und Umweltbelastungen

len Werkstoffe mit besonderen Eigenschaften dazu, die sogenannten Funktionswerkstoffe (Bäker 2014), wie Flüssigkristalle, Formgedächtnislegierungen, Piezoelektrika, Elektrische und Halbleiter, magnetische Werkstoffe u. a. m.

Humanoide und andere Robotik nutzen im Rahmen differenzierter Entwicklungswege die klassischen Werkstoffe, Maschinenelemente (Hesse et al. 2016; Wittel et al. 2015;

Schlecht 2010) und Funktionalitäten. Der nicht unerhebliche Nachteil ist aber das Gewicht der Eisen- und Nichteisen-Werkstoffe, das deren Beweglichkeit und Energieversorgung einschränkt. Gerade bei mobilen bipedalen Humanoiden ist daher die Notwendigkeit für leichte und stabile, funktionale Konstruktionswerkstoffe gegeben, bei denen – wie vorab angedeutet – Naturlösungen gegenüber technisch analogen Lösungen deutliche Vorsprünge in Effektivität und Effizienz besitzen.

Kunststoffe spielen auch bei der Konstruktion von Humanoiden keine unwesentliche Rolle, wenn Materialien leicht verarbeitbar, wärmebeständig, flammschützend, wetterbeständig oder hoch schlagzäh sein sollen. Humanoide Roboter wie NAO (Aldebaran), Myon® (Humboldt Universität Berlin) oder HAL (Cyberdyne) nutzen Polycarbonat – PC –[16] und Copolimerisate wie Acrylnitril-Butadien-Styrol – ABS – oder Acrylnitril-Styrol-Acrylester – ASA – für Zähigkeit und Glanz bzw. Alterungsbeständigkeit.

Igus[17] entwickelte einen Roboter-Baukasten mit Materialien für Gelenke aus Polyamid, nichtrostendem Stahl – V2A –, Aluminium – Al –, Rohre aus Aluminium, glasfaser- und kohlefaserverstärkte Kunststoffe – GFK, CFK – und Kunststoffseilen auf der Basis von Polyethylen – PE. Humanoide Roboter aus dem Materialbaukasten von Igus waren es auch, die den RoboCup 2016 (s. Abschn. 2.3.3) gewonnen haben.[18]

Eine weitere Kunststoffklasse für die Anwendung bei Humanoiden sind elektroaktive Polymere – EAP. Es sind Polymere, die durch Anlegen eines elektrischen Feldes Größen- und Formänderungen realisieren und als Aktoren bzw. Sensoren geeignet sind.[19] Gesichtsmimiken und filigrane Bewegungen von Humanoiden sind Anwendungen von EAP, weil sie gegenüber mechanischen Motoren Getrieben, Kupplungen einen deutlichen Gewichtsvorteil besitzen.

So groß die technischen funktionalen Vorteile von Kunstsoffen für humanoide Konstruktionen auch sein mögen, die gesellschaftliche Bedeutung und Umweltauswirkung dieser Materialklassen darf auch bei Humanoiden nicht vernachlässigt werden. Der Materialfokus ist bereits in der Planungsphase ganzheitlich auf die produktive und nachproduktive Arbeit zu legen. Auch wenn immer wieder behauptet wird, Kunststoffe seien das „Rückgrat der Gesellschaft", so zeigen doch zunehmende globale Zerstörungen von Leben deren andere, dunkle Seite der Medaille. Die in Abschn. 3.1.1 vorgestellte Große Transformation braucht nicht noch mehr Kunststoffe, sondern intelligente Werkstofftechniken, die es auch bei Humanoiden ermöglichen, nach deren produktiver Phase naturverträglich in Einzelteile und Rohstoffe zerlegt zu werden, für neue Konstruktionswerkstoffe derselben Qualitäten.

Die vielen internationalen Wettbewerbe unter Beteiligung humanoider Roboter sollten auch Materialwettbewerbe sein, nicht zuletzt auch verknüpft mit Energieeffizienzwettbe-

---

[16] http://www.plastics.covestro.com/de/Applications/Inspiration-Gallery/Humanoid-robot (Zugriff: 08.10.2016).

[17] http://www.igus.de/wpck/7209/robolink_faq#Section_43 (Zugriff: 08.10.2016).

[18] http://www.konstruktionspraxis.vogel.de/uni-bonn-gewinnt-mit-humanoid-roboter-von-igus-den-robocub/ (Zugriff: 08.10.2016).

[19] https://de.wikipedia.org/wiki/Elektroaktive_Polymerep-a-541719/ (Zugriff: 08.10.2016).

werben, bei denen die Besten von allen mit einer funktionalen Materialausrüstung an den Start gehen, die Natur und Umwelt den geringsten Schaden zufügen.

3.1.4 Daten, Information, Wissen

Sie wissen alles.
    Yvonne Hofstetter
    Titel des gleichnamigen Buches

Der verdatete Bürger, der gläserne Mensch, das sind zwei Begriffe, aus denen die Angst von einer Entwicklung spricht, die vielen unheimlich und undurchschaubar erscheint. Vielen – denn es sind bei Befragungen auch Stimmen zu hören, die Gleichgültigkeit erkennen lassen. Gleichgültigkeit aus Unkenntnis? [...] Jedenfalls ist heute bereits erkennbar, dass das Zeitalter der Informationsindustrie in der Lage sein wird, stärkere soziologische Veränderungen zu bewirken als jede technische Entwicklungsstufe zuvor. Wer aber wird an den Schalthebeln der Veränderung sitzen, welche Ziele werden verfolgt, sind Gesetzgeber, Verwaltung, ist schließlich der Bürger selbst auf das Neue vorbereitet, das da unaufhaltsam aufzieht? (Grupe 1979, Text auf Buchrückseite).

Diese Zeilen wurden von Torsten Grupe 1979 in seinem Buch *Der gespeicherte Bürger* geschrieben und sie haben an Aktualität deutlich zugenommen. Noch immer zeigen viele Bürger, Institutionen und Unternehmen eine unergründliche Gleichgültigkeit gegenüber der bereits kräftig arbeitenden Informationsindustrie.

Wir wissen heute auch, wer an den *Schalthebeln der Veränderung* sitzt. Es sind einerseits die weltweit tätigen Konzerne, die mit kleinen und großen Kommunikationsgeräten wie *Mobile phones* und Smartphones massenhaft Daten speichern, daraus Informationen erstellen und zu Wissen – mit vorausschauenden Perspektiven und tiefgreifendem Eindringen in die Persönlichkeitssphäre – weiterverarbeiten. Es sind andererseits eine Hand voll industriellen Herrscher im weltweiten Kommunikationsnetz Internet, die mit Hilfe mathematischer Algorithmen für künstliche intelligente Abläufe noch tiefer in unser Bewusstsein vordringen wollen, sofern wir es zulassen.

Die analogen Mitspieler in diesem weltweiten Datenspiel, wie *Gesetzgeber, Verwaltung und Bürger,* können dem Tun der Bediener der Digitaldaten-Schalthebel nur wenig entgegensetzen. Oft laufen sie den Fortschritten im Informationssektor hinterher und müssen sich mit Reparaturmaßnahmen, z. B. für Gesetzesüberschreitungen im digitalen Raum, begnügen, während die Gegenseite bereits neue, noch intelligentere Mittel entwickelt hat und einsetzt.

Das Internet der Dinge, der Körper und der Emotionen

Die Oberfläche des Brotes ist wunderbar, schon wegen des gleichsam panoramaähnlichen Eindrucks, den sie verschafft: als hätte man, wie's einem beliebt, die Alpen, den Taurus oder die Anden in Händen. So wurde denn eine formlose Masse, aus der gerade ein Rülpser stieg,

> für uns in den Steinofen geschoben, wo sie beim Erstarren in Täler, Grate, Bodenwellen und Risse aufbrach … Und all diese Gestaltungen seitdem so klar herausgearbeitet, diese feinen Fliesen, denen das Licht beharrlich seine Spiegelungen anvertraut, – ohne einen Blick für die nichtswürdige Verweichlichung, die unter der Oberfläche herrscht. (Ponge 1973, 21)

Wie würde Francis Ponge diese Zeilen aus seiner Gedichtsammlung „Im Namen der Dinge" („Das Brot") wohl „Im Namen der Dinge des Internets" ausbreiten? Vielleicht auf diese Weise:

> Die Oberfläche des Internets der Dinge ist wunderbar, schon wegen der unbeschreiblichen Vielfalt der Dinge, den sie verschafft: als hätte man, wie's einem beliebt, das Sortiment aller weltweit hergestellten Produkte in Händen. So wurden denn aus formlosen Massen beliebiger Dinge, die aus den verschiedensten Stoffen erstellt werden, durch Herstellungsprozesse klare Formen und Strukturen, die Bergen und Gebirgstälern gleichen. … Und all diese Gestaltungen seitdem so klar herausgearbeitet, diese feinen Fliesen, denen das Licht beharrlich seine Spiegelungen anvertraut, – ohne einen Blick auf die „nichtswürdigen" algorithmischen Aktivitäten, die unter der Oberfläche herrschen.

Unter dem Stichwort *Internet der Dinge IdD – Internet of Things, IoT –,* auch *Allesnetz*[20] genannt, verschwindet eine weitere bisher gewohnte Art analoger-digitaler Kommunikation zwischen Mensch und Maschine bzw. Computer. Letztere werden miniaturisiert in Gegenstände des alltäglichen Bedarfs eingebaut. Heute schon und bald noch mehr „reden" wir aus der Ferne mit Zahnbürsten, Broten, Kühlschränken, Staubsaugern, Rollläden, Heizungen. Andererseits kommunizieren Dinge untereinander, metallene Parkroboter mit PKW, Lebensmittel mit Kühltheken, Pakete mit Packstationen usw. Die Zahl der Beispiele ist grenzenlos.

Abb. 3.12 zeigt symbolhaft das Bild einer totalen Vernetzung der Dinge, der Körper und der Gefühle an, in dem kleine Gruppen von Menschen *noch* eine aktive Rolle beim Transport im vernetzten Materialfluss spielen, bis vermutlich eines Tages Roboter auch dafür einspringen werden. Literaturquellen für tiefere Einblicke in die Technik des Internet der Dinge sind Spengler et al. 2015; Andelfinger et al. 2015; Kaufmann 2015; Mehler-Bicher et al. 2012.

Fühlen wir die Nachwirkung der überaus phantasieanregenden Zeilen von Francis Ponge noch einmal – betrachten nun aber, mit Blick auf Abb. 3.12, das Bild eines Brotes im Internet der Dinge. Es wurde vermutlich in einem Blechkasten mechanisch geformt und durch die Kontrolle eines oder mehrerer Backofensensoren bis zur perfekten Bräune, wie wir es lieben, gebacken. Es wird – auf Wunsch – messerscharf in Scheiben perfekter gleichmäßiger Dicke geschnitten, bis es schließlich mit allerlei Zutaten von uns gegessen wird.

Sind wir aufgrund dieses geschilderten ferngesteuerten Herstellungsprozesses eines Dings Brot, das eigentlich einer lebenden Pflanze entsprang und daher weniger ein Ding als das technisch verarbeitete Produkt eines Lebewesens ist, überhaupt noch fähig, dem

---

[20] https://de.wikipedia.org/wiki/Internet_der_Dinge (Zugriff: 08.10.2016).

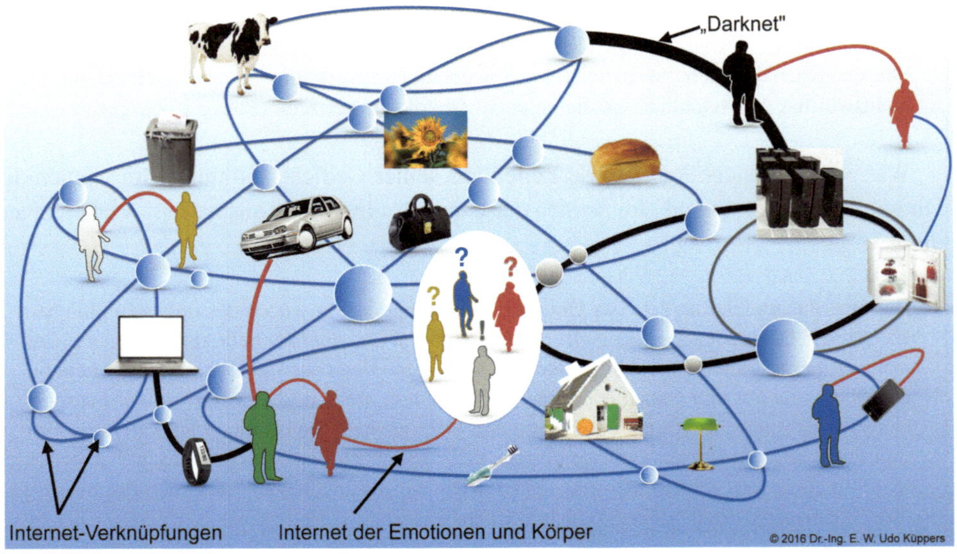

Abb. 3.12 Vorstellung eines Internets der Dinge, der Körper und der Gefühle, wie es bereits vorhanden ist oder einmal kommen soll

massiv auftretenden Internet der Dinge analoges Paroli zu bieten, wenn auch nur schrittweise? Oder zerstören das Internet der Dinge und seine willigen Mitspieler, das Internet der Körper – IdK – und das Internet der Emotionen – IdE –, schleichend unser selbstständiges analoges Denken?

Wird im Internet der Dinge noch Gegenständliches miteinander vernetzt, so greifen das *Internet der Körper, IdK (Internet of Bodies, IoB)*, und das *Internet der Emotionen, IdE (Internet of Emotions, IoE),* tief in unseren Körper und unseren Geist – so die Hoffnung (!) von einigen Emotionsforschern, Psychologen und Informatikern. *Schürfen nach Emotionen* oder *Sentimental Mining* nennt sich diese Art der Faktenverarbeitung. Humanoide Roboter, wie NAO von Aldebaran, werden als Lehrer für Kinder in Klassenräumen eingesetzt, wo sie durch menschenähnliche Gestik und Sprache den Kindern Emotionen algorithmisch vorspielen. Ein Ergebnis dieses Experimentes ist: Schüler reagieren deutlich positiver auf Kritik durch den humanoiden „Lehrer" als auf Kritik durch Menschen als Lehrer.

Verschiedene Forschungsrichtungen mit dem Ziel, Emotionen von Menschen auf Avatare – künstlich erschaffene Figuren in Gestalt realer Menschen – und Roboter zu übertragen, nutzen unter anderem *Augenbewegungsanalyse (Eye-Tracking-Systems)* (u. a. Duchowski 2007), 3D-Gesichtsmimik-Erkennung (Facial Action Coding System) (u. a.

Jaiswal et al. 2016; Paul Ekman Group[21]), Messung der Hautleitfähigkeit – Elektromyographie[22].

Wenig erstaunlich ist bei diesem Thema der Emotionskopplung zwischen Mensch und Maschine bzw. Roboter, dass je mehr die Digitalisierung in unserer Welt voranschreitet und Avatare bzw. humanoide Lösungen erbringt, die den Ausdrucksweisen, Sprachen, Mimiken oder Bewegungen der Menschen nahekommen, umso stärker scheint bei vielen Menschen der Drang, sie als pseudomenschliches Gegenüber zu akzeptieren. Wer ineinander verliebt ist, fragt in Zeiten der Digitalisierung nicht selten erst einmal seine spezielle App, ob der Partner bestimmte *algorithmisch berechnete* Kriterien erfüllt, damit es sich lohnt, eine erste physische Verabredung zu treffen. Für diese digitale Annäherung stehen zehntausende verschiedener Apps weltweit zur Verfügung.

▶ Alle Fortschritte in der digitalen Emotionsforschung und -entwicklung von Humanoiden und Avataren müssen sich einem grundlegenden analogen Gesetz beugen: Nur Menschen sind zu echten Gefühlen fähig.

Nur Menschen können die Gefühle und Gedanken anderer selbst nachvollziehen und daher *lesen*. Als Mensch mache ich mir Sorgen um andere Menschen; Humanoide können das nicht; sie simulieren nur – je nach algorithmischen Feinheiten – Empathie.

Ulrich Schnabel (2015) führt durch den sehenswerten Dokumentarfilm „Die Vermessung der Gefühle" von Luise Wagner (2016). Aus diesem Film sind einige der voranstehenden Bezüge zum Internet der Gefühle wiedergegeben. Auf den ersten Eindruck hin scheint es vorteilhaft und zugleich erschreckend, wie sich Menschen künstlichen „Lebensformen" gegenüber verhalten. Wenn es hilft, dass zum Beispiel Schüler im Gespräch mit humanoiden „Lehrern", die letztlich nur eine Zusatzhilfe sein können, bessere Leistungen erbringen – warum nicht?! Wenn es hilft, dass traumatisierte Personen Humanoiden gegenüber eher gesprächsbereit sind und ihr Inneres offenbaren, was anschließend zu einem besseren Leben führt – warum nicht?! Wenn aber dieser globale digitale Trend mit seiner punktgenauen weltweiten Informationsbereitstellung dazu führt, dass wir nicht mehr zwischen nah und fern, zwischen Entscheidendem und Nebensächlichem, zwischen Unwichtigem und Überlebenswichtigem trennen können, verarmen wir in unserer Achtsamkeit, die als evolutionäres Schutzprinzip in uns angelegt ist.

Aldous Huxley veröffentlichte 1932 den Zukunftsroman *Brave New World*, in dem er eine Gesellschaft im Jahre 2540 n. Chr. beschreibt, die ein Szenario gesteuerter manipulierter Menschen in gesellschaftlichen Kasten offenbart, wobei sich Menschen untereinander das Leben leicht und schwer machen:

> „Allen Kasten gemeinsam ist die Konditionierung auf eine permanente Befriedigung durch
> Konsum, Sex und die Droge Soma, die den Mitgliedern dieser Gesellschaft das Bedürfnis

---

[21] http://www.paulekman.com/product-category/facs/ (Zugriff: 19.04.2017).
[22] http://www.spektrum.de/lexikon/neurowissenschaft/elektromyographie/3338 (Zugriff: 19.04.2017).

zum kritischen Denken und Hinterfragen ihrer Weltordnung nimmt. Die Regierung jener Welt bilden Kontrolleure, Alpha-Plus-Menschen, die von der Bevölkerung wie Idole verehrt werden." Einfachste Tätigkeiten sind Epsilon-Minus-Menschen vorbehalten.[23]

Die heutigen Lenker der digitalen Netze – in Huxley's Welt Alpha-Plus-Menschen – zeigen erstaunlicherweise ähnliche Symptome der Manipulation von Millionen und Abermillionen *Minus-Menschen-Nutzern* in den digitalen Medien. Das selbstständige Denken auf dem Weg in das Digitale während der Internetnutzung ist bereits auf dem Weg der Verkümmerung. Die *Alpha-Plus-Internet-Menschen* lassen zum Beispiel kleine Informationsfenster auf Bildschirmen einblenden, die in nahezu verblüffender Weise unseren Geschmack bei der Suche nach Dingen, die wir gerade digital suchen, treffen. Woher wissen die, was ich momentan suche oder vielleicht morgen zu suchen beginne?

An dieser Stelle tritt die eigentliche Macht der Alpha-Plus-Internet-Menschen zutage: *Big Data*, gespeist von *Künstlicher Intelligenz* – KI (s. Abschn. 4.3).

Big Data

> Privatinformation ist der Schlüssel zum Profit.
> Yvonne Hofstetter, Sie wissen alles

Was ist Big Data? – Erst einmal eine unvorstellbar große Datenmenge, die nur in Zehnerpotenzen – 10^{nn} – gemessen wird und für den Einzelnen kaum relevant ist. Für diejenigen aber, die sich Datenwissenschaftler (Data Scientists) nennen und mit Hilfe sogenannter Rechnerverbünde (Computer Cluster) Datenschürfung (Data Mining) und Datenverschmelzung (Data Fusion) betreiben, ist Big Data eine Goldgrube. Es sind die bekannten, teils freiwillig und oft mit bestürzender naiver Offenheit in den Internetforen platzierten Daten, Informationen und persönliches Wissen, die den Grundstock für professionelles Datenschürfen und Datenverschmelzen legen.

Im Herzen der Datenverschmelzung, ein Begriff aus der militärischen Big-Data-Anwendung (Hofstetter 2014, 89) lebt die Künstliche Intelligenz KI – Artificial Intelligence AI (s. hierzu Abschn. 4.3). Sie erst ermöglicht die Jagd nach unbekannten Kommunikationsmustern, die wir Nutzer bei unseren Internetrecherchen verblüffend zur Kenntnis nehmen, weil sie nahezu unsere eigenen Suchoptionen – um nicht zu sagen: unsere Gedanken – widerspiegeln. Dazu schreibt Yvonne Hofstetter:

> Im Gegensatz zur bisherigen gesellschaftlichen Entwicklung zu mehr Individualismus sind es diese intelligenten Maschinen, die uns zu standardisierten Menschen machen, wenn sie uns klassifizieren, womöglich falsch einordnen und zu False Positive, zum statistisch „falschpositiven Ergebnis", machen. Ein keineswegs abwegiger Gedanke und schon deshalb kein fiktives Szenario, weil intelligente Maschinen bereits seit Jahren in zwei Industrien, Rüstung und Finanzmarkt, eingesetzt werden, wo genau diese Probleme bereits aufgetreten sind. [...] In

---

[23] https://de.wikipedia.org/wiki/Schoene_neue_Welt (Zugriff: 08.10.2016).

diesem Sinn ist Big Data wie der Name eines Rezepts, dessen Zutaten Mathematik, Algorithmen und künstliche Intelligenz heißen, zubereitet auf superschnellen parallelen Rechnern, den Supercomputern. (ebd.)

Danah Boyd und Kate Crawford (2012) nehmen auch eine reservierte Stellung gegenüber Big Data ein, indem sie sechs kritische Argumente in Verbindung mit Provokationen für ein kulturelles, technisches und wissenschaftliches Phänomen herausstellen und begründen. Dem übergeordneten Thema des Buches ist es geschuldet, dass nur diese sechs Argumente genannt werden. Auf die ausführlichen Erläuterungen dazu wird auf die Quelle verwiesen. Diese sechs Argumente sind:

1. Big Data ändert die Definition von Wissen.
2. Ansprüche nach Objektivität und Exaktheit sind irreführend.
3. Große Datenmengen sind nicht immer gleichzusetzen mit besseren Daten.
4. Ohne Verknüpfung mit einem Sinnzusammenhang sind Daten unbedeutend.
5. Nur weil Daten zugänglich sind, heißt dies noch nicht, dass sie auch moralisch vertretbar sind.
6. Ein begrenzter Zugang zu Big Data erzeugt eine neue digitale Trennung.

Diese Argumente zeigen nicht zuletzt das Spektrum der Unsicherheit im Umgang mit großen Datenmengen, die nur von wenigen Experten gesteuert werden und von der großen Zahl von Datenlieferanten – also uns – noch zu teilnahmslos und unkritisch als notwendiges Produkt einer neuen Informationstechnik hinterfragt werden. Es ist nicht so, dass der Verteufelung dieser Big-Data-Technik das Wort geredet wird. Es ist vielmehr so, dass neue Techniken in der Gesellschaft verständlich und nachvollziehbar für die Bürger eingebunden sein sollen, also ein Vertrauen schaffen sollen im Umgang mit den Datenmengen, die Jahr für Jahr exponentiell steigen.

Eine mehr technisch orientierte Definition von Big Data geben Daniel Faser und Andreas Meier (2016) im Vorwort ihres Buches Big Data:

Was ist Big Data? Damit werden Datenbestände bezeichnet, die aufgrund ihres Umfangs (Volume), ihrer Strukturvielfalt (Variety) und ihrer Volatilität und Verfügbarkeit (Velocity) nicht in herkömmlichen, sprich relationalen Datenbanken, gehalten und eventuell nicht mit SQL (Structured Query Language) ausgewertet werden können. Sobald Firmen oder Verwaltungen umfangreiche Datenströme, soziale Medien, E-Mails, heterogene Dokumentensammlungen etc. gezielt auswerten wollen, müssen sie auf NoSQL-Technologien zurückgreifen. NoSQL steht hier für nicht ausschließlich SQL oder „Not only SQL". (Faser, Meier 2016, V)

Big Data wird demnach mit drei Argumenten verknüpft: dem Umfang der Daten, der strukturellen Vielfalt der Daten und der Geschwindigkeit (Beständigkeit und Verfügbarkeit), mit der die Daten verarbeitet werden. Dazu Faser und Meier:

- „Volume: Der Datenbestand ist umfangreich und liegt im Tera- bis Zettabytebereich (Megabyte $= 10^6$ Byte, Gigabyte $= 10^9$ Byte, Terabyte $= 10^{12}$ Byte, Petabyte $= 10^{15}$ Byte, Exabyte $= 10^{18}$ Byte, Zettabyte $= 10^{21}$ Byte).

- Variety: Unter Vielfalt versteht man bei Big Data die Speicherung von strukturierten, semi-strukturierten und unstrukturierten Multimedia-Daten (Text, Grafik, Bilder, Audio und Video).
- Velocity: Der Begriff bedeutet Geschwindigkeit und verlangt, dass Datenströme (Data Streams) in Echtzeit ausgewertet und analysiert werden können." (ebd. 6)

„Big Data" (bedeutet) gesellschaftlich eine noch nie da gewesene, exponentielle Zunahme der weltweiten Datenmenge. Das heißt, dass der Anteil anwendbaren Wissens im Verhältnis zu vorhandenen Daten immer kleiner und kleiner wird. Ein Zitat von John Naisbitt (1988) macht das deutlich: „We are drowning in information but starved for knowledge." [„Wir ertrinken in Informationen sind aber ausgehungert nach Wissen.", übersetzt d. d. A.] (ebd. VII, Geleitwort von Michael Kaufmann).

Schließlich werden noch zwei Quellen zu Big Data genannt, die konkrete Techniken zur Datenverarbeitung (Freiknecht 2014) und eine Reihe unterschiedlicher Big-Data-Praxisanwendungen (Marr 2016) beinhalten, wie Handelsunternehmen, Automobilunternehmen, Ölkonzerne, Betreiber von sozialen Internet-Netzen, Textilfirmen, Freizeitparks, Computerhersteller, Buchhändler, wissenschaftliche Einrichtungen, Fernsehanstalten und viele andere mehr.

Die Abb. 3.13 fasst den Abschn. 3.1 zum Anthropozän noch einmal zusammen. Es soll in kompakter abstrakter Form gezeigt werden, wie die Wirkungswege vernetzter treibender Kräfte darin miteinander interagieren.

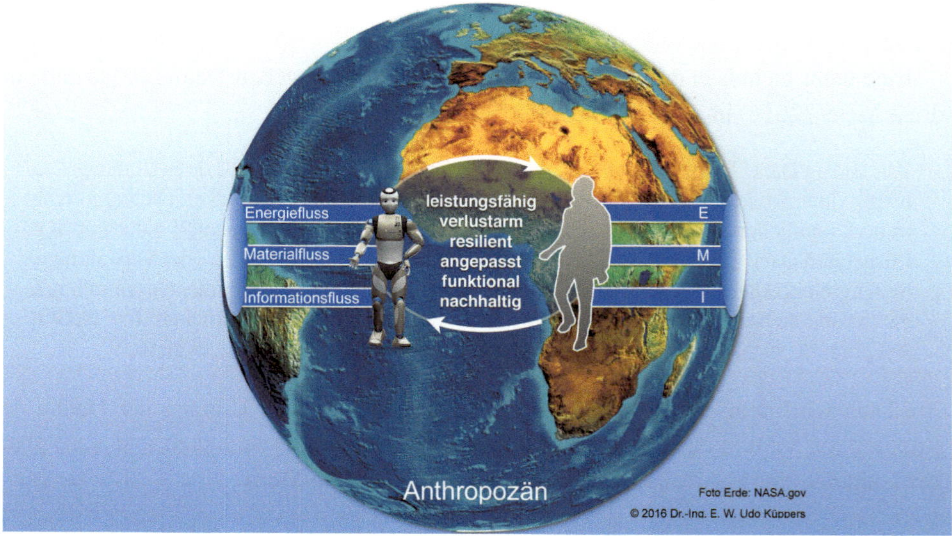

Abb. 3.13 Anthropozän und wirksame treibende Kräfte im Umfeld humaner-humanoider Beziehungen

3.2 Risikokultur: Risiko – Fehlerchronik – Verantwortung

3.2.1 Risiko

> No risk no fun
> No pain no gain
>   Unbekannt

Wer die diesem Kapitel vorangestellte oft zitierte Motivationsaussage von Zeitgenossen leichtfertig auf die Kollaboration zwischen Mensch und Humanoiden, erst recht zwischen Mensch und Industrieroboter münzt, wird sehr schnell – unter Umständen mit tödlichem Ausgang – eines Besseren belehrt. Tab. 3.4 in Abschn. 3.2.2 gibt hierüber vielsagend Auskunft.

▶ Den Fehler zu machen, Risiko zu unterschätzen, ist gleichwertig mit dem Risiko, Fehler zu verharmlosen.

Es kommt natürlich immer auf die Besonderheit der Situation an, in der ein Risiko auftritt, aus dem sich Fehler entwickeln können, die sich zu Unglücken ausweiten. Interaktionen zwischen Humanen und humanoiden Robotern sind nicht frei von Risiken, die analysiert, klassifiziert, z. B. durch Normung (s. Abschn. 3.2.2) und durch vorausschauende Risikovermeidung operativ umgesetzt werden.

Bevor ein mehrere Hundert Kilogramm schwerer stationärer Montageroboter seine stählernen Hebelarme in Bewegung setzt, in einem Raum mit Menschen, wird ein Schutzgitter um den Roboter errichtet, der Menschen vor unerwarteten Bewegungen des Roboters schützt. Im Reparaturzyklus des Roboters sorgen verschiedene *Stopp*-Mechanismen dafür, dass den Menschen, die Reparaturen ausführen, nichts geschieht – eigentlich nichts geschehen soll. Aber wie eine Reihe von Roboter-Unfällen mit Menschen zeigen, verhindert der beste ausgedachte Schutz nicht unerwartete Ereignisse.

Ein zweites Beispiel bezieht sich auf humanoide Roboter. Bevor die häusliche Dienstleistung von Humanoiden, mit nahem Kontakt zu Menschen, praxistauglich ist, muss sichergestellt sein, dass Berührungen durch Humanoide nach Art der Bewegung und Raumrichtung, nach Größe der Kraft, nach Art der Kommunikation u. a. m. ohne jedes Risiko für Menschen erfolgen.

Interaktionen von Menschen mit Robotern, die

- indirekt mit stationären Robotern stattfinden,
- durch direkte Interaktionen mit kollaborierenden Roboter in Werkhallen aktiv operieren,
- in Zukunft noch intensiver im Zusammenspiel mit humanoiden Robotern in gesellschaftlichen Räumen agieren, in denen Humanoide Arbeiten von Menschen übernehmen und diese verdrängen,

unterliegen einem sozio-technischen-umweltorientierten Risiko. Vier Risikosphären können aufgespannt werden:

1. Soziale Risiken
2. Technische Risiken
3. Risiken des humanen-humanoiden Interaktionsraumes
4. Risiken aus der Umwelt

Die sozialen Risiken betreffen im vorliegenden Zusammenhang die nicht immer kalkulierbaren bzw. voraussehbaren Aktionen und Handlungen der Menschen bezogen auf die Interaktion mit Robotern. Das können plötzliche Ereignisse im Umfeld sein, die zu Ablenkung oder Unkonzentriertheit bei der Arbeit führen, es können Unsicherheiten sein, die aus neuen, komplizierten Arbeitsablaufsituationen entstehen, es sind zeitliche Einflüsse von Verzögerungen und Beschleunigungen menschlicher Reaktionen denkbar u. v. m.

Technische Risiken beziehen sich im engen Sinn auf fehlerhafte Konstruktionen, Montagen und funktionelle Abläufe, mit denen die Roboter-Maschinen verknüpft sind.

Risiken des humanen-humanoiden Interaktionsraumes, also Risiken an der operativen Schnittstelle zwischen Mensch und Roboter, bergen die höchste Gefahr für Menschen, weil beide Risikosphären der beteiligten „Akteure" ineinandergreifen. Eine präzise Grenzziehung minimaler Fehlertoleranz zwischen beiden Wirkungsbereichen – Mensch und Roboter – ist erforderlich, um nach menschlichem Ermessen auch kleinste Risiken auszuschließen.

Schließlich sind Risiken aus der Umwelt auf das nahe und weitere Umfeld – Fabrikhallen, private Wohnräume – des Interaktionsraumes bezogen, die mittelbare und unmittelbare Einflüsse auf die Handlungen von Mensch und Maschinen besitzen. Das können Lärmeinflüsse, Neugestaltung von Produktionsbedingungen, logistische Veränderungen, Wechsel von Arbeitspersonen u. a. m. sein.

Alle vier Risikosphären wirken vernetzt zusammen. Es ist ein Konglomerat mit systemischen Risiken, die weniger lineare, eher komplexe, ganzheitliche problemorientierte Analysen bzw. Problemlösungen erfordern (Küppers 2013). Für das Gebiet der Technikfolgenabschätzung existiert seit den 1960er-Jahren, ausgehend von den USA, eine fortlaufende Reihe von Entwicklungen und Lösungskonzepten. Für Deutschland ist das ITAS[24] am KIT zu nennen. Weitere Empfehlungen zu Risikobehandlung in Technik und Gesellschaft sind Renn (2014, 2007) und Gigerenzer (2013). Abb. 3.14 spannt die vier Risikobereiche humaner-humanoider Interaktionen auf.

Risiken zu berechnen, gelingt immer nur in Aussagen von Wahrscheinlichkeiten. Je größer die Zeiträume sind, die diesen Wahrscheinlichkeitsrechnungen zugrunde liegen, desto unsicherer sind die Ergebnisse. Sich für das Jahr 2100 eine Welt voller Humanoider vorzustellen, die an den politischen Steuerrädern unserer Gesellschaft deren Entwicklung

---

[24] Institut für Technikfolgenabschätzung und Systemanalyse (ITAS) am Karlsruher Institut für Technologie (KIT), gegründet am 1. Juli 1995.

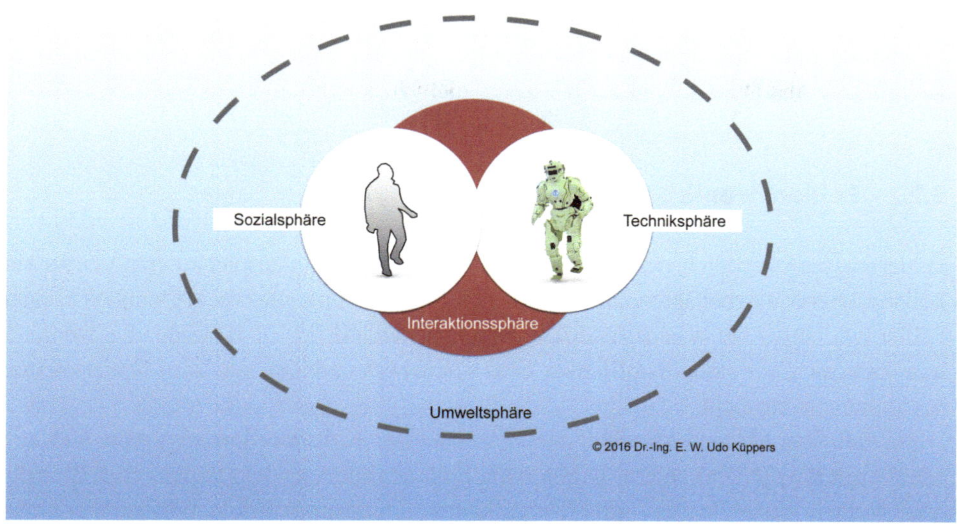

Abb. 3.14 Vier Risikobereiche humaner-humanoider Interaktionen

bestimmen, ist reine Fantasie und weit entfernt von der nahen, von Menschen überschaubaren Zukunft. Die Komplexität der Welt, in der wir leben, entzieht sich aber jeder vorausschaubaren exakten Berechnung von Risiken. Wir selbst sind ein wandelndes Risiko in einer dynamischen Umwelt und daher kaum als Ganzes berechenbar. Würden alle nur denkbaren Daten, Informationen und alles Wissen über Menschen und Humanoide vorliegen, die miteinander kollaborieren oder Dienstleistungen praktizieren, könnte trotzdem ein – wenn auch nur minimales – Risiko nicht vollständig ausgeschaltet werden. Die Dynamik als innere Größe der Komplexität verhindert dies.

Der zwangsläufige Weg, mit Risiko umzugehen, ist, Risiko zu akzeptieren, es wahrzunehmen, zu bewerten, zu managen und nicht zuletzt auch zu kommunizieren (Renn et al. 2007, 64 ff.). Denn oftmals fürchten wir uns vor dem falschen Risiko, zumindest was die statistischen Vorhersagen betrifft. Autofahren auf deutschen Straßen ist statistisch gesehen weitaus gefährlicher, als mit einem Flugzeug unterwegs zu sein. Dennoch weckt jedes Flugunglück bei uns mehr Risikoängste als das allmorgendliche Fahren mit dem PKW durch staureiche Straßen.

Welche Risiken bei Humanoiden noch eintreten werden, wenn sie den nächsten quantitativen Sprung in die gesellschaftlichen Dienstleistungs- und Produktionsbereiche absolviert haben, ist nicht berechenbar. Statistiken über Unfälle zu sammeln (s. Tab. 3.4) und daraus Rückschlüsse für die Vorbeugung kommender, vergleichbarer Unfälle zu ziehen, ist das eine. Andererseits beruhen Risiko-Statistiken bei Unfällen mit Robotern oft nur auf Stichproben, daher sind sie lückenhaft und basieren nicht auf systematischen Untersuchungen, was die Aussagen über konkrete Risiken und Schlussfolgerung daraus erschwert.

Es bleibt – wie auch in anderen technisch-wirtschaftlichen, sozialen und ökologischen Umfeldern – nur der Weg, das Risiko zu akzeptieren und sich darauf mit den Mitteln der Erkennung und Behandlung mehr oder weniger gut einzustellen. Etwas anderes lassen die Komplexität und Dynamik, in der wir leben, nicht zu.

3.2.2 Fehlerchronik

Fehleranalysen werden in dem humanen-humanoiden Zusammenspiel kooperierender und kollaborierender Arbeitsprozesse zunehmend an Bedeutung gewinnen. Dennoch können Fehler, wo immer sie in komplexer Umwelt auftreten, nie zu 100 % vermieden werden – man kann sich nur einem Null-Fehler-Status annähern und eine gewissen Fehlertoleranz bestimmen, mehr nicht.

Im Fall einer Mensch-Maschine-Kooperation bzw. -Kollaboration zeigt Abb. 3.15 eine Matrix mit möglichen Fehlern. Je höher die Zahl der humanen und humanoiden Teilnehmer ist, die in einem Prozess – direkt oder indirekt – zusammenwirken, umso größer ist die Wahrscheinlichkeit potenzieller Fehlerraten. Und oft sind es die unerwarteten Ereignisse, mit kleinen Wirkungsimpulsen, die dazu führen, dass eine Fehler-Kettenreaktion in Gang gesetzt wird. Hochachtsam zu sein, ist ein Instrument, Fehlern vorzubeugen (Küppers und Küppers 2016).

Aber fragen wir zuerst einmal danach, was überhaupt Fehler sind.

Abb. 3.15 Selbsterklärende Fehlermatrix in komplexer Umwelt von humanem-humanoidem Zusammenwirken

Fehler

In Texten eines Buches werden sich nach Abschluss noch eine Reihe von Fehlern entdecken lassen, die als *Abweichung von den Regeln der Rechtschreibung* erkannt werden und uns teils zum Schmunzeln anregen, weil vielleicht durch einen falschen Buchstaben der Wortsinn erheiternd wirkt, aber ohne jede Bedeutung ist. Es ist ein Schreib*fehler*, *der unbewusst* und *zufällig* während des Prozesses des Schreibens entstanden ist. Gelegentlich „spinnen" aber Computertastaturen, weil sie z. B. statt eines „e" ein „a" im Text anzeigen – aus Fehler wird dann Fahler. Das wiederholt sich in gewissen Abständen während des Schreibens. Hierbei handelt es sich klar um einen *systematischen Fehler.* Etwas stimmt mit der Tastaturtechnik nicht, vielleicht weil sie falsch programmiert wurde oder Strom fehlgeleitet wird.

Zufällige „Fahler" wirken der Exaktheit des Schreibens entgegen und addieren sich nach dem bekannten Gesetz der Fehlerfortpflanzung auf.

Systematische Fehler beeinflussen auch die Genauigkeit des Schreibens, können aber – sofern die Ursache erkannt ist – abgestellt werden. In humanoiden Robotern stecken eine Vielzahl von technischen, elektronischen, sensorischen und aktorischen Elementen, die miteinander koordiniert werden, um komplexe Bewegungen möglichst präzise durchführen zu können. Weil dies nicht immer auf Anhieb gelingt, bleibt nur, eine Fehleranalyse durchzuführen, den Fehler zu finden, ihn zu charakterisieren und zu beheben – bis neue Fehler eintreten.

Wie Fehler beurteilt und bewertet werden, darüber gibt es viele Definitionen, je nach dem, in welchen Bereichen und mit welchen Themen und Zielsetzungen geforscht und entwickelt wird.

Petra Badke-Schaub et al. (2008) formulieren einen gemeinsamen Kern aller Fehlerdefinitionen:

> Fehler sind eine Abweichung von einem als richtig angesehenen Verhalten oder von einem gewünschten Handlungsziel, das der Handelnde eigentlich hätte ausführen bzw. erreichen können. (ebd. 37)

Daraus leiten sie fünf wichtigste „Bestimmungsstücke" ab (ebd.):

- Von Fehlern kann man sprechen, wenn *menschliches Handeln* betroffen ist. Maschinen machen keinen Fehler, sie können entweder defekt oder falsch programmiert sein.
- Fehler können im *Prozess* des Handelns oder im *Handlungsergebnis* liegen.
- Fehler setzen eine *Absicht* (*Intention*) voraus, die nicht wie geplant ausgeführt wird.
- Die Bezeichnung einer Handlung oder eines Handlungsergebnisses als „Fehler" setzt also eine *Bewertung* voraus.
- Fehler setzen voraus, dass das *Wissen und Können* für die richtige Handlungsausführung vorhanden war.

Fehler- und Unfallstrategie

Badke-Schaub et al. weisen darauf hin, dass sich die Fehler- und Unfallfehlerforschung lange Zeit auf individuelle Handlungsfehler konzentriert hat:

> Klassische Fehlerforschung fragt, was genau falsch gemacht wird und warum. Die erste Frage führt zur Klassifikation von Fehlern, die zweite Frage zur Suche nach Ursachen. (ebd. 40)

Spektakuläre Unfälle aus den 1970–1980er-Jahren, unter anderem in der Atomindustrie (Three Miles Island 1979, Tschernobyl 1986), der Chemieindustrie (Bopal 1984, Sandoz 1986) sowie im Bereich der US-Raumfahrt (Challenger 1986) haben zu einer Wendung klassischer Fehleranalysen geführt. Die komplexen soziotechnischen Systeme, in denen die Unfälle passierten, waren ausschlaggebend für eine systemische Fehleranalyse, bei der nicht eine konkrete falsche Handlung gesucht und als Fehlerursache festgemacht wird, sondern ein nicht gewünschtes Ereignis innerhalb des als komplex zu betrachtenden Systems.

Reason (1997, 1990) unterscheidet in dieser neuen Sichtweise auf Fehler, die den Umfang und das zeitliche Geschehen deutlich erweitert, zwischen *aktiven Fehlern* und *latenten Bedingungen* (Badke-Schaub et al. 2008, 40). Aktive Fehler werden direkt an der Mensch-System-Schnittstelle – Mensch-Roboter-Schnittstelle – begangen, sie sind erkennbar, können Unfälle direkt mit unmittelbaren Konsequenzen auslösen. Demgegenüber sind latente Bedingungen fern vom aktiven Aktionsradius an der Mensch-System-Schnittstelle vorhanden. Es können organisatorische Gegebenheiten sein, personelle Entscheidungsstrukturen oder Prozesspläne, die keinen vorrangigen Bezug zu Sicherheitsaspekten besitzen, aber dennoch diese beeinflussen können.

Fehler sind – wie bereits weiter oben erwähnt –, erst recht in komplexer Umgebung, normal. Vorkehrungen zu treffen, damit sie nicht durch Fehlerfortpflanzung in eine Fehlerkette mit möglichen katastrophalen Wirkungen münden, wie Abb. 3.16 andeutet, setzt aber ein systemisches, wirkungsnetzorientiertes Denken und Handeln voraus, wie es in Küppers (2013) an vielen Beispielen aus Natur, Gesellschaft und Wirtschaft erläutert wird.

Fehlertoleranz – Aus Fehlern lernen

▶ Der Fehler mit der geringsten Wirkung ist derjenige, der erst gar nicht eintritt.

So trivial die Aussage dieses Satzes auch sein mag, so extrem schwer ist sie einzuhalten. Fehler treten bekanntlich überall auf. Aus dem Umfeld von komplexen und hochkomplexen technischen Systemen – siehe weiter oben – wurden neben anderen auch Fehlerstrategien entwickelt, die einerseits auf minimalen, noch tolerierbaren Fehlern aufbauen, andererseits Fehler als normal ansehen und sie unter Berücksichtigung struktureller Merkmale und unvorhersehbarer Wechselwirkungen analysieren. Die erstgenannte ist als Fehlervorwärtsstrategie– feed forward strategy – bekannt (Weick, Sutcliffe 2001), die zweite als Fehlerrückwärtsstrategie – feed backward strategy – (Perrow 1989).

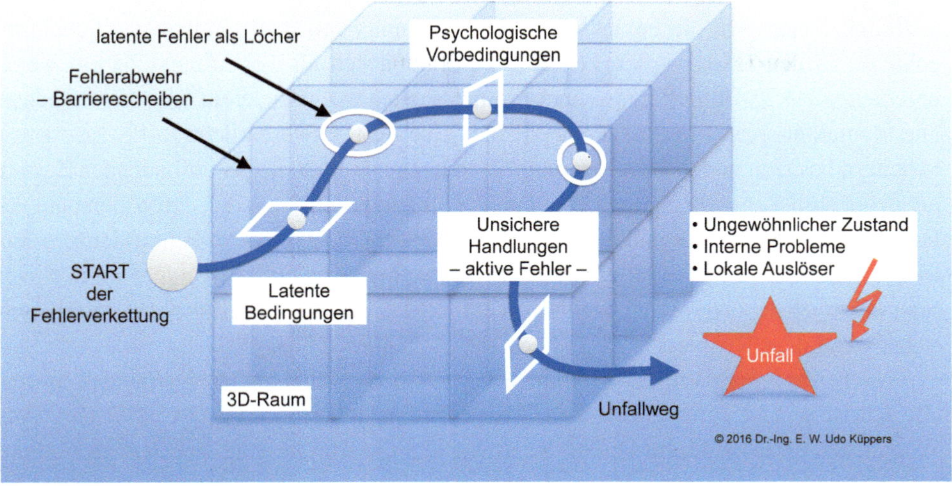

Abb. 3.16 Modell der Fehlerentstehung. (In Anlehnung an: Reason 1990, in: Badke-Schaub 2008, 41)

Hinter den Kulissen dieser trivialen Aussage über Fehler kämpfen auch zwei andere Entscheidungsstrategien um die gesellschaftliche Vorherrschaft. Die erste Entscheidungsstrategie wird von ökonomischen und teils politischen Argumenten geprägt und lautet:

► Entscheidend ist, was am Ende eines Prozesses herauskommt.

Die zweite Entscheidungsstrategie wird von ökologischen und sozialen Argumenten geprägt und lautet:

► Entscheidend ist, was am Beginn eines Prozesses hineingeht.

Welche der beiden Strategien wäre eher in der Lage, Fehler zu vermeiden, wenn auf dasselbe Ziel hingearbeitet würde?

Strategie eins würde operativ vermutlich alles tun, um das Ziel zu erreichen, Fehler hin oder her. Hierbei wird auch billigend in Kauf genommen, dass nach Zielerreichung Folgefehler entstehen. Es ist eine Strategie der Fehlernachsorge. Die kapitalistische Wirtschaftsstrategie globalen Ausmaßes ist hierfür Zeuge.

Strategie zwei würde vermutlich alles tun, um mit den notwendigsten Mitteln das gesteckte Ziel zu erreichen. Es wird bereits zu Beginn des operativen Vorgangs auf Fehlervermeidung achten, um nach Zielerreichung belastende Folgefehlerso gering wie möglich zu halten. Es ist eine Strategie der Fehlervorsorge. Als Kronzeuge steht hier die Natur und ihre adaptive vernetzte Fehlertoleranzstrategie Pate.

Fehler zu machen, ist für Menschen normal – Fehler einzugestehen und dafür Verantwortung zu tragen, ist schon schwieriger und sehr differenziert zu betrachten. In Deutschland sind diejenigen, die Fehler machen, noch immer mit dem Nimbus des Scheiterns behaftet. In den USA werden Fehler ganz pragmatisch als Erfahrungsschatz gewertet und dienen zur Aufforderung, es noch einmal, vielleicht auf anderem Weg zu versuchen. Die Mentalität spielt daher im Fehlerkosmos eine nicht unwesentliche Rolle. Erfolg und Scheitern besitzen in den USA einen völlig anderen, nämlich positiv aufbauenden Zusammenhang als bei uns, wo einmal Gescheiterten oft zusätzlich der Wind, der Widerstand von Fachkollegen, Bürokratie und Gesellschaft ins Gesicht bläst. Positive Fehlerkultur bedeutet aber nicht, so viele Fehler wie möglich zu machen, sondern mit Fehlern im positiven Sinn umzugehen, Erfolgschancen neu zu entdecken, auch ausdauernd daran zu arbeiten, selbst wenn neue Risiken im Weg stehen, die es zu überwinden gilt.

Fehlervermeidungsstrategie und *Fehlerakzeptanzstrategie,* letztere verbunden mit der von Christine und Ernst Ulrich von Weizsäcker postulierten *Fehlerfreundlichkeit* (von Weizsäcker, 1984) sind die beiden Kontrahenten, die um die gesellschaftliche Vorherrschaft ringen.

▶ Die Fehlervermeidungsstrategie hat etwas Absolutes in sich und ist ein Werkzeug der Menschen.

Wir werden bereits im Kindesalter angeleitet, dieses oder jenes zu unterlassen. Das ist sinnvoll, wo Gefahren lauern, die uns verletzten könnten. Vielfach werden aber auch harmlose Missgeschicke zum Anlass genommen, mit strengem elterlichen Blick zu sagen, den Fehler nicht noch einmal zu machen. Auch begleiten uns im kompletten Bildungs- und Ausbildungssystem die Fehlervermeidungsstrategie, ob beim Lesen, Schreiben, in Prüfungen, bei handwerklichen Fertigkeiten, in Industriebreichen, einfach überall.

Es hat den Anschein, dass wir in einer Fehlervermeidungswelt aufwachsen. Fehler – zumindest in unseren Breitengraden – sind tunlichst zu vermeiden. Die Grenze der Fehlervermeidungsstrategie ist aber dort, wo es beginnt kompliziert und komplex zu werden, wo wir als Erwachsene – erst recht als Kinder – eine Situation welcher Art auch immer nicht mehr vollständig überblicken oder durchschauen. Das Absolute einer Fehlervermeidungsstrategie löst sich an dieser Grenze in Luft auf. Die Dynamik komplexer Zusammenhänge ist nur noch relativ bzw. in Wahrscheinlichkeiten zu erfassen – wenn überhaupt.

▶ Die Fehlerakzeptanzstrategie toleriert Fehler. Sie ist ein fundamentales Werkzeug der Evolution!

Der evolutionäre Entwicklungsprozess wäre ohne die Akzeptanz von Fehlern – wenn auch von relativ kleinen – nicht möglich. Trotz dieser integrierten „Fehlerquote" erzielen die strategischen und produktiven Ergebnisse der Evolution Höchstleistungen.

Eine Fehlerakzeptanzstrategie in der Technosphäre würde Fehler als Teil eines Lernprozesses anerkennen, aus dem neue – nicht unbedingt fehlerfreie aber doch akzeptable –

Entwicklungen welcher Art auch immer angestoßen werden. Das Spektrum der Lernerkundung würde sich deutlich erweitern und kausal (nicht selten monokausal) errungene, „faule" Kompromisse, die z. B. im politischen Umfeld kurioserweise nur Sieger(!) hervorbringen, könnten zu wirksamen, systemisch orientierten fehlertoleranten Lösungen führen.

Kurz gesagt: Beide Fehlerstrategien wirken in ihren Sphären und führen zu Lösungen – jede auf ihre Art. Unter dem Blickwinkel einer ganzheitlichen Herangehensweise, Fehler zu behandeln, die in komplexer Umwelt, ob in der Bio- oder Technosphäre, auch immer Folgefehler implizieren, lohnt es sich in jedem Fall, für Problem in Gesellschaft, Technik und Wirtschaft, das sogenannte Evolutionäre Fehlerparadox in die engere Auswahl von Entscheidungsprozessen über Fehler einzubeziehen:

▶ Das Evolutionäre Fehlerparadox beschreibt einen Optimierungsprozess, der Entwicklungsfortschritte durch Akzeptanz von Fehlern erzielt, aus denen produktive, verfahrenstechnische und organisatorische Ergebnisse resultieren, die nicht nur höchst effizient, sondern in jeder Hinsicht auch nachhaltig sind.

Neue Fehler- und Unfallquelle: Mensch-Roboter-Schnittstelle
Mit dem Eintritt der Robotik in unser Leben und unsere Arbeitsumwelt sind auch neue Fehlerquellen entstanden. Fundierte Analysen über Unfälle zwischen Menschen und Robotern – hier vorrangig Roboter im industriellen Einsatz – stehen noch ganz am Anfang. Was existiert sind Unfall-Statistiken von staatlichen Gesellschaften und Versicherungen, siehe auch Tab. 3.4. Zunehmend werden auch Normen für Robotersysteme erarbeitet, auf die weiter unten noch eingegangen wird.

Der große quantitative Sprung humaner-humanoider Roboter-Kooperation bzw. Kollaboration steht noch aus. Noch bewegen sich viele dieser Techniken auf Entwicklungsplattformen oder sind erste Vorzeigeobjekte in Hotels – „Mario" als Multisprachtalent im Ghent Marriott Hotel, A.L.O. als Roboterbutler in Aloft Hotels/Starwood Hotels, der Müll entsorgt, „Pepper" als Begrüßungsroboter auf den Kreuzfahrtschiffen „Aida Prima" und „Costa Diadema", andere helfen Gästen beim Einchecken, servieren als „Barmixer" Getränke usw.[25] Die Fehler- und Unfallhäufigkeit ist momentan bei humanoiden Robotern an der Schnittstelle zum Menschen noch – im Vergleich zu Industrieroboter-Schnittstellen zum Menschen – gering bis kaum vorhanden. Auch hier gilt natürlich, dass aktive Fehler direkt und latente Fehler indirekt und zeitlich entfernt von der Mensch-Roboter-Schnittstelle wirken. Und es sind in der Regel immer mehrere Personen an einer Fehlerfortpflanzung beteiligt, die sich von latenten Fehlern bis zur Mensch-Roboter-Schnittstelle entwickeln und dort aktiv einen Unfall auslösen. Programmierer machen latente Fehler bei kollaborierenden Robotern, der Maschinenarbeiter im direkten Zusammenspiel mit dem Roboter ebenso.

---

[25] https://www.welt.de/reise/deutschland/article153085621/Dieses-Personal-zickt-nicht-rum-und-will-kein-Trinkgeld.html (Zugriff: 19.04.2017).

Tab. 3.4 Auswahl von Unfällen mit Robotern im industriellen und außerindustriellen Einsatz

Roboterunfälle

Jahr, Ort	Verlauf des Unfalls	Unfallfolgen	Quelle
2015 Indien	Während Schweißarbeiten in einem PKW-Zulieferbetrieb	Erstochen durch einen Metallarm und durch Stromschlag getötet	Independent[a]
2015 VW-Werk Baunatal, D	Beim Einrichten des Roboters für eine neue Produktionslinie	Tödlich	ManagerMagazin 02.07.2015[b]
2015 D	Überbrückung von Sicherheitskreisen während der Inbetriebnahme, danach kein Funktionstest	Kopfverletzungen, Schürfwunden, Prellungen, Schnittwunden	BG ETEM Energie Textil Elektro Medizinerzeugnisse 2015[c]
2010–2014 D	Meldepflichtige Unfälle mit Robotern: 553 Neue Unfallrenten: 9 Tödliche Unfälle: 2		Stichprobenstatistik, Quelle: Referat Statistik, Deutsche Gesetzliche Unfallversicherung DGVU (persönliche Mitteilung)
2011	Fließbandreparatur, Steckenbleiben zwischen Fließband und Roboter	Tödlich	Huffington Post[d] Edition DE, 14.10.2014
2007	Reparatur eines defekten Roboters, der Roboterarm geriet plötzlich außer Kontrolle	Kopf- und Rippenverletzung mit tödlichem Ausgang	Laut einer amerikanischen Studie der Verwaltung für Sicherheit am Arbeitsplatz und Gesundheit gab es in den letzten 30 Jahren insgesamt 33 Unfälle, die tödlich endeten
2007	Zuschnitt von Metallteilen durch einen Roboter, die ein Mensch entsorgte, wobei der Roboter während seines Stopp-Vorgangs plötzlich seinen Arbeitsprozess fortsetzte	Kollision während Ruhepause des Roboters mit tödlichem Ausgang	
2006	In der Automobilproduktion Vorgang unklar	Roboter packt Mensch am Genick, tödlicher Ausgang	
2006 oder früher	Mitarbeiter betritt am Ende der Schicht den Käfig eines Roboters, der seinen Kopf unter eine Felge steckte	Erstickungstod	
2006 oder früher	Roboterreparatur wegen eines losen Bolzens, ohne den Roboter vorher abzustellen, Mann wurde in Maschine gezogen	Tödlich	
2006 oder früher	Reparatur eines Gießroboters, ohne ihn vorher abzustellen	Tödlich	

Tab. 3.4 (Fortsetzung)

Roboterunfälle

Jahr, Ort	Verlauf des Unfalls	Unfallfolgen	Quelle
2005 GB	77 Unfälle mit Robotern nach Auskunft der Gesundheits- und Sicherheitsbehörde		The Economist[e]
1978–1987 Japan	?	10 tödliche Unfälle	Zeit-Online 07.08.1987[f]
1981 Japan	Arbeit an defektem Roboter ohne Komplettabschaltung, der Hydraulikarm des Roboters drückte den Arbeiter (Kenji Urada) in eine Schleifmaschine	Tödlich	https://en.wikipedia. org/wiki/Kenji_ Urada
1979 USA	Arbeit an einem Roboter in der Ford Motor Company in Michigan (Robert Williams)	Tödlich	The Philadelphia In- quirer – 11.08.1983 – a10 national

[a] http://www.independent.co.uk/news/world/asia/worker-killed-by-robot-in-welding-accident-at-car-parts-factory-in-india-10453887.html (Zugriff: 19.04.2017).

[b] URL: http://www.managermagazin.de/magazin/artikel/unglueck-in-vw-werk-roboter-toetet-arbeiter-a-1041739.html (Zugriff: 19.04.2017).

[c] http://www.bgetem.de/arbeitssicherheit-gesundheitsschutz/aus-unfaellen-lernen/unfaelle-in-der-elektrotechnischen-industrie-1/mangelnde-ueberpruefung-der-sicherungssysteme-schwere-kopfverletzung-durch-roboter (Zugriff: 19.04.2017).

[d] http://www.huffingtonpost.de/2014/06/18/arbeitsunfalle-roboter_n_5506117.html (Zugriff:19.04.2017).

[e] http://www.economist.com/node/7001829 (Zugriff: 19.04.2017).

[f] http://www.zeit.de/1987/33/wenn-der-musterknabe-ausflippt (Zugriff: 19.04.2017).

▶ Das Zusammenwirken des menschlichen und maschinellen Fehlerkosmos zur Fehler-vermeidung oder Fehlerminimierung bleibt eine große Herausforderung für die Zukunft einer direkten humanen-humanoiden Interaktion bzw. Kollaboration, die durch Technik alleine nicht zu bewältigen ist.

Auch wenn oft von Fehlerketten – mit dem Bild linear hintereinander geschalteter Abläufe – die Rede ist, so zeigt sich doch im realen komplexen Raum, das Fehlerfort-pflanzungen selten linearer Natur sind und teils Wege nehmen, die nach abschließender Fehleranalyse manche Überraschung bergen, mit denen kaum einer gerechnet hatte. Das Rechnen mit dem Unerwarteten sollte daher auch in der stark zunehmenden Mensch-Ro-boter-Sphäre die Regel und nicht die Ausnahme sein, um Fehler erst gar nicht entstehen zu lassen oder sie in fehlertolerante Bahnen zu lenken.

In Tab. 3.4 sind einige Unfälle gelistet, die in Zusammenhang mit Robotern entstanden. Der Großteil der Unfälle bezieht sich jedoch – mangels konkreter Quellen – weniger auf Humanoide als auf Industrieroboterunfälle, die einer Praxisanwendung von humanoiden Robotern vorausgeht. Es ist aber absehbar, dass bei zunehmender Kollaboration zwischen

Menschen und humanoiden Robotern, ohne physischen Kontaktschutz, sich auch neue Gefahrenquellen für den Menschen offenbaren – trotz aller Sicherheitsmaßnahmen, die getroffen werden.

Unfallvermeidung: Mensch-Roboter Schnittstelle

Der Bereich der Roboterforschung, der sehr eng mit Unfällen an Mensch-Roboter-Schnittstellen – *Human-Robot-Interaction, HRI* – gekoppelt ist, ihr sogar vorausgeht, ist derjenige zur Unfallvermeidung. Seit Jahren finden internationale Konferenzen zu HRI statt, jedoch sind viele der unfallvorsorgenden Maßnahmen noch im Entwicklungsstadium (s. u. a. Vorläufer-Konferenzen zu HRI und 11th HRI-Conf. New Zealand, 2016, Official Conf. Book[26]).

Einen humanoiden Roboter zu programmieren, der potenzielle Unfälle von Kindern verhindert, ist ein besonderer Ansatz in der Robotertechnik. Erreicht werden soll dieser Schutz durch Berücksichtigung sowohl einer aktiven Aufmerksamkeit des Kindes auf etwas besonders Anziehendes als auch auf passives Zusammenwirken mit einem Gegenstand oder einer Person (Simo et al. 2006).

Sicherheit bei Mensch-Humanoiden-Interaktionen ist ein wichtiger, wenn nicht der wichtigste Faktor. Taxonomien von Misserfolgen und Klassifizierungen von unerwünschten Ereignissen zwischen Menschen und Humanoiden (Vasic et al. 2013) werden erstellt, wobei die Sicherheitsbedingungen von mobilen Robotern noch um ein Vielfaches höher sind als bei stationären Robotern. Zudem bietet die internationale Normung EN-ISO einen Organisationsrahmen für Humanoide in unterschiedlichen Einsatzbereichen, z. B. EN-ISO 1028-1 und -2 für Industrieroboter, ISO 13482 für Sicherheitsstandard von Robotern oder ISO/TS 15066 für die unterstützende Risikobewertung kollaborierender Roboter.

Bekanntlich entwickelt sich – nicht nur – die japanische Gesellschaft zunehmend zu einer überalternden Gesellschaft. Der Anteil Japaner mit hohem Alter wächst stetig. Gleichzeitig fehlen geeignete Fachkräfte für die Betreuung dieser Altersgruppe. Das hat auch mit der reservierten kulturellen Einstellung Japans gegenüber ausländischen Arbeitskräften zu tun. Als humaner Ersatz werden daher in den kommenden Jahren mehr humanoide Roboter in Japans Altenheimen, Krankenhäusern, aber auch Schulen, Hotels und Industrien präsent sein. Humanoide Roboter arbeiten mit Menschen oder Menschen arbeiten mit humanoiden Robotern. Zunehmend wird im Bereich der sozialen – humanen-humanoiden – Dimension geforscht (Monitz et al. 2016), wobei tragfähige Ergebnisse aus quantitativer Sicht noch auf sich warten lassen. Sheridan (2016, 531) beschreibt in einem aktuellen Beitrag zum Status und zur Herausforderung von Mensch-(humanoiden)-Roboter-Interaktionen fünf Schlüsselmerkmale (übersetzt d.d.A.):

---

[26] http://humanrobotinteraction.org/2016/wp-content/uploads/2016/03/HRI-2016-booklet-3.1.pdf (Zugriff: 19.04.2017).

1. Wesentliche Herausforderungen zur Erforschung menschlicher Faktoren beinhalten
    a. dynamische Tätigkeitsanalyse, Wirtschaftlichkeit u. a. m.
    b. Anleiten des Roboters und Vermeidung unbeabsichtigter Konsequenzen
    c. es ist zu berücksichtigen, welche wechselseitigen Modelle Mensch und Roboter voneinander besitzen
    d. Nutzung von Robotern im Bildungs-/Ausbildungsbereich
    e. Bewältigung unterschiedlicher Nutzer-Kulturen, Ängste und andere zu bewertende Überlegungen
2. Gegenwärtig hat, mit Ausnahme der Fliegerei, die *Human-Factors*-Gesellschaft nur einen Bruchteil an Veröffentlichungen über Mensch-Roboter-Beziehungen in der Literatur.
3. Wesentlich ist, dass alle Roboter in einer vorausschaubaren Zukunft durch Menschen kontrolliert werden, entweder als Teleoperatoren, die auf kontinuierliche Bewegungsabläufe starren, oder als Teleroboter, periodisch überwacht und neu programmiert von menschlichen Aufsehern.
4. Mensch-Roboter-Interaktion (MRI) ist ein schnell expandierender Bereich mit einer großen Nachfrage nach menschlichen Faktoren, die in Forschung und Konstruktion einbezogen werden, gerade weil Roboter ausgeklügelte komplexe Aufgaben bzw. Arbeitsschritte vollziehen.
5. Während die Menschheit sich sehr langsam ändert, entwickeln sich Computer und Roboter sehr schnell. Daher können spezifische Schlussfolgerungen über Mensch-Roboter-Interaktionen sehr schnell überholt sein. Daher sollten die MRI-Gemeinschaft weniger über die Bestätigung wissenschaftlicher Schlussfolgerungen und eher über provozierende neue Ideen nachdenken.

Die Berücksichtigung aller – und noch nicht genannter – vorab gelisteter Merkmale bzw. Einflüsse auf eine Mensch-Roboter-Beziehung tragen wesentlich zu einem fehlertoleranten Ablauf und somit zur Vermeidung von Unfällen bei, ob im privaten Umfeld, auf der Straße, im Hotel, im Krankenhaus, im Altenpflegeheim, in Sozialeinrichtungen, in Schulen oder am Arbeitsplatz.

Noch sind wir weit davon entfernt, dass uns unser persönlich zugeteilter Humanoider im Laufschritt von zu Hause die vergessene Tasche holt und dabei irrtümlich von einem Menschen-Polizisten Del Spooner (Will Smith) zu Boden gerissen wird, weil dieser den flüchtenden Humanoiden für einen Dieb hält. – Das ist kurios, weil nicht der humanoide Roboter, sondern der Mensch den Unfall verursacht hat (Szene aus dem Spielfilm I, Robot des Regisseurs Alex Projas, 2014). Wer könnte heute behaupten, dass Unfälle dieser oder ähnlicher Art in einer Zukunft, die an komplexen Handlungen in noch komplexerer Umwelt reicher wird, sich nicht auf die eine oder andere Weise abspielt? Aber das sind beeinflusste Vorhersagen. Fragen wir abschließend zum Abschn. 3.2 stattdessen realistischer nach der Verantwortung bei Mensch-Roboter-Interaktionen.

3.2.3 Verantwortung

> Kaum eine politische oder ethische Frage
> ist für die Gesellschaft von größerer Brisanz als die,
> in welchen Bereichen sie sich mit diffuse Verantwortung arrangiert
> und in welchem sie unter allen Umständen
> individuelle Verantwortung aufrechterhalten will.
>   Susanne Beck, in: Zielcke (2016)

Mit schwung- und kraftvoller Bewegung durch den Raum streift ein kollaborierender Roboter mit seinem stählernen Gelenkarm den Kopf eines Arbeiters, der verletzt wird. Ein durch die Hotelhalle laufender Humanoide schleudert unerwartet einen Koffer, den die Maschine gerade in das Zimmer eines Gastes transportiert, gegen einen Hotelgast an der Rezeption, der verletzt zu Boden fällt. Zwei Humanoide verschiedener Logistikfirmen transportieren in einer Werkhalle schwere Kisten mit Schrauben und Eisenstangen. Dabei stoßen sie zusammen und verletzen Arbeiter durch herumfliegende Eisenteile.

Exkurs: Verantwortung und selbstfahrende Personen-/Lastkraftwagen
Der verantwortungsvolle Umgang in einer Mensch-Maschine-Beziehung besitzt im Bereich des Straßenverkehrs Parallelen zu industriellen Mensch-Maschine-Kollaborationen. Auch hier ist Verantwortung, besser: Gefahrenvermeidung von Maschinen – autonome PKW[27,28] bzw. LKW[29,30] – gegenüber Menschen oberstes Gebot. Die hohe Dynamik des Verkehrsgeschehens vieler unterschiedlicher Verkehrsteilnehmer ist darüber hinaus ein exponierter Gradmesser für Verantwortung und Fehlervermeidung bzw. Fehlertoleranz.

Vorgänge dieser und anderer Art, die in enger Beziehung zwischen Menschen und humanoiden Robotern stattfinden können, werden alle durch die Frage nach den Verantwortlichen der Unfälle und Unfallfolgen überlagert. Wer – oder was – ist verantwortlich? Ist der Mensch oder sind die Menschen im weiteren oder engeren Verbund mit humanoiden oder anderen Robotern voll verantwortlich, wenn die Maschinen ein Unglück auslösen? – Oder bekommen die Roboter eine Teilschuld zugesprochen? Und wie wird diese rechtlich abgesichert? Kann es so etwas wie eine reduzierte Verantwortung für Roboter, die Unfälle verursachen, überhaupt geben? Noch etwas komplizierter wird die Frage – angesichts von Roboterunfällen – nach der Verantwortung, wenn z. B. durch intelligente Schwarmprogrammierung im *Roboterteam* – inklusive selbstorganisierender Aktionen – Unfälle die Folgen des Handelns sind, wobei die finale Entscheidung zur Handlungsauslösung räumlich weit weg vom ursprünglichen, durch Menschen programmierten Algorithmus liegt.

---

[27] http://www.zeit.de/mobilitaet/2016-09/selbstfahrende-autos-entwicklung-schwierigkeiten/komplettansicht?print (Zugriff 18.05.2017).
[28] http://www.tagesspiegel.de/wirtschaft/autonome-fahrzeuge-toedlicher-unfall-eines-tesla-ist-ein-rueckschlag-fuer-autoindustrie/13815792.html (Zugriff 18.05.2017).
[29] https://www.daimler.com/innovation/autonomes-fahren/mercedes-benz-future-truck.html (Zugriff 18.05.2017).
[30] http://www.volvotrucks.de/de-de/trucks/autonome-lkw.html (Zugriff 18.05.2017).

Ein tiefes Eindringen in die historische Entwicklung von Verantwortungsethik (Weber 1999; Jonas 1979) bzw. Verantwortung als unternehmerisches Prinzip (Rabe von Pappenheim 2009) oder Wirtschaftsethik (Conrad 2016; Holzmann 2015) ist hilfreich, bringt uns auf dem Weg digitaler, *verantwortungsvoller* Robotik aber kaum weiter.

Verantwortung von Menschen für Menschen ist in verschiedenen Lebens- und Arbeitsräumen durchsetzt von *Verantwortungsdiffusion*! Damit wird ausgedrückt, dass die Verlagerung von Eigenverantwortung oft auf andere Menschen stattfindet. „Ich war's nicht, es war der andere oder die anderen!" Dieses Phänomen ist auch unmittelbar gekoppelt mit Charaktereigenschaften (Weber spricht auch von Gesinnungsethik, 1999, 14) und zeigt sich umso mehr, je größer die Zahl der Beteiligten an einem Projektvorhaben, einem Prozess oder einer Entwicklung ist. Oder: Die Notwendigkeit einer Handlung wird eingesehen, aber doch nicht ausgeführt. Und wiederum Weber: „Aus Angst, falsch zu handeln, handelt er gar nicht und möglicherweise gerade darin falsch." (ebd.).

► Der Mensch bleibt unkalkulierbar, eben voller Überraschungen und – im Sinne zunehmender digitaler Einwirkungen – auch in Gänze nicht programmierbar.

Verantwortung für kleinere und größere Schäden oder Unfälle bei humaner-humanoider Koexistenz, Kooperation und Kollaboration, wie sie vorab geschildert wurden, erweitern schon alleine durch die Notwendigkeit der interdisziplinären Zusammenarbeit die Verantwortungsdiffusion. Das technisch-elektronische Produkt Roboter ist das praktische Resultat dieser Verantwortungsdiffusion. Ist der Mensch daher immer verantwortlich für sein Handeln im Wirkungszusammenhang mit Humanoiden? Oder muss über eine neue Art *künstlicher Verantwortung* und *künstlicher Verantwortungsdiffusion* nachgedacht werden, wenn Humanoide und andere Roboter eines Tages die notwendigen Voraussetzungen besitzen sollten, Handlungsentscheidungen völlig eigenverantwortlich zu treffen? Kann es überhaupt dazu kommen oder bleiben die Menschen als Programmierer und Entwickler „intelligenter" Roboter „in letzter Instanz" verantwortlich für deren Taten und Folgen?

Kein durch Humanoide oder kollaborierende Roboter ausgelöster Unfall mit menschlichem Schaden, ob im Ergebnis leichte Blessuren oder im schlimmsten Fall der Tod die Folge ist, kann – auch bei noch so künstlich-intelligent programmierten Maschinen – nach menschlichem Ermessen diesen die volle Verantwortung zuschieben. Das gilt auch für übergeordnete Entscheidungen durch Regierungen, Behörden, Institutionen oder Unternehmen. Nicht diese Organisationen sondern darin tätige Menschen treffen Entscheidungen und sind daher auch für deren Folgen verantwortlich – selbst aus zehntausend Kilometer Entfernung zwischen Programmierabteilung und Praxisaktivität, wenn es zu Kollisionen zwischen Menschen und Robotern kommt.

Sicher kann und muss darüber diskutiert und auch rechtlich abgewogen werden, ob aufgrund von nachvollziehbaren oder unerwarteten Wirkungsverkettungen oder Wirkungsvernetzungen, die zu Fehlern und Unfällen führen, Verantwortung differenziert betrachtet werden muss. Denn Roboter, ob sie an Produktionsstraßen stationär Schweißarbeiten durchführen, als mobile rollende Maschinen Waren transportieren oder als lauffähige Humanoide im Sozialbereich älteren Menschen zur Hand gehen, verändern immer den räumlichen Handlungsspielraum des Menschen.

Ganz kompliziert und komplex werden Situationen von MRI oder RRI – Roboter-Roboter-Interaktionen – und damit verbundene Fragen von Verantwortung, wenn Humanoide eines Tages *multifunktional und multipersonal* arbeiten. Das heißt, morgens dienen sie Familie A., arbeiten anschließend mehre Stunden in einer Produktion, werden abends zu Frau B. gerufen, um Verwaltungsarbeit zu erledigen, verbinden sich nachts mit anderen humanoiden Robotern zu einem Schwarm, um die Sicherheit einer Anlage zu gewährleisten, um anschließend morgens wieder bei Familie A. das Frühstück zu bereiten und die Kinder danach sicher zur Schule zu bringen. Wer oder was ist schuldig, wenn ein Unfall passiert? Wer trägt Verantwortung?

Auf diese analogen-digitalen Handlungsdynamiken werden wir uns einstellen müssen. Sie sind mit neuen Gefahren und Vorzügen verbunden. Aber klar ist auch, dass kein (mobiler humanoider) Roboter, erst recht kein stationärer Produktionsroboter, und sei er auch noch so intelligent und selbstorganisiert, die moralische Autorität, das Verantwortungsgefühl und den Selbsterhaltungstrieb, erst recht nicht die planerische Vorausschaubarkeit – trotz alledem – Fehler machender Menschen besitzt.

Wurde der Mensch in der industriellen Entwicklungsphase der Humanisierung der Arbeitswelt – in den 1970er-Jahren – als im Mittelpunkt stehend hervorgehoben, aber letztlich doch nur als produktives Mittel zum Zweck missbraucht, läuft der Mensch in Zeiten der Digitalisierung, künstlichen Intelligenzen und Robotik Gefahr, seines eigenständigen Denkens beraubt zu werden. Der Mensch ist und bleibt Mittelpunkt einer Gesellschaft und es ist in der Verantwortung aller Entscheidungsträger einer Gesellschaft, das zu erkennen und Regeln dafür im analogen-digitalen Miteinander nachhaltig zu entwickeln.

In Abschn. 3.4 greifen wir den Begriff Verantwortung noch einmal im Zusammenhang mit Robotik, Recht und Moral auf.

3.3 Ethik

▶ *Menschenethik* trifft *Maschinenethik*

3.3.1 Humaner-humanoider Ethik-Kosmos

In seiner 1785 erschienenen Schrift *Grundlegung zu Metaphysik der Sitten* schreibt der deutsche Philosoph Immanuel Kant (1724–1804):

> Handle nur nach derjenigen Maxime, durch die du zugleich wollen kannst, dass sie ein allgemeines Gesetz werde. (Kant 1785, zitiert nach Zimmer 2009, 128).

Dieser als *kategorischer Imperativ* bekanntgewordene Satz gilt nach Kant ohne Einschränkung. Dabei sollte geprüft werden, ob unser Handeln verallgemeinert werden kann. Kant stellt die Achtung vor dem Sittengesetz als Motivation für moralisches pflichtbewusstes Handeln heraus und nicht das Handeln aus Neigung (ebd.). Für Kant ist der kategorische Imperativ das Kernprinzip der Ethik, das er in seiner 1788 erschienenen Schrift *Kritik der praktischen Vernunft* (ebd.) ausführlich behandelt.

Die Gliederung der philosophischen Ethik führt auch zu *Bereichsethiken* oder *angewandten normativen Ethiken* (Maring 2014, 10).

> In der angewandten Ethik und in den Bereichsethiken werden die unterschiedlichen Moraltheorien, wie Kantianismus oder Utilitarismus [Nützlichkeitsprinzip, d. A[31], s. a. Zimmer 2009, 170], beispielsweise auf konkrete Bereiche, wie Medizin [...] Biotechnologie(n), Ökologie (Umweltverschmutzung, Verantwortung für zukünftige Generationen), Ökonomie (Dritte Welt, Migration), Technik (Technikbewertung) [...] bzw. auf bestimmte Berufe und Berufsgruppen (Berufsethiken, Ethos) – z. B. Mediziner, Rechtsanwälte, Ingenieure, Wissenschaftler – angewandt bzw. bezogen (ebd.).

Ein Informatiker oder ein Ingenieur ist demnach für seine algorithmische Programmierung bzw. für die Montage eines konstruktiven Gelenkmechanismus bei humanoiden Robotern und deren Handlungen verantwortlich. Nützlich und moralisch scheinen Handlungen von Humanoiden, wenn sie als helfende Maschinen z. B. älteren Erwachsenen das tägliche Leben im Haushalt erleichtern. Weniger nützlich und moralisch wären demnach auf Zerstörung programmierte Roboter, wie sie bereits militärisch genutzt werden.

Wie lässt sich nun eine *Ethik* von *Maschinen* erfassen? Bei den beiden Begriffen scheint auf den ersten Blick ein Ausschlusskriterium erkennbar. Welche Maschine, welcher Humanoide kann selbstständig ethisch handeln, wenn keine moralischen Vorstellungen und kein Gefühl, wie sie Menschen besitzen, vorhanden sind? Trotz allem werden wir mit der Frage konfrontiert, und zwar umso intensiver, je enger Menschen und Maschinen handlungsverbunden sind. Siehe hierzu auch Abb. 2.36.

Maschinenethik und die darunter subsummierte *Roboterethik* und *Humanoidenethik* besitzt

> [...] die Moral von autonomen oder teilautonomen Programmen und Maschinen [...] . Es kann in Abweichung davon auch um die Moral von Maschinen wie Agenten, bestimmten Robotern und bestimmten Drohnen gehen, insgesamt von mehr oder weniger autonomen Programmen und Systemen. Man mag in diesem Fall von einer Maschinenethik sprechen und diese der Informationsethik (bzw. Computerethik und Netzethik) und der Technikethik zuordnen – oder auf eine Stufe mit der Menschenethik stellen. Den Begriff der Moral kann man mit Bezug auf Maschinen genauso hinterfragen wie den Begriff der Intelligenz. Der Begriff der Algorithmenethik wird teilweise synonym, teilweise eher in der Diskussion über

---

[31] Utilitarismus: Diejenige Handlung bzw. Handlungsregel (Norm) ist im sittlichen bzw. moralischen Sinne gut bzw. richtig, deren Folgen für das Wohlergehen aller von der Handlung Betroffenen optimal sind. https://de.wikipedia.org/wiki/Utilitarismus (Zugriff: 20.10.2016).

Suchmaschinen und Vorschlagslisten sowie Big Data verwendet. Die Roboterethik ist eine Keimzelle und ein Spezialgebiet der Maschinenethik.

[...] **Modelle der normativen Ethik**: Die Pflichtethik oder Pflichtenethik bietet sich für die Implementierung von Moral offenbar an. Mit einer Pflicht, einer Regel vermag eine Maschine etwas anzufangen. Zum Beispiel kann man ihr beibringen, die Wahrheit zu sagen (was immer die Wahrheit im jeweiligen Kontext ist). Kann die Maschine mehr, als irgendeine Regel zu befolgen? Kann sie die Folgen ihres Handelns bedenken und in diesem Sinne verantwortlich agieren? Kann sie also einer Folgen- oder Verantwortungsethik verpflichtet sein? Solche Fragen müssen von der jungen Disziplin beantwortet werden, immer mit Blick auf aktuelle technische Entwicklungen. Herauszukristallisieren scheint sich, dass sich klassische Modelle der normativen Ethik, seien sie auf Immanuel Kant oder auf Aristoteles zurückzuführen, für die maschinelle Verarbeitung grundsätzlich eignen.

[...] **Anwendungsbereiche**: Chatbots, Agenten und Avatare, die Benutzer unterstützen und vertreten, autonome Systeme an der Börse (Stichwort „Automatisierter Handel" bzw. „Hochfrequenzhandel"), selbstständig fahrende Autos sowie Kampfroboter und -drohnen eröffnen der deskriptiven und normativen Maschinenethik ein weites Feld und fordern Informations- und Technikethik heraus: Werden wir in unserer Freiheit und in unseren Möglichkeiten eingeschränkt? Wissen wir immer, dass wir es mit Computern zu tun haben, oder werden wir manchmal getäuscht? Werden die einen von Diensten bevorzugt, die anderen benachteiligt? Schaden uns die Maschinen durch Wort und Tat? Wer übernimmt Verantwortung und lässt sich zur Verantwortung ziehen? Müssen sich die Maschinen uns gegenüber moralisch verhalten und wir uns gegenüber den Maschinen?

[...] **Relevanz**: Die Maschinenethik ist ein Prüfstein für die Ethik. Sie kann neue Subjekte und Objekte der Moral beschreiben und aufzeigen, welcher normative Ansatz jenseits der auf Menschen bezogenen Moralphilosophie sinnvoll ist. Und sie muss klären, wieweit die normativen Modelle maschinenverarbeitbar und -ausführbar sind. In der Metamaschinenethik werden Menschen- und Maschinenethik und von diesen gebrauchte Begriffe verglichen. Die Anwendungsbereiche der Maschinenethik haben hochrelevante wirtschaftliche und technische Implikationen. Wir brauchen Ethik nicht mehr nur, um unser Zusammenleben zu beschreiben und zu überprüfen, sondern auch, um unser Überleben in der Informationsgesellschaft zu sichern.[32]

Die Unkalkulierbarkeit menschlicher – einschließlich ethischer oder unethischer – Handlungen, die zu Algorithmen mit maschinenethischen Resultaten für Humanoide führen sollen, die wiederum mit Menschen interagieren, deren Handlungen unkalkulierbar sind, scheint einer Dilemma-Situation zu entsprechen. Egal wie exakt Humanoide ein algorithmisches Programm voller ethischer Regeln interaktiv mit Menschen befolgen – unerwartete Handlungen durch den Menschen können keinesfalls ausgeschlossen werden. Auch wenn selbstlernende ethische Algorithmen eines Tages sich menschlichen Handlungen adaptiv anpassen können, bleibt immer noch ein Grad Unsicherheit und Unkalkulierbarkeit bestehen. Der Mensch ist eben eine probabilistische Persönlichkeit, wo hingegen ein Humanoide nur eine regelbasierte Maschine ist. Daran kann auch ein noch so intelligenter Programmalgorithmus nichts ändern. Abb. 3.17 verdeutlich das humane-humanoide Handlungsdilemma graphisch.

---

[32] http://wirtschaftslexikon.gabler.de/Definition/maschinenethik.html (Zugriff: 20.10.2016).

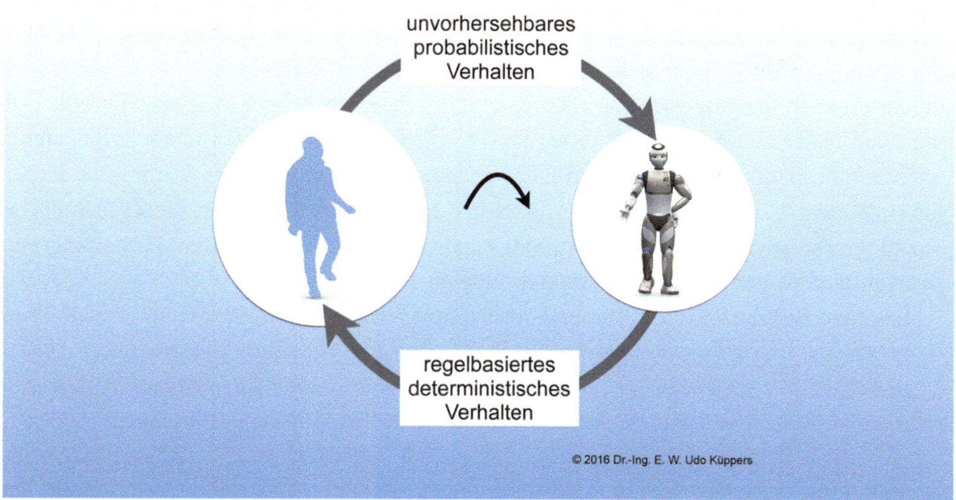

Abb. 3.17 Humanes-humanoides Handlungsdilemma

Die Individualität menschlichen Handelns setzt deshalb der Zahl programmierter Handlungsregeln in Robotern klare Grenzen. Es werden in erster Näherung eher direkte, monokausale Prozesse ethischer Aktivitäten von Humanoiden sein, die sich auf die jeweilige zugeordnete Person *einspielen* müssen. Und selbst in diesem Zusammenspiel bleibt das Programmieren des (menschlich) Unerwarteten eine große Herausforderung. Bis universell programmierte und selbstlernende Humanoide mit ethischem Regelwerk die Komplexität handelnder Menschen erkennen und entsprechend konfliktfrei darauf reagieren oder agieren wird noch viel Zeit vergehen. Heute schon festzulegen, wann dieses Ziel erreicht werden wird, wäre reine Spekulation.

Ethik im Kontext mit Robotern im Allgemeinen und menschenähnlichen – humanoiden – Robotern im Speziellen zu diskutieren, trifft auf eine Konstellation, in der die Interdisziplinarität der Meinungen und Handlungen geradezu zwingend erforderlich ist. Warum ist das so? Weil es sich um ein komplexes Handlungsfeld handelt, das sich aufmacht, zunehmend – wenn auch moderat – alle gesellschaftlichen Bereiche zu erobern. Mobilität, Infrastruktur, Arbeit, privates Umfeld, Freizeit, Urlaub, Krankenhäuser, Schulen, Seniorenheime, Rettungsdienste, Sicherheitsorgane, Versicherungen, Banken und viele mehr können sich kaum dem Entwicklungstrend digitaler Robotertechniken entziehen. Auch diese Aufzählung wird uns noch eine Zeit lang begleiten.

Die Zusammenarbeit von Menschen und Robotern ruft vor allem bei humaner-humanoider Verbundenheit, die auch persönliche Sphären tangiert, Fragen nach ethischem Handeln von Robotern auf den Plan. Noch sind es einfache, auf mathematischen Algorithmen basierende Hilfestellungen, wenn Humanoide für Menschen Sachen transportieren, darreichen, aufheben u. a. m. Je intensiver der menschliche Kontakt mit Humanoiden jedoch fortschreitet, umso mehr bedarf es eines gegenseitigen Verständnisses über das, was beide – Mensch und Maschine – zu einem konfliktfreien Miteinander führt. Angesichts der noch ganz am Anfang stehenden *echten*, grenzfreien Kooperation und Kollaboration beider *Partner*, und angesichts der Komplexität sich auftürmender Probleme unserer Umwelt und Natur, die nun auch Roboter als Teil dieses Kosmos hervorgebracht hat, stehen wir vor einer Herkulesaufgabe, mit Blick in eine ungewisse Zukunft. Technische Experten (Ingenieure, Informatiker, Elektroniker und Mechatroniker) können dieses technische-soziologische-psychologische-philosophische Problem allein nicht lösen. Hier sind grenzüberschreitende ganzheitliche Lösungsstrategien gefragt.

In einem Beitrag über Robotik und autonome Systeme, vorzugsweise auf selbstfahrende Fahrzeuge bezogen, aber auch anwendbar auf mobile Humanoide, formulieren Dennis et al. (2016, 1) zum *Thema Formaler Nachweis von ethischen Auswahlmöglichkeiten in autonomen Systemen* folgende (vom Autor ins Deutsche übersetzte) Aussagen:

- Autonome Systeme, wie zum Beispiel fahrerlose Fahrzeuge – aber auch mobile Humanoide, d. A. – operieren im gesellschaftlichen Umfeld. Von allen Beteiligten wird erwartet, dass sie spezifische Regeln und Gesetze befolgen. Ein autonomes System – wie zum Beispiel humanoide Roboter – kann daher kein Ausnahmefall sein.
- Es ist unvermeidbar, dass ein autonomes System sich in einer Situation wiederfindet, wo es nicht nur die programmierten Regeln befolgt oder nicht, sondern auch komplexe Entscheidungen treffen muss. Wie auch immer.
- Es existiert kein klar ersichtlicher Weg, menschliches Verständnis für ethisches Verhalten in Computern – bzw. Humanoiden – zu implementieren. Selbst wenn wir autonome Systeme dazu befähigen, zwischen mehr oder weniger ethischen Alternativen zu unterscheiden – wie können wir sicher sein, dass sie die richtige Wahl treffen?
- Bevor einem autonomen System erlaubt werden soll, in einer gemeinsamen Umwelt mit Menschen oder anderen autonomen Systemen zu agieren, muss hinreichend sichergestellt sein, dass es sich immer innerhalb zuverlässiger legaler, ethischer und sozialer Grenzen bewegt.

Diese Aussagen unterstützen einerseits die in Abschn. 2.3.4 getroffene Feststellung, dass die Übertragung des ethischen Verständnisses von Menschen mit Unsicherheiten zu technisch-funktionalen autonomen Systemen, wie auch mobilen Humanoiden, noch eine breite *semantische Lücke* aufweist (s. Abb. 2.30), die es zu schließen gilt. Andererseits wird auch hier klar ausgedrückt, dass der Entwicklung autonomer Systeme in bisher von Menschen dominierten und gestalteten Gesellschaften kein Ausnahmestatus zugesprochen werden kann. Dies gilt umso mehr, wenn wir das gesellschaftliche Umfeld kooperierender Mensch-Maschinen-Systeme auf die Behandlung und Vermeidung anthropozäner Probleme (Abschn. 3.1) ausdehnen. Fortschrittskriterien für gesellschaftliche Entwicklungen, wie Fehlertoleranz, Sicherheit und Nachhaltigkeit in komplexer Umwelt, betrifft früher oder später auch den Einsatz von Humanoiden als zunehmender Teil unserer Gesellschaft.

Nicht unberücksichtigt bleiben dürfen in diesem Zusammenhang auch die Folgen gegenseitiger Veränderungen von Menschen und Humanoiden. Nicht nur Menschen gestalten nach verinnerlichten Regeln ihre maschinellen Gegenüber – auch die Menschen selbst verändern sich durch die neuen gesellschaftlichen Teilnehmer in *ihrem* Umfeld! Hierauf wird in Kap. 4 noch vertieft eingegangen.

Der Philosoph Roberto Casati (2015, 86–91) verfolgt einen anderen Weg, Einfluss auf eine *Roboterethik* und eine *Roboterintelligenz* zu nehmen. Er postuliert, die „Dummheit" der Roboter als ihre Stärke zu begreifen.

> Statt Maschinen intelligenter zu machen, sollte man diese Stärke [ihre Dummheit, d. A.] weiterentwickeln. Solche Maschinen können vieles sehr schnell erledigen, viel schneller als wir. Sie sind großartig, um Routinen abzuarbeiten. Aber sie verstehen nicht, was sie tun, sie haben kein Bewusstsein für das, was sie durchführen. (ebd. 87)

Casati plädiert dafür, unsere Vorstellung von Intelligenz (s. Kap. 4) zu überdenken. Gemünzt auf mobile autonome Humanoide oder andere autonome Systeme wäre eine komplexe Software, die fähig ist, eine Vielzahl von Situationen zu erkennen und auf bestimmte Reize bestimmte Reaktionen folgen zu lassen, keineswegs intelligent.

Während der deutsche Roboterhersteller KUKA offen mit seiner flexiblen Fertigungslösung seines Leichtbauroboters iiwa wirbt – wobei iiwa für *intelligent* industrial work assistant, also *intelligenter* industrieller Arbeitsassistent steht[33] –, widerspricht Casati, dass Maschinen nicht intelligent seien, und auch nicht lernen könnten.

> Maschinen lernen nur in einem sehr technischen Sinn. Ihr Algorithmus erlaubt ihnen, dass sie den Typus des Versagens, den sie bei der Abarbeitung der Datenbasis antreffen, berücksichtigen. Sie korrigieren sich, sobald neue Daten hereinkommen. Lernen ist etwas anderes. Ein Instrument spielen zu lernen umfasst jahrelange Übung und eine Vielzahl an Strategien. Das ist kein Algorithmus der Selbstkorrektur. Maschinen können ihr Verhalten dynamisch verbessern. Aber nicht mehr. (ebd. 88)

Humanoides Wahrnehmen, um auf bestimmte Umweltreize oder Umweltkonfigurationen reagieren zu können, seien sie ethischer oder anderer Natur, ist nur eine möglichst schnelle oder in Echtzeit wahrgenommene Fähigkeit, keinesfalls ein Wahrnehmen nach menschlichem Vorbild.

> Menschliche Wahrnehmung besteht aus mehr, aus der Fähigkeit, die eigene Aufmerksamkeit auf das eine oder andere zu richten, auf bewusste Inhalte, die man sucht. Wahrnehmung ist Agieren. Aber Maschinen agieren nicht, sie bewegen sich bloß. (ebd.)

Und schließlich spricht Casati den Maschinen ethisches Verhalten ab. Er nennt es „Unsinn", wenn von Roboterethik die Rede ist, und formuliert drastisch:

> Wenn mir eine Drohne zu nahe käme, würde ich sie mit Steinen bewerfen. Man könnte mich wegen Sachbeschädigung anzeigen. Das war's. Maschinen sind Gegenstände mit Schaltern,

---

[33] http://www.kuka-robotics.com/germany/de/products/mobility/KMR_iiwa/ (Zugriff: 20.10.2016).

sie können einiges, sie können sehr nützlich sein. Aber kämen Sie auf die Idee, sich beim Fahrstuhl zu bedanken, der Ihnen das Treppensteigen abgenommen hat? (ebd.)

Andererseits: Würden sie sich bei einem persönlich zugeordneten Humanoiden bedanken, der ihnen schwere Lasten die Treppe hochträgt, oder ihnen – mangels eines menschlichen Kommunikationspartners – eine spannende Geschichte vorließt – und zudem noch den Dank erwidert? Auch wenn sie wissen, dass alle humanoiden Handlungen das Ergebnis geschickter Programmierarbeit und mobiler Elektromechanik ist?

Die Vermenschlichung humanoider Handlungen und der ihnen zugesprochenen Intelligenz liegt nahe. Obwohl Menschen ein analog arbeitendes Neuronennetz besitzen und Humanoide nicht mehr als einen aus elektronisch verdrahteten Schaltungen bestehenden Netzverbund, mit dem sie uns in schwierigsten Situationen helfen können – eines werden Maschinen oder Humanoide nach Casatis und des Autors Meinung nie können: sich für uns zu entscheiden.

Wie Menschen in einer Welt zunehmender Robotik an den Schnittstellen zwischen Mensch und Maschine agieren bzw. reagieren, war bei der Erforschung von Folgen wissenschaftlich-technischer Entwicklungen Anfang des 21. Jahrhunderts noch stark auf die Optimierung von technischen und benutzerfreundlichen Aspekten ausgerichtet (Christaller et al. 2001). Diese Einstellung änderte sich jedoch rasch bis in jüngste Zeit. Ethische Grundlagen sind – gemeinsam mit technischen und wirtschaftlichen Kriterien – an der zentralen Wirkungsstelle zwischen Mensch und Maschine zu einem Dauerforschungsthema geworden, erst recht, seit die Entwicklung mobiler humanoider Roboter Fahrt aufnimmt (Decker 2010; Grunwald 2011; Maring 2011; Bogner 2013, um hier nur einige wenige aus dem deutschsprachigen Raum zu nennen, die dem Karlsruher Institut für Technologie – KIT – verbunden sind).

Andererseits scheint bemerkenswert, dass in einem Buch über intelligente Roboter aus 2013 die kognitive Robotik einen Schwerpunkt bildet, aber nur auf ethische Probleme verwiesen wird, die mit einem „[…] Einsatz von KI-Anwendungen im militärischen Bereich oder im Bereich der Geheimdienste" verbunden sind. (Haun 2013, 282). Eine aus Sicht des Autors zu einfache und einseitige Auslegung des – gemeinsam mit künstlicher Intelligenz – zu bedeutsamen ethischen Handlungsumfeldes bei Mensch-Maschine-Interaktionen, insbesondere im zivilen sozialen Umfeld.

Auf einen, in vielen Ländern wie Japan, China, USA und Deutschland, um nur einige zu nennen, bedeutenden sozialen gesellschaftlichen Bereich für die Anwendungen humanoider Roboter sei noch besonders hingewiesen: der Bereich der sozialen Pflege im Alter. Unstreitig werden Interaktionen zwischen humanoiden Robotern und älteren Menschen zunehmen; mit Menschen, die mit schwindenden physischen und psychische Kräften kämpfen, bettlägerigen Menschen, allgemein Menschen, die im Alter hilfebedürftig sind. Die Alterspyramide einiger Industrieländer mit über Jahre reduzierter Geburtenzahl und immer längeren Lebenserwartungen steht heute bereits Kopf. Verschärft kommt hinzu, dass erfahrene Fachkräfte mit fundierter Ausbildung – nicht nur[34] – im Bereich der Altersversorgung fehlen. In diesem sozialen Umfeld spielt ethisches Verhalten eine herausragende Rolle. Stellvertretend für andere wird auf den Tagungsband des Verbandes Deutscher Elektroingenieure (VDE e. V.) (2016) zur Zukunft von Lebensräumen sowie Panek und Mayer (2016) verwiesen, die Projekterfahrungen mit *Assistiver Robotik zur Unterstützung älterer Menschen reflektieren.*

Die VDE-Tagung über „Gesundheit, Selbstständigkeit und Komfort im demografischen Wandel – Konzepte und Technologien für die Wohnungs-, Immobilien-, Gesundheits- und Pflegewirtschaft" enthält insgesamt 78 Beiträge, darunter solche über Robotik für die Gesundheitsassistenz – Evaluierung der Praxistauglichkeit am Beispiel eines mobilen Reha-Roboters (Gross et al.), TABLU[35], ein niedrigschwelliges technisches Assistenzsystem im Bereich der informellen Pflege (Mohr et al.), ein Konzept zur adaptiven ambienten Mensch-Technik-Interaktion (Burmeister et al.) und den vorab genannten Beitrag von Panek und Mayer. Sie schreiben in ihrem 4. Beitrag zur Tagung im Abstract:

> Assistive Roboter sind ein vielversprechendes Zukunftsfeld im Bereich des unterstützten Lebens und der zeitweisen Betreuung älterer Personen, allerdings mangelt es derzeit noch an der Alltagstauglichkeit und Finanzierbarkeit der Geräte und an fundierten Konzepten für ihren Einsatz und der Messung der Performanz in echten Alltagssituationen. Erfahrungen aus den Projekten DOMEO, KSERA und HOBBIT werden dargestellt und diskutiert. Derzeit fehlen vor allem alltagsnahe Studien mit robusten Prototypen, um nachzuweisen, dass durch den Einsatz von Assistiven Robotern Lebensqualität und Selbstständigkeit zu akzeptablen Kosten tatsächlich gefördert werden kann. (Panek und Mayer 2016, 25)

DOMEO (Domestic Robots for Elderly Assistance – mit dem Humanoiden Kompai von Kompai robotics, Frankreich/Japan-Förderung), KSERA (Knowledgeable SErvice Robots for Aging – mit dem Humanoiden NAO von Aldebaran, Frankreich, EU gefördertes Projekt) und HOBBIT (The Mutual Care Robot, ebenso ein von der Europäischen Union gefördertes Projekt) sind drei Ansätze, humanoide zweibeinige und radgetriebene Roboter im sensiblen sozialen Bereich der Altenbetreuung zu etablieren, in dem ethische Handlungen bedeutend sind.

3.3.2 Roboterethik für Humanoide und in Humanoiden

Hier sei noch einmal generell darauf hingewiesen, dass Ethik in Verbindung mit Robotern weniger die stationär positionierten und umzäunten Industrieroboter berührt, als

---

[34] Der Bildungsbereich, in dem in Deutschland seit Jahrzehnten mit mehr oder weniger Erfolg und Misserfolg immer neue Rahmenbedingungen und Konzepte je nach politischer Orientierung erprobt werden, ist auch getrieben von einer – den gesellschaftlichen, ökologischen und ökonomischen Gegebenheiten entsprechenden – mangelhaften Ausbildung, fehlenden Fachkräften, ungeeigneten Lehrmitteln u. a. m. Auch im Schul- und Bildungsbereich haben Humanoide seit einiger Zeit als Lehrersatz bzw. Lehrergänzung „Lehrtätigkeiten" übernommen.

[35] http://www.tablu.de (Zugriff: 20.10.2016).

vielmehr die kollaborierenden, mobilen, mit Menschen interagierenden Roboter. Insbesondere humanoide Roboter als Dienstleistungsmaschinen außerhalb von Werksgeländen rücken mehr und mehr ins Blickfeld des Geschehens.

Nachdem aus verschiedenen wissenschaftlichen Disziplinen in hinreichender – sicher nicht allumfassender Weise – Positionen zu Ethik und Robotik erläutert wurden, widmet sich dieses Kapitel der Konstruktion von ethischen Systemen für Roboter und in Robotern.

Roboterethik oder *Roboethics* sind Schlüsselbegriffe dazu. Die Geburt dieses Wissenschaftszweiges wird auf das Jahr 2004, in dem das 1. Symposium über Roboethics in Rom, Italien stattfand, datiert (Veruggio 2005). Bereits zu dieser Zeit gab es entgegengesetzte Meinungen darüber, ob Maschinen ethisch handeln können oder nicht. Der polnische Friedensnobelpreisträger Joseph Rotblat (Vorsitzender der Pugwash-Konferenz für Wissenschaft und Weltangelegenheiten[36]) sprach sich vehement gegen „denkende Computer, Roboter, ausgestattet mit künstlicher Intelligenz und Selbstreplikationsfähigkeit" aus. Wohingegen J. Storrs Hall (Foresight Institut, USA) eine optimistischere Einstellung einnahm, die in dem Satz mündete:

„Our machines will be better than us, and we will be better for having created them." (ebd. 2)

(Übersetzt: Unsere Maschinen (Roboter) werden besser sein als wir, und wir werden besser sein, weil wir sie erschaffen haben.)

In Fukuoka, Japan, während der Internationalen Roboter-Messe im Februar 2004, zeichneten die Teilnehmer die „*World Robot Declaration*" mit folgenden drei Hauptpunkten:

Überzeugt von der zukünftigen Entwicklung der Robotertechnologie und den zahlreichen Beiträgen, die Roboter der Menschheit leisten werden, wird diese Welt-Roboter-Erklärung [...] veröffentlicht:

I. Erwartungen für die nächste Robotergeneration
   1. Die nächste Robotergeneration wird mit dem Menschen als Partner zusammenleben.
   2. Die nächste Robotergeneration wird Menschen in physikalischer und psychologischer Hinsicht unterstützen.

---

[36] https://de.wikipedia.org/wiki/Pugwash_Conferences_on_Science_and_World_Affairs   (Zugriff: 20.10.2016).

3. Die nächste Robotergeneration wird mitwirken bei der Realisierung einer sicheren und friedvollen Gesellschaft.

[...] (http://robots.net/article/1113.html, Zugriff: 19.04.2017, Übersetzung d. d. A.)

Zugleich gründete das Europäische Roboter-Forschungsnetzwerk (European Robotics Research Network, EURON) 2005 eine Roboterethik-Werkstatt, aus der ein Roboterethik-Fahrplan mit folgenden Punkten entstand:

1. Entwicklung einer gemeinsamen Sprache unter Gelehrten (Wissenschaftlern) und Interessensvertretern von Roboterethik.
2. Fachübergreifendes Lernen und Kontakte knüpfen, Ideen entwickeln.
3. Entwicklung einer generellen Studie über grundlegende ethische Paradigmen in unterschiedlichen Kulturen und Religionen.
4. Bestimmung eines „Rosetta Stone", einer Sprache von ethischen Richtlinien, angepasst an unterschiedliche Kulturen und Religionen.
5. Vorantreiben spezifischer Untersuchungen.

Als besondere Anwendungsfelder wurden genannt: Wirtschaft, gesellschaftliche Auswirkungen, Gesundheitsvorsorge, Mangel an Einsicht, absichtlicher Missbrauch/Terror, Gesetze (Veruggio 2005, 3–4). Weitere Einblicke in die Roboterethik geben Deng 2015, Russell et al. 2015 und Tsafestas 2016, wobei letzterer einen gut strukturierten Überblick über Roboterethik beinhaltet.

Erklärungen, Fahrpläne und Anwendungsfelder, wie mit Roboterethik umgegangen werden soll, liegen vor. Zum gegenwärtigen Zeitpunkt 2017 sind viele der vorgenommenen Ziele mit Roboterethik noch in der Entwicklung bzw. werden auf sogenannten Roboter-Plattformen geprüft und anwendungsspezifisch getestet.

Eine von mehreren Entwicklungen ist der von Aldebaran entwickelte, zirka 57 cm große humanoide Roboter NAO, der in einem Experiment dafür programmiert wurde, Menschen an ihre Medikamente zu erinnern. Eine auf den ersten Blick einfache Aufgabe, wie die amerikanische Philosophin Susan Leigh Anderson von der University of Connecticut in Stamford es ausdrückt. Aber gerade diese beschränkte Tätigkeit beinhaltet nach Anderson nicht triviale ethische Fragen. Zum Beispiel folgende: Wie soll der Humanoide fortfahren, wenn der Patient die Medikamente verweigert? Wenn dem Patienten erlaubt wird, eine Dosis zu überspringen, könnte das zu einem körperlichen Schaden führen. Erzwingt der Humanoide jedoch die Einnahme des Medikamentes, würde dies die Selbstbestimmtheit des Patienten beeinträchtigen (Deng 2015, 25). Um diese Dilemmata zu umgehen, wurden NAO Beispiele von Lösungen einprogrammiert, bei denen Bioethiker Konfliktlösungen unter Einbeziehung von Selbstständigkeit, Schaden und Nutzen für einen Patient fanden. Mit dieser Art maschinellen Lernens könnte ein humanoider Roboter nützliches Wissen generieren, auch von mehrdeutigen Eingaben, so die Theorie. Noch sind Unsicherheiten zu überwinden, wenn Humanoide selbst entscheiden sollen, was sie tun oder nicht tun. Viele Ingenieure plädieren daher für Programme mit konkreten

Handlungsregeln, die Humanoide befolgen, um Entscheidungskonflikten aus dem Weg zu gehen (ebd.).

Hiermit ist ein weiteres, keineswegs nebensächliches Problem der Roboterethik angesprochen, das Vanderelst und Winfield (2016) von Bristol Robotics Laboratory als „The Dark Side of Ethical Robots" – Die *dunkle Seite (!) von ethischen Robotern* – betiteln. Sie beschreiben im gleichnamigen Beitrag eine inhärente – innewohnende – Einschränkung des aufkommenden Bereichs ethischer Roboter. In Experimenten zeigen sie, dass die Konstruktion ethischer Roboter zwangsläufig auch den Bau unethischer Roboter begünstigt. Es scheint bemerkenswert leicht zu sein, ethischen Robotern sowohl wetteiferndes Verhalten als auch aggressives Verhalten beizubringen. Die Programmierung von künstlicher Intelligenz für kooperierende ethische Roboter kann demnach auch zu aggressivem Verhalten missbraucht werden. Daher ist die Entwicklung von ethischen Robotern noch keine Garantie für eine verantwortliche Entwicklung in dieser Richtung (ebd. 1). Die konkrete Schaltungsarchitektur für ethisch handelnde Roboter nach den von Vanderelst und Winfield durchgeführten Experimenten wird weiter unten – neben anderen – aufgegriffen.

Auf die ethischen Aspekte einer Handlungspartnerschaft zwischen Personen und Robotern (Heesen 2014) und die moralische Verantwortung von Robotern (Neuhäuser 2014) soll in diesem Zusammenhang noch hingewiesen werden. Diese Aspekte bekommen durch die zunehmende Ausweitung der Anwendungsfelder, die auch mehr und mehr autonome mobile Humanoide trifft, ganz besondere Bedeutung. Im engen Verbund mit ethischen Kriterien stehen auch rechtliche Kriterien, die in Abschn. 3.4 behandelt werden.

Neben Bestimmungen des Technikbegriffes, der Zuordnung von Robotik und humanoider Robotik in die Hochtechnologie, des Zuschreibens von Technik als *sozialer Akteur* aus „[…] moderner philosophischer und soziologischer Forschung […]" (Heesen 2014, 255), wird auch das Thema Mensch-Maschine-Interaktion und verschiedene Interaktionsbegriffe der elektronischen Kommunikation und Information kurz behandelt, bevor ethische Fragestellungen *grundsätzlicher Art* zur Mensch-Maschine Interaktion angesprochen werden.

Es heißt:

Ethik hat die wissenschaftliche Reflexion der Moral zum Gegenstand. In einer allgemeinen Bestimmung bezeichnet Moral die faktischen Handlungsmuster, -konventionen und -regeln bestimmter Individuen, Gruppen oder Kulturen in Hinsicht auf die jeweils gültigen Vorstellungen vom „richtigen" Handeln beziehungsweise Wohlverhalten. (ebd. 261 f.)

Hierbei reflektiert die *normative Ethik* gegenüberüber der *Meta- bzw. deskriptiven Ethik* nicht die Moral an sich, sondern fragt nach der *richtigen* Moral.

Für ein individuelles Handeln – Individualethik – stellen sich z. B. Fragen wie: „Was soll ich tun?", „Welche meiner Handlungsmöglichkeiten lassen sich ethisch rechtfertigen?" Heesen nennt weitere Ethikbereiche wie Institutionenethik und Sozialethik, bei der die Auslegung sozialer Institutionen und ein gesellschaftliches Handeln in den Blickpunkt rücken (ebd. 262). Bezogen auf das genannte

[...] Handlungsgeflecht zwischen Mensch und Technik („Technik als sozialer Akteur") heißt das: Inwiefern sind für den Menschen in technischen Systemen Handlungsmöglichkeiten festgeschrieben? Wie können technische Systeme selbst nach ethischen Zwecksetzungen ausgerichtet werden? Wie kann ein ethisch gerechtfertigtes Verhalten durch technische Systeme begünstigt oder aber verhindert werden? (ebd. 262 f.).

Schließlich wird die „Mensch-Maschine-Schnittstelle" – humanes-humanoides Wirkungs- bzw. Interaktionsfeld –, wie es grafisch in Abb. 3.14 präsentiert wird, auch als ein sensibler Bereich erkannt, der „[...] prägend für die Vorstellung einer Gesellschaft vom ‚richtigen' Umgang mit technischen Artefakten sein" kann (ebd. 267).

Neuhäuser leitet über auf die Frage nach dem *moralischen Status von Robotern*, wenn diese zunehmend Handlungen ausführen, die bisher Menschen vorbehalten waren und kommt auf zwei Teilfragen zu sprechen:

1. Sind Roboter moralische Akteure, also Akteure, die moralisch handeln oder zumindest moralisch handeln könnten? Man kann die Frage auch so formulieren: Sind Roboter verantwortungsfähige Akteure? Denn die Fähigkeit, moralisch zu handeln, impliziert die Fähigkeit, verantwortlich zu handeln. Oder andersherum: Nur solche Wesen, die Verantwortung übernehmen können, sind auch in der Lage, moralisch zu handeln.
2. Sind Roboter moralisch zu berücksichtigende Akteure, also Akteure, die eigene moralische Rechte oder zumindest moralische Ansprüche haben. Heute glauben viele Menschen, dass alle empfindungsfähigen Wesen moralische Ansprüche haben. Weil Menschen jedoch nicht nur empfindungsfähig, sondern auch vernünftig sind, haben sie anderen Tieren gegenüber eine herausragende Stellung, so lautet die herrschende Meinung. Sie haben nicht nur moralische Ansprüche, sondern moralische Rechte, weil sie eine Würde besitzen, heißt es dann. (Neuhäuser, 2014, 271).

Heute darüber zu spekulieren, ob humanoide Roboter eines Tages Empfindungsfähigkeit besitzen, wäre müßig. Neuhäuser fragt daher, „[...] ob Roboter vielleicht moralische Akteure mit einer Verantwortung sein können, ohne eigene moralische Ansprüche zu haben." (ebd. 271) Die differenzierten Argumente, die Neuhäuser im Folgenden ins Feld führt, münden in der Feststellung:

Roboter oder zumindest gegenwärtige Roboter haben keine Gefühle. Selbst wenn man diesen Punkt nicht akzeptiert, so gilt doch weiterhin, dass sie keine Werthaltung besitzen und ebenfalls kein moralisches Gespür, keine moralische Urteilskraft, keine moralische Intuition oder wie immer man das auch nennen möchte, ohne auf Gefühle zu rekurrieren. Roboter sind also keine moralischen Akteure mit Verantwortung. Sie sind in diesem Sinne nicht verantwortungsfähig.

Die Folgerung daraus scheint zu sein, dass dann jemand anderes die Verantwortung für das übernehmen muss, was Roboter tun, wenn das umfassende Netz der Verantwortung mit einer zunehmenden Handlungsmacht der Roboter nicht immer löchriger werden soll. Doch es gibt noch eine weitere Möglichkeit. Zwar sind Roboter keine vollständig verantwortungsfähigen Akteure so wie Menschen, besitzen aber vielleicht eine abgeschwächte Form von Verantwortungsfähigkeit, könnte man meinen. Dann könnten sie zumindest ein Teil der Verantwortung, die sich aus ihrem Tun ergibt, selbst tragen. (ebd. 279).

Wenn wir voraussetzen, dass es möglich ist, näherungsweise menschliches ethisches Verhalten auf Roboter algorithmisch zu übertragen, dann zeigt die Erkenntnis aus *heller* und *dunkler Perspektive für ethisch handelnde Humanoide* – deutlich: Die Entwicklung von Robotern bzw. Humanoiden mit programmierter Ethik, zur Vermeidung von Schäden, kann nicht ausschließlich die Aufgabe von Ingenieuren, Informatikern bzw. Programmierern sein. Es ist ein gesellschaftlich zu lösendes Problem, unter Einbeziehung mehrere Fachdisziplinen! Es bedarf nicht zuletzt auch eines rechtlichen Rahmens (Abschn. 3.4), der umso präziser gestaltet werden muss, je enger das Verhältnis zwischen Menschen und Humanoiden ist – und in welcher Umwelt sowie durch welche Interaktion sie auch immer stattfindet.

Vorsichtig zunehmend mischen sich auch selbstfahrende autonome Roboterautos in den Straßenverkehr. Auch diese Roboter sind – in anderer Gestalt als Humanoide – gesteuert durch intelligente Software, auch nicht frei von Fehlern. Bei beiden Robotern stellt sich dieselbe Frage: Wer oder was ist verantwortlich bei einem Unfall? Das bezieht nicht nur rechtliche (Abschn. 3.4), sondern auch ethische Fragen mit ein.

Von diesem ethischen Standpunkt aus gesehen diskutieren Hevelke und Nida-Rümelin (2014) unvermeidliche Zusammenstöße am Beispiel vollständig autonom fahrender PKW. Sie schlussfolgern zur Verantwortung bei Unfällen, dass beide Maßnahmen, die Verpflichtung des Fahrers einzugreifen und eine Verantwortung des Fahrers, in Form einer strengen Haftbarkeit, brauchbare Optionen zu sein scheinen (ebd. 2014, 629).

Wie stellt sich gegenüber diesem Diskursbeispiel die Situation des Unfalls mit einem autonom handelnden Humanoiden dar, bei dem der beteiligte Mensch nicht in einer autonom handelnden Maschine sitzt, sondern um einen autonom handelnden Humanoiden herum mit diesem interagiert? In dieser Situation existiert erst einmal kein direkter Eingriff des Menschen in den Steuerungs- bzw. Regelungsmechanismus des mobil handelnden Humanoiden, außer gewissen – nicht mechanischen – Sicherheitsschranken, vielleicht durch optische oder akustische Alarme, wenn Mensch und Humanoide sich zu nahe in einen Gefahrenbereich für den Menschen begeben. Unachtsamkeit auf Seiten des Menschen und Fehlschaltungen oder verschleißbedingte Fehlbewegungen durch den Humanoiden können beispielsweise Auslöser von Unfällen sein. Welche programmierbaren ethischen Regeln für Humanoide können – wenn überhaupt – helfen, derartige Konfliktsituationen im engen Wirkungsbereich humaner-humanoider Interaktionen zu vermeiden?

In dem Maße, wie mathematische Rechenvorschriften (Algorithmen) in Maschinen wie Humanoiden eingebaut werden, die aufgrund von Lernprogrammen selbstständig situationsbedingte Entscheidungen treffen und entsprechend agieren, werden ethische Fragen akut.

Implementierbare Technik zu Roboterethik

Der vorab angesprochene Algorithmus ethischen humanoiden Verhaltens, mit leicht manipulierbaren Änderungen in Richtung aggressiven humanoiden Verhaltens, ist in Abb. 3.18 als einfache Blockstruktur zu sehen. Diese besteht aus drei aufeinanderfolgenden Schaltmodulen für Generierung, Vorhersage und Bewertung einer Reihe von programmierten

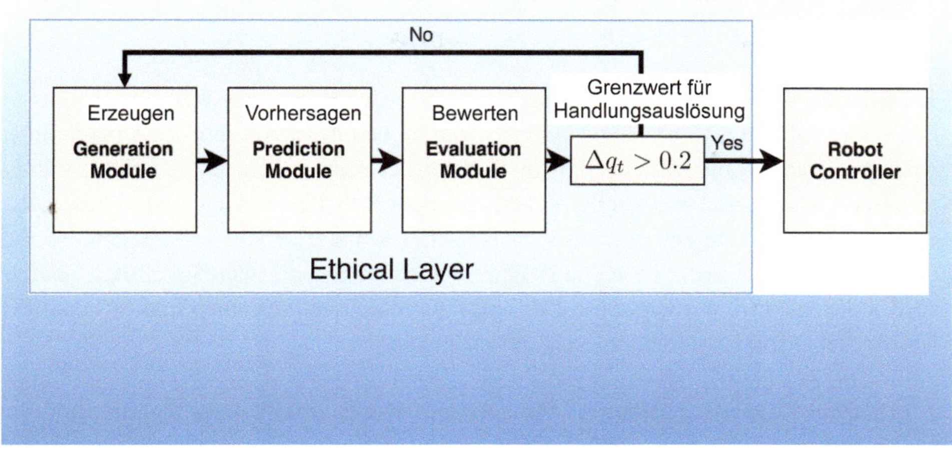

Abb. 3.18 Einfaches implementiertes Block-Ablaufbild für ethisch agierende Humanoide (aus: Vanderelst, Winfield 2016, 2, Fig. 1d, ergänzt d. d. A). Ein numerisch berechneter Differenzwert oder Grenzwert Δq für ein gewünschtes Verhalten von Mensch und Humanoiden, im Bild mit > 0,2 angegeben, ist Auslöser für ein bestimmtes ethisches Verhalten aus fünf programmierten Verhaltensalternativen des Humanoiden

Verhaltungsalternativen auf eine bestimmte Handlung (hier assistieren humanoide ethische Roboter – Aldebarans NAO – dem Menschen bei einem sogenannten „shell game", Muschelspiel). Bei jedem Spieldurchlauf versucht der Roboter, die menschlichen Bewegungen abzuleiten und mit den fünf implementierten Vorgaben abzugleichen, um die möglichst ethisch richtige Antwort zu geben. Im Rahmen der künstlichen intelligenten Programmierung des humanoiden Assistenten wird für dessen Handlungen die gängige sigmoide Aktivitätsfunktion – S-förmiger Verlauf von Aktivitätsimpuls bis Aktivität – genutzt, wie sie analog bei künstlichen neuronalen Netzen verwendet wird, die kognitive Prozesse simulieren, um aus der Aktivierung (Eingang) eine Handlung (Ausgang) zu berechnen. Visualisiert wird die Aktion in einer zweidimensionalen Grafik. Für tiefergehende Details wird auf die angegebene Literatur verwiesen.

Intelligent in unserem Sinn ist dieser simple Wahlmechanismus von humanoidem ethischem Verhalten natürlich nicht. Dieser nutzt nur vorab programmierte Handlungsalternativen, die durch das Beobachten menschlicher Handlungen ausgewählt und ausgelöst werden.

In ihrem *A Construction Manual for Robots' Ethical Systems* gehen Trappl et al. (2015) gezielt auf Anforderungen, Methoden und Realisierung von ethischen Robotersystemen ein. Im Rahmen dieser Arbeit werden daraus – neben zwei ergänzenden bzw. überarbeiteten Gesetzen zu Asimovs Robotergesetzen – nachfolgend 2. und 3. – drei ethische Systeme vorgestellt, die bei Robotern einsetzbar sind, und weitere drei Systeme /Projekte, die ethische Aspekte mit autonomen Robotern verknüpfen, die wahrscheinlich zunehmend die Grenzen zwischen lebens- oder menschenähnlichen und technischen Aktivitäten verschwimmen lassen und die als assistierende Helfer für Menschen in Not genutzt werden können (Trappl et al. 2015, 13).

1. Ethisches System für Roboter: Isaac Asimovs vier Robotergesetze
Diese vier ethischen Gesetze von Asimov wurden bereits in Abschn. 2.2.5 beschrieben. Anzumerken bleibt nur, dass sie 1950 im Rahmen der Science-Fiction-Geschichte *I, Robot* formuliert wurden und weniger der Realität heutiger Roboterentwicklungen zuzusprechen sind. Obwohl sie eine gewisse Basis für ethisches Roboterverhalten beinhalten, ist doch fraglich, ob die Konstruktionen und Programmiertechniken, die heute für ethisch handelnde Roboter genutzt werden, diese Ethikgesetze tatsächlich verstehen und in komplexer Umwelt fehlerfrei bzw. fehlertolerant umsetzen können.

2. Ethisches System für Roboter: Murphy und Woods modifizierte Robotergesetze 1 bis 3 von Isaac Asimov
Um die praktischen Defizite von Asimovs literarisch behandelten Robotergesetzen auszugleichen, modifizierten Murphy und Woods (2009) Asimovs erste drei Robotergesetze zu *drei Gesetzen verantwortlicher Robotik* wie folgt (übersetzt d.d.A.):

> 1. Ein Mensch darf einen Roboter nicht ohne ein Mensch-Roboter-Arbeitssystems nutzen, wenn nicht die höchsten gesetzlichen und professionellen Standards von Sicherheit und Ethik vorliegen.
> 2. Ein Roboter muss auf Menschen seinen Rollen bzw. Aufgaben angemessen reagieren.
> 3. Ein Roboter muss mit hinreichender Selbstständigkeit ausgestattet sein, um seine eigene Existenz zu sichern, solange ein derartiger Schutz reibungslose Übertragungskontrolle gewährleistet, die nicht mit dem ersten und zweiten Gesetz in Konflikt steht.

3. Ethisches System für Roboter: Nicola Kesarovskis fünftes Robotergesetz
Das fünfte Robotergesetz formulierte Kerasovski in seiner 1983 erschienenen Veröffentlichung mit dem Titel „Das fünfte Gesetz der Robotik" (orig. in kyrillisch).[37] Es lautet:

> Ein Roboter muss wissen, dass er ein Roboter ist.

In der zugrundeliegenden Erzählung um einen Mörder entdeckte die forensische Ermittlung, dass das Opfer von einem Roboter in Menschengestalt umarmt wurde. Der Roboter verletzte damit das 1. und 4. Asimovsche Gesetz, weil der Maschine nicht klar war, dass sie ein Roboter ist.

---

[37] https://en.wikipedia.org/wiki/Nikola_Kesarovski#cite_note-1 (Zugriff: 25.10.2016).

4. Ethisches System für Roboter: Jeremy Benthams Nützlichkeitsprinzip
Dieses ethische Robotersystem basiert auf dem Jahrhunderte alten Prinzip von Moral und
Recht – Utilitarismus – des Philosophen und radikalen Politikers Jeremy Bentham (1748–
1832) 1988. Sein Imperativ ist:

► Handle so, dass das maximal Gute für alle Personen gewonnen wird.

Oft wird das *Gute* durch das Nützliche ersetzt. Aber wie kann das Nützliche präzise
gemessen werden, wenn der Mensch in Wahrscheinlichkeiten agiert, die auch im Zusammenspiel mit humanoiden Robotern (s. Abb. 3.17) nicht umgangen werden können?

5. Ethisches System für Roboter: Tom L. Beauchamps u. a. Prinzipienethik
Dieses abschließend gelistete – auf ethisches Roboterhandeln im Medizinbereich gemünz-
te – System trägt den Namen *principlism* oder Prinzipienethik (Beauchamp et al. 1979).
Es besitzt vier ethische Prinzipien (übersetzt d.d.A.):

► 1. Eigenständigkeit – Autonomy
     Respektiere – als medizinisch helfende Person – die Eigenständigkeit eines Patien-
     ten.
  2. Wohltätigkeit – Beneficence
     Medizinische Handlungen sollen dem Patienten Nutzen bringen.
  3. Gefahrenfreiheit – Above all, do not do harm
     Vermeidung von Gefahren bzw. Verletzungen ist oberstes Gebot.
  4. Gerechtigkeit – Justice
     Auf den ersten Blick ist das vierte Prinzip ein überraschendes Prinzip. Es ist aber
     gleichermaßen wichtig, weil das medizinische Personal in seinen Handlungen die
     soziale gerechte Verteilung von Nutzen und Belastung für den Patienten berück-
     sichtigen muss.

Roboter, ob humanen oder nicht-humanen Aussehens, sind längst im Medizin- bzw.
Krankenhausbereich tätig, nicht nur als sozialer „Kuschel- oder Gesprächsersatz" in ge-
rontologischen Abteilungen, sondern auch als Assistent bei Operationen, wo höchste Präzision gefragt ist. Hier greift das Prinzip 3 in besonderem Maße. Noch besitzen erfahrene
Ärzte die Oberaufsicht und -verantwortung über die maschinellen Eingriffe am Patienten. Die ethischen Prinzipien werden aber umso mehr in den Mittelpunkt des Geschehens
rücken, je stärker Lösungen der künstlichen Intelligenz in medizinisch handelnden Robotern implementiert werden.
Rafael Capurros (2009) sehr empfehlenswerte, laufend aktualisierte Studie zum Thema Roboterethik – Roboethics – gibt einen umfassenden Überblick zum Thema Ethik
und Robotik. Sie beinhaltet insgesamt 11 Themenkomplexe, die unter anderem neueste
Forschungen in der Roboterethik, interkulturellen Robotik, zu Ethik und Roboterautos,

Cyberkrieg, Gesundheitsvorsorge und Robotik, Robotergesetzen, sozialer Robotik und Roboterphilosophie umfassen, siehe auch Capurro und Nagenborg (2009).

Abschließend zum Ethikkomplex der – humanoiden – Robotik wird noch auf die drei oben angekündigten Projekte ethischer Robotik eingegangen, die EPSRC Principles, STOA Project und MEESTAR Assessments genannt werden und sich an Trappl (2015, 13–16) orientieren.

I EPSRC: Grundsätze über ethische Richtlinien für Roboter als Multifunktionswerkzeuge – Großbritannien 2011[38]

EPSRC bedeutet im Original: *Engineering and Physical Sciences Research Council.*

Es sind fünf Prinzipien, die den Kern der ethischen Richtlinie herausstellen (übersetzt d.d.A.):

1. Roboter sind Multifunktionswerkzeuge. Sie sollten nicht ausschließlich oder vorrangig zum Töten oder Verletzen von Menschen entworfen werden, mit der Ausnahme von Interessen der nationalen Sicherheit.
2. Menschen, nicht Roboter sind verantwortungsvolle Akteure. Roboter sollten für praktische Aufgabe entworfen werden und handeln, soweit sie mit vorhandenen Gesetzen und fundamentalen Rechten und Freiheiten in Einklang stehen, einschließlich der Privatsphäre.
3. Roboter sind Produkte. Sie sollten danach entworfen werden, dass Prozesse, die sie durchführen, ihre Gefahrlosigkeit und ihre Sicherheit sicherstellen.
4. Roboter sind fertigungstechnische Artefakte. Sie sollten nicht in irreführender Weise entworfen werden, um angreifbare Nutzer auszubeuten, stattdessen sollte ihre maschinelle Natur durchschaubar sein.
5. Die Person(en) mit gesetzlicher Verantwortung für einen Roboter sollten eindeutig bestimmt werden.

Zwar fokussieren die EPSRC-Prinzipien in der Hauptsache Roboter in industrieller Umgebung als technische Maschinen, gegebenenfalls als kollaborierende Roboter – das schließt aber die Anwendung auf humanoide Roboter, beispielsweise in privater Umgebung – unter Umständen mit zusätzlichen ethischen Kriterien –, keineswegs aus.

II STOA: Vorhaben Herstellung von perfektem Leben: ethische Voraussetzungen über Mensch-Computer-Schnittstellen – Europäische Union 2012 (European Parliament EP 2012)

STOA bedeutet im Original: *Science and Technology Options Assessment.*

Dieses interdisziplinäre Projekt, an dem Experten aus Recht, Verhaltenswissenschaften, künstlicher Intelligenz, Computerwissenschaften, Medizinwissenschaften und

---

[38] https://www.epsrc.ac.uk/research/ourportfolio/themes/engineering/activities/ principlesofrobotics/ (Zugriff: 25.10.2016).

Philosophie mitwirkten, blickte in ausgewählte Bereiche ingenieurtechnischer Artefakte und daraus resultierender Konsequenzen für Politiker. Bezogen auf Mensch-Maschine-Schnittstellen wurden drei Systemtypen untersucht, mit hochrangigen Empfehlungen. Die drei Systeme sind:

1. Computer und menschenähnliche – humanoide – Kommunikationspartner. Der Computer übernimmt verschiedene Rollen als Lehrer, Krankenschwester und Freund und agiert entsprechend.
2. Computer als Apparaturen für Überwachung und Alarm. Der Computer überwacht, misst und greift ein, bei menschlichen Situationen, z. B. wenn Achtsamkeit gefordert ist, Ermüdung eintritt und den Menschen gefährdet u. a. m.
3. Umgebungsintelligentes und allgegenwärtiges Computerrechnen. Computer werden mehr und mehr Teil der Gesellschaft und somit kaum mehr wahrnehmbar, unsichtbar.

Empfehlungen, die sich daraus ergeben sind: Schutz von Daten, Privatsphäre, Durchsichtigkeit und Benutzerkontrolle sowie externe Gremien zur Überwachung der Technologieentwicklung und Sachverhalte, die ethischen, rechtlichen und gesellschaftlichen Herausforderungen entgegenwirken.

III MEESTAR: Ethische Beurteilung über sozial-technische Anwendungen – Deutschland 2013 (Manzeschke et al. 2013)

MEESTAR bedeutet im Original: *Modell zur ethischen Evaluation sozio-technischer Arrangements.*

Die unmittelbaren Beziehungen zu ethischen Diskussionen – über das, was nicht wünschenswert ist, unter welchen Umständen etwas stattfindet, wer was bestimmt und welche Kriterien maßgebend sind – führt zu MEESTAR, einem Analyseinstrument. Es ist der Versuch, die ethische Einschätzung von sozialen technischen Systemen zu lenken.

MEESTAR konzentriert sich auf ethische negative Aspekte sozialer-technischer Anwendungen aus dem Grund, „[...] weil die ethische Minimalanforderung lautet, dass altersgerechte Assistenzsysteme keinen oder nur geringen Schaden produzieren sollen." (ebd. 13) MEESTAR wird von drei Komplexen unterschiedlich gewichteter Auswertungen gestützt (ebd. 13–21), die in Abb. 3.19[39] grafisch dargestellt sind:

1. Sieben ethische Dimensionen: Fürsorge, Selbstbestimmung, Sicherheit, Privatheit, Gerechtigkeit, Teilhabe, Selbstverständnis.
2. Vier Stufen ethischer Bewertung: Anwendungen unbedenklich bis abzulehnen.
3. Drei Ebenen ethischer Bewertung: individuelle, organisatorische und gesellschaftliche Ebene.

---

[39] Der Autor dankt den Professoren Rother, Manzeschke, Weber und Fangerau sowie Frau Weiß vom VDIVDE-IT herzlich für ihre Zustimmung, die Grafiken in Abb. 3.19 und 3.20 zu übernehmen.

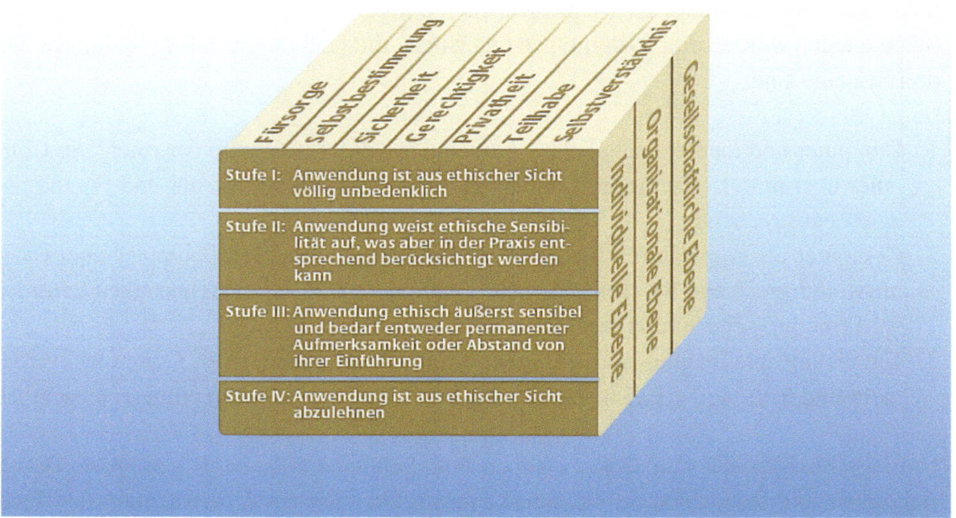

Abb. 3.19 MEESTAR-Würfel gewichteter Dimensionen. (Aus: Manzeschke et al. 2013, 14, Abb. 1, farblich geändert d. d. A.)

Ethische Kernfragen für die Anwendung von MEESTAR sind (ebd. 14):

- Ist der Einsatz eines bestimmten altersgerechten Assistenzsystems ethisch bedenklich oder unbedenklich?
- Welche spezifisch ethischen Herausforderungen ergeben sich durch den Einsatz eines oder mehrerer altersgerechter Assistenzsysteme?
- Lassen sich ethische Probleme, die sich beim Einsatz von altersgerechten Assistenzsystemen ergeben, abmildern oder gar ganz auflösen? Wenn ja, wie sehen potenzielle Lösungsansätze aus?
- Gibt es bestimmte Momente beim Einsatz eines altersgerechten Assistenzsystems, die ethisch so bedenklich sind, dass das ganze System nicht installiert und genutzt werden sollte?
- Haben sich bei der Nutzung des Systems neue, unerwartete ethische Problempunkte ergeben, die vorher – bei der Planung oder Konzeption des Systems – noch nicht absehbar waren?
- Auf welche Aspekte und Funktionalitäten des untersuchten altersgerechten Assistenzsystems muss aus ethischer Sicht besonders geachtet werden?

Natürlich existieren auch, wie Manzeschke et al. ausführen, ethische Kipppunkte und Spannungsfelder im Rahmen von MEESTAR-Anwendungen, die weniger aus rein technischer als aus soziotechnischer Zeitperspektive zu betrachten sind, bei der eine helfende

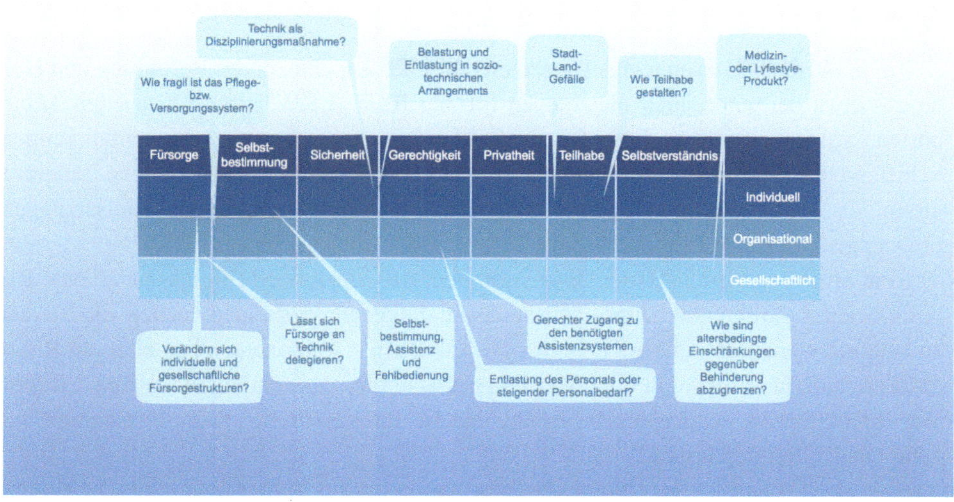

Abb. 3.20 MEESTAR-Kipppunkte und Spannungsfelder. (Aus: Manzeschke et al. 2013, 27, Abb. 2, farblich geändert d. d. A.)

Unterstützung „[. . .] in eine kontraproduktive Belastung [. . .]" (ebd.) umschlagen kann. Abb. 3.20 fasst derartige Kipppunkte und Spannungsfelder zusammen.

Wenn wir die drei Projekte oder Rahmenhandlungen für Robotersysteme mit ethischen Merkmalen gegeneinander stellen, dann fokussiert EPSRC vorrangig die Werkzeugcharakteristik der Roboter von Herstellern und soziale rechtliche Standpunkte. STOA adressiert demgegenüber die Verbreitung, die Verbundenheit und zunehmende Unwahrnehmbarkeit neuer Technologien. MEESTAR nimmt eine anwendungszentrierte Perspektive ein mit dem Fokus auf Assistenzsystemen für ältere Personen. Die hohe Komplexität von MEESTAR erlaubt es nicht, das Programm direkt in einen Computer zu implementieren. Jedoch kann MEESTAR mit Blick auf zukünftige autonome – humanoide – Roboter mit *ethischer Verantwortung* als Ausgangpunkt für daraus ableitbare Funktionen in Programmen, mit denen Roboter ausgestattet werden, nützlich sein (s. Trappl 2015, 16).

Zu Ethik und Robotik wird in den USA, Japan, Korea, der Europäischen Union und weiteren Nationen auf vielfältige Weise geforscht, entwickelt und praktiziert. Autonome Fahrzeuge sind genauso im Fokus des Interesses von kooperierenden Wissenschaftseinrichtungen und einschlägigen Unternehmen wie das Feld der Industrierobotik und der Sozialrobotik, einschließlich der Entwicklung von Humanoiden. Eine Vielzahl Konferenzen begleitet diesen Trend zunehmender gesellschaftlicher Veränderungen. Politiker laufen – trotz offensichtlicher Informiertheit und eingeleiteter Strategien, wie vorab gezeigt – noch hinter diesem Trend deutlich schnellerer Fortschritte in den Roboter-Industrien hinterher.

▶ Beschleunigung von neuen Techniken aufgrund ökonomischer Zielsetzungen war noch nie ein guter Ratgeber für Fortschritte, die einer Gesellschaft als Ganzes verpflichtet sind.

Ein praktisches konsequentes Umsetzen ethischer Aspekte, deren Befolgung und Haftung – etwa bei autonomen Fahrzeugen (ob bei PKW, LKW, innerindustriellen Transporten, später vielleicht auch bei Bussen für den Personentransport, Schienenfahrzeugen, Schiffen oder Flugzeugen) im Fall von Unfällen – sind geboten. Verschiedene Länderregierungen entwickeln verschiedene Strategien, aufgrund unterschiedlicher Zielsetzungen, obwohl grundlegende ethische Aspekt für Menschen doch gleich sind.

Eine offene gesellschaftliche Diskussion über die zunehmend Einfluss nehmende Robotik beginnt – wenn überhaupt – sehr mühsam. Sogenannte Themenwochen von Medien zu Robotik – wie durch die ARD in der 44. KW/2016 – werden auch begleitet mit Roboterfiktionen à la Hollywood oder Martial-Arts-Kämpfen von Humanoiden bzw. „Robot-War-2016"-Shows, bei denen „Hobby-Ingenieure" ferngesteuerte „Kampfmaschinen" gegeneinander antreten lassen.[40]

Eine gesellschaftlich verpflichtende Information für die Bürger über konkrete Vorteile und Nachteile des Einsatzes zunehmender Maschinenpartner der Menschen, die fast alle gesellschaftlichen Bereiche und darüber hinaus auch die Umwelt und Natur betreffen, hat noch zu keiner notwendigen Einbindung der Mehrzahl aller Bürger des Landes (hier ist Deutschland gemeint) geführt. Diese ist aber zwingend notwendig im Hinblick auf die sicher kommende gesellschaftliche Umwälzung von Arbeit und Leben im Zeitalter des Anthropozäns (siehe hierzu Kap. 4 und 5).

3.4 Recht

3.4.1 Mensch und Recht

Für Menschen gilt: Recht haben und Recht bekommen sind die Pole, zwischen denen sich in einem demokratisch gewählten Rechtsstaat wie der Bundesrepublik Deutschland rechtlich alles abzuspielen scheint. Es heißt: Wer Recht hat, ist im Recht und kann mit allen ihm zur Verfügung stehenden rechtlichen Mitteln *sein* Recht gegenüber anderen verteidigen oder durch Rechtsgelehrte bzw. Anwälte des Rechts verteidigen lassen. Ob der Mensch, der sich normativ im Recht sieht, auch im Fall eines Rechtsstreites tatsächlich Recht bekommt, hängt von probabilistisch wirkenden, entscheidungstragenden Personen des Rechts (in Deutschlands Gewaltenteilung ist dies die Judikative) ab. Außerdem tragen weitere Umstände wie faktische Beweise, Zeugenaussagen, Indizien und anderes mehr zu rechtlichen Entscheidungsfindungen bei.

---

[40] So geschehen während der ARD-Themenwoche zu Robotik im Fernsehprogramm von Kabel 1 am 1. November 2016.

Das einmal getroffene Rechtsurteil ist – instanzenabhängig – ein endgültiger oder temporärer Beschluss. Für den von einem Urteil betroffenen Menschen kann das auf rechtsgesetzlicher Basis gefasste präskriptive Urteil aus „dem Bauchgefühl heraus" eine völlig andere Bedeutung besitzen, die auch dazu führen kann, dass unkalkulierbare Folgehandlungen entstehen, die gegebenenfalls wieder – zirkelschließend – vor einer das Recht vertretenden Institution landen. Ein Teufelskreis menschlichen Handelns schließt sich.

Rechtsvorschriften werden aber immer zu bestimmten Zeiten von bestimmten Personen und unter bestimmten gesellschaftlichen Gegebenheiten erarbeitet. Es ist trivial, zu erwähnen, dass sich gesellschaftliche Strukturen, politische Konstellationen, persönliche Vorlieben und vieles mehr im Verlauf der Zeit ändern. Ideal wäre es, wenn diesem Veränderungstrend nicht grundlegende, sondern hinreichende Änderungen von Rechten folgen. Dies geschieht oft erst nach Jahrzehnten, wenn zum Beispiel katastrophale Ereignisse Menschen „die Augen öffnen" über Zerstörungen, an denen sie selbst ursächlich beteiligt sind (siehe Abschn. 3.1.1, Anthropozän). Die unstreitigen Divergenzen weltweiter Rechtssysteme – selbst wenn es globale, die gesamte Menschheit betreffend Ereignisse sind – trägt zusätzlich zu Problemen bei, die eigentlich hätten vermieden werden können. Menschen sind eben keine humanoiden Roboter mit künstlich programmierter Intelligenz, und sei sie auch noch so funktional und leistungsfähig.

Ebenso unstreitig ist, dass Menschen Roboter erschaffen, die zu Diensten aller Art bestimmt sind. Auf das breite gesellschaftliche Anwendungsspektrum für Humanoide und andere Roboter wird in Kap. 4 und 5 vertieft eingegangen.

3.4.2 Humanoide Roboter und Recht

Humanoide Roboter und deren „Maschinenkollegen" werden zunehmend technisch ausgereifter. Vermutlich werden noch Jahre bis Jahrzehnte vergehen, bis sich entscheidende Entwicklungsschritte – oder emergente Entwicklungssprünge – zeigen, die die Semantische Lücke (s. Abschn. 2.3.4) zunehmend enger werden lassen. Doch schon heute können humanoide Roboter und andere

- laufen wie Menschen,
- Menschen von der Gestalt her verblüffend ähneln,
- täuschend echte Mimik erzeugen, sprechen, hören und riechen, als seien sie Menschen in Technikgestalt,
- Menschen in komplexen Spielen wie „GO" besiegen,
- physisch verletzten Menschen den Alltag erleichtern,
- psychisch belasteten Menschen „partnerschaftliche" Gesprächshilfe sein,
- das Vielfache an Gewichten heben, die Menschen überfordern,
- in nahezu alle Bereiche unseres täglichen Lebens eindringen bzw. dafür konstruiert und programmiert sowie darauf vorbereitet werden,

- seit Jahren bereits als stationäre maschinelle „Vettern" von Humanoiden in Werkhallen von Unternehmen – sofern Energie vorhanden ist – beinahe ununterbrochen arbeiten,
- in jüngerer Zeit zunehmend als mobile „Vettern" von Humanoiden durch Werkhallen und über Straßen laufen oder rollen, als neue Verkehrsteilnehmer das Gesicht unserer Infrastruktur, den Verkehr und seine Regeln und Rechte zu verändern beginnen usw. –

also – alles zusammengenommen – das menschliche Leben und Arbeiten, wie wir es bisher kannten und veränderten, auf eine Art bereichern, dass wir nicht mehr übersehen können, dass Humanoide und andere Roboter integraler Teil unserer Gesellschaft sind.

Unter Berücksichtigung der vorab aufgelisteten und vieler weiterer Aspekte von Mensch-Humanoide- bzw. Mensch-Maschine-Interaktion oder -Kollaboration stellt sich die Frage:

Müssen humanoide Robotern bzw. Arten von maschinellen Robotern, ob stationär oder mobil, ob physisch geschützt gegen Schädigungen von Menschen oder kollaborierend ohne Schutz zwischen Roboter und Mensch, ebenso mit Rechten ausgestattet werden, wie es Menschen erfahren, nur mit besonderen Einschränkungen als nicht menschlich denkende, nicht empathisch empfindende Existenzen bzw. Maschinen?

Die wie auch immer beantwortete Frage, ob sie nun zustimmend, in Teilen zustimmend bzw. ablehnend, kompromisssuchend oder ablehnend formuliert wird, ob daraus neue rechtliche Richtlinien, Vorschriften oder Gesetze entstehen, eines ist gewiss: Wir können den neuen gesellschaftlichen Gegebenheiten nicht ausweichen! Wir müssen vorausschauend, das Unerwartete im Blickfeld habend, nach rechtlich sicheren Lösungen für unsere humanoiden und nicht-humanoiden Roboter in einer von Menschen dominierten, aber von Robotern mehr und mehr durchdrungenen Gesellschaft finden. Dieser von Rechten für Menschen und Robotern flankierte Weg beginnt erst. Die Rechte rücken umso mehr ins Blickfeld der Öffentlichkeit, je mehr Konflikte und Unfälle zwischen Mensch und Maschine – aber auch zwischen mobilen Maschinen und Maschine, zwischen humanoiden Robotern untereinander – stattfinden.

Die Rechtswissenschaftlerin Susanne Beck befasst sich seit Jahren mit ethischen und rechtlichen Fragen zu Robotik, künstlicher Intelligenz und Cyborgs (Beck 2009, 2012, 2012a). In ihrem Beitrag über grundlegende Fragen zum rechtlichen Umgang mit Robotik beklagt Beck noch 2009 das geringe Interesse der Rechtswissenschaft an der Robotik (Beck 2009, 226). Beck geht zivilrechtlichen Fragen zur Robotik (Produkthaftung, Versicherung) nach. Im öffentlichen Recht (Gesetzgebung) könnten „[...] die Erforschung, Herstellung und der Einsatz dieser Maschinen etwa das Polizei- und Sicherheitsrecht (als Gefahrenquellen), das Umweltrecht und je nachdem, wie die Roboter eingesetzt werden, das Recht über Beförderung, Sicherheit am Arbeitsplatz, Regelungen zu medizinischen Geräten etc." (ebd. 227) zu neuen Auslegungen oder Gesetzen führen. Auch das Strafrecht ist von Relevanz für die Robotik. Dort gelten zunächst vergleichbare Gesetze wie im Zivilrecht. „Denkbar ist insbesondere die Haftung wegen fahrlässiger Körperverletzung und Tötung, §§ 222, 229 StGB, sowohl des Herstellers als auch des Verwenders." (ebd.)

Schließlich streift Beck noch den Bereich der autonomen Roboter bzw. humanoiden Roboter und die Frage nach Täter und/oder Opfer, die gegenwärtig, im Jahr 2017, nachdem die Häufigkeit von Unfällen mit und ohne tödlichen Ausgang für Menschen zwischen Mensch und Roboter stattgefunden haben, deutlich an Brisanz und gewinnt.

„Ausgewählte juristische Fragen zum Zusammenleben von Menschen und Robotern" erörtert Beck (2012), nachdem sie die Frage stellt: Brauchen wir ein Roboterrecht? Weil Fehlfunktionen von handelnden Robotern nicht ausgeschlossen werden und sich daraus Gefährdungen für den Menschen ergeben können, ist es unabdingbar, „[...] das geltende Recht auf seine Anwendbarkeit auf Roboter hin zu prüfen und gegebenenfalls neue Gesetze (nicht unbedingt neuartiges Roboterrecht) zu erlassen." (Beck 2012, 124 f.) Und weiter:

> Zentrale Schwierigkeit der Anwendung aktuellen, auf traditionelle Maschinen zugeschnittenen Rechts auf Roboter und elektronische Agenten ist, dass die konkrete Ursache für deren Fehlfunktion oft nur schwer feststellbar bzw. einem Beteiligten eindeutig zuzuschreiben ist. (ebd. 126)

Das ist nachvollziehbar, weil bei derartiger interdisziplinär durchgeführter Robotertechnik eine Vielzahl – auch Fehler machender – Personen beteiligt ist. Es ist ein komplexes Gemisch möglicher fehlerhafter Handlungen, die es höchst schwierig gestalten, potenzielle Fehlhandlungen zu gewichten, geschweige denn den Fehler einer bestimmten Person zuzuordnen. Je autonomer Humanoide oder andere Roboter handeln, umso problemreicher scheint sich die rechtliche Analyse mit Schuldzuordnung zu gestalten. Weitere Besonderheiten im Zivilrecht werden von Beck behandelt, wie z. B.:

> Selbst wenn kein Vertrag zugrunde liegt und ein Roboter einen unbeteiligten Dritten schädigt, sind zivilrechtliche Schadenersatzansprüche nach allgemeinem Deliktsrecht gem. §§ 823 ff. BGB denkbar. Besonderheiten im Vergleich zu sonstigen Maschinen bestehen auch hier bezüglich der Kausalität und Verantwortungszurechnung bei einer nicht umfassend vorhersehbar handelnden und kontrollierbaren Maschine. Auch hierauf ist das geltende Recht nicht eingestellt. (ebd. 128 f.)

Spezielle *Versicherungen für Roboter* oder ein „*Roboterregister*" könnten laut Beck ein Lösungsansatz sein. Roboter als Gefahrenquellen und Roboter im Einsatz gegen Gefahren könnten auch laut Beck zu neuen Regelungen im öffentlichen Recht führen. Und schließlich wird auch im Rahmen des Strafrechts die Haftungsfrage für Roboter gestellt werden müssen (ebd. 130–132). Fragen wie „Welchen Status hat der Roboter?", „Welche Alternativen des Rechtsstatus von Robotern existieren?" und „Wie wirkt sich das auf das aktuelle Recht und denkbare Rechtsveränderungen aus?" werden ebenso angesprochen (ebd. 133–135). Zwei Bereiche des Rechts im Komplex Recht und Robotik ziehen besondere Aufmerksamkeit auf sich:

► Rechte und Pflichten auf der Grundlage gesellschaftlicher Akzeptanz.

Zumindest derzeit besteht eine derartige Anerkennung noch nicht, aber es ist denkbar, dass die Gesellschaft mit Weiterentwicklung von Maschinen ihre Grenzen überdenkt. Künftige Pflichten für Roboter müssten auch mit einem Mindestmaß an Rechten verbunden sein. Es erscheint nicht plausibel, einem Roboter ein gesetzliches Einstehen für sein Handeln zuzuschreiben, ihm jedoch keinerlei prozessuale Rechte zuzugestehen. (ebd. 139 f.).

Beck schlussfolgert aus alledem:

Der juristische Umgang mit Robotik hängt vor allem von der Beantwortung von zwei Grundsatzfragen ab: der komplexen Frage nach dem „Status" von Robotern und der Frage, inwieweit gesellschaftliche Entwicklungen gesetzlich reguliert werden können. [...] Es ist nach dem rechtsinternen Normensystem möglich, Robotern im Rahmen einer künftigen Ähnlichkeit mit dem Menschen bestimmte Pflichten und Rechte zuzuschreiben. Dies könnte jedoch Nachteile bezüglich der Nutzung von Robotern mit sich bringen. Das Rechtssystem erfordert diese Zuschreibung nicht, es ist jedoch denkbar, dass eine moralische Pflicht besteht. (ebd. 145)

Siehe hierzu auch Beck (2012a) *Jenseits von Mensch und Maschine,* mit Beiträgen zu ethischen und rechtlichen Fragen der Robotik. Zu dem sich rapide ausweitenden Bereich der Dienstleistungs-Robotik nehmen Dreier und Spiecker (2012) Stellung. Sie behandeln neben dem rechtlichen Umgang mit der Autonomie von Service-Robotern (siehe auch VDE e. V. (2016) und Panek und Mayer (2016)), das sich ihrer Meinung nach im geltenden, auf den Menschen ausgerichteten Recht nicht ohne Weiteres lösen lässt, auch den Bereich der „[...] Organisation und Ausübung einer verwaltungsrechtlichen Kontrolle" wie auch Fragen der Haftung von bzw. für den Einsatz von Service-Robotern (Dreier, Spiecker 2012, 201).

Band 3 der Serie Robotik und Recht (Hilgendorf 2014), mit dem Titel „Robotik im Kontext von Recht und Moral", ist unterteilt in „Teil 1: Robotik/Mensch-Maschine-Verbindung aus rechtlicher Perspektive" und „Teil 2: Robotik/Mensch-Maschine-Verbindung aus ethischer Perspektive". Aus Teil 2 wurde bereits in Abschn. 3.3, Ethik die beiden Beiträge zu ethischen Aspekten zwischen Mensch und Roboter (Heesen 2014) sowie moralischer Verantwortung und Roboter (Neuhäuser 2014) herausgestellt. In Teil 1 werden Themen über zivilrechtliche Haftungskonzepte, Roboter und Arbeitsschutz und auch der Einsatz von Robotern zur Gefahrenabwehr ausführlich behandelt. Eine intensive Bearbeitung des Themas in diesem Buch würde den Rahmen sprengen.

In Hilgendorfs Vorwort ist zu lesen, dass hinsichtlich der Fortschritte der Robotik zu immer mehr komplexen Entscheidungsprozessen und Einsätzen auch außerhalb industrieller Bereiche das Recht „[...] bislang nicht hinreichend" auf diese Entwicklung „vorbereitet" (ebd. 5) ist. „Zwar existieren im Strafrecht (§§ 211 ff., 223 ff. StGB), im Bürgerlichen Recht (v. a. § 823 BGB) und in einigen Spezialgesetzen (z. B. im Produkthaftungsgesetz) durchaus Normen, die auf durch Roboter verursachte Schäden anwendbar sind" (ebd.) – dennoch wirft die Roboterentwicklung nach Hilgendorf Fragen auf, die trotz

[...] bisheriger dogmatischer Festlegungen nicht ohne weiteres zu beantworten sind. Sie betreffen u. a. den Haftungsadressaten (z. B. Entwickler, Hersteller, Verkäufer und Verwender von Robotern), die Mitverantwortung Dritter (z. B. durch Umprogrammieren oder falsches Konditionieren von Robotern), Kausalitäts- und Zurechnungsstrukturen, die zugrunde gelegten Sorgfaltsanforderungen sowie mögliche Rechtfertigungsgründe (etwa das erlaubte Risiko, eine Argumentationsfigur, die teilweise auch zur Begrenzung des Sorgfaltsmaßstabs eingesetzt wird). (ebd.)

Versicherungen von Robotern sind ebenfalls noch ein ungelöstes Problem, weil die Versicherungen daran scheitern, Schäden, die durch autonome Roboter entstehen, „[...] zu erfassen und die Versicherungspflicht angemessen zu verteilen." (ebd. 6) Fragen nach neuen rechtlichen Regulierungen sind ebenso zu diskutieren. Dazu Hilgendorf:

Die öffentlich-rechtlichen Sicherheitsvorschriften, etwa im Bereich des Arbeitsplatzes, des Straßenverkehrs oder der Medizintechnik, müssen auf die verstärkte Einbindung von Robotern und weit entwickelten Assistenzsystemen vorbereitet werden. Zudem ist zu prüfen, inwieweit der technischen und gesellschaftlichen Entwicklung in besonders gefahrträchtigen Bereichen durch Gesetze Einhalt zu gebieten ist, etwa beim Einsatz von bewaffneten Wachrobotern oder einer die Gesundheit gefährdenden maschinellen Verbesserung des menschlichen Körpers, dem sog. „Enhancement". (ebd.)

Hilgendorf stellt weiter fest, dass die aufgeworfenen Fragen nicht zu beantworten sind, „[...] ohne vorab gewisse Begriffe im Recht neu zu klären, eine kategoriale Problemanalyse vorzunehmen und die moralischen und politischen Folgen in die Bewertung der Entwicklung einzubeziehen." (ebd.)

Es scheint auch in der Rechtsprechung unstreitig, dass deren zu lösenden gesellschaftlichen Probleme, mit Blick auf die Robotik, die interdisziplinäre Zusammenarbeit mit Philosophen, angewandten Ethikern, Soziologen, Politikern und anderen Beteiligten erfordert.

Dass die Entwicklung und Anwendung „[...] vernetzter ‚autonomer Systeme' in Industrie, im Servicebereich, aber auch im Zusammenhang mit neuen, fahrerlosen PKW zu einer Vielzahl von schwierigen Rechtsfragen führen, die derzeit noch nicht einmal vollständig überschaubar, geschweige denn lösbar, sind" (ebd.), stellt die Rechtsprechung vor gewaltige Aufgaben (siehe auch Hilgendorf, Günther 2013).

Abschließend und stellvertretend für eine zunehmende Zahl wissenschaftlicher Veröffentlichungen zum Thema Roboter und Gesetz seien noch 2 Veröffentlichungen von Holder et al. (2016a, 2016b) genannt, die für das „Zeitalter der Roboter" gesetzliche und behördliche Schlüsselbedeutungen zusammenstellen. Hierbei wird auch auf das länderübergreifende Project *ROBOLAW*[41]*– Regulating Emerging Robotics Technologies in Europe: Robotics facing Law and Ethics –* der europäischen Union, fertiggestellt seit 2014, zugegriffen.

---

[41] http://www.robolaw.eu/ (Zugriff: 01.11.2016).

Literatur[42]

Andelfinger, V. P. (Hrsg.) (2015) Internet der Dinge – Technik, Trends und Geschäftsmodelle. Springer Gabler, Wiesbaden

Bäker, M. (2014) Funktionswerkstoffe. Springer Vieweg, Wiesbaden

Badke-Schaub, P.; Hofinger, G.; Lauche, K. (2008) Human Factors – Psychologien sicheren Handelns in Risikobranchen. Springer, Heidelberg

Beauchamp, T. L.; Childress, J. F. (1979) Principles of Biomedical Ethics. Oxford University Press, New York

Beck, S. (2009) Grundlegende Fragen zum rechtlichen Umgang mit der Robotik. Juristische Rundschau, JR, Heft 6/2009

Beck, S. (2012) Brauchen wir ein Roboterrecht? Ausgewählte juristische Fragen zum Zusammenleben von Menschen und Robotern, in: Japanisch-Deutsches Zentrum (Hrsg.) Mensch-Roboter-Interaktionen aus interkultureller Perspektive. Japan und Deutschland im Vergleich, Berlin, S. 124–146

Beck, S. (Hrsg.) (2012a) Jenseits von Mensch und Maschine. Robotik und Recht, Band 1, Hilgendorf, Beck (Hrsg.), Nomos, Baden-Baden

Bentham, J. (1988) The Principles of Morals and Legislation. First published 1789, Prometheus Books, New York

Birnbacher, D; Schicha, Chr. (1996) Vorsorge statt Nachhaltigkeit – Ethische Grundlagen der Zukunftsverantwortung. Springer, Berlin, Heidelberg

Blüchel, K. G.; Malik, F. (Hrsg.) (2006) Faszination Bionik – die Intelligenz der Schöpfung. Mohn Media, München

Bogner, A. (2013) Ethisierung der Technik – Technisierung der Ethik. Der Ethik-Boom im Lichte der Wissenschafts- und Technikforschung. Schriftenreihe Wissenschafts- und Technikforschung, Band 11, Nomos, Baden-Baden

Boyd, D.; Crawford, K. (2012) Critical Questions for Big Data. Information, Communication Society Vol. 15, No. 5, June, S. 662–679

Brown, A. G. et al. (2013) The Anthropocene: is there a geomorphological case? Earth Surf. Process. Landforms 38, S. 431–434

Bugmann, G. et al. (2011) A Role for Robotics in Sustainable Development. Proc. of IEEE Africon 2011, 13–15 Sept., Livingstone, Zambia

Campbell, N. A.; Reece, J. B.; Markl, J. (Hrsg.) (2006) Biologie. Pearson, München

Capurro, R. (Hrsg.) (2009) The Quest for Roboethics – A Survey. Laufende aktualisierte Untersuchung ©2010 R. Capurro, http://www.capurro.de/roboethics_survey.html, last update 30.10.2016 (Zugriff: 30.10.2016)

Capurro, R.; Nagenborg, M. (Hrsg.) (2009) Ethics and Robotics. Akademische Verlagsgesellschaft, IOS Press, Heidelberg

von Carlowitz, H. C. (2000): Silvicultura oeconomica; Anweisung zur wilden Holzzucht. Reprint der Ausgabe Leipzig, Braun, 1713 durch die Bibliothek „Georgius Agricola." TU Bergakademie Freiberg

---

[42] Ein Gesamtliteraturverzeichnis zum Buch ist auf der Internetseite des Verlags verfügbar: http://www.springer.com/de/book/9783658179199.

Casati, R. (2015) Ihre Dummheit ist ihre Stärke – Werden Maschinen immer intelligenter? Werden sie uns einst verdrängen? Brauchen wir eine Ethik für Roboter? In: brand eins, Heft 7, S. 86–91

Christaller, T.; Decker, M. (2001) (Hrsg.) Robotik. Perspektiven für menschliches Handeln in der zukünftigen Gesellschaft. Materialienband. Graue Reihe Nr. 29, Europäische Akademie zur Erforschung von Folgen wissenschaftlich-technischer Entwicklungen, Bad Neuenahr-Ahrweiler

Conrad, C. A. (2016) Wirtschaftsethik – Eine Voraussetzung für Produktivität. Springer Gabler, Wiesbaden

Conrad, W. (Hrsg.) (1981) Energie. BI Taschenlexikon, VEB Bibliographisches Institut, Leipzig

Crutzen, P. J. (2002) Geology of mankind. Nature 415, 23, 3. January

Crutzen P. J.; Störmer E. F. (2000) The "Anthropocene". The International Geosphere–Biosphere Programme (GBBP) Newsletter No. 41, May, S. 17–18

Decker, M. (2010) Mein Roboter handelt moralischer als ich? Ethische Aspekte zur TA der Robotik. Vortrag, Österreichische Akademie der Wissenschaften, Wien, 31. Mai, siehe auch Beitrag unter demselben Haupttitel in Bogner 2013, S. 215–231

Deng, B. (2015) The Robot's Dilemma – Working out how to build ethical robots is one of the thorniest challenges in artificial intelligence. Nature, Vol. 523, July 2, S. 24–26

Dennis, L. et al. (2016) Formal verification of ethical choices in autonomous systems, in: Robotics and Autonomous Systems, 77, S. 1–14

Dreier, T.; Spiecker, I. (2012) Legal aspects of service robots. Poiesis Prax (2012) 9:201–217

Duchowski, A. (2007) Eye Tracking Methodology – Theorie and Practice. 2. Ed., Springer, London

Edwards, P. N. (2015) Wissensinfrastrukturen für das Anthropozän, in: Renn, J.; Scherer, B. (Hrsg.) Das Anthropozän. MatthesSeitz, Berlin, S. 242–255

Ehrenstein, G. W. (2011) Polymer Werkstoffe. Hanser, München

Erklärung von Bern (Hrsg.) (2012) Rohstoff – Das gefährlichste Geschäft der Schweiz. Salis, Zürich

ETZ (2012) Industrieroboter auf Wachstum. VDE-Elektronik und Automation, Archiv, http://www.etz.de/2841-0-Industrieroboter+auf+Wachstumskurs.html (Zugriff: 2.10.2016)

European Parliament (2012) Making Perfect Life European Governance Challenges in 21st Century Bio-engineering, Final Report

Fasel, D.; Meier, A. (2016) Big Data – Grundlagen, Systeme und Nutzungspotentiale. Springer Vieweg, Wiesbaden

Freiknecht, J. (2014) Big Data in der Praxis. Hanser, München

Fricke, J.; Borst, W. L. (1981) Energie – ein Lehrbuch der physikalischen Grundlagen, Oldenbourg, München, Wien

Fritsch, B. (1990) Evolutionsökonomische Aspekte des Energie- und Umweltproblems (Arbeitspapier des Instituts für Wirtschaftsforschung der Eidgenössischen Technischen Hochschule Zürich), Text und Zitat in Reheis (1998), S. 341

Gerdes, I.; Klawonn, F.; Kruse, R. (2004) Evolutionäre Algorithmen. Vieweg, Wiesbaden

Gigerenzer, G. (2013) Risiko – Wie man die richtigen Entscheidungen trifft. Randomhouse, München

Gleich, M; Maxeiner, D; Miersch, N.; Nicolay, F (2000) Life Counts – Eine globale Bilanz des Lebens. Berlin

Gore, A. (1992) Wege zum Gleichgewicht – Ein Marshallplan für die Erde. Fischer, Frankfurt/Main

Grin, J.; Rotmans, J.; Schot, J. (2010) Transitions to Sustainable Development. New Directions in the Study of Long Term Transformative Change. London: Routledge

Grunwald, A. (2011) Responsible Innovation: Bringing together Technology Assessment, Applied Ethics, and STS research. Applied Ethics, and STS research, Enterprise and Work Innovation Studies, 7, IET, S. 9–31

Grupe, T. (1979) Der gespeicherte Bürger – Auf dem Weg in den Computer-Staat. Langen-Müller-Herbig, München

Haun, M. (2013) Handbuch Robotik. Programmieren und Einsatz intelligenter Roboter. Springer Vieweg, Berlin Heidelberg

Heesen, J. (2014) Mensch und Ethik. Ethische Aspekte einer Handlungspartnerschaft zwischen Personen und Robotern, in: Hilgendorf, Beck (Hrsg.) Robotik und Recht, Band 3, Nomos, Baden-Baden, S. 253–268

Heinrichs, H.; Michelsen, G. (2014) Nachhaltigkeitswissenschaften. Springer-Spektrum, Heidelberg

Hesse, S; Malisa, V. (Hrsg.) (2016) Taschenbuch Robotik – Montage – Handhabung, Hanser, München

Hevelke, A.; Nida-Rümelin, J. (2014) Responsibility for Crashes of Autonomous Vehicles: An Ethical Analysis. Science and Engineering Ethics, Vol. 21, No. 3, S. 619–630

Hilgendorf, E. (Hrsg.) (2014) Robotik im Kontext von Recht und Moral. Robotik und Recht, Band 3, Hilgendorf, Beck (Hrsg.), Nomos, Baden-Baden

Hilgendorf, E.; Günther, J.-P. (Hrsg.) (2013) Robotik und Gesetzgebung. Robotik und Recht, Band 2, Hilgendorf, Beck (Hrsg.), Nomos, Baden-Baden

Hofstetter, Y. (2014) Sie wissen alles – wie intelligente Maschinen in unser Leben eindringen und warum wir für unsere Freiheit kämpfen müssen. C. Bertelsmann, München

Holder, Chr. et al. (2016a) Robotics and law: Key legal and regulatory implications of the robotics age (Part I of II). Computer law security review 32, S. 383–402

Holder, Chr. et al. (2016b) Robotics and law: Key legal and regulatory implications of the robotics age (Part II of II). Computer law security review 32, S. 557–576

Holzmann, R. (2015) Wirtschaftsethik. Springer Gabler, Wiesbaden

Hoornweg, D.; Bhada, P.; Kennedy, C. (2013) Environment: Waste production must peak this century. Nature 502, S. 616–617

Huxley, A. (1932) Schöne neue Welt. Revidierte deutsche Übersetzung Juni 1981, Fischer, Frankfurt/Main

IFR (2016) World Robotics Report. International Federation of Robotics, http://www.ifr.org (Zugriff: 2.10.2016)

Jaiswal, S.; Valstar, M. (2016) Deep learning the dynamic appearance and shape of facial action units. Applications of Computer Vision (WACV), 2016 IEEE Winter Conference, 7.–10. March, S. 1097–1105

Jonas, H. (1979) Das Prinzip Verantwortung: Versuch einer Ethik für die technologische Zivilisation. Frankfurt/Main, Neuauflage als Suhrkamp Taschenbuch, 1984

Kaufmann, T. (2015) Geschäftsmodelle in der Industrie 4.0 und dem Internet der Dinge – Der Weg vom Anspruch in die Wirklichkeit. Springer Vieweg, Essential, Wiesbaden

Kersten, J. (2014) Das Anthropozän-Projekt. Kontrakt – Komposition – Konflikt. Nomos, Baden-Baden

Klüver, Chr.; Klüver, J.; Schmidt, J. (2012) Modellierung komplexer Prozesse durch naturanaloge Verfahren. 2. Aufl. Springer Vieweg, Wiesbaden

Kroll, A. (2013) Computational Intelligence. Oldenbourg, München

Kull, U. (1995) Evolution und Optimierung. Hirzel, Stuttgart

Küppers, U. (1998) Cui bono? – Denkansätze und Problemlösungen der Bionik, in: Blumenstein et al. (Hrsg.) Grundlagen der Geoökologie – Erscheinungen und Prozesse in unserer Umwelt. Springer, Berlin, S. 213–236

Küppers, U. (2013) Denken in Wirkungsnetzen – Nachhaltiges Problemlösen in Politik und Gesellschaft. Tectum, Marburg

Küppers, U. (2015) Systemische Bionik – Nachhaltiges Problemlösen in Politik und Gesellschaft. Springer-Vieweg, Heidelberg

Küppers, J.-P.; Küppers, E. W. U. (2016) Hochachtsamkeit – Über unsere Grenze des Ressortdenkens. Springer-VS, Heidelberg

Küppers, U.; Tributsch, H. (2002) Verpacktes Leben – Verpackte Technik. Wiley-VCH, Weinheim

Leinfelder, R. (2016) Anthropozän: Die Wissenschaft im Dialog mit Politik und Gesellschaft? – Ein Zwischenbericht. http://scilogs.spektrum.de/der-anthropozaeniker/anthropozaen-dialog (Zugriff: 19.4.2017)

Manzeschke, A.; Weber, K.; Rother, E.; Fangerau, H. (2013) Ethische Fragen im Bereich Altersgerechter Assistenzsysteme. Studienergebnisse im Auftrag der VDI/VDE Innovation + Technik GmbH im Rahmen der vom Bundesministerium für Bildung und Forschung (BMBF) beauftragten Begleitforschung AAL

Maring, M. (Hrsg.) (2011) Fallstudien zur Ethik in Wissenschaft, Wirtschaft, Technik und Gesellschaft. Schriftenreihe des Zentrums für Technik- und Wirtschaftsethik am Karlsruher Institut für Technologie, Band 4

Maring, M. (Hrsg.) (2014) Bereichsethiken im interdisziplinären Dialog. Schriftenreihe des Zentrums für Technik- und Wirtschaftsethik am Karlsruher Institut für Technologie, Band 6

Marr, B. (2016) Big Data in Practice. John Wiley and Sons, Chichester, UK

Meadows, D. et al. (1972) The Limits to Growth. Universe Books, New York

Mehler-Bicher, A.; Steiger, L. (2012) Trends in der IT 2012. FH-Mainz

Moniz, A. B.; Krings, B.-J. (2016) Robots Working with Humans or Humans Working with Robots? Searching for Social Dimensions in New Human-Robot Interaction in Industry. Societies 2016, 6, 23

Mora, C. et al. (2011) How many Species are there on Earth and in the Ocean? PLOS Biology, August, 23, S. 1–8

Murphy, R.; Woods, D. D. (2009) "Beyond Asimov: The Three Laws of Responsible Robotics", IEEE Intelligent Systems, vol. 24, July/August, S. 14–20

Nachtigall, W. (2002) Bionik – Grundlagen und Beispiele für Ingenieure und Naturwissenschaftler. 2. Aufl., Springer, Heidelberg

Naisbitt, J. (1988) Megatrends – Ten New Directions Transforming Our Lives. Grand Central Publishing, New York

NASA (2010) Sunset seen from the international Space Station, June, 14

NASA (2011) Hovering on the Horizon, Nov., 26

Neuhäuser, Chr. (2014) Roboter und moralische Verantwortung, in: Hilgendorf, Beck (Hrsg.) Robotik und Recht, Band 3, Nomos, Baden-Baden, S. 269–286

Oldfield, F. et al. (2014) The Anthropocene Review: Its significance, implications and the rationale for a new transdisciplinary journal. The Anthropocene Review, Vol. 1(1), S. 3–7

Panek, P.; Mayer, P. (2016) Reflexion der Projekterfahrungen mit Assistiver Robotik zur Unterstützung älterer Menschen. Reflections on project experiences with assistive robotics supporting older persons, in: VDE e. V. (Hrsg.) Zukunft Lebensräume Kongress 2016, Gesundheit, Selbstständigkeit und Komfort im demografischen Wandel, Konzepte und Technologien für die Wohnungs-, Immobilien-, Gesundheits- und Pflegewirtschaft, 20–21 April, Frankfurt/Main, VDE Verlag, Berlin, Offenbach, S. 25–31

Perrow, Ch. (1989) Normale Katastrophen. Campus, Frankfurt/Main, New York

PlasticsEurope (2015) Plastics – the Facts 2015, http://www.plasticseurope.org/documents/document/20151216062602-plastics_the_facts_2015_final_30pages_14122015.pdf   (Zugriff: 8.10.2016)

Polanyi, K. (2001) The Great Transformation – The Political and Economical Origins of Our Time. Beacon Press, Boston, (Original 1944)

Ponge, F. (1973) Im Namen der Dinge. Suhrkamp, Frankfurt/Main, (Original: Le Parti Pri des Choses, 1942)

Rabe von Pappenheim, J. (2009) Das Prinzip Verantwortung – Die 9 Bausteine nachhaltiger Unternehmensführung. Gabler, Wiesbaden

Reason, J. (1990) Human errors. Cambridge UK, Cambridge University Press

Reason, J. (1997) Managing the risk of organisational accidents. Aldershot, Ashgate

Renn, J.; Scherer, B. (2015) Das Anthropozän – Zum Stand der Dinge. MatthesSeitz, Berlin

Renn, O. (2014) Das Risikoparadox – Warum wir uns vor dem Falschen fürchten. Fischer, Frankfurt/Main

Renn, O.; Schweizer, P.-J.; Dreyer, M.; Klinke, A. (2007) Risiko – Über den gesellschaftlichen Umgang mit Unsicherheit. oekom, München

Russell, S. et al. (2015) Ethics of artificial intelligence. Four leading researchers share their concerns and solutions for reducing societal risks from intelligent machines, Comment, Nature, Vol. 521, S. 415–418

Sächsische Hanns-von-Carlowitz-Gesellschaft e. V. (2013) Die Erfindung der Nachhaltigkeit. oekom, München

Schellnhuber, H. J. (1999) 'Earth system' analysis and the second Copernican revolution. Nature, Vol. 402, Supp 2. December, C19–23

Schlecht, B. (2010) Maschinenelemente 1 und 2., Pearson, München

Schmidt-Bleek, F. (1994) Wieviel Umwelt braucht der Mensch? Faktor 10 – das Maß für ökologisches Wirtschaften. Birkhäuser, Berlin

Schnabel, U. (2015) Was kostet ein Lächeln – Von der Macht der Emotionen in unserer Gesellschaft. Blessing, Random House, München

Schnabel, U.; Assheuer, T. (2009) Der Mensch bleibt sich ein Rätsel. Zeit-Online, Hirnforschung, 27. August

Schöneburg, E.; Heinzmann, F.; Feddersen, S. (1994) Genetische Algorithmen und Evolutionsstrategien. Addison-Wesley (Deutschland)

Serres, M. (1994) Der Naturvertrag. Suhrkamp, Frankfurt/Main

Shackelford, J. F. (2005) Werkstofftechnlogie für Ingenieure. Grundlagen – Prozesse – Anwendungen. Pearson, München

Sheridan, T. B. (2016) Human-Robot-Interaction: Status and Challenges. Human Factors, Vol. 58, No. 4, June 2016, S. 525–532

Shiva, V. (1993) Monocultures of the Mind. ZED Books and Third Word Network, London, New York, Penang

Simo, A.; Nishida, Y.; Nagashima, K. (2006) A Humanoid Robot to Prevent Childrens Accidents. Lecture Notes in Computer Science, Vol. 4270. Springer, Berlin, Heidelberg, S. 476–485,

Sommer, J.; Müller, M. (Hrsg.) (2016) Unter zwei Grad? Was der Weltklimavertrag wirklich bringt. Hirzel, Stuttgart

Spengler, F.; Engemann, Chr. (2015) Internet der Dinge – Über smarte Objekte, intelligente Umgebungen und die technische Durchdringung der Welt. Transcript, Bielfeld

Steffen, W. et al. (2011) The Anthropocene: conceptual and historical perspectives. Philosophical Transactions of the Royal Society A, 369, S. 842–867

Steffen, W. et al. (2016) Stratigraphic and Earth System approaches to defining the Anthropocene. Earth's Future, An Open Access AGU Journal, Volume 4, Issue 8, August, S. 324–345

Talmud (2015) Titelseite. Kleine Bibliothek der Weltweisheit 25, C. H. Beck, München

Trappl, R. (Hrsg.) (2015) A Construction Manual for Robots' Ethical Systems – Requirements, Methods, Implementations. Springer Cham, Heidelberg, New York, Dortrecht, London

Trennberth, K. E.; Fasullo, J. T.; Kiehl, J. (2009) Earth's Global Energy Budget, American Meteorological Society, March, S. 311–324

Tsafestas, S. G. (2016) Roboethics. Springer Series: Intelligent Systems, control and Automation: Science and Engineering, Springer International Publishing Swizerland

Türk, O. (2014) Stoffliche Nutzung nachwachsender Rohstoffe. Springer Vieweg, Wiesbaden

Umweltbundesamt UBA (2015) Quellen für Mikroplastik mit Relevanz für den Meeresschutz in Deutschland. Texte 63/2015

Vanderelst, D.; Winfield, A. (2016) The Dark Side of Ethical Robots. arXiv.org: 1606.02583v1 [cs.RO] 8

Vasic, M.; Billard, A. (2013) Safety issues in human-robot interactions. IEEE International Conference on Robotics and Automation (ICRA)

Vatikan (2015) Enzyklika Laudato Si von Papst Franziskus

VDE e. V. (Hrsg.) (2016) Zukunft Lebensräume Kongress 2016, Gesundheit, Selbstständigkeit und Komfort im demografischen Wandel, Konzepte und Technologien für die Wohnungs-, Immobilien-, Gesundheits- und Pflegewirtschaft, 20–21 April, Frankfurt/Main, VDE Verlag, Berlin, Offenbach

Veruggio, G. (2005) The Birth of Roboethics. Extended Abstract, ICRA 2005, IEEE International Conference on Robotics and Automation Workshop on Robo-Ethics, Barcelona, April 18

Wagner, L. (2016) Die Vermessung der Gefühle. ARTE-TV-Dokumentation, 53 Min., Ausstrahlung 15.10.2016, 21:40

Waters, C. N. et al. (Hrsg.) (2014) Stratigraphical Basis for the Anthropocene, A. Geological Society, London, Special Publication, 395, S. 1–21

Weber, M. (1999) Politik als Beruf. Büchergilde Gutenberg, Frankfurt/Main (Erstveröffentlichung 1919)

Weick, K. E.; Sutcliffe, K. M. (2007) Das Unerwartete Managen. 2. Aufl., Klett-Cotta, Stuttgart

Weicker, K. (2007) Evolutionäre Algorithmen. 2. Aufl., Teubner, Wiesbaden

von Weizsäcker, E. U. et al. (2010) Faktor Fünf: Die Formel für nachhaltiges Wachstum. Droemer HC, München

von Weizsäcker, E. U. et al. (1997) Faktor Vier: Doppelter Wohlstand – halbierter Naturverbrauch. Droemer-Knaur, München

von Weizsäcker, Chr.; von Weizsäcker, E. U. (1984) Fehlerfreundlichkeit. In: Offenheit-Zeitlichkeit-Komplexität: Zur Theorie der Offenen Systeme, Hrsg. Klaus Kornwachs, 167–200, Campus, Frankfurt a. M.

WGBU (Wissenschaftlicher Beirat der Bundesregierung Globale Umweltveränderung) (2011) Welt im Wandel – Gesellschaftsvertrag für eine Große Transformation

Wild, M. (2013) Die Energiebilanz der Erde. Climate Change 2013: The Physical Science Basis, IPCC AR5 Working Group I

Willmroth, J. (2015) Der Mensch als Ausbeuter – und Gestalter? Ein Blick auf die ökonomischen Wissenschaften, in: Renn, J.; Scherer, B. (Hrsg.) Das Anthropozän. MatthesSeitz, Berlin, S. 117–128

Wittel, H.; Muhs, D.; Jannasch, D.; Voßiek, J. (2015) Roloff/Matek Maschinenelemente. 22. Aufl., Springer Vieweg, Wiesbaden

Wosnitza, F.; Hilgers, H. G. (2012) Energieeffizienz und Energiemanagement, Springer Spektrum, Wiesbaden

WWF International (2015) Report Living Blue Planet, Species, habitas and human well-being, WWf-Int. Gland, Swizerland with Zoological Society of London

Zalasiewicz, J. (2015) Die Einstiegsfrage: Wann hat das Anthropozän begonnen? In: Renn, J.; Scherer, B. (Hrsg.) Das Anthropozän. MatthesSeitz, Berlin, S. 160–180

Zielcke, A. (2016) Maschinen ohne Erbarmen. Interview mit der Strafrechtsprofessorin Susanne Beck. Süddeutsche Zeitung, 15.7.2016, S. 11

Zimmer, R. (Hrsg.) (2009) Basis-Bibliothek Philosophie. Reclam, Stuttgart

Zimmermann, F. M. (2016) Nachhaltigkeit wofür? – Von Chancen und Herausforderungen für eine nachhaltige Zukunft. Springer Spektrum, Berlin, Heidelberg

Zukunftsstiftung Landwirtschaft (2016) Weltagrarbericht, ABL, Hamm

„Cogito ergo sum." – „Ich denke also bin ich."
René Descartes, 1637[1]

Das Ichbewusstsein ist das Ergebnis innerer Wahrnehmung (Intuition).
Karl Jaspers, 1973[2]

„Ich ist nicht Gehirn."
Markus Gabriel, 2015

4.1 Das ICH – Vom natürlichen analogen zum künstlichen digitalen ICH

4.1.1 Das natürliche analoge ICH

Während ICH diesen Text schreibe, und zwar versuche so zu schreiben, dass SIE als Leser beim Lesen nicht nur durch Schreibfehler nicht ins Stolpern kommen, sondern auch den Sinn des Satzes verstehen, finden in meinem Gehirn neuronale Prozesse statt, die eng mit *Bewusstsein* (vgl. Koch 2013) und *Aufmerksamkeit* verknüpft sind.

Dasselbe Phänomen findet in IHREM Kopf statt. Damit SIE den geschriebenen Satz in seinem Kontext verstehen, müssen Sie ihn bewusst und aufmerksam lesen.

Beide, Schreiber und Leser, aktivieren in ihren Gehirnen ein neuronales Feuerwerk über verschiedene Gehirnareale, das sich von der Stirnseite bis zum Hinterkopf erstreckt. Dieses neuronale Feuerwerk läuft nach Wolf Singer als synchroner Prozess ab, mit einer Frequenz von zirka 40 Hz, bzw. mit einer Taktrate von 25 ms (Singer 1999, 52; Falkenburg 2012, 227). In einem Interview (Deutschlandfunk 2008) erläutert Singer die Ergebnisse

---

[1] https://de.wikipedia.org/wiki/Cogito_ergo_sum (Zugriff: 04.11.2016).
[2] https://de.wikipedia.org/wiki/Ichbewusstsein (Zugriff: 04.11.2016).

© Springer Fachmedien Wiesbaden GmbH 2018
E. W. U. Küppers, *Die humanoide Herausforderung*,
https://doi.org/10.1007/978-3-658-17920-5_4

seiner Magnetresonanztomograph-Messungen (MRT), bei denen er die auffälligen hochsynchronen Schwingungen zwischen 40 und 50 Hz, die Gamma-Wellen genannt werden, entdeckte. Demgegenüber ist ein Zustand der Entspanntheit mit einer neuronalen Frequenz von zirka 10 Hz – Alpha-Wellen – verknüpft.

Wenn ICH also meine Konzentration auf das Schreiben in einen entspannten Bewusstseinszustand lenken möchte, zum Beispiel durch einen Waldlauf, verringern sich die neuronalen Schwingungen in meinem Gehirn und meine hohe konzentrierte Aufmerksamkeit geht in eine allgemeine Aufmerksamkeit über und somit in einen Zustand relativer Entspannung.

In seinem Buch über *Das ethische Gehirn* nimmt der Mediziner Wolfgang Seidel zum Thema ICH und Gehirn wie folgt Stellung (Seidel 2009, 64):

> Wie der Denkprozess im Einzelnen funktioniert, wissen wir noch nicht. Die Evolution hat diese geistige Fähigkeit beim Menschen verwirklicht, aufbauend auf Vorstufen, die es schon bei höheren Tieren gibt. Das Denken findet nicht in klar erkennbaren Zentren des Gehirns statt, sondern in einem weit übergreifenden dynamischen Prozess, an dem sich bei Bedarf sehr große Teile des Gehirns beteiligen. Daher funktioniert das Bewusstsein auch noch erstaunlich gut, wenn große Teile des Gehirns zerstört sind. (Hierzu zitiert Seidel Damasio (2003): „Ich fühle, also bin ich.")

Und weiter:

> In philosophischen Schriften, die sich mit naturwissenschaftlichen Veröffentlichungen auseinandersetzen, liest man immer wieder: „Nicht das Gehirn denkt, sondern ich" oder „Ich denke mit dem Gehirn und nicht das Gehirn statt meiner". Die Vorstellung eines Ich im Metaphysischen mag seinen Platz innerhalb geisteswissenschaftlicher Erwägungen haben. Der Neurowissenschaftler kann dem nicht folgen. Was sonst denkt in einem Menschen, wenn nicht das Gehirn, und wo könnte das Ich wohl sitzen, wenn nicht im Gehirn?

Was ist nun das ICH? Ist es etwas anderes als das GEHIRN? Wenn ja: Was ist es dann? Wenn nein: Wo ist es lokalisierbar? Mindestens seit Descartes berühmtem Satz *Cogito ergo sum,* also seit über 350 Jahren streiten sich Geistes- und Naturwissenschaftler auf der Suche nach der entscheidenden Antwort oder Antworten auf die vorab gestellten Fragen. Bahnsen und Schnabel (2012) gehen der Frage „Was ist das Ich?" nach, indem sie Meinungen von Hirnforschern, Evolutionsbiologen und Philosophen einholen. Zu Beginn werden die Begriffe Bewusstsein und Ich-Gefühl herausgestellt, die beide miteinander verknüpft sind:

> **Die Stufen des Bewusstsein.** Ob ein Mensch überhaupt das Gefühl hat, ein Ich zu sein, hängt von zwei Voraussetzungen ab: Bewusstsein und Wachheit [wobei Wachheit mit Aufmerksamkeit – siehe oben – korreliert, d. A.]. Das eine ist mit dem anderen nicht gleichzusetzen, zudem gibt es viele Zwischenstufen. Am besten lässt sich das an Menschen studieren, die ihr Ich verlieren. In der Narkose oder im Koma etwa sind Bewusstsein und Wachheit zugleich abwesend. Im Schlaf dagegen sind Menschen zwar nicht wach, sie haben aber ein Bewusstsein – je nach Schlafphase ist es mehr oder weniger ausgeprägt. Wer Klarträume hat, ist, obgleich nicht wach, sich darüber im Klaren, dass er träumt. Wach erscheinen dagegen

Patienten mit Hirnschaden, die sich im Wachkoma oder im vegetativen Zustand befinden. Doch bei ihnen ist anscheinend jedes Bewusstsein erloschen.

Das Ich-Gefühl.   Damit das Ich-Gefühl entsteht, müssen viele Areale des Hirns zusammenspielen. In den Cortex-Nervenzellen[3] des Großhirns entstehen Inhalte des Bewusstseins und deren emotionale Bewertung. Als Motor des Ichs fungieren der Thalamus[4] im Mittelhirn und die Formatio reticularis im Hirnstamm[5]. Nur wenn sie funktionieren, sind Wachheit und Bewusstsein möglich. Sie arbeiten wie Dimmer, die das Bewusstsein mal mehr, mal weniger stark zum Leuchten bringen. Im Alltag handeln wir allerdings oft unbewusst. Beim Sprechen denken wir nicht über die Grammatik nach, beim Radfahren nicht an die Balance. Zwar haben wir beides bewusst gelernt, später laufen die Vorgänge aber automatisch ab. Bewusstsein ist also ein Luxus, den wir uns nur in Ausnahmefällen leisten. (Bahnsen, Schnabel 2012, 1, Hervorhebung durch den Autor)

Am Max-Planck-Institut – MPI – für Evolutionäre Anthropologie in Leipzig erforscht Michael Tomasello[6] in der Abteilung Entwicklungspsychologie das Verhalten von Kindern, wenn diese von anderen Kindern beobachtet werden. Findet dadurch eine Veränderung im Verhalten der beobachteten Kinder statt? Diese Art Experiment soll die grundlegende Hypothese festigen, die besagt, dass das menschliche Selbstbewusstsein nicht für sich allein existiert, sondern durch das Produkt der Interaktion mit anderen. Soziale Kognition, also soziale Wahrnehmung, ist das, was Menschen gegenüber ihren nächsten Verwandten, den Affen, „haushoch" überlegen macht, wie vergleichende Experimente mit 2-1/2-jährigen Kindern und jungen Schimpansen zeigen (ebd. 3). Eigene Handlungen wahrzunehmen und zugleich die reflexible *„Kunst der gemeinsamen Aufmerksamkeit"* zu besitzen, wie Tomasello anmerkt, erhöhen nochmals die *Kognitive Lücke* zwischen Menschen und Affen. Tomasellos Forschung werden auch vom Sozialphilosophen Jürgen Habermas als „ingeniöse" anerkannt, weil nur der Mensch einen freien Willen besitze, der es ihm auch erlaubt, wider seine eigenen Interessen zu handeln (ebd. 4).

Im Vorgriff auf das Abschn. 4.3, Künstliche Intelligenz kann provokant gefragt werden: Wie soll ein Algorithmus beschaffen sein, der die Kommunikationslücke zwischen Menschen und humanoiden Robotern überbrücken soll, wenn diese aus Sicht der evolutionären Entwicklung zwischen nahverwandten Menschen und Schimpansen, die bis zu 99 % dasselbe Erbgut teilen, unüberbrückbar scheint?

Weiterhin kommen bei Bahnsen und Schnabel der amerikanische Neurowissenschaftler Michael Gazzaniga – Die Ich-Illusion (2012) – und der deutsche Neurologe Olaf

---

[3] Cortex-Nervenzellen sind Nervenzellen der Hirnrinde Cortex, eine wenige Millimeter dicke außenliegende Schicht des Gehirns, die den Ort der komplexesten (!) und höchsten Hirnleistungen des Menschen darstellen (Madeja 2012, 196).

[4] Thalamus ist eine Umschaltstelle, an der über die Sinne wie Fühlen, Sehen, Hören, Schmecken und Riechen Informationen an Nervenzellen weitergeleitet werden, die zur Hirnrinde ziehen (Madeja 2012, 220).

[5] Hirnstamm: eine Gruppe von Nervenzellen, die zu einer Stimulation der Hirnrinde führen und diese im Zustand der Bereitschaft hält (Madeja 2012, 220).

[6] http://www.eva.mpg.de/psycho/staff/tomas/index.html. Hier finden Leser zahlreiche Veröffentlichen Tomasellos zum Thema (Zugriff: 04.11.2016).

Blanke zu Wort, der sich mit der Konstruktionsleistung des Gehirns befasst und mittels „[…] trickreichen Videoaufnahmen und virtueller Realität die körperliche Basis unseres Selbstbewusstseins" (ebd.) erfasst. Statt zu fragen „Wer bin ich?", liegt hier die fundamentale Frage näher: Wo bin ich? Spiegelexperimente tragen in der Wahrnehmungsforschung u. a. dazu bei, in Tier-Experimenten zu erkunden, ob ein inneres Ich-Erlebnis als wortwörtliche Selbsterkenntnis vorliegt – eine Fähigkeit, die dem Menschen innewohnt.

Eine spezielle Meinung zum ICH besitzt der Bewusstseinsphilosoph Thomas Metzinger (Mannino et al. 2015, siehe auch Abschn. 4.3), der zitiert wird:

> „Es gibt gar kein Selbst." Das Gehirn entwerfe nicht nur ständig ein Modell des eigenen Körpers, sondern auch ein „Selbstmodell", das dem Organismus den Eindruck eines stabilen Ich nur vorgaukle. Dabei ist dieses Selbstmodell kein eigenständiger Baustein der Wirklichkeit, der die Zeit überdauere; im Gegenteil, es sei ständiger Veränderung unterworfen und werde immer wieder an unsere Erfahrungen und unsere Umwelt angepasst. „Der Metzinger, den Sie heute erleben, ist nicht derselbe wie der vor drei Jahren, sondern ihm allenfalls ähnlich", sagt der Philosoph von der Universität Mainz und bringt seine Theorie auf die Formel: „Das Selbst ist kein Ding, sondern ein Vorgang." (Bahnsen, Schnabel 2012, 4).

Das Gehirn des Menschen auf eine Information verarbeitende Maschine zu reduzieren, „[…] die uns den Eindruck vermittle, als ob es so etwas wie ein Selbst gebe" (ebd.), so wie es die Descartessche Uhrwerkmetapher mit ihrer mechanistischen Funktion widerspiegelt, scheint jedoch Vergangenheit zu sein. Der Tübinger Philosoph Manfred Frank argumentiert (Schnabel, Assheuer 2009):

> „Alles Wesentliche, was wir mit den Gedanken der Menschheit verbinden, verknüpfen wir doch mit dem Gedanken der Subjektivität und nicht mit unserer Vorstellung vom Gehirn. Es sind immer noch Personen, Subjekte, die wir als Schöpfer von Literatur, Kultur oder Religion betrachten." Auf eine Formel gebracht: „Wir haben Hirne, aber wir sind Iche".

Abschließend kommt noch einmal der Neurowissenschaftler Gazzaniga zu Wort, der am Ende seines Buches „Die Ich-Illusion" schlussfolgert, „[…] dass Hirnaktivität nicht irgendwo im Gehirn stattfindet, sondern im Raum zwischen miteinander wechselwirkenden Gehirnen" (ebd.).

Das ist sie wieder, die in Abschn. 2.3.4 thematisierte und lebensnotwendige Aktivität zwischen Menschen: das *sich Miteinander-Verständigen*! Bereits in ihrem 1977 erschienenen Buch über „The Self and the Brain" verbanden Sir Karl R. Popper und John C. Eccles damit *„An Argument for Interactionism"*, eine Grundvoraussetzung für Wechselbeziehungen, wenn auch nicht explizit zwischen zwei Menschen.

Wo immer ein ICH möglicherweise erkannt wird oder wie immer ein ICH schließlich charakterisierbar ist – ohne zwischenmenschliche „ICH"-Kommunikation verarmt der Mensch in seiner körperlichen und seelischen Gesamtheit.

Könnte Gazzanigas Aussage eine Brücke sein, die hilft, dass Geistes- und Naturwissenschaftler sich bei der Suche und der Beantwortung noch offener Fragen nach dem ICH näherkommen? Wohl kaum!

Aktuelle streut der Philosoph Markus Gabriel mit seinem Buch „Ich ist nicht Gehirn" Zweifel gegen die – seiner Meinung nach gegenwärtig weitverbreitete – Ideologie, welche die menschliche Freiheit einenge sowie die Würde des Menschen untergrabe und die Wirklichkeit zu einer Illusion erkläre (s. Pauen 2016). Verantwortlich dafür ist nach Gabriel der „Neurozentrismus".

> Zu meinen, man versteht unseren Geist vollständig, sobald man das Gehirn versteht, wäre so, als glaubte man, man versteht Fahrradfahren vollständig, wenn man Beine versteht. (Gabriel, zitiert nach Roedig 2016).

Der nicht zum Erliegen kommende Streit zwischen Geistes- und Naturwissenschaften drückt sich auch in einem Diskurs über die Grenzen der Hirnforschung aus (SWR2, 30.08.2016), zwischen den Philosophen Markus Gabriel, Sven Walter und dem Biologen und Hirnforscher Gerhard Roth. Es scheint mit jeder neuen Generation von Geistes- und Naturwissenschaftlern der Wettstreit über die Deutungshoheit des ICH erneut zu entflammen.

In dem reich bebilderten Buch von Beck et al. (2016) mit dem Titel *Faszinierendes Gehirn* werden Bewusstsein und die Frage „Was ist das Ich?" in den Bereich „Grenzen des Wissens" verlegt. Die Autoren beschreiben auch – wie weiter oben – ein gegenwärtiges Modell, das aussagt,

> [...] dass gedankliche Vorgänge immer dann bewusst werden, wenn sie sich genügend lange synchronisieren. Beim Anblick der Zitrone sind sicherlich Bereiche ihrer Sehrinde[7] *aktiv, außerdem Regionen der Großhirnrinde[8] (wo bisherige Erfahrungen mit Zitronen gespeichert sind), vielleicht der Amygdala[9] (weil Ihnen Zitronen nicht schmecken) oder des Hippocampus[10] (Sie erinnern sich an Ihren letzten Mittelmeerurlaub). Wenn sich die Nervenzellen der beteiligten Regionen für eine gewisse Zeit (etwa eine Fünftelsekunde) untereinander abstimmen, die Erregung also immer wieder zwischen ihnen hin und her geschickt wird, kann der Informationsinhalt der beteiligten Regionen bewusst werden.* (Beck et al. 2016, 314)

Die Synchronisation alleine erklärt aber noch nicht abschließend, was Bewusstsein oder was das ICH ist. Abb. 4.1 zeigt links die grafischen Umrisse eines menschlichen Gehirns mit dem im hinteren Bereich der Hirnrinde liegenden visuellen Cortex (Sehrinde),

---

[7] Die Sehrinde ist derjenige Teil der Großhirnrinde, der zum visuellen System zählt, welches wiederum die visuelle Wahrnehmung ermöglicht. Die Sehrinde ist am Okzipetallappen, dem hinteren Teil des Großhirns, lokalisiert. https://de.wikipedia.org/wiki/Visueller_Cortex (Zugriff: 09.11.2016).

[8] Die Großhirnrinde ist der äußere Teil des Großhirns, das einer von drei großen Teilen des Gehirns ist, der den ganzen oberen Abschnitt des Schädels ausfüllt und in dem die meisten und höchstentwickelten Leistungen des Gehirns ablaufen (Madeja 2012, 203).

[9] Die Amygdala ist ein Hirnteil, der im vorderen, unteren und inneren Abschnitt des Gehirns liegt und an der Entstehung von Emotionen beteiligt ist (Madeja 2012, 201).

[10] Der Hippocampus ist der Teil der Hirnrinde, der an der Unterseite des Gehirns in der Nähe des Hirnstamms liegt und der für die Speicherung von Informationen für länger als wenige Minuten sowie das Abrufen der gespeicherten Informationen wichtig ist (Madeja 2012, 203).

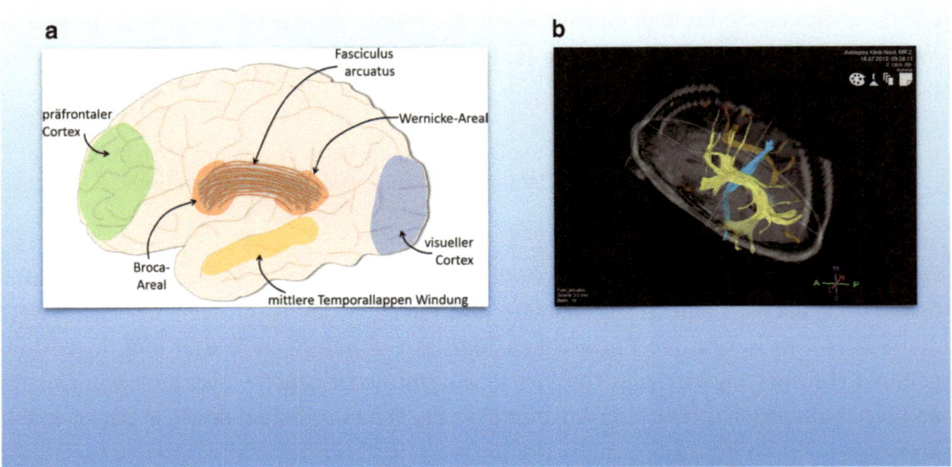

Abb. 4.1 **a** die grafische, **b** die MRT-Fibertracking-Aufnahme der Verknüpfung beider Sprachzentren im menschlichen Gehirn. (Aus: überarbeitete Grafik nach Vorlage und freundlicher Unterstützung durch den Springer-Verlag (**a**); mit freundlicher Unterstützung durch Volker Heßelmann, Asklepios Klinik-Nord-Heidberg, Hamburg (**b**))

dem im Stirnbereich der Hirnrinde liegenden präfrontalen Cortex (für bewusste Entscheidungsprozesse wichtig) und den beiden Sprachzentren Wernicke-Areal (ermöglich das Verständnis von Sprache, Madeja 2012, 195) und Broca-Areal (Planung der Muskelaktivität zum Aussprechen von Wörtern und Sätzen, ebd. 222). Unser intelligentes Gehirn verknüpft wichtige Regionen des Gehirns – hier in Abb. 4.1 die beiden Sprachzentren – sehr effizient miteinander. Das Broca- und Wernicke-Areal werden durch ein Nervenfaserbündel verbunden (Fasciculus arcuatus), das zugleich als wichtige Datenleitung in beide Richtungen, zwischen hinteren und vorderen Bereichen des Gehirns, dient.

Rechts in Abb. 4.1 ist eine *Fibertracking*-Aufnahme des Faserbündels zwischen dem Broca- und Wernicke-Areal zu sehen. Neuere magnetresonanztomographische Verfahren – MRT-Verfahren – erlauben sowohl hochauflösende Bilder von Strukturen des Gehirnes als auch eine Visualisierung von Nervenfaser-Verknüpfungen zwischen einzelnen Gehirnregionen.

In Stanislas Dehaenes (2014) viel beachtetem Buch „Denken – Wie das Gehirn Bewusstsein schafft" schreibt dieser:

Das Wort Bewusstsein ist im allgemeinen Sprachgebrauch mit unscharfen Bedeutungen befrachtet, die ein breites Spektrum komplexer Erscheinungen abdecken. [...] die aktuelle Wissenschaft vom Bewusstsein (unterscheidet) mindestens drei Vorstellungen:

1. Vigilanz – Wachzustand, der sich ändert, wenn wir einschlafen und aufwachen;
2. Aufmerksamkeit – sie fokussiert unsere mentalen Ressourcen auf eine spezifische Information; und
3. bewusster Zugang – die Tatsache, dass einiges von der beachteten Information schließlich unsere Wahrnehmung erreicht und anderen mitgeteilt werden kann.

> Als eigentliches Bewusstsein zählt [...] der bewusster Zugang – die einfache Tatsache, dass gewöhnlich alles, worauf wir im wachen Zustand unsere Aufmerksamkeit richten, bewusst werden kann. Weder Vigilanz noch Aufmerksamkeit allein reichen dazu aus. (Dehaenes 2014, 17)

Und mit Blick auf das ICH heißt es:

> Bewusster Zugang ist auch das Tor zu komplexen Formen bewusster Erfahrungen [ohne die kein Wissen aus Information generiert werden kann, d. A.]. In der Alltagssprache vereinen wir unser Bewusstsein oft mit unserem Selbstgefühl – wodurch das Gehirn einen Standpunkt schafft, ein „Ich", das von einem bestimmten Aussichtspunkt aus auf seine Umgebung blickt. Bewusstsein kann auch rekursiv sein: Unser „Ich" kann auf sich selbst blicken, seine eigene Leistung beurteilen und sogar wissen, wann es etwas nicht weiß. (ebd. 18)

Und weiter heißt es:

> Das Besondere und Faszinierende am Bewusstsein selbst ist, das es eine seltsame Rückbezüglichkeit einzuschließen scheint [hier verweist Dehaene auf Douglas Hofstadters 2007 „I Am a Strange Loop", in deutsch: „Ich bin eine seltsame Schleife"[11], d. A.]. Wenn ich über mich selbst nachdenke, tritt das „Ich" zweimal auf, als Wahrnehmender, aber auch als das Wahrgenommene. Wie ist das möglich? Dieser rekursive Sinn des Bewusstseins wird von Kognitionswissenschaftlern als Metakognition bezeichnet: die Fähigkeit, über den eigenen Geist nachzudenken. (ebd. 39–40).

Der Mensch lebt aber nicht nur durch bewusste sondern auch durch unbewusste Entscheidungen, auf die an dieser Stelle nur ergänzungshalber hingewiesen wird. Auf beide Komplexe werden wir nochmals in Abschn. 4.2 stoßen, wenn es darum geht, die Intelligenz des Menschen zu beleuchten, um sie anschließend in Abschn. 4.3 einer künstlichen Intelligenz gegenüber zu stellen, wobei wir wieder den Zirkelschluss zu den Humanoiden bilden.

Als kleines Fazit zum natürlichen, analog arbeitenden ICH und damit eng verbundenen Bewusstsein von uns Menschen kann festgehalten werden, dass die Menschheit mit ihrem technischen und erkenntnisreichen Fortschritten in der Geistes- und Naturwissenschaft, unter Zuhilfenahme von tief in unser Gehirn blickenden messtechnischen Apparaturen,

---

[11] Die beiden Begriffe Rückbezüglichkeit und Schleife können optisch durch das Möbiussche Band symbolisiert werden. Ein Möbiusband kann leicht hergestellt werden aus einem Streifen Papier, dessen eines Ende um 180 Grad gedreht auf dem anderen befestigt wird. Führt man einen Stift über das Band wird ohne Unterbrechung der Ausgangspunkt wieder erreicht. Man ist wieder am – rückbesinnt sich wieder auf den – Anfang.

enorme Erfolge aufzuweisen hat, sowohl aus philosophischer als auch aus biologischer, neurologischer Sicht. Wir können viele Strukturen und Abläufe in unserem neuronalen Netz beschreiben. Aber genauso viele Überraschungen werden sich noch einstellen, weil die Komplexität und emergenten Eigenschaften des Gehirns noch lange nicht vollständig erkannt sind. Genaugenommen stehen wir erst am Anfang einer *Systemischen Erkenntnistheorie* über unser ICH und unsere Gehirn.

Für künstliche Gehirne von Humanoiden, als Partner für Menschen in vielen Lebens- und Arbeitsfeldern, wie sie Forscher entwerfen, dürfte die Zeit für grundlegenden Erkenntnisgewinn noch lange anhalten, bevor der erste Humanoide auch nur halbwegs einen adäquaten Ersatz für den Menschen stellen kann. Darauf werden Abschn. 4.4 und 4.5 noch vertieft eingehen.

4.1.2   Das künstliche digitale ICH

Wir leben in einer Zeit zunehmender Interneteinsamkeit
E. W. Udo Küppers (2016)

Es ist schon paradox: Je mehr wir unser künstliches digitales ICH im universellen, bevölkerungsreichen Internet platzieren, umso ärmer werden unsere analogen Beziehungen *untereinander! Miteinander reden*, und zwar so reden, dass es klar und verständlich ist, dass ich mein Gegenüber vollwertig akzeptiere und achte, dass ich mich offenbare und auch etwas bewirken will – diese vier Seiten einer Nachricht, die der Psychologie Friedemann Schulz von Thun (s. Abschn. 2.3.2) als „Modelstück der zwischenmenschlichen Kommunikation" begreift, verflüchtigt sich, sobald wir uns – anonym oder bekannt – in die Sphäre des weitgehend undurchschaubaren, grenzenlosen Internet begeben.

Dieses *Internet-Paradox* treibt ganze Gesellschaften in ein zwischenmenschliches Vakuum. All das, was die evolutionäre Kommunikation ausmacht, die grundlegend ist für gesellschaftliche Weiterentwicklungen, wird mit rasender digitaler Geschwindigkeit überrollt. Zurück bleiben sich nur allmählich ändernde evolutionäre Geschöpfe – wie wir, die in den Sog des Internet gezogen werden, außerhalb jeder Eigenkontrolle. Das künstliche digitale ICH ist der digitale Igel, der – wie schnell das analoge ICH, der analoge Hase auch rennt – den digitalen Igel nie einholen wird.

Man ist darüber hinaus perplex, weil das analoge ICH das digitale ICH erschaffen hat und offensichtlich bislang über kein Mittel verfügt, es zu zügeln. Die unter Experten oft gestellte Frage, ob eine bewusst oder unbewusst übertriebene Kommunikation zwischen dem analogen und digitalen ICH zu nachhaltigen, körperlichen und geistigen Störungen des physisch-psychischen ICH führt, wird im gegenwärtigen Stadium mehr populistisch behandelt als durch Langzeitstudien wissenschaftlich nachgewiesen. Gefahren einer analogen ICH-Veränderung in diesem Kontext sind unstreitig vorhanden. Genauso wenig, wie Fortschritte in offenen Gesellschaften aufgehalten werden können, genauso oft müssen aber deren Risiken und Gefahren hinterfragt werden.

Die Natur mit ihren um ein unvorstellbar Vielfaches komplexeren und gefahrvollen Naturereignissen fragt auch nicht im Nachhinein, was zu tun ist, wenn sich existentielle Zerstörungen anbahnen bzw. ereignen. Stattdessen versucht sie mit ausgeklügelten Strategien die geschicktesten Wege zum Fortschritt. Mit dem Aufkommen des erdweiten Internet haben die Menschen wiederholt bewiesen, wie weit sie selbst immer noch von derartigen wirkungsvollen Entwicklungen entfernt sind. Die Folge: Die zunehmenden Stoffmassen und Energiebedarfe, die Internet und milliardenfaches digitales ICH erst möglich machen, führen geradewegs – und offenbar blindlings – in eine neue Variante von Naturzerstörung. Was für ein Fortschritt soll das sein?

Dies ist jedoch nicht die Schuld der oft belächelten Internet-Generation. Und auch das Internet selbst ist völlig unschuldig. – Es ist die Schuld derer, die zugelassen haben, dass die für Menschen überlebenswichtige fassettenreiche Kommunikation im realen Umfeld in eine physisch und psychisch unangreifbare Sphäre des Internet weggedriftet ist, ohne notwendige analog-digitale Grenzen zu ziehen. Kommunikation gerät dadurch – in jeder Hinsicht – außer Kontrolle, mit Ausnahme der Kontrolleure selbst. Bleibt die Frage: Wer kontrolliert die Kontrolleure?

Rechtlich gesehen existiert zum Beispiel in Deutschland noch kein Gesetz, das es Hinterbliebenen erlaubt, Daten, Informationen und daraus entstandenes Wissen von verstorbenen Angehörigen, bzw. deren digitales ICH vollständig und rückstandslos aus dem Internet zu löschen.[12] Die daraus ableitbare, nicht unrealistische, gar unheimliche Situation, mit dem möglicherweise an Überraschungen reichen digitalen ICH noch weit nach dem Tod des realen analogen ICH weltweit konfrontiert zu werden, ohne jede Möglichkeit eines wie auch immer genutzten Eingriffs, zeigt nur die völlig unzureichende Vorbereitung staatlicher Entscheider im Umgang mit diesem Medium.

Vergleichbares, was noch unzureichende, bzw. in Entwicklung befindliche Rahmenbedingungen und Kontrolle betrifft, geschieht zur Zeit auf den digitalen Plattformen der Robotik, deren Entwicklung nicht aufzuhalten ist. An konkreten Beispielen in Abschn. 4.4 werden wir sehen, wie durch Internet- bzw. „Daten- und Informationswolken“-Kommunikation gesteuerte digitale Humanoide und andere Maschinen auf Kommunikation mit Menschen in verschiedenen realen analogen Sphären vorbereitet und bereits praktisch getestet werden.

Ist unser selbsterschaffenes, künstliches digitale ICH im virtuellen Internet physisch und psychisch nicht greifbar, ändert sich das mit Blick auf Humanoide. Es sind Maschinen zum Anfassen, konstruiert als Doppelgänger oder in anderer Gestalt mit täuschend echtem menschlichen Aussehen. Materialien, Bewegungsmuster und neue Fertigungs-

---

[12] Mitteilung aus dem Bundesministerium des Inneren, BMI, per Email vom 26.11.2016. Genau entgegengesetzt zeigt sich im Frühjahr 2017 zunächst der gerichtliche Streit einer Internetplattform mit einer Mutter, die sich über Zugang zum Account ihrer verstorbenen minderjährigen Tochter Aufklärung über deren Todesumstände verspricht. Hier ist es die Internetplattform, die die Daten der Verstorbenen schützen, damit jedoch eventuell auch wieder einer späteren Löschung entziehen möchte (s. https://www.rbb-online.de/panorama/beitrag/2017/04/facebook-zugang-benutzerkonto-prozess.html, Zugriff: 26.04.2017).

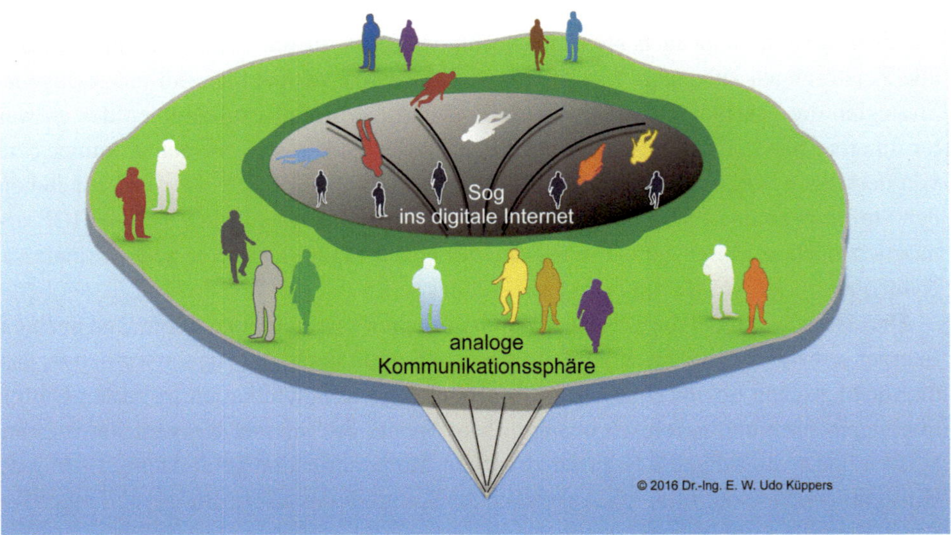

Abb. 4.2 Analoge und digitale ICHs im Umgang unter- und miteinander

techniken, wie der 3D-Druck, lassen Maschinen wie Menschen aussehen. Das ist noch ein relativ einfacher Weg künstlicher humanoider Entwicklung. Ein digitales ICH in dieser nun physischen realen Sphäre Humanoiden einzubauen, ist vorstellbar, aber sicher weitaus problemreicher zu gestalten als ein digitales ICH im nicht physischen Internet. Ein Stichwort hierzu heißt Künstliche Intelligenz, die in Abschn. 4.3 behandelt wird.

Abb. 4.2 fasst den Eindruck zusammen, der durch beide „ICHS" vorab beschrieben wird: Mit evolutionärer Geschwindigkeit voranschreitende, nachhaltig angepasste Geschöpfe geraten aus eigenem oder fremden Antrieb in die Beschleunigungsfalle digitaler Welten im Internet. Dort sind sie dem Sog riesiger Daten-, Informations- und Wissens-Kraken ausgeliefert, bislang ohne Aussicht auf eine selbstbestimmende Flucht unter Mitnahme aller persönlichen Utensilien, die weiterhin im Griff der „Kraken" bleiben. Während auf der hellgrünen Ebene rege Kommunikation von Menschen untereinander stattfindet, werden diese zunehmend durch Mensch-virtuelle Mensch-Maschine-Kommunikation ersetzt, je mehr sie sich dem dunkelgrünen Rand des Internet nähern. Völlig losgelöst von physischen und psychischen „Partner-ICH" und zunehmend versunken in der virtuellen Internetwelt digitaler ICHs (schwarze Figuren), verändern sich ursprüngliche Gewohnheiten des Miteinander-Redens in gefahrvolle immaterielle Sphären ohne Eigenkontrolle.

4.2   Natürliche Intelligenz – NI

Die Gedanken sind frei, wer kann sie erraten?
Sie fliehen vorbei wie nächtliche Schatten.
Kein Mensch kann sie wissen, kein Jäger erschießen
es bleibet dabei: die Gedanken sind frei!
Deutsches Volkslied
Text um 1780, Melodie 1810–1820[13]

4.2.1   Bewusstsein

Die lange Evolution der Gehirne und des Geistes und somit auch der Intelligenz thematisiert der Biologie- und Hirnforscher Gerhard Roth (2010) in seinem Buch „Wie einzigartig ist der Mensch?" Er geht unter anderem der Frage nach, was Menschen – und Tiere – intelligent, kreativ und klug macht. Darunter fallen Merkmale wie relative Gehirngröße, die Größe bestimmter „Intelligenzzentren", die Dichte lokaler Nervenzellen, die Art der neuronalen Verschaltung. Eine andere Frage versucht zu klären: „Was [. . .] treibt letztlich die Ausbildung solcher Strukturen voran?"

> Für einige Experten sind es die natürlichen Überlebensbedingungen der Tiere: Je komplexer diese werden, desto leistungsfähiger müssen auch Sinnesorgane, Nervensysteme und Gehirne werden, und desto eindeutiger geht der Trend zu einer Erhöhung der Lernfähigkeit, der Verhaltensflexibilität und Innovationskraft. (Roth 2010, XIX–XX).

Neuronale Merkmale die sich daraus ergeben, werden mit der Hypothese der *ökologischen Intelligenz* verbunden. Die zunehmende Sozialität von Tieren, die auch neue Strukturen im Gehirn zur Folge hat und gekennzeichnet ist durch

> [. . .] soziales Lernen, Imitation, Empathie, Wissensvermittlung, Bewusstsein und die Entwicklung einer „Theorie des Geistes" [. . .] verbinden andere Forscher mit der Hypothese der sozialen Intelligenz. Die Schnelligkeit der Verarbeitung von Information und ihre Effektivität werden schließlich als Merkmale einer allgemeinen Intelligenz genannt. (ebd. XX).

Roth sieht den vorab strukturierten Intelligenzbegriff umfassender – strukturiert durch *kognitive Fähigkeiten und Intelligenz –*, indem er ihn mit dem englischen *mind* – Geist – verbindet, wodurch die

> „[. . .] Fähigkeit eines Organismus, Probleme zu lösen [, umschrieben wird, d. A.], die in seiner natürlichen oder sozialen Umgebung auftreten. Dazu gehören Formen des assoziativen Lernens und der Gedächtnisbildung, Verhaltensflexibilität, innovatives Verhalten sowie Leistungen, die Abstraktion, Begriffsbildung und Einsicht erfordern. [. . .] [D]iese kognitiven Fähigkeiten begründen zentrale Merkmale von ‚Intelligenz', nämlich Verhaltensflexibilität und Innovationskraft." (ebd. 18).

---

[13] https://de.wikipedia.org/wiki/Die_Gedanken_sind_frei#cite_note-8 (Zugriff: 04.11.2016).

An gleicher Stelle wird noch die Feststellung getroffen: „[...], dass wir Menschen bestimmte kognitive Leistungen wie das Erkennen komplexer Vorgänge, das Lösen neuartiger Probleme, Selbsterkennen im Spiegel, längerfristige Handlungsplanung oder das Verstehen und Befolgen detaillierter Anweisungen nur mit Bewusstsein vollbringen können." (ebd.)

Im Bereich der Psychologie blickt der Begriff Intelligenz (Stichwort Intelligenztest) auf 100 Jahre Forschung zurück (Süß 2003). Unter Intelligenztheorien fallen z. B. Theorien der fluiden und kristallinen Intelligenz, mehrdimensionale Intelligenzmodelle oder auch das Berliner Intelligenzstrukturmodell (ebd. 219), um nur einige zu nennen, die hier nur ergänzend erwähnt werden. Ein weiterer ergänzender Hinweis lenkt den Begriff Intelligenz auf Helmut Pfützners (2014) Buch „Bewusstsein und optimierter Wille", das er u. a. einleitet mit der Bemerkung, das Fehlen des sogenannten freien Willens mache den Menschen robust und verlässlich. Wie auch immer. Abgesehen davon, dass die Diskussion um die Zuordnung des „freien Willens" seinen Höhepunkt bereits überschritten haben dürfte – oder auch nicht – (s. Bauer 2015) und dieses Thema hier nur eine Randerscheinung ist, wenden wir uns wieder dem Denken, Bewusstsein und nun auch Unbewusstsein unserer natürlichen Intelligenz zu und fragen mit Dehaene: Wozu dient Bewusstsein?

4.2.2 Bewusstsein zum Zweiten, Unbewusstsein, Intuition und Bauchentscheidungen

Die folgenden drei Textgruppen gehen auf intelligentes Verhalten von Menschen ein, indem sie noch einmal die Dynamik des bewussten Handelns, das neu hinzugekommenen unbewussten Handelns sowie Bauchentscheidungen beleuchten. Alle drei menschlichen Verhaltensweisen werden zwar seriell beschrieben, sind aber letztlich als vernetzte Teile eines Ganzen zu sehen, das die Intelligenz des Menschen widerspiegelt.

Dehaene (2014) beschreibt *Bewusstsein* als einen unterstützenden Vorgang für spezifisch ablaufende Prozesse, die unbewusst nicht stattfinden können. Das Eintreffen und die Aufnahme großer Daten- und Informationsmengen aus der Umwelt durch unsere Sinnesorgane werden durch das Bewusstsein verarbeitungseffizient komprimiert und symbolhaft aufbereitet.

Eine weitere Verarbeitungsstufe ermöglicht uns die Ausführung „*[...] sorgfältig kontrollierter Operationsketten [...]*" (Dehaene 2014, 133), vergleichbar einem seriell arbeitenden Computer. Dehaene sieht diese „Verbreitungsfunktion" des Bewusstseins als entscheidend an, die bei Menschen durch ihre Sprache noch verbessert wird. Dabei unterstützt er die philosophisch orientierte funktionale Sicht des Bewusstseins, das er nützlich nennt, und beschreibt es als „*[...] eine komplexe funktionale Eigenschaft [...] [, die] als solche wahrscheinlich in Millionen Jahren Darwin'scher Evolution selektiert worden [ist], weil es eine besondere operative Funktion erfüllt.*" (ebd. 136) Zudem verweist Dehaene auf Messungen mittels minimaler Kontraste von gesehenen und nicht gesehenen Bilder, die es erlauben, zu erkennen, was an bewussten Prozessen einzigartig ist. Wörtlich schreibt er: „*Mithilfe psychologischer Experimente können wir ausloten, welche Operationen ohne Bewusstsein möglich sind und welche allein dann stattfinden, wenn wir bewusste Wahrnehmung vermelden.*" (ebd. 137) Ohne in die Tiefe der psychologischen Experimente einzusteigen beschreibt Dehaene seine – für jeden nachvollziehbare – „Metapher auf Bewusstsein":

> Im Tiefgeschoss erledigt eine Armee unbewusster Arbeiter die anstrengenden Tätigkeiten und siebt große Datenmengen. Oben ist unterdessen ein ausgewähltes Gremium leitender Angestellter damit beschäftigt, lediglich eine Darstellung des Sachverhaltes zu prüfen und in Ruhe bewusste Entscheidungen zu treffen. (ebd. 137).

Aus der riesigen Zahl unbewusst ablaufender Wahrscheinlichkeiten sortiert das Bewusstsein anscheinend die Entscheidung aus, der wir uns zuwenden bzw. die wir ausführen. Das Bewusstsein besitzt demnach in unserem Gehirn eine – technisch ausgedrückt – Zuteiler- oder Dispatcherfunktion, nach der wir handeln oder nicht handeln. Dehaene weist noch auf einen Verbündeten, den Mathematiker und Philosophen Charles Sanders Peirce (1839–1914)[14] hin, der als einer der ersten erkannte, „*[…] dass selbst unsere einfachsten bewussten Beobachtungen das Ergebnis einer verwirrenden Komplexität unbewusster probabilistischer Schlussfolgerungen sind.*" (ebd.). In enger Anlehnung an das bei Dehaene anschließende Zitat Peirces kann seine vorab formulierte Aussage wie folgt interpretiert werden:

> An diesem herrlichen Herbstmorgen sehe ich aus dem Fenster und erkenne einen in Nebel getauchten Ginkobaum, voll von gelblich schimmernden Blättern, auf die Sonnenstrahlen blinken. Nein, nein! Das sehe ich nicht. Es scheint aber die einzige Möglichkeit zu sein, zu beschreiben, was ich sehe. Es ist eine Satzaussage und eine Tatsache; es ist aber nicht das, was ich in Wirklichkeit wahrnehme, es ist nur ein – durch meinen Satz – verständlich gemachtes Bild – eine abstrakte Aussage. Das, was ich sehe ist aber konkret. Mit dem Satz vollziehe ich eine „Abduktion". (Kognitionsforscher kennen es als Umkehrschlussverfahren oder Bayes'sches Schlussverfahren[15]). Ich drücke alles, was ich sehe in einem Satz aus. Tatsächlich besteht aber unser allumfassendes Wissen aus puren Hypothesen, die durch „Induktion"[16] bestätigt und verfeinert werden. (in Anlehnung an Peirce zitiert nach Dehaene 2014, 137)

Ist *Unbewusstsein* das Gegenteil von Bewusstsein? Sicher nicht. Alleine die unbegreifliche Komplexität und Dynamik unseres Gehirns verbietet solche Schwarz-weiß-, oder Ja-nein-

---

[14] https://de.wikipedia.org/wiki/Charles_Sanders_Peirce (Zugriff: 06.11.2016).

[15] Das Bayessches Schlussverfahren ist ein schließendes statistisches Verfahren, wie auch die klassische Statistik. Letzteres nutzt zum Schätzen von Kenngrößen und zum Testen von Hypothesen nur die Stichprobe. Die Bayessche Statistik stellt darüber hinaus in Rechnung, was sonst noch über das Problem bekannt oder angenommen wird. Einen fundierten Einblick in beide statistische Schließverfahren gibt Tschirk (2014).

[16] Das induktive Schlussverfahren ist ein Beweisverfahren, bei dem aus Einzelfällen auf eine allgemein gültige Regel geschlossen wird – im Gegensatz zur Deduktion, bei der umgekehrt zu Induktion geschlossen wird. Ein berühmter Vertreter deduktiver Beweisführung war Sir Arthur Conan Doyles Romanfigur Sherlock Holmes.

Aussagen. Es sind vermutlich viel mehr neuronale Emergenzen[17] im Spiel, als uns heute bewusst ist und denen wir mit den technischen bildgebenden Werkzeugen, die uns zur Verfügung stehen, noch lange nicht auf den Grund gegangen sind.

Pionierleistungen über das Unbewusste reichen zurück bis in die Zeit Hippokrates von Kos (460–370 v. Chr.). Bekannte Philosophen und Mathematiker, von Augustinus von Hippo (354–430 n. Chr.) über René Descartes (1596–1650) bis Gottfried Wilhelm Leibniz (1646–1716) führten aus, *„[…] dass der Ablauf menschlichen Handelns von einer breiten Palette von Mechanismen angetrieben wird, die der Selbstbeobachtung nicht zugänglich sind, angefangen bei sensomotorischen Reflexen bis hin zu nicht wahrgenommenen Motiven und verborgenen Begierden.“* (ebd. 76) Heute zweifelt keiner mehr daran, dass bewusste und unbewusste Handlungen unser tägliches Leben bestimmen, ja, das Unbewusstsein unsere Handlungen mehr steuert als das Bewusstsein.

Vieles scheint in unserem Leben automatisch – unbewusst – abzulaufen: das Fahren mit dem Rad, der Lauf durch den Wald, die Benutzung von Maschinen, das Lesen eines Buches usw. Zwar war zuerst ein bewusstes Lernen erforderlich; doch mit Zeit und Erfahrung gehen diese Lernschritte über in Bereiche des Unbewussten.

Immer wieder erhellend ist das Beispiel vom erfahrenen Autofahrer, der im Straßenverkehr unbewusster reagiert als ein Fahranfänger. Denn dieser registriert hoch konzentriert jedes Verkehrszeichen, um Gefahrensituationen zu vermeiden. Autofahren hängt mit Komplexität und deren Bewältigung zusammen. Durch Konzentration auf wenige, aber entscheidende Verkehrszeichen – sogenannte *Superzeichen*, wie Dietrich Dörner (1991, 62) es nennt – wird der erfahrene Autofahrer Komplexität *für sich* reduzieren bzw. vieles in den Bereich des Unbewussten verlagern.

Die Arbeit und Freizeit bietet eine Fülle von Beispielen bewusster und unbewusster Vorgänge, die wir durchführen, bei denen das bewusste und unbewusste Denken nach heutigem Wissenstand fast alle Bereiche unseres Gehirns erfasst. Abb. 4.3 zeigt dies für die unbewussten Prozesse im Gehirn. Hierbei soll nach Dehaene berücksichtigt werden, dass die herausgestellten lokalen Regionen „[…] immer auf einem ganzen Gehirnschaltkreis aufbauen.“ Die dargestellten kreisförmigen Markierungen mit weißem Rand arbeiten nach Dehaene subcortikal (Hirnregionen unterhalb der Großhirnrinde), weil sie in einem früheren Stadium der Evolution aufgetreten sind – wie Ängste, als ein früher evolutionärer Schutzmechanismus gegen drohende Gefahren. Inzwischen existiert eine Reihe von Experimenten, die der Frage nachgehen und sie bejahen, ob komplexe Funktionen wie Rechnen, Schreiben und Lesen unbewusst vollzogen werden und im Cortex, der Hirnrinde und dem Ort höchster Hirnleistungen des Menschen, aktiv werden, ohne bewusste Wahrnehmung (Dehaene 2014, 80).

---

[17] Emergenz ist ein Ausdruck, der – in Verbindung mit komplexen Systemen – evolutionär auf eine Höherentwicklung hinweist; eine Entwicklungsstufe mit bisher nicht gekannter Qualität, die aus der vorherigen Entwicklungsstufe und den darin vorhandenen Merkmalen nicht voraussagbar war. Populär heißt es: Die Summe der Einzelteile ist nicht das, was ein Ganzes ausmacht.

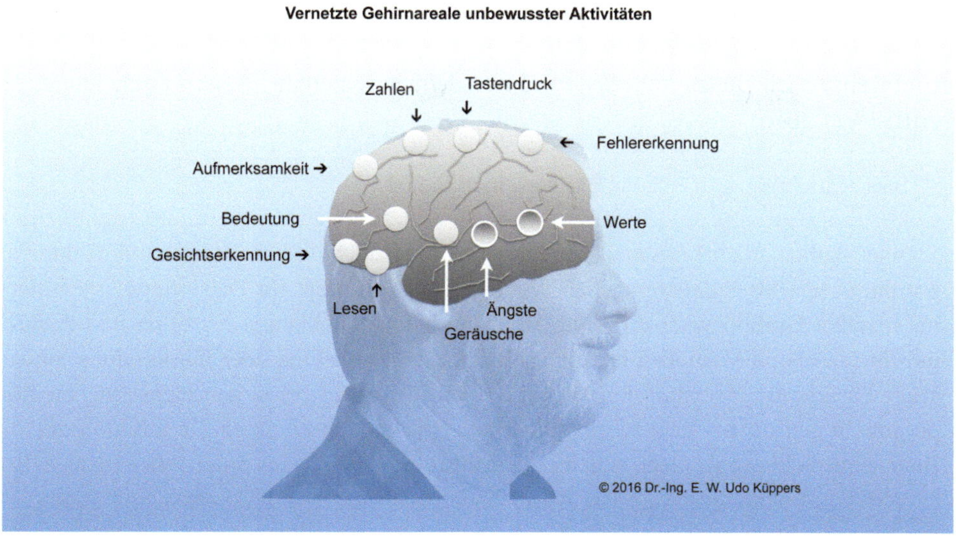

Abb. 4.3 Unbewusste Prozesse im Gehirn des Menschen. (In Anlehnung an: Dehaene 2014, 127)

Und noch einmal sei Dehaene zitiert, der sich wiederum auf Henri Poincaré (1854–1912), den bedeutenden französischen Mathematiker, bezieht. In seinem 1914 erschienenen Buch über Wissenschaft und Methode, formulierte er seine Meinung zum bewussten und unbewussten Ich, womit er heutigen Diskussionen zum Thema um 100 Jahre vorauseilte:

Das sublime Ich steht keineswegs tiefer als das bewusste Ich, es arbeitet nicht rein automatisch; es hat die Fähigkeit zu unterscheiden, es hat Feingefühl; es kann auswählen, es kann ahnen. Es kann sogar besser ahnen als das bewusste Ich, denn es hat dort Erfolg, wo jenes versagt. Steht nicht das sublime Ich über dem bewussten Ich? (ebd. 126)

Nach dieser erhellenden Aussage eines universal gebildeten Wissenschaftlers, die aus heutiger Sicht und mit den heutigen Mitteln spezieller Messtechniken bestätigt werden kann, so Dehaene, wissen wir mehr als wir denken! Es ist etwas, was latent vorhanden ist und uns aus dem Verborgenen leitet. Es zeigt sich als machtvolle Intelligenz. Einige nennen es *Intuition*, andere *Bauchentscheidungen*. Das Wirtschaftsmagazin brand eins (2016) hat diesem Thema ein ganzes Heft gewidmet (November 2016) und der Psychologe Gerd Gigerenzer (2007) fast ein ganzes Leben.

Was verbirgt sich hinter dem Begriff Intuition, den viele von uns auch als den 6. Sinn, als Vorahnung, Gespür, Eingebung, Idee oder innere Stimme kennen? Nach Duden ist

Intuition [...] das unmittelbare, nicht diskursive, nicht auf Reflexion beruhende Erkennen, Erfassen eines Sachverhalts oder eines komplizierten Vorgangs, eine Eingebung oder plötzliches ahnendes Erfassen. (http://www.duden.de/rechtschreibung/Intuition, Zugriff: 10.11.2016)

Und weiter nach Duden: (http://www.duden.de/rechtschreibung/Bauchentscheidung, Zugriff: 10.11.2016)

Bauchentscheidung ist eine Entscheidung nach Gefühl.

So wie Mathematiker im wirtschaftlichen und finanztechnischen Umfeld mit exakten algorithmischen Modellen versuchen, Vorhersagen zu treffen, für Disziplinen, die zutiefst im sozialen Umfeld verankert sind, somit Wahrscheinlichkeiten betreffen und dadurch mit ihren exakten Methoden letztlich scheitern, so versuchten über Jahrhunderte hinweg kluge Denker ein mechanisches Weltbild – von Descartes bis in den menschlichen Körper hinein getrieben – nahezubringen – ohne Erfolg. Nun kommen die Intuition und die Bauchentscheidung als Gegenspieler mechanischen Denkens ins Spiel. Aber sind sie das?

Wie vorab erläutert, wäre ein Auseinanderdividieren von bewussten und unbewussten Entscheidungen töricht. Beide gehören zusammen. Wer aber „[…] Intuition als wesentlichen Wissensbaustein ignoriert, der tut das auch mit der Innovation." (Lotter 2016, 37) Lotter zitiert den französischen Chemiker und Mikrobiologen Louis Pasteur (1822–1895), der davon berichtete, durch Geistesblitze verzwickte Probleme gelöst zu haben. Dass zufällige Gedankenblitze nicht aus heiterem Himmel kommen, wusste auch Pasteur (ebd. 39), denn das Aneignen von fachlichem und allgemeinem Wissen ist die Voraussetzung für derartige Eingebungen. Oder mit anderen Worten: Ohne eine erarbeitete fundierte Wissensbasis wird es schwer bis unmöglich, auf Gedankenblitze aus dem „Bauch" zu vertrauen. Ein deutsches Sprichwort bringt es auf den Punkt:

▶   Ohne Fleiß kein Preis.

Wie Intuition funktioniert, erläutert Gigerenzer und stellt einen *adaptiven* Werkzeugkasten von Instinkten vor, die er Faustregeln und Heuristiken nennt, und beschreibt weiter, dass der überwiegende Teil intuitiven Verhaltens anhand von einfachen Mechanismen beschreibbar ist. (Gigerenzer 2008, 49 ff.). Hierzu führt Gigerenzer verschiedene Beispiele von Augen und Gehirn an. Abb. 4.4 zeigt dazu ein typisches Beispiel, mit folgender Erläuterung in Anlehnung an Gigerenzer (ebd. 52). Bei Betrachtung der Abb. 4.4 schließt mein Gehirn automatisch, dass

1. sich der große Kreis auf dem linken, nach innen gewölbten Rechteck zum Betrachter hin – *konvexe Wölbung nach außen* – wölbt, die darauf liegenden drei kleinen Kreise wölben sich vom Betrachter weg – konkave Wölbung nach innen –,
2. sich der große Kreis auf dem rechten, nach außen gewölbten Rechteck vom Betrachter weg – *konkave Wölbung nach innen* – wölbt, die darauf liegenden drei kleinen Kreis wölben sich zum Betrachter hin – konvexe Wölbung nach außen.

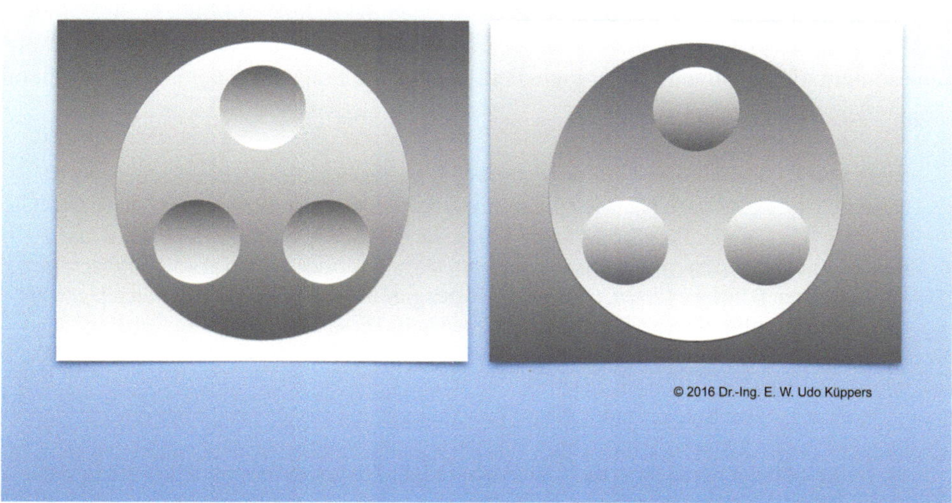

Abb. 4.4 Unbewusste Schlüsse unseres Gehirns am Beispiel des Sehens von konkaven und konvexen Oberflächen

Das Gehirn erkennt in der rechten Grafik genau die umgekehrten Krümmungen der Flächen, wie sie links erscheinen. Als Antwort auf die Frage, warum wir die Flächen so unterschiedlich sehen, wie wir sie sehen, argumentiert Gigerenzer mit ungenügenden Informationen für die Augen, die aber unser Gehirn nicht zweifeln lässt.

> Es schließt eine Wette ab, ausgehend von der Struktur der Umwelt – oder von dem, was das Gehirn für die Struktur hält. Eine dreidimensionale Welt voraussetzend, mutmaßt es anhand der schattierten Teile der Punkte, in welche Richtung der dritten Dimension sie sich erstrecken. Um eine plausible Vermutung anzustellen, nimmt es an, dass 1. das Licht von oben kommt und 2. es nur eine Lichtquelle gibt. (ebd. 53).

Das ist eine entwicklungsgeschichtliche Erfahrung, die heute nicht mehr uneingeschränkt gilt. Praktisch kann eine Lichtquelle aus allen beliebigen Richtungen kommen, dabei verlässt sich unser Gehirn nach Gigerenzer auf allgemeine, dem beobachteten Objekt angepasste Faustregeln.

Für die Abb. 4.4 rechts ergibt der unbewusste Schluss des Gehirns folgendes: Licht von oben und Schatten im unteren Bereich des Rechtecks wölben diese Fläche nach oben, ähnlich wie die Oberfläche einer Kugel, so wie es die drei kreisrunden Erhöhungen zeigen. Und links: Licht von unten und Schatten im oberen Bereich des Rechtecks vertieft diese Fläche nach innen, ähnlich wie die innere Oberfläche einer Kalotte, so wie es die drei kreisrunden Kuppeln bzw. Vertiefungen zeigen.

Die vielzitierten Faustregeln sind für gewöhnlich unbewusste Entscheidungen unseres Gehirns, die auch in die Ebene des Bewusstseins eindringen. Sie sind aber auch umweltbedingt. Beide Einflusssphären – Gehirn und Umwelt – zusammen erlauben ein durchaus erfolgreiches Problemlösen. Neuzeitliche Ergebnisse zu intuitiven Entscheidungen in der realen Welt leiteten Gigerenzer et al. zu Unternehmen und stellten 32 Führungskräften eines international tätigen Technologiedienstleisters die Frage nach dem Bauchgefühl mit folgendem Ergebnis:

> Nicht eine einzige Führungskraft sagte, sie würde nie Bauchentscheidungen treffen. Auf der anderen Seite gab es auch niemanden, der immer nur Entscheidungen aus dem Bauch getroffen hätte. Und in der Tat wäre es keine Erfolg versprechende Strategie, sich blind auf das Bauchgefühl zu verlassen. Die meisten antworteten, sie würden sich in etwa 50 Prozent der Fälle auf ihren Bauch verlassen, und dieses Muster ging über alle Ebenen der Hierarchie, vom Abteilungsleiter bis zu den Mitgliedern des Vorstands. Diese Studie ergab eine überraschend hohe Rate intuitiver Entscheidungen. Doch die gleichen Führungskräfte würden dies nicht unbedingt in der Öffentlichkeit zugeben.
>
> In einer zweiten Studie wurden die 50 Top-Manager und der Vorstand eines großen Automobilherstellers gefragt: „Denken Sie an die letzten zehn professionellen Entscheidungen, an denen Sie beteiligt waren. Wie viele davon waren Bauchentscheidungen?" Diese Gruppe mit einem hohen Anteil an Ingenieuren berichtete von noch mehr Bauchentscheidungen als die Kollegen beim Technologie-Dienstleister. Wieder gab es niemanden, der noch nie Bauchentscheidungen getroffen hatte. Und es sagte auch niemand, dass er sich nur manchmal auf die Intuition verlassen würde. In diesem Unternehmen wurde die gesamte Verteilung hin zu mehr intuitiven Entscheidungen verschoben. Und es gab sogar fünf (von 50), die antworteten, sich immer auf ihr Bauchgefühl zu verlassen. Die Mehrheit (76 %) sagte, sie würden die meiste Zeit aus dem Bauch heraus entscheiden.
>
> Unabhängige Studien mit Managern in Banken, Industrie, Dienstleistung und öffentlicher Verwaltung berichten in ähnlicher Weise, dass zwei Drittel der Entscheidungen intuitiv sind, sowohl bei professionellen als auch bei privaten Entscheidungen. Je höher in der Hierarchie, desto höher ist das Vertrauen in das Bauchgefühl. Doch 72 Prozent der Befragten gaben an, ihre Intuition zu verleugnen, wenn sie Entscheidungen gegenüber Dritten zu rechtfertigen haben, und stattdessen im Nachhinein Gründe für die Entscheidung zu suchen. (Gigerenzer et al. 2012, 20)

Zwei interessante Schlussfolgerungen aus den Befragungen können gezogen werden:

1. Die nachträglichen Begründungen für unbewusste Entscheidungen laufen ins Leere! Es gibt sie einfach nicht.
2. Die aus dem Ergebnis herauslesbaren, wohl psychologisch bedingten Zwänge von Führungskräften, ihre *unbewussten* Entscheidungen keineswegs öffentlich zu machen, sagt einiges über die unternehmensinterne Mitarbeiterkultur und Organisationsstrategie aus, die aber hier nicht weiter vertieft werden sollen.

Von Interesse ist aber noch der Gedanke, ob Humanoide bzw. computerisierte Maschinen eines Tages intuitiv algorithmisch – auch aus ihrem „digitalen Bauchgefühl" heraus – denken und handeln können – wenn denn so etwas wie ein Maschinenbauchgefühl überhaupt existiert. Bislang helfen unzählige Daten und Informationsmengen, sowie deren Kombinatorik, Menschen beim Schachspiel und dem noch komplexeren „Go"-Spiel Niederlagen beizubringen, jedoch in klar umrissenen Grenzen. Wie aber soll regelbasierte programmierte Maschinenintelligenz die komplexen dynamischen Denkprozesse sich evolutionär permanent verändernder Gehirne von Menschen algorithmisch verarbeiten, um Menschen näherungsweise ein adäquates Gegenüber zu sein? Wobei festzuhalten ist, dass Algorithmen künstlicher Maschinenintelligenz gut darin sind, assoziative Verknüpfungen von Daten zu Informationen zu simulieren – mehr nicht. Es wird noch viel Wasser von Flüssen in die Meere fließen, bis eine Annäherung künstlicher Intelligenz an die natürliche im Bereich des realistisch Möglichen ist. Bislang sind alle Aussagen in dieser Richtung – paradoxerweise – nichts anderes als ausschließlich gesicherte Ahnungen und Vermutungen.

4.2.3   Natürliche Intelligenz – Von den San bis zu den Astronauten

Natürlicher Verstand kann fast jede Art von Bildung ersetzen,
aber keine Bildung den natürlichen Verstand.
  Arthur Schopenhauer, Philosoph (1788–1860)[18]

Ausdauer, Instinkt bzw. Intuition und überliefertes Wissens über die natürliche Umgebung sind die Zutaten für eine erfolgreiche Jagd der ältesten Einwohner in den südlichen Ländern Afrikas, in Namibia, Botswana – den San, die von Europäern Buschmänner genannt werden, den Khoikhoi oder europäisch Hottentotten und den Koisan, eine Vermischung beider Urvölker.

Sie leben in der Kalahari, einer trockenen, mit Dornensträuchern bedeckten Savanne, die in großen Bereichen monatelang kein Oberflächenwasser besitzt. Die Kenntnis darüber, am Rande der Wüste Namib oder weiten Grassteppen Wasser zu finden, ob in hohlen Bäumen, in über hundert Pflanzenarten oder in Tieren, wie erwachsene Antilopen, die nahezu 100 l Wasser besitzen, oder schließlich Wasser im Vorratsbehältern wie leeren Straußeneiern wochenlang und genießbar zu speichern, ist überlebenswichtig für die San.[19] Pfeil und Bogen sind die einzigen technischen Mittel, die die San zum Jagen benutzen. Wo sie nach Essbarem im sandigen Boden suchen müssen oder Tierbeute über eine Entfernung von nahezu 200 Metern erspüren,[20] nutzen die San Spuren im Sand, vor allem aber ihre fünf Sinne.

Ein weiteres Beispiel von natürlicher Intelligenz, mit einem nicht unerheblichen Anteil von Gespür bzw. Wahrnehmungsvermögen, das von Nachfahre zu Nachfahre weitergege-

---

[18] https://www.aphorismen.de/suche?f_autor=3374_Arthur+Schopenhauer&f_thema=Verstand.

[19] Der Autor hat 2002 eine wissenschaftliche Forschungsreise durch Namibia, Botswana und Südafrika unternommen und dadurch auch die Kultur der San, ihren durch die Zivilisation immer mehr eingeengten Lebensraum, ihre Jagdtechniken u. a. m. kennengelernt.

[20] Iris Pakula (2012) Die letzten Jäger in Namibia. Dokumentation, Deutschland und ARTE.

ben wird, beschreibt der Wissenschaftsautor Nicholas Carr[21] während eine Vortrages an der Harvard Universität in Cambridge, Massachusetts, USA. Er schildert eine Entdeckung des Polarforschers William Edward Parry (1790–1855)[22], aus dem Jahr 1822, die er bei seinem Inuit-Führer mit unglaublicher Genauigkeit festgestellt hat. Trotz umgebenden undurchsichtigen Nebels im eisigen Norden Kanadas, trotz wechselnder Landschaften, die durch Schneestürme ihr Aussehen permanent ändern, gelingt den Inuit, mit ihrem Gespür für Winde und damit zusammenhängende Schneeverwehungen, den Wasserströmungen, den Himmelsbeobachtungen sowie den Verhaltensweisen von Tieren eine nahezu perfekte Orientierung, ohne jede Karte, Kompass und erst recht ohne das heute übliche *Globales Positionsbestimmungssystem*, die GPS-Navigation (GPS steht für Global Positioning System, Positionsbestimmung auf der Erde durch ein Netz von Weltraumsatelliten).

Allein ihre generationenalte Überlieferung von natürlicher Intelligenz reicht den Inuit, eine Präzision in ihrer Orientierungsfähigkeit zu erreichen, die von den von hochtechnisierten Instrumenten umgebenen Polarforschern von heute vermutlich nie erreichen wird – im Gegenteil. Es sind die vom norwegischen Forscherehepaar Moser in unserem Hippocampus entdeckten Gitterzellen (Hafting et al. 2005; Moser et al. 2015), die wie neuronale Prozesse funktionieren, derer sich die San und die Inuit bevorzugt bedienen. Der Neurowissenschaftler John O'Keefe hatte bereits in den 1970er-Jahren im Hippocampus von Nagetieren sogenannte ortgebundene Neuronen lokalisiert (O'Keefe, Nadel 1978).

Menschen besitzen demnach einen eigenen, evolutionär optimierten Kompass, den sie über Jahrtausende für ihr Überleben perfekt nutzen konnten und noch nutzen können, es aber immer seltener tun! Heute existieren elektronische digitale Helfer, die mit Satellitennavigation für jeden Ort der Erde präzise vorhersagen, wo wir uns gerade befinden oder wo wir hinwollen. Diese Zunahme an elektronisch genutzten Werkzeugen aller Art und das Verlassen auf ihre algorithmisch berechneten Ergebnisse, zum Beispiel bei der Ortssuche, lässt unseren neuronalen Kompass zunehmend verkümmern. Konsequenzen, die sich daraus ergeben könnten, wenn die Region des Hippocampus degeneriert, der Orientierungssinn also nachlässt, werden von der Neuropsychiaterin Veronique Bohbot der McGill University, Verdun, Quebec, Canada, mit Gedächtnisverlust bei Alzheimer- und Demenzerkrankungen in Verbindung gebracht (Wilkins et al. 2013).

Extrem gegenüberstehend zu den San und Inuit sind Menschen, die sich zu 100 % auf die Technik verlassen (müssen), zum Beispiel als Astronaut im Weltraum. Es kann angenommen werden, dass die Gehirne von Astronauten in engen Raumkapseln mit einer hohen Zahl von Umweltreizen technischer, elektronischer oder anderer Art konfrontiert werden, auf die sie äußerst wachsam und achtsam, hochkonzentriert reagieren müssen. Autopilotfunktionen lassen diese hochgradige Aufmerksamkeit möglicherweise in weniger aufmerksame Entspannungszustände ausweichen; zumal die Kontrollfunktionen der

---

[21] https://www.radcliffe.harvard.edu/video/nicholas-carr-world-not-screen. Vortrag an der Harvard Universität am 16.03.2015 (Zugriff: 05.11.2016). Deutsche Texte zum Thema s. Oegerli, Carr 2016; Böttcher 2016.
[22] https://de.wikipedia.org/wiki/William_Edward_Parry (Zugriff: 05.11.2016).

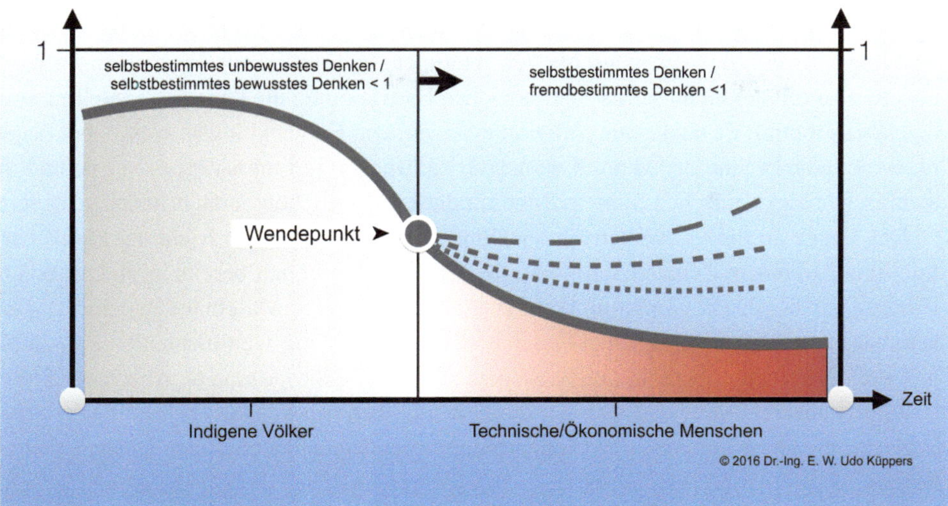

Abb. 4.5 Nutzung intuitiv geleiteter neuronaler Prozesse auf der Basis bewussten Lernens bei Menschen

Erdstationen permanent arbeiten. Für Intuition scheint wenig Platz in einem funktionierenden Raumschiff. Es sei denn, unerwartete gefahrvolle Ereignisse wie bei der Apollo-13-Mission im April 1970[23] treten ein, dann sind Erfahrung, Intuition bzw. Gespür oft mehr wert als jede zweckrationale Entscheidung.

Abb. 4.5 skizziert einen Trend vom überwiegend analogen, intuitiven Handeln, das immer ein bewusstes Lernen durch erworbenes Wissen voraussetzt, bis in die Gegenwart, wo aufgrund zunehmend rationalen, digital gesteuerten Handelns die Fähigkeit des Menschen, unbewusst zu handeln, mehr und mehr in den Hintergrund rückt. Während Naturvölker wie die afrikanischen San, die arktischen Inuit, die australischen Aborigines, die kanadischen „First Nations" und viele andere, die mit der Natur eng verbunden sind, bewusste und unbewusste Handlungen für ihr Überleben optimal einsetzen, steuern die Jetztmenschen des digitalen Zeitalters auf eine Periode verkümmernder Intuitionen zu. Evolutionäre Fähigkeiten werden zunehmend abgeschafft und durch technische elektronische Hilfsmittel ersetzt, mit teils zweifelhaftem bis umstrittenen Erfolg.

Die vorab zusammengestellten Argumente zu natürlicher Intelligenz hätten noch weit mehr ausgearbeitet werden können, um den evolutionären Leistungen menschlicher Intelligenz, die sich über lange Zeiträume sukzessive entwickelt und zunehmend verfeinert hat, auch nur ansatzweise gerecht zu werden. Kann es überhaupt einen vernünftigen Vergleich geben, der natürliche und künstliche Intelligenz auf zwei Waagschalen gegeneinander abwägt und das Für und Wider gewichtet?

---

[23] https://de.wikipedia.org/wiki/Apollo_13 (Zugriff: 05.11.2016).

Antworten auf diese Frage würden in die Irre führen. Denn erstens existiert keine eigenständige künstliche Intelligenz und zweitens ist der fundamentale biologische Entwicklungsprozess, der zur menschlichen Intelligenz geführt hat und weiterführen wird, unvereinbar mit der technischen elektronischen Entwicklung, die künstliche Intelligenz in den Fokus nimmt. Es sind zwei völlig unterschiedliche Entwicklungsprozesse, bei denen im evolutionären Sinn der Mensch vernetzter natürlicher Teil dieses Prozesses ist und im technischen elektronischen Sinn der Mensch diesen künstlichen Fortschritt selbst steuert.

Das Fatale an dieser zweiten Entwicklung ist, dass der Weg in Richtung künstlicher Intelligenz in einem Zeitalter stattfindet, in dem die Menschheit bereits in viel größerem Umfang, als bei der Entwicklung von künstlich intelligenten Maschinen gegenwärtig erkennbar ist, einen zerstörerischen Fußabdruck hinterlässt, mit weitreichenden Folgen für uns alle. Es ist noch überhaupt nicht ausgemacht, dass anthropozäne (s. Abschn. 3.1) Belastungen unserer Natur und Umwelt durch Maschinen mit künstlicher Intelligenz eines Tages zu diesem dominanten Existenzproblem irgendeinen nachhaltigen Lösungsbeitrag liefern.

Humanoide Roboter im Zeitalter des Anthropozäns bleiben vorerst noch dumme Maschinen. Neben den fundamentalen technischen (Funktionalitäten) und biologisch-technischen (Mensch-Maschine-Interaktionen) Problemen, die noch in der Robotik zu überwinden sind, sollte heutzutage ebenso das Thema Anthropozän und Robotik an übergeordneter Stelle, mindestens jedoch mit derselben Intensität behandelt werden.

Denn sicher ist: Was nützt die herausragendste künstliche Intelligenz von zweibeinigen Humanoiden, Industrierobotern oder kollaborierenden Maschinen, wenn in Natur, Umwelt und Gesellschaft anthropozäne Einwirkungen, die wir offensichtlich nicht im Griff haben, ganze Lebens- und Arbeitsbereiche zerstören?

4.3   Künstliche Intelligenz – KI

Last thing I remember, I was running for the door
I had to find the passage back to the place I was before.
'Relax', said the night man, 'We are programmed to receive.
You can check out any time you like, but you can never leave.'
Welcome to the Hotel California.
The Eagles: Hotel California, Felder, Henley & Grey, 1976

Schlimmer als denkende Maschinen sind Menschen, die nicht nachdenken.
Peter Naur, dänischer Informatiker (1928–2015)

4.3.1   Kann KI alles was Menschen können? – Oder existieren Grenzen?

Eine angemessene Überleitung von natürlicher zu künstlicher Intelligenz ist ein kurzer zusammenfassender Blick auf Unterschiede in Computerarbeiten und menschlichem

Denken von Peter Naur[24] (2007), einem der Mitentwickler der Programmiersprache AL-GOL 60 – Algorithmic Language – in den 1960er-Jahren. Man könnte auch von analog denkenden Menschen sprechen, die mit digitalen – von analogen Menschen (!) – programmierten Humanoiden bzw. Robotern kommunizieren, die – wie in Abschn. 4.4 und 4.5 zu sehen –, sich anschicken, die Lebens- und Arbeitsbereiche unseres Planeten zu verändern.

Naur, der ein Kritiker des Turingtests[25] war, fand, dass ein Großteil von dem, was über menschliches Denken und über wissenschaftliche Tätigkeiten gesagt wurde, falsch und schädlich für unser Verständnis war. Naur selbst begriff ein Teil seiner Darlegungen als angreifbar bzw. beleidigend, was er bedauerte, aber nicht verhindern kann (Naur 2007, 85). Bei seinen folgenden Diskussionspunkten geht er von einem menschlichen Erkennen auf der Basis klassischer Psychologie und dem Verständnis für Sprache, Computerarbeiten, Wissenschaft und Gelehrsamkeit aus. Die zu der Zeit diskutierten Merkmale von Mensch-Maschine-Interaktion waren:

1. Kenntnis ist eine Sache von Gewohnheiten oder des Charakters, die den Menschen zum Bewusstsein leitet.
2. Regeln von Sprache besitzen keine Aussagekraft für die Herstellung und das Verstehen von Sprache als eine Beschreibung sprachlicher Ausdrucksweisen.
3. Stellungsnahmen, ob wahr oder falsch, gehen in normale sprachliche Aktivitäten ein, nicht als Elemente einer Botschaft, sondern nur als eine Summe von Situationen, mit Blick auf Aktion und Reaktion.
4. Die Bedeutung von Logik, Beweis und formalisierter Beschreibung in Computerprogrammen ist zufällig und der Persönlichkeit des Programmierers zugeordnet.
5. Analysen von Computermodellierungen über mentale Aktivitäten zeigen, dass Beschreibungen über menschliche Erkenntnisse irrelevant sind.
6. Bei Berücksichtigung wissenschaftlicher Tätigkeiten sind Logik und Regeln unbrauchbar.
7. Eine neue Theorie wird präsentiert: Gelehrsamkeit und Wissenschaft besitzen im Kern einheitliche Beschreibungen.

Ein Sprung in die Gegenwart der Computerprogrammierung blickt auf ein breites Spektrum von Programmiersprachen, die bis tief in die *Maschinensprache* reichen, bei der

---

[24] Der 2016 verstorbene Peter Naur war 2005 Empfänger der A. M. Turing-Auszeichnung, benannt nach dem Informatiker Allen Turing, die für herausragende Entwicklungen der Informatik verliehen wird und vergleichbar ist mit der Fields-Medaille für Mathematik oder dem Nobelpreis. https://de.wikipedia.org/wiki/Turing_Award (Zugriff: 05.11.2016).

[25] Der britische Mathematiker und Informatiker Alan Turing schlug 1950 den berühmten Turingtest vor, bei dem ein Mensch, räumlich getrennt von einem weiteren Menschen und einem Computer, feststellen sollte, ob Antworten auf Fragen von Mensch oder Computer gegeben werden. Würde kein Unterschied der Antworten feststellbar sein, so hätte der Computer laut Turing den Test bestanden und ihm müsste eine dem Menschen ebenbürtige Intelligenz unterstellt werden. https://de.wikipedia.org/wiki/Turing-Test (Zugriff: 10.11.2016), s. auch Abschn. 2.3.4.

die Strukturen und daraus ableitbare Befehle von Prozessoren im Rechner direkt angesprochen werden. Prozessoren sind der Kern jeden Rechners. Sie direkt anzusprechen, erfordert vom Programmierern ganz spezielles Know-how.

Am anderen Ende einer Verständnisskala von Computerprogrammierungen stehen Programme, die eine direkte sprachliche Mensch-Maschine-Kommunikation erlauben, mit allen Feinheiten intelligenten, linguistischen Sprachverständnisses von Menschen. Davon sind wir jedoch noch weit entfernt und einige der von Naur aufgestellten Diskussionspunkte sind noch immer aktuell.

Der Philosoph und Wissenschaftstheoretiker Klaus Mainzer (2007) bemerkte in einem Vortrag zum Thema *„I robot, Grenzen und Chancen künstlicher Intelligenz"*, dass historisch gesehen das klassisches Software Engineering bis zu den Anfängen Aristotelischer Logik und Ontologie, der Erfassung des Weltwissens Mitte des 4. Jhd. v. Chr., zurückreicht. Über Zwischenstationen, Ende des 17. Jhd., in dem Leibniz seine „lingua universalis" entwarf und mechanisches Rechnen auf Rechenmaschinen Ausdruck von Wissen war, folgte 1950 ein entscheidender Schritt in Richtung künstliche Intelligenz, durch den bereits erwähnten Intelligenztest von Alan Turing.

Begrenztes Fachwissen von menschlichen Experten aus Bereichen der Medizin, Ingenieurtechnik u. a. wurde in Form von Expertensystemen (vgl. Hoffmann, Küppers, Wiesner 1987) formalisiert und für den praktischen Gebrauch aufbereitet. Damit war aber nur ein kleiner automatisierter Wissensvorrat mit minimalem Zeitvorteil geschaffen worden, aber noch keine Intelligenz im ganzheitlichen Sinn. Denn intuitives Wissen des Alltags, das durchaus eine maßgebende Rolle bei Bedienungen von Maschinen spielt, wurde durch die Expertensysteme nicht aufgenommen.

Auch der bekannte Computerpionier und spätere Kritiker künstlicher Intelligenz Joseph Weizenbaum (1923–2008) zeigte mit seinem um 1966 geschaffenen Computerprogramm ELIZA Grenzen künstlicher Intelligenz auf (Weizenbaum 1978, 1987). Ein Computer als künstlich sprechender Psychiater schafft – trotz Weizenbaums Hinweis auf das, was dieses *Programm* nicht leisten kann, nämlich zu therapieren – bei Menschen eine verblüffende Glaubwürdigkeit der medizinischen Antworten, die nur ein Computer-Algorithmus ausgab. Selbst Jahrzehnte später (Weizenbaum 1987, 36), nach Neuveröffentlichung mit ebenso deutlicher Warnung, wurde ELIZA immer noch missverstanden und in einer Fachzeitschrift geschrieben, „[...] dass nun der Anfang des Zeitalters der automatischen Therapie gekommen sei und dass man in naher Zukunft zwei- bis dreihundert Menschen auf einmal werde behandeln können." (ebd. 37). In der deutschen Ausgabe seines Buches *Computer Power and Human Reason* (1976, deutsch 1978) schrieb Weizenbaum unter Kap. 8, Künstliche Intelligenz:

> Ich bin der Ansicht, dass ein in jeder Beziehung zu vereinfachter Begriff von Intelligenz sowohl das wissenschaftliche wie das außerwissenschaftliche Denken beherrscht hat, und dass dieser Begriff zum Teil dafür verantwortlich ist, dass es der perversen, grandiosen Phantasie der künstlichen Intelligenz ermöglicht wurde, sich derart zu entfalten. (Weizenbaum 1978, 269)

Weiter stellt Weizenbaum klar

> [...] dass ein Organismus weitgehend durch die Probleme definiert wird, denen er sich ge-
> genübersieht. Der Mensch muss Probleme bewältigen, mit denen sich keine Maschine je
> auseinandersetzen muss, die von Menschenhand gebaut wurde. [...] Computer und Men-
> schen sind nicht verschiedene Arten derselben Gattung. (ebd.)

Auch mit Rückblick auf Abschn. 4.2, in dem bewusstes und unbewusstes Denken behandelt wurde, wird an Weizenbaum erinnert, der Jahrzehnte zuvor formuliert, dass menschliches unbewusstes Denken

> [...] nicht mit den Grundregeln der Informationsverarbeitung erklärt werden kann, den ele-
> mentaren Informationsprozessen, die wir mit formalem Denken, Rechenhaftigkeit und sys-
> tematischer Rationalität in Verbindung bringen. [...] Die Behauptung ist falsch, dass eine
> wissenschaftliche Erklärung des „ganzen Menschen" möglich sei. (ebd. 295)

Und an anderer Stelle wird ausgedrückt:

> Was könnte offensichtlicher sein als die Tatsache, dass ein Computer über noch so viel Intel-
> ligenz verfügen kann, wie immer er sie erwirbt, sie muss zwangsläufig und immer gegenüber
> wirklichen menschlichen Problemen absolut fremd sein. (ebd. 299)

Diese Bemerkungen Weizenbaums geben auch heute noch zu denken, in einer Zeit, in
der fortschrittliche Techniken Humanoide durch den Wald laufen lassen, diese stolpern,
aufstehen und weiterlaufen, Humanoide Menschen schwere Transportarbeiten abnehmen,
Humanoide in Hotels Gäste empfangen usw. Seit Weizenbaums Aussagen sind nahezu
40 Jahre vergangen. Künstliche Intelligenz in Mobile Phones sagen voraus, was wir gerne
kaufen wollen, präziser ausgedrückt: Algorithmen schließen aus unendlich vielen Daten und Informationen über uns, die wir im Internet hinterlassen, was wir gerne hätten,
könnten, müssten usw. In seiner Schlussbemerkung zu künstlicher Intelligenz schreibt
Weizenbaum vorausahnend:

> Es hat viele Diskussionen über „Computer und menschliches Denken" gegeben [und es gibt
> sie noch heute und in Zukunft d. A.]. Der Schluss, der sich mir aufdrängt, ist hier, dass die
> relevanten Probleme weder technischer noch mathematischer, sondern ethischer Natur sind.
> Sie können nicht dadurch gelöst werden, dass man Fragen stellt, die mit „können" beginnen.
> Die Grenzen in der Anwendung von Computern lassen sich letztlich nur als Sätze angeben, in
> denen das Wort „sollten" vorkommt. Die wichtigste Grundeinsicht, die uns daraus erwächst,
> ist die, dass wir zur Zeit keine Möglichkeit kennen, Computer auch klug zu machen, und dass
> wir deshalb im Augenblick Computern keine Aufgaben übertragen sollten, deren Lösung
> Klugheit erfordert. (ebd. 300).

Aus Weizenbaums hellsichtigen Gedanken abgeleitet wäre für die fortschreitende Digitalisierung unserer Gesellschaft ein Zielorientierung:

▶ Das Sollten ist des Könnens Maß.

Gesetzt den Fall, Menschen könnten Computer in bestimmten Situationen Klugheit programmieren, z. B. dafür, dass sie Konsumenten konsequent auf sparsamen Wasserverbrauch bei Ressourcenknappheit hinweisen – wie würden Menschen reagieren, die nicht klug denken und handeln *wollen*, aus welchen Gründen auch immer? Was nützt die Klugheit der Computer, wenn die Maschine auf unerwartete, spontane, unkluge menschliche Aktionen oder Reaktionen kein kluges Gegenmittel kennt?

Mit dem, was Roboter *nicht* können, beschäftigt sich der Philosoph Geert Keil (1998). Das ursprüngliche theoretische Ziel der klassischen KI, besser: deren technisches praktisches Projekt, ist es, eine Maschine zu konstruieren, deren Leistungen jenen intelligenter Menschen nahekommen. Keil befasst sich im Folgenden mit der Klarstellung des Begriffes „intelligente Leistungen" und stellt eine

> [...] Feld-, Wald- und Wiesendefinition von „künstlicher Intelligenz" [vor, der-]zufolge [...] eine Maschine bekanntlich dann intelligent zu nennen [ist], wenn sie Verhaltensleistungen erbringt, die, würden sie von einem Menschen erbracht, Intelligenz erfordern würden. An dieser Bestimmung ist so gut wie alles problematisch. Sie definiert nicht, was Intelligenz ist, sondern setzt ein Verständnis menschlicher Intelligenz voraus, im Rekurs auf welches künstliche Intelligenz bestimmt werden soll. Es ist von gleichen Verhaltensleistungen, die Rede, nicht aber davon, wie weit sich die Gleichheit erstrecken soll und woran sie sich bemisst. (Keil 1998, 98 f.).

Und weiter heißt es:

> Das Ziel der GOFAI [Good Old-Fashioned Artificial Intelligence – gute altmodische Künstliche Intelligenz, ein Ausdruck von John Haugeland, US-amerikanischer Philosoph, d. A.], Maschinen zu konstruieren, deren Leistungen denen eines intelligent handelnden Menschen nicht nachstehen, war mehr oder weniger ausdrücklich mit der Erwartung verbunden, dass sich kognitive oder intellektuelle Kompetenzen in einer Weise auffassen lassen, die eine separate Modellierung erlaubt. Der menschliche Geist muss aus seiner Verstrickung mit den übrigen Merkmalen und Eigenschaften des Menschen herausgelöst werden, damit es so etwas wie Künstliche Intelligenz überhaupt geben kann. (ebd. 99)

Gegenüber der vorab genannten Definition von künstlicher Intelligenz formuliert Mainzer (2016) eine Arbeitsdefinition, die auch KI einschließt, und nennt ein System intelligent

> [...] wenn es selbstständig und effizient Problem lösen kann. Der Grad der Intelligenz hängt vom Grad der Selbstständigkeit, dem Grad der Komplexität des Problems und dem Grad der Effizienz des Problemlösungsverfahrens ab. (Mainzer 2016, 3).

Ursprüngliche KI-Erwartungen sind heute überrollt worden von kleinteiligen KI-Projekten, vom Einsatz vernetzter, dezentral arbeitender Systeme, wodurch menschliche neuronale Netzstrukturen wirksamer simuliert und die Konzentration auf Roboterantworten, die auch Keil bevorzugt, behandelt werden sollen. Die Vernetzung von miteinander agierenden RoboCup-Humanoiden bis zum Internet der Dinge sind Ansätze von KI, denen intelligente Simulationen neuronaler Netze zugrunde liegen. Was aber müssen kollaborierende oder kooperierende Roboter können, die intelligente Antworten auf Fragen erzeugen sollen? Dazu Keil (1998, 108f.):

> Es sind zwei Arten von Fähigkeiten, die Vertreter der Roboterantwort für erforderlich halten, um Maschinen in die Liga der intelligenten Wesen aufsteigen zu lassen. Zum einen müssten Maschinen gewisse Wahrnehmungsfähigkeiten besitzen, um den besten Informationsspeicher über die wirkliche Welt [die Natur selbst, d. A.] auch anzapfen zu können. Zum anderen müssten sie aktiv in kausale Interaktionen mit ihrer Umwelt eintreten können, kurz: Sie müssten handeln können.

Humanoide gegenwärtiger Generationen sind ausgestattet mit einer Vielzahl von Sensoren und Aktoren, mit denen sie ihre Umwelt erkennen und – sofern programmiert – auf bestimmte Handlungsmuster zurückgreifen können. Eingeschränktes Wahrnehmen und Handeln ist demnach vorhanden. Bedeutet das aber für Humanoide schon, intelligent zu sein, selbst wenn künstliche, selbstorganisierte Prozesse programmiert sind? Keil lässt den amerikanischen Philosophen Jon Searle[26] zu Wort kommen, der bestreitet,

> [...] dass robotische Fertigkeiten irgendeinen Unterschied für die Frage ausmachen, ob ein System wirklich eine Sprache versteht oder wirklich intentionale Zustände hat. Tatsächlich habe nichts von dem, womit der Roboter in der Umwelt interagiert, eine Bedeutung für den Roboter. Searle: „Die kausale Interaktion zwischen dem Roboter und der Welt ist unerheblich, solange sie nicht in dem einen oder anderen Geist repräsentiert ist."[27] *Searle bestreitet, dass die Roboterantwort den Unterschied zwischen echter und bloß abgeleiteter Intentionalität, an dem ihm so viel gelegen ist, hinfällig macht. Auch der „Roboter verfüge, qua Digitalcomputer, nur über eine Syntax, nicht aber über eine Semantik."* (ebd. 110).

Wenn humanoide Roboter eines Tages mit Menschen intelligent zusammenleben und zusammenarbeiten sollen, in einem Ausmaß, von dem heutzutage allererste Versuche stattfinden, müssen sie vor allem eines: sich ein Bild vom Menschen machen können, damit sie eine hinreichende Sensibilität im Umgang mit Menschen zeigen. Kognitive Fähigkeiten, in Form von funktionalistischen, konnektionistischen und handlungsorientierten Ansätzen sind dafür die Voraussetzung, wie Mainzer schreibt (2016, 142).

Für den *funktionalistischen* Ansatz zeigt sich eine grundlegende Grenze: „Ein Roboter dieser Art benötigt nämlich eine vollständige symbolische Repräsentation der Außenwelt (den besten Informationsspeicher über die wirkliche Welt, wie es Keil nannte, s. o.), die ständig angepasst werden muss, wenn die Position des Roboters sich ändert." (ebd. 143) Menschen reagieren demgegenüber sensorisch-körperlich mit der Umwelt, worin auch unbewusste Handlungen eingeschlossen sind, die einem Humanoiden mit rationalen Gedanken, gekoppelt mit internem Symbolspeicher, fremd bleiben.

---

[26] https://de.wikipedia.org/wiki/Datei:John_searle2.jpg (Zugriff: 10.11.2016).
[27] Zitat aus Searle 1986, 34.

Für den *konnektionistischen* Ansatz ist die kommunikative Wechselwirkung statt der Symbolik zwischen Kommunizierenden von Bedeutung, aus denen sich Handlungsmuster und Emergenzen ableiten lassen.

Für den *handlungsorientierten* Ansatz „[...] steht (gegenüber den beiden vorab genannten Ansätzen kognitiver Fähigkeiten) die Einbettung des Roboterkörpers in seine Umwelt im Vordergrund." (ebd. 144).

Mainzer beschreibt zudem humanoide Roboter als „[...] Hybridsysteme mit symbolischer Wissensrepräsentation und verhaltensbasiertem Agieren, das die sensorisch-motorische Leiblichkeit und Veränderung von Umweltsituationen berücksichtigt." (ebd. 149) Und weiter sagt er:

> [...] Menschenähnliche Intelligenz und Adaption wird sich allerdings nur dann ausbreiten können, wenn die Artefakte nicht nur über einen an ihre Aufgaben angepassten und anpassungsfähigen Körper verfügen, sondern auch situationsgerecht und weitgehend autonom reagieren können. (ebd.).

Das was Menschen evolutionär zu eigen ist, und sich auch Tiere auf vielfältige Weise zunutze machen, wie z. B. Überlebensprinzipien nach Art der Schwarmintelligenz von Fischen, Vögeln oder Insekten, gelingt bereits auch bei Roboterfahrzeugen unter Wasser[28], Roboterinsekten[29] u. a. m., ohne dazu ausdrücklich programmiert worden zu sein, alleine durch selbstorganisierte Prozessabläufe und auf Basis physikalischer Randbedingungen. Es ist nicht auszuschließen, dass Humanoide durch autonome Handlungsmuster, nach Art selbstorganisierter Schwärme, Dienstleistungen für Menschen erbringen, ob im häuslichen Umfeld (Gartenarbeit), beruflichen Umfeld (Transport- und Lagerungsprozesse) oder auch zu militärischen Zwecken (Parker 2008).

Können die Menschen Humanoiden Intelligenz im menschlichen Sinn geben, mit allen vor- und Nachteilen, die damit verbunden sind, oder sollten Menschen dieses Ziel nicht weiter verfolgen oder nur eingeschränkt verfolgen und stattdessen – wie es der italienische Philosoph Casati in einem Interview vorschlägt – lernen, „[...] die Vermenschlichung des Maschinenverhaltens endlich abzulegen" (Casati 2015, 88) und *ihre Dummheit als Stärke nutzen* (so der leicht abgewandelte Titel des Interviews)?!

4.3.2 Einblicke in die Künstliche Intelligenz

„Künstliche Intelligenz (KI) ist ein umfangreiches Gebiet und dies ist ein umfangreiches Buch", schreiben die beiden Autoren Stuart Russell und Peter Norvig (2012) im Vorwort zur 3. Auflage ihres 1307 Seiten umfassenden Standardwerks mit dem Titel „Künstliche Intelligenz – Ein moderner Ansatz". Das Spektrum, mit dem die Autoren das Thema

---

[28] http://robohub.org/cocoro-tracking-the-development-of-the-worlds-largest-autonomous-underwater-swarm/ (Zugriff: 10.11.2016).
[29] http://www.ingenieur.de/Fachbereiche/Robotik/Mini-Roboter-imitieren-erfolgreich-Verhalten-Ameisen (Zugriff: 10.11.2016).

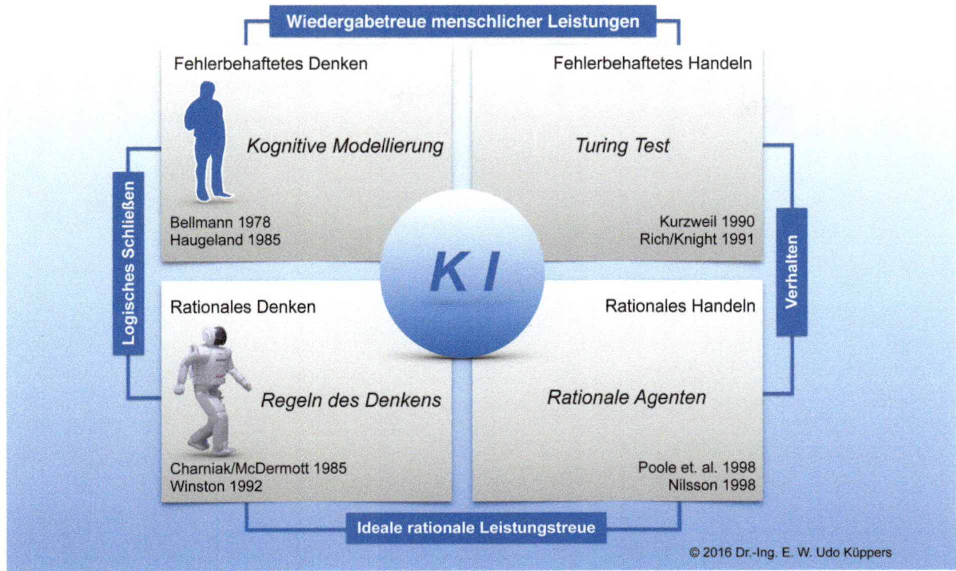

Abb. 4.6 KI-Ansätze. (In Anlehnung an: Russell, Norvig 2012, 23)

behandeln, ist angereichert mit vielen tiefgehenden Details. Es beginnt mit der Differenzierung von Ansätzen auf die Frage, was künstliche Intelligenz ist.

Nachdem wir bereits zwei verschiedene Definitionen von künstlicher Intelligenz kennengelernt haben, folgt nun nach Russell und Norvig (2012, 23–26) ein erster grundlegender Einblick in weitere acht Definitionen von KI, die auf vier Arten von einerseits menschlichem, fehlerbehaftetem und andererseits rationalem Denken und Handeln ausgerichtet sind, wie Abb. 4.6 zeigt.

Die in Abb. 4.6 genannten Quellen definieren KI mit Blick auf die vier – jeweils in der Mitte der Rechtecke angegebenen – KI-Prozessmerkmale sowie die vier Verknüpfungen (blaue Felder mit weißer Schrift). Im Einzelnen führen die angegebenen KI-Definitionen zu folgenden Kurzaussagen:

- Haugeland (1985): *„Das spannende, neuartige Unterfangen, Computern das Denken beizubringen, [. . .] Maschinen mit Verstand im wahrsten Sinn des Wortes."*
- Bellmann (1978): *„(Die Automatisierung von) Aktivitäten, die wir dem menschlichen Denken zuordnen, Aktivitäten wie beispielsweise Entscheidungsfindung, Problemlösung, Lernen [. . .]."*
- Rich und Knight (1991): *„Das Studium des Problems, Computer dazu zu bringen, Dinge zu tun, bei denen ihnen momentan der Mensch noch überlegen ist."*
- Kurzweil (1990): *„Die Kunst, Maschinen zu schaffen, die Funktionen erfüllen, die, wenn sie von Menschen ausgeführt werden, der Intelligenz bedürfen."*

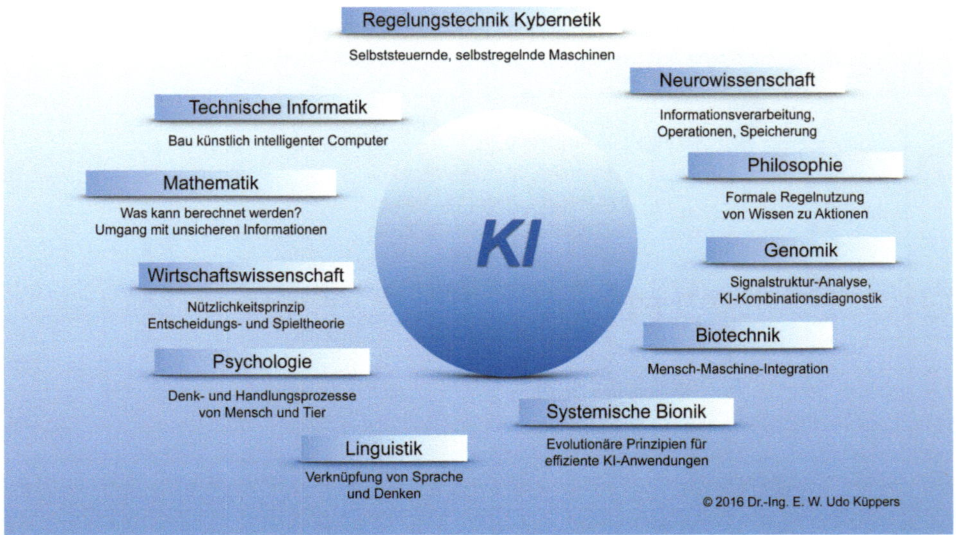

Abb. 4.7 KI-Wissenschaftsvernetzung. (In Anlehnung an: Russell, Norvig 2012, 26–39, erweitert d. d. A.)

- Winston (1992): *„Das Studium derjenigen mathematischen Formalismen, die es ermöglichen, wahrzunehmen, logisch zu schließen und zu agieren.“*
- Charniak und McDermott (1985): *„Die Studie mentaler Fähigkeiten durch die Nutzung programmiertechnischer Modelle.“*
- Poole et al. (1998): *„Computerintelligenz ist die Studie des Entwurfs intelligenter Agenten.“*
- Nilsson (1998): *„KI [. . .] beschäftigt sich mit intelligentem Verhalten in künstlichen Maschinen.“*

Ausführliche detailreiche Beschreibungen dieses und des folgenden Bezugs zu Russell und Norvig (2012) sind deren Buch zu entnehmen.

Für einen zweiten grundlegenden Einblick, der die schon mehrfach angesprochene Interdisziplinarität der KI angedeutet hat, folgen wir Russell und Norvig (ebd. 26–39) in eine – d. d. A. erweiterte – Wissenschaftsvernetzung, mit herausgestellten spezifische Argumenten, die allesamt KI-relevant sind und die den hohen Komplexitätsgrad des Daten-, Informations- und Wissensgebietes der KI nur vage erahnen lassen (Abb. 4.7).

Die Arbeiten innerhalb der einzelnen wissenschaftlichen Disziplinen, die allesamt die künstliche Intelligenz von Humanoiden und anderen Maschinen bedienen, ist noch keine Garantie für deren zielorientierte Zusammenarbeit. Spezifische Grundlagenarbeiten dominieren – trotz vieler praktischer Einsätze von Humanoiden in der Umwelt – noch lange die Entwicklung, bis es gelingen kann, fehlertolerante Roboter als Partner des Menschen über lange Zeiträume zu nutzen und ihnen zu vertrauen. Den Bogen für humanoide Roboter

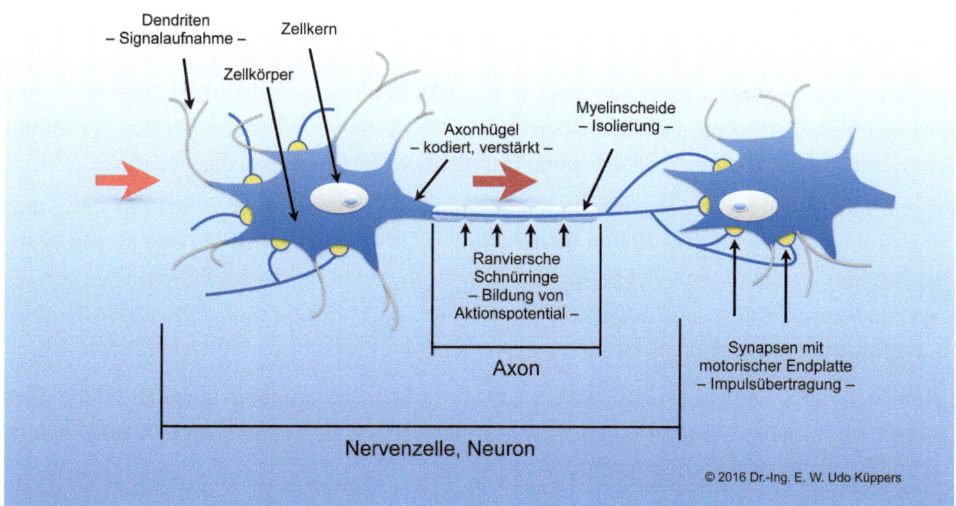

Abb. 4.8 Signalverarbeitung am Beispiel eines Neurons

von gegenwärtigen bzw. kommenden Industrietätigkeiten und privaten Aufgabenbereichen auf assistierende Hilfen für grundlegende Überlebensbereiche in Natur und Umwelt zu schlagen, wurde bisher – wenn überhaupt, z. B. bei Katastrophenhilfen – nur marginal verfolgt. Die Prioritäten für den problemvorbeugenden Einsatz von Humanoiden und „Roboterkollegen" in Gewässerschutz, Luftreinhaltung, Bodenbelastung, Abfallreduzierung, Risikovorsorge, Nachhaltigkeitskontrolle, Stoff und Energieverschwendung u. a. m. tendieren gegen Null. Wirtschaftlichkeit im Industriellen und Wirtschaftlichkeit im Privaten treiben die Roboterentwicklung, vorrangig in (mono)kausaler Schrittfolge und verdrängtem systemischen Blick auf das zusammenhängende Ganze, voran. Wie lange noch?

4.3.2.1 Neuronale und künstlich neuronale Impulstransformation

Ein weiterer Einblick in die künstliche Intelligenz betrifft die Technik der Daten- und Informationsverarbeitung, also algorithmische Strukturen, Muster und Abläufe. Ohne zu tief in die biologische neuronale Daten-, Informations- und Wissensverarbeitung einsteigen zu wollen, scheint es an dieser Stelle jedoch angebracht, einen direkten Vergleich zwischen unseren neuronalen Transportmechanismen und den künstlich nachahmenden Transportmechanismen, von denen dieses Kapitel handelt, vorzunehmen. Abb. 4.8 zeigt daher vereinfacht den Signalfluss durch ein Neuron.

Es bedeuten:

Dendriten: Sie leiten über mehrere Zell-Eingänge elektrische Impulse in den Zellkörper, wodurch eine Änderung des Membranpotenzials der Nervenzelle stattfindet.

Zellkörper mit Zellkern: summiert die eintreffenden Informationen auf und leitet ein Signal weiter, sofern ein *Schwellwert* erreicht ist. Die Zelle besitzt ein Ruhepotenzial von $-70\,mV$ und ein Schwellwertpotenzial von $-50\,mV$.

Schwellwert: Wenn der spezifische Schwellwert der Zelle durch chemische Reaktion – Natrium-Ionen-Transport in Zelle – überschritten wird, leitet die Zelle über den Axonhügel und durch das Axon einen elektrischen Impuls. Dies geschieht bei ca. $+40\,mV$.

Axon: Das Axon ist der einzige Ausgang des Zellkörpers. Darüber wird das Ausgangssignal der Zelle an andere Zellen weitergeleitet. Das Axonende ist verzweigt und besitzt sogenannte Endköpfchen, die Kontakt mit nachfolgenden Zellen herstellen.

Myelinscheide: Sie produzieren Myelin, eine biologische Membran, die als Isolator der Erregungsleitung wirkt.

Ranviersche Schnürringe: Sie dienen zur Impulsbeschleunigung – saltatorische Erregungsleitung. Nervenimpulse springen von Schnürring zu Schnürring und sind dadurch schneller als durchgehende Axone.

Synapsen mit motorischer Endplatte (Endköpfchen): Synapsen sind die Kontaktstelle zwischen zwei Neuronen. Dort treffen Endköpfchen des Axons der sendenden Nervenzellen und der Dendrit des Zielneurons aufeinander. Zwischen Axon-Endköpfchen und Dendrit-Membran liegt ein *synaptischer Spalt*, durch den auf elektrochemischem Weg Impulse in die Zelle gelangen.

Die Erläuterungen zu den Begriffen sind in vielen neurobiologisch-technischen Fachbüchern nachlesbar (u. a. Rey, Wender 2011). Noch einmal kurz zusammengefasst: Über Dendriten gelangen Impulse in den Zellkörper und werden, in Abhängigkeit von Schwellwerten, über den einzigen Zellausgang, den Axonhügel, beschleunigt und verstärkt durch das Axon an die nachfolgende Zelle weitergeleitet. Elektrische und elektrochemische Impulsübertragung wirken gemeinsam bei diesem Transportmechanismus. In Abb. 4.9 ist das elektrotechnische Analogon des biologischen neuronalen Signaltransports skizziert. Einer von vielen Unterschieden ist, dass dieses künstliche Neuron gegenüber dem biologischen Neuron – mit elektrochemischer Signalverarbeitung – ausschließlich elektrische Impulse verwendet.

Es bedeuten:

E1 bis Ek: Eingangsgrößen von unterschiedlichen künstlichen Neuronen – k-Neuron. Die Eingabe hängt von zwei Werten ab, die miteinander multiplikativ verknüpft sind: dem Ausgabewert des sendenden Neurons und dem Gewicht (w) zwischen den beiden Neuronen. Je stärker der Ausgabewert des Vorgängerneurons ist und je höher die Gewichtung zwischen den beiden Neuronen ist, desto größer ist der Einfluss des ankommenden Eingabewertes auf das Zielneuron. Sofern einer der beiden Werte Null annimmt, unterbleibt eine Reaktion auf das Zielneuron (Rey, Wender 2011, 17).

Bias E0: Eingangsgrößen – Normgröße oder Bias –, ohne Verbindung zu anderen künstlichen Neuronen. Der Aktivitätslevel beträgt immer 1, wohingegen die Bias-Gewichtungen

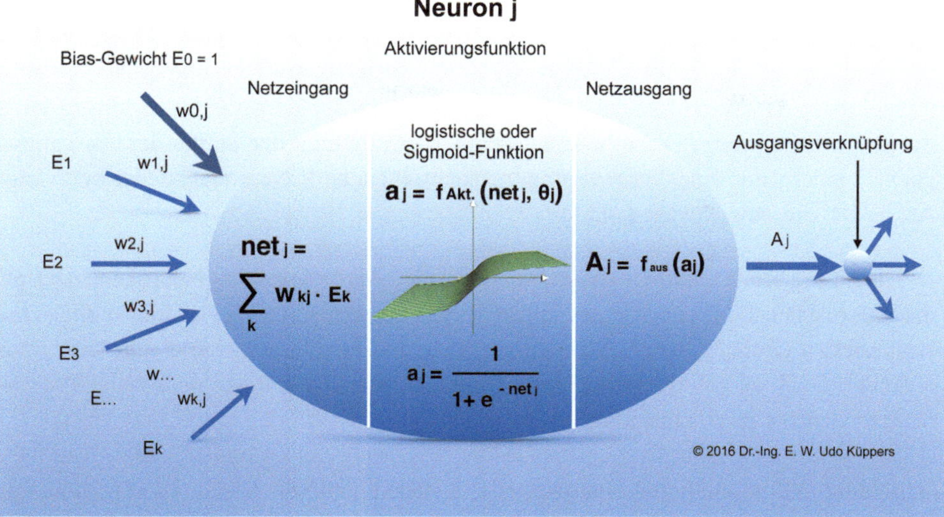

Abb. 4.9 Signalverarbeitung am Beispiel eines künstlichen Neurons, das erstmals von McCulloch und Pitts (1943) kreiert wurde. Der Psychologe Donald Hebb (1949) steuerte später die Lernregel (Verstärkungsregel, bei gleichzeitiger Neuronenerregung) bei (Hebb 2002). 1958 erweiterte der amerikanische Psychologie und Informatiker Frank Rosenblatt mit seinem Perceptron-Modell, ein Neuron mit Eingangsgewichtungen, das künstliche Neuron.

von einem Neuron zum anderen Plus- und Minus-Werte annehmen können. Bias kann auch als Eingabeeinheit – wie in Abb. 4.9 – betrachtet werden, die laufend den Wert +1 weiterleitet. Bei positivem Gewicht stellt das Bias sicher, dass das empfangende k-Neuron auch dann aktiv bleibt, wenn kein starker, positiver Eingang von anderen Neuronen vorliegt. Dies liegt daran, dass der Netzeingang des empfangenden k-Neurons durch eine derartige Biaseinheit erhöht wird. Ein positives Bias kann folglich als Voraktivierung betrachtet werden. Bei negativem Gewicht sorgt das Bias hingegen dafür, dass Eingangsgrößen in ihrem negativen bzw. inaktiven Zustand verharren. Dies kann in Kombination mit einer Aktivitätsfunktion, die eine Schwelle oder einen „schwellenwertähnlichen" Kurvenverlauf einer Biaseinheit – z. B. die sigmoide Aktivitätsfunktionen – beinhaltet, nützlich sein, um eine variable Schwelle zu simulieren, die andere Eingangsgrößen erst überschreiten müssen (ebd. 25).

Formel für Netzeingänge: *netj* = … (s. Abb. 4.9): Hier am Netzeingang werden die ankommenden Eingangsgrößen mit ihren Stärken und zugehörigen Gewichten aufaddiert.

Formel für Aktivierungsfunktion: *aj* = … (s. Abb. 4.9): Dem Netzeingang wird ein bestimmter Aktivierungslevel zugeordnet, der durch verschiedene Kurvenverläufe wie linear, binär, normalverteilt oder – wie in Abb. 4.9 – sigmoid visualisiert werden kann. Es können für alle Netzeingänge verschiedene oder einheitliche Aktivierungsfunktionen gewählt werden.

Formel für Netzausgang: $Aj = \ldots$ (s. Abb. 4.9): Aus dem Aktivitätslevel des k-Neurons kann eine Ausgangsfunktion bestimmt werden. Die einfachste Zuordnung stellt die Identitätsfunktion dar, bei der der Aktivitätslevel dem Ausgangswert des k-Neurons entspricht (ebd. 24).

Ausgangsverknüpfung: Diese bedeutet keine (!) Aufteilung der Stärke des Ausgangssignals, sondern nur eine Verzweigung zu nachfolgenden k-Neuronen. Jeder verzweigte Ast besitzt dieselbe Ausgangsstärke.

Die biologischen elektrochemischen Funktionen des biologisches Neuronennetzes und die elektrischen Funktionen eines künstlichen Neuronennetzes liegen hinsichtlich ihrer strukturellen Größe, Abläufe, Vernetzungsgrade und Funktionen weit – sehr weit – auseinander. Doch es gelingt immer besser, grundlegende Funktionen neuronaler Prozesse unseres Gehirns zu erkennen und zu simulieren.

Die *Neurowissenschaften* – insbesondere der Zweig der computerisierten Neurowissenschaften (Computational Neuroscience) – haben sich seit Jahren als eigenständiges Wissenschaftsgebiet etabliert, mit Entwicklungen bzw. Modellen von mehrschichtigen Netzstrukturen nach neuronalen biologischen Vorbildern. Es ist nicht verwunderlich, dass auch dieser Wissenschaftszweig in hohem Maß interdisziplinär arbeitet, mit Medizinern, Biologen, Informatikern, Mathematikern, Biokybernetikern u. a. Fachleuten. Das Nervensystem und seine informationsverarbeitenden Eigenschaften zu analysieren, ist ein Schwerpunkt dieser Forschung und Entwicklung (De Shutter 2010; Doja 2007; Erdi 2004; Abbott, Dayan 2001). Einige Modelle von künstlich neuronalen Netzen wollen wir uns nun ansehen.

4.3.2.2   Künstliche Neuronale Netze – kNN

Die Zeitspanne von der ersten Konstruktion eines künstlichen Neurons, gefolgt von technischen, informationsfunktionalen Ergänzungen und Verfeinerungen der Wirkungsweise, über erste Expertensysteme bis zu hochkomplexen Verschaltungen immer menschenähnlicherer – aber davon noch weit entfernter – Strukturen und Funktionen, hat inzwischen mehr als 70 Jahre überstrichen. Auch nach dieser langen Entwicklungsperiode und enormen technischen Fortschritten stehen wir jedoch noch immer am Anfang mit unseren interdisziplinären Arbeiten, Humanoide als unser Ebenbild zu gestalten. Auf die eine oder andere Weise werden wir technische algorithmische Details entwickeln, die helfen, ein einigermaßen verständliches Gespräch mit Humanoiden führen zu können.

Künstliche neuronale Netze – kNN – sind grundsätzlich aus drei Bereichen aufgebaut: Eingabe, Verarbeitung/Aktivierung, Ausgabe (s. Abb. 4.9). Zwischen Eingabe und Ausgabe können direkte Signalverarbeitungen, aber auch indirekte Signalverarbeitungen stattfinden. Letztere setzen mindestens eine neuronale Zwischenebene – auch verdeckte Schicht oder hidden layer – voraus. Die Verarbeitung der einkommenden Signale kann auf vielfältige Weise geschehen, vorwärtsgerichtet – Feedforward –, rückwärts gerichtet – Feedbackward –, mit Rückkopplungen, durch Überspringen verdeckter Schichten, lernfähige Verknüpfungsstrukturen usw. Daraus können sogenannte *Konnektivitätsmuster*

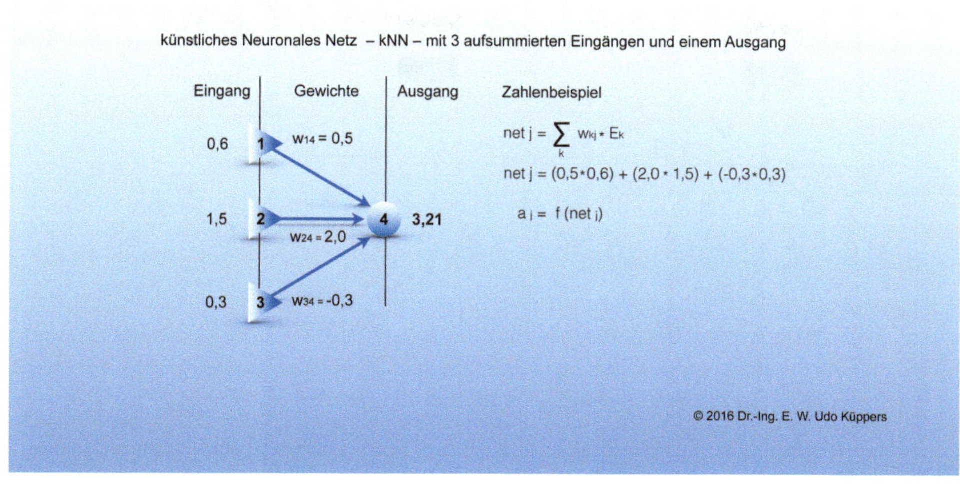

Abb. 4.10 Einfaches künstliches neuronales Netz mit drei Eingängen und einem Ausgang

abgeleitet werden, die sich optimal zu den anwendungsorientierten Zielen, die mit kNN verbunden sind, verhalten. Mehrere kNN können wieder zu einem ganzheitlichen kNN zusammengeführt werden, wie Abb. 4.12 am Beispiel der sensorischen Erfassungen von Mensch und Umwelt durch einen humanoiden Roboter andeutet.

Je aufwendiger die Signalverarbeitung für eine Datenaufnahme aus komplexer Umwelt ist und je differenzierter Datensammlungen miteinander verknüpft werden müssen, um einigermaßen sichere Ausgangssignale in welcher Form auch immer zu generieren, umso *tiefer* müssen kNN strukturiert werden. Hier ist der Übergang zu *Deep Learning* (Schmidhuber 2015; Awad, Khanna 2015) fließend und *Big-Data*-Techniken nutzen immer leistungsfähigere Apparaturen, um Myriaden von Daten erdumspannend zu speichern, zu ordnen und schließlich in nahezu allen Lebens- und Arbeitsbereichen zweckgerichtet anzuwenden (Fasel, Meier 2016; Riedel et al. 2014).

Die drei Abb. 4.10, 4.11 und 4.12 sollen einen ersten Eindruck von der vielfältigen Architektur künstlicher neuronaler Netze geben. Mit einer leicht überschaubaren Netzarchitektur von drei Eingangssignalen, die zu einem Ausgangssignal verarbeitet werden, beginnt der Netzzyklus. Abb. 4.11 zeigt zwei Netzstrukturen mit verborgenen Neuronen-Schichten und verschiedenen Richtungsorientierungen der Signalverarbeitung. Abb. 4.12 führt schließlich wieder in die humanoide, mobile kooperierende Sphäre sogenannter Dienstleistungen. Die Art und Weise, wie Humanoide zunehmend menschenähnlicher in Aussehen, Mimik und Handlung konstruiert werden, basiert auch auf tiefgreifenden, künstlichen neuronalen Netzstrukturen, die wiederum auf große Datenpakete zurückgreifen, bzw. neue hinzufügen, wenn *Lernende Systeme* im Spiel sind.

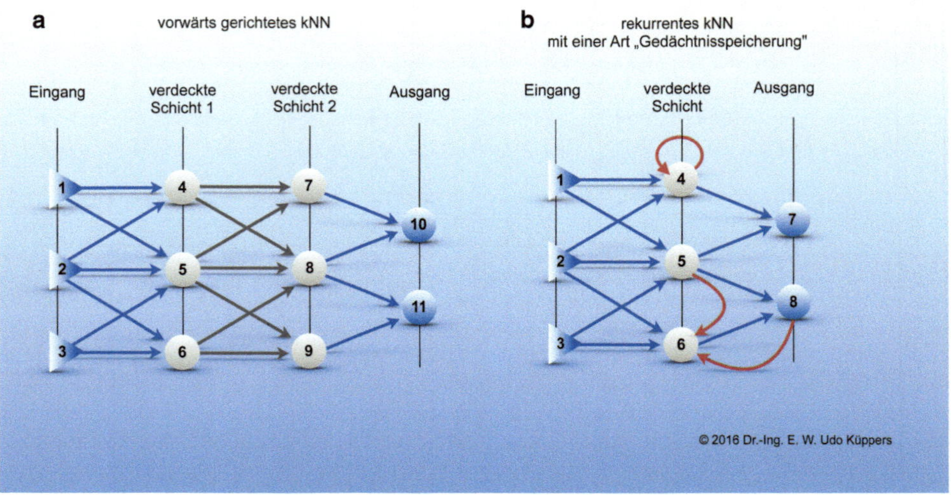

Abb. 4.11 Künstliche neuronale Netze. **a** Vorwärts gerichtet, **b** mit Rückkopplungen

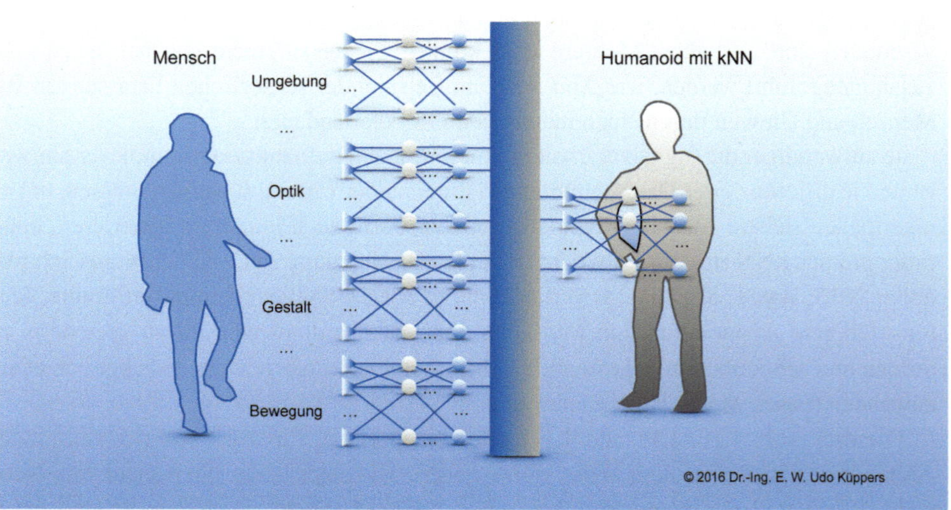

Abb. 4.12 Künstliche neuronale Netzstrukturen, wie sie unter anderem bei Humanoiden eingesetzt werden

Für interessierte Leser mit *tiefem* Wissensdurst nach künstlichen neuronalen Netzen sind auch die folgenden Literaturquellen empfehlenswert: Lämmel, Cleve 2008; Callan 2003; Patterson 1997; Rojas 1996; Braun, Feulner, Malaka 1996. Alle Quelle beinhalten ein Spektrum von praktischen Beispielen, mit denen die gut strukturierten Beschreibungen und theoretischen Ansätze nachvollzogen werden können.

Bisher haben wir die funktionalen Strukturen und Architekturen künstlicher neuronaler Netzen angesprochen. Abschließend werfen wir noch einen Blick auf die Größenordnung künstlicher neuronaler Verbundstrukturen. Das Bemühen vieler Wissenschaftler, neuronale Arbeitsprozesse im Gehirn künstlich nachzubauen, habe zu einem weiteren Fortschritt durch Mitarbeiter des IBM-Forschungszentrums in Rüschlikon in der Schweiz geführt. Mit sogenannten *Phase-Change-Materialien*[30] für *Daten-Speicherung und -Verarbeitung,* aus den Werkstoffen Germanium-Antimon-Tellurid, wurden künstliche Neuronennetze gebildet, mit einer ähnlichen Eigenschaft wie ihre biologischen Vorbilder, dem zufälligen Feuern von Signalen (Tuma et al. 2016). Mit dem gefundenen Neuronenverbundmaterial lassen sich nach Aussage von Evangelos Eleftheriou[31] (IBM-Research Zürich) elementare Berechnungen (Datenkorrelationen) und nicht überwachte Lernprozesse mit großer Geschwindigkeit und geringem Stromverbrauch durchführen.

Die Leistung unseres neuronales Netzes, mit ca. 86 Mrd. Neuronen und bis zu 10.000 Verbindungen pro Neuron, demnach maximal $8{,}6 \times 10^{14}$ Schaltstellen, beträgt zirka 20 W. Die angegebene Leistung *eines elektrischen Impulses* im künstlichen neuronalen Netz (100 Neuronen in einem 10×10 Array, Tuma et al., Conclusions) der IBM-Forscher wird mit 120 Mikrowatt (10^{-6} W) beziffert. Bei gleichzeitiger Feuerung von 1.000.000 Impulsen in einem entsprechend vergrößerten Netz würde demnach die Gesamtleistung auf 120 W steigen. Das wäre sechsmal so viel Leistung, wie unsere Gehirn für zig Milliarden Impulse benötigt. Der Weg, dem natürlichen energetischen Effizienzpegel nahezukommen, ist nach wie vor noch weit.

Einige hunderttausend Jahre Evolution und einige zigtausend Jahre kulturellen Konkurrenzdrucks haben das menschliche Gehirn zum effizientesten (und komplexesten) Datenspeicher überhaupt gemacht. Nun, mit Anbruch der postbiologischen Ära, droht uns die „Machtübernahme" des hyperintelligenten Roboters – eines Apparates, der so gut wie jede Funktion eines biologischen Systems, nämlich die des menschlichen Verstandes, übernehmen kann. (Moravec 1990, Buchumschlag, Rückseitentext)

Hans Moravec verfasste diese Zeilen in seinem 1988 erschienenen Buch „Mind Children. The Future of Robot and Human Intelligence" (deutsch: Mind Children. Der Wettlauf zwischen menschlicher und künstlicher Intelligenz, 1990). Eine spannende Lektüre – die jedoch dem vorhergesagten Anbruch der postbiologischen Ära nicht gerecht wird. Die Menschen kämpfen mehr als 25 Jahre später noch zu sehr mit den Tücken der Robotertechnik. Und: Die Probleme der Menschen mit Robotern im Allgemeinen und Humanoi-

---

[30] Künstliche Neuronen mit Phasenwechselmaterialien wechseln durch elektrische Impulse innerhalb von Nanosekunden (10^{-9} Sek) von einer Phase in die andere, beispielsweise von amorph zu kristallin, also von einem ungeordneten zu einem geordneten Zustand atomarer Struktur. Im ungeordneten Zustand ist ihr Widerstand hoch und ihre Leitfähigkeit klein, im geordneten Zustand ist es umgekehrt. Die IBM-Forscher ordneten 100 künstliche Neuronen gruppenweise an, durch die Milliarden (109) Schaltzyklen liefen. Jeder elektrische Impuls verbrauchte weniger als 5 Pikojoule (5×10^{-12} J) Energie und weniger als 120 Mikrowatt (10^{-6} W) Leistung.
[31] http://ap-verlag.de/die-funktionalitaet-von-neuronen-in-phase-change-technologie-erstmalsimitiert/24284/, 4. August 2016 (Zugriff: 01.12.2016).

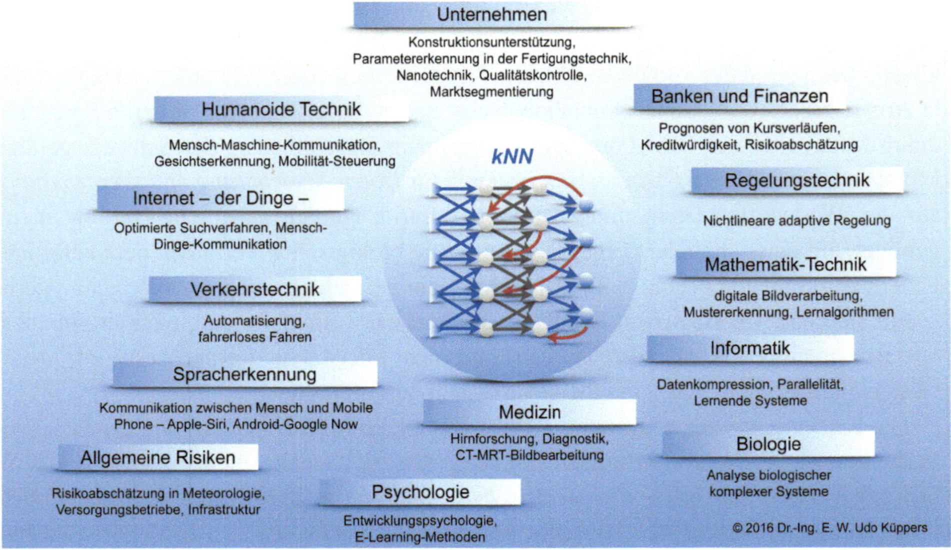

Abb. 4.13 Künstliche neuronale Netze in einem Spektrum humanoider und weiterer Anwendungsbereiche

den im Speziellen sind im ausgerufenen Anthropozän nur ein Nebenschauplatz weitaus tiefer greifender Umbrüche und Bewältigungen von Problemen in unserer Umwelt.

4.3.3 Ausblicke auf die Künstliche Intelligenz

Die folgenden Ausführungen bieten lediglich einen Ausschnitt aus einem weitaus größeren Umfang praktizierter, künstlicher neuronaler Netze in Anwendungsbereichen, die fast täglich zunehmen. Wir Menschen agieren und reagieren in diesem Umfeld zunehmender digitaler Einflüsse oft mit Unkenntnis über die wahren Zusammenhänge und Risiken, die sich durch den Einsatz künstlicher neuronaler Netze ergeben. Abb. 4.13 stellt dreizehn Anwendungen künstlicher neuronaler Netze in unserer engen und weiteren Umwelt vor.

Den folgenden Erläuterungen zu differenzierten Anwendungen künstlich neuronaler Netze – kNN – ist eine fachtypische Quelle angehängt, die aufgrund der internationalen, umfangreichen Detailforschung mit kNN, die aufzuzählen den Buchrahmen sprengen würde, stellvertretend für viele steht.

Humanoide Technik

Mit Menschen zu kommunizieren, deren akustische Laute verstehen zu lernen, zu erkennen, wie sie sich bewegen und was zum Beispiel ein ausgestreckter Arm mit Zeigefinger bedeutet oder ein Augenrollen mit Stirnrunzeln – für Humanoide, besser: für menschliche Programmierer von Humanoiden, sind das bislang sehr exponierte Ziele, mit einem noch hohen Grad an Unsicherheit und Fehleranfälligkeit. Um beides zu reduzieren, benötigt ein Lernalgorithmus auf der Basis künstlicher neuronaler Netze riesige Datensammlungen, einen hohen Vernetzungsgrad von kNN, Tests, Tests und nochmal Tests. Einzelne koordinierte Fingerbewegungen mögen schon gut gelingen; die Aufgabe, eine Tür durch Drücken der Türklinke zu öffnen, ist aber noch eine Herausforderung für Programmierer und/oder lernfähige Humanoide. Auch für selbstkoordinierte Humanoide, die sich frei in der Umwelt bewegen, dabei stürzen und wieder fähig sind aufzustehen, spielen kNN eine entscheidende Rolle bei der Selbstkontrolle in Verbindung mit der Erfassung der Umwelt (Metha et al. 2016).

Unternehmen
Wie teile ich Marktsegmente für meine Produkte ein, um hohe Erlöse zu erzielen? Inwiefern beeinflussen fertigungstechnische Parameter meine Produktherstellung? Wie verbessere ich meine Qualitätskotrolle? Welche physikalischen Effekte zeigen nanotechnische Prozesse? Bei unternehmerischen Anwendungen von kNN in Roboterstraßen und bald mehr noch bei mobilen Robotern, die mit Menschen kollaborierend Arbeitsvorgänge vollziehen, kommen kNN zum Einsatz. Stoffverarbeitende Prozesse zur Trinkwasseraufbereitung sind ebenso beteiligt wie Bonitätsprüfungen von Firmenkunden und Management-Informationssysteme (Alex 1998).

Banken und Finanzen
Die Trends von Aktien frühzeitig zu erkennen, die Kreditwürdigkeit von Bankenkunden zu durchleuchten, Ertragsbesteuerung von Unternehmenssanierungen, finanzwirtschaftliches Risikomanagement, eine optimale Fremdfinanzierung nach Basel III (Vorschriften zur Regulierung von Banken) und weitere Instrumente zu Verlaufsanalysen, Kundenprüfungen, Eigen- und Fremdfinanzierung, Entwicklung neuer Finanzprodukte sind Anwendungen für kNN in diesem gesellschaftlich bedeutenden Sektor. Mit Aktienperformanceanalysen, Kreditkartenbetrügereien, Vorhersage von Handelsvolumina oder Optionshandel war dieser Anwendungssektor früh mit kNN verbunden. Eine Vorhersage des Finanz- und Bankencrashs von 2007/2008 gelang aber den Programmierern dieser kNN-Algorithmen auch nicht! (Füser 1995)

Regelungstechnik
Mit Norbert Wieners 1948 erschienenem englischsprachigem Werk „Cybernetics or control and communication in the animal and the machine" fing alles an. Wer vor Jahrzehnten und heute mit Zügen der Bundebahn durchs Land gefahren ist und fährt, dem ist ein besonderes Merkmal in Erinnerung: das frühere Anfahren und Abbremsen unterscheidet sich deutlich von dem heutigen. Ging zur Zeit der Dampflokomotiven ein deutlich spürbarer Ruck durch den gesamten Zug, bis in die Sitzplätze hinein, fährt ein moderner ICE sanft an und bremst ebenso sanft ab, ohne dass die Fahrgäste etwas merken. Dahinter verbirgt sich eine technische Regelung, die kNN mit *Fuzzy Logik* verknüpft. Fuzzy Logik ist ein

von Lofti A. Zadeh 1965 entwickelte Theorie für den Umgang mit Unsicherheiten bei umgangssprachlicher Beschreibung.

Statt der Booleschen zweiwertigen Logik von Null und Eins, Ja oder Nein, Strom an oder Strom aus werden regelungstechnische „Zwischenwerte" programmiert, die vor allem für die Modellierung von Unsicherheit und Vagheit entwickelt wurden. Dadurch können Regelungsvorgänge „sanfter" vom Start zum Ziel gestaltet werden. Es existieren zum Beispiel wie bei einem Lichtschalter nicht nur Werte von 0 – Licht aus – und 1 – Licht an –, sondern auch Werte von 0,2, 0,3, 0,53, 0,77, 0,92 usw. Dadurch kann Helligkeit feiner dosiert werden – ähnlich einem Dimmer-Lichtschalter, mit dem verschiedene Helligkeitsstufen eingestellt werden können. Fuzzy Logik ist eine Verallgemeinerung der zweiwertigen Booleschen Logik (Kroll 2013).

Mathematik-Technik

Das korrekte Erkennen von Ziffern, Buchstaben und Sonderzeichen, die fehlerhaft im Eingabefeld des digitalen Google-Suchprogramms eingegeben und gesucht werden, führen im darauffolgenden Schritt automatisch zu einer Frage, ob dies so oder so gemeint ist. Google nutzt für derartige Bild- oder Mustererkennung kNN-Lernalgorithmen. Bild- und Musteranalyseprozesse werden ebenso in industriellen Verfahrenstechniken verwendet, bei denen sensoroptische Erkennungsprogramme, z. B. in Verbindung mit Positioniergenauigkeiten von Teilen, mit Hilfe von kNN optimiert. Eine weitere kNN-Anwendung zur Mustererkennung ist – wie unter *Humanoide Technik* vorab kurz erwähnt – die Spracherkennung. Sie wird umso wichtiger, je intensiver die Mensch-Humanoide-Kooperation voranschreitet (Zabel 2015).

Informatik

Datenkompressionen, ob bei Bildkompression oder Signalkompression, sind mit Verlusten von Informationen verbunden. Um diese so gering wie möglich zu halten oder völlig verlustfrei zu gestalten, werden klassische, vorwärtsorientierte und selbstorganisierte kNN eingesetzt. Der Einsatz von kNN ist geeignet, auch unter starken Störeinflüssen genaue Ergebnisse zu liefern. Die bekannten Grafik- bzw. Bildformate PNG, JPEG, TIFF oder GIF sind praktische Resultate für verlustfreie Datenkompressionstechniken, ebenso die Audioformate FLAC (Free Lossless Audio Codec) oder ALAC (Apple Lossless Audio Codec). Parallelverarbeitung mit künstlichen neuronalen Netzen ist ein weites Arbeitsfeld des aus der klassischen Informatik entstandenen Forschungsfeldes der Neuroinformatik (Fritzke 1998).

Biologie

Neuronale Netze sind ein systeminhärenter, höchst funktionaler und zudem parallel arbeitender Mechanismus der biologischen Evolution, deren komplexe Zusammenhänge noch vielfach im Ungewissen liegen. KNN für erkenntnisreiche Lösungen komplexer biologischer Systeme zu nutzen, liegt daher nahe. Ein Weg führt in den Bereich des *organic computing*. Selbstorganisierte Verarbeitung von Informationen in organischen Systemen ist ein Schwerpunkt von organic computing. Wie verarbeitet zum Beispiel unser neuronales Netz Anpassungen an neue Umwelteinflüsse, wie robust ist es dabei? (Müller-Schloer et al. 2011)

Medizin

Methoden der Hirnforschung und Anwendung von diagnostischen Instrumenten bildgebender Verfahren, wie Computertomographie (CT) oder Magnetresonanztomographie (MRT) sind Standardverfahren in der Medizin. Sie werden hinsichtlich der Ergebnisauswertung mit kNN verknüpft. Zum Beispiel werden kNN-basierte Klassifikatoren aufgebaut, die zur Berechnung der Wahrscheinlichkeit für das Vorliegen einer krankhaften Veränderung an Organen dienen. Im Bereich der Pharmakologie bzw. Pharmakokinetik werden kNN genutzt, um Konzentrationen zu bestimmen, in Abhängigkeit individueller Variabilität von Patienten (https://medinfo.charite.de/forschung/kuenstliche_neuronale_netze_und_klinische_diagnostik/, Zugriff: 05.12.2016).

Psychologie

Im Bereich der Entwicklungspsychologie und ganz aktuell im Bildungsumfeld von *E-Learning* spielen kNN eine wichtige Rolle. Zum Beispiel werden kNN bei diagnostischen und praktischen Ansätzen zur Behandlung von ADHS-Störungen (= Aufmerksamkeitsdefizit-/Hyperaktivitätsstörungen) bei Kindern und Jugendlichen, in Verbindung mit neuropsychologischen Modellen eingesetzt. KNN verbessern darüber hinaus auch die Urteilsbildung in der psychologischen Eignungsdiagnostik, weil sie auch nichtlineare Zusammenhänge gegenüber klassischen statistischen Methoden einschließen. Besonders in den Vordergrund rücken zunehmend psychologische Effekte durch elektronisches Lernen. E-Learning-Komplettlösungen, E-Learning-Plattformen mit virtueller Schulungssoftware werden angeboten, die Lernen durch zwischenmenschlichen Diskurs mehr und mehr zurückzudrängen scheinen. Welche Veränderungen finden dabei im Gehirn statt? Wie lassen sich diese mit kNN nachvollziehen und Rückschlüsse auf möglicherweise veränderte Verhaltensweisen ziehen? (Häusler, Sommer 2006)

Allgemeine Risiken

Für die allgemeine und spezielle Meteorologie, ebenso für Versicherer, hat eine Risikoabschätzung, zum Beispiel für häufig auftretende Sturmwetterlagern und deren Folgekosten, nach Elementarschäden grundlegende Bedeutung. Vor hohen Wetterrisiken, die zunehmend häufiger in europäischen Breitengraden auftreten, sollen durch lokalere Vorhersagen Vorsorgemaßnahmen früher eingeleitet werden können. Hierfür sind kNN in Verbindung mit Big Data ein geeignetes Instrument, nicht zuletzt wegen der Komplexität und Nichtlinearität der Wetter- bzw. Klimadaten. Überlandleitungen für Strom, in Ländern wie z. B. den USA, sind aufgrund ihrer mangelnden Robustheit ebenfalls gefährdete Objekte im Fall eines Tornados oder Hurrikans, deren Mustererkennung und Bewegungstrends auch durch kNN wirksam erfolgen kann. Aus diesem Blickwinkel ist die komplette Infrastruktur Gegenstand von Untersuchungen mittels kNN (Stadt Graz, Ö. 2016).

Spracherkennung

Gespräch zwischen Mensch und Maschine (hier Siri-Spracherkennungsprogramm auf Apple Mobile Phone – Siri: Speech Interpretation and Recognition Interface, Programm zur Erkennung und Verarbeitung natürlich gesprochener Sprache), ein Beispiel:

> Nutzer: Guten Morgen.
> Siri: Du weißt, dass es bereits 15:00 h ist.
> Nutzer: Guten Tag.
> Siri: Habe die Ehre.
> Nutzer: Wer bist du?
> Siri: Wer? Ich?
> Nutzer: Wer sonst!
> Siri: Wenn du magst, kann ich eine Websuche starten.
> Nutzer: ?

Spracherkennungsalgorithmen auf mobilen Geräten wie dem Mobile Phone sind nicht nur für spaßige Überraschungen gut. Klare und kreative Kommunikation mit dem Sprachalgorithmus zeigt immer noch die absoluten Schwächen der elektronischen Maschinen, wenn es um Aussprache, Satzstellung, Syntax – erst recht Semantik – und weitere Sprachvariationen geht. Testen Sie es, liebe Leserinnen und Leser, selbst einmal aus. Sofern sich die Mensch-Maschine-Kommunikation neben der Sprache noch mit optischen, bewegungstechnischen und anderen Kommunikationsparametern verknüpft, kann sie schnell zu einem effizienten Werkzeug zur Personenerkennung – und Erkennung potenzieller zukünftiger Personenmuster – werden, wie es heute bereits im Internet und bei nationalen/internationalen Institutionen geschieht (Vasquez 2012).

Verkehrstechnik

Verfahren zur Versuchsplanung im Verbrennungsmotorenbau mit Hilfe kNN sind bekannte Ansätze zur Optimierung von multifunktionalen Sensor- und Aktorparametern, die heutzutage den Motor eines PKW umgeben. Modellgestützte Steuerung, Regelung und Diagnose finden in einem Umfeld komplexer dynamischer Prozessanalysen statt, deren nichtlineares Verhalten durch kNN wirksam erfasst werden kann. Aber nicht nur komplexe Analysen von PKW-Teilen, sondern zunehmend die im Straßenverkehr getesteten autonomen, selbstfahrenden Fahrzeuge sind durchsetzt von kNN und Deep Learning, mit denen andere PKW, Straßenbegrenzungen, Verkehrsschilder, weitere Verkehrsteilnehmer, Häuser und andere Objekte erkannt werden. Trotz allem sind tödliche Unfälle mit fahrerlosen, durch Autopiloten gesteuerte PKW unvermeidlich, wie PKW der Firma Tesla®, USA, in 2016 zeigen. Nach einem Bericht der Technology Review v. 13.07.2016 sind die Entscheidungen von Systemen für autonomes Fahren noch mit außerordentlich hohen Unsicherheiten verknüpft[32] (Isermann 2003).

---

[32] https://www.heise.de/newsticker/meldung/Autonome-Autos-Entscheidungen-von-Systemen-fuer-autonomes-Fahren-sind-kaum-nachvollziehbar-3264695.html (Zugriff: 05.12.2016).

Internet – der Dinge

Während das Internet Daten und Informationen digital und virtuell verknüpft und uns menschlichen Nutzern die Informationen geben – oder auch nicht –, nach denen wir am Bildschirm suchen, verknüpft das Internet der Dinge reale analoge Gegenstände miteinander. Sie sollen uns – so das einhellige Ziel der Betreiber – von mühseligen Arbeiten entlasten, Bequemlichkeit bringen, ohne notwendiges Nachdenken, auf dass wir mehr Zeit für andere Tätigkeiten bekommen, ob Nichtstun, Reisen, Spielen oder etwas, was wir bislang aus *Mangel an Zeit*[33] nicht tun konnten. Das Denken an den nächsten Einkauf, der bevorsteht, weil Obst, Gemüse, Haushaltsreiniger, Besen, Tabs für die Spülmaschine oder ein paar neue Strümpfe gekauft werden müssen, wird obsolet.

Dies alles und noch viel mehr wird von kNN und *Deep Learning* integrierten Algorithmen übernommen – wenn es nach dem Willen der Betreiber dieser Internet-der-Dinge-Technik geht. Wir kommunizieren mit unserer elektrischen Zahnbürste, die just in dem Moment, wo wir sie benutzen wollen, auf rot schaltet, weil die Borsten abgenutzt und ineffektiv für die Reinigung der Zähne sind und uns daran erinnern, eine neue zu kaufen – natürlich zugleich mit einer neuen Zahnpaste, weil die Tube optisch oder akustisch anzeigt, dass sie nahezu leer ist.

Alle elektronischen Signale gehen über das Internet der Dinge, völlig ohne eigenes Zutun, an die bekannten Einzelhändler, die wir in der Regel besuchen. Diese schicken vollautomatisch die benötigten Waren zu uns nach Hause, wo sie nur noch einsortiert werden müssen – was in Zukunft unsere personalisierten Humanoiden übernehmen. Zwischendurch, bevor die verschlissene Zahnbürste ausgetaucht wird, werden noch zeitnah Daten über die Ansammlung chemischer Moleküle in unserem Rachenraummilieu an einschlägige Labors gesendet. Ein DNA-Test als Personennachweis ist obligatorisch. Die vollautomatische Analyse potenzieller Krankheitserreger, mit potenziellen Auswirkungen auf unsere Gesundheit, wird umgehend zuständigen Ärzten mitgeteilt, die uns wiederum, im Fall eines Behandlungsbedarfs, über das Internet informieren (Botthof, Bovenschulte 2009). Oder: Lernen Sie ihre Haare besser kennen, als es Ihnen jeder Friseur vermitteln kann! Withings, Kératase und L'Oréal entwickelten die Haarbürste mit App, Bluetooth und WLAN. Dreiachsige Gewichtssensoren messen die Bürstenkraft, Haare und Kopfhaut. Leitfähigkeitssensoren erfassen die Feuchtigkeit der Haare. Ein integriertes Mikro-

---

[33] Das oft in den Tag hinein gesagte „Ich habe keine Zeit" sagt weniger etwas über die Zeit selbst aus als vielmehr über den Mangel an Selbsterkenntnis. Rasen auf der Überholspur, um der Schnellste zu sein, ist ein Phänomen digitalen Zeitgeistes. „Wir Menschen plagen uns ab, um die Mittel zum Leben zu erwerben, nur das Leben lassen wir dann bleiben" (Geißler 2004, 191; zurück geht dieses Zitat allerdings auf den österreichischen Schriftsteller Adalbert Stifter (1805–1868), der bereits im 19. Jahrhundert diesen Zeitgeist spürte). Siehe hierzu auch Kap. 7.

fon nimmt das Bürstengeräusch auf und erfasst dadurch Bewegungsmuster. Haarspliss und Haarbruch sollen ebenfalls erkannt werden.[34,35]

„Ich denke also bin ich", formulierte einst René Descartes seinen Anspruch an das ICH. Mit diesem Satz begann Kap. 4. Nun, nach einem flüchtigen Blick in die nicht ganz so ferne Zukunft fragt sich mach einer: *Muss ich überhaupt noch denken im Internet der Dinge?*

4.4   Digitalisierung in humanoiden Sphären – Humanoide Praxis

Nach einem Streifzug durch spezielle Anwendungsbereiche künstlicher neuronaler Netze erweitern wir in diesem Kapitel unseren Blick auf reale analoge Sphären unserer Umwelt. Wir durchforsten ganz pragmatisch Lebensbereiche, deren Erscheinungsbild zunehmend mit digitalen humanoiden Robotern durchsetzt ist. Humanoide Roboter, also menschenähnliche Roboter, sind Maschinengestalten, die der menschlichen Körperform und seinen Bewegungsmustern nachempfunden sind. Das birgt zwangsläufig auch ein Konflikt- bzw. Angstpotenzial in sich, wie Abschn. 2.2.2, Tal der Unheimlichkeit, zeigt. Je perfekter Humanoide *programmiert* werden, Menschen zu imitieren, desto unheimlicher erscheinen sie den Menschen. Humanoide mit kleinen *programmierten* Fehlern wirken eher weniger angsteinflößend auf Menschen. *ERWIN*, ein *Emotional Robot with Intelligent Network* (Abb. 4.14), ist das Ergebnis eines Experiments der University of Lincoln, das diese These stützt (Allen, 2015).

Die kursiv geschriebenen Worte *„programmiert"* und *„programmierten"* sollen an dieser Stelle nochmals deutlich machen, dass wir es letztlich immer selbst sind, die technische Entwicklungen und Fortschritte von Humanoiden bestimmen, allen Weissagungen zum Trotz, die mit Begriffen wie *Künstliche Intelligenz* oder *humanoide Selbstreproduktion* verbunden sind.

▶   Können neben Erkenntnissen aus dem „Tal der Unheimlichkeit" auch Erkenntnisse zu einem „Berg der Harmonie" wachsen, die Menschen und Humanoide zu einem nachhaltigen, fruchtbaren kooperativen Zusammenleben führen?

Es ist noch viel zu früh, darauf gesicherte Antworten zu geben. Praxisversuche, die in diese Richtung gehen, zeigen die nachfolgenden Beispiele. Die in den herausgestellten Lebensbereichen den Menschen zur Seite gestellten Humanoiden sind nicht ausschließlich zweibeinige – bipedale – laufende Maschinen, mit zwei Armen, einem menschenähnlichen Körper und Kopf. Wir gestalten das humanoide Dasein in menschlichen Sphären in

---

[34] https://www.wired.de/collection/gadgets/die-haarbuerste-mit-app-und-wlan-ist-der-gipfel-des-internet-things?utm_campaign=Daily+Bits+-+05.01.2017&utm_source=Newsletter&utm_medium=email (Zugriff: 05.01.2017).
[35] http://www.withings.com/us/en/products/hair-coach (Zugriff: 05.01.2017).

Abb. 4.14 Humanoid ERWIN mit variablen – hier freundlichen – Gesichtszügen. (Aus: http://www.lincolnshirelive.co.uk/emotional-robot-erwin-teams-friendly-android/story-20590501-detail/story.html, Zugriff: 03.01.2017)

diesem Fall etwas flexibler, dadurch, dass wir auch elektronische Bildschirme mit menschenähnlich gemalten Gesichtern, Humanoide, die auf statisch fixierten Metallgestellen hinter Tischen sitzen, oder Humanoide, die sich als rollende Maschinen durch Flure bewegen, in die Gruppe menschenähnlicher Roboter integrieren. Es sind Beispiele aus der Praxis, die *Humanoide aus Erfahrung – Humanoid from Experience –* genannt werden können. Demgegenüber stehen Beispiele, die noch im Rahmen von humanoiden Entwicklungsplattformen getestet werden und die *Humanoide in Entwicklung – Humanoid in Development –* zugeordnet werden. Letztere werden nicht thematisiert.

4.4.1 Humanoide Praxis – Roboter-Kooperation außerhalb des vorab definierten humanoiden Erfahrungsraums

Eine weitere Abgrenzung zu humanoiden Robotern in menschlichen Erfahrungssphären sind Roboter, die auch in denselben Umfeldern von Humanoiden tätig sind, aber keinesfalls die spezifischen Merkmale besitzen, die Humanoiden zugeschrieben werden. Diese Roboter genannten Maschinen leisten teils hervorragende Unterstützungsarbeit für Menschen, die nicht unterschätzt werden soll. Möglicherweise ergibt sich in Zukunft eine nützliche Kooperation (bzw. Kollaboration) zwischen humanoiden und nicht-humanoiden Robotern und Menschen, die aber hier nicht Gegenstand des Themas ist. In gebotener

Kürze folgen nun fünf Beispiele nicht-humanoider Roboter im Einsatz, stellvertretend für viele weitere.

Paketlieferant
Rollend über Bürgersteige deutscher Großstädtetransportieren Paketroboter – noch unter menschlicher Kontrolle – Waren zu Kunden. Fliegende, Pakete transportierende Drohnenroboter sind ein weiteres Experiment. Es ist eine additive Dienstleistung, die in Einzelfällen (Transport von eiligen, lebenserhaltenden Gütern im Medizinbereich, Transport von angeforderten technischen Mitteln zur Gefahrenabwehr etc.) durchaus hilfreich und schnell nützlich sein kann (Reimann, Kipp 2016).

Melkgehilfe
Laserstrahlen tasten Kuheuter ab, um den richtigen Zeitpunkt zu erfassen, an dem Melkroboter der Kuh die Milch entnehmen. Es ist eine technische Roboterhilfe, die den Bauern „immens" die Arbeit erleichtert. Lokal niedrige Arbeitslosigkeit, dadurch fehlende Arbeitskräfte, waren der Grund für die langfristig kalkulierte Anschaffung eines Melkroboters (Hoefer 2016).

Winzergehilfe
Die anerkannte Hochschule Geisenheim (Hessen) hat für den Weinanbau die Roboter Geisi und Phenobot entwickelt. Die Geisi-Raupe bewegt sich auf stacheligen Ketten in Steilhanglagen. Das Lockern des Bodens, das Sprühen von Pflanzenschutzmitteln, der Erntetransport u. a. m. sind die Aufgaben, die menschlich anstrengende Arbeiten in Hanglagen entlasten sollen. Der Wein-Roboter Phenobot wird bevorzugt – bei jedem Wetter, das für Phenobot noch Tücken offenbart (!) – auf Analysearbeiten im Weinberg (Fotos von Pflanzen, Beerengröße, Erkennen von Pilz- und Schädlingsbefall u. a. m.) programmiert, die bisheriges Stichprobennehmen der Winzer ersetzen sollen (von Dewitz 2016).[36,37]

Katastrophenhelfer
Am Morgen des 24. August 2016 ereignete sich wieder ein Erdbeben furchtbaren Ausmaßes, in einer Gegend um Amatrice in Mittelitalien, mitten in einem Nationalpark. Neben den zu beklagenden Todesopfern waren wieder schwerste Zerstörungen die Folge, deren Beseitigung menschliche Kräfte weit übersteigen. Hilfsmittel in der Not waren auch hier sogenannte Roboter als technische Helfer. „Katastrophenreaktion ist zeitkritisch und extrem stressig; der Einsatz von Robotern als echte Teammitglieder kann dabei helfen, Stress und Arbeitsbelastung für die menschlichen Einsatzkräfte zu reduzieren und

---

[36] http://www.hs-geisenheim.de/forschungszentren/institut-fuer-technik/forschung/geisi.html (Zugriff: 02.01.2017).
[37] http://blog.hs-geisenheim.de/index.php/2015/02/erster-freilandroboter-fuer-rebenzuechtung-von-julius-kuehn-institut-und-hochschule-geisenheim-entwickelt/ (Zugriff: 02.01.2017).

gefährliche Aufgaben zu übernehmen."[38] Eine Gruppe DFKI-(Deutsches Forschungszentrum für Künstliche Intelligenz)Wissenschaftler des EU-Projekts TRADR[39] (*Long-Term Human-Robot Teaming for Disaster Response* – Langzeitzusammenarbeit von Humanoiden bei Katastrophenrückmeldung) half mit sogenannten UGVs (Unmanned Ground Vehicle, unbemannte Boden-Roboter) und UAVs (Unmanned Aerial Vehicle, unbemannte Flug-Roboter), 3D-Modelle von zwei extrem einsturzgefährdeten Kirchen zu erarbeiten. Das Ziel war, notwendige Abstützstellen gegen den Zusammenbruch der Gebäude zu ermitteln, auch um Kunstgegenstände zu sichern. Ferner unterstützt der Roboter TRADR die Helfer durch eine schrittweise Erfassung des Gesamtüberblicks über die Umgebung und das Ausmaß eines Unglücks, wobei eine Vielzahl von synchronen und asynchronen Explorations-Einsätzen stattfindet. TRADR hilft ebenso dem Katastrophenteam bei der Ausarbeitung und Durchführung des Einsatzplans.

Gangtherapeut
Schlaganfälle wünscht man keinem! Das sehr mühsame Wiedererlernen kleinster Bewegungen gelingt bisher mit intensiver Unterstützung von Therapeuten über lange Zeit. Am Schlaganfallzentrum des Medical Park Berlin hilft bei der Wiedererlangung der Patientenmobilität auch der Gang-Trainer-Roboter GT1 (Clements 2016). Mit 600 bis 800 Schritten pro GT1-(Übungs-)Einheit gegenüber 30 bis 40 Schritten pro Einheit mit menschlicher Hilfe ist dies ein enormer Gewinn für alle Beteiligten im Medizinbereich der Rehabilitation (Hesse et al. 2008).

4.4.2   Dienstleistende Humanoide – Vorbemerkungen

Der Dienstleistungssektor für Humanoide breitet sich in menschlichen Umfeldern so schnell aus, wie es Ingenieuren und Wissenschaftlern gelingt, Dienste, die bislang Menschen vorbehalten bleiben, durch Humanoide zu erweitern – nicht zuletzt auch zu ersetzen. Gewerbliche – mobile – Serviceroboter, ob als Humanoide oder nicht-humanoide Maschinen (siehe auch Kap. 5), erobern einerseits zunehmend Arbeiten im Umfeld von Bildung, Bürotätigkeit, Landwirtschaft, Privathaushalt, Krankenhaus und andere Tätigkeitsfelder. Andererseits prognostizieren Marktvorhersagen seit 10 Jahren (!) den Durchbruch von Servicerobotern (Marsiske 2016), der noch auf sich warten lässt.

Ob diese Dienste auch immer Kriterien der Nachhaltigkeit im ursprünglichen Sinn des Wortes erfüllen, wird die Entwicklung zeigen. Ob diese humanoiden Dienste auch immer objektiv und subjektiv das Wohlbefinden des Menschen fördern, darüber können Sie sich, geehrte Leserinnen und Leser, aus den folgenden Kapiteln selbst ein Urteil bilden.

---

[38] https://www.dfki.de/web/presse/pressemitteilung/2016/erfolgreicher-einsatz-der-tradr-robotertechnik-in-amatrice (Zugriff: 02.01.2017).
[39] http://www.tradr-project.eu (Zugriff: 02.01.2017).

Ein Beispiel vorab: Was hilft der/die perfekte humanoide Diener(in) eines gebrechlichen, aber noch mobilen Menschen, wenn auch die noch vorhandene, bislang analoge, körperlich und geistig trainierte Selbstertüchtigung durch digitale humanoide Algorithmen allmählich ersetzt wird? Es sind „fließende" analoge-digitale Grenzprobleme, die *prioritär* im Sinne des Menschen und *sekundär* im Sinne der Humanoiden zu lösen sind.

Humanoide Dienstleistungen oder *Service-Robotics* finden hauptsächlich außerhalb industrieller Arbeitsbereiche statt, weswegen sie auch als *nichtindustrielle Roboterdienstleistungen* oder *non-industrial robotics* klassifiziert werden (Decker et al. 2011, 25). Konkreter wird die folgende Definition:

> A service robot is a freely programmable mobile device carrying out services either partially or fully automatically. Services are activities that do not contribute to the direct industrial manufacture of goods, but to the performance of services for humans and institutions. (ebd. 29).

> Übersetzt: Ein Serviceroboter ist ein frei programmierbares Gerät, das teil- oder vollautomatisch Dienstleistungen vollzieht. Dienstleistungen sind Aktivitäten, die nicht direkt zur industriellen Herstellung von Waren beitragen, sondern die Serviceleistungen für Menschen und Institutionen verbessern.

Der Weg von der Nutzung industrieller Robotik – seit Jahrzehnten vorhanden – zur Dienstleistungsrobotik – Gegenwart –, die auch Humanoide anteilig einschließt, bis zur personellen Robotik – Zukunft –, die Humanoiden eine stärkere – dominante? – Dienstleistungspräsenz verleihen soll bzw. verleiht als heute, ist in Abb. 4.15 skizziert.

Mit Blick auf Abb. 4.15 ergänzt Tab. 4.1 zugehörige Merkmale zu den einzelnen Entwicklungsstufen der Roboterentwicklung.

Der aktuelle Trendreport der von der International Federation of Robotics – IFR – herausgegebenen *„Executive Summary World Robotics 2016 Service Robots"* prognostiziert für Dienstleistungsrobotik im Allgemeinen und humanoide Dienstleistungsrobotik im Speziellen:

> Service robot suppliers already estimated in 2010 a strong increase of sales of robot companions/assistants/humanoids. But now, it is projected that between 2016 and 2019 some 8,100 units of these robots will be sold. However, up till now, there have been no significant sales of humanoids as human companions to perform typical everyday tasks in production, office or home environments. Quite a few Japanese companies (Honda, Kawada, Toyota and some others) and also American, Korean and European companies are in the process of developing these general-purpose robot assistants beyond the toy and leisure stage. First shipments of these humanoid robots started in 2004 to international laboratories and universities as high-end robotics research and development platforms. So, this forecast seems to be realistic for the period between 2016 and 2019 especially given the recent successes in this field. (IFR 2016, 3).

> Übersetzt: Die Hersteller von Dienstleistungsrobotern veranschlagten bereits in 2010 einen starken Verkaufsanstieg von Robotern als Gefährten, Assistenten und Humanoiden. Gegenwärtig wird prognostiziert, dass zwischen 2016 und 2020 ca. 8100 Einheiten dieser Roboter verkauft werden. Wie auch immer, bis heute gab es keine signifikanten Verkäufe

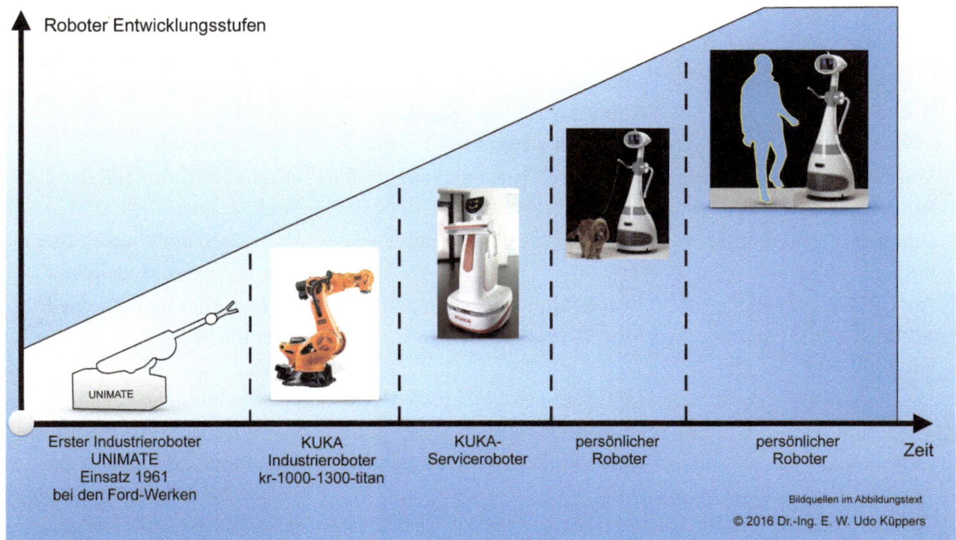

Abb. 4.15 Entwicklungsphasen der Robotik. (In Anlehnung an: Schraft et al. 1993, 163; Bildquellen: KUKA-Industrieroboter (http://www.kukarobotics.com/austria/de/products/industrial_robots/special/palletizer_robots/kr1000_1300_titan_pa/ (Zugriff: 05.01.2017)), KUKA-Serviceroboter (http://www.andreasposer.com/?portfolio=emma-serviceroboter-for-kuka-laboratories (Zugriff: 05.01.2017)), persönlicher Roboter https://cdn.psfk.com/wp-content/uploads/2014/12/luna3.jpg (Zugriff: 05.01.2017))

von Humanoiden als humanoide Gefährten, die typische alltägliche Aufgaben in Produktion, im Büro oder in häuslicher Umgebung vollziehen. Nur einige japanische Unternehmen (Honda, Kawada, Toyota und andere) und auch amerikanische, koreanische und europäische Unternehmen sind dabei, die beabsichtigten Aufgaben für humanoide Roboter zu entwickeln, jenseits der Spielzeug- und Freizeitplattform. Die erste Warenlieferung dieser humanoiden Roboter begann 2004, als hochwertige Roboter- und Forschungsplattformen. Adressaten waren internationale Forschungslabore und Universitäten. Daher scheint diese Vorausschau für die Zeitperiode 2016 bis 2020 realistisch, insbesondere, angesichts des Erfolgs in diesem Bereich.

Aktuelle Aussagen wie die der IFR erden so manche Zukunftsprognosen von Zeitgenossen, die von einem zeitnahen humanoiden Rundumservice träumen und schon in wenigen Jahren Humanoide auf Chefsesseln sehen.

4.4.3   Dienstleistende Humanoide – Ein Fächer von Tätigkeitsfeldern

Zu Beginn dieses Abschnittes sei noch einmal darauf hingewiesen, dass humanoide Roboter den Schwerpunkt dieses Buches bilden, eben weil das Mensch-Roboter-Kommunizieren und -Kollaborieren zunehmend in neue Lebens- und Tätigkeitsbereiche eindringt.

Tab. 4.1 Merkmale zu den einzelnen Entwicklungsstufen der Roboterentwicklung. (Nach: Schraft et al. 1993,163, ergänzt d. d. A)

Merkmale industrieller Robotik – Nicht-Humanoide –	Merkmale dienstleistender Robotik – Nicht-Humanoide/Humanoide –	Merkmale personeller Robotik – Humanoide –
Von Beginn an bestimmte Aufgabenausführung	Weltmodell basierend auf vordefinierten Umweltdaten	Kommunikation mit der Umwelt
Definierte Objektplatzierung	Aufgabenspezifische Befehle	Verstehen der Umwelt durch Nutzung von Modellen
Angepasste Umgebung für automatische Aufgabendurchführung	Bearbeitung aufgrund mehrfacher Messwertinformationen	Planende Erstellung von Programmen
	Implizite – eingeschlossene – Programmierung	Überprüfen von Handlungen
	Automatische Wegeprogrammierung	Kommunikation mit Menschen auf kooperativer und kollaborierender Basis
		Kommunikation von Humanoiden untereinander

Natürlich existieren auch nicht-humanoide Roboter, wie der tierisch aussehende ROBEAR von Riken (Japan), die spezielle Aufgaben im Pflegebereich, gemeinsam mit Menschen, erledigen, ohne dass sie menschenähnlich aussehen.

In welcher Breite der Fächer von Tätigkeitsfeldern seine Wirkung aufspannt, lässt sich an den interessanten Themenfeldern der letztjährigen Konferenz IEEE-RO-MAN 2016, New York City, USA, ermessen, die sich der *Human-Robot-Collaboration* widmete. Tab. 4.2 gibt einen Überblick darüber, was für dienstleistende Humanoide evident erscheint, wobei die programmierte „soziale Kompetenz" eine besondere Rolle im Verbund mit Menschen spielt.

Obwohl Tab. 4.2 nur in einem Interessensfeld (Tätigkeitsfeld) explizit Humanoide erwähnt sind, stellen die grau hinterlegten Felder eine enge Verbindung zu Humanoiden her. Wie beruhigend es sein kann, wenn zum Beispiel heute durch dienstleistende Humanoide Kindern spannende Geschichten vorgelesen werden, kennt der eine oder andere noch aus seiner eigenen Kindheit, wo Eltern Vorleser waren. Und wie therapeutisch hilfreich es ist oder sein kann, wenn Humanoide dasselbe für immobile, hilfebedürftige ältere Personen leisten, kann auch nachvollzogen werden.

Auf lokaler Landesebene erstellten Wissenschaftler des Institut Economix, im Auftrag des Bundesministeriums für Arbeit und Soziales – BMAS –, die Studie Arbeitsmarktprognose 2030 (BMAS 2016). In Abbildung 4.5 der Studie von (BMAS 2016) werden eine Reihe von Tätigkeitsfeldern mit potenziellem Fachkräftemangel und Fachkräfteüber-

Tab. 4.2 Interessensfelder von Mensch-Roboter-Zusammenarbeit. (Nach: http://www.tc.columbia.edu/conferences/roman2016/submissions/ (Zugriff: 03.01.2017), Originalsprache Englisch, Übersetzung und Hervorhebungen d. d. A)[a]

Interessensfelder von Mensch-Roboter-Zusammenarbeit – Fields of Interest in Human-Robot-Collaboration –		
Forschung, Gestaltung, Entwicklung und Nutzung von kollaborativ interagierenden Robotern	Stufenweise Annäherung an Autonomie und Teleoperation	Anthropomorphe Roboter und imaginäre (virtuelle) Menschen
Roboter, die menschliche Zusammenarbeit unterstützen	Innovatives Roboterdesign für Mensch-Roboter-Interaktion – MRI	Benutzerzentriertes Gestalten von sozialen Robotern
Neue Schnittstellen und Ausführungsarten von Zusammenarbeit	Langzeitexperimente und längsverlaufende Studien zu MRI	Beurteilungsmethoden und neue Methoden zu MRI-Forschung
Menschliche Faktoren und Ergonomie in MRI-Forschung	Imaginäre und erweiterte Telepräsenz von Umgebungen	Soziale, ethische und ästhetische Sachverhalte in MRI-Forschung
Roboter in Bildung, Therapie und Rehabilitation	Medizinischer und chirurgischer Einsatz von Robotern	Robotergefährten und soziale Roboter in häuslicher Umgebung
Assistierende Roboter zur Unterstützung älterer Personen mit speziellen Bedürfnissen	Einsatz von sozialen Robotern im Unterhaltungsbereich, für Dienstleistungen, Raumfahrt und anderes mehr	Zusammenwirken mit glaubwürdigen Personen
Wortlose Stichworte und Ausdrucksfähigkeit bei Zusammenarbeit: Gesten, Posen, soziale Distanz, Gesichtsmimik	Wechselseitiges Kommunizieren mit Augenkontakt	Beobachten von Verhalten und innerem Zustand menschlicher Themen (Fächer)
Roboter-Benimmregeln	Soziale Intelligenz für Roboter	Soziale Präsenz für Roboter und imaginäre Menschen
Klugheit, Leistungsbereitschaft und Gefühle in Robotern	Neugier, Absichtlichkeit und Entschlusskraft im Zusammenwirken	Sprachliche Mitteilung und Gespräch mit Robotern und intelligenten Schnittstellen
Geistige und sensormotorische Entwicklung in Robotern	Geistige Fähigkeiten und mentale (verstandesmäßige) Modelle für soziale Roboter	Gesellschaftliches Lernen und Erwerb von Fähigkeiten gegenüber Beibringen und Nachahmen
Erzählendes und Geschichte erzählendes Kommunizieren (Zusammenwirken)	Zusammenarbeit (eher privat, öffentlich) und Mitarbeit (Kollaboration, eher industriell) in Mensch-Roboter-Mannschaften	MRI und Kollaboration in industrieller Umgebung
Multimodales Zusammenwirken und unterhaltende Fähigkeiten	Schaffen von Bindungen mit Robotern und Humanoiden	Persönlichkeiten (Individualitäten) für Roboter oder virtuelle Charaktere

Tab. 4.2 (Fortsetzung)

Interessensfelder von Mensch-Roboter-Zusammenarbeit
– Fields of Interest in Human-Robot-Collaboration –

Bewegungsplanung und -navigation im Nahbereich von Menschen	Maschinenlernen und Anpassung in MRI	Multimodale Situationen von Achtsamkeit und räumlicher Wahrnehmung
Verkörperung, Empathie und Intersubjektivität im Zusammenwirken mit roboterhaften und virtuellen Personen	Computerarchitektur für MRI	Entdecken und Verstehen menschlicher Aktivitäten
Programmierung durch Vorführung		

[a] In diesem Zusammenhang sei auf eine Besonderheit der Sprache hingewiesen: Der Ausdruck social robot, sozialer Roboter, bedeutet nicht, das der Roboter sozial ist, sondern nur, dass er diese Sozialität programmiertechnisch mit nachahmenden, sozialen menschlichen Eigenschaften technisch-elektronisch so gut es geht nachvollzieht. Gleiches gilt auch für andere Verben und Adverben, die mit Robotern verknüpft sind

Tab. 4.3 Zukünftige Tätigkeitsfelder mit Überschuss und Mangel an Personal. (Nach: BMAS 2016, 23)

Tätigkeitsfelder mit Personalmangel	Tätigkeitsfelder mit Personalüberschuss
Erziehungs- und Sozialberufe	Fertigungsberufe
Gesundheitsberufe	Verkehrsberufe
Manager, Leitende	Persönliche Dienstleistungsberufe
Waren- und Dienstleistungskaufleute	Ordnungs- und Sicherheitsberufe
Technische Berufe	Arbeitskräfte ohne bestimmte Berufe
Verwaltungs- und Büroberufe	
Künstler, Publizisten	
Wissenschaftler	

schuss gelistet. Tab. 4.3 zeigt das Verhältnis. Die Schlussfolgerung eines Autors[40] der Studie ist:

> Die Sorge, dass die Digitalisierung die beruflich gebildete Mittelschicht, also die Facharbeiter und mittleren Angestellten, freisetzt, wird von unseren Modellrechnungen nicht gestützt, [...].

Diese Studie erwähnt explizit mit keinem Wort mögliche Einsätze von Humanoiden in Tätigkeitsfeldern mit hohem Arbeitskräftebedarf (Lücke), bei denen Fachkräfte erst nach Jahren der Ausbildung und nach Ersteintritt in die Praxis Erfahrung sammeln müssen, bis

---

[40] https://www.welt.de/wirtschaft/article157235743/Warum-wir-schon-bald-voellig-anders-arbeiten.html, Aussage von Kurt Vogler-Ludwig, einer der drei Autoren der Studie (Zugriff: 03.01.2017).

sie vollwertig eingesetzt werden können. Mit dem generellen Lösungsvorschlag „erhöhter Bildungsanstrengungen" (ebd. 38) zu argumentieren, klingt gut, ist aber (siehe anschließend zu Bildung) angesichts bisheriger wirksamer und nachhaltiger Bildungsfortschritte sehr zweifelhaft. Wer darüber hinaus den Mangel an Fachkräften mit verstärkten Investitionen in Humankapital verknüpft, wie in der Studie prognostiziert (ebd. 15), hat sicher die Rechnung ohne die Wirtschaft gemacht.

Für eine tiefergehende Analyse der herausgestellten Berufsgruppen wird auf die Studie verwiesen. Sicher ist die genannte BMAS-Studie nur eine von vielen, die versucht, mit *weit* vorausschauendem Blick zukünftige Probleme in analogen-digitalen Tätigkeitsumfeldern, innerhalb und außerhalb industrieller Bereiche, vorherzusagen. Konkrete Schlussfolgerungen aus dem Ergebnis dieser und ähnlicher Studien können daher – nach Meinung des Autors – nur mit Vorsicht gezogen werden.

Welche der einzelnen Tätigkeitsfelder auch für Humanoide zugänglich sind, ob als kooperierende Hilfen für menschliche Arbeitskräfte oder als humanoide Vollzeitkraft, die menschliche Arbeit übernehmen und dadurch Menschen ersetzen, wird in den anschließenden Tätigkeitskomplexen erläutern.

Es bleibt letztlich die Aufgabe aller Beteiligten den – aus genereller Sicht unumkehrbaren – analogen-digitalen Transferprozess, der auch humane-humanoide Kooperationen bzw. Kollaborationen (Kap. 5) einschließt, in unserer und in anderen Industriegesellschaften *systemisch* zu begleiten. Das bedeutet nichts anderes, als dass Transferlösungen und nicht Transferprobleme als Komplexität begriffen werden müssen (Baecker 1994, 114–117). Verdeutlicht werden kann diese Forderung nach Dirk Baecker an drei Punkten, wobei sie – im Kontext des hier behandelnden Themas – gleichermaßen für Mensch-Mensch-Beziehungen und Mensch-Humanoide-Beziehungen gelten:

> Erstens ist Komplexität die Lösung, weil es dem Menschen wesentlich leichter fällt, zu einem stabilen, ja sogar berechenbaren Verhalten zu finden, wenn er es mit überraschenden, unberechenbaren, intelligent feindseligen, mangelhaft kommunizierbaren, kurz: komplexen Sachverhalten zu tun hat.

Dies betrifft auch überraschende Handlungen von Humanoiden im Zusammenspiel mit Menschen.

> Zweitens ist Komplexität die Lösung, weil sie mit Fehlerfreundlichkeit im Sinne von Christine und Ernst Ulrich von Weizsäcker (1984) einhergeht. [. . .] Fehlerfreundliche Systeme sind gleichzeitig Systeme, die sich selbst Fehler leisten, [. . .].

Es sind mit anderen Worten „Lernende Systeme", die insbesondere in der humanoiden mobilen und kommunikativen Robotik eine wichtige Rolle spielen.

> Drittens ist Komplexität die Lösung, weil sie in Systemen auftritt, in denen nicht nur gehandelt und entschieden wird, sondern in denen auch beobachtet wird.

Kooperierende und kollaborierende Humanoide beobachten, entscheiden und handeln. Es ist in einer zukünftigen humanen-humanoiden Umwelt nicht ausgeschlossen, dass zum

Beispiel Humanoide bei anderen Humanoiden beobachten, was diese tun bzw. entscheiden und ggf. erkennbare Fehler korrigieren. Das ist vergleichbar mit dem *menschlichen Beobachter 2. Ordnung,* der auf den blinden Fleck[41] eines Entscheiders achtet.

Bildung: Mensch, Humanoide oder beide?

Zu den Kernkompetenzen einer Gesellschaft zählt unstreitig die *Bildung. Sich bilden* und *gebildet sein* leiten sich aus dem Nomen ab. Durch dem Bildungsreformer Wilhelm von Humboldt (1767–1835) wurde *gebildet sein* zum humboldtschen Bildungsideal.[42] Der Begriff Bildung reicht bis ins Mittelalter (13.–14. Jahrhundert) zurück. Dem Gelehrten Eckhart von Hochheim – Meister Eckardt – blieb es vorbehalten, so die Überlieferung, den Begriff in die deutsche Sprache einzuführen.[43] Zur Zeit Leonardo da Vincis, im Zeitalter der Renaissance (15.–16. Jahrhundert), schien die Bildung erstmals zu *explodieren,* wie die theoretischen und praktischen Ergebnisse des Universalgenies Leonardo zeigen, die auch heute – mehr als 500 Jahre später – noch Ehrfurcht vor seinem Bildungskosmos abverlangen (siehe hierzu auch Abschn. 2.2.7).

Bildung ist im Kern ihres Prozesses oder ihres Zustandes – wie auch der Mensch, die Gesellschaft und die Natur – ganzheitlich zu verstehen, soll sie nachhaltig wirken. Das schließt keineswegs aus, dass hochspezialisierte Bildung zu hervorragenden Leistungen, beispielsweise in Ingenieur-, Natur- und Sozialwissenschaften, führt. Es schließt aber auch nicht aus, dass diese einseitig vorangetriebene Bildungsrichtung mit Nebeneffekten verbunden ist, die dem Großen und Ganzen eher schaden als nützen, wenn wir beispielsweise den Blick auf den Entwicklungszustand der Erde bzw. der Natur und Umwelt werfen.

Was verknüpft in heutiger Zeit jemand mit Bildung aus hoheitlicher Sicht staatlicher Organe? Vielleicht „dreißig Jahre langes Springen von einem Bildungsgipfel zum anderen", mehrere Studienreformen, wechselnde Höhe von Studiengebühren, Bologna-Bildungsprozess mit europaweiter Harmonisierung von Studiengängen, PISA-Bildungsstudien[44], PISA-Schock, G8- vs. G9-Abitur, digitale Bildung, „E-Learning" und Kindergarten- bzw. Lehrerroboter?

Und: Was verknüpft in heutiger Zeit jemand mit Bildung aus Sicht von Schülern, Studierenden und Lehrern, also den direkten Bildungsbeteiligten? Vielleicht hohe Arbeitsbelastung, Leistungsdruck, „Burn-out-Syndrom", ADHS im Kindes- und Erwachsenenalter (Aufmerksamkeitsdefizit-Hyperaktivitätsstörung), überfüllte Hörsäle, ungenügendes Verhältnis von Lehrer-Schüler-Betreuung, „Bildungsarmut", ungleicher Zugang zu Bildungseinrichtungen aufgrund ethnischer Herkunft, erschwerte Schul- bzw. Studienwechsel durch länderspezifische Zersplitterung von Bildung?

---

[41] „Der blinde Fleck bezeichnet in der Sozialpsychologie die Teile des Selbst oder Ichs, die von einer Persönlichkeit [hier auch einem Humanoiden, d. A.] nicht wahrgenommen werden." (https://de.wikipedia.org/wiki/Blinder_Fleck_(Psychologie) (Zugriff: 03.01.2017)).

[42] https://de.wikipedia.org/wiki/Bildung (Zugriff: 03.01.2017).

[43] https://de.wikipedia.org/wiki/Meister_Eckhart (Zugriff: 03.01.2017).

[44] Hinter dem Begriff PISA-Bildungsstudien verbergen sich Leistungsuntersuchungen von Schülern im internationalen Vergleich. Siehe auch Glossar.

Das Zeitalter analoger Bildungsvermittlung und Bildungsempfangs, mit Schiefertafel und Kreide, ist längst überholt. Zugleich ist damit – bedauerlicherweise – auch zunehmend eine Schüler-Lehrer-Kommunikation verloren gegangen, die noch vielfach auf Lehrerseite durch Persönlichkeiten geprägt war, die Bildung in einem breiten Fächerkanon vermitteln konnten. Grundlegende musische (Singen, Notenlesen), handwerkliche (Zeichnen, Malen, Werken) und kulturelle (Gedichte) Fächer zählten genauso dazu wie Mathematik, Physik, Biologie, Chemie oder Deutsch und Fremdsprachen.

Diese Aufzählung mag wie ein nostalgischer Rückblick auf den Bildungsalltag im frühen bis mittleren 20. Jahrhundert klingen – ist sie aber keineswegs. Bildung war zu jener Zeit noch deutlich näher am Humboldtschen Bildungsideal als heute. Bildung war fächerübergreifend und detailreich, allgemeinbildend und speziell zugleich. Zusammenhänge zwischen den einzelnen Fächern wurden vermittelt. Es wurde mit einer grundlegenden, aber begrenzten Fächerauswahl deutlich mehr ganzheitliche Bildung betrieben.

Heute, zu Beginn des 21. Jahrhunderts, türmt sich zum Beispiel vor Studierenden ein Auswahlberg von circa 18.000 Studienangeboten, mit steigender Tendenz, verteilt auf alle Studiengänge bzw. Studienbereiche, auf – eine bislang nie dagewesene Fächerinflation exponentiellen Ausmaßes (HRK-Hochschulkompass, 01.09.2015). Wo bleibt hier das Humboldtsche Bildungsideal? Antwort: auf der Strecke! Mangelhaftes Grundlagenwissen, Leistungsdruck, industrielle Kooperationen mit Bildungseinrichtungen, die stringente, zeitlich enge Zielvorgaben im Rahmen von finanziell unterstützten, anwendungsorientierten Forschungs- und Entwicklungsaufträgen (F&E-Aufträgen) zu erfüllen haben, setzen alle Beteiligte unter enormen Leistungsdruck. Wo bleibt das Humboldtsche Bildungsideal? Antwort: Es ist wegrationalisiert worden!

Ein fächerübergreifendes, interdisziplinäres Denken und Handeln, das Wahrnehmen realer, dynamischer – komplexer – Systemprozesse mit ihren Eigenschaften und Verläufen sowie dem methodischen Erwerb einer fundierten Sozialkompetenz, sind in der heutigen technik- und wirtschaftszentrierten Bildung Randerscheinungen, zwar mit hohem gesellschaftlichem Wertpotenzial, aber mit geringem Kostenfaktor. Und letzterer zählt, weil – wie es der irische Schriftsteller Oscar Wilde (1854–1900) formulierte – *die Leute heutzutage von allem die Kosten und von nichts den Wert kennen.*[45]

Im Zuge der Bildungsdigitalisierung wird auch „*Vom Verschwinden des Lehrers*" gesprochen und davon, dass im digitalen Klassenzimmer ein neuer Typus Lehrer, der „*Classroom Manager*" entsteht:

Zunächst verschwindet der Lehrer als selbstbewusste, für Lehrinhalte verantwortliche und Wissen vermittelnde Person. In dieser Phase befinden wir uns gerade. In der nächsten Phase soll er als eine im Raum leiblich agierende Person, als Lehr-Körper verschwinden. Wer hätte vor nicht allzu langer Zeit gedacht, dass man dieses Wort so wörtlich nehmen muss? (Schulz, 2016).

---

[45] Original engl.: „[A cynic is] a man who knows the price of everything and the value of nothing.", aus dem Stück „Lady Windermere's Fan, A play about a good woman" (1892).

Um die Anmerkungen von Schulz weiter zu denken: Verschwindet der menschliche *Lehr-Körper zum Anfassen,* wird er vielleicht durch *humanoide Lehr-Körper zum Anfassen* ersetzt. Oder im übernächsten Schritt leitet ein *holographischer Lehr-Körper* den Unterricht, der den Schülern eine *dreidimensionale optische Gestalt des Lehrers* vermittelt, vielleicht nur, um den Anschein einer Lehrperson im Klassenzimmer zu wahren. Wer weiß?

Die Grenzen der digitalen Schule – vielleicht mehr noch als die der digitalen Universität – sind heiß umkämpft. Dies spiegelte sich auch auf der jährlich stattfindenden Bildungsmesse 2016 wieder. Einerseits weisen Branchenvertreter und Befürworter der Digitalisierung, wie die IT-Verbände Bitcom und Initiative D21, ohne Unterlass auf die Gefahr *digitaler Analphabeten* hin. Demgegenüber verweist der Präsident der Didakta als Entwicklungspsychologe auf die dramatische Vernachlässigung der Fähigkeit, von Hand zu schreiben. Hier stehen sich eine über Jahrtausende gewachsene Kulturleistung und eine innerhalb weniger Jahrzehnte beschleunigte Technik wenig freundlich gegenüber (Schmitz 2016; siehe auch Schloemann 2016). Ein Zusammenwirken von Pädagogik, Technik, Informatik und allen bildungsbeteiligten Lehrenden und Lernenden wird erforderlich sein, um den Transferprozess von analoger zu analog-digitaler Bildung so reibungsfrei wie möglich zu gestalten. Das fordert aber – wie schon so oft erwähnt – ein tiefgreifendes Verständnis für komplexe Zusammenhänge.

> Stell Dir vor, es gibt ein neues Schulbuch – und keiner versteht es, Lehrer nicht, Eltern nicht, schon gar keine Schüler. (Füller 2016).

Das Zitat ist das Ergebnis einer sogenannten „Open-Educational-Resources"-Studie – OER-Studie –, auf einen kurzen Nenner gebracht. Auftraggeber war das deutsche Bundesbildungsministerium unter der Ministerin Johanna Wanka, die das Projekt mit einer 3/4-Million Euro finanziert hat. Der Titel wurde in vorauseilendem Gehorsam international verständlich prägnant formuliert. Der Text selbst ist schwer verständlich. Der Direktor des Deutschen Instituts für Internationale Pädagogische Forschung (DIPF), das die Studie erstellte, verwies – angesprochen auf die didaktischen Mängel der Studie – auf den Adressaten, das Bildungsministerium. Für die bildungsbeteiligten Lehrer, Eltern oder interessierte Bürger sei die Studie nicht verfasst worden.

Dieser aktuelle Ansatz aus ministerieller Bildungshoheit zeigt nur, wie weit die Schere zwischen hoheitlichen Bildungsgestaltern und realistischen Bildungsforderungen, auch in Richtung digitaler Bildung, die alle Gesellschaftsgruppen umfassen, noch auseinanderklafft.

Sogenannte Online-Kurse – MOOCs, Massive Open Online Course, offener Massen-Online-Kurs –, erstmals von Professoren amerikanischer Eliteuniversitäten (Harvard, Caltech, MIT, Stanford) ins digitale Netz gestellt, sind ein weiterer Baustein für den Bildungserwerb über Digitalnetze, mit allen Vor- und Nachteilen des Internet (Heckel 2016). MOOCs unterliegen nach anfänglicher Euphorie inzwischen einem Wechselspiel der Gefühle. So können Teilnehmer einerseits online preiswerte Bildung erlangen, während an-

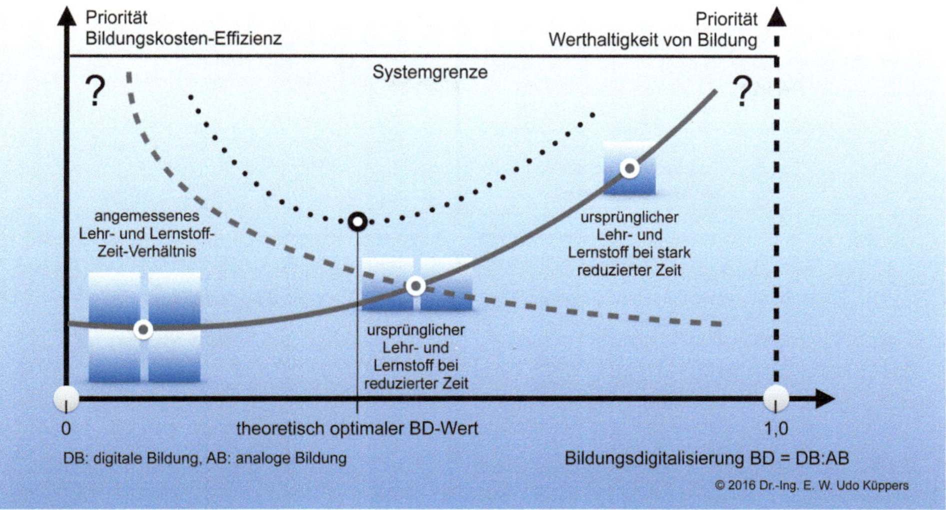

Abb. 4.16 Digitale Bildung überrollt analoge Bildung – ein Realbeispiel aus dem Umfeld nicht-staatlicher Bildungsträger

dererseits zwischenmenschliche persönliche Kontakte weitgehend unterbleiben. Online-Hilfen jeder Art, wie Campus-Foren, digitale Übungen bzw. Musterklausuren, sollen den Lernprozess der Studierenden unterstützen, wobei in speziellen Fällen vorher stattgefundene Präsenzveranstaltungen drastisch – rein aus Kostengründen – reduziert werden, wie Abb. 4.16 vermittelt, die auf einem realen Bildungsbeispiel zunehmender Digitalisierung und abnehmender persönlicher Kontakte zwischen Lehrenden und Lernenden beruht. Es ist nur ein herausgestelltes Einzelbeispiel, das aber stellvertretend für viele einen Trend im analogen-digitalen Transferprozess von Bildung anzeigt. Langfristig – so die Meinung des Autors – wird nur eine angepasste gesunde Mischung aus analoger und digitaler Bildung überleben.

Abb. 4.17 stellt in einer Bildungs-Matrix zwei Merkmalspaare gegenüber.

Dieser relativ kurze Vorspann zu Bildungsideal und aktuellen Bildungstrends, ist notwendig, weil er auch den eigentlichen Wert von Bildung herausstellt, der zunehmend durch die Digitalisierung von Bildung verlorenzugehen scheint, aber auch den Finger in die Wunden digitaler Bildungstrends legt. Oder schlägt der Übergang von analoger zu digitaler Bildung nur einen neuen Entwicklungsweg ein, um sich den technischen, wirtschaftlichen und gesellschaftlichen Gegebenheiten besser anpassen zu können?

Die anschließenden Beispiele spannen einen Fächer verschiedener Einsatzgebiete und Aktivitäten von dienstleistenden Humanoiden auf, die Ihnen einen Einblick geben in die bereits vorhandenen und kommenden Mensch-Humanoide-Verbundenheit. Es ist ohne Zweifel eine enorme Umstellung, die im Verlauf der kommenden Jahrzehnte unser Leben und Lernen verändern kann, hier und da auch verändern wird oder bereits verändert

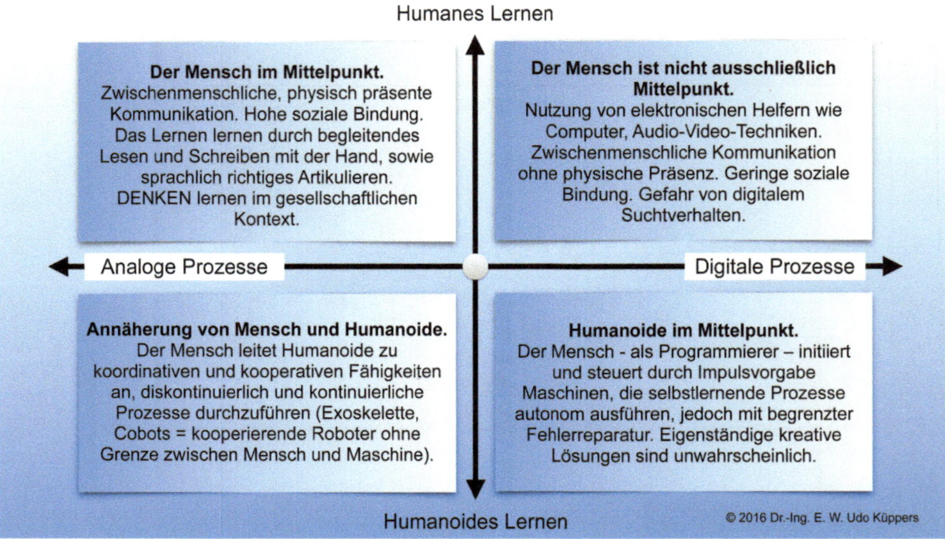

Abb. 4.17 Bildungsmatrix mit vier Kriterien im humanen-humanoiden Umfeld

hat. Es ist nicht das Ziel, so umfangreich wie möglich Beispiele aus menschlich-humanoiden Lebensbereichen zu präsentieren. Mit den wenigen differenzierten Einblicken in unsere Umwelt möchte der Autor Sie, sehr geehrte Leserinnen und Leser, zur Diskussion anregen, Ihr eigenes Umfeld aus dem Blickwinkel menschlicher-humanoider Koexistenz zu betrachten. Denn:

▶ Eines Tages werden Sie durch Ihren persönlichen Humanoiden oder Androiden[46] Elise-Sophie geweckt, der bereits das Frühstück – einschließlich Ihrer bevorzugten Marmelade auf knusprigem Brot und dem perfekt gekochten 4,5321-Minuten-Ei – zubereitet hat. Der selbstorganisierende Roboter, der sich bipedal geschickt über jedes Hindernis fortbewegt, bringt Ihre Kinder nach dem Frühstück zur Schule. Elise-Sophie kauft anschließend in verschiedenen Märkten Waren für den täglichen Bedarf Ihrer Familie ein, mit einer Warenliste, die Elise-Sophie elektronisch von Kühlschrank, Zahnbürste, Kamm, Kleiderschrank, Besenschrank und weiteren Objekten bzw. Geräten im Haus in Echtzeit übermittelt wurden. Während Elise-Sophie nach der Rückkehr das 6-Gänge-Abendmenü vorbereitet, beauftragen Sie Ihren zweiten persönlichen Humanoiden Wilhelm, die Kinder vom Fußballspielen und Schwimmen abzuholen und durch den komplexen Verkehr von fahrerlosen PKW und LKW sicher nach Hause zu geleiten. Am Abend, nach dem Menü, leisten Ihnen und den Gästen die geselligen Humanoiden, die neben den Menschen auf dem Sofa sitzen, kurzweiliges Vergnügen durch ihren gespeicherten Vorrat an Ge-

---

[46] Ein humanoider Roboter mit täuschend echtem menschlichen Aussehen.

schichten, die Sie zum Lachen bringen, wobei Ihre persönlichen Humanoiden aus vollem „elektronisch verstärkten Hals" mit lachen!

Zurück in der Gegenwart stellen sich zunächst jedoch noch andere Fragen. Etwa: Wie gehen Kinder mit humanoiden Robotern um? Sicher anders als Erwachsene; vermutlich auch angstfreier und neugieriger. Blicken wir zuerst auf Humanoide, die in japanischen Schulen seit Längerem als „Roboterlehrer" präsent sind.

Humanoide im japanischen Bildungssystem
Der zunehmende Trend in Industrienationen, die klassische Alterspyramide auf den Kopf zu stellen, wodurch wenigen jungen Menschen deutlich mehr ältere Menschen gegenüberstehen, womit ein Mangel an jungen Arbeitskräften in vielen Erwerbsbereichen einhergeht, wurde im überalterten Japan früh erkannt. Hinzu kommt noch der landesspezifische Kultureinfluss, Fremden gegenüber äußerst reserviert zu sein. Die Bildungslücke durch den Mangel junger Lehrkräfte im eigenen Land wird folgerichtig im technikverliebten Japan durch Technik, in Gestalt von humanoiden „Lehrhilfskräften" ausgefüllt.

Sie heißen Wakamura (Mitsubishi)[47], NAO, Pepper, Romeo (alle Aldebaran/Softbank-robotics)[48] und Saya (Tokyo Universität of Science, H. Kobayashi)[49], wobei die Zahl humanoider bzw. androider Roboter wächst und wächst. Ein herausragender Humanoider ist das „Multitalent" NAO (s. Abschn. 2.2.7, Tab. 2.3, Abb. 2.15), ein knapp 60 cm hoher beweglicher Humanoide mit kindlichem Aussehen, der – nicht zuletzt wegen seiner Größe und programmierten Sprachen, Zeichenkünste und Akrobatik – in japanischen Schulen die Kinder begeistert und zum Nachahmen anspornt. Immer unter Begleitung einer menschlichen Lehrkraft zeigt NAO Kindern Turnbungen, die sie nachmachen, oder zeigt kaligraphisches Geschick, die Kunst des Schönschreibens (Lill 2015). Saya ist demgegenüber ein weiblich aussehender humanoider Roboter, der an einer japanischen Grundschule Wissenschaft und Technik unterrichtet und durch seine Gesichtsmimik die Kinder zum Lachen bringt (Demetriou 2009).

Der Einsatz von Humanoiden in japanischen Grundschulen (siehe Abb. 4.18) hat bereits in Europa, in den USA und anderen Ländern Nachahmer gefunden. Wissenschaftliche Quellen zu Fortschritten im digitalen humanoiden Lehren und Lernen in Grundschulen – Elementary Schools – sind u. a. in Samuels, Poppa (2017), Reich-Stiebert, Eyssel (2016), Rosi et al. (2016) nachzulesen.

Bis Teilnehmer einer *Konferenz Humanoider Lehrkräfte – KHL –* das Für und Wider eines digitalen Fachunterrichts untereinander diskutieren, wird noch viel Wasser die Flüsse bergab fließen. Bis dahin behalten menschliche Lehrerinnen und Lehrer – nur unterstützt durch die humanoiden Roboter – das Zepter der Gestaltung von Lehreinheiten in der Hand. Dieses analoge-digitale Tandem, das auch vor universitärer Lehre nicht Halt macht, wird uns noch eine Weile begleiten.

---

[47] https://en.wikipedia.org/wiki/Wakamaru (Zugriff: 09.01.2017).
[48] https://www.ald.softbankrobotics.com/en/node/1707 (Zugriff: 09.01.2017).
[49] https://www.theguardian.com/world/gallery/2009/may/08/1 (Zugriff: 09.01.2017).

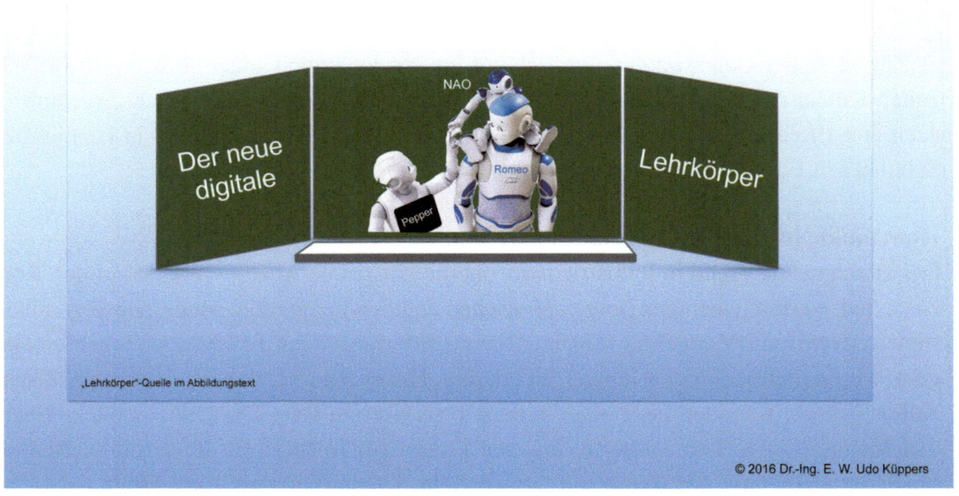

Abb. 4.18 Humanoide „Lehrkräfte" NAO, Pepper und Romeo. (Aus: https://www.ald. softbankrobotics.com/en/cool-robots/buying-a-robot, Zugriff: 09.01.2017)

Humanoide als soziale Kommunikationshelfer für autistische Kinder

„Bei Autismus-Spektrum-Störungen (ASD) handelt es sich um komplexe Störungsbilder, die gerade im Kindesalter aufgrund der vielfältigen Differentialdiagnosen einer multidisziplinären und mehrschrittigen Diagnostik bedürfen." (Kamp-Becker et al. 2010, 144). Kamp-Becker und Mitautoren haben im gleichnamigen Aufsatz *Diagnostik und Therapie von Autismus-Spektrum-Störungen im Kindesalter* thematisiert (s. auch Kamp-Becker, Bölte 2014).

Eine neue Therapiemethode, Aufmerksamkeit bei autistischen Kindern zu wecken, wird seit einiger Zeit durch den Einsatz von humanoiden kindlich aussehenden Robotern erprobt. Ihre Namen sind: (der bekannte) NAO (Aldebaran), Kaspar (Kerstin Dautenhahn, University of Hertfordshire, GB)[50] oder Teo (i3lab)[51] – ein körperähnlicher Gegenstand aus Weichplastik, der von den behandelten Kindern gedrückt werden kann, wodurch Körperkontakt erleichtert werden soll. Der Einsatz weiterer Hilfsmittel auf dem Gebiet der *therapeutischen Robotik* bewegt sich auf einem Pfad parallel zur humanoiden Robotik. Dort werden Robotertiere – wie die japanische Robbe Paro[52] – u. a. bei älteren demenzkranken Menschen offenbar vorteilhaft eingesetzt.

Abb. 4.19 zeigt Kaspar, den kindlichen humanoiden Roboter, in Kontakt mit einem an Autismus leidenden Kind (nicht auf dem Bildausschnitt zu sehen) (siehe auch Wainer et al. (2014), Robins, Dautenhahn (2014), Dautenhahn et al. (2009)).

---

[50] http://www.herts.ac.uk/kaspar/contacts-and-useful-links (Zugriff: 09.01.2017).

[51] http://i3lab.me/projects/polisocialkrog (Zugriff: 09.01.2017).

[52] http://www.parorobots.com (Zugriff: 09.01.2017).

Abb. 4.19 Der humanoide Kaspar in therapeutischer Aktion. (Foto mit freundlicher Unterstützung von Kerstin Dauterhahn, University of Hertfordshire, GB)

Humanoide Pflege

Nicht nur im überalternden Japan, auch in Industrienationen wie Deutschland ist seit Jahren der Mangel an ausgebildeten Facharbeitskräften in den sozialen Bereichen von Krankenhäusern, Altersruhesitzen, Pflegeheimen oder für pflegebedürftige Privatpersonen in der eigenen Wohnung oder im eigenen Haus für jeden, der sehen kann, erkennbar. Altersarmut (Butterwegge 2016) ist ein hochgradiger gesellschaftlicher Beschleuniger, der den Mangel an sozialberuflichen Fachkräften vor sich her treibt. Begrenzte Mittelvergabe durch den Staat und Misswirtschaft in einzelnen Institutionen tun ein Übriges. Japan war wiederum Vorreiter bei konkreten sozialen Hilfen durch computerprogrammierte Roboter. Beispiele sind wiederum „Paro" (siehe weiter oben), das digitale Seerobbenbaby, oder „Hugvie", ein *Computer zum Umarmen* mit imitierenden, Menschen nachempfundenen Herzschlägen. „Hugvie" wurde an der Osaka-University in Japan von H. Ishiguro entwickelt.[53]

Einer der am Stärksten wachsenden gesellschaftlichen Bereiche wird in den kommenden Jahren der Bereich der Pflegebedürftigkeit im Allgemeinen und derjenige der altersbedingten Pflege im Speziellen sein. Der Themenreport „Pflege 2030" der Bertelsmann-Stiftung (2012) nennt für Dezember 2009 2,3 Mio. Pflegebedürftige im Sinne der Pflegeversicherung und statistische Landes- und Bundesämter sehen für 2030 3,4 Mio., für 2050 sogar 4,5 Mio. Pflegebedürftige (Bertelsmann-Stiftung 2012, 13). Und weiter heißt es, es ist

---

[53] http://www.geminoid.jp/en/robots.html (Zugriff: 09.01.2017).

[…] mit einem noch höheren Anteil professioneller Pflege und einem noch höheren Bedarf an Personal in der Langzeitpflege zu rechnen. Allerdings sind diese Szenarien mit der unterstellten Arbeitsmarktentwicklung kaum kompatibel, sondern zeitigen eine „Versorgungslücke" von etwa einer halben Million Vollzeitbeschäftigten. Es ist kaum vorstellbar, diese Lücke zu schließen. (ebd. 79).

Damit ist der Statistik Genüge getan – bis zur nachfolgenden Erhebung zum Thema. Der hilfsweise Einsatz von tierähnlich aussehenden Robotern, zum Beispiel für das temporäre Heben und Tragen bettlägeriger Patienten und somit zur Entlastung körperlicher Anstrengungen des Pflegepersonals, wie es in Japan bereits durch den in Bärengestalt konstruierten ROBEAR – *the strong robot with the gentle touch* (der starke Roboter mit der behutsamen Berührung), Riken[54] – praktiziert wird, findet in dem politisch beauftragten Report keine Erwähnung.

Die Realität in einem typischen Pflegeheim für ältere Bürger einer norddeutschen Großstadt zeigt sich – ohne Überraschung – in einem zunehmenden Mangel an geeigneten Fachkräften. Erfahrene Fachkräfte, die seit Jahren persönliche Vertrauensverhältnisse mit Pflegebedürftigen aufgebaut haben, werden temporär durch fachliche Pflegekräfte und weitere Mitarbeiter aus sogenannten „Mitarbeiter-Pools" bei Bedarf angefordert. Ob damit immer eine Pflegelücke zeitnah geschlossen werden kann, ist fraglich, wenn man sich einen typischen Tagesablauf voll wechselnder und hochachtsamer Arbeitsprozesse in einem Pflegeheim (Kurzzeitpflege) stichwortartig vor Augen führt[55]:

- Medikamente stellen und verabreichen
- Telefonate mit Ärzten, Apothekern, Pflegeangehörigen, Krankenhäuser usw.
- Waschen, Anziehen, Ausziehen, Duschen
- Toilettengänge
- Bettlägerige Pflegebedürftige alle zwei Stunden umlagern
- Essen anreichen und Flüssigkeit überprüfen
- Insulin spritzen, Blutzucker messen, Stechhilfen wechseln
- Blutdruck messen, Verbände wechseln
- Akribische Dokumentation, Stammblatt vervollständigen, Pflegeplan, Pflegeanamnese durch MDK-Vorgaben – MDK: Medizinischer Dienst der Krankenversicherung
- Nicht bettlägerige Pflegebedürftige abholen, zu den Mahlzeiten bringen und wieder zurück ins Zimmer begleiten
- Nicht bettlägerige Pflegebedürftige zu Veranstaltungen des Hauses begleiten
- Palliativpflege – sterbebegleitende Pflege, setzt besondere Ausbildung voraus
- Bei Neubelegung oder Auszug, Gespräche mit Angehörigen

Im Bereich der Kurzzeitpflege wechseln zudem die Pflegebedürftigen deutlich häufiger als im Langzeitpflegebereich von Pflegeheimen. Damit ist auch eine deutlich höhere

---

[54] http://www.riken.jp/en/pr/press/2015/20150223_2/ (Zugriff: 09.01.2017).
[55] Ganz herzlich bedanke ich mich bei meiner Frau Christiane, die eindrucksvoll einen typischen Ablauf in der Kurzzeit-Pflegestation eines Pflegeheimes schilderte.

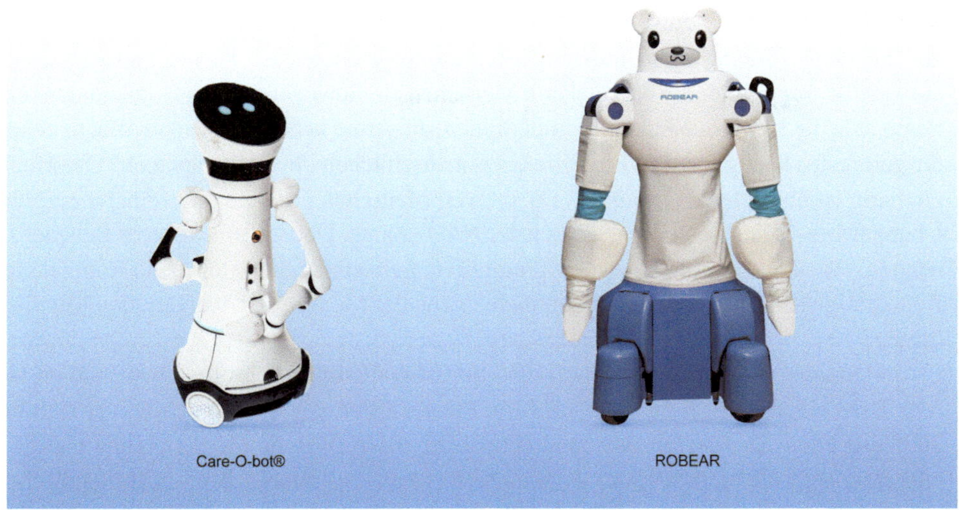

Abb. 4.20 „Care-O-bot® 4" und „ROBEAR", entwickelt für Pflegebedürftige. (Care-O-bot® 4: Foto Rainer Bez, Fraunhofer IPA, 2015; http://rtc.nagoya.riken.jp/ROBEAR/ROBEAR_all.jpg, Zugriff: 09.01.2017)

physische und psychische Umstellung von Pflegekräften mit neuer Einfühlung auf die zu pflegenden Personen verbunden.

Das anspruchsvolle Arbeiten der Pflegekräfte in Pflegebereichen – wie vorab gelistet – ist nachvollziehbar. Hier und da können durchaus Hilfen durch humanoide oder nicht-humanoide Roboter die Pflegerinnen und Pfleger bei ihren Arbeiten entlasten. Das Fraunhofer-Institut für Produktionstechnik und Automatisierung IPA in Stuttgart hat drei Einsatzfelder von Serviceroboter-Technologien in der stationären Pflege definiert: 1. Intelligenter Pflegewagen, 2. Multifunktionaler Personenlifter (ähnlich den Funktionen, die der „ROBEAR" ausführt) und 3. „Car-O-bot"®, ein Serviceassistent für Bewohner und Patienten (FhG-IPA, Roboter zur Pflegeunterstützung im Altenheim und Krankenhaus 2016).

Abb. 4.20 zeigt zwei Entwicklungen von humanoiden/nicht-humanoiden-tierischen Pflegerobotern aus Deutschland und Japan. „Care-O-bot"® 4 ist noch in der Entwicklung und daher noch nicht im Dauereinsatz in Pflegeheimen oder Krankenhäusern. Zur Zeit wird „Care-O-bot"® als humanoide Bedienhilfe in einem Baumarkt getestet (tel. Information von Birgit Graf, 10.01.2017, FhG-IPA). Der 120 kg schwere „ROBEAR" ist ebenfalls noch nicht im Praxisdauereinsatz. Seine Stärke liegt im Heben, Transportieren und Wiederablegen von schweren Personen, wodurch schwere körperliche Arbeiten durch das Pflegepersonal vermieden werden sollen.

Aldebarans kleiner Humanoide NAO ist ein Star unter den Humanoiden. Er wird in einer Reihe von medizinischen und pflegerischen Bereichen eingesetzt, ob in Seniorenheimen als zur Hand gehender Helfer für Physiotherapeuten (Bhuvaneswari 2013) oder als

„Vorturner" für Bewegungsabläufe, die helfen sollen, spezielle Mobilität des Menschen wiederzuerlangen oder zu stärken. Es bleibt bei dieser Art humanoider Hilfe die Antwort auf die Frage offen: Warum müssen kleine mobile Roboter aus Plastik und Elektronik aufwendig programmiert werden, damit Menschen die Bewegungen des Humanoiden imitieren, wie die Knie beugen, den Rumpf drehen, die Arme heben und senken u. a. m., ohne die geringsten korrigierenden Eingriffe eines menschlichen Physiotherapeuten? Der Medizinmarkt ist überschwemmt mit DVDs, die von Menschen gezeigte physiotherapeutische Übungen besser demonstrieren, als es jeder NAO könnte. Und um ein weiteres Beispiel zu nennen: Was nützt der am besten programmierte humanoide dienstleistende Roboter, der Bettlägerigen Nahrung oder Medizin reicht, wenn der Mensch sich weigert, den Mund zu öffnen?

Und wieder ist es Japan, das aufgrund der Überalterung nach offiziellen Studien bereits 2013 einen Mangel an circa 1,3 Mio. Pflegekräften vorzuweisen hatte, der sich bis 2025 aus circa 2,5 Mio. erhöhen soll (Fouchère 2016). Welche Möglichkeiten hätte Japan demnach, die Bedarfslücke zu schließen, wenn es kulturell bedingt ausländischen Arbeitskräften reserviert gegenübersteht? Es war daher Japan, das die Initiative ergriff, die internationale Norm ISO 13482 (2014) – auch als DIN EN ISO-Norm vorhanden – als Grundlage für die Zertifizierung von Pflegerobotern einzuführen. Seit April 2016 besitzt Panasonic das ISO-Zertifikat für den Roboter HOSPI (Abb. 4.21), der eigenständig Medikamente verteilt (ebd. 16). Panasonic beschreibt die Tätigkeiten des Humanoiden HOSPI wie folgt:

HOSPI is equipped with security features to prevent tampering, theft and damage during delivery. The robot's contents can only be accessed with ID cards. Automation enables HOSPI to move around using the lifts and between facilities in CGH's [Changi General Hospital, Singapore, d. A.] Main Building and The Integrated Building on its own, delivering medicine and specimens. [...]

HOSPI is equipped with sensors and programmed with the hospital's map data to avoid obstacles such as patients in wheelchairs and complete deliveries with minimal supervision. New hospital routes can be programmed in advance, allowing flexibility. The autonomous robot communicates and relays information on its whereabouts to the control centre, enabling its location to be monitored and recorded at all times. (Panasonic Newsroom 2015).

Übersetzt:

HOSPI ist ausgestattet mit Sicherheitsmerkmalen zur Vermeidung von Manipulation, Diebstahl und Zerstörung durch Transport. Auf HOSPIs Inhalte (Anleitungen) kann nur mit einer ID-Karte – Identitätskarte – zugegriffen werden. Die Automatisierung ermöglicht es HOSPI, selbstständig umherzufahren, Aufzüge zu benutzen, sich zwischen Einrichtungen im Hauptgebäude und Gesamtgebäude des CGH zu bewegen und Medizin sowie Proben auszuliefern.

HOSPI ist ausgestattet mit Messfühlern und programmiert mit kartographischen Daten des Krankenhauses, um Hindernissen, wie Patienten im Rollstuhl und nicht bewachten Lieferungen, aus dem Weg zu gehen. Neue Wege im Krankenhaus können vorab programmiert werden, was ein flexibles Vorgehen erlaubt. Der autonome Roboter kommuniziert und übermittelt Informationen seiner Standorte zum Kontrollzentrum dadurch, dass er fähig ist, seine lokalen Positionen zu jeder Zeit zu überwachen, aufzuzeichnen bzw. zu speichern.

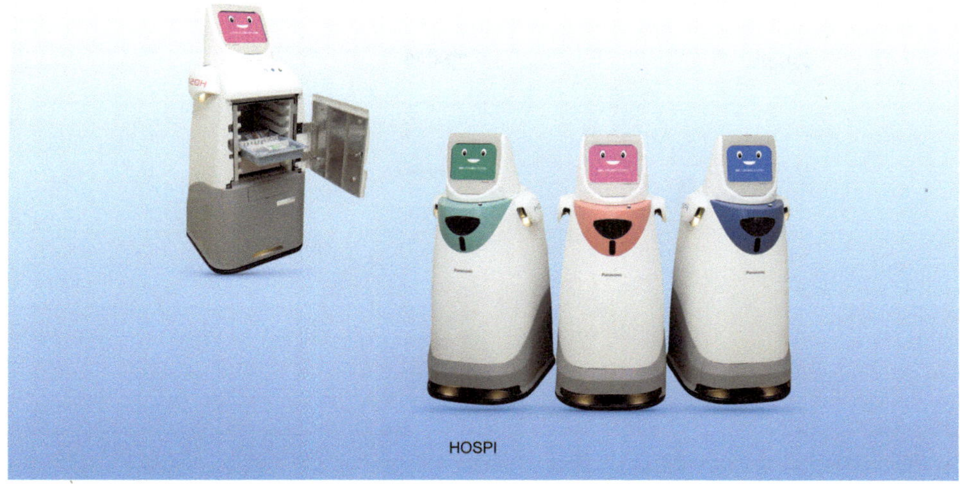

Abb. 4.21 Humanoid HOSPI,. Hersteller Panasonic Corporation, Japan. (Aus: http://news.panasonic.com/global/assets_c/2013/11/01_HOSPI201311-219894.php, Zugriff: 09.01.2017)

Humanoide im privaten Haushalt

Mutter, ich kann einfach nicht sehen wie du dich abschuftest.
Mach doch die Küchentür zu.
   Gebrüder Blattschuss, Früh-Stück, 1979

Der vertonte Sarkasmus über Hausarbeit, der in dem Lied „Früh-Stück" der Berliner Musikgruppe Gebrüder Blattschuss besungen wird, hat sich vermutlich mit der einen oder anderen Variation von Verbalkommunikation bis in die heutige Zeit gerettet. Frühstückstisch decken, abräumen, Geschirr in die Spülmaschine einsortieren, Maschine anstellen, später ausräumen und die Töpfe, Teller und Bestecke in Schränke verteilen. Dann in die anderen Zimmer der Wohnung eilen und spezielle Dienstleistungen durchführen, wobei parallel der staubsaugende Roboter Teppiche und Parkette sauber hält. Diese Arbeiten und noch weit mehr innerhalb und außerhalb des häuslichen Umfeldes stehen zunehmend im programmiertechnischen Fokus für Humanoide und nicht-humanoide Roboter. Mit zeitlich angepassten Bewegungsabläufen und sensiblen Körperkontaktaufnahmen zu Menschen werden Humanoide in nicht allzu ferner Zukunft eine Reihe von einfachen Dienstleistungen für den Menschen durchführen. Haushaltsausrüstungen bzw. Hilfen – wozu auch dienstleistende Humanoide zählen – für ältere Personen in Nationen mit überalterter Bevölkerung nehmen am Beispiel Japans – statistisch gesehen (Statistics Bureau 2016, 159) – mit über 50 % bereits den ersten Rang unter anderen Haushaltsmerkmalen ein.

Abb. 4.22 „ALPHA2" als universeller dienstleistender Humanoide, von UBTech Robotics. (Aus: http://www.ubtrobot.com/upload/product/alpha2.jpg, Zugriff: 09.01.2017)

„ALPHA2" ist so ein dienstleistender Humanoide, entwickelt von der chinesischen Firma UBTech Robotics[56] (Abb. 4.22), der „[...] die ganze Familie unterstützen soll" (Stoller 2015). Neben Ratschlägen fürs Kochen und Reparieren betätigt sich „ALPHA2" als Yogatrainer, Gute-Nacht-Geschichten-Erzähler, erinnert als „Krankenschwester" an die Einnahme von Tabletten, kann verschiedene Tänze zeigen, Wachhund spielen und ist darüber hinaus auch über eine Bluetooth-Schnittstelle vollständig im häuslichen Netzwerk – WLAN – integriert.

Der Humanoide „Pepper" (Aldebaran, Softbank) hat ähnliche Dienstleistungsqualitäten wie „ALPHA2" vorzuweisen (von Schoenebeck 2015). Es ist Gesprächspartner, lernfähig, erkennt Emotionen, ist Haushaltshelfer, Babysitter usw.

Aus Tätigkeitsfeldern, wie u. a. die in Tab. 4.2 zusammengestellten, sind eine Reihe von Forschungsansätzen für humanoide Dienstleistungen extrahierbar, auszugsweise genannt seien Barlow et al. (2010); Klamer, Allouch (2010); Belotto, Hu (2009); De Santis et al. (2008); Salter et al. (2006).

Es bedarf aus heutiger Sicht noch intensiverer anwendungsorientierter Entwicklung, vor allem aber einer Vielzahl praktischer Einsätze in menschennaher häuslicher und außerhäuslicher Umgebung, bis humanoide Roboter einmal fähig sein werden, zum Beispiel körperlich eingeschränkten Menschen das Hemd oder die Bluse zuzuknöpfen oder Schnürsenkel von Schuhen zu binden – eine komplexe Tätigkeit, die Kinder bereits nach kurzer Übungszeit *im Schlaf* beherrschen. So gesehen stehen „ALPHA2", „Pepper" und

---

[56] http://www.ubtrobot.com (Zugriff: 09.01.2017).

ihre humanoiden *Kollegen* noch ganz am Anfang einer Entwicklung in Richtung nachhaltig wirksamer Partnerschaft zwischen Menschen und Humanoiden.

Ein spezielles Ziel für den Einsatz humanoider Helfer im Haushalt besteht in der Beaufsichtigung von Kindern, das heißt konkret, sie vor Unfällen zu bewahren. Und Haushaltsunfälle sind – so eine Studie im Auftrag des Gesamtverbandes Deutscher Versicherungswirtschaft, GDV, s. Schmidt (2012), und Informationen der Bundesanstalt für Arbeitsschutz und Arbeitsmedizin, BAuA, s. BAuA (2014), ein unterschätztes Risiko und die zweihöchste Unfallkategorie. Auch wenn eine einheitliche Erfassung aller Unfälle in Deutschland nicht existiert (Schmidt 2012), ist doch das Risiko, im Straßenverkehr verletzt zu werden, um ein Vielfaches geringer als in häuslicher Umgebung.

> Eltern sehen den Straßenverkehr als Hauptunfallgefahr für ihre Kinder. 85 Prozent schätzen das Risiko hier besonders hoch ein. Das eigene Zuhause beunruhigt Eltern hingegen kaum: 82 Prozent der Eltern glauben, dass das Unfallrisiko für ihr Kind zuhause oder im Garten gering ist. […] Dabei zeigen die Erfahrungen der befragten Eltern eine gänzlich andere Realität: Ein gutes Drittel der Kinder (34 Prozent) hatte bereits einen Unfall. Dabei sind 60 Prozent der Unfälle zuhause passiert, nur 14 Prozent dagegen im Straßenverkehr. Bei Kindern im Alter ab sechs Jahren nahm der Anteil der Verkehrsunfälle zwar zu, aber doppelt so häufig passierten Unfälle zuhause und in der Freizeit. Kinder bis fünf Jahren erlitten zu 66 Prozent Unfälle zuhause. (GDV 2012; aktuelle Zahlen aus 2016 liegen nach Rücksprache mit GDV nicht vor).

Das japanische Handbuch für Statistik aus 2016 listet zwar Verkehrsunfälle mit Jugendlichen auf, aber keine Unfälle mit Jugendlichen und Kindern in häuslicher Umgebung. Nichtsdestotrotz wurde in Japan das Problem von Unfällen bei Kindern – auch im häuslichen Umfeld – bereits vor über fünfzehn Jahren öffentlich thematisiert (Coleman 1999). Wenige Jahre später wurde es in Zusammenhang mit kooperierenden humanoiden Robotern, die Kinder vor Unfällen im Haus schützen sollen, wissenschaftlich bearbeitet (Simo et al. 2005; Simo, Nishida 2006; Simo et al. 2007).

In einer Simulations- und Visualisierungsstudie über verhaltensbasierte Unfälle von Kindern wurde versucht, entsprechend aufkommende Situationen, die zu Unfällen führen können, zu planen. Dazu wurde eine virtuelle, dreidimensionale häusliche Umwelt programmiert, einschließlich künstlicher Intelligenz. Positionen der Umwelt und der von handelnden Kindern in dieser Umwelt werden analysiert, z. B. Bewegungsmuster für einen Sprung vom Sofa mit potenzieller Verletzung. Aus dieser und ähnlichen Situationen kann ggf. Verletzungen vorgebeugt werden. Das erfordert aber ein Höchstmaß an kontinuierlicher Beobachtung des gesamten (dynamischen) Umfeldes, einschließlich der Personenbewegungen (Simo et al. 2005, 5).

IROBI und CHILDCARE sind zwei dienstleistende Humanoide, die als testende „Unfallvermeider" in Kindergärten und Elementarschulen eingesetzt werden, wodurch Voraussagen zu Unfällen erfasst werden können. Diese Art humanoider Hilfe erfordert allerdings eine gewaltige Fülle von Daten, Informationen und deren Verarbeitung – Big Data –, um kindliches Verhalten in Hinblick auf mögliche Unfälle – möglichst in Echtzeit – zu analysieren bzw. den Unfalleintritt zu vermeiden (Simo, Nishida 2006).

Humanoide Kernkompetenz in Kontakt mit Menschen: Sensibilität

Im Anschluss an die beiden Bereiche Pflege und Privathaushalt, in denen Humanoide wirken, ist eine entscheidende Eigenschaft humanoider Tätigkeiten hervorzuheben. Es ist ein humanoides Qualitätsmerkmal, das im wahrsten Sinn des Wortes berührt: Sensibilität. Die Akzeptanz humaner-humanoider „Partnerschaft", ob im industriellen, privaten oder sozialen dienstleistenden Umfeld, hängt auch von der Art und Weise ab, wie einander begegnet und körperlich berührt wird. Bereits das auf jeder Roboter-Industriemesse (so etwa auf der Hannover Messe 2017, die als weltweit größte Industriemesse der Robotik einen eigenen Schwerpunkt widmete) präsentable und nicht fehlen dürfende Händeschütteln von weicher Menschenhand mit metallener Roboterhand bringt ein flaues Gefühl für den Menschen mit, der einem Roboter erstmals zupackend die Hand reicht. Überall dort, wo dienstleistende Humanoide direkt in körperlichen Kontakt mit Menschen treten, und erst recht im sozialen, pflegenden Umfeld sind programmiertes Fingerspitzengefühl und Feinmotorik statt Gleichgültigkeit und Grobmotorik gefragt.

„Social touch" oder *soziales, feinfühliges Berühren* und weitere ausdrucksstarke Kontaktaufnahmen zwischen Menschen zählen zu den *Grundbedürfnissen,* die uns ein Leben lang begleiten. Es gibt verschiedene Varianten zwischenmenschlicher Berührung, die ein Spektrum abdecken, das von zartem Streicheln über freundschaftliches Umarmen, anerkennendes Schulterklopfen, leichten Stößen gegen den Körper bis zu schmerzhaften Körperschlägen führt.

Der *social touch* zwischen Humanoiden *und* Menschen bevorzugt die Feinfühligkeit bzw. Sensibilität, wenn es darum geht, partnerschaftliche Umgangsformen zu pflegen. Internationale Gruppen, die zu Humanoiden und nicht-humanoiden Robotern forschen, arbeiten seit einiger Zeit an der Verbesserung bzw. Optimierung dieser humanoiden Kompetenz, unter anderem Haddadin, Croft (2016); Haddadin (2014); Yi et al. (2016); Dahiya et al. (2010); Argall, Billard (2010); Fong et al. (2003). Über den Weg der Biomedizin, Biomedizintechnik und Regelungstechnik entwickelt Haddadin für Humanoide taktile Sensortechniken, mit denen fein dosierte Krafteinwirkung bei Berührung von Gegenständen realisiert werden kann, im Gegensatz zu den starr ablaufenden programmierten Bewegungen herkömmlicher Robotertechnik.

Dahiya und Kollegen gehen den Weg über das biologische Vorbild, indem sie die taktile Signalverarbeitung zwischen der Steuerungseinheit im Gehirn bis zu den Berührungspunkten an den Fingerkuppen analysieren und entsprechende biotechnische – bionische – Modelle entwickeln. Die Arbeitsgruppe um Yi befasst sich mit biologisch inspirierten Sensoren zur Erfassung von Oberflächenrauigkeit, während Argall und Billard einen Überblick über taktile Mensch-Roboter-Interaktionen präsentieren.

SOMA – Soft Manipulation – ist ein europäisches Roboterprojekt, an dem deutsche, italienische, schweizerische und österreichische Forschergruppen sowie ein Online-Lieferant teilnehmen. SOMA eröffnet nach Aussagen der EU einen Weg durchschlagender Innovationen für die Entwicklung einfacher, fügsamer, sogar kräftiger, robuster und leicht zu programmierender Manipulationssysteme.[57] Die zentrale Greiffunktion der menschli-

---

[57] http://soma-project.eu/index.php/project (Zugriff: 11.01.2017).

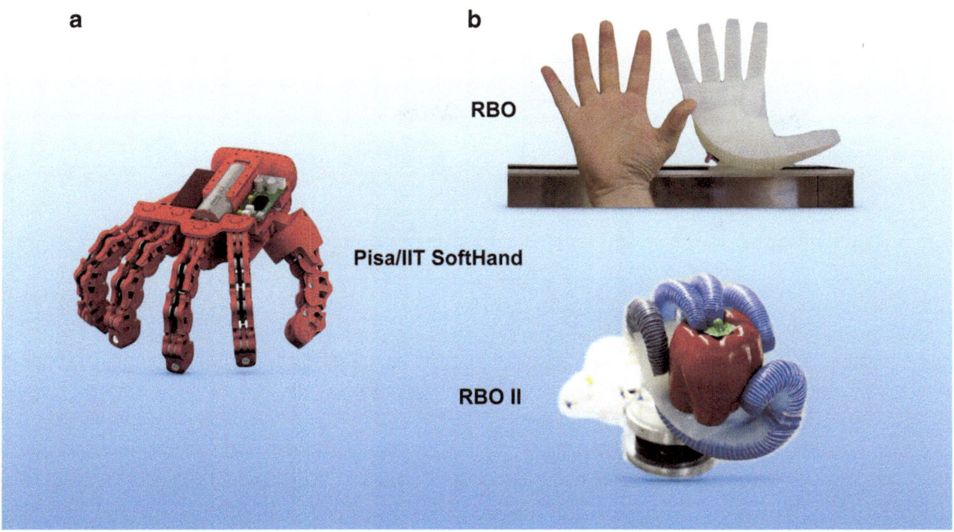

Abb. 4.23 Sensible humanoide Greifkonstruktionen aus Projekt SOMA; **a** Original Pisa/IIT Soft-Hand (aus: Santina et al. (2015)); **b** RBO-Hände (mit freundlicher Genehmigung von ©„Robotics and Biology Lab, TU Berlin")

chen Hand im Raum ist Vorbild für unterschiedliche Entwicklungsansätze, s. u. a. Pozzi et al. (2017); Moscatelli et al. (2016); Moscatelli, Bianchi (2016); Santina et al. (2015); Deimel, Brock (2015). Abb. 4.23 zeigt zwei verschiedene Bauformen/Entwicklungsstufen dieser der menschlichen Hand nachempfundenen SOMA-Greifkonstruktionen.

Humanoide Zollgehilfen: Haben Sie etwas zu verzollen?
Ein weiterer Anwendungsbereich mit staatlichen Kontrollaufgaben sind hoheitliche, grenzüberwachende Tätigkeiten durch den Zoll, zum Beispiel auf Flughäfen. Im Oktober 2016 begann der von der QIHAN Technology Company, China, gebaute Humanoide Sanbot „XIAOHAI" – Kleiner Zöllner – seine Arbeit im Eingangsbereich des Gongbai Grenzübergangs zwischen Macau und dem chinesischen Festland, der als größter chinesischer Grenzübergang gilt. XIAOHAI (Abb. 4.24) soll während der „Stoßzeiten" am Grenzübergang die Arbeit der Zollbeamten unterstützen. Sie soll effizienter und sicherer gestaltet werden, Reisenden soll geholfen werden. Der dienstleistende Humanoide spricht 28 Sprachen und Dialekte, bewegt seine Arme und dreht sich um 360 Grad. Er beantwortet 3200 Fragen, die an der Grenze am häufigsten gestellt werden. Es soll – so Zhuang Yongjun, der Chief Technology Officer (CTO), Cheftechnologe bei QIHAN – demonstriert werden, wie wandlungsfähig die künstliche humanoide Intelligenz-Plattform wirklich ist. 2015 waren insgesamt 50 Sanbots am Grenzübergang im Einsatz (Erling, 2016).

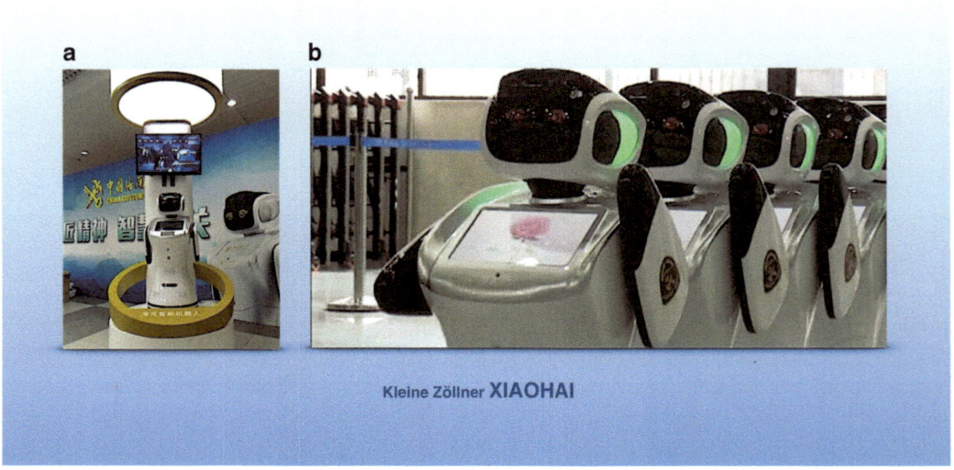

Abb. 4.24 Kleiner Zöllner „XIAOHAI"; **a** Sanbot on display at the Gongbei Port of Entry (aus: Business Wire), **b** Nahaufnahme. (Aus: Erling 2016, Bericht des Staatsfernsehens CNTV)

Humanoide Kulturdienste

Kultur unterliegt dem Zeitgeist. Der Begriff ist daher nicht statisch zu fassen oder eindeutig einem bestimmten Vorgang zuzuordnen. So ist es auch bei dienstleistenden Humanoiden, die auf unterschiedliche, menschliche, *kulturell* breitgefasste Bedürfnisse programmiert werden. Die weiter oben genannte Feinfühligkeit trifft zum Beispiel auch – mit gewissen Bewegungseinschränkungen – auf den humanoiden Serviceroboter HOLLIE (FIZ-Karlsruhe) zu, der Cocktails präzise nach Rezept mischt, jedoch noch nicht so artistisch, wie es Barkeeper vermögen (Klingler-Deiseroth 2016). Bereits 2007 stellte Toyota einen Geige spielenden Humanoiden vor (Welter 2007). Und in Chinas größtem Roboter-Restaurant in Hefei (Provinz Anhui) bedienen 30 Humanoide die Gäste, indem sie sie begrüßen, für sie kochen und ihnen die Gerichte servieren (Zhang 2015). Programmierte Humanoide, die tanzen, springen, hüpfen, Texte vorlesen, singen usw., bereichern die humanoide kulturelle Vielfalt. Es bleibt aber fraglich, ob der eine oder andere Weg, humanoide Roboter mit derartigen Aktivitäten auszustatten, zu einer sinnvollen Entwicklung führt, die vielleicht die Technik des Programmierens bereichert. Aber wie sinnvoll scheint es, in einem Konzertsaal zu sitzen und einem gemischten humanen und humanoiden Orchester zuzuhören, bei deren Musik weiblich anmutende Humanoide in Ballettröckchen Spitzentänze vorführen?

Humanoide Abwehrbereitschaft: Standhalten und schießen?

Ein abschließendes Kapitel – sicher nicht das letzte in der Reihe von humanoiden Tätigkeitsfeldern, aber das vermutlich umstrittenste – ist der aktive Einsatz von humanoiden –

und nicht-humanoiden – Robotern im Umfeld von Konflikten und Kriegen. Ausdrücklich davon ausgenommen sind Roboter, die als Bergungshelfer nach kriegerischen oder durch andere Gefahren ausgelöste Zerstörungen dabei helfen, Tote oder Verletzte aus Trümmern zu bergen, oder auch bereits vereinzelt eingesetzte Minenroboter, die den Menschen bei der Beseitigung von Sprengfallen unterstützen, obwohl auch diese Teil militärischer Aktionen sein können. Unstreitig ist nach wie vor, dass die zivile Nutzung von Humanoiden auch militärisch zweckentfremdet werden kann und umgekehrt.

Im Rahmen der 2016er Edition der US-amerikanischen Roadmap for US Robotics[58] wird auch auf die 2015 stattgefundene DARPA Robotics Challenge (DRC) hingewiesen, ein von der Defense Advanced Research Projects Agency des US-amerikanischen Verteidigungsministeriums gesponserter Wettbewerb, bei dem auch zweibeinige Humanoide gegeneinander antreten und verschiedene Hindernisse überwinden müssen sowie spezielle Aufgaben wie Türen aufschließen absolvieren.

Das US-Unternehmen Boston Dynamics – siehe auch Abschn. 2.1 – ist spezialisiert auf militärische Anwendungen, wie den Bau des – neben nicht-humanoiden, aber auf militärische Anwendung ausgerichteten Robotern – martialisch aussehenden Humanoiden ATLAS mit kollisionsvermeidendem Algorithmus und selbstständigen Wiederaufstehen nach einem Sturz. Die US-Roboter-Roadmap setzt zukünftig auch auf Entwicklungen, nicht zuletzt auch für Humanoide, die deren Arbeitssicherheit und Robustheit in allen Belangen stärken, in einem Bereich von vollautomatischen Operationen in extremer Umwelt bis zu Kollaborationen mit Menschen. Die Arme mobiler Roboter werden Endeffektoren besitzen, die feine Handhabungen und zupackende Aufgaben in unstrukturierter und begrenzter Umwelt wirksam planen und konsequent durchführen. Diese Roboter können 12 Freiheitsgrade besitzen. Demgegenüber können anthropomorphe Humanoide mehr als 60 Freiheitsgrade für Koordinierung und Kontrolle besitzen. Im anderen Extrem erfordern Multiagenten und Schwarmroboter, die physisch entkoppelt sind, die Koordination von wenigen bis Tausenden von Agenten (Roadmap for US Robotics 2016, 86).

Tab. 4.4 zeigt einen Auszug aus einer Liste von insgesamt 28 Roboterprojekten für militärische Verteidigungssicherheit. Auch wenn Humanoide nicht namentlich in Tab. 4.4 erwähnt werden, so ist doch zu vermuten, dass sie – unter anderem mit Blick auf das Unternehmen Boston Dynamics – ebenso Teil von US-militärischen Aktionen sind oder sein werden. Projekte, die nicht direkt oder indirekt mit humanoiden Roboter in Verbindung gebracht werden können, wurden weggelassen, wie zum Beispiel fliegende Objekte. Originalsprache Englisch, übersetzt d. d. A.

„Zehntausende Kampfroboter warten auf ihren Einsatz." Unter anderem mit dieser Aussage aus einem Interview[59] im März 2016 beschreibt der US-Politologe Peter W. Singer, Autor des Buches „Wired For War" (Singer 2009), die Situation heraufziehender Kriege und bedauert zugleich die „beklagenswerte Ignoranz, wenn es um Roboter geht."

---

[58] https://robotics-vo.us/node/562 (Zugriff: 10.01.2017).
[59] https://www.golem.de/0904/66821.html (Zugriff: 19.04.2017).

Tab. 4.4 Roboterprojekte für militärische Verteidigungssicherheit (Auszug). (Nach: http://www.electronicswiki.com/robot-system-projects-in-military-defence-security/, Originalsprache Englisch, übersetzt d. d. A.; veröffentlicht: 02.06.2016; Zugriff: 10.01.2017)

Roboterprojekte für US-militärische Verteidigungssicherheit – Auswahl mit Bezug zu Humanoiden –		
Bekämpfung – Löschen von Feuer durch Feuer, Feuerregime mit Robotern	Ferngesteuerte, Bomben detektierende Roboter	Entwerfen und Entwickeln von Erkennungs- und Sicherheits-Robotern für Kohleminen
Robotersystem zur Feuerbekämpfung in Tunneln	Menschenlose Verteidigungsroboter	Roboter mit Wegplanung und automatischer Führung
Kabelloser industrieller Sicherheitsroboter mit Bewegungsmelder-System (PIR, passiv Infrarot-sensor) und Rechnerschnittstelle	Dienstleistende Sicherheitsroboter für allen Umweltbereiche, basierend auf kognitiven Fähigkeiten	National Chung Cheng University (NCCU) Sicherheitskrieger: ein intelligentes Sicherheits-Robotersystem
Automatische Feuererkennung und Bekämpfung durch Roboter	Intelligente Roboter für militärische Anwendungen	Ein Roboterteam für autonomes Überwachen und Sichern
Intelligente Roboter-Feuer-Berieselungsanlage	Intelligenter begleitender Roboter, der sich gemeinsam mit Menschen bewegt	Entwerfen und Entwickeln von Robotern, die Bomben erspüren

Natürlich sind, wie bereits vorab erwähnt, nicht alle Kampfroboter als Humanoide gebaut und nicht alle humanoiden Roboter sind programmiert zu kämpfen. Die Grenzen sind aber fließend, und das ist das eigentlich gefährliche.

Aber warum mögen Militärs Roboter? Ganz einfach: Sie schonen die eigenen Soldaten. Singer spricht von einem Befehlshaber, der sagte:

> [...] das Gute an ihnen [den Robotern, d. A.] sei, dass er keinen Brief an eine Mutter schreiben müsse, wenn einer von ihnen zerstört werde.

Der verachtenswerte Zynismus, der nachklingt, ist: Was ist mit den nicht auszuschließenden menschlichen (kollateralen) Opfern auf der Gegenseite des Krieges?

Noch eine Frage ist in dem Zusammenhang herauszustellen: Wie ethisch sind Kampfhandlungen mit Robotern? Für Soldaten, die mittels Fernsteuerung bzw. -kontrolle gegenwärtig Drohnen in Kriegsgebiete leiten oder zukünftig ein Bataillon, einen Militärverband ausschwärmender humanoider ATLAS-Krieger führen, bedeutet dies nicht, dass sie selbst frei von Belastungen sind, nur, weil sie nicht am Ort des Geschehens ihre Arbeit verrichten!

Nach Singer zeigen Beispiele aus Afghanistan und dem Irak, dass viele Soldaten zu Hause in der Steuerungszentrale mehr unter einem sogenannten *Combat Stress* – Gefechtsstress – und *posttraumatischen Belastungsstörungen – PTBS* – litten als Soldaten im Kriegsgebiet. Die ethischen Aspekte im Umgang mit Robotern, die in Kämpfe geschickt werden, sind noch völlig ungeklärt.

Die Antworten der beiden Chefs von Human Rights Watch auf Singers Frage „Wer ist zuständig, wenn Roboter die Falschen töten?", beschrieb dieser so:

> Die beiden Chefs gerieten in meiner Gegenwart in Streit. Der eine sagte, da müsse die Genfer Konvention [zwischenstaatliches Abkommen zum Schutz nicht teilnehmender Menschen an kriegerischen Handlungen, d. A.] angewandt werden, der andere glaubte, die Oberste Direktive[60] aus Star Trek könne hilfreich sein.

Man muss die zuletzt zitierte Aussage des *Human-Rights-Watch*-Chefs zwei- oder dreimal lesen. Ein Chef der Menschenrechtsorganisation begründet ethisches Verhalten von Robotern bzw. Humanoiden mit einem Argument aus einer fiktiven Hollywood-Weltraumserie?

Die Entwicklung humanoider, Motorrad fahrender Kampfroboter in Russland (Butler 2016) sowie Entwicklungen in China seit dem ersten bipedalen Humanoiden *Xianxingzhe*[61], durch die Chinese National University of Defense Technology in Changsha, Hunan, im Jahr 2000, lassen sowohl im zivilen als auch im militärischen Bereich auf einen längst stattfindenden Wettbewerb humanoider und nicht-humanoider Roboter schließen.

Wir ahnen, wie die technische Entwicklung von Humanoiden und nicht-humanoiden Robotern immer tiefer in die Gesellschaft eindringt. Wir wissen auch schon, wo es mit hoher Wahrscheinlichkeit zukünftig zu Arbeitsengpässen kommen wird, weil ausgebildetes menschliches Fachpersonal fehlt und Humanoide vermutlich diese Arbeitslücke besetzen werden. Was wir nicht können, ist diese Zukunft exakt vorherzusagen – das ist unser Dilemma. Daher wird im nachfolgenden Kapitel versucht, zu beschreiben, was Leben und Lernen in humaner-humanoider Zukunft bedeuten kann.

4.5   Ist „Leben und Lernen 2.0" unsere Zukunft?

Die Überschrift ist bewusst provokant gewählt. Sie könnte zu der Ansicht führen, dass wir Menschen irgendwann in eine neue Stufe von Leben und Lernen eintreten. Aber zu Ihrer Beruhigung: So schnell lässt sich die Evolution nicht überwinden. Sie ist ein über Jahrmilliarden gewachsener Mechanismus hoher Komplexität und Dynamik. Ergebnisse aus diesem fortschreitenden Prozess werden unter schärfsten Qualitätskriterien erzeugt. Ein Zweig der dahinter stehenden evolutionären Prinzipien endet bei uns Menschen. Und wir bleiben noch für lange Zeit Menschen, mit allen Vor- und Nachteilen. Was sich schleichend ändert sind die Umstände, die Rahmenbedingungen unter denen wir leben, lernen und arbeiten. Ein „*Leben und Lernen 2.0*" ist daher – ähnlich wie „*Industrie 4.0*" nur eine zweckmäßige Orientierungshilfe für einige Wenige, die sich durch eine immer noch dominierende, analoge kausale Gedankenwelt bewegen und Schwierigkeit

---

[60] „Die ‚Oberste Direktive' ist der wichtigste politische Grundsatz der Föderation [‚Vereinte Föderation der Planeten' – Zusammenschluss von ‚Völkern der Milchstraße' zu einer Allianz, d. A.]. Sie enthält ein verbindliches Nichteinmischungsprinzip in die internen Angelegenheiten anderer Zivilisationen, [. . .]". https://de.wikipedia.org/wiki/Star_Trek (Zugriff: 11.01.2017).
[61] https://en.wikipedia.org/wiki/Xianxingzhe (Zugriff: 11.01.2017).

haben, die komplexen Zusammenhänge unserer Umwelt zu erkennen, erst recht sie zu verstehen und danach zu handeln. Es ist Aufgabe der Regierenden in Demokratien, die Bürger darauf aufmerksam zu machen, ihnen Klarheit zu verschaffen, Überraschungen zu vermeiden, Ängste – die oft irreal sind – abzubauen und das Land sukzessive aber zielorientiert in eine Ära humanen-humanoiden Zusammenlebens zu führen. Eine Aufgabe, der man sich stellen muss – ohne Vorbehalte!

4.5.1   Digitaler Teufelskreis Angriff – Abwehr

Jeden Tag ist Tag der offenen Tür. Das Internet der Dinge (IdD) oder *Internet of Things (IoT)* möchte, wie das skizzierte Internet der Dinge in Abb. 3.12, Abschn. 3.1.4 zu vermitteln versucht, fast alles – durch seine Programmierer – möglich machen. Wenn wir in eisiger Kälte nach stundenlanger Fahrt zu Hause ankommen, sind die Rollläden bereits verschlossen und die Innenräume – je nach Aufenthaltsdauer der Benutzer – wohltemperiert geheizt. Das Licht wechselt in den einzelnen Räumen seinen An-Aus-Rhythmus, um Anwesenheit vorzutäuschen, wenn die Mieter oder Eigentümer außer Haus sind. Die genutzten Energiearten werden raumspezifisch sparsam dosiert und ferngesteuert gemessen. Wenig wird dem Zufall überlassen. Das vernetzte Haus und deren Personen sind statische und mobile Teile eines allumfassenden elektrischen-elektronischen Netzwerkes. Kameras mit Programmen zur Gesichtserkennung erfassen bei Personen auch noch die kleinste Falte unter dem Auge. Größere Objekte, ob Konzerne, Kraftwerke, Wasserwerke, Reinigungsanlagen oder militärische Objekte, beugen zwar gegen externe Eingriffe in ihr Sicherheitssystem vor – allerdings sind alle noch so redundant gesicherten gesellschaftlichen Risikosysteme gegen unachtsame Handlungen von Menschen, die in diesen Systemen arbeiten, machtlos.

Oft kommt es noch nicht einmal dazu, dass Sicherheitssysteme aktiv werden, weil die *kommunikative Offenheit* bzw. *Zugänglichkeit* von Datenleitungen von vornherein so groß ist, dass Nicht-Befugte teilhaben an dem, was eigentlich geschützt werden soll. Beispiele wie die folgenden zeigen die Unachtsamkeit, die Menschen zu eigen ist.

Der Inhaber eines Einzelhandelsgeschäftes mit mehreren Filialen ließ ein Alarmsystem installieren, dessen Software erhebliche Mängel hatte. Nach längerem Streit mit der Herstellerfirma wurde die einen fünfstelligen Eurobetrag teure Digitalanlage durch einen „analogen" Schäferhund ersetzt.

Ein Mitarbeiter des Verteidigungsministeriums (!) legte zuhause private und dienstliche Daten zur Sicherung auf einer externen mobilen Festplatte ab – inklusive Passwort. „Nichts davon sollte öffentlich sein. Alles davon ist öffentlich." Oder:

„Ein Mann kann sein Smarthome von überall steuern – andere können das auch."

Scheinbar gut geschützte Wasserreinigungsanlagen offenbarten nachträglich erhebliche Mängel, beispielsweise durch externen Zugriff auf den Wasserstandsanzeiger und die Störmeldung.

Alle genannten Beispiele von pseudosicheren digitalen Systemen, die für den Einzelnen und die Gemeinschaft ehebliche Risiken bergen, wurden von Boie et al. (2016) zusammengetragen. Angriffe aus vernetzter Umwelt – von lokalen Manipulationen elektronischer Systeme bis zu systematisch betriebener, weltumspannender Cyberkriminalität ist alles möglich. Neben erdgebundenen Systemen erweitern sogenannte Drohnen am Himmel den Handlungsspielraum. Weitere Beispiele von größeren Attacken auf sensible behördliche und industrielle Ziele in jüngster Zeit sind bei Wenzel (2016) nachzulesen.

So wie sich alle möglichen Gegenstände, die mit dem weltweiten Datennetz verknüpft sind, angreifbar machen, so kann es auch Humanoiden geschehen. Noch ist das Ausmaß betroffener Humanoide nicht öffentlich bekannt, die durch externe Manipulationsversuche in ihren Handlungen zweckentfremdet wurden. Aus Militärkreisen ist zum Beispiel nach eigenen Recherchen wenig bis nichts zu erfahren. Der allgemeine Grund dafür, dass Netzangriffe auf Humanoide noch marginal sind, mag in den noch frühen Entwicklungsstadien der Roboter, insbesondere von dienstleistenden Robotern liegen. Andererseits arbeiten (siehe Kap. 5) Tausende von Industrierobotern in Fertigungsstraßen und anderen unternehmerischen Abteilungen seit Jahrzehnten. In den Anfangsjahren der Industrierobotik waren Netzangriffe noch nicht bekannt. Heute ist mit dem Internet der Dinge eine völlig neue Sicherheitsqualität notwendig. Das Bundesamt für Sicherheits- und Informationstechnik – BSI – ist gesetzlich vorbereitet:

> Mit dem seit Juli 2015 gültigen Gesetz zur Erhöhung der Sicherheit informationstechnischer Systeme (IT-Sicherheitsgesetz) leistet die Bundesregierung einen Beitrag dazu, die IT-Systeme und digitalen Infrastrukturen Deutschlands zu den sichersten weltweit zu machen. Insbesondere im Bereich der Kritischen Infrastrukturen (KRITIS) – wie etwa Strom- und Wasserversorgung, Finanzen oder Ernährung – hätte ein Ausfall oder eine Beeinträchtigung der Versorgungsdienstleistungen dramatische Folgen für Wirtschaft, Staat und Gesellschaft in Deutschland. Die Verfügbarkeit und Sicherheit der IT-Systeme spielt somit, speziell im Bereich der „Kritischen Infrastrukturen", eine wichtige und zentrale Rolle.
>
> Der erste Teil der KRITIS-Verordnung zur Umsetzung des IT-Sicherheitsgesetzes ist am 3. Mai 2016 in Kraft getreten. Betroffene Unternehmen aus den Sektoren Energie, Informationstechnik und Telekommunikation, Wasser sowie Ernährung können sich hier registrieren. Der zweite Teil der KRITIS-Verordnung mit den Sektoren Finanzen, Transport und Verkehr sowie Gesundheit wird bis Frühjahr 2017 erwartet.[62]

Deutlich wird, dass es sich um eine *Kann-Registrierung* handelt, Unternehmen müssen sich nicht registrieren! Im hochsensiblen Medizinbereich offenbarte eine US-Sicherheitsstudie digitale Schwachstellen bei Infusionspumpen und Herzschrittmachern.[63] Eine eu-

---

[62] https://www.bsi.bund.de/DE/Themen/Industrie_KRITIS/IT-SiG/it_sig_node.html (Zugriff: 11.01.2017).

[63] https://www.defcon.org/images/defcon-22/dc-22-presentations/Erven-Merdinger/DEFCON-22-Scott-Erven-and-Shawn-Merdinger-Just-What-The-DR-Ordered-UPDATED.pdf (Zugriff: 11.01.2017).

ropäische Studie erkannte Schwächen bei der Verschlüsselung von Patientendaten.[64] Eine Komplettverschlüsselung sensibler Patientendaten ist bislang nicht verpflichtend, dies sieht auch ein Gesetzentwurf vor, nach dem das BSI IT-Produkte im Gesundheitsbereich sowie in anderen kritischen Infrastrukturen überprüfen kann.[65]

Wenn dienstleistende Humanoide in Krankenhäusern, Pflegeheimen oder in häuslicher Umgebung eines Tages Menschen infundieren, spritzen, Wunden verbinden u. a. m., ist bei dem gegenwärtigen Kriechgang von Sicherheitssystemen im medizinischen Umfeld absehbar, wann der erste Patient durch ferngesteuerte Fehlsteuerung von Humanoiden, die mit medizinischen „*Werkzeugen*" hantieren, Leidtragender sein wird. Wer trägt dann die Verantwortung für Verletzungen ohne und mit Todesfolge? Der Vergleich mit fahrerlosen Autos im öffentlichen Straßenverkehr, bei denen bereits Unfälle mit Todesfolge stattgefunden haben, liegt auf der Hand. Für den Verkehrsbereich hat die Bundesregierung im September 2016 eine Ethikkommission ins Leben gerufen, mit 14 Experten, Verfassungsrechtlern, Juristen, Philosophen, Informatikern, Kirchenvertretern, Verbandsvertretern und Fahrzeugherstellern (Freimann 2016). Weitere Kommissionen werden mit an Sicherheit grenzender Wahrscheinlichkeit folgen. Der digitale Teufelskreis nimmt Fahrt auf.

4.5.2 Datendiktatur, Demokratie und digitales Manifest

Die Spektrum der Wissenschaft Verlagsgesellschaft mbH veröffentlichte 2015 eine Sonderausgabe zur IT-Revolution. Darin fordern neun namhafte Wissenschaftler, unter ihnen Philosophen, Wirtschaftswissenschaftler, der Risikoforscher Gerd Gigerenzer und die Juristin und KI-Expertin Yvonne Hofstetter die Einhaltung von zehn Grundprinzipien im Zeitalter der Digitalisierung (Helbing et al. 2015, 5–19). Dieses 10-Punkte-Manifest hat folgenden Inhalt:

1. die Funktion von Informationssystemen stärker zu dezentralisieren;
2. informationelle Selbstbestimmung und Partizipation zu unterstützen;
3. Transparenz für eine erhöhte Vertrauenswürdigkeit zu verbessern;
4. Informationsverzerrungen und -verschmutzung zu reduzieren;
5. von den Nutzern gesteuerte Informationsfilter zu ermöglichen;
6. gesellschaftliche und ökonomische Vielfalt zu fördern;
7. die Fähigkeit technischer Systeme zur Zusammenarbeit zu verbessern;
6. digitale Assistenten und Koordinationswerkzeuge zu erstellen;
9. kollektive Intelligenz zu unterstützen; und
10. die Mündigkeit der Bürger in der digitalen Welt zu fördern – eine digitale Aufklärung.

Mit dieser Agenda würden wir alle von den Früchten der digitalen Revolution profitieren: Wirtschaft, Staat und Bürger gleichermaßen. Worauf warten wir noch?

---

[64] https://ec.europa.eu/digital-single-market/news/european-hospital-survey-benchmarking-deployment-ehealth-services-2012-2013 (Zugriff: 11.01.2017).
[65] http://dip21.bundestag.de/dip21/btd/18/040/1804096.pdf (Zugriff: 11.01.2017).

[...] Zusammenfassend kann man sagen: Wir stehen an einem Scheideweg. Big Data, künstliche Intelligenz, Kybernetik und Verhaltensökonomie werden unsere Gesellschaft prägen – im Guten wie im Schlechten. Sind solche weit verbreiteten Technologien nicht mit unseren gesellschaftlichen Grundwerten kompatibel, werden sie früher oder später großflächigen Schaden anrichten. So könnten sie zu einer Automatisierung der Gesellschaft mit totalitären Zügen führen. Im schlimmsten Fall droht eine zentrale künstliche Intelligenz zu steuern, was wir wissen, denken und wie wir handeln. Jetzt ist daher der historische Moment, den richtigen Weg einzuschlagen und von den Chancen zu profitieren, die sich dabei bieten. (ebd. 16).

Der Inhalt des Manifestes blieb nicht lange unwidersprochen. In einem Online-Kommentar derselben Zeitschrift antwortete Manfred Broy, emeritierter Informatik-Professor der TU München und Gründungspräsident des Zentrums Digitalisierung.Bayern (ZD.B):

„Die im Digital-Manifest adressierten Wertvorstellungen wie Mündigkeit des Bürgers, Grundrechte, informationelle Selbstbestimmung stehen in ihrer Bedeutung und Gültigkeit außer Zweifel – gleichermaßen das Recht auf Privatheit. Und es ist auch klar, dass Fragen berechtigt sind, inwieweit diese unveräußerlichen Bürgerrechte durch die Digitalisierung gefährdet sein könnten."
Broy verwahrte sich aber gegen „[...] Panikmache und digitale Maschinenstürmer [...]" (Broy 2015).

Broy verweist auf die Entwicklung der Digitalisierung seit mehr als 60 Jahren, die für die Menschen viele neue Möglichkeiten gebracht hat, mit unstreitigem Nutzen, die aber im Manifest fast vollständig ignoriert werden. Broy verweist auf das vor über 100 Jahren eingeführte Automobil, wo ähnliche „Maschinenstürmer" am Werk waren und der Fortschritt schließlich auch zu neuen Gesetzen, Vorschriften und Regeln führte, die der technischen Entwicklung folgten. Nicht belegte oder belegbare Behauptungen sind ein weiterer Kritikpunkt. Dazu Broy:

Eine Aussage wie „Künstliche Intelligenz wird nicht mehr Zeile für Zeile programmiert, sondern ist mittlerweile sehr lernfähig und entwickelt sich selbstständig weiter" ist zumindest – gerade für den Laien – irreführend, streng genommen schlicht falsch. Auch Programme der künstlichen Intelligenz werden Zeile für Zeile programmiert, selbst wenn in diesem Zusammenhang Techniken eingesetzt werden, die tatsächlich als „lernende Systeme" bezeichnet werden. Doch dieses „Lernen ist so weit entfernt vom Lernen beim Menschen wie das Fliegen von Flugzeugen vom Fliegen der Vögel. Und die künstliche Intelligenz wird immer noch von Wissenschaftlern weiterentwickelt und entwickelt sich nicht selbst weiter. Die Behauptung, dass „Algorithmen nun Schrift, Sprache und Muster fast so gut erkennen können wie Menschen und viele Aufgaben sogar besser lösen", ist schlicht Unsinn. Es fällt nicht schwer, eine ganze Litanei von Aufgaben zu definieren, die Algorithmen und auch „Deep Mind" völlig überfordern würden, den normalen Durchschnittsbürger aber – ja selbst Kinder in keiner Weise. (ebd.).

Soweit Broys Erwiderung. Die 10 Punkte-Texte des *digitalen Manifestes* zeigen nach Meinung des Autoren zu sehr oberflächliche, parallel laufende Forderungen, die in den

Texten der Autoren des digitalen Manifestes wenig bis gar nicht auf konkrete Handlungen oder Handlungsmuster heruntergebrochen werden. Was ist zu tun, um die Zukunft von Mensch-Humanoid-Kooperationen in Bahnen zu lenken, die ökologische, soziale und ökonomische Belange im Verbund stärken? Mit noch so intelligent verknüpften digitalen Datennetzen werden wir letztlich nicht in der Lage sein, die analogen Probleme in unserer Umwelt, die wir in nicht unerheblichem Maß selbst verursacht haben, deutlich schneller zu lösen, als es bislang geschieht. Was nützen zum Beispiel digitale Steuerungssysteme auf Basis künstlicher Intelligenz für die Optimierung urbaner Lieferströme, wenn sich Innenstädte, aufgrund von Mietpreisexplosionen, entleeren, wenn die Infrastruktur selbst von einem Stau zum anderen führt, wenn die Infrastruktur selbst zunehmend zerfällt, mangels Geld etc.

Das *digitale Manifest* verfolgt die bekannten kurzsichtigen Pfade, die getrieben sind von kausalem bzw. monokausalem Denken und Handeln. Ziel- und grenzübergreifend wäre hingegen ein ganzheitliche Perspektive, wie zum Beispiel eine *„digitale*[66]*“ RIO-Konvention* oder eine *„digitale“ Nachhaltigkeitsstrategie*. Hieraus können sich lokale, landesweite bis erdumspannende Netzwerke bilden, bei denen programmierte humanoide und nicht-humanoide Roboter, mit und ohne *„künstliche Intelligenz“*, in werthaltigen statt kostenoptimierten Prozessen eingebunden sind. Es ist eine Vision, die sicher noch intensiver Entwicklung bedarf und hier nur als systemischer Impuls einer neuen analogen-digitalen Zusammenarbeit eine Perspektive geben soll.

Wohin eine digitale Vernetzung von Daten auf politischer gesellschaftlicher Ebene auch führen kann, zeigt das Beispiel des sozialen Klassifizierungssystems in China, siehe auch Helbing et al. (2015). Die Kernpunkte des bis 2020 unter freiwilliger Teilnahme praktizierten digitalen Sozialnetzes in China sind:

1. Everybody is measured by a score between 350 and 950, which is linked to their national identity card.
2. The system is run by two companies, Alibaba and Tencent, which run all the social networks in China and therefore have access to a vast amount of data about people's social ties and activities and what they say.
3. In addition to measuring your ability to pay, as in the United States, the scores serve as a measure of political compliance. Among the things that will hurt a citizen's score are posting political opinions without prior permission, or posting information that the regime does not like, such as about the Tienanmen Square massacre that the government carried out to hold on to power, or the Shanghai stock market collapse.
4. It will hurt your score not only if you do these things, but if any of your friends do them. Imagine the social pressure against disobedience or dissent that this will create.
5. Anybody can check anyone else's score online. Among other things, this lets people find out which of their friends may be hurting their scores.

---

[66] „Digital“ ist in Verbindung mit den beiden Nomen wiederum zu verstehen als der Ansatz, eine *RIO-Konvention und Nachhaltigkeitsstrategie* auf der Basis digitaler Veränderungen in der Gesellschaft und Umwelt neu – oder durch Ergänzungen digitaler Merkmale, Muster und Problemlösungen erweitert – zu schaffen.

6. Also used to calculate scores is information about hobbies, lifestyle, and shopping. Buying certain goods will improve your score, while others (such as video games) will lower it.
7. Those with higher scores are rewarded with concrete benefits. Those who reach 700, for example, get easy access to a Singapore travel permit, while those who hit 750 get an even more valued visa.
8 Sadly, many Chinese appear to be embracing the score as a measure of social worth, with almost 100,000 people bragging about their scores on the Chinese equivalent of Twitter.[67]

Übersetzt:

1. Jedermanns Tätigkeiten in elektronischen Netzen wird mit 350 bis 950 Punkte gemessen, verknüpft mit der persönlichen Identitätskarte – ID-Card.
2. Nur zwei Netz-Unternehmen – Alibaba und Tencent – beaufsichtigen das System. Über beide Unternehmen laufen alle sozialen Netzwerke in China, wodurch sie Zugriff auf einen gewaltigen Datensatz besitzen, über soziale Verknüpfungen und Aktivitäten der beteiligten Menschen und über das, was sie sagen.
3. Zusätzlich zur Messung der Fähigkeit zu bezahlen, wie in den USA, dienen die Punkte dem Messzweck politischer Zustimmung zum System in China. Unter den Dingen, die sich negativ auf die Zahl der Punkte auswirken, sind solche wie das Plakatieren politischer Ansichten (Versenden/Posten/Verbreiten politischer Texte) ohne vorherige Erlaubnis, oder Plakatieren (Versenden/Posten/Verbreiten) von Informationen, die nicht im Sinne der chinesischen Regierung sind, wie über das Tian'anmen-Platz-Massaker[68] 1989, mit der gewaltsamen Niederschlagung einer studentischen Demokratiebewegung, oder der Kollaps der Shanghaier Börse im Jahr 2015.
4. Es wirkt sich nicht nur negativ auf das Punktesammeln aus, wenn Dinge – wie unter Punkt 3 – persönlich vollzogen werden, sondern auch, wenn Freunde dies tun. Man stelle sich den sozialen Druck gegenüber Ungehorsamen oder Dissidenten vor, die dies verursachen.
5. Jeder kann des anderen Punktesammlung online kontrollieren. Unter anderem kann auf diese Weise herausgefunden werden, welche Freunde den eigenen Punktestand belasten.
6. Um die Punkte zu berechnen, werden auch Informationen über Freizeitbeschäftigungen, Lebensführung und Einkaufen einbezogen. Das Kaufen bestimmter Güter verbessert (erhöht) den Punktestand, während andere – wie Videospiele – ihn belasten (reduzieren).
7. Diejenigen mit hohem Punktestand werden mit konkreten Wohltaten belohnt. Zum Bei-spiel werden Personen mit über 700 Punkten mit einem leichteren Zugang zu einer Reiseerlaubnis nach Singapur belohnt; diejenigen mit 750 Punkten auf ihrem Konto erhalten eine noch umfangreicheres Visa.
8. Traurigerweise geben sich viele Chinesen den Anschein, die Punkte umfassend als eine Messung sozialer Anerkennung zu sehen, wobei nahezu 100.000 Chinesen mit ihren Punkten im chinesischen Äquivalent von Twitter prahlen.

Die Leserinnen und Leser unter Ihnen, die zu Zeiten der DDR noch bis 1989 direkte oder indirekte Bekanntschaft mit dem allumfassend informierten Staatssicherheitsdienst –

---

[67] https://boingboing.net/2015/10/06/reputation-economy-dystopia-c.html (Zugriff: 19.04.2017).
[68] https://de.wikipedia.org/wiki/Tian'anmen-Massaker (Zugriff: 12.01.2017) blutige Niederschlagung von Studenten-Protesten auf dem Tian'anmen-Platz (chinesisch 天安門廣場 / 天安门广场, Pinyin *Tiān'ānmén Guăngchăng*, übersetzt: *Platz am Tor des Himmlischen Friedens*) in Peking am 3./4.6.1989 durch das chinesische Militär.

STASI – machten, sehen in den vorab gelisteten Punkten des Bürger-Punktesystems – Citizen Score System – Chinas, nun mit digitaler statt wie früher mit analoger Kontrolle, erschreckende Ähnlichkeiten.

Helbing et al. weisen auch im Rahmen ihres beschreibenden digitalen Manifestes auf sieben Konsequenzen hin, die aus dem chinesischen Bürger-Punktesystem erwachsen, auch wenn es in einem demokratischen Land wie Deutschland eingeführt würde:

1. Durch Verfolgen und Vermessen aller Aktivitäten, die digitale Spuren hinterlassen, entsteht ein gläserner Bürger, dessen Menschenwürde und Privatsphäre auf der Strecke bleiben.
2. Entscheidungen wären nicht mehr frei, denn eine falsche Wahl aus Sicht der Regierung oder Firma, welche die Kriterien des Punktesystems festlegt, würde bestraft. Die Autonomie des Individuums wäre vom Prinzip her abgeschafft.
3. Jeder kleine Fehler würde geahndet, und kein Mensch wäre mehr unverdächtig. Das Prinzip der Unschuldsvermutung wäre hinfällig. Mit „predictive policing" – voraus-schauender Überwachung – könnten sogar voraussichtliche Regelverletzungen bestraft werden.
4. Die zu Grunde liegenden Algorithmen können aber gar nicht völlig fehlerfrei arbeiten. Damit würde das Prinzip von Fairness und Gerechtigkeit einer neuen Willkür weichen, gegen die man sich wohl kaum mehr wehren könnte.
5. Mit der externen Vorgabe der Zielfunktion wäre die Möglichkeit zur individuellen Selbstentfaltung abgeschafft und damit auch der demokratische Pluralismus.
6. Lokale Kultur und soziale Normen wären nicht mehr der Maßstab für angemessenes, situationsabhängiges Verhalten.
7. Eine Steuerung der Gesellschaft durch eine eindimensionale Zielfunktion würde zu Konflikten und damit zu einem Verlust von Sicherheit führen. Es wären schwer wiegende Instabilitäten zu erwarten, wie wir sie von unserem Finanzsystem bereits kennen. (Helbing et al., 17)

Nicht auszuschließen ist, dass in derartigen Bürgerkontrollsystemen auch Humanoide Dienste leisten. Denn bekannte visuelle und andere nicht-humanoide Kontrollsysteme leisten bereits nicht nur in unserem Land ihren alltäglichen Beitrag – zum Schutz von Bürgern, aber auch zur Datensammlung, für welche Zwecke auch immer.

Weniger potenzielle „Bürgerschrecks" als vielmehr (nützliche bis unnütze) digitale Helfer stellt das abschließende Unterkapitel vor.

4.6 Kleine digitale Helfershelfer

Thinks are different today, I hear every robot say,
robot needs something today to calm him down,
and so he's not really ill, there's a little yellow pill,
he goes running for the shelter of a robot's little helper,
and it helps him on his way, get him through his busy day.
Doctor, please, some more of these,
Outside the door, he took four more,
What a drag it is getting old.
   Roboter im Jahr 3017
   Frei nach „Mothers Little Helper",
   Album Aftermath, Rolling Stones, 1966

Warum bauen Menschen Roboter nach dem Vorbild von Tieren und Pflanzen? Dafür können mehrere Gründe ausschlaggebend sein:

1. Weil sie der Faszination natürlicher Techniken unterliegen und diese nachahmen wollen.
2. Weil sie sich in ihrer Leistungsfähigkeit herausgefordert fühlen.
3. Weil sie nach neuen Lösungen für ihre eigenen, unbefriedigenden Techniklösungen suchen.
4. Weil sie damit anderen Menschen in bestimmten Situationen helfen wollen.
5. Weil sie neugierig sind und über den Tellerrand ihres Arbeitsgebietes schauen wollen.

Die Faszination und Motivation der Menschen, sich mit der Natur und ihren tierischen und pflanzlichen *Hochleistungstechniken* zu befassen, sind Jahrtausende alt. Doch erst Leonardo da Vinci mit seinem universalen Blick in die Natur hat einer Disziplin, die wir als Bionik kennen, den Grundstein gelegt. Auf seine Leistungen und die seiner Nachfolger, wie z. B. die im 18. Jahrhundert von Jacques de Vaucanson konstruierte mechanische Ente, müssen wir nicht mehr konkret eingehen. Hier reicht ein Rückblick auf Abschn. 2.2.7.

Daher werden in diesen beiden Unterkapiteln eine Reihe von tierischen und pflanzlichen Robotern der Zeit ab 2000 bis heute beschrieben. Mit kurzen Erklärungen versehen, soll erkundet werden, zu welchem Zweck diese digitalen Helfershelfer uns Menschen nützlich sein können. Sind sie Helfer im wahrsten Wortsinn und wenn ja für wen oder was? Oder sind sie nur eine technische Herausforderung für den Beweis des Machbaren?

Eines steht aber schon fest und wurde bereits mehrfach deutlich artikuliert, nämlich der unverrückbare Grundsatz:

► Ob Menschen, Tiere oder Pflanzen als Roboter konstruiert werden – die Natur ist nicht kopierbar! Es sind einzig deren bewährte Prinzipien, die uns helfen, die raffinierten Naturgeheimnisse zu entschlüsseln und sie in technische Produkte zu überführen. Und diese Geheimnisse sind von angepasster höchster Präzision und Qualität.

Auch wenn sich Forscher und Entwickler tierischer und pflanzlicher Roboter eng an die Baupläne der Natur halten sollten, wie im Beispiel eines Fledermaus-Roboters (Bahlman et al. 2013), ist damit noch lange nicht gesagt, dass bei Flugversuchen der Fledermaus-Roboter die gleiche Flugqualität seines natürlichen Vorbildes erreicht.

Die nachfolgenden Beispiele von Animaloiden und Plantoiden geben einen überschaubaren Einblick in ein reichhaltiges Spektrum von Forschung und Anwendung bzw. deren potenziellen praktischen Einsatz.

4.6.1 Animaloide

Fledermaus-Roboter

- *Zweck: Entwicklungsplattform*

Das langjährige Interesse von Wissenschaftlern und Ingenieuren an Fledermäusen liegt an der unübertroffenen Beweglichkeit und Wendigkeit der Tiere. Ihre aktiven und passiven Flügelbewegungen werden durch mehr als 40 Gelenke unterstützt. Asynchroner Flügelschlag befähigt sie dazu, neben Gleitflügen auch enge Kurven und Sturzflüge durchzuführen. Ramezani und Kollegen konstruierten einen – vom Fledermauskörperbau *abweichenden* – Roboterkörper „*bat bot*" mit einem Gewicht von 93 g. Erreicht wird dies durch ein Skelett aus Kohlefasern und einer elastischen Silikonflughaut. Ein eingebauter Computer berechnet in Echtzeit die Steuerung des bat bot (Ramezani et al. 2017).

Schlangen-Roboter

- *Zweck: Entwicklungsplattform mit künstlichem neuronalem Netzwerk – KNN – sowie Simulatoren und Reglern*

Simulationen im Bereich der evolutionären Robotik sind oft eine Alternative zur realen Welt, weil sie Zeit sparen, um erwartete Ergebnisse zu ermitteln. Die beste Voraussetzung dafür bieten physikalische Modelle, die komplex sein können und daher Spezialwissen erfordern. Alternative Simulationen der realen Welt, die diese vereinfachen und automatisieren, können über konventionelle Methoden hinaus zu neuen Erkenntnissen führen (Woodford et al. 2017).

- *Zweck: Urbane Such- und Rettungsarbeit, Inspektion von Kraftwerksanlagen, archäologische Erkundungen*

Indem sie sich wie einige Schlangenarten, etwa die Klapperschlange, seitwärts fortbewegt, ist die Roboterschlange fähig, sich inmitten eines Trümmerfeldes und über bzw. durch Rohre zu bewegen (Spice 2015). Der Schlangenroboter kann ein wertvolles Instrument der Anwendung sein, wenn es z. B. nach Katastrophen darum geht, in engen verschlungenen Zwischenräumen von zusammengestürzten Häusern schnellstens nach Überlebenden zu suchen. Ein weiterer Bereich kann die Ersterkundung und Daten- bzw. Bildübertragung am Unglücksort in einem Tunnel sein, bei dem Rauch und Feuer Menschen hindern, direkt zur Unglückstelle zu gelangen.
Schlangenroboter wie die norwegische MAMBA eignen sich auch für Unterwasser-Explorationen (Liljebäck et al. 2013). Das Forschungsgebiet für Snake Robotics wird oft in Verbindung mit Soft Robotics gesehen, eine Untergruppe der Robotik, die mit flexiblen Materialien arbeitet, auch in Verbindung mit Leichtbaurobotern. Soft-Robotik-

Forschung wird auch umso bedeutender, je enger und vielfältiger die Mensch-Roboter-Kooperationen bzw. -Kollaborationen werden und je mehr der Einsatz von Robotern in Bereiche vorstößt, wo z. B. die Berührung empfindlicher Objekte stattfindet, wie in der Lebensmittelindustrie. Soft Robotics nutzt weiche biegsame Materialien für spezielle Anwendungen. Das Forschungsgebiet nähert sich dadurch dem „*Materialpool der Natur*" an, dessen Reichtum an diesen flexiblen speziellen Materialeigenschaften und Kombinationen von Materialeigenschaften unüberschaubar ist (Verl et al. 2015; Vogel 2003).

Hunde-Roboter

- *Zweck: Begleiter von Menschen, RoboCup-Teilnehmer*

1999 erblickte der von Sony[69] entwickelte Animaloide AIBO – Artificial Intelligence roBOt – das *Licht der Welt*, um 2006, nach nur 7 Jahren, wieder in die Dunkelheit zu verschwinden.[70] Vielen Menschen in Japan und anderswo war AIBO, mit seinen typischen Haushund-Bewegungen, Begleiter durch den Alltag, vergleichbar lebenden Hunden. Zudem spielten AIBOs bei Roboter-Fußballturnieren, den RoboCups (s. Abschn. 2.3.3), mit.

- *Zweck: Werbeeffekt, Roboterimitation eines Hundes aus einem Computerspiel*

Ausgehend von einer Hundespielfigur aus Microsofts Abenteuerspiel ReCore wurde 2016 werbewirksam ein Roboterhund vorgestellt.[71] Robo Challenge, eine englische Ingenieurfirma, präsentierte zum Verkaufsstart des Spiels den heroischen DogBot namens *Mack*.

Bienen-Roboter

- *Zweck: Bestäubung von Pflanzen*

Warum ausgerechnet Bienenroboter? Existieren nicht über alle Kontinente hinweg Milliarden von diesen sozial lebenden Insekten? Und erbringen nicht Milliarden dieser Pflanzenbestäuber Jahr für Jahr nützliche Dienste für uns? Zum Beispiel die Honigbiene!

„Die Honigbiene ist nicht nur ein faszinierendes evolutionsbiologisches Erfolgsmodell, sondern durch ihre Bestäubungsleistung auch von überragender ökonomischer und ökologischer Bedeutung. [Darüber hinaus ist] ein Bienenvolk [...] die wohl wunderbarste Art der Natur, Materie und Energie in Raum und Zeit zu organisieren." (Tautz 2007, Bucheinleitung, o. Seitenzahl)

---

[69] http://www.sony-aibo.com/aibo-models/sony-aibo-ers-7/ (Zugriff: 16.02.2017).
[70] https://de.wikipedia.org/wiki/Aibo (Zugriff: 16.02.2017).
[71] https://www.wired.de/collection/tech/wie-recores-robo-hund-mack-zum-leben-erweckt-wurde (Zugriff: 16.02.2017).

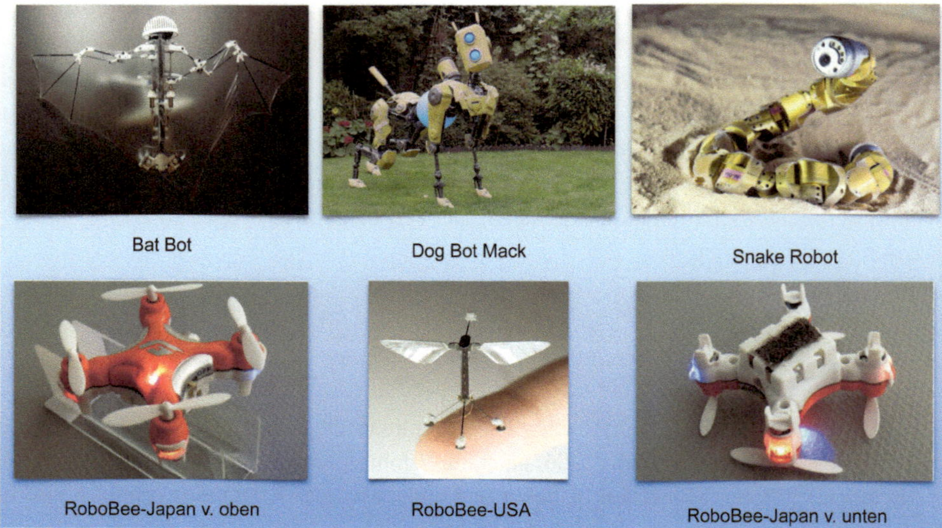

Abb. 4.25 Animaloide Roboter 1–5. Bat Bot (Quelle: Caltech Cal. (USA) und University of Illinois at Urbana-Champaign – UIUC); Dog Bot Mack (Quelle: Microsoft); Snake Robot (Quelle: Biorobotics Lab Carnegie Mellon University, Pitsburg, USA); Robobee-Japan (Quelle: Eijiro Miyako, NMRI, Tsukuba, Japan); Robobee-USA (Quelle: Wyss Institute at Harvard University, Cambridge MA, USA)

Den kaum zu unterschätzenden Naturhöchstleistungen der Bienenvölker stehen periodisches Bienensterben durch Colony Collapse Disorder – CCD – bzw. Zusammenbrüche ganzer Kolonien (van Engelsdorp et al. 2009), Varroa-Milbenbefall, Überzüchtung, Insektizide, monotone Agrarlandschaft und nicht zuletzt der Klimawandel gegenüber.[72] Es ist ebenso kaum zu unterschätzen, dass Menschen ursächlich einen großen Anteil am Bienensterben besitzen.

Kann ernsthaft von Forschern gehofft werden, mit künstlichen Bienenkörpern und darauf befestigten Pollensammlern in Form von Pferdehaaren und klebrigem Gel, wie in Abb. 4.25 zu sehen, den natürlichen Mechanismen, die zu *noch* partiellem Sterben von Bienenvölkern führen, entgegen zu wirken? (Chechetka et al. 2017) Diese Frage verstärkt ihre Wirkung dadurch, dass die natürlichen Mechanismen einen hochgradigen, komplexen vernetzten Einfluss auf die Bienenvölker ausüben.

Dennoch schmälert diese Skepsis die mikrotechnische Raffinesse der Leistungen um den japanischen Entwickler Eijiro Miyako (s. Chechetka et al. 2017), Chemiker am National Institute of Industrial Science and Technology (AIST) in Osaka, in keiner Weise, deren Bienenroboter etwas mehr als 40 mm im Durchmesser und nahezu 15 g Gewicht aufweisen. Miyako selbst spricht auch nur von einer Machbarkeitsstudie ohne konkre-

---

[72] http://www.umweltinstitut.org/themen/landwirtschaft/bienen/gruende-fuer-das-bienensterben.html (Zugriff: 16.02.2017).

te Anwendung. Noch imposanter sind die 80 mg leichten Bienenroboter (Abb. 4.25), die Forscher um den Harvard Wissenschaftler Robert Wood bauten (Chen et al. 2016).

Ob jemals, angesichts der erdrückenden komplexen Probleme, die mit natürlichem Bienenschwund einhergehen, technische Bienenroboter die Aufgabe natürlicher Bienen übernehmen können, scheint momentan dennoch eher zu der Aussage zu tendieren, dass der Wunsch Vater des Gedankens ist.

Katzen-Roboter

- *Zweck: Hilfe für Demenzkranke*

Zu einem ähnlichen Zweck wie PARO, dem in Japan entwickelten Seerobbenbabyroboter von Takanori Shibata am National Institute of Advanced Industrial Science and Technology (AIST), der ab 1993 entwickelt und 2001 präsentiert wurde, dient auch der in Schweden durch Robyn Robotics AB entwickelte Katzenroboter Justocat®. (Gustafsson et al. 2015).

An der Studie beteiligten sich sowohl ein Roboterforscher und eine Pflege-Wissenschaftlerin als auch Pflegefachkräfte mit Erfahrung im Umgang mit demenzkranken Menschen. Nach den schwedischen Autoren verfolgt die Studie zwei Ziele:

1. Reaktionen von Personen mit Demenz auf einen interaktiven Katzenroboter und deren Wahrnehmungen durch Verwandte und Pflegepersonal,
2. Messung der Benutzerfreundlichkeit durch Pflege/Behandlung der einzelnen Personen mit Demenz unter Nutzung interaktiver Roboterhaustiere.

Als Bezugssystem der Studie wurde die Reminiszenztherapie[73] zugrunde gelegt, eine erinnerungstherapeutische Methode, die sich mit gut abgespeicherten, persönlichen essentiellen Gedächtnisinhalten aus früher Kindheit bis ins hohe Alter befasst. Die Autoren stellen drei wesentliche Ergebnisse ihrer Studie heraus:

1. Es besteht ein zunehmender Bedarf für abwechselnde bzw. ergänzende Arten von Pflege, um die wachsenden Zahl von Personen mit Demenz betreuen zu können.
2. Für einige Personen mit Demenz kann eine interaktiver Roboter, z. B. ein Katzenroboter, das Wohlbefinden und die Lebensqualität erhöhen.
3. Ein interaktiver Katzenroboter kann ein Werkzeug sein, um Zusammenspiel und Informationsaustausch bei der Pflege von Demenzkranken zu verbessern.

Diese Art Robotervertrautheit bei pflegebedürftigen Menschen, bei der mangels menschlichen Pflegepersonals ein Notstand hilfsweise überbrückt wird, und hier liegt die Betonung auf hilfsweise, bleibt eine aussichtsreiche, ergänzende Methode zur Pflege

---

[73] https://www.gesundheitsinformation.de/Reminiszenz-Therapie.2004.de.html?term=434 (Zugriff: 16.02.2017).

von Menschen durch Menschen. Die Anwendung dieser Mensch-Roboter-Interaktion –
MRI – zu dem Zweck, temporären bzw. verstärkten Fachkräftemangel im Pflegebereich
durch ansatzweise erfolgreiche Mensch-Roboter-Kooperationen zunehmend zu ersetzen, wäre aus Sicht des Autors ein falsches Signal. Denn auch im Pflegebereich bleiben
Menschen als Pflegende für Gepflegte das Maß der Dinge, das es durch Bildung und Ausbildung zu fördern gilt; durchaus unter partieller Hilfe von interaktiven Pflegerobotern,
ob sie Hunde, Robben oder Katzen imitieren.

Käfer-Roboter

- *Zweck: Laufmusteranpassung nach partiellem Ausfall, schnelle Fehlerbehebung*

Das Erlernen des Laufens im frühen Kindesalter ist ein mühsames Versuch-und-Irr-
tums-Spiel. Erst nach einiger Zeit und vielen Wiederholungen von Stehen, Laufen, Fallen,
Aufstehen, Laufen, Fallen usw. gelingt es uns, das Laufen zu stabilisieren. Fortbewegung
oder die Änderungen von Fortbewegungsmustern sind für erwachsene gesunde Menschen
kein Problem. Langsames Wandern, ausdauerndes Laufen schnelles Sprinten, spieleri-
sches Hüpfen beherrschen sie, ohne darüber nachdenken zu müssen. Jedoch führt der Verlust eines Beines zu einem extrem langwierigen Wiederherstellungsprozess des Laufens,
der aber mit den heutigen Materialtechniken zur Wiederherstellung einer Lauffähigkeit
führen kann, die zur Olympiateilnahme berechtigt.

Schreitende Roboter besitzen künstliche Beine mit Gelenken, in denen verschiedene
steuerbare und regelbare Motoren platziert sind. Fällt ein Motor aus, dann ist der komplette Roboter funktionsuntüchtig.

Die Natur hat demgegenüber im Tierreich evolutionäre Vorsorge getroffen, indem sie
bei Tieren wie Käfern, Ameisen, Spinnen etc. Verluste von Gliedmaßen dadurch kompen-
siert, dass die Tiere von dem natürlichen Bewegungsmuster unmittelbar in ein neues, den
Verletzungen angepasstes Bewegungsmuster wechseln. Das dient sicher nicht zuletzt auch
der Erhaltung des eigenen Lebens.

Dem natürlichem Vorbild bei Käfern nacheifernd, experimentierten Cully und Kollegen (2015) mit einem sechsbeinigen Käferroboter Wechsel von Bewegungsmustern vor
und nach dem Verlust eines Roboterbeines. Käferroboter – wie auch andere mehrbeinige
Roboter – sind nicht fähig, nach Ausfall eines Schrittmotors die damit verbundene Fehl-
funktion zu kompensieren. Sie sind begrenzt durch die Selbstdiagnose eines Ausfalls und
müssten für den Funktionserhalt einen vorausschauenden Plan für alle möglichen Fehler-
ursachen besitzen. Das ist schlicht nicht machbar. Scully und Kollegen entwickelten daher
einen intelligenten Versuch-und-Irrtums-Algorithmus auf der Basis eines Gaußschen Pro-
zessmodells, einer auf Zufallswerte basierenden, stochastischen iterativen Optimierung.

Mit diesem Versuch-und-Irrtums-Algorithmus in einem „[. . .] großen Suchraum, ohne
Selbstdiagnose und vorgegebenem Plan [. . .]" (Cully et al. 2015, 503), war der Käferroboter fähig, nach einer Beschädigung innerhalb von zwei Minuten mit neuem Schrittmuster
weiterzulaufen. Die Experimente zeigten erfolgreiche Versuche bei fünf verschiedenen

Arten von Verletzungen wie zerstörte, gebrochene und fehlende Beine. Der neue Algorithmus ermöglicht den Robotern – so die Wissenschaftler – höhere Robustheit und Effektivität.

Wo immer Roboterkonstruktionen nach menschlichen, tierischen oder pflanzlichen Vorbildern praktisch eingesetzt werden, bei denen Bewegungsmuster programmiert oder selbstlernend erzeugt werden, wäre es ein Fortschritt, wenn bei technischen „Verletzungen" bzw. partiellen Zerstörungen *Fehlerbehebungsalgorithmen* aktiviert werden, die wieder nach kurzer Zeit zu voller Funktionsfähigkeit der Roboter führen würden. Die Natur ist bei diesem Lernprozess sicher die *herausragende Fundgrube* für langzeitbewährte und höchst effiziente Lösungsvorbilder.

Fangschrecken-Roboter

- *Zweck: Bewegung in schwierigem Gelände wie Krater, Geröllfelder, Katastropheneinsatz, Einsatz in industriellen Produktionsprozessen und außerirdischen Erkundungen*

Fangschrecken (Mantodea) sind bekannt für ihre oft langandauernde Regungslosigkeit gepaart mit perfekter Tarnung. Auf diese Weise warten sie auf vorbeikommende Beute, z. B. Fliegen, die sie in Sekundenbruchteilen mit ihren langen vorschnellenden Fangarmen ergreifen und verzehren.

Völlig andere Ziele verfolgen Wissenschaftler des Deutschen Forschungszentrums für künstliche Intelligenz – DFKI – und die Universität Bremen mit MANTIS, dem Fangschrecken-Roboter (DFKI-Mittelung 2016; DFKI-Datenblatt 2017, Bartsch et al. 2016).

„Er ist beweglich, handwerklich geschickt und kann seine Umgebung umfassend sensorisch wahrnehmen – der mehrgliedrige [Fangschrecken-]Laufroboter Mantis, den das Robotics Innovation Center des Deutschen Forschungszentrums für Künstliche Intelligenz (DFKI) gemeinsam mit der Universität Bremen in dem Vorhaben LIMES für den Einsatz im Weltraum entwickelt hat. Seine Fähigkeiten lassen ihn nicht nur steile Krater und Geröllfelder überwinden, sondern auch mit den Vorderbeinen Infrastruktur auf fremden Planeten aufbauen. Zudem soll der Roboter auf der Erde Anwendung finden, etwa bei Katastropheneinsätzen oder in industriellen Produktionsprozessen." (DFKI-Mittelung 2016).

Allumfassende Kontrolle durch intelligente Anwendungen für komplexe kinematische Bewegungen im Weltraum ist die Stärke von Mantis. Die beiden vorderen Extremitäten sind zugleich fürs Laufen und Greifen ausgebildet, wodurch präzises *„zweihändiges"* Arbeiten ermöglicht wird. Die universelle sensorische – visuelle und taktile – Kontrolle der Umgebung befähigt den Roboter auch, unterschiedliche Bodenstrukturen zu erkennen.

Der mehrbeinige Fangschrecken-Roboter Mantis ist aber – im Gegensatz zu dem vorab vorgestellten Käferroboter – mit Blick auf ein praxisrelevantes Lernen und Adaptieren neuer Verhaltensmuster, für den Fall eine Beinbruchs oder Beinverlustes, noch im Stadium der Computersimulation (persönliche Mitteilung v. Sebastian Bartsch, 02.03.2017, DFKI GmbH, Bremen)

Affen-Roboter

- *Zweck: Energiespeicherungstechnik, Rettungseinsatz in unwegsamen Gelände, militärische Anwendung*

Neben anderen Fähigkeiten, die Affen besitzen, sind sie vor allem eines: Meister und Künstler im Springen. Eine weitere Meisterklasse der Natur im Hüpfen und Springen sind Kängurus. Ein amerikanisches Forscherteam um Duncan Haldane (2016) entwickelte einen Affenroboter mit enormer vertikaler Sprungkraft. Sein Name: SALTO – SAltatorial Locomotion Terrain Obstacles. Vorbild für der Konstruktion eines künstlichen Affen ist die Primatenfamilie der Galagos, auch bekannt unter ihrem volkstümlichen Namen *Buschbabys.*

Galagos besitzen die außerordentliche Fähigkeit, aus der Ruhe und wiederholend, vertikale Höhendistanzen von zwei Metern zu erreichen. Dazu nutzen die Tiere einen körpereigenen Energiespeicher, der in den Sprungextremitäten angelegt ist. Galagos nutzen eine leistungsmodulierte Strategie, um größere Sprunghöhen zu erreichen, als sie es durch reine Muskelkraft erzielen würden (Haldane 2016, 2). Sie erzielen höchste Sprunghöhen bis zu 1,8 m durch sogenannte Doppelsprünge gegen Hindernisse. Die Forscher realisierten mit dem 100 g schweren Salto Sprunghöhen nach derselben Methode von nahezu 1,2 m. Einzelhochsprünge, die durch die Kraft der im Bein gespeicherten Federenergie stattfindet, würden ohne die Doppelsprungtechnik kaum an die Höhe von 1,2 m heranreichen. Der Grund dafür ist, dass bei dem zweiten Absprung eine dreimal höhere Leistung entwickelt wird, verglichen mit der des normalen Antriebs allein (siehe hierzu auch Beitrag in Ingenieur.de, Kempkens 2016).

Die Reihe von tierischen Robotern bzw. Animaloiden ließe sich beliebig fortsetzen. Das Boston Dynamics Institute[74] entwickelte, im Rahmen eines DARPA[75]-Programms Maximale Mobilität und Manipulation, einen Gepard-Roboter für kabellose Bewegungen und Manipulationen in freiem Gelände für entsprechende militärische Zwecke.

Die Harvard Paulson School of Engineering der Harvard University in USA entwickelte den ersten autonomen und vollständig aus weichem Material bestehenden Roboter OCTOBOT in 3D-Technik, mit eingebautem steifem Energiemodul (Wehner et al. 2016). Zweck der Entwicklung: Fortschritte in *Soft Robotics.*

Amerikanische und Koreanische Wissenschaftler haben einen Wasserläufer-Roboter mit beachtlicher Sprungkraft entwickelt. Zweck: bionische hydrodynamische Forschung an teilweise im Wasser lebenden Gliederfüßern und Übertragung des Effektes auf künstliche Systeme (Koh et al. 2015).

---

[74] http://www.bostondynamics.com/robot_cheetah.html (Zugriff: 20.02.2017).
[75] DARPA = Defense Advanced Research Projects Agency, eine Behörde des Verteidigungsministeriums der USA.

Abb. 4.26 Animaloide Roboter 6–9. Justocat® (Quelle: http://www.robynrobotics.se); Salto Robot (Quelle: UC Bercelay); Mantis Robot (Quelle: Annemarie Hirth, DFKI GmbH, Deutschland); Hexapot Robot. (Quelle: Antoine Cully, ISIR, Université Pierre et Marie Curie, Paris, France)

Die folgenden Abb. 4.25, 4.26 und 4.27 zeigen animaloide Roboter der vorab beschriebenen Beispiele.

Resümee zu Animaloide

Die Entwicklung der von der Natur inspirierten Robotik auf dem Gebiet der Animaloide nimmt rasante Fahrt auf. In den Roboter-Zentren von amerikanischen, europäischen und asiatischen Forschungsinstituten und Unternehmen werden alle denkbaren Ansätze verfolgt, der Natur ihre Geheimnisse zu entlocken. Einige tierisch inspirierte Roboter verfolgen durchaus werthaltige Zwecke im Dienst am Menschen – Gesundheitsbereich – und für Menschen – Katastrophenhilfe. Andere Entwicklungen tendieren auch dazu, militärisch eingesetzt zu werden. Wiederum andere dienen der neugierigen Entdeckung noch unbekannter Prinzipien. Bis zu nachhaltigen, vorteilhaften konkreten Einsätzen in unserer Natur und Umwelt scheint es für viele der animaloiden Roboterentwicklungen jedoch noch ein weiter Weg zu sein.

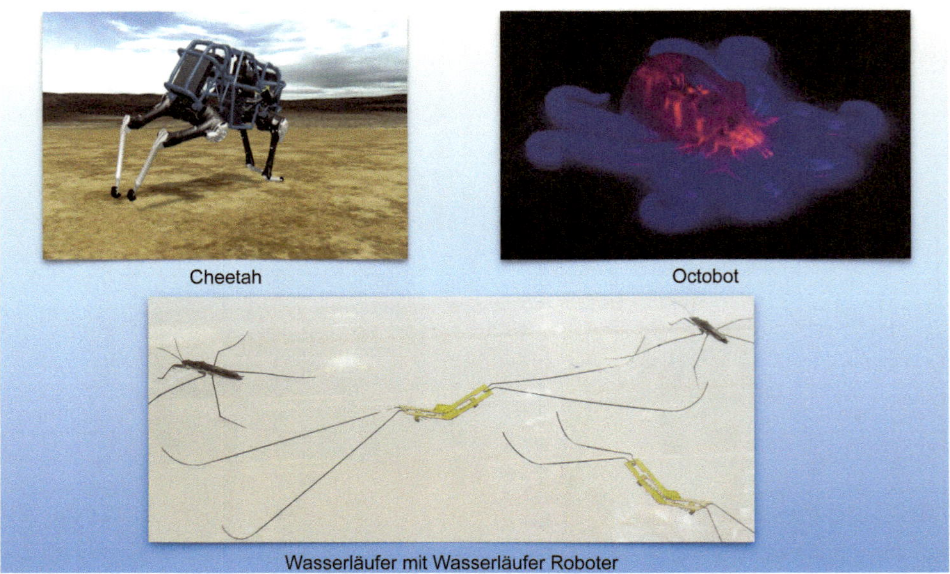

Abb. 4.27 Animaloide Roboter 10–12. Cheetah Robot (Quelle: bostondyanamics.com, (USA)); Octobot (Quelle: R. Trudy, M. Wehner, L. Sanders, Harvard University, Cambridge MA (USA)); Wasserläufer-Roboter. (Quelle: Seoul National University (Korea)/Harvard University, Cambridge MA, USA)

4.6.2   Plantoide

Forschungen über Plantoide (Mazollai, 2010) scheinen in einem sehr begrenzten Umfang stattzufinden, zumindest deuten öffentlich nachweisbare Quellen darauf hin. Ein europäisches Projekt PLANTOID[76] mit Partnern aus Italien, Schweiz und Spanien forschte über einen begrenzten Förderzeitraum von 3 Jahren (2012–2015) an Pflanzen als biomechatronische Systeme. Damit verbunden ist das Ziel, neue Hard- und Software zu entwickeln, die von Pflanzen inspiriert sind und Plantoid genannt werden. Sie sind mit Sensoren, Aktoren und intelligenten Strategien zur umweltorientierten Erforschung und Beobachtung ausgestattet und sollen die erstaunlichen Durchdringungs-, Erkundungs- und Anpassungsfähigkeiten von Pflanzenwurzeln nachahmen. Abb. 4.28 zeigt erste Ergebnisse dieses Plantoid-Vorhabens.

Pflanzen besitzen ein erstaunlich robustes Wachstumsverhalten. Sie reagieren auf Umweltveränderungen durch ein verzweigtes Netzwerk feinsensorisch ausgestatteter Wurzel zur effizienten Untersuchung des Bodens, z. B. nach Mineralien und zur Wasseraufnahme. Zwei Ziele werden mit PLANTOID verknüpft:

---

[76] http://www.plantoidproject.eu/index.php/the-project/project-details (Zugriff: 20.02.2017).

Abb. 4.28 Plantoider Roboter. (Quelle: mit freundlicher Unterstützung durch Barbara Mazzolai, Center for Micro-BioRobotics – Istituto Italiano di Tecnologia, (IIT), Potedera, Italy)

1. Natürliche Prinzipien der Pflanzen in Roboterartefakten zu verwirklichen, die Pflanzenwurzeln eine effektive und effiziente Suche und Adaption der Untergrundumgebung ermöglichen
2. Wissenschaftlich nachprüfbare Hypothesen und Modelle von unbekannten Aspekten von Pflanzenwurzeln zu formulieren, wie z. B. die Kommunikation an Wurzelspitzen während des angepassten Wachstums und die Kombination von zahlreichen sensorischen Informationen, die zu gemeinsamen Entscheidungen führen.

Von Pflanzen für die Technik lernen – davon ist Barbara Mazzolai, die Koordinatorin des europäischen PLANTOID-Projekts überzeugt (Tonazzini et al. 2013; Mazzolai 2014).

► Diese allgemeine Überzeugung Mazzolais kann sich auch auf vielfältige Erfolge von bionischen Lösungen nach Vorbildern der evolutionären Flora stützen. Hierzu zählen das Selbstreinigungsprinzip der Lotusblätter, die spannungsminimalen Verzweigungen von Bäumen, die Trag- und Knickfähigkeit von Getreidehalmen, das Effizienzprinzip bei Verbundstrukturen von Nussschalen, das Wabenprinzip materialoptimierter Raumverteilung und unzählige weitere raffinierte Prinzipien und Tricks, die noch entdeckt werden wollen. Eine kleine Auswahl von durch pflanzlichen – und tierischen – Leistungen inspirierten bionischen Forschungs- und Entwicklungsfeldern geben Blüchel, Malik (2006); Nachtigall, Blüchel (2000); WWF (1993).

Von existierenden Modellen, wie sie bei animaloiden Robotern vorliegen, kann die Entwicklung von Plantoiden nicht profitieren, weil Pflanzen in einem völlig anderen Bezugssystem operieren. Wir wissen, dass Pflanzen wachsen, mit ihren Ästen in Richtung Himmel und ihren Wurzeln in Richtung Erde – aber wir können es nicht unmittelbar sehen. Dass Pflanzen miteinander kommunizieren, um sich z. B. vor Fressfeinden zu warnen, ist bekannt (s. z. B. Muroi 2011).

Pflanzen sind intelligent! Daran kann es keinen Zweifel geben, wenn wir sehen, wie sie sich variablen Umwelteinflüssen optimal und überaus geschickt und raffiniert anpassen, um zu überleben. Das schließt neben einem über Jahrzehnte eingestellten Wachstum von im Boden lagernden Samen mangels Wasser auch ein explosionsartiges Wachstum nach kurzen Regenperioden ein.

Mazzolai stellt daher auch die naheliegende Frage: *Kann ein – plantoider – Roboter wachsen?* Mit Fasern aus Polypropylen – PP – an der Spitze der künstlichen Wurzel und anschließendem Hohlzylinder sowie künstlichen Materialien, elektrobiologischen Flüssigkeiten u. a. m. werden Strukturen gebildet, die sich strecken bzw. ausdehnen, sowie Bewegungen realisiert, mit denen die künstlichen Wurzeln in den Boden eindringen (siehe auch Lucarotti et al. 2015).

Resümee zu Plantoide

Die Welt der Pflanzen – und Tiere – birgt viele Geheimnisse, die der Roboterforschung und -entwicklung noch lange Zeit vorenthalten sein und daher noch Generationen von Forschern inspirieren werden, neue, intelligente Lösungen ihrer Aufgaben und Probleme zu erkunden und bionisch zu nutzen. Allein der Bereich der *Softrobotic*, der weichen Materialrobotik, in Kombination mit neuen 3D-Fertigungstechniken findet in dem unüberschaubaren Materialspektrum natürlicher Verpackungen (Küppers, Tributsch 2002) bei Pflanzen und Tieren sowie bei Menschen eine Fundgruppe voll ausgefeilter Materiallösungen, die nur darauf warten, entdeckt und technisch angewendet zu werden.

Literatur[77]

Abbott, L. F.; Dayan, P. (2001) Theoretical neuroscience: computational and mathematical modeling of neural systems. MIT Press, Cambridge, Mass.

Alex, B. (1998) Künstliche neuronale Netze in Management-Informationssystemen: Grundlagen und Einsatzmöglichkeiten. Springer Gabler, Wiesbaden

Allen, E. (2015) How perfect is too perfect? Research reveals robot flaws are key to interacting with humans. University of Lincoln, United Kingdom, Press and Media, News Archive Oktober

Argall, B. D.; Billard, A. G. (2010) A survey of Tactile Human-Robot Interactions. Robotics and Autonomous Systems 58, S. 1159–1176

---

[77] Ein Gesamtliteraturverzeichnis zum Buch ist auf der Internetseite des Verlags verfügbar: http://www.springer.com/de/book/9783658179199.

Awad, M.; Khanna, R. (2015) Efficient Learning Machines – Theories, Concepts, and Applications for Engineers and System Designers. apress, Springer Science+Business Media, New York

Baecker, D. (1994) Postheroisches Management. Merve, Berlin

Bahlman, J. W.; Swartz, S. M.; Breuer, K. (2013) Design and characterization of a multi-articulated robotic bat wing. Bioinspiration & Biomimetics, Vol. 8, No. 1, https://doi.org/10.1088/1748-3182/8/1/016009

Bahnsen, U.; Schnabel, U. (2012) Ich-Bewusstsein. Was ist das ich? Zeit Wissen Online, http://www.zeit.de/zeit-wissen/2012/02/Mensch-Individuum-Selbstbewusstsein (Zugriff: 19.4.2017)

Barlow, P.; Gupta, G. S.; David, S. (2010) Humanoid Service Robot. Proceedings of Electronics New Zealand Conference 2010, Hamilton, New Zealand, November, S. 97–102

Bartsch, S. et al. (2016) Development and Control of the Multi-Legged Robot Mantis, in: Proceedings of ISR 2016: 47st International Symposium on Robotics, 21.–22.6.2016, S. 379–386, VDE Verlag, München

BAuA (2014) Gesamtunfallgeschehen 2014. Bundesanstalt für Arbeitsschutz und Arbeitsmedizin Informationszentrum, Dortmund

Bauer, J. (2015) Selbststeuerung – Die Wiederentdeckung des freien Willens. Blessing, München

Beck, H.; Anastasiadou, S.; Meyer zu Reckendorf, C. (2016) Faszinierendes Gehirn. Eine bebilderte Reise in die Welt der Nervenzellen. Springer Spektrum, Heidelberg

Bellmann, R. E. (1978) An Introduction to Artificial Intelligence: Can Computer Think? Boyd & Fraser, San Francisco

Belotto, N.; Hu, H. (2009) Multisensor-Based Human Detection and Tracking for Mobile Service Robots, in: IEEE Transactions on Systems, Man, and Cybernetics, Part B (Cybernetics), Volume 39, Issue 1, S. 167–181

Bertelsmann-Stiftung (2012) Themenreport „Pflege 2030". Bertelsmann-Stiftung, Gütersloh

Bhuvaneswari, P. T. V. et al. (2013) Humanoid robot based physiotherapeutic assistive trainer for elderly health care. International Conference on Recent Trends in Information Technology (ICRTIT), Chennai, 2013, S. 163–168.

Blüchel, K. G.; Malik, F. (Hrsg.) (2006) Faszination Bionik – die Intelligenz der Schöpfung. Mohn Media, München

BMAS (2016) Arbeitsmarktprognose 2030. Eine strategische Vorausschau auf die Entwicklung von Angebot und Nachfrage in Deutschland, Bonn, http://www.bmas.de/SharedDocs/Downloads/DE/PDF-Publikationen/a756-arbeitsmarktprognose-2030.pdf?__blob=publicationFile (Zugriff: 19.4.2017)

Boie, J.; Felke, C.; Wormer, V. (2016) Offen und gefährlich. Süddeutsche Zeitung, Nr. 274, 26./27. November, S. 11–13

Böttcher, D. (2016) Das Ziel ist der Weg – Die digitale Technik erleichtert uns das Leben. Doch das hat einen Preis. brand eins, Heft 11, S. 144–148

Botthof, A. und Bovenschulte, M. (Hrsg.) (2009) Das „Internet der Dinge" – die Informatisierung der Arbeitswelt und des Alltags. Erläuterungen einer neuen Basistechnologie. Arbeitspapier 176, Hans-Böckler-Stiftung des Deutschen Gewerkschaft Bunds DGB, Düsseldorf

brand eins (2016) Du weißt mehr, als du denkst. Wirtschaftsmagazin, Heft 11, Hamburg

Braun, H.; Feulner, J.; Malaka, R. (1996) Praktikum Neuronaler Netze. Springer, Berlin

Broy, M. (2015) Digitalmanifest. Meinung: Propheten einer digitalen Apokalypse? http://
www.spektrum.de/kolumne/meinung-propheten-einer-digitalen-apokalypse/1389513 (Zugriff:
19.4.2017)

Butler, R. (2016) Russia's "Avatar" Military Robot Development Update. http://www.our-russia.
com/19072016175548/russias-avatar-military-robot-development-update (Zugriff: 19.4.2017)

Butterwegge, C. (2016) Armut. Papy Rossa, Köln

Callan, R. (2003) Neuronale Netze. Pearson, München

Casati, R. (2015) Ihre Dummheit ist ihre Stärke. brand eins, Heft 7, Interview, S. 86–91

Charniak, E.; McDermott, D. (1985) Introduction to Artificial Intelligence. Addison-Wesley, Boston
USA

Chechetka,S. A.; Yu, Y.; Tange, M.; Miyako, E. (2017) Materially Engineered Artificial Pollinators.
Chem.Chem., Vol. 2, No. 2, S. 224–239

Chen, Y.; Ma, K.; Wood, R. J. (2016) Influence of wing morphological and inertial parameters on
flapping flight performance. Conf. Paper, Conference: 2016 IEEE/RSJ International Conference
on Intelligent Robots and Systems (IROS)

Clements, J. (2016) Maschinen helfen Menschen auf die Beine. Die Welt, 10. Mai

Coleman, J. (1999) Japan's Children at Risk; Accidental Death Rate High. Associated Press, 11. Juni

Cosimo Della Santina, C. D. et al. (2015) Dexterity augmentation on a synergistic hand: the Pi-
sa/IIT SoftHand+. 15th IEEE RAS Humanoids Conference (Humanoids 2015), Seoul, Korea,
November 3–5, 2015, S. 497–503

Cully, A.; Clune, J.; Tarapore, D.; Mouset, J.-B. (2015) Robots that can adapt like animals. Nature,
Vol. 521, S. 503–507, 28 May

Dahiya, R. S.; Metta, G.; Valle, M.; Sandini, G. (2010) Tactile Sensing – From Humans to Humanoids. IEEE Transactions on Robotics, Vol. 26, No. 1, S. 1–20

Damasio, A. R. (2003). Ich fühle, also bin ich. Die Entschlüsselung des Bewusstseins. List, München

Dautenhahn, K. et al. (2009) KASPAR – a minimally expressive humanoid robot for human-robot
interaction research. Applied Bionics and Biomechanics, Vol. 6, No. 3–4, S. 369–397

De Santis, A. et al. (2008) An atlas of physical human-robot interaction. Mechanism and Machine
Theory 43, S. 253–270

De Shutter, E. (2010) Computational Modeling Methods for Neuroscience. MIT Press, Cambridge,
Mass.

Decker, M. et al. (2011) Service robotics: do you know your new companion? Framing an interdis-
ciplinary technology assessment. Poiesis Prax, 8, S. 25–44

Dehaene, S. (2014) Denken – Wie das Gehirn Bewusstsein schafft. Knaus, München

Deimel, R.; Brock, O. (2015) Soft Hands for Reliable Grasping Strategies, in: Soft Robotics, Springer, Berlin, Heidelberg, S. 211–221

Demetriou, D. (2009) Robot teacher conducts first class in Tokyo school. A robot schoolteacher
developed by Japanese scientists has taken a class in a Tokyo school. The Telegraph, 12. May

Deutschlandfunk (2008) Auf der Plattform unseres Bewusstseins – Wolf Singer und Matthieu Ricard
im Dialog über Hirnforschung und Meditation. 26.6.2008; siehe auch: Singer, W.; Ricard, M.
(2010) „Hirnforschung und Mediation. Ein Dialog". Edition unseld, Frankfurt/Main

von Dewitz, W. (2016) Roboter im Weinberg. Weserkurier, 19. Mai

DFKI (2016) Neuer DFKI-Laufroboter meistert eigenständig komplexe Manipulationsaufgaben und unwegsames Gelände. Mitteilung. Deutsches Forschungszentrum für künstliche Intelligenz, Robotic Inovation Center (RIC), 11. August

DFKI (2017) MANTIS. Mehrbeiniges Manipulations- und Lokomotionssystem. Datenblatt. Deutsches Forschungszentrum für künstliche Intelligenz, Robotic Inovation Center (RIC), 10. Januar

Dörner, D. (1991) Die Logik des Misslingens. Rowohlt, Reinbek bei Hamburg

Doya, K. (2007) Bayesian Brain – Probabilistic Approaches to Neural Coding. MIT Press, Cambridge, Mass.

van Engelsdorp, D. et al. (2009) Colony Collapse Disorder: A Descriptive Study. Plos One, Vol. 4, No. 8, https://doi.org/10.1371/journal.pone.0006481

Erdi, P. et al. (2004) Computational Neuroscience: Cortical Dynamics. Springer, Berlin, Heidelberg

Erling, J. (2016) China: Wenn ein Roboter den Zöllner ersetzt. Welt N24, Panorama, 2. Oktober, https://www.welt.de/vermischtes/article158506425/Wenn-ein-Roboter-den-Zoellner-ersetzt.html (Zugriff:19.4.2017)

Falkenburg, B. (2012) Mythos Determinismus – Wieviel erklärt uns die Hirnforschung? Springer Spektrum, Heidelberg

Fasel, D.; Meier, A. (Hrsg.) (2016) Big Data – Grundlagen, Systeme und Nutzungspotenziale. Springer Vieweg, Wiesbaden

FhG-IPA (2016) Roboter zur Pflegeunterstützung im Altenheim und Krankenhaus, Fhg-IPA-Schrift 2016, Stuttgart

Fong, T.; Nourbakhsh, I.; Dautenhahn, K. (2003) A survey of socially interactive robots. Robotics and Autonomous Systems 42, S. 143–166

Fouchère, A. (2016). Schwester Roboter. Japan automatisiert Dienstleistungen aller Art. Le Monde diplomatique, September, S. 1 und 16

Freimann, H. (2016) Ethikkommission wagt sich in die Welt des automatisierten Fahrens. VDI-Nachrichten, Nr. 47, S. 8–9

Fritzke, B. (1998) Vektorbasierte Neuronale Netze. Shaker, Herzogenrath

Füller, C. (2016) Ein Schulbuch, das keiner versteht. Cicero-online, http://cicero.de/salon/open-educational-resources-ein-schulbuch-das-keiner-versteht/60569 (Zugriff: 19.4.2017)

Füser, K. (1995) Neuronale Netze in der Finanzwirtschaft: Innovative Konzepte und Einsatzmöglichkeiten. Springer Gabler, Wiesbaden

Gabriel, M. (2015) Ich ist nicht Gehirn. Ulstein, Berlin

Gazzaniga, M. (2012) Die Ich Illusion. Hanser, München

GDV (2012) Kinderunfälle. Eltern unterschätzen Risiken zuhause. Gesamtverband Deutscher Versicherungswirtschaft, Berlin, Pressemitteilung, 30. August

Geißler, K. A. (2004) Vom Tempo der Zeit – und wie man es überlebt. Herder Spektrum, Freiburg

Gigerenzer, G. (2008) Bauchentscheidungen – Die Intelligenz des Unbewussten und die Macht der Intuition. Goldmann, München

Gigerenzer, G.; Gaissmaier, W. (2012) Intuition und Führung – Wie gute Entscheidungen entstehen. Bertelsmann-Stiftung, Gütersloh

Gustafsson, C.; Svanberg, C.; Müllersdorf, M. (2015) Using a Robotic Cat in Dementia Care: A Pilot Study. Journal of Gerontological Nursing, Vol. 41, No. 10, S. 46–56

Haddadin, S. (2014) Towards Safe Robots: Approaching Asimov's 1st Law. Springer Tracts in Advanced Robotics, Volume 90

Haddadin, S.; Croft, E. (2016) Physical Human-Robot Interaction, Springer Handbook of Robotics, Springer International Publishing, S. 1835–1874

Hafting, T. et al. (2005) Microstructure of a spatial map in the entorhinal cortex. Nature, Vol. 436, S. 801–806, https://doi.org/10.1038/nature03721

Haldane, D. W.; Plecnik, M. M.; Yim, J. K.; Fearing, R. S. (2016) Robotic vertical jumping agility via series-elastic power modulation. Science Robotics, Vol. 1, No. 1, https://doi.org/10.1126/scirobotics.aag2048

Häusler, J.; Sommer, M. (2006) Neuronale Netze: Nichtlineare Methoden der statistischen Urteilsbildung in der psychologischen Eignungsdiagnostik. Zeitschrift für Personalpsychologie, 5, S. 4–15

Haugeland, J. (Hrsg.) (1985) Artificial Intelligence. The Very Idea. MIT Press

Hebb, D. (2002) The organization of behavior. A neuropsychological theory. Erlbaum Books, Mahwah, N.J., Nachdruck der Ausgabe New York (1949)

Heckel, M. (2016) In der Masse zur Klasse? Handelsblatt Nr. 40, 26.–28. Februar, S. 18–19

Helbing, D. et al. (2015) Digitale Demokratie statt Datendiktatur, in: Spektrum der Wissenschaft, Die Woche, Sonderausgabe zu IT-Revolution, S. 5–19, Spektrum der Wissenschaft Verlagsgesellschaft mbH, Heidelberg

Hesse, S.; Mehrholz, J.; Werner, C. (2008). Robot Assisted Upper an Lower Limb Rehabilitation After Stroke. Deutsches Ärzteblatt International, 105 (18), S. 330–336

Hoefer, C. (2016) Das Melkroboter-Dilemma. Weserkurier, 15. August

Hoffmann, H.; Küppers, U.; Wiesner, G. (1987) Expert System Techniques in Process Control, Conf. of Artificial Intelligence and Information-Control Systems of Robots, Smolenice, Czechoslovakia, Oct. 19–23

Hofstadter, D. (2007) I Am a Strange Loop. Basic Books, New York, in Deutsch (2008): Ich bin eine seltsame Schleife. Klett-Cotta, Stuttgart

HRK (2015) Statistische Daten zu Studienangeboten an Hochschulen in Deutschland. Wintersemester 2015/2016, Nov. 2015, Hochschulrektorenkonferenz HRK, Bonn

IFR (2016) Executive Summary World Robotics 2016 Service Robots, https://ifr.org/downloads/press/02_2016/Executive_Summary_Service_Robots_2016.pdf (Zugriff: 19.4.207)

International Organization for Standardization ISO (2014). ISO 13482:2014 Robots and robotic devices – Safety requirements for personal care robots. Siehe auch: Beuth-Verlag Berlin: DIN EN ISO 13482 Nov. 2014

Isermann, R. (2003) Modellgestützte Steuerung, Regelung und Diagnose von Verbrennungsmotoren. Springer, Wiesbaden

Kamp-Becker, I. et al. (2010) Health-related quality of life in adolescents and young adults with high functioning autism-spectrum disorder. Psychosoc. Med., Vol. 7, pp. 1–10, Aug. 31

Kamp-Becker, I.; Bölte, S. (2014) Autismus. 2. Aufl., UTB-Profile, Ernst Reinhardt, München, Basel

Kamp-Becker, I. et al. (2015) Diagnostik und Therapie von Autismus-Spektrum-Störungen im Kindesalter, in: Kindheit und Entwicklung, 19, S. 144–157

Keil, G. (1998) Was Roboter nicht können – Die Roboterantwort auf knapp misslungene Verteidigung der starken KI-These, in: Engel, A.; Gold, P. (Hrsg.) Der Mensch in der Perspektive der Kognitionswissenschaften, Suhrkamp, Frankfurt/Main, S. 98–131

Kempkens, W. (2016) Retter in der Not. Roboter-Affe Salto macht gewaltige Sprünge. Ingenieur.de, http://www.ingenieur.de/Fachbereiche/Robotik/Roboter-Affe-Salto-gewaltige-Spruenge (Zugriff: 19.4.2017)

Klamer, T.; Allouch, B. (2010) Acceptance and use of a social robot by elderly users in a domestic environment, in: Pervasive Computing Technologies for Healthcare (PervasiveHealth), 2010 4th International Conference on-NO PERMISSIONS

Klingler-Deiseroth, C. (2016) Bitte vorsichtig zugreifen. VDI-Nachrichten, Nr. 10, S. 18

Koch, C. (2013) Bewusstsein. Springer Spektrum, Heidelberg

Koh, J-S. et al. (2015) Jumping on water: Surface tension-dominated jumping of water striders and robotic insects. Science, Vol. 349, No. 6247, S. 517–521

Kroll, A. (2013) Computational Intelligence: Probleme, Methoden und technische Anwendungen. De Gruyter, Berlin

Küppers, E. W. U.; Tributsch, H. (2002) Verpacktes Leben – Verpackte Technik. Bionik der Verpackung. Wiley-VCH, Weinheim

Kurzweil, R. (1990) The Age of Intelligent Machines. MIT Press

Lämmel, U.; Cleve, J. (2008). Künstliche Intelligenz. 3. Aufl., Hanser, München

Liljebäck, P.; Pettersen, K. Y.; Stavdahl, Ø.; Gravdahl, J. T. (2013) Snake Robots. Springer, Berlin, Heidelberg

Lill, F. (2015) Roboter. Der bessere Lehrer. DIE ZEIT, Nr. 37, 10. Sept.

Lotter, W. (2016) Zündstoff – Intuition und Vernunft sind keine Gegensätze. Sie ergänzen einander ideal. brand eins, Heft 11, S. 36–46

Lucarotti, C.; Totaro, M.; Sadeeghi, A.; Mazzolai, B.; Beccai, L. (2015) Revealing bending and force in a soft body through a plant root inspired approach. Scientific Reports 5, Article number: 8788, https://doi.org/10.1038/srep08788

Madeja, M. (2012) Das kleine Buch vom Gehirn. 2. Aufl., dtv, München

Mainzer, K. (2007) I robot – Grenzen und Chancen künstlicher Intelligenz, Manuskript eines Vortrages im SWR 2 am 1.7.2017

Mainzer, K. (2016) Künstliche Intelligenz – Wann übernehmen die Maschinen? Springer, Berlin Heidelberg

Mannino, A. et al. (2015) Künstliche Intelligenz: Chancen und Risiken. Diskussionspapier, Erstveröffentlichung 12. Dezember, Stiftung für Effektiven Altruismus, Berlin, Basel

Marsiske, H.A. (2016) Serviceroboter sind noch nicht alltagstauglich. VDI-Nachrichten, Nr. 8, S. 7

Mazollai, B. (2014) Plants as robots or robots as plants? European Commission, Digital Single Market, https://ec.europa.eu/digital-single-market/en/blog/plants-robots-or-robots-plants (Zugriff: 19.4.2017)

Mazollai, B.; Laschi, C.; Dario, P.; Mancuso, M. & S. (2010) The plant as a biomechatronic system. Plant Signaling & Behavior, Vol. 5, No. 2, S. 90–93

McCulloch, , W. S.; Pitts, W. (1943) A logical calculus of the ideas immanent in nervous activity. Bulletin of Mathematical Biophysics, 5, S. 115–137

Metha, I. et al. (2016) Training a Humanoid Robot to Self-Right Itself Using Neural Networks. Proceedings of the 29th Florida Conference on Recent Advances in Robotics, FCRAR 2016, Miami, Florida, S. 7–12

Moravec, H. (1990) Mind Children – Der Wettlauf zwischen menschlicher und künstlicher Intelligenz. Hoffmann & Campe, Hamburg

Moscatelli, A.; Bianchi, M. (Hrsg.) (2016) Human and Robot Hands – Sensorimotor Synergies to Bridge the Gap Between Neuroscience and Robotics. Springer Series on Touch and Haptic Systems, Springer, Heidelberg

Moscatelli, A. et al. (2016) The Change in Fingertip Contact Area as a Novel Proprioceptive Cue. Current Biology, Vol. 26, No. 9, S. 1159–1163

Moser, E. I. et al. (2015) Network mechanisms of grid cells. Philosophical Transactions of the Royal Society B, Vol. 369, No. 1635, https://doi.org/10.1098/rstb.2012.0511

Müller-Schloer, Chr.; Schmeck, H.; Ungerer, T. (Hrsg.) (2011) Organic Computing – A Paradigm Shift for Complex Systems. Birkhäuser, Basel

Muroi, A. et al. (2011) The Composite Effect of Transgenic Plant Volatiles for Acquired Immunity to Herbivory Caused by Inter-Plant Communications. Plos One, Vol. 6, No. 10, https://doi.org/10.1371/journal.pone.0024594

Nachtigall, W.; Blüchel, K. G. (2000) Das große Buch der Bionik. Neue Technologien nach dem Vorbild der Natur. DVA, Stuttgart, München

Naur, P. (2007) Computing versus Human Thinking. Communications of the ACM, Vol. 50, No. 1, S. 85–94

Nilsson, N. J. (1998) Artificial Intelligence: A New Synthesis. Morgan-Kaufmann, Burlington USA

O'Keefe, J.; Nadel, L. (1978) The Hippocampus as a cognitive map. Clarendon Press, Oxford

Oegerli, F.; Carr, N. (2016) Im Niemandsland – GPS macht unser Leben leichter und komfortabler. Aber: Wer nie wissen muss, wo er ist, verliert mehr als nur die Orientierung. Eine Fallstudie. Schweizer Monat, Mai, Zürich

Panasonic Newsroom (2015) Panasonic Autonomous Delivery Robots – HOSPI – Aid Hospital Operations at Changi General Hospital, Jul. 23.

Parker, L. E. (2008) Distributed Intelligence: Overview of the Field and its Application in Multi-Robot Systems. Journal of Physical Agents, Vol. 2, No. 1, S. 5–14

Patterson, D. (1997) Künstliche neuronale Netze. Prentice Hall, München

Pauen, M. (2016). Schwindelerregend! DIE ZEIT, Nr. 5, 28. Januar

Pfützner, H. (2014) Bewusstsein und optimierter Wille. Springer Spektrum, Heidelberg

Poole, D.; Mackworth, A. K.; Goebel, R. (1998) Computational Intelligence: A logical approach. Oxford University Press, Oxford GB

Popper, K. R.; Eccles, J. C. (1977) The Self an the Brain: An Argument for Interactionism, Springer, Heidelberg

Pozzi, M. et al. (2017) On Grasp Quality Measures: Grasp Robustness and Contact Force Distribution in Underactuated and Compliant Robotic Hands. IEEE Robotics and Automation Letters, Vol. 2, No. 1, S. 329–336

Ramezani, A.; Chung, S.-J.; Hudginson, S. (2017) A biomimetic robotic platform to study flight specializations of bats. Science Robotics, Vol. 2, No. 3, https://doi.org/10.1126/scirobotics.aal2505

Reich-Stiebert, N.; Eyssel, F. (2016) Robots in the Classroom: What Teachers Think About Teaching and Learning with Education Robots, in: Agah, A. et al. (Hrsg.) Social Robots, Springer, Springer International Publishing, S. 671–680

Reimann, E.; Kipp, A. (2016) Der Roboterlieferant. Weserkurier, 8. August

Rey, G. D.; Wender, K. F. (2011) Neuronale Netze – Eine Einführung in die Grundlagen, Anwendungen und Datenauswertung. 2. überarb. Aufl., Hans Huber, Bern, Schweiz

Rich, E.; Knight, K. (1991) Artificial Intelligence (2. Aufl.). McGraw-Hill, Maidenhead, UK

Riedel, M. et al. (2014) Big Data in Science – Overview of European & International Activities. Helmholtz Association, FZ-Jülich, Universitiy of Ireland

Roadmap for US Robotics (2016) From Internet to Robotics, Nov. 7, see also http://jacobsschool. ucsd.edu/contextualrobotics/docs/rm3-final-rs.pdf (Zugriff: 10.1.2017)

Robins, B.; Dautenhan, K. (2014) Tactile Interactions with a Humanoid Robot: Novel Play Scenario Implementations with Children with Autism. Int. J. of Soc. Robotics, Vol. 6, S. 397–415

Roedig, A. (2016) Der Mensch ist nicht sein Gehirn. Neue Zürcher Zeitung, 29. Februar

Rojas, R. (1996) Neural Networks – A Systematic Introduction. Springer, Berlin

Rosenblatt, F. (1958) The perceptron. A probabilistic model for information storage and organization in the brain, in: Psychological Reviews, Vol. 65, S. 386–408.

Rosi, A. et al. (2016) The use of new technologies for nutritional education in primary schools: a pilot study, in: Public Health, Vol. 140, S. 50–55

Roth, G. (2010) Wie einzigartig ist der Mensch? – Die lange Evolution der Gehirne und des Geistes, Springer Spektrum, Heidelberg

Russell, S.; Norvig, P. (2012) Künstliche Intelligenz – Ein moderner Ansatz. 3. aktualisierte Auflage, Pearson, München

Salter, T. et al. (2006) Learning about natural human-robot interaction styles, in: Robotics and Autonomous Systems, Vol. 54, S. 127–134

Samuels, P.; Poppa, S. (2017) Developing Extended Real and Virtual Robotics Enhancement Classes with Years 10–13, in: Merdan, M. et al. (Hrsg.) Robotics in Education, Springer International Publishing, Switzerland, S. 69–81

Schloemann, J. (2016) Elektrokinder. Süddeutsche Zeitung, Nr. 268, S. 17

Schmidhuber, J. (2015) Deep learning in neural networks: An Overview. Neural Networks, Vol. 61, S. 85–117

Schmidt, M. (2012) Wie gefährdet ist mein Kind? Repräsentative Studie zu Kinderunfällen und Risikobewusstsein der Eltern 2012. GfK Finanzmarktforschung im Auftrag des GDV, http://www.gdv.de/wp-content/uploads/2012/08/Studie-Kinderunfaelle-Schmidt_GfK.pdf (Zugriff: 19.4.2017)

Schmitz, W. (2016) Die Grenzen der digitalen Schule. VDI-Nachrichten Nr. 8, 26. Februar, S. 31

von Schoenebeck, G. (2015) Roboter als Haushaltshilfe. Verkaufsstart für den humanoiden Roboter Pepper. Ingenieur.de, http://www.ingenieur.de/Fachbereiche/Robotik/Verkaufsstart-fuer-humanoiden-Roboter-Pepper (Zugriff:19.4.2017)

Schraft, R.D.; Hägele, M.; Wegener, K. (1993) Service robots: the appropriate level of automation and the role of users/operators in the task execution, in: Proceedings of international conference on systems engineering in the service of humans. 17–20 Oct. 1993. Systems, Man and Cybernetics, Vol. 4, S. 163–169

Schulz, N. B. (2016) Vom Verschwinden des Lehrers. Frankfurter Rundschau, Nr. 101, S. 21

Searle, J. R. (1986) Geist, Hirn und Wissenschaft. Suhrkamp, Berlin

Seidel, W. (2009) Das ethische Gehirn – Der determinierte Wille und die eigene Verantwortung. Springer Spektrum, Heidelberg

Simo, A.; Nishida, Y. (2006) A Humanoid Robot to prevent Children Accidents. Sociotechnical Systems, Proceedings of 12th International Conference, VSMM, S. 476–485

Simo A., Kitamura K., Nishida Y. (2005) Behavior based Children Accidents' Simulation and Visualization: Planning the Emergent Situations. Proceedings of 4th International Conference on Computer Intelligence CI 2005, S. 61–69.

Simo, A.; Kitamura, K.; Nishida, Y. (2007) Simulating and Monitoring Children Activity related to Injuries. Proc 13th Int. Conference on VSMM 2007, Brisbane, Australia, Virtual Systems and Multimedia 23–26 Sept., S. 283–290

Singer, P. W. (2009) Wired for War. The Robotics Revolution and Conflict in the 21st Century. Penguin Press, New York

Singer, W. (1999) Neuronal Synchrony: A Versatile Code Review for the Definition of Relations? Neuron, Vol. 24, No. 1, S. 49–65

Spice, B. (2015) Carnegie Mellon's Snake Robots Learn To Turn By Following the Lead of Real Sidewinders. Carnagy Mellon University News, March, 23

Stadt Graz, Ö. (2016) Künstliche Intelligenz für die Infrastruktur der Zukunft in Graz. Presseinformation Wirtschaft / Energie / Innovation Graz, 28. Oktober

Statistics Bureau (2016) Statistical Handbook Japan. Ministry of Internal Affairs an Communications, Tokyo, Japan

Stiftung für Effektiven Altruismus, (2015) Künstliche Intelligenz – Chancen und Risiken. Diskussionspapier, 12. Dezember, https://ea-stiftung.org/kuenstliche-intelligenz/ (Zugriff: 19.4.2017)

Stoller, D. (2015) Maschine für Familien. Dieser Roboter bringt sogar Kinder ins Bett und kann fotografieren. Ingenieur.de, http://www.ingenieur.de/Fachbereiche/Robotik/Dieser-Roboter-bringt-sogar-Kinder-Bett-fotografieren (Zugriff: 19.4.2017)

Süß, H.-M. (2003) Intelligenztheorien, in: Kubinger, K. D.; Jäger, R. S. (Hrsg.) Schlüsselbegriffe der Psychologischen Diagnostik. Psychologie Verlag Union, Weinheim, S. 217–224,

Tautz, J. (2007) Phänomen Honigbiene. Spektrum, Heidelberg

Tonazzi, A.; Sadeghi, A.; Popova, L.; Mazzolai, B. (2013) Plant Root Strategies for Robotic Soil Penetration. Conference on Biomimetic and Biohybrid Systems Living Machines 2013: Biomimetic and Biohybrid Systems, S. 447–449

Tschirk, W. (2014) Statistik. Klassisch oder Bayes. Springer Spektrum, Berlin, Heidelberg

Tuma, T. et al. (2016) Stochastic phase-change neurons. Nature Nanotechnology, Vol. 11, S. 693–699

Vasquez, D.; Gruhn, R.; Minker, W. (2012) Hierarchical Neural Network Structures for Phoneme Recognition. Springer, Heidelberg

Verl, A.; Schäffer, A. A.; Brock, O.; Raatz, A. (Hrsg.) (2015) Soft Robotics. Springer, Berlin, Heidelberg

Vogel, S. (2003) Comparative Biomechanics. Life's Physical World. Princeton University Press, Princeton, New Jersey

Wainer, J. et al. (2014) Using the Humanoid Robot KASPAR to Autonomously Play Triadic Games and Facilitate Collaborative Play Among Children With Autism. IEEE Transactions on autonomous mental Development, Vol. 6, No. 3, S. 183–199

Watson, R. (2014) 50 Schlüsselideen der Zukunft. (Original 2012), Spektrum Sachbuch, Springer, Berlin, Heidelberg

Wehner, M. et al. (2016) An integrated design and fabrication strategy for entirely soft, autonomous robots. Nature 536, S. 451–455

Weizenbaum, J. (1978) Die Macht der Computer und die Ohnmacht der Vernunft, Suhrkamp, Frankfurt/Main

Weizenbaum, J. (1987) Kurs auf den Eisberg. Serie Piper, München Zürich

von Weizsäcker, C.; von Weizsäcker, E. U. (1984) Fehlerfreundlichkeit, in: Kornwachs, K. (Hrsg.) Offenheit – Zeitlichkeit – Komplexität: Zur Theorie der Offenen Systeme, Campus, Frankfurt/-Main, S. 167–200

Welter, P (2007) Ein Roboter spielt die erste Geige. FAZ-Wirtschaft, 7. Dezember, Bericht aus Tokyo, http://www.faz.net/aktuell/wirtschaft/bei-toyota-ein-roboter-spielt-die-erste-geige-1492944.html (Zugriff: 19.4.2017)

Wenzel, F.-T. (2016) Sie sind überall. Angriffe auf die vernetzte Welt ist nur noch mit massiven Änderungen beizukommen. Frankfurter Rundschau, Nr. 283, 3./4. Dezember, S. 2–3

Wilkins, L. K. et al. (2013) Selective deficit in spatial memory strategies contrast to intact response strategies in patients with schizophrenia spectrum disorders tested in a virtual navigation task. Hippocampus, Vol. 23, No. 11, S. 1015–1024

Winston, P. H. (1992) Artificial Intelligence (3. Aufl.) Addison-Wesley, Boston USA

Woodford, G. W.; du Plessis, M. C.; OPretorius, c. J. (2017) Concurrent controller and Simulator Neural Network development for a snake-like robot in Evolutionary Robotics. Robotics and Autonomous Systems, Vol. 88, S. 37–50

WWF (Hrsg.) (1993) Bionik. Patente der Natur. Pro Futura, München

Yi, Z.; Zhang, Y.; Peters, J. (2016) Bioinspired tactile sensor for surface roughness discrimination. Sensors and Actuators, Vol. A255, S. 46–53

Zabel, T. (2015) Die Eignung Neuronaler Netze für die Mining-Funktionen Clustern und Vorhersage. Diplomica, Hamburg

Zhang, Y. (2015) Chinas Business 4.0. Tagesspiel Nr. 22343 v. 15. März, S. B5

The factory of the future will have only two employees, a man and a dog.
The man will be there to feed the dog.
The dog will be there to keep the man from touching the equipment.

(Die Fabrik der Zukunft hat genau zwei Arbeiter: einen Mann und einen Hund.
Der Mann wird da sein, um den Hund zu füttern,
der Hund wird da sein, um den Mann vom Berühren der Geräte abzuhalten.)
  Warren Gamaliel Bennis, USA,
  Wirtschaftswissenschaftler (1925–2014)[1]

5.1 Begriffsbestimmung

Arbeiten

Menschen *müssen* arbeiten! Sie arbeiten körperlich-geistig – nicht körperlich oder geistig,
weil beides in einem Organismus untrennbar ist. Wie aus Abschn. 2.3.2 bekannt, versuchen Werbefachleute immer wieder aus der Trennung von *Körper und Geist* oder *Arbeit
und Leben* bzw. *work and life* Kapital zu schlagen, was ihnen bestens zu gelingen scheint.
Doch auch die folgenden Grundbegriffe des (westlichen) Arbeitsbegriffes folgen bereits
weitgehend diesem monetären Ansatz, der eine eher holistische Sichtweise mehr und mehr
auszuschließen scheint.

Die Arbeitsergebnisse – wie auch immer sie gestaltet werden – sind Produkte von strukturiert ablaufenden Arbeitsprozessen. Die daraus ableitbare *Arbeitsproduktivität* ist eine
volkswirtschaftliche Verhältniszahl, die besagt, wie hoch die quantitative Arbeitsleistung
im Verhältnis zum quantitativen Arbeitseinsatz ist. Der lineare – aber wirklichkeitsfrem-
de – Wirtschaftsansatz sagt: Je mehr ich arbeite, desto höher ist die erzielte Arbeitsmenge.
Arbeitgeber, die Arbeitsleistungen entlohnen und von den geschaffenen Arbeitsmengen

---

[1] https://www.brainyquote.com/quotes/authors/w/warren_bennis.html (Zugriff 25.01.2017).

© Springer Fachmedien Wiesbaden GmbH 2018
E. W. U. Küppers, *Die humanoide Herausforderung*,
https://doi.org/10.1007/978-3-658-17920-5_5

profitieren, kalkulieren – rein ökonomisch – noch mit einer weiteren Verhältniszahl. Für sie gilt auch: Je geringer die Entlohnung menschlicher Arbeit im Verhältnis zur erbrachten Arbeitsmenge, je höher ist der geldwerte Vorteil.

Ohne nun tiefgreifend auf mit Arbeiten verbundene volks- und betriebswirtschaftliche Kriterien, auf soziale Belange und andere vernetzte Einflussgrößen eingehen zu wollen, fragen wir danach, was mit der Arbeitsproduktivität geschieht, wenn Roboter oder humanoide Roboter statt Menschen dieselbe Arbeit übernehmen. Technisch-elektronisch abgestimmt, fehlerfrei programmiert und mit ausreichender Energie versorgt, arbeiten Roboter – wenn es die Arbeitsvorgänge zulassen – 24 h am Tag, und in der letzten Stunde mit derselben Arbeitsqualität und Arbeitsgeschwindigkeit wie in der ersten. Darüber hinaus ist anzunehmen, dass die von den Maschinen erbrachte quantitative Maschinen(Arbeits-)leistung um ein Vielfaches höher ist. Das schafft kein Mensch. *Eins zu Null für den Roboter!*

Produktionsfaktoren und Produktivität

Neben der faktorbasierten Arbeitsproduktivität schließt die übergeordnete Kenngröße Produktivität, volkswirtschaftlich gesehen, auch die Kapitalproduktivität, die Bodenproduktivität und die Wissensproduktivität – Know-how – ein, die auch *Produktionsfaktoren* genannt werden. *Produktivität* ist somit das Verhältnis der Summe eingesetzter Produktionsfaktoren in der Produktion zum dadurch erzielten Ergebnis.

> In der Betriebswirtschaftslehre werden sie [die Produktionsfaktoren, d. A.] unterteilt in Potenzialfaktoren (z. B. Maschinen, Gebäuden und dergl.; sie werden bei Produktion einer Produktionseinheit nicht verbraucht, sondern stellen Produktionsmöglichkeiten dar; als Potenziale sind sie nicht beliebig teilbar; sie werden nach gewissen Zeiträumen ihrer Nutzung erneuert) und Repetierfaktoren (z. B. Roh-, Hilfs- und Betriebsstoffe; sie werden bei der Produktion verbraucht und laufend erneuert). (Escherle, Kaplaner 1982, 274)

Betriebswirtschaftlich gesehen ist ein Betrieb ein *System produktiver Faktoren,* wie es Gutenberg interpretierte, der in den 1950er bis 1960er-Jahren die moderne Betriebswirtschaftslehre – BWL – geprägt hat, und auf den der faktortheoretische Ansatz der BWL zurückgeht.

Die Vielzahl heute bekannter, konkreter, ausgeformter betriebswirtschaftlicher Konzepte, die aus Gutenbergs BWL-Ansatz hervorgingen, zeigt Tab. 5.1 (siehe hierzu Wollenberg et al. 2004, 27–37). Im Zeitalter des Anthropozäns, mit zunehmendem Eindringen digitalisierten Arbeitens und dadurch begleitenden neuen Arbeitsprozesse, wird auch über BWL-Ansätze zu Anthropozän und Industriedigitalisierung nachzudenken sein, die bestehende BWL-Ansätze ergänzen oder grundlegend neue Produktivitätswege aufzeigen.

Arbeitslosigkeit

Der Begriff Arbeitslosigkeit ist nicht einfach zu handhaben. Eine Binsenweisheit wie „Arbeitslos ist, wer keine Arbeit hat" wird dem jedenfalls nicht gerecht. Auch existieren

Tab. 5.1 Acht konkrete Ausformungen betriebswirtschaftlicher Konzepte. (Nach: Wollenberg et al. 2004, 28; mit zwei durch den Autor postulierten, aus dem Inhalt des vorliegenden Buches abgeleiteten Ansätzen, noch ohne konkrete Ausformung (grau hinterlegt))

BWL-Ansatz nach	Kennzeichen[a]	Vertreter[a]
Faktoren	Optimale Kombinierung von Produktionsfaktoren	Gutenberg
Entscheidungen	Sozialwissenschaftliche Öffnung	Heinen
Systemen	Denken in kybernetischen und Systemzusammenhängen	Ulrich
Systemspezifik:		
– Evolution	Selbstorganisation	Malik, Kirch
– Energo-Kybernetik	Konzentration der Kräfte	Mewes
– Ganzheitlichkeit	Vernetztes Denken	Gomez, Probst
Situationen	Kontextfaktoren	Koons, O'Donnell
Arbeitsorientierte Einzelwirtschaft	Orientierung an Arbeitnehmerinteressen	WSI-Projektgruppe
Marketing	Steuerung vom Markt her	Meffert, Nieschlag
Elektronische Datenverarbeitung – EDV	Informationsmanagement	Scheer
Ökologie	Ökologisches Wirtschaften und Arbeiten	Pfriem, Strebel Seidel, Hopfenbeck
Anthropozän	Klimafaktoren, lokale und globale Nachhaltigkeit	N. N.
Industriedigitalisierung mit Internet der Dinge – IdD	Analog-digitale Mensch-Roboter-Kooperation bzw. -Kollaboration, digitale Industrievernetzung mit digitaler Vernetzung im Internet der Dinge	N. N.

[a] Zu weiteren Details siehe Wollenberg et al. 2004, 37 und die Vielzahl an Veröffentlichungen der genannten Autoren

verschiedene Ursachen und Folgen von Arbeitslosigkeit, die aber nicht weiter thematisiert werden (s. dazu Friedrich, Wiedemeyer 2013). Echerle und Kaplaner (1982) geben eine nach wie vor gültige Definition von Arbeitslosigkeit der Bundesanstalt für Arbeit.[2] Demnach bezeichnet Arbeitslosigkeit

> Arbeitslose als Arbeitssuchende, die in der Hauptsache als Arbeitnehmer tätig sein wollen, nicht arbeitsunfähig erkrankt sind und nicht als Arbeitnehmer, Heimarbeiter, mithelfende Familienmitglieder oder Selbstständige beschäftigt sind. (Echerle, Kaplaner 1982, 30)

---

[2] Siehe auch http://www.wirtschaftslexikon24.com/d/arbeitslosigkeit/arbeitslosigkeit.htm (Zugriff: 20.01.2017).

Eine weitere Formulierung von Arbeitslosigkeit bzw. Arbeitslosen besagt nach § 16 SGB III, arbeitslos sind diejenigen Personen, die wie beim Anspruch auf Arbeitslosengeld (vgl. §§ 136–146 SGB III)

> [...] vorübergehend nicht in einem Beschäftigungsverhältnis stehen, eine versicherungspflichtige Beschäftigung suchen, den Vermittlungsbemühungen einer Agentur für Arbeit zur Verfügung stehen und sich bei einer Agentur für Arbeit persönlich arbeitslos gemeldet haben. (BA 2016, 36).

Die Digitalisierung der Arbeit und des Arbeitslebens – Industrie 4.0 – lässt bei vielen Arbeitnehmern die Befürchtung aufkommen, bald ohne Arbeit zu sein, weil Maschinen mit intelligenter Programmierung viele Tätigkeiten von Menschen übernehmen könnten und zum Beispiel bereits bei einfachen Handhabungs- oder Transportarbeiten übernommen haben. Lässt sich aus diesem Trend zu neuen, bisher nicht vorhandenen, effizienten Techniken und Produktionsprozessen eine zunehmende Arbeitslosigkeit ableiten? Werden an Werkbänken, Maschinen, Prozessstraßen oder in Büros arbeitende Menschen bald durch „Genossin" oder „Kollege" Roboter arbeitslos?

> Ach, und noch was; es gibt einen weit verbreiteten Irrtum, der darin besteht, den technischen Fortschritt für die zunehmende Arbeitslosigkeit verantwortlich zu machen. Nein. Maschinen [also auch Roboter, d. A.] zerstören keine Arbeitsplätze. Das ist nur eine jahrhundertealte Angst, die seit der industriellen Revolution [gemeint ist die 1. industrielle Revolution Anfang bis Mitte des 18. Jahrhunderts, d. A.] regelmäßig wiederkehrt, sobald sich die wirtschaftliche Situation verschlechtert. Nein, Maschinen zerstören keine Arbeitsplätze, sondern verlagern sie nur. (Fourçans 1998, 95).

Der französische Ökonom André Fourçans schließt keineswegs aus, dass auch Arbeitsplätze verloren gehen; aber dafür entstehen an anderer Stelle neue. Heute werden zum Beispiel Arbeitsplätze in klassischen Industriebereichen der Automobilindustrie abgebaut. Ein Beispiel ist die vollautomatische Lackiererei, die Arbeiter an diesem, gesundheitlich nicht ungefährlichen Arbeitsplatz durch „Lackierroboter" ersetzt. Gleichzeitig entstehen aber neue, bisher unbekannte Berufe, zum Beispiel in IT-Abteilungen oder Produktionsbereichen von Unternehmen, die mit Datenbrillen, virtuellen Räumen, digitalen Applikationen und vielem mehr zur unternehmerischen Produktivität beitragen – oder auch nicht ...

Produktivitätsparadox

> There is a lot of loose talk about the „deindustrialization" of the United States economy. We are losing our manufacturing industry to foreigners and becoming a „service economy" (if you like the idea) or a „nation of hamburger stands and insurance companies" (if you don't like the idea). (Solow 1987)

Übersetzt:

> Es herrscht eine Menge Geschwätzigkeit über die „Deindustrialisierung" der US-Wirtschaft.
> Wir verlieren unsere Produktionsindustrie an Ausländer und bekommen eine Dienstleistungs-
> wirtschaft (wenn sie die Idee mögen) oder eine Nation von Hamburger-Verkaufsständen und
> Versicherungsgesellschaften (wenn sie die Idee nicht mögen).

Der US amerikanische Wirtschaftsnobelpreisträger Robert Merton Solow schrieb diese
Zeilen 1987, im Rahmen seiner Kritik zu Stephen S. Cohens und John Zysmans Buch
„Manufacturing Matters – The Myth of the Post-Industrial Economy" (1987). In seiner
kritischen Replik hob Solow einen Satz hervor, der heute, nach exakt 30 Jahren, kontrovers
diskutiert wird:

> You can see the computer age everywhere but in the productivity statistics. (Solow 1987)

Übersetzt:

> Das Computerzeitalter ist überall sichtbar, nur nicht in der Produktivitätsstatistik.

Mit dem Produktivitätsparadox scheint Solow einen Nerv der Digitalisierung getroffen zu
haben, der sich noch in seiner Wirkung ausbreiten wird. Dies geschieht umso mehr, je
stärker industrielle und nicht industrielle Prozesse digitalisiert und miteinander in einem
Daten-, Informations- und Wissensnetz – rund um die Erde – verbunden sind. Mit rasender Geschwindigkeit werden elektronische Impulse bzw. Signale an Geräte aus dem Alltag
oder Maschinen in Produktionsprozessen weitergeleitet oder von diesen empfangen. Wird
diese postulierte Entwicklung auch von einem Rückgang menschlicher Arbeitskraft begleitet? Keiner weiß das.

Viele sprechen heute von einem technischen Zeitalter des analogen-digitalen Umbruchs, des Wechsels, des Übergangs. Klar ist, dass an den Grenzen technischer Systeme,
wie auch an allen anderen Grenzen, die noch nicht ausgeprägt sind, die noch einen hohen
Anteil an Unsicherheit beinhalten, teils hochdynamische Fortschritte, teils chaotische
Zustände herrschen. Nebenbei gesagt: Die Natur ist hierfür wieder leuchtendes Vorbild. Diese Unsicherheit wird solange anhalten, bis sich ein dynamisches Gleichgewicht
einstellt, das aus heutiger Sicht noch im Nebel der Zukunft verborgen ist.

Zwölf Jahre nach Solows Bemerkung fragte Jack E. Triplett: Was tragen Computer zur
Produktivität bei? Und: Wenn das Produktivitätsparadox existiert, was können wir darüber
sagen? Sieben geläufige Erklärungen zu Solows Paradox führt Triplett ins Feld:

1. You don't see computers „everywhere" in a meaningful economic sense. Computers and information processing equipment are a relatively small share of GDP and of the capital stock.
2. You only think you see computers everywhere. Government hedonic price indexes for computers fall „too fast," according to this position, and therefore measured real computer output
   growth is also „too fast."

3. You may not see computers everywhere, but in the industrial sectors where you most see them, output is poorly measured. Examples are finance and insurance, which are heavy users of information technology and where even the concept of output is poorly specified.
4. Whether or not you see computers everywhere, some of what they do is not counted in economic statistics. Examples are consumption on the job, convenience, better user interface, and so forth.
5. You don't see computers in the productivity statistics yet, but wait a bit and you will. This is the analogy with the diffusion of electricity; the idea that the productivity implications of a new technology are only visible with a long lag.
6. You see computers everywhere but in the productivity statistics because computers are not as productive as you think. Here, there are many anecdotes, such as failed computer system design projects, but there are also assertions from computer science that computer and software design has taken a wrong turn.
7. There is no paradox: some economists are counting innovations and new products on an arithmetic scale when they should count on a logarithmic scale. (Triplett 1999, 309)

Übersetzt:

1. **Du siehst nicht überall Computer,**
   von denen eine aussagekräftige wirtschaftliche Bedeutung ableitbar ist. Computer und informationsverarbeitende Prozessausrüstung sind nur ein relativ kleiner Teil des Bruttoinlandsproduktes[3] – BIP – und des Grundkapitals.
2. **Du denkst nur, dass du überall Computer siehst.**
   Staatlich gelenkte, hedonistische, der individuellen Befriedigung dienende Kostenkennziffern für Computer fallen zu schnell, mit Blick auf diese Position, und demzufolge ist das gemessene reale Computerwachstum ebenfalls zu schnell.
3. **Vielleicht siehst du nicht überall Computer,**
   doch im industriellen Bereich deiner Arbeit, wo sie am häufigsten zu sehen sind, wird das Arbeitsergebnis mangelhaft gemessen. Beispiele sind Finanzen und Versicherungen, die bedeutsame Nutzer von Informationstechnologien sind und bei denen Arbeitsergebnisse mangelhaft spezifiziert sind.
4. **Ob du Computer überall siehst oder nicht,**
   nicht alles, was sie tun, ist in ökonomischen Statistiken berechenbar. Beispiele sind Konsumieren bei der Arbeit, Bequemlichkeit, bessere Benutzerschnittstellen usw.
5. **Du siehst zurzeit keine Computer in Produktivitätsstatistiken,**
   aber warte eine Weile, dann siehst du sie. Das ist analog zur Verbreitung von Elektrizität; die Vorstellung, dass Produktivität in neue Technologien eindringt und erkennbar [sowie berechenbar d. A.] wird, geschieht mit langer Verzögerung.
6. **Du siehst überall Computer, nur nicht in der Produktivitätsstatistik,**
   weil Computer nicht so produktiv sind, wie du denkst. Darüber existieren viele Anekdoten, wie gescheiterte Designprojekte von Computern, aber auch Behauptungen aus der Computerwissenschaft, dass Computer und Softwaregestaltung einen falschen Weg eingeschlagen haben.

---

[3] Das BIP = Bruttoinlandsprodukt, engl. GDP = Gross Domestic Product, kennzeichnet den Gesamtwert aller im Inland hergestellten Güter und Dienstleistungen, in Form von sogenannten Endprodukten, pro Jahr.

7. Du siehst kein Paradox:
   Einige Wirtschaftswissenschaftler berechnen Innovationen und neue Produkte entlang einer
   arithmetischen Skala, obwohl eher eine logarithmische Skala angebracht wäre.

Nach Meinung des Autors ist das eine klare Aussagenanalyse zum Produktivitätsparadox, mit deutlichen Hinweisen darauf, dass der vorab beschriebenen Unsicherheit in Zeiten technischer Umbrüche mehr Beachtung und *Achtsamkeit* geschenkt werden muss und sich eine Schwarz-weiß- oder Ja-nein-Malerei rund um den Begriff des Produktivitätsparadoxes von selbst verbietet.

Produktivität elektrisiert Unternehmer und Politiker gleichermaßen. Denn nach gängiger Wirtschaftsregel erhöht zunehmende Produktivität das Wachstum und den Wohlstand der Bevölkerung. Dass die Ergebnisse dieser monokausalen Kettengleichung weit jenseits realitätsnaher Ergebnisse von Wirkungsnetzanalysen liegen, die durch gesellschaftlich beeinflussende, komplexe und somit dynamische Wechselwirkungen gespeist sind, stört selten.

Mit dem deutlichen Zuwachs an Computern, Robotern, Mobile Phones, Tablets, Datenbrillen und anderen elektronischen Geräten kommunizieren Menschen beruflich und privat. Unbegreiflich viele Datenpakete werden hin und her gesendet, aus denen kaum messbare Produktivität erwächst. Im Arbeitsprozess genutzte elektronische „Helfer" werden nicht selten für private Dinge zweckentfremdet, was sich direkt, aber unproduktiv auf die Arbeitsleistung und die Produktivität auswirkt.

Mit zunehmend verbesserter Software für mobile Multifunktionsgeräte im Taschenformat werden heute derart hohe Qualitätswerte zum Beispiel fürs Fotografieren erreicht, dass die Produktivität klassischer (Fotoapparate-)Hersteller darunter leidet. Tausende von Fotos und Videos können mit einem einzigen mobilen „Smartphone" und kostenlos zur Verfügung gestellten Anwenderprogrammen – Apps – aufgenommen und gespeichert werden, ohne die früher teuren – für diese Dienste aber produktivitätssteigernden – Arbeiten von Fotolabors in Anspruch nehmen zu müssen.

Die Reisebranche ist ein weiteres anfälliges Beispiel für Produktivität im digitalen Zeitalter. An jedem Ort der Erde können wir – ganz bequem im Sessel und in den eigenen Räumen, in denen wir mit 3D-Datenbrillen und weiterer Elektronik virtuell in den Urlaubsort eintauchen – Museen besichtigen, durch Straßen schlendern, in eine Cafeteria gehen – aber dort keinen Kaffee genüsslich trinken. Hier zeigen sich deutlich Grenzen digitaler Fortschritte und auch damit gekoppelter Produktivität.

Nicht auszuschließen ist, dass heute kostenlose Programme oder Teilnahme in digitalen sozialen Netzwerken oder Netzwerken, die sich auf spezielle Dienstleistungen für das Internet der Dinge aufbauen und deren Nutzung im Austausch gegen personifizierte Daten erlaubt wird, zukünftig kostenpflichtig werden, wodurch sich Umsatz und Produktivität erhöhen.

Weniger optimistisch ist der US-Ökonom Robert Gordon (2016), der, in einem Interview in brand eins vom Juli 2016, das Wachstum durch die neuen digitalen Techniken nicht so euphorisch sieht wie manche *Digitalisten* es vorhersagen (Malcher 2016). Gordon sieht eher eine Stagnation des Wachstum, weil seiner Meinung nach der größte Teil der digitalen Entwicklung – trotz neuer Produkte – bereits 1995 abgeschlossen war, noch bevor das World Wide Web – www – groß wurde. Er vergleicht im geschichtlichen Kontext digitale Innovationen mit der Nutzung von Elektrizität, Telefon und fließendem Wasser in Wohnungen, deren Erfindung Gordon für bedeutender und wachstumstreibender hält. Auf die Frage nach den Produktivitätsgewinnen im digitalen Zeitalter antwortet Gordon:

> Sie sind momentan schwer auszumachen. Nur ein Beispiel: Universitäten. Es wird immer mehr Geld in die Technik gesteckt, es wird immer mehr teures Equipment gekauft, Hörsäle werden mit Computern ausgestattet. Das führt dazu, dass man in der Verwaltung einen aufgeblähten Apparat bekommt – ohne dass die Ausbildung dadurch besser würde. Dadurch steigen die Kosten, doch die Studenten lernen nicht mehr als früher. (Gordon 2016, 74).

Neben seinen Aussagen zu Innovationen im digitalen Zeitalter, wie 3D-Drucker, Big Data und selbstfahrende Autos, bewertet Gordon Roboter und künstliche Intelligenz nicht als technische Revolution. Ihr Einsatz in der Industrie (und in außerindustriellen Bereichen, d. A.)

> [...] bedeutet nicht, dass Millionen Menschen von heute auf morgen ihren Job verlieren. Bei Künstlicher Intelligenz hat man bei Stimmerkenung, in der Radiologie oder beim Übersetzen von Sprachen einiges erreicht. Aber so schrecklich weit ist man noch nicht. (ebd.)

Gordons Wachstumsskepsis für das digitale Zeitalter wird untermauert durch den OECD-Bericht über Perspektiven der globalen Entwicklung (OECD 2014) (OECD: Organisation for Economic Cooperation and Development). Die Entwicklung des Produktivitätswachstums (BIP pro Arbeitsstunde, durchschnittliches Wachstum pro Jahr in %) in fünf Industrieländern, mit fortschrittlichen Entwicklungsprodukten – Roboter, KI u. a. m. – im Digitalisierungsprozess, zeigt Abb. 5.1. Durchschnittswerte können jedoch nur eine Orientierung liefern, in diesem Fall zu Trends im Produktivitätswachstum der fünf Länder über Jahrzehnte. Erst präzisere Detailanalysen können realistischere Perspektiven aufzeigen, in welchen Unternehmen bzw. Branchen hohe bzw. niedrige Produktivität vorherrscht (siehe weiter unten). Wie auch immer. Der aufgezeigte OECD-Trend in Abb. 5.1, in dem sich auch in den letzten Jahren und Jahrzehnten die zunehmende Digitalisierungsproduktivität verbirgt, verheißt kaum einen deutlichen Aufschwung – im Gegenteil.

Zurück ins Inland. Struktureller Wandel, der sich von klassischen Produktivtechniken in Richtung neuer Dienstleistungstechniken erstreckt, die unendliche Geschichte deutscher Bildung und Weiterbildung, fehlende Fachkräfte, fehlende Kreditvergabe der Banken an die Industrieunternehmen, dadurch entstehender Mangel an Investitionsbereitschaft, politisch kurzsichtige Fehlentscheidungen, demografische Veränderungen und vieles mehr sind Teile eines komplexen Netzwerkes, die eine belastbare Bestimmung von Produktivitätskennwerten beeinflussen.

Wie das *Kriterium der Produktivität* im analogen-digitalen Produktions- und Dienstleistungsumfeld in Deutschland behandelt wird, zeigen auch folgende Einschätzungen.

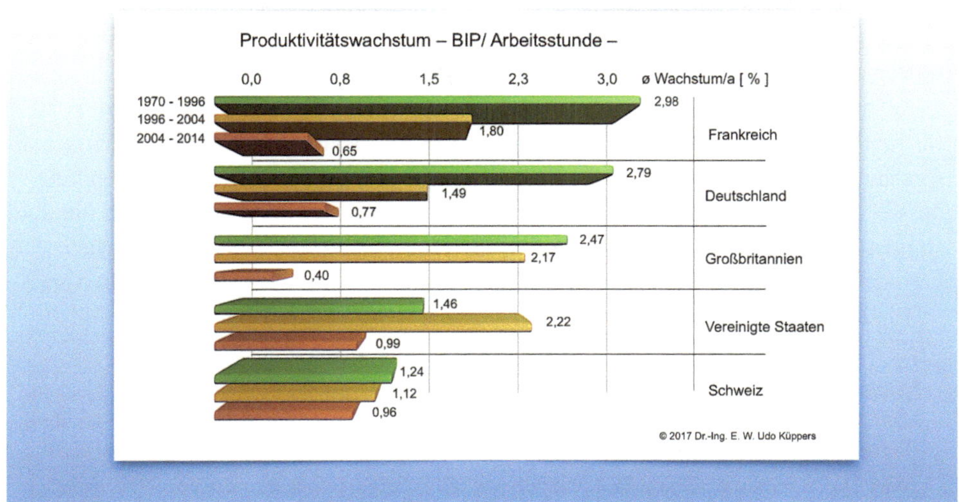

Abb. 5.1 Durchschnittliche, prozentuale OECD-Produktivitätswachstumsraten aus fünf Industrienationen, über drei Zeitperioden, insgesamt über 44 Jahre. (Aus: OECD-Abbildung in: Handelsblatt Nr. 110, 10.–12. Juni 2016, 47, geändert d. d. A.)

Die vom Bundesministerium für Arbeit und Soziales – BMAS – beauftragte Studie „Arbeitsmarkt 2030", federführend durchgeführt von Economix (Vogler-Ludwig 2013), stellt u. a. folgendes Ergebnis als Fazit heraus:

> Die wirtschaftliche Entwicklung in den Bundesländern wird nach unserer Einschätzung vom Engpassfaktor Humankapital bestimmt. Demografie und die Qualifikation der Erwerbsbevölkerung werden die Wachstumspotenziale der Regionen umso mehr beeinflussen als sich die Produktivität auf ihrem Maximalpfad bewegt. [...] Unsere Analyse der Arbeitsmarktengpässe zeigt, dass sich der Fachkräftemangel bis 2030 in allen regionalen Arbeitsmärkten ausbreiten wird. [...] Nach dieser Vorausschätzung kommt der regionalen Dimension des Arbeitsmarktes eine entscheidende Rolle für die Entwicklung in Deutschland zu. Die ungleiche Bevölkerungsentwicklung, die abweichenden Bildungsstrukturen und nicht zuletzt die ungleiche Attraktivität der Standorte für die zukünftigen Arbeitsplätze lassen nicht nur divergierende Entwicklungen erwarten, sondern erhöhen das Risiko suboptimaler Lösungen. (Vogler-Ludwig 2013, 41–43)

Die zuständige Bundesministerin Andrea Nahles sieht Deutschland „[...] für die Digitalisierung in Wirtschaft und Gesellschaft sowie für die Integration der Flüchtlinge in den Arbeitsmarkt gut gerüstet" (Steiger 2016) und fühlt sich durch die Studie „Arbeitsmarkt 2030" bestätigt.

Zumindest was die Fähigkeit der Politiker im Umgang mit den Asylsuchenden im Allgemeinen angeht, zeichnen Küppers und Küppers (2016) ein deutlich anderes, weil realistischeres Bild der Lage. Und die erhoffte Stärkung von Arbeitskräften, konkret:

ausgebildeten Facharbeitskräften aus dem Kontingent von mehreren Hundertausend Asylsuchenden in technisch anspruchsvollen Produktions- und Dienstleistungsbereichen der Wirtschaft wird erst einmal durch den quantitativen Mangel an Qualifikation der Zugereisten ausgebremst.

Während die Bundesministerin für Arbeit und Soziales die Studie „Arbeitsmarkt 2030" für fundiert hält, spricht der Arbeitsmarktexperte des Deutschen Instituts für Wirtschaftsforschung – DIW –, Karl Brenke, von einem „Traumschloss". Seine Begründung ist, dass „[…] die Produktivität je Erwerbstätigen bis 2025 um 1,8 % und danach um 2,4 % steigen" (Steiger 2016) soll. Selbst bei *forcierter Digitalisierung* wäre die jährliche Steigerungsrate von 2,4 % „*illusorisch*" (ebd.). Vergleiche hierzu auch die Trends in Abb. 5.1.

Ein kurzes Zwischenfazit führt zu der Aussage:

Akademische Berufe, insbesondere in Ingenieursbereichen, werden in den hochtechnischen, digitalisierten Arbeitsfeldern, wie Robotik, Netzwerktechnik, Datenverarbeitung, additive Fertigungstechniken u. a., sicher wachsen und zur Arbeitsproduktivität beitragen.

Was Digitalisierung aber nicht kann, ist das langjährige Erfahrungswissen – intrinsisches Wissen – von Facharbeitern und Spezialisten in ihrem analogen-digitalen Arbeitsumfeld zu digitalisieren und für jeden zugänglich zu machen – extrinsisches Wissen – und diese dadurch Schritt für Schritt, zum Beispiel durch lernfähige Roboter, zu ersetzen. Parallelen zu den 1970er-Jahren drängen sich auf. In der Zeit von ersten nummerisch gesteuerten Werkzeugmaschinen – NC-, CNC-, DNC-WZM[4] – wurden, aus Kostengründen, Facharbeiter durch Hilfskräfte ersetzt, mit der Begründung: Automatisierte Abläufe benötigen keine teuren Facharbeiter! Die Anhäufung von Maschinenfehlern und Programmierfehlern – Produktionsausfälle mit starken Folgekostenanstiegen – führte nach einiger Zeit wieder zur Einstellung bewährter Fachkräfte mit langjährigen Erfahrungen.

Auf den digitalen Spuren des Produktivitätsparadoxes begibt sich auch das Institut für Arbeitsmarkt- und Qualitätsforschung (IAB) mit einer – nach eigener Aussage – ersten repräsentativen Betriebsbefragung zu „Arbeitswelt 4.0" (Arntz et al. 2016). Neben Befragungen zu Arbeitskostensenkung, Transport- und Lagerkosten, Energiekosten, Weiterbildungskosten, Datenschutzkosten und weiteren mehr interessiert hier vorrangig das Ergebnis zu Arbeitsproduktivität. Hierbei darf allerdings nicht vergessen werden, dass realistische Angaben zu unternehmerischer und Arbeitsproduktivität immer im vernetzten Gesamtzusammenhang aller beteiligten Einflussgrößen im Unternehmen zu sehen sind.

Die klassische deskriptive Vorgehensweise, die auch in der IAB-Studie angewandt wurde, stellt 16 Einzelargumente – teils vorab angegeben – heraus, wonach befragte Unternehmen unterschiedlicher Betriebsgrößen und Wirtschaftsbereiche von Dienstleistern und Produzenten (ebd. 5) die Folgen der Nutzung moderner digitaler Technologien, auf einer Skala von −2,0 („trifft überhaupt nicht zu") bis 2,0 („trifft voll und ganz zu") beantworten sollen (ebd. 6). Die gewichtet gemittelten Antworten zur Feststellung, ob die Nutzung moderner – digitaler – Technologien die Arbeitsproduktivität erhöht, wurde von

---

[4] NC: Numerical Control, CNC: Computerized Numerical Control, DNC: Direct Numerical Control, WZM: Werkzeugmaschine.

Betrieben, die derartige Technologien noch nicht nutzen, mit zirka −0,3 zusammengefasst. Antworten von Betrieben, die moderne digitale Technologien bereits nutzen, wurde mit 1,0 zusammengefasst.

Welche konkrete Schlussfolgerung kann aus diesen beiden Werten zu Arbeitsproduktivität gezogen werden? Keine. Dasselbe gilt auch für die weiteren Werten der 15 Argumente. Warum? Weil

1. die gewichteten gemittelten Mittelwerte nichts über die Einzelunternehmen an sich und deren interne und externe Einflussgrößen auf das Betriebsgeschehen aussagen,
2. die Befragung nach 16 „isolierten" Einzelargumenten eines Unternehmens nie den spezifischen oder die spezifischen Zielwert(e) von Unternehmen realistisch widerspiegeln kann.

Charakteristisch für diese Art Untersuchungen ist deren faktororientierte Herangehensweise an ein System, hier Unternehmen mit und ohne Nutzung digitaler Techniken, ohne den realen Gesamtzusammenhang unternehmerischer Einflussgrößen in Betracht zu ziehen. Es wird versucht, mit linearen Methoden der Datenerhebung komplexe Zusammenhänge zu analysieren. Anders ausgedrückt: Mit kausalen Schlussfolgerungen werden Ergebnisse produziert, aus einer unternehmerischen Umwelt realer vernetzter und dynamischer Einflüsse. Das kann nicht funktionieren.

Allein systemorientierte Ansätze vernetzter Unternehmenseinflüsse führen zu tragbaren Ergebnissen (s. Küppers 2013). Um ein Fazit der IAB-Studie auf den Punkt zu bringen, das bereits im Titel der Kurzstudie steht: „Dienstleister haben die Nase vorn" vor Produzenten, durch einen „[…] höheren Nutzungsgrad moderner digitaler Technologien im Bereich der Informations- und Kommunikationstechnologien und den wissensintensiven Dienstleistungen." (ebd. 7)

Nebenbei spielen laut Studie „Arbeitswelt 4.0" für kleinere Unternehmen auch Informationsdefizite mit Blick auf die Anwendung digitaler Technik im Unternehmen eine nicht unbedeutende Rolle. Gefragt ist insbesondere die Politik, mit zielgerichteten Fördermitteln, Modellunternehmen und Fortbildung.

Die Politik startet bei neuen Initiativen oft als euphorisches Fließgewässer und mündet kurz vor der praktischen Umsetzung in ein kleines Rinnsal. Sicher können auch andere Gründe für einen Mangel oder eine Nutzungsweigerung von digitaler Technik bei kleinen Unternehmen geltend gemacht werden. Aber die Politik setzt nun einmal die Rahmenbedingungen und gibt erste Hilfen, nach Ergebnissen der Studie noch nicht ausreichend genug.

Das Produktivitätsparadox ist nach wie vor ein herausgestelltes Kriterium, wenn es um Arbeiten und arbeiten lassen, um analoge oder digitale Prozesse und um kollaborierende Arbeiten zwischen Mensch und Maschine bzw. Roboter geht. Daher ist es nicht verwunderlich, wenn zum Produktivitätsparadox Konferenzen abgehalten werden, wie das Kolloquium des Statistischen Bundesamtes im November 2016, mit dem Titel: „Das Produktivitäts-Paradoxon – Messung, Analyse, Erklärungsansätze" (Destatis, Statistisches

Bundesamt 2016). Einige Ausführungen von Teilnehmern zum Thema Produktivitätsparadox runden diesen Abschnitt ab.[5]

Norbert Räth (Statistisches Bundesamt) führte in das Kolloquium ein mit der Erklärung, das Produktivitätsparadox sei der Tatbestand einer langfristig zurückgehenden Produktivitätsentwicklung, die trotz fortgesetzter technologischer – digitaler – Innovationen entsteht. Es ist ein internationales Phänomen, insbesondere in den Industrienationen. „Aber: paradox erscheint nicht das abgeschwächte Wirtschaftswachstum an sich, sondern die schwache Effizienz!" Über Erläuterungen zu Messungen von Produktivität, zu erweiterten Messkonzepten, zu multifunktionaler, Volkswirtschaftlicher Gesamtrechnung – VGR – sieht Räth „Auswirkungen der Digitalisierung" auf die Produktivität als die „große Unbekannte" und nennt verschieden Erklärungsansätze zum Produktivitätsparadox. Zum Beispiel schwache Investitionstätigkeiten, die Finanz-und Wirtschaftskrise 2008/2009, Null-Zins-Politik der Zentralbank und weiteres mehr.

Stefan Hauf und Oda Schmalwasser (Statistisches Bundesamt) stellen die VGR in den Mittelpunkt und die in der VGR vorhandene Produktivitätsrechnung. Ergebnisse der Arbeitsproduktivität in Deutschland, aufgeschlüsselt nach verschiedenen Wirtschaftsbereichen, zeigen über einen Zeitraum von 1991–2015 folgende Tendenz:

- im produzierenden Gewerbe ohne Baugewerbe: stetig steigend, mit einer Delle um 2009,
- in der Informations- und Kommunikationsbranche: kontinuierlich steigend, deutlicher als im produzierenden Gewerbe,
- bei den Unternehmensdienstleistern: deutlich abschwächend,
- bei den öffentlichen Dienstleistern, Erziehung, Gesundheit: mäßig steigend und gleichbleibend.

Paul Schreyer (OECD Statistics Directorate) stellt Messprobleme – „Messen wir denn richtig?" – von Produktivität in der digitalen Ökonomie heraus und bestätigt die Trends in Abb. 5.1 durch seine eigene 7-Länder-Grafik – Kanada, Frankreich, Deutschland, Italien, Japan, Großbritannien und USA – von 1991–2015, wonach eine generelle Verlangsamung des Wachstums der Arbeitsproduktivität, bezogen auf die Gesamtwirtschaft, mit durchschnittlichen jährlichen Wachstumsraten in Prozent deutlich erkennbar ist – und dass die Verlangsamung des Produktivitätswachstums nicht mit monokausalen Lösungen erklärt werden kann, wurde bereits vorab erwähnt. Schreyer verweist noch auf eine aktuelle Studie von Andrews et al. (2016), die den Rückgang der globalen Produktivität, mit technologischer Divergenz und öffentlichem Regelwerk aus unternehmerischer Perspektive beschreibt. Einkommensungleichheit, unzureichende Marktdiffusion und Firmengründungen korrelieren mit Produktivität bzw. dem Produktivitätsparadox.

Christoph M. Schmidt und Steffen Elstner (Sachverständigenrat zur Begutachtung der gesamtwirtschaftlichen Entwicklung) kommen nach ihrem Beitrag mit dem Titel „Die

---

[5] Alle Zitate von Teilnehmern des Destatis-Kolloquiums 2016 in Wiesbaden sind deren Präsentationsvorlagen entnommen.

schwache Produktivitätsentwicklung – Ökonomische Ursachen und wirtschaftspolitische Implikationen" zu folgendem Fazit:

1. Die „Verlangsamung des Produktivitätsanstiegs [ist] primär durch zwei strukturelle Faktoren [...]" gegeben: „dämpfender ‚Kompositionseffekt' durch die Arbeitsmarktreformen und Verarbeitendes Gewerbe: Prozess des Outsourcings".
2. Zu Digitalisierung: Bei den informations- und kommunikationstechnikintensiven Dienstleistungsbranchen konnten bisher keine positiven Impulse beobachtet werden.

Das „digitale Produktivitätsparadox" bleibt uns also noch eine Weile erhalten.

Substitution

Ist das vorab behandelte Produktivitätsparadox überwiegend ökonomisch ausgerichtet, werden – oder sollten – mit dem Begriff der Substitution nicht nur technische, sondern darüber hinaus insbesondere soziale Aspekte im digitalen Arbeitsprozess angesprochen werden. Das, was vielen Menschen in Zeiten analoger-digitaler Umbrüche im Arbeitsmarkt Angst macht, ist, von Maschinen ersetzt zu werden – sozusagen als Austauschmasse. Maschinen, die bereits bei einfachen Handhabungen zig Mal schneller, präziser und ausdauernder arbeiten. Es existieren zahlreiche Prognosen darüber, welche Arbeiten in welchen Branchen zuerst durch digitale Technik bzw. Roboter erobert werden und Menschen *„freisetzen"* oder sie – wie es in einem hinterlistigen betriebswirtschaftlichen Kalkül heißt – zu *„Reduktionspotenzial"* machen. Zu weiteren Studienergebnissen und deren Interpretationen über zukünftige Berufe, mit und ohne große Chancen in der digitalisierten Arbeitswelt, siehe unter anderem Dörner et al. (2016) und Eichhorst et al. (2015). Eichhorst und Mitarbeiter untersuchten deskriptiv die Entwicklung von Beschäftigung, Löhnen und atypischen Erwerbsformen in den Berufen. Insgesamt 56 Berufsgruppen, klassifiziert nach der Internationalen Standardklassifikation der Berufe (ISCO-88), wurden über den Zeitraum von 1993 mit dem Index 100 bis 2011 untersucht. Daraus lassen sich folgende Ergebnisse ableiten:

Expandierende Berufe: [...] eine sehr starke Expansion bei Informatikern (Indexwert von 262), kreativen Berufen (194) sowie Management und Beratung (185), gefolgt von Wissenschaftlern (183), Sozial- und Erziehungsberufen (166) und einigen Berufen des privaten Dienstleistungsbereichs wie Hotel- und Gaststättengewerbe (164) sowie Reinigung und Entsorgung (154). In den genannten Berufen ist die Erwerbstätigkeit also im Verlauf der letzten beiden Jahrzehnte um teilweise deutlich mehr als 50 Prozent gewachsen. Diese Gruppen werden gefolgt von Logistiktätigkeiten, Gesundheitsberufen und dem Einzelhandel. (Eichhorst et al. 2015, 25)

Schrumpfende Berufe: [...] Empfindliche Einbußen beim Niveau der Beschäftigung lassen sich bei Hilfsarbeitern mit nicht weiter definierten Tätigkeiten (35), in der Textilverarbeitung (41) sowie im Bereich Glas und Keramik (48) identifizieren. (ebd.)

Im Folgenden konzentrieren wir uns auf eine Studie, die den deutschen Arbeitsmarkt fokussiert. Tragbare Vergleiche mit Studien anderer Länder sind aus vielen Gründen (andere Ausgangssituationen, andere Branchenprofile, andere Arbeitsberufe, andere Statistiken usw.) problematisch. Dies trifft auch auf den Vergleich der beiden Studien von Eichhorst et al. einerseits und von Dengler, Matthes (2016) andererseits zu, der aber nicht weiter kommentiert wird.

Dengler und Matthes untersuchten die Auswirkungen der Digitalisierung auf die Arbeitswelt und untersuchten Substituierbarkeitspotenziale, aufgeteilt nach dem Geschlecht. Die Ergebnisse sind eine Momentaufnahme aus 2013 und dürften sich bis heute, 2017, vermutlich nicht grundlegend geändert haben. In einer Vorstudie prognostizieren die beiden Autorinnen, dass in kaum einem Beruf der Mensch vollständig ersetzbar ist.

Was ist unter Substitutionspotenzial zu verstehen? Dazu Dengler und Matthes:

> Beim Substituierbarkeitspotenzial handelt es ich um den Anteil der Tätigkeiten in einem Beruf, der bereits heute von Computern oder computergesteuerten Maschinen nach programmierbaren Regeln erledigt werden könnte [...]. Tätigkeiten wie „Sortieren" oder „Berechnen" können demnach bereits heute von Computern erledigt werden, während Tätigkeiten wie „Managen" oder „Beraten" lediglich von Computern unterstützt werden können. Dass eine Tätigkeit als automatisierbar eingestuft wird, heißt jedoch nicht, dass sie dann tatsächlich von Computern ersetzt wird. Das Substituierbarkeitspotenzial konzentriert sich nur auf die technische Machbarkeit, während rechtliche und ethische Hürden, aber auch kostentechnische Gründe, die einer Automatisierung entgegenstehen können, hierbei nicht berücksichtigt wurden. [...] Die Substituierbarkeitspotenziale der Berufe wurden auf Basis von berufskundlichen Informationen aus der Expertendatenbank BERUFENET (http://berufenet. arbeitsagentur.de) der Bundesagentur für Arbeit berechnet [...]. Somit können die Spezifika des deutschen Arbeitsmarktes und Bildungssystems unmittelbar berücksichtigt werden. (Dengler, Matthes 2016, 2 f.)

Ein Ergebnis der Studie mündet in der Aufstellung von Substitutionspotenzialen von Männern und Frauen nach 14 Berufssegmenten, die nach inhaltlichen Gesichtspunkten anhand berufsfachlicher Kriterien qualitativ zusammengefasst wurden (Matthes, Meinken, Neuhauser 2015). Abb. 5.2 und 5.3 spiegelt das Ergebnis grafisch wieder.

In ihrem Fazit weisen Dengler und Matthes noch einmal auf die Bedeutung des Substituierbarkeitspotenzials hin. Es besagt nur

> [...] dass Teile eines Berufs im Prinzip durch Computer ersetzt werden könnten. Ob diese Tätigkeiten weiterhin von Menschenhand erledigt oder demnächst oder zukünftig von Computern ausgeübt werden, wird nicht nur durch die technische Machbarkeit bestimmt. Denn möglicherweise ist die menschliche Arbeit hier wirtschaftlicher, flexibler oder von besserer Qualität. Ebenso können rechtliche oder ethische Hürden einer Automatisierung entgegenstehen. (ebd. 7)

Substituierbarkeitspotenziale bedeuten nach Dengler und Matthes immer auch Produktivitätspotenziale, denn:

> Es werden neue Fachkräfte gebraucht, um die neuen Maschinen zu entwickeln, zu kontrollieren, zu warten und zu bauen. Somit wird im Zuge der Digitalisierung (Weiter-)Bildung

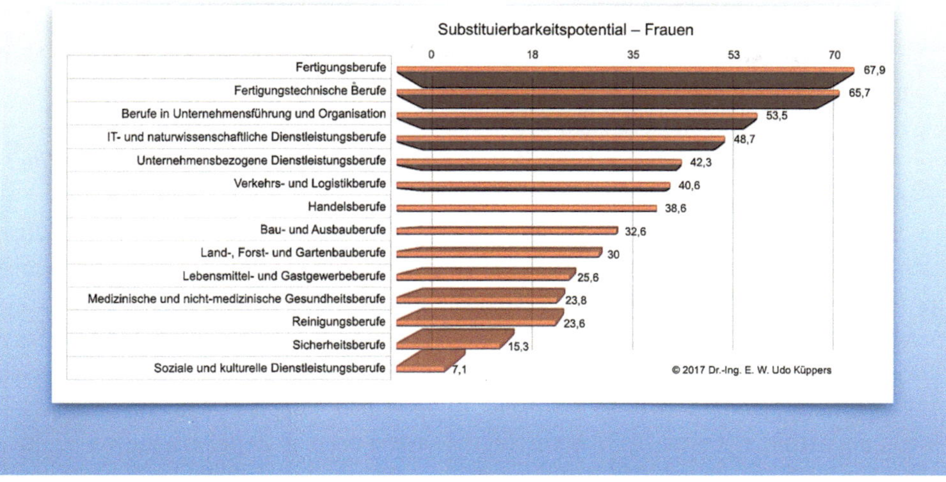

Abb. 5.2 Substituierbarkeitspotenzial von Frauen nach Berufssegmenten. (Nach: Dengler, Matthes 2016, 4; weitere Quellen: Dengler, Matthes 2015a, 2015b; BA-BERUFENET (o.J.); eigene Berechnungen von Dengler und Matthes – aus Dengler, Matthes (2015a) wird zum Beispiel deutlich, dass die herausgestellten Werte von Substituierbarkeitspotenzialen in den einzelnen Berufssegmenten mit erheblichen Streubreiten unterlegt sind, die vielfach 100 % erreichen)

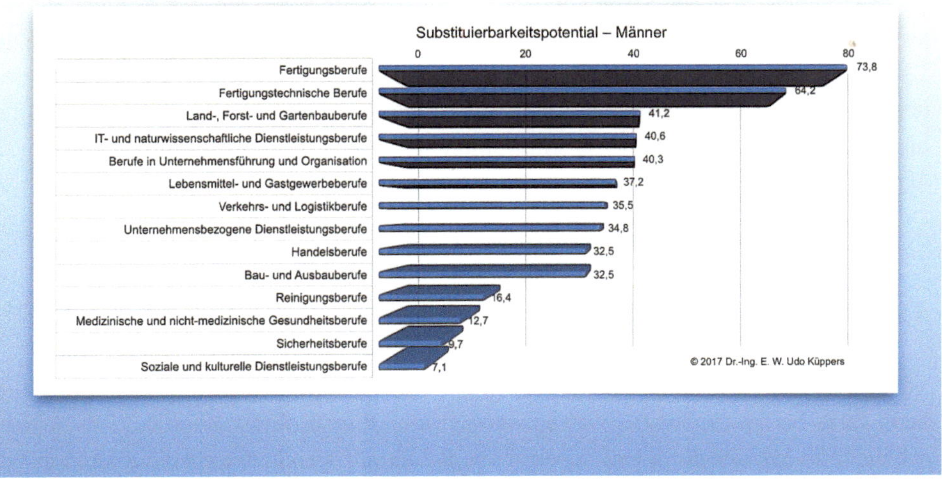

Abb. 5.3 Substituierbarkeitspotenzial von Männern nach Berufssegmenten. (Nach: Dengler, Matthes 2016, 4; weitere Quellen: Dengler, Matthes 2015a, 2015b; BA-BERUFENET (o.J.); eigene Berechnungen von Dengler und Matthes)

und lebenslanges Lernen zu einem der wichtigsten Handlungsfelder – egal, ob für Mann oder Frau. (ebd. 8)

Die Autorinnen der Studie sagen zu Recht, dass bloße technische Substitution von Menschen durch Maschinen nicht ausreicht, um die Auswirkungen der Digitalisierung auf die Arbeitswelt ganzheitlich zu deuten.

Auf ausgetretenen Pfaden der Arbeitsstatistik ist der *Mensch* aber immer noch *Mittel – Punkt. –* statt *Mittelpunkt* der Arbeit.

Der Mensch wird noch überwiegend zum technischen Austauschobjekt bzw. Spielball der Statistik degradiert, statt systematisch die ganzheitlichen Einflüsse der Substitutionsprozesse auf Menschen zu analysieren und zu bewerten. Dazu bedarf es allerdings völlig neuer Herangehensweisen und Strategien zur Bewertung unternehmerischer Innovations-, Produktions- und Effizienzpotenziale. *Kybernetische Ansätze* in Organisationen, gepaart mit Qualitätsregeln von Hochachtsamkeit (Küppers und Küppers 2016) sind ein Weg in Richtung nachhaltiger und überlebensfähiger Unternehmen im Zeitalter analoger-digitaler Prozesse im Anthropozän. Die ökologischen Auswirkungen zunehmender Digitalisierung in Produktion und Dienstleistung sind noch nicht klar erkennbar. Aber dadurch, dass Maschinen bzw. Roboter in und außerhalb von Unternehmen mehr und mehr vernetzt werden, werden die herkömmlichen Produktionsprozesse, die durch ihre Materialien, Werkstoffe und Prozessführungen Umwelt und Natur erheblich belasten, nicht alle von heute auf morgen überflüssig. Und: Auch neuartige Roboter bzw. Humanoide oder Produkte additiver Fertigungstechniken (3D-Techniken) sind nicht befreit von *geplanter Obsoleszenz*, einer ökonomisch gesteuerten Kurzlebigkeit von Produkten, das Gegenteil von Ressourcen- und Produkteffizienz.

Kann bereits an dieser Stelle ein *Eins zu Eins im Wettbewerb Mensch-Roboter* abgeleitet werden? Sicher ist: Der Mensch ist durch kein(e) Objekt oder Gruppen von Objekten zu ersetzen! Nicht zuletzt deshalb, weil die Visionen einiger von sich selbst replizierenden Maschinen oder Robotern, an den Schaltstellen und Schnittstellen von Unternehmen und Institutionen, noch lange Zeit Illusion bleiben. Der fiktive Spielstand *im Wettbewerb Mensch-Roboter* oder *Mensch-Humanoide* wird nach Meinung des Autors letztlich immer zu Gunsten des Menschen ausfallen.

5.2 Arbeiter und „Kobots"

Von Arbeitern und kollaborierenden Robotern – *Kobots* – über Mensch-Kobot-Arbeitsplätze bis zu „Industrie 4.0" spannt sich der Bogen dieses Kapitels. Der Arbeitsschnittstelle Mensch-Kobot wird besondere Beachtung geschenkt, weil sie nicht nur die Wirkungsstelle effizienten Arbeitens ist, sondern zugleich auch eine hohe Gefahrenquelle für den Arbeiter. Hier treffen überaus empfindliche und verletzungsanfällige menschliche Körper auf stahlharte und kraftvolle „Arbeitspartner". Zwar werden im Verlauf des Kapitels auch leichtgewichtige, sensibel arbeitende Kobots, wie Kukas *LBR iiwa*

(LBR = Leichtbauroboter, iiwa = intelligent industrial work assistant) vorgestellt, die feinfühlige Arbeiten durchführen können. Aber Maschinen bleiben Maschinen.

5.2.1 Arbeiter

Was ein Arbeiter ist, vor allem wie er sich von anderen Personen des Berufslebens unterscheidet, folgt in Deutschland besonderen Gesetzen. Die Internationale Arbeitsorganisation (*International Labour Organization*, ILO) in Genf hat in einem Arbeitspapier mit dem Titel „Labour relations in the public and para-public sector" im Kapitel „Nature oft the work performed" (dt.: „Die Natur der Arbeit und wie sie ausgeführt wird") zur Situation in Deutschland geschrieben:

> The distinction between public service personnel governed by specific conditions of service and staff covered by the general legislation sometimes depends on the nature of the work performed and is frequently reflected in the definition of the various categories of personnel. The most evident example of this system is in Germany, where a distinction is made between public servants (Beamte), state employees (Angestellte) and manual workers (Arbeiter) in the public service. Only the first of these are subject to statutory rules explicitly setting out their terms and conditions of employment, while the other two categories are governed by the general rules respecting labour relations in the private sector. Nevertheless, all three categories are covered by the legislation respecting workers' participation, through staff councils, in decisions affecting employees in the public service. (Gernigon 2007, 2)

Übersetzt:

> Der Unterschied zwischen öffentlichem Bedienungspersonal, mit geregelten spezifischen Dienstleistungskonditionen, und Personal, das gesetzlichen Bestimmungen folgt, hängt gelegentlich von der Natur der ausführenden Arbeit ab und spiegelt sich oftmals in den unterschiedlichen Kategorien des Personals wieder. Das offenkundigste Beispiel dieses Systems ist in Deutschland beheimatet, wo unterschieden wird zwischen öffentlichem Dienstpersonal (Beamte), staatlichen Mitarbeitern (Angestellten) und Handarbeitern (Arbeitern) im Staatsdienst. Nur die erste dieser drei Kategorien ist Gegenstand gesetzlicher Bestimmungen, die ausdrücklich die Bedingungen und Konditionen ihrer Beschäftigung auslegen, während die beiden anderen Kategorien durch allgemeine Regeln bzw. Arbeitsverhältnisse im privaten Sektor bzw. der Privatwirtschaft geregelt werden. Gleichwohl werden alle drei Kategorien abgedeckt von der Gesetzgebung bezüglich Arbeitermitbestimmung, durch die Personalvertretung, bei Entscheidungen, die Arbeitnehmer im öffentlichen Dienst betreffen.

Von diesen speziellen deutschen Unterschieden ausgehend, definieren wir nun in einem engeren Rahmen: was ein Arbeiter ist:

> Arbeiter (Hilfsarbeiter), (Facharbeiter) abhängig Beschäftigter,
>   der überwiegend körperliche Arbeit in der Produktion verrichtet und Zeit- oder Leistungslohn bezieht. Die Tätigkeiten reichen vom ungelernten Arbeiter (Hilfsarbeiter) über den angelernten bis zum gelernten Arbeiter(Facharbeiter) mit abgeschlossener Berufsausbildung.[6]

---

[6] http://www.bpb.de/nachschlagen/lexika/lexikon-der-wirtschaft/18647/arbeiter.

Arbeitern in Unternehmen – überwiegend in Produktionsunternehmen, denen wir uns widmen –, in denen Arbeit geplant, vorbereitet und ausgeführt wird, stehen noch Angestellte zur Seite. Diese erledigen vorrangig organisatorische, administrative Aufgaben, die eng mit den produktionstechnischen Aufgaben verknüpft sind.

5.2.2 Kobot – Cobot

Ein kollaborativer bzw. kollaborierender Roboter (Kobot) oder collaborative robot (Cobot) ist eine Weiterentwicklung von Industrierobotern, die seit Jahrzehnten, fest montiert an industriellen Fertigungsstraßen, Arbeitsprozesse bzw. Handhabungen durchführen. Beispiele dafür sind das Halten und Bewegen von Werkstücken, aber auch das Fertigen von Schweißnähten, das Biegen von Blechen, die Durchführung von Spritzvorgängen für Lackierarbeiten u. a. m., weshalb Industrieroboter auch unter der Bezeichnung „Handhabungsgeräte" bekannt sind.

Ein Kobot ist gegenüber einem klassischen Industrieroboter, der mit einem Abstands-Sicherheitszaun oder -Schutzgitter umgeben ist, eine Maschine, die sehr nah mit Menschen zusammenarbeitet – in der Regel ohne physischen Abstandsschutz. In diesem analogen digitalen Wirkungsumfeld besteht somit immer ein Kollisions- und damit Verletzungsrisiko für den Menschen. Das zu minimieren, ist eine oberste Maxime (siehe auch folgendes Abschn. 5.2.3).

Neben stationären Kobots werden auch zunehmend mobile Kobots industriell eingesetzt, die das Gefahrenspektrum für Menschen noch weiter erhöhen, siehe u. a. Ronzhin et al. (2016); Kaupp (2010). Diese mobilen Kobots sind mit Sensoren und Aktoren aller Art bestückt und in Leichtbauweise konstruiert. In einem fortschrittlicheren Entwicklungsstadium besitzen sie auch Algorithmen für künstliche Intelligenz. Sehen, Hören, Fühlen, sich vorsichtig an Menschen oder Gegenstände herantasten, sich autonom im Arbeitsumfeld bewegen und dabei unterschiedliche Tätigkeiten vollziehen, die menschlich anstrengende Arbeiten ersetzen, wird vermutlich in wenigen Jahren gängige Industriepraxis bei Kobots sein – und dies u. a. sicherlich auch im Zusammenhang mit dem Begriff des Maschinellen Lernens – *Machine Learning, ML.* Im Kontext von „intelligenten" Robotern zielt das ML darauf ab, dass autonome Maschinen selbstständig ihre Bewegungsabläufe – Bewegungsmuster – optimieren, alles im Sinne betriebswirtschaftlicher Produktionseffizienz. ML setzt die Erfassung und Bearbeitung enormer Datenmengen – data mining, data processing – voraus. Obwohl bereits in den 1960er-Jahren erste Studien zu maschinellem Lernen stattfanden (Reed 1967; Samuel 1969; Alpaydin, Linke 2008; Bishop 2008), ist die Technik erst in einzelnen Bereichen wie industrieller Bilderkennung und -verarbeitung, bei Verbindungstechniken und bei Ernterobotern im Einsatz (Dlugosch 2016). Universelles Vorbild für maschinelles Lernen ist wieder die Natur, insbesondere deren evolutionsstrategisches, adaptives Vorgehen, das technisch übersetzt in selbstablaufenden Optimierungsstrategien mündet, die aber hier nicht weiter vertieft werden.

Humanoide Kobots sind gegenwärtig (2017) noch wenig in industriellen Produktionsprozessen anzutreffen. Ihre Domänen sind eher die außerindustriellen Dienstleistungsbereiche, wie das Vorreiterland der Robotik Japan eindrucksvoll zeigt (siehe oben, insbes. Abschn. 4.4.3). Daher stoßen wir im industriellen Sektor zwar gelegentlich auf Kobots mit menschenähnlicher Gestalt. Aber auf zwei künstlichen Beinen schreitende Kobots, die Werkstücke sortieren, an die Werkzeugmaschinen transportieren, dort ablegen, danach durch Gänge und Tore in andere Abteilungen eilen, um weitere Arbeiten auszuführen, werden wir noch eine Weile warten müssen, wenn sie überhaupt industriell nutzbringend eingesetzt werden. Sich auf Rollen fortbewegende Kobots sind demgegenüber in einigen Unternehmen schon aktiv.

Erwähnenswert ist noch, worin sich Roboter und Kobots unterscheiden, und in diesem Zusammenhang kann auch gefragt werden: Welche Vorteile ziehe ich aus dem Kauf eines Kobots und was ist unter der *Kobot-Kontroverse* zu verstehen? Die weltgrößte Industrieausstellung Hannover Messe, die wieder Robotik als einen der Schwerpunkte bereithält, wirbt auch 2017 mit dem Namen „COBOT" und stellt die vorab genannten drei Kobot-Themen unter der Überschrift: „*Cobots – Mensch und Maschine: Ein Team der Spitzenklasse*" heraus.[7] Zu den einzelnen Themen werden folgende Anmerkungen gegeben:

I   „Robots vs. Cobots: Die fünf wichtigsten Unterschiede
   1. Partnerschaft in Mensch-Maschine-Teams
      Klassische Industrieroboter sind Kraftpakete, die ihre Tätigkeiten nach einem festen Programm abspulen, ohne Rücksicht auf umstehende Mitarbeiter. Zäune und Käfige verhindern Unfälle. Cobots dagegen sind eigens dafür konstruiert, mit Menschen gemeinsam zu arbeiten, nicht nur für sie. Statt in Käfigen agieren sie in einem kooperativen Arbeitsumfeld und assistieren bei komplexen Aufgaben, die sich nicht restlos automatisieren lassen. Sie können beispielsweise Bauteile an menschliche Kollegen weiterreichen, die feinere Monteurs- oder qualitätssichernde Arbeiten ausführen.
   2. Entlastung bei riskanten Tätigkeiten
      Cobots erfüllen Aufgaben, die für Menschen riskant sein können, etwa das sichere Führen von scharfen, spitzen oder heißen Werkstücken oder gefährliche Schraubarbeiten. Es geschehen weniger Unfälle und Techniker können sich auf angenehmere Aspekte der Produktionskette konzentrieren.
   3. Sicher durch ‚intelligentes' Verhalten
      Cobots sind darauf ausgelegt, nahtlos mit ihren menschlichen Kollegen zusammenzuarbeiten. Dank hochentwickelter Sensoren kommen sie bei der kleinsten Berührung zu Stillstand. So droht nebenstehenden Menschen keine Gefahr. Abgesperrte Bereiche und Sicherheitsgehäuse sind nicht länger notwendig.
   4. Flexibel und lernfähig
      Cobots sind sehr einfach zu programmieren. Anders als traditionelle Industrieroboter, die spezialisierte Programmierskills erfordern, lernen einige Cobot-Modelle eigenständig hinzu. Etwa, indem ein Techniker eine Bewegung mit dem Roboterarm durchführt und der Cobot die Aktion automatisch nachahmt. Andere Systeme lassen sich ohne Code mithilfe einer grafischen Benutzeroberfläche mit Arbeitsanweisungen versehen. Mitarbeiter können Cobots daher flexibel umprogrammieren und für diverse Tätigkeiten nutzen.

---

[7] http://www.hannovermesse.de/de/news/top-themen/cobots/ (Zugriff: 01.02.2017).

5. Überall einsetzbar
   Nicht nur lassen sich Cobots einfacher umprogrammieren, sondern auch vergleichswei-
   se leicht bewegen und an anderen Stellen der Produktionskette einsetzen. Die meisten
   Cobots können an beliebigen Flächen montiert werden – horizontal, senkrecht, an der
   Decke. Außerdem sind sie häufig so leicht, dass sie von nur einer Person getragen werden
   können."[8]

II „5 Gründe warum ihr nächster Roboter ein ‚Cobot' sein sollte!
   1. Schnelle Einrichtung
      Die Aufstellung und Inbetriebnahme eines herkömmlichen Industrieroboters dauert meist
      mehrere Tage oder gar Wochen. Eine derartige Arbeitsverzögerung können sich kleine und
      mittelgroße Unternehmen – KMU – nicht leisten. Sie benötigen Automatisierungslösun-
      gen, bei denen ein ungeschulter Bediener den neuen Roboter innerhalb weniger Stunden
      auspacken, aufstellen und programmieren kann.
      Shane Strange, Automatisierungs- und Integrationsexpertin beim Armaturenhersteller
      RSS Manufacturing and Phylrich im kalifornischen Costa Mesa, schildert ihre Erfahrung:
      ‚Als der Roboter ankam, packten wir ihn aus und stellten ihn auf. Innerhalb von 45 Mi-
      nuten war er komplett einsatzfähig und eingeschaltet, und wir konnten einfache Pick-and-
      Place-Anwendungen programmieren.'
   2. Kinderleichte Programmierung, ganz ohne Vorkenntnisse
      Für die meisten KMU ist die Einstellung eines internen oder die Beauftragung eines exter-
      nen Roboterprogrammierers zu teuer. Doch dank innovativer neuer Robotertechnik können
      Bediener ohne Programmierkenntnisse die Roboterbewegungen heute mithilfe einiger ein-
      facher Arbeitsschritte und intuitiver Tools rasch programmieren.
      Als der Elektronikhersteller Scott Fetzer Electrical Group aus Nashville einen Roboter von
      Universal Robots installierte, stellte Line Lead Sebrina Thompson fest, dass jeder, der mit
      einem Smartphone umgehen könne, auch in der Lage sei, Roboter zu steuern.
   3. Sicher und praktisch, selbst auf engstem Raum
      Herkömmliche Industrieroboter benötigen eine große Schutzumhausung. Die Unterneh-
      mensleitung muss sich mit Sicherheitsfragen befassen. Kleine Fertigungsunternehmen ver-
      fügen jedoch nicht über die Mittel, um größere Bereiche eigens für den Einsatz von Ro-
      botern vorzusehen. Doch moderne kollaborierende Roboter arbeiten im Rahmen abge-
      stimmter Tätigkeiten Seite an Seite mit den Mitarbeitern. Dank innovativer integrierter
      Kraftsensoren unterbrechen sie beispielsweise die Arbeit, wenn sie mit einem Menschen
      in Berührung kommen.
   4. Flexible Einsatzmöglichkeiten
      Für kleine und mittlere Betriebe mit ihren kleineren Losgrößen und kurzen Umrüstzei-
      ten können konventionelle Industrieroboter einschränkend sein. Die neuen kollaborieren-
      den Roboter dagegen sind leicht und Platz sparend und können jederzeit problemlos ih-
      re Arbeitsumgebung wechseln, ohne dass die Produktionsabläufe umstrukturiert werden
      müssten. Und durch Programmierungsoptionen für wiederkehrende Aufgaben und einen
      minimalen Einrichtungsaufwand unterstützen sie flexible Fertigungsverfahren.

---

[8] http://www.hannovermesse.de/de/news/robots-vs.-cobots-die-fuenf-wichtigsten-unterschiede.
xhtml, 18. Oktober 2016 (Zugriff: 01.02.2017).

5. Kurze Amortisationszeit
   Automatisierungsinvestitionen müssen sich bei kleinen und mittleren Herstellern natürlich schnellstmöglich in entsprechenden Erträgen niederschlagen. Bei Universal Robots zum Beispiel profitieren Anwender von allen Vorteilen modernster Roboterautomatisierung, ohne die üblichen Zusatzkosten für Programmierung, Einrichtung und gesonderte Schutzumhausungen in Kauf nehmen zu müssen. Und mit einer durchschnittlichen Amortisationszeit von nur 195 Tagen ist die Roboterautomatisierung jetzt endlich auch für kleine und mittlere Fertigungsunternehmen bezahlbar."[9]

III „Die Cobot-Kontroverse – Nehmen Cobots den Fabrikarbeitern die Arbeitsplätze weg? Über Risiken und Chancen einer wegweisenden Technologie.
   Bis 2019 sollen rund 1,4Mio. neue Industrie-Roboter weltweit die Fabriken bestücken, so die Prognose des Weltbranchenverbands International Federation of Robotics [Heer 2016, d. A.]. Darunter eine Vielzahl von Cobots, also Collaborative Robots, die mit Menschen Hand in Hand arbeiten. Dass dies Unternehmen und Arbeitsmarkt umwälzen wird, ist unbestritten. Uneinig sind sich Experten jedoch, was das für die Arbeitnehmer bedeutet. Während die einen die Vorteile der neuen ‚Kollegen' preisen, herrscht bei anderen Skepsis.

   Die Oberhand behalten
   Mit einer Automatisierungswelle wie in den 1970er und 80er-Jahren sei nicht zu rechnen, sagen die einen. Der Maschinenbauverband VDMA sieht nichts Bedenkliches an der steigenden Roboter-Dichte in Fabriken. Und auch für den Arbeitnehmerverband IG Metall sind Sorgen unbegründet, solange die ‚Menschen die Oberhand behalten' und verhindern, dass sie im ‚Ballett der Leichtbauroboter in eine Nebenrolle gedrängt werden', so der Vorsitzende Jörg Hofmann. So können Cobots Arbeiter bei Aufgaben unterstützen, die ergonomisch schwierig sind. Die Leichtbauroboter halten zum Beispiel Teile für ältere Mitarbeiter: Mit Blick auf den demografischen Wandel eine Chance, Menschen länger im Job zu halten. Auch bei repetitiven Aufgaben sind Cobots eine Hilfe. In der Automobilindustrie sorgen sie zum Beispiel für den richtigen Druck, während Fabrikarbeiter Türdichtungen anbringen. Feine Sensoren sichern automatisch den entsprechenden Abstand zum Menschen, den herkömmliche Roboter nicht einhalten können.

   Zauberformel: Qualifizierung + Weiterbildung
   Klar ist aber auch: Je mehr Cobots in Fabriken ihren Einsatz finden, desto mehr müssen Unternehmen in die Qualifikationen ihrer Mitarbeiter investieren. Denn der Bedarf an Umschulungen und Weiterbildungen steigt. Zu diesem Schluss kommt auch eine Studie des Europäischen Zentrums für Wirtschaftsforschung in Mannheim (ZEW) [Arntz et al. 2016a, d. A.]. Sie weist außerdem auf einen weiteren wichtigen Punkt in der Debatte hin: Roboter ersetzen Tätigkeiten, nicht Berufe. Das bedeutet, dass das Thema Lebenslanges Lernen in Berufen immer relevanter wird. Denn im Gegensatz zu Robotern können Menschen Erfahrungen sammeln und auf diese im Bedarfsfall zurückgreifen. Zwar lernen auch Maschinen zunehmend hinzu – doch ihr erlerntes Wissen in völlig neuen Kontexten anwenden können sie noch nicht. Darüber hinaus nennt das ZEW einen weiteren Aspekt: Der Einsatz neuer Technologien führt häufig zu erhöhter Produktivität und steigender Wettbewerbsfähigkeit, wodurch wiederum neue Jobs entstehen.

   Arbeitsplätze in Gefahr?

---

[9] http://www.hannovermesse.de/de/news/es-kommt-nicht-auf-die-groesse-an.xhtml, 26. Februar 2016 (Zugriff 01.02.2017).

Skeptisch dagegen äußert sich unter anderem die Bank Ing-Diba. In ihrer Studie über die zunehmende Automatisierung [Ing-Diba 2015, d. A.] schlüsselt sie auf, dass allein in Deutschland innerhalb der nächsten zehn bis 20 Jahre bis zu 18Mio. Arbeitsplätze gefährdet seien. Vor allem Jobs in der Lagerwirtschaft, Gastronomie, Sekretariaten und Paketdiensten könnten durch die Robotisierung verschwinden. Auch die ZEW ermittelt in ihrer Studie die Tendenz, dass Geringqualifizierte und Geringverdiener stärker gefährdet sind als Akademiker. Im Umkehrschluss: Wenn neue Arbeitsplätze entstehen, werden diese anspruchsvoller sein als die wegrationalisierten.
Für die Zukunft gut aufgestellt sind Unternehmen, wenn sie die Zusammenarbeit zwischen Mensch und Maschine immer weiter verbessern: Welche menschlichen Fähigkeiten lassen sich ausbauen, die ein Roboter nicht übernehmen kann? Die Hauptaufgabe kann dann darin liegen, Fabrikarbeiter qualifizierter auszubilden, und zum Beispiel Kreativität schulen, um Lösungen für Problemstellungen zu finden."[10]

So weit ein Querschnitt von Fragen, Antworten und Anmerkungen zum Einsatz von KOBOTs in industriellen Sektoren. Es können einige Prognosen herausgefiltert werden, was den möglichen zahlenmäßigen Einsatz von KOBOTs betrifft, wobei ein Zeitraum von 20 Jahren unseriös erscheint. Ebenso sind Argumente für technisch-wirtschaftliche Vorteile nachvollziehbar, die aber – um sie glaubwürdiger aussehen zu lassen – noch detaillierter auf das spezielle betriebstechnische Wirkungsumfeld abgebildet werden müssen. Ein Argument scheint hingegen unstreitig: Mit einem zunehmenden Einsatz von KOBOTs in Unternehmen, insbesondere wenn damit autonome Verhaltens- und Handlungstechniken verknüpft sind, steigt auch der Bedarf an erweiterten und neuen Arbeitsqualifikationen der Arbeiter. Die Befürchtung einiger, die besagt: „Je selbstständiger ein KOBOT, desto überflüssiger der Mensch", wird pauschal nicht eintreten.

Aus sicherheitstechnischem Blickwinkel eröffnet sich – wie bereits angedeutet – nicht nur ein neuer, sondern der entscheidende Blick auf mit Menschen kollaborierende Roboter, weil nichts weniger als Gesundheit und Leben des Menschen von dieser Zusammenarbeit abhängt. Hierauf wird in Abschn. 5.2.3 ausführlich eingegangen.

Tab. 5.2 listet Firmen auf, die kollaborative Roboter herstellen. Abb. 5.4, Abb. 5.5 und Abb. 5.6 zeigen kollaborierende Roboter verschiedener Hersteller.

5.2.3 Mensch-Kobot-Arbeitsplatz

Die Deutsche Gesetzliche Unfallversicherung (DGUV) und in ihr das Institut für Arbeitsschutz (IFA) befassen sich intensiv mit Arbeitsplätzen, bei denen Menschen und kollaborative Roboter zusammenarbeiten. Zwei zusammenhängende Fragen stellen sich daraus:

1. Wie sollen Arbeitsplätze von Mensch-Roboter-Kollaborationen – MRK – gestaltet werden?

---

[10] http://www.hannovermesse.de/de/news/die-cobot-kontroverse.xhtml, 18. Oktober 2016 (Zugriff: 01.02.2017).

Tab. 5.2 Kollaborative Roboter verschiedener Hersteller

Hersteller, Land	KOBOT Name, Typ	Daten, Informationen Quelle
FANUC Japan	CR-35iA	Knickarmroboter http://www.fanuc.eu/de/de/roboter/roboterfilterseite/kollaborierende-roboter/collaborative-cr35ia
KUKA Deutschland/China	LBR iiwa	Mehrgelenkroboter https://www.kuka.com/de-de/produkte-leistungen/robotersysteme/industrieroboter/lbr-iiwa
MRK Systeme GmbH Deutschland	KR 5 SI	Einarm-Mehrgelenkroboter-Technologiepakete http://www.mrk-systeme.de
STÄUBLI Schweiz	TX2-60, TX2-90	Sechsachsroboter http://www.staubli.com/de/robotik/roboterarme/niedrige-traglasten/tx2-60/
Rethink Robotics USA	Baxter, Sawyer	Kollaborierender Hochleistungsroboter http://www.rethinkrobotics.com/de/products-software/
Cobotics RB-3D Frankreich	1A20, 1A100 7A15	Handling Cobot 1A100 http://www.rb3d.com/en/cobots-range/cobot-1a100
PAL Robotics Spanien	REEM-C Tiago	HRI – Human-Robot-Interface full-size biped humanoid robotics research platform http://pal-robotics.com/en/products/reem-c/
ABB Schweiz	YuMi	Zweiarmroboter http://new.abb.com/products/robotics/industrial-robots/yumi
Bosch Deutschland	APAS assistant	Einarm-Mehrgelenkroboter http://www.bosch-apas.com/de/apas/produkte/assistant/apas_assistant_3.html
Universal Robots Dänemark	UR3, UR5, UR10	Einarm-Mehrgelenkroboter https://www.universal-robots.com/de/produkte/ur5-roboter/
SoftBank Robotic Group Frankreich/Japan	Pepper	Humanoid https://www.ald.softbankrobotics.com/en/cool-robots/pepper
F&P Personal Robotics	P-Rob2	Einarm-Mehrgelenkroboter http://www.fp-robotics.com/en/industrial-automation/
MABI Robotics Schweiz	MABI Speedy 6, 12	Einarm-Mehrgelenkroboter http://mabi-robotic.com/de/
Smokie Robotics	OUR1, OUR2 in work	Einarm-Mehrgelenkroboter http://www.robotnik.eu/smokie-robotics/
Kawada Industries Japan	HRP-2, HRP-3 Nextage	Humanoide KOBOT http://global.kawada.jp/mechatronics/index.html http://nextage.kawada.jp/en/

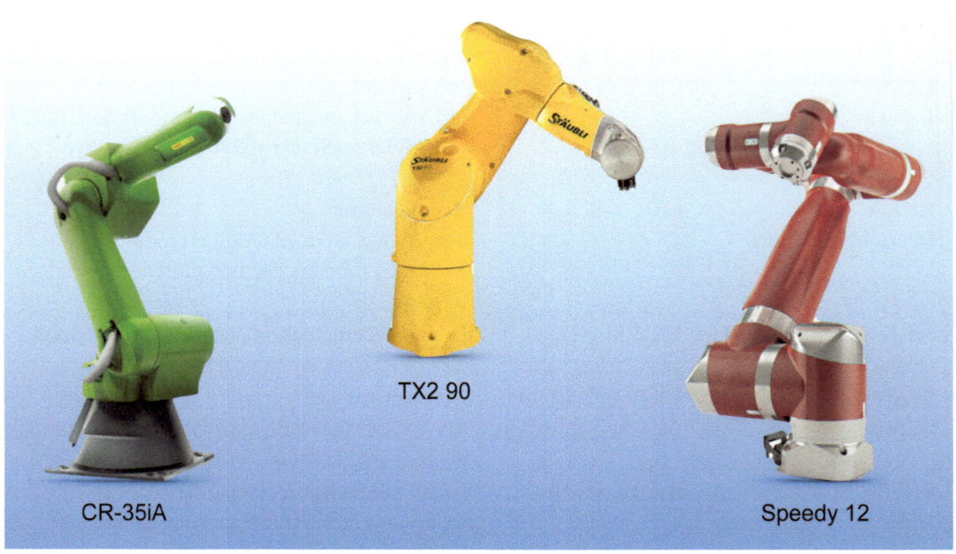

Abb. 5.4 Kollaborierende Roboter CR-35iA, TX2-90 und Speedy 12. (Quellen s. Tab. 5.2)

2. Wie müssen Arbeitsprozesse von Mensch-Roboter-Kollaborationen – MRK – sicher, also weitgehend unfallverhütend gestaltet werden?

Die erste Frage zielt auf technische, strukturelle, betriebs- bzw. umgebungsbedingte Kriterien, während die zweite Frage auf die Unfallverhütung und Verletzungsfreiheit des Menschen während des Zusammenarbeitens mit kollaborativen Robotern eingeht. Wie bei jedem komplexen Vorgang, in dem Menschen eingebunden sind, sind die Antworten auf beide Fragen nicht klar zu trennen, wie es die beiden Fragen selbst suggerieren.

Aus einer BG/BGIA-Empfehlungen[11] der DGVU für die Gefährdungsbeurteilung nach Maschinenrichtlinie wurde die arbeitsorganisatorische Gestaltung von Arbeitsplätzen mit kollaborierenden Robotern aus 2009, in der Fassung von 2011, durch Ottersbach et al. (2011) thematisiert. In der Einleitung steht:

> Für den Bereich der Industrieroboter werden in den Normen DIN EN ISO 10218, Teil 1 und Teil 2, die sicherheitstechnischen Anforderungen für das Anwendungsgebiet „Kollaborierende Roboter (Collaborative Robots)" definiert. Betroffen sind Arbeitstätigkeiten, bei denen es zu direktem nahen Kontakt zwischen dem kollaborierenden Roboter und arbeitenden Personen kommt. Der in diesen BG/BGIA-Empfehlungen verwendete Begriff „Kollaborierender Roboter" schließt neben dem Roboter selbst den Endeffektor – das Werkzeug, das am Roboterarm adaptiert wird und mit dem der Roboter Tätigkeiten durchführt – sowie die damit bewegten Gegenstände ein. Dies betrifft z. B. Kleinroboter, die in Fertigungsverfahren

---

[11] BG/BGIA: Berufsgenossenschaft/Institut für Arbeitsschutz der Deutschen Gesetzlichen Unfall-versicherung.

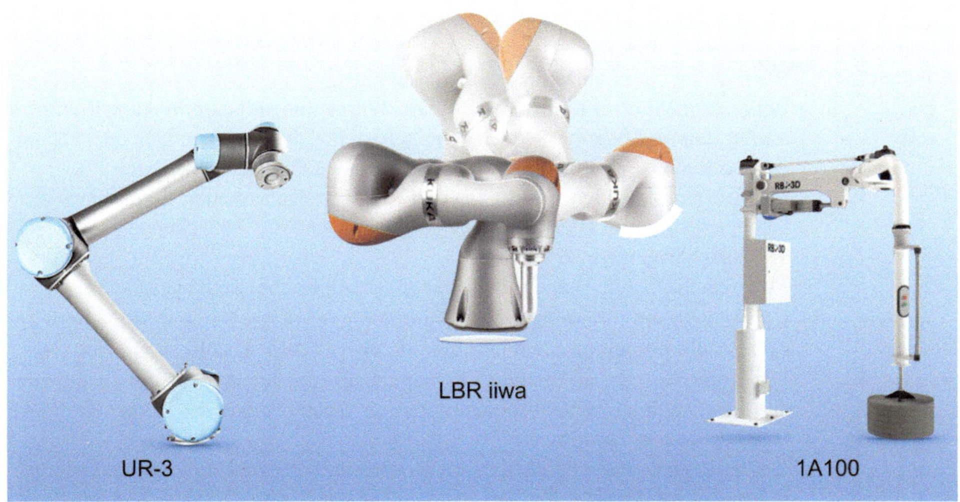

Abb. 5.5 Kollaborierende Roboter UR-3, LBR iiwa und 1A100. (Quellen s. Tab. 5.2)

laufend mit Personen in nahen und überschneidenden Arbeitsräumen eingesetzt werden. Diese Handlungsanleitung kann auch im Bereich Serviceroboter hilfreich sein. [...] In diesen BG/BGIA-Empfehlungen sind sicherheitstechnische Anforderungen für Arbeitstätigkeiten mit kollaborierenden Robotern in Ergänzung bzw. als Präzisierung der Anforderungen in den Normen DIN EN ISO 10218, Teil 1 und 2, aufgeführt. Sie werden dem Anwender als Teil der Risikobeurteilung bei Arbeitstätigkeiten mit kollaborierenden Robotern empfohlen, um sicherzustellen, dass Unfälle vermieden werden. Technologische, medizinisch-biomechanische, ergonomische und arbeitsorganisatorische sicherheitstechnische Anforderungen werden aufgeführt. Je nach Risikoanalyse sind weitere sicherheitstechnische Anforderungen einzubeziehen. (Ottersbach et al. 2011, 5–6).

Risiken durch Kollision und Verletzungskriterien werden zudem grafisch erläutert, durch verschiedene messtechnische Drucktests an unterschiedlichen Körperteilen des Menschen. Daraus lassen sich unterschiedliche Druckgrenzwerte ableiten, die wiederum als *verbotene und erlaubte Zonen* im Diagramm Druck-Flächenpressung erkennbar sind. So können erste Rückschlüsse zu Grenzbereichen von Verletzungen an unterschiedlichen Körperteilen von Kopf bis Fuß näherungsweise ermittelt werden. Roboterbewegungen in einem engen kontaktbehafteten Wirkungsbereich mit Menschen können daraufhin sensitiv programmiert werden.

Die vorab aufgezählten Anforderungen, mit Blick auf die Gestaltung der Arbeitstätigkeiten mit kollaborierenden Robotern, sind detailliert aufgeschlüsselt. Tab. 5.3 listet Anforderungsart und zugehörige Kriterien auf.

Die Anforderungsmerkmale zeigen in Summe das intensive Bemühen, die neuen und zahlenmäßig zunehmenden, in ihren Wirkungsmaßnahmen teils stark unterschiedlichen

Tab. 5.3 Arbeitsorganisatorische Anforderungen bei Arbeiten mit kollaborativen Robotern. (Auszugsweise zusammengestellt aus: Ottersbach et al. 2011, 12–16)

Anforderung	Anforderungskriterium
Technologisch	– Begrenzung des potenziellen Kollisionsraumes – Bei einer möglichen Kollision zwischen Mensch und kollaborierendem Roboter dürfen sich im Kollisionsbereich keine scharfen, spitzen, scherenden oder schneidenden Kanten und Konstruktionsteile oder raue Oberflächen befinden – Im Falle einer möglichen Kollision darf es nur zu flächenhaften Berührungsbereichen kommen. Hierfür können geeignete Gehäuse, Abdeckungen oder Trennflächen eingesetzt werden – Mögliche Kollisionsbereiche sind erkennbar (schwarz/gelb) zu gestalten
Medizinisch-biomechanisch	– Die medizinisch-biomechanischen Anforderungen dieser Empfehlungen beziehen sich auf die Körpereinzelbereiche eines Körpermodells. Das Körpermodell legt vier Körperhauptbereiche und 15 Körpereinzelbereiche innerhalb der Hauptbereiche fest. Damit lassen sich alle anthropo-metrischen Punkte der Körperoberfläche im Körpermodell zuordnen – Zur Festlegung und Abgrenzung von Körpereinzelbereichen, die einem Kollisionsrisiko ausgesetzt werden, dient ein festgelegtes Körpermodell. Alle Körperbereiche sind mittels einer Codierung identifizierbar. Bei der Risikoanalyse werden die mit einem Kollisionsrisiko besetzten Einzelkörperbereiche bestimmt – In den Haupt- und Einzelkörperbereichen dürfen ausschließlich solche Beanspruchungen der Haut und des darunter liegenden Binde- oder Muskelgewebes eintreten, bei denen es nicht zu einem tieferen Durchdringen der Haut und des Gewebes mit blutenden Wunden sowie zu Frakturen oder anderweitigen bleibenden Schäden des Skelettsystems kommt – Weiterhin dürfen keine Verletzungen entstehen, bei denen die Verletzungsschwerekategorie 1 der Abbreviated Injury Scale – AIS1 sowie Verletzungsschweren mit den Codierungen für oberflächliche Verletzungen des ICD-10-GM 20062 überschritten werden – Besteht bei bestimmungsgemäßem Gebrauch ein Verletzungsrisiko für die Sinnesorgane Augen, Ohren, Nase und Mund, muss es durch besondere Schutzmaßnahmen (z. B. Schutzbrille) herabgesetzt werden – Bei nicht bestimmungsgemäßem Gebrauch innerhalb eines kollaborierenden Betriebes oder bei bewusstem Provozieren einer Kollision mit dem kollaborierenden Roboter ist eine ausreichende Schutzwirkung durch die hier aufgeführten sicherheitstechnischen Maßnahmen nicht gewährleistet – Die Verletzungsschwere wird, bezogen auf alle Körpereinzelbereiche, ausreichend durch folgende Verletzungskriterien erfasst: – Klemm-/Quetschkraft (KQK, Einheit: N) – Stoßkraft (STK, Einheit: N) – Druck/Flächenpressung (DFP, Einheit: N/cm^2) – Der in den Körpereinzelbereichen jeweils tolerierbare Verletzungs-schwerebereich wird durch Einhaltung der Grenzwerte der Verletzungskriterien nicht überschritten

Tab. 5.3 (Fortsetzung)

Anforde-rung	Anforderungskriterium
Medizi-nisch-biomecha-nisch	– Für die Körpereinzelbereiche sind Verformungskonstanten angegeben, durch die der maximale Kompressionsweg der Körperbereiche bis zum Erreichen der Grenzwerte abgeschätzt werden kann. Hierbei wurde lineares Verformungsverhalten angenommen – Kompressionskonstante (KK, Einheit: N/mm) – In eine Risikoanalyse sind die Grenzwerte der Verletzungskriterien als einzuhaltende Anforderungswerte und die Werte der Kompressions-konstanten als Orientierungsgrößen für alle Körpereinzelbereiche mit Kollisionsrisiko einzubeziehen – Personen, die mit kollaborierenden Robotern bei Anwendung aller erforderlichen Schutzmaßnahmen unter einem verbleibenden Kollisionsrisiko arbeiten, müssen für diese Tätigkeiten gesundheitlich geeignet sein. Die Eignung ist vom Betriebsarzt festzustellen. Die Person sollte mindestens die Anforderungen nach der arbeitsmedizinischen Grundsatzuntersuchung G25 „Fahr-, Steuer- und Überwachungstätigkeiten" erfüllen
Ergono-misch	– Der Arbeitsraum, in dem es zu einer Kollision zwischen Mensch und kollaborierendem Roboter kommen kann, muss so gestaltet sein, dass die Körperbeweglichkeit der Person ausreichend gewährleistet ist – Die Wahrnehmung, die Aufmerksamkeit und das Denken der Person darf durch die Arbeitsumgebung und den kollaborierenden Roboter nicht eingeschränkt oder gestört werden – Im Falle einer Kollision zwischen Mensch und kollaborierendem Roboter darf es nicht zu weiteren, nicht-mechanischen belastenden Beanspruchungen der Person kommen (z. B. durch strömende oder strahlende Expositionen, elektrische Durchflutung)
Arbeitsor-ganisato-risch	– Die Einhaltung aller sicherheitstechnischen Anforderungswerte nach Risikobeurteilung muss detailliert bescheinigt werden – Bei Arbeitstätigkeiten mit kollaborierenden Robotern sind Zugangs- bzw. Zutrittsbeschränkungen, z. B. Verbotsschilder „Betreten durch Unbefugte verboten!", vorzunehmen – Die gesundheitliche Eignung einer Person, die mit einem kollaborierenden Roboter arbeitet und einem Kollisionsrisiko ausgesetzt ist, sollte in geeigneten regelmäßigen Abständen festgestellt und getestet werden – Personen, die mit kollaborierenden Robotern arbeiten und Kollisionsrisiken ausgesetzt sind, müssen regelmäßig über die Risiken, den Notfall und die dann erforderlichen sicherheitsgerechten Maßnahmen unterwiesen werden. Dies ist besonders für Installations-, Montage- oder Testarbeiten, zum Einrichtbetrieb und bei der Inbetriebnahme zu beachten – Für Arbeitsplätze mit kollaborierenden Robotern sind die besonderen arbeitsorganisatorischen Rahmenbedingungen zu prüfen und festzulegen (z. B. Arbeitszeiten, Pausen, Erste-Hilfe-Koffer, Meldebuch) – Nach einem Kollisionsvorgang sind die Arbeitsfähigkeit der Person und die korrekte Einrichtung des Arbeitsplatzes zu prüfen

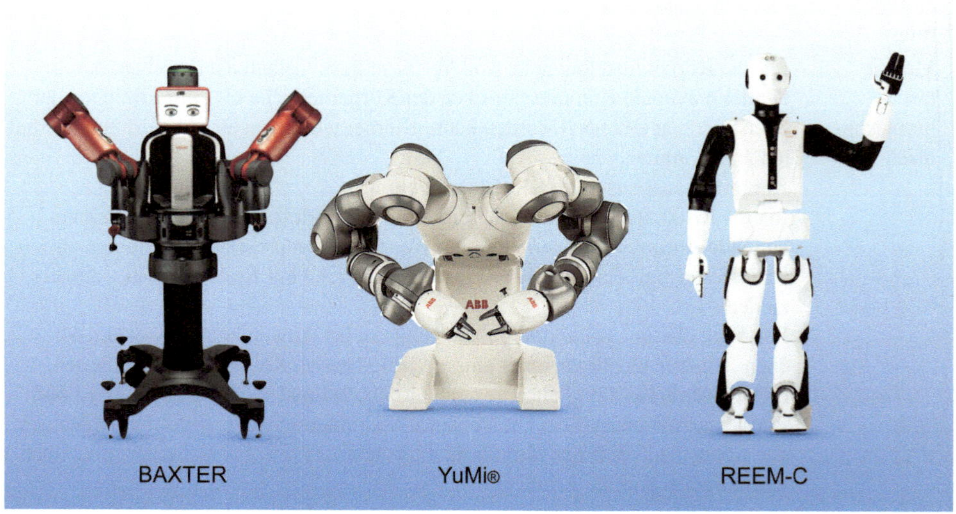

Abb. 5.6 Kollaborierende Roboter Baxter, YuMi und REEM-C. (Quellen s. Tab. 5.2)

Arbeitsplätze von Mensch und Kobot im industriellen Umfeld so sicher wie möglich zu gestalten. Mit einem Seitenblick auf betriebsökonomische Ziele wäre eine Mensch-Roboter-Kollaboration nach Anforderungen *„So sicher wie nötig"* die völlig falsche Option.

Michael Hülke vertritt den Schwerpunkt *Mensch-Maschine-Interaktion* in der Deutschen Gesetzlichen Unfallversicherung – DGUV. In seinem Beitrag zu kollaborierenden Robotern stellt er – Stand 2014 – unter anderem den „[...] aus Forschungssicht spannenden – Aspekt der biomechanischen Anforderungen für Roboter, die ‚auf Tuchfühlung' arbeiten" (Hülke 2015, 49) heraus.

Für die sichere MRK in Industrieanwendungen muss nach der Normenreihe EN ISO 10218 [1] [2] eine geeignete Methode (bzw. Abfolge von den vier Methoden) mit flankierenden Sicherheitsfunktionen ausgewählt werden:

1) **Sicherheitsbewerteter überwachter Halt**
   Bei dieser Methode ist eine gleichzeitige Bewegung des Menschen und des Roboters nicht erlaubt. Der Roboter bewegt sich solange autonom, bis der Mensch den Kollaborationsraum betritt. Dann muss der Roboter stoppen, wobei dieser Stopp in Bezug auf Steuerungsausfälle überwacht wird. Der Mensch kann jetzt direkt am stillgesetzten Roboter arbeiten, z. B. ein Werkstück inspizieren. Verlässt der Mensch den Raum, kann der Roboter weiterarbeiten. Solange der Mensch sich im Kollaborationsraum aufhält, darf der Roboter nicht von außerhalb hineinfahren.

2) **Handführung**
   Bei dieser Methode ist eine gleichzeitige Bewegung und enge MRK im Kollaborationsraum möglich. Der Roboter bewegt sich aber nicht autonom, sondern wird vom Mensch über ein Eingabegerät, z. B. einen Joystick, geführt. Anfahrbare Positionen und Geschwindigkeiten

sind durch sichere Technik überwacht. Verlässt der Mensch den Raum, könnte der Roboter autonom weiterarbeiten (wie bei Methode 1). Der Zugang zum Kollaborationsraum wird dann überwacht.

3) Geschwindigkeits- und Abstandsüberwachung
Bei dieser Methode ist eine gleichzeitige Bewegung des Menschen und des Roboters im Kollaborationsraum möglich – aber keine enge Zusammenarbeit. Das Risiko ist dadurch reduziert, dass permanent ein Sicherheitsabstand zwischen Mensch und dem autonom bewegenden Roboter realisiert wird. Dieser Abstand darf je nach Geschwindigkeit des Roboters auch variieren. Der Roboter kann bei Annäherung des Menschen stoppen oder dem Menschen ausweichen. Die Positionen aller Personen im Kollaborationsraum müssen also sicher erfasst werden, z. B. durch berührungslos wirkende Sensoren wie Kameras, Ultraschallsysteme oder Radar.

4) Leistungs- und Kraftbegrenzung
Bei dieser Methode arbeiten Mensch und der autonome Roboter gleichzeitig zusammen – so eng, dass es auch zu Kollisionen kommen kann. Das Risiko ist dadurch reduziert, dass die bei einer Kollision einwirkende Kraft und der Druck in der Kollisionsfläche beim Roboter sicher begrenzt sind. Bei einer Risikobeurteilung werden die zulässigen Grenzwerte bestimmt und deren Einhaltung an dem individuellen Arbeitsplatz überprüft. Die Bewegung des Roboters (Geschwindigkeit, Trajektorien, Bremsrampen, usw.) muss entsprechend parametriert werden. Während der MRK werden die Menschen durch eine oder mehrere Sicherheitsfunktionen geschützt, die in einer von den Roboternormen festgelegten Zuverlässigkeit realisiert sein müssen [...]. Der Mensch muss den Roboter auch selber stoppen können, z. B. durch den Not-Halt. Bei einem Ausfall der Sicherheitsfunktionen muss ein sicherer Stopp erfolgen. Der Wiederanlauf nach einem Stopp darf nur durch eine bewusste Handlung des Bedienpersonals außerhalb des Kollaborationsraumes erfolgen. (ebd. 50 f.).

Über verschiedene Anforderungskriterien bei MRK wurde in Tab. 5.3 bereits ausführlich berichtet. Zum Punkt Risiko bei MRK ist klar, dass Roboter gegenüber klassischen Werkzeugmaschinen andere Eigenschaften besitzen (nach Hülke 2015, 52):

- Bewegungen werden mit hohem Energiepotenzial innerhalb des Arbeitsraum durchgeführt.
- Einleitende Bewegungen im Voraus zu bestimmen, wie Bewegungen verlaufen, welche Geschwindigkeitswechsel sie je nach Arbeitsprozess vornehmen – das alles ist schwer.
- Arbeitsräume von Robotern und anderen Maschinen können sich überlappen.
- Arbeiter müssen auch während des Roboterstillstandes im Arbeitsraum arbeiten können.

Ein weiterer wichtiger MRK-Aspekt ist:

Wo ein kollaborierender Roboter verwendet wird, muss der zu erwartende Zugang von Personen während der Bewegung des Roboters berücksichtigt werden. Dabei kann es zu einem Kontakt der Bedienperson mit dem Roboter kommen. Dies kann während der Durchführung der Arbeitsaufgabe beabsichtigt oder das Ergebnis einer vorhersehbaren Fehlanwendung sein. Daher ist es besonders wichtig, dass die Kollaborationsaufgabe genau beschrieben und spezifische Gefahren identifiziert werden. Die MRK könnte charakterisiert werden z. B. durch:

- Häufigkeit und Dauer der Anwesenheit von Bedienern oder anderen Beschäftigten im Kollaborationsraum, während der Roboter eingeschaltet ist;
- Häufigkeit und Dauer der Kontakte der Bediener mit dem eingeschalteten Roboter (z. B. Handführung, Übergabe des Werkzeugs oder Werkstücks);
- Wiederanlauf des Roboters nach Verletzung des Mindestabstandes oder nach Kollisionen;
- Umschalten des Roboters zwischen kollaborierendem und autonomen Betrieb, wenn Personen den Raum betreten oder verlassen;
- Zusammenarbeit mit mehreren Personen gleichzeitig;
- Zugriffskonflikte zwischen Mensch und Roboter, wenn z. B. beide auf dasselbe Werkstück zugreifen. (ebd. 52 f.)

Nicht auszuschließen ist auch, dass intelligent programmierte, stationäre und mobile, kollaborative Roboter mit besonderen Signal- und Warn-Algorithmen ausgestattet werden, die Menschen vor von ihnen nicht erkannten Gefahrenquellen oder sich auslösenden Gefahren warnen und ihnen gegebenenfalls Befehle zur Gefahrenabwehr oder Flucht vor der Gefahr erteilen. Denn die Konzentration auf und die Beobachtung von produktionstechnischen Abläufen in Unternehmen geschieht in der Regel auf Augenhöhe. Gefahren in unternehmerischen Bereichen lauern aber – mehr oder weniger – im gesamten Raum, ob an den Wänden durch verlaufende undichte Rohrleitungen, ob an Decken durch herabstürzende Teile von fahrbaren Kränen, ob an überschaubaren Durchgängen mit „Gegenverkehr" durch Kollisionen, ob an nicht direkt einsehbaren Bodenstellen durch ausgelaufene Flüssigkeit (Rutsch-/Sturzgefahr) usw.

Schließlich stellt die DGUV noch eine Checkliste für kollaborative Robotersysteme im freilaufenden Betrieb und unter Leistungs- und Kraftbegrenzung allen zur Verfügung, die MRK durchführen (DGUV, Fachbereich Holz und Metall 2015[12]). In diesem Zusammenhang existiert ein Entwurf der DGVU (2015) über *Kollaborierende Robotersysteme – Planung von Anlagen mit der Funktion „Leistungs- und Kraftbegrenzung"* und einer Weiterentwicklung der vorab gelisteten technischen Anforderungen, im Rahmen der technischen Spezifikationen der internationalen Norm ISO TS 15066:2016 – Robots and robotic devices – Collaborative robots[13] (s. a. Matthias 2015)

Die genannten wissenschaftlich-technischen Ansätze zu produktiven und zugleich sicheren Mensch-Roboter-Kollaborationen in Industrieunternehmen werden noch erweitert durch Mensch-Roboter-Interaktionen im außerbetrieblichen Umfeld. Welche potenziellen Sicherheitsmaßnahmen, Risikoabwägungen und Konfliktvorsorgen müssen beachtet und durchgeführt werden, wenn z. B. Humanoide in Familien menschennahe Tätigkeiten – zumal mit wechselnden Familienmitgliedern – verrichten, oder Dienstleistungen im Auftrag von Menschen durchführen? Was in der gebotenen Ausführlichkeit für industrielle Mensch-Roboter-Kollaboration gilt, wird in angepasster Form auch für Mensch-Roboter-Kooperationen im öffentlichen und privaten Umfeld zu erarbeiten sein.

Als Resümee zu den Schutzmaßnahmen von Menschen bei MRK kann Folgendes festgestellt werden: Die in Abschn. 2.2.5 erwähnten vier Robotergesetze von Isaac Asimov,

---

[12] http://www.dguv.de/fb-holzundmetall/sg/sg_maf/robotik/index.jsp (Zugriff: 02.02.2017).
[13] http://www.iso.org/iso/catalogue_detail?csnumber=62996 (Zugriff: 02.02.2017).

die dieser im Rahmen von Science-Fiction-Literatur erdachte, haben sich inzwischen zu veritablen Praxis-Richtlinien, -Regelwerken und internationalen Normen entwickelt, die detailreich zu einer Mensch-Roboter-Kollaboration festlegen, was sein kann und was nicht sein darf.

5.2.4 Anwendungsspektrum von Mensch-Roboter-Arbeiten

Aus unterschiedlichen Arbeitswelten werden exemplarisch Mensch-Roboter-Kollaborationen vorgestellt, die nur einen kleinen Einblick verschaffen können in das weitaus größere Feld industrieller MRK-Arbeitsprozesse.

Automobilindustrie

Bayerische Motoren Werke – BMW – AG

Neuartige Mensch-Roboter-Zusammenarbeit in der BMW Group Produktion. Im BMW Werk Spartanburg [eine Stadt im US-Bundesstaat South Carolina, d. A.] (Abb. 5.7) entlasten kollaborative Roboter die Mitarbeiter am Montageband und sichern höchste Fertigungsqualität [...]. In der Türmontage arbeiten Mensch und Roboter Seite an Seite, ohne Schutzzaun, als Team. Das US-amerikanische BMW Werk ist die erste BMW Automobilfertigung weltweit, in der eine direkte Mensch-Maschine-Kooperation in der Serienproduktion realisiert werden konnte. Vier kollaborative Roboter fixieren die Schall- und Feuchtigkeitsisolierung auf der Türinnenseite für BMW X3 Modelle. Die Folie mit der Kleberaupe wird zuvor von Mitarbeitern aufgelegt und nur leicht angedrückt. Bislang führten anschließend Mitarbeiter den Fixierprozess manuell mit einem Handroller aus. Nun übernehmen die Automaten mit Rollköpfen am Roboterarm diese Kräfte zehrende Arbeit, die sehr präzise ausgeführt werden muss. Die Dichtung schützt die Elektronik in der Tür und den Fahrzeuginnenraum vor Feuchtigkeit. [...] Die ergonomischen Aspekte standen bei der Entscheidung für die Montageroboter in Spartanburg im Vordergrund. (BMW Group 2013).

Daimler AG

Mensch-Roboter-Kooperation beim Einbau der Hybridbatterie im Mercedes-Benz Werk Bremen (Abb. 5.7).[14]

Audi AG

Direkter Schulterschluss von Mensch und Maschine: Audi hat im Stammwerk Ingolstadt erstmals einen Roboter im Serieneinsatz, der Hand in Hand mit dem Menschen arbeitet – ohne Sicherheitsabsperrung und ideal angepasst an den Arbeitstakt des Mitarbeiters. Es ist die erste Mensch-Roboter-Kooperation im Volkswagen-Konzern, die in der Endmontage zum Einsatz

---

[14] http://media.daimler.com/marsMediaSite/de/instance/picture/Mercedes-Benz-Werk-Bremen-Mensch-Roboter-Kooperation.xhtml?oid=9969270 (Zugriff: 02.02.2017).

kommt (Abb. 5.8). Diese innovative Technologie erleichtert die Arbeit in der Fertigung und verbessert die Ergonomie.[15] (Audi AG 2015).

Volkswagen AG

Mensch-Roboter-Kooperation erstmals in VW-Werk Wolfsburg (Abb. 5.8). Im VW-Werk Wolfsburg arbeiten Mensch und Roboter künftig Hand in Hand: Ab sofort wird die erste Mensch-Roboter-Kooperation (MRK) in der Serienproduktion des Golf eingesetzt. So unterstützen Roboter die [Menschen] nun in der Triebsatzvormontage, dem Komplettieren der einzelnen Triebsatz-Komponenten zu einem einbaufähigen Motor. „Die Mitarbeiter werden von dem Roboter bei ergonomisch ungünstigen und anstrengenden Routinetätigkeiten unterstützt. Der Mensch steuert und überwacht dabei die Prozesse. So können wir optimal die Stärken von Mensch und Roboter kombinieren und gleichzeitig die Fertigungszeit verkürzen", erläutert André Kleb, Leiter Standortplanung Wolfsburg. Während der Mitarbeiter die Verschraubung des Starters vornimmt, arbeitet der Roboter parallel in dessen direktem Umfeld am selben Triebsatz. Er entlastet den Mitarbeiter, indem er die Verschraubung der sogenannten Pendelstütze vornimmt. Dabei handelt es sich um [ein] Bauteil, das unterhalb vom Triebsatz sitzt und bei Lastwechseln des Motors das Pendeln verhindert. Es ist verbunden mit dem Hilfsrahmen. Beim Triebsatz liegt es an einer für den Menschen schwer zugänglichen Stelle. Anders als bislang üblich sind Mensch und Roboter dabei nicht durch einen Schutzzaun getrennt. Möglich machen dies die Kraftsensoren im Roboter, die jede Berührung oder Krafteinwirkung wahrnehmen. Dieser friert seine Bewegung ein, sobald er versehentlich mit dem Mitarbeiter in Kontakt kommt.[16]

The Ford Motor Company

Car Workers Buddy Up With Robots – Man and Machine work Hand-in-Hand as Ford Applies Industry 4.0 Automation. Ford is among the first automakers to develop a new, closely integrated approach to car workers and robots working together on the assembly line. Workers use collaborative robots, also known as co-bots, to help fit shock absorbers to Fiesta cars in Cologne, Germany; ensures perfect fit, avoids workers having to access hard-to-reach places. Robots use high-tech sensors to detect when hands or fingers are in their path and stop immediately, ensuring worker safety (Abb. 5.9). (The Ford Motor Company 2016)[17]

Übersetzt:

Autoarbeiter schließen sich Robotern an. Mensch und Maschine arbeiten Hand in Hand, wenn Ford Industrie-4.0-Automation anwendet. Ford ist einer der ersten Autohersteller, die eine neue, eng integrierte Annäherung von Arbeitern und Robotern an der Montagelinie entwickelte. Arbeiter nutzen kollaborative Roboter, auch bekannt als co-bots, um Schockabsorber

---

[15] https://www.audi-mediacenter.com/de/pressemitteilungen/neue-mensch-roboter-kooperation-in-der-audi-produktion-1206 (Zugriff: 2.2.2017).

[16] Pankow, G. (2016) Mensch-Roboter-Kooperation erstmals im VW-Werk Wolfsburg, https://www.automobil-produktion.de/technik-produktion/produktionstechnik/mensch-roboter-kooperation-erstmals-in-vw-werk-wolfsburg-128.html (Zugriff: 02.02.2017).

[17] https://media.ford.com/content/fordmedia/fna/us/en/news/2016/07/14/car-workers-buddy-up-with-robots--man-and-machine-work-hand-in-h.html (Zugriff: 02.02.2017).

an Fiesta-Autos in Köln, Deutschland, zu montieren; das gewährleistet perfekten Sitz und entlastet Arbeiter bei Arbeiten an schwer zugänglichen Stellen. Roboter nutzen hochwertige Sensoren, um festzustellen, ob Hände oder Finger im Weg sind und halten unmittelbar an, um die Sicherheit der Arbeiter zu garantieren.

Flugzeugindustrie

Airbus Group

Humanoider Roboter als Handwerker bei der Endmontage (Abb. 5.9). [...] Die Roboter sollen an den Stellen der Montagelinie arbeiten, die für Menschen zu gefährlich sind oder einen zu hohen Kraftaufwand erfordern. Bei der Einführung der Roboter stellt sich jedoch ein Problem: Wie können die Forscher verhindern, dass es aufgrund des engen Arbeitsumfeldes zu Kollisionen zwischen dem Roboter und den zahlreichen Objekten in seiner begrenzten Umgebung kommt?

Lösung: Leistungsfähigere Algorithmen werden entwickelt, damit die Roboter präzisere und auch schnellere Bewegungen machen können.

Das zweite Hindernis besteht in der Fortbewegung und Flexibilität der Roboter. Aufgrund der Größe der Flugzeuge und der Vielzahl von Aufgaben, die an einzelnen Anlagen zu bewältigen sind, sind fest installierte Spezial-Roboter, wie sie beispielsweise in der Autoindustrie verwendet werden, in der Luftfahrtindustrie nicht zweckmäßig. Es bedarf einer Robotergeneration, die Treppensteigen oder Hindernisse umgehen kann.

Die Lösung wäre ein Roboter, der bei der Fortbewegung mehrere Kontaktstellen an seinem Körper nutzt, nicht nur die Füße. Diese Roboter wären stabiler und kräftiger. Zunächst testen die Forscher verschiedene Algorithmen, die deutlich komplexer sein müssen als bei herkömmlichen Robotern, aber dennoch eine schnelle Rechenleistung aufweisen müssen, damit die Roboter weiterhin effektiv sind. Diese Algorithmen werden anschließend in verschiedenen Szenarien – entsprechend dem jeweiligen Bedarf der Airbus Group in der Luft- und Raumfahrt und beim Bau von Helikoptern – erprobt. Typische Aufgaben wären: Festziehen von Muttern, Beseitigung von Metallspänen in einem bestimmten Arbeitsbereich, Einpassung von Teilen in eine Struktur etc. Mit Hilfe der neuen Algorithmen könnte auch der Aufgabenbereich der ersten Generation von kollaborativen, humanoiden Robotern erweitert werden, die für den Bau großer Strukturen eingesetzt werden. Allerdings wird diese Markteinführung erst in 10–15 Jahren – 2025–2030 – erwartet.[18]

Boeing

Eine neue Fertigungsmethode, um Flugzeugrümpfe des Typs Boeing 777 noch effektiver und effizienter zu erstellen, gelingt mit Robotern, die das anstrengende Überkopfarbeiten von Menschen übernehmen. Bekannt unter dem Namen „Fuselage Automated Upright Build" – *FAUB* – gelingt es Boeing, mit der verbesserten Fertigungsmethode die Arbeitsplatzsicherheit zu erhöhen und die Produktqualität zu steigern. Daran beteiligt sind geführte Roboter, die Tafelplatten am Rumpf des Flugzeuges anbringen, bohren und die nahezu 60.000 Verbindungen pro Tag montieren, die bislang von Menschenhand durchgeführt wurden.[19]

---

[18] https://www.wissenschaft-frankreich.de/de/ingenieurswissenschaften/robotik/humanoider-roboter-als-handwerker-bei-der-endmontage/ (Zugriff: 02.02.2017).
[19] http://www.boeing.com/features/2014/07/bca-777-fuselage-07-14-14.page, siehe ebenso: https://www.wired.com/2017/03/boeing-faub-assembly-robot-777/ (Zugriff: 02.02.2017).

Roboterindustrie

KUKA

Kuka macht den Iiwa mobil. Herr der Schrauben und Muttern. Von Robotermobilität profitiert jetzt auch Kuka Roboter in ihrem Werk in Augsburg (Abb. 5.10). Die eigene Roboterproduktion wurde jetzt von einem Mehrliniensystem auf eine Linienfertigung nach modernsten Lean-Produktionsmethoden umgestaltet. Für eine nachhaltige Flexibilisierung der Produktion reicht die Mensch-Roboter-Kollaboration (MRK) alleine nicht aus. Roboter müssen in naher Zukunft mobil einsetzbar sein. Auf mobilen Plattformen bewegen sie sich dann selbstständig durch Werkshallen, transportieren Waren oder Werkstücke und modernisieren so die logistischen Abläufe in der Produktion von Morgen. Der mobile Roboter KMR Iiwa (KMR steht dabei für „Kuka Mobile Robotik", Iiwa für „Intelligent industrial work assistant"), eine autonom verfahrende Plattform in Verbindung mit dem Leichtbauroboter LBR Iiwa, beliefert automatisch den Robotermontage-Arbeitsplatz in der KR Quantec-Zentralhandmontage mit Produktionsmaterial. [...] Kuka setzt den KMR Iiwa in der eigenen Produktion ein. In der Montage des Quantec ist eine Kanban-Lösung[20] implementiert. Hierbei übernimmt der Iiwa die Verteilung von Schrauben, Dichtungsringen, Muttern und weiteren Kleinteilen. Würth liefert die bestellten Kanban-Boxen an das zentrale Lagerregal. In regelmäßigen Abständen prüft der Iiwa sensitiv die einzelnen Regale und entnimmt die angelieferten, mit den Kleinteilen bestückten Boxen. Der Leichtbauroboter hält die Box an einen auf der Plattform montierten QR-Code Scanner[21], scannt ihn ab und erkennt so die individuelle Zielposition jeder Box. Anschließend transportiert die autonom fahrende Plattform die Behälter durch die Produktionshalle und liefert sie automatisch an den Arbeitsplatz. [...][22]

Lebensmittelindustrie, Reinraumeinsatz

N. N.

Reinraum, aber mit richtig viel Traglast. Im Dezember [2016 d. A.] stellt FANUC seinen neuen, in weißer Spezialfarbe lackierten, reinraumtauglichen Roboter M-20iB/25C vor (Abb. 5.11). Dieser Roboter wurde auf Basis des Grundmodells M-20iB/25 entwickelt. Aufgrund seines mechanischen Designs, der hervorragenden Verarbeitung, des High-end Finish und der FANUC-typischen, hohen Verfügbarkeit, ist dieser Roboter prädestiniert für den Einsatz in einer Reinraumumgebung oder im 2nd-Food Bereich. Der neue M-20iA/25C hat eine Traglast von 25 kg und eine maximale Reichweite von 1853 mm. Die herausragenden Merkmale der Baureihe sind die komplett geschlossene schlanke Bauform und hohe Dynamik. Durch die geschlossene Bauform konnte die Schutzklasse IP67 schon bei dem

---

[20] Kanban kommt aus dem japanischen und bedeutet soviel wie Beleg oder Karte. Es ist eine Produktionsmethode, die Prozesse so steuert, dass Vorratsspeicherung von Materialien bzw. Vorprodukten – und somit Kosten – verringert werden. Jede einzelne Fertigungsstufe entlang einer Produktionskette soll auf diese Weise kostenoptimal gesteuert werden.

[21] QR bedeutet Quick Response oder schnelle Rückmeldung. Im QR-Code, einem quadratischen Schwarz-weiß-Bild aus kleinen Quadraten, versteckt sich eine verschlüsselte Signatur, mit der Teile verschiedenster Art markiert und über ein Lesegerät – Scanner – ausgelesen werden.

[22] http://www.handling.de/marktuebersichten-robotertechnik/kuka-macht-den-iiwa-mobil--herr-der-schrauben-und-muttern.htm/ (Zugriff: 02.02.2017).

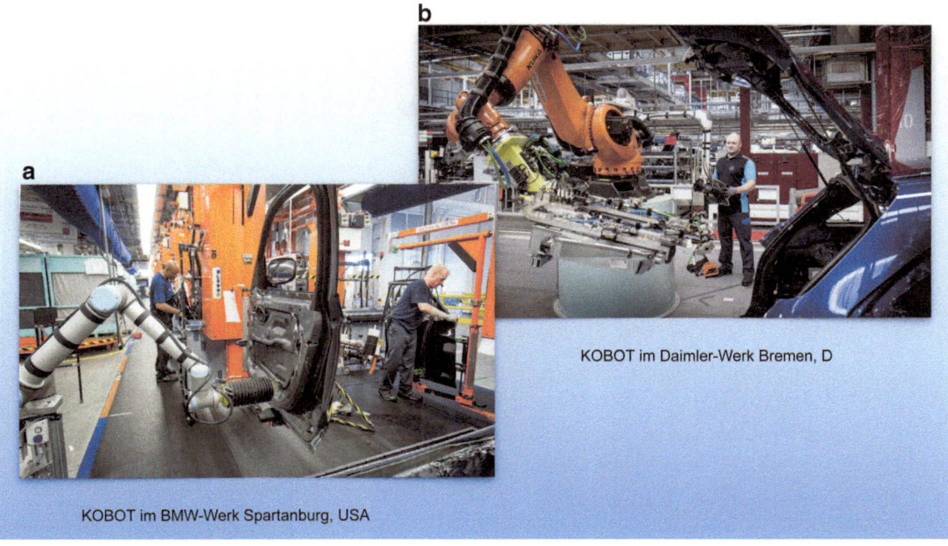

Abb. 5.7 Kollaborierende Roboter im praktischen Einsatz 1. (Aus: BMW Group (**a**), Daimler AG (**b**))

Grundmodel des M-20iB/25 erreicht werden. [...] Die hohe Schutzklasse des Roboters wirkt sich nicht negativ auf die Schnelligkeit und den Durchsatz des Roboters aus. „Fahrversuche" und die Gegenüberstellung des erzielten Durchsatzes mit dem Standardmodel haben bei selber Traglast die gleichen Zykluszeiten an beiden Robotermodellen ergeben. Auch bei der Wiederholgenauigkeit liegen die unterschiedlichen Modelle mit hervorragenden ±0,023 mm gleich auf.[23]

Maschinenbau

ABB – Montageprozesse

Der mit sieben Freiheitsgraden arbeitende Manipulator YuMi ist an verschiedenen Stellen in der Fertigungsmontage einsetzbar, zum Beispiel in der Linienmontage oder bei Hand in Hand-Montage ohne feste Einbauten im Arbeitsraum oder bei Aufgabenteilungen zwischen Mensch und Roboter, wobei sich wiederholende Arbeitsgänge dem Roboter und komplexe Arbeitsgänge dem Menschen zugeordnet werden (Abb. 5.11) (s. Matthias 2015).

Ergänzende Fachquellen zu Mensch-Roboter-Kollaborationen

Am Ende dieses praxisorientierten Kapitels wird interessierten Leserinnen und Lesern noch eine Auswahl von Literatur zum Thema mitgegeben. Die Häufung von Fachartikeln

---

[23] http://www.fanuc.eu/de/de/wer-wir-sind/news-and-events/en-release-of-m-20ib-25c   (Zugriff 02.02.2017).

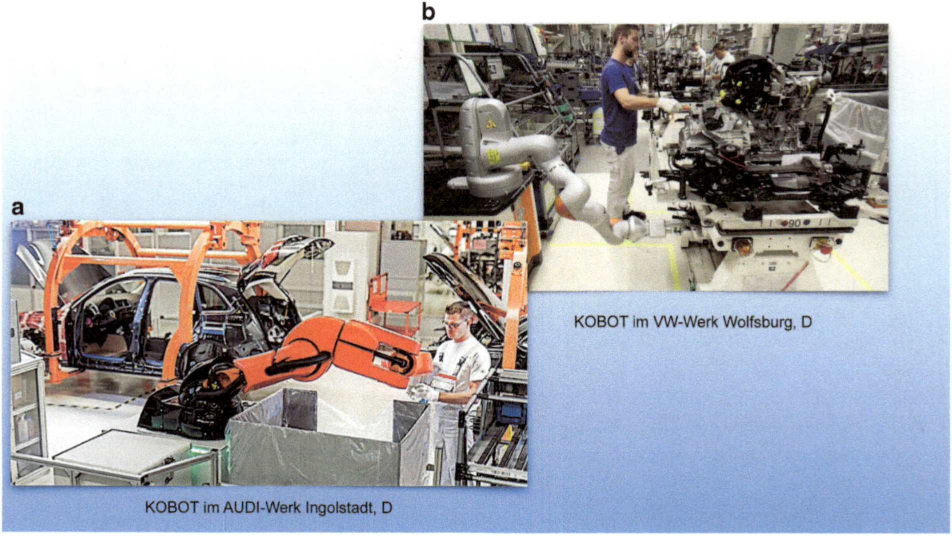

Abb. 5.8 Kollaborierende Roboter im praktischen Einsatz 2. (Aus: AUDI AG (**a**), VW AG (**b**))

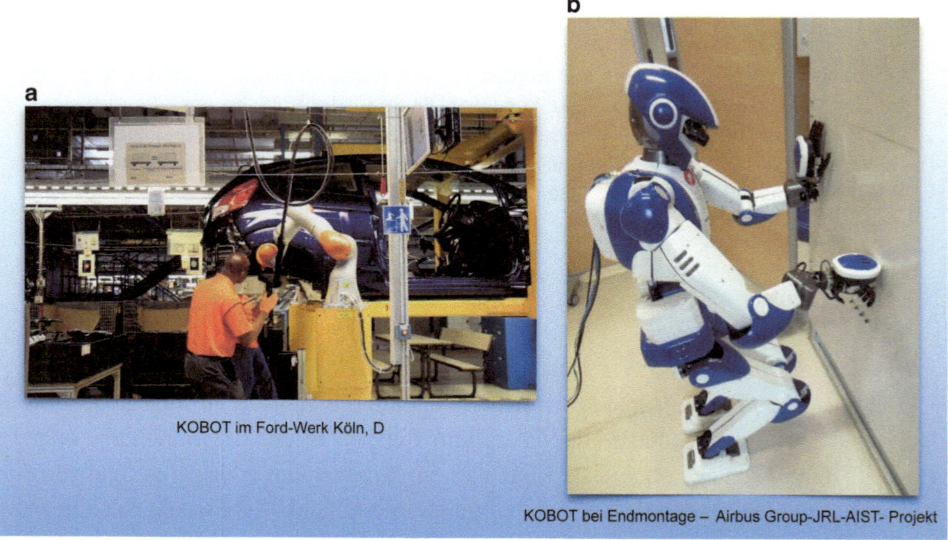

Abb. 5.9 Kollaborierende Roboter im praktischen Einsatz 3. (Aus: Ford Motor Company (**a**), Joint Robotics Laboratory (CNRS/AIST) (**b**))

und Konferenzbeiträgen zum Thema kann letztlich nur darauf hindeuten, dass Technik und Wissenschaft der Robotik im Allgemeinen und Mensch-Roboter-Kollaboration im Besonderen breites außerordentliches Interesse geweckt haben. Der Alltagstest von Roboteranwendungen in den vielen komplexen Praxisfeldern und Praxisnischen wird zeigen,

Abb. 5.10 Kollaborierende Roboter im praktischen Einsatz 4. (Aus: KUKA AG)

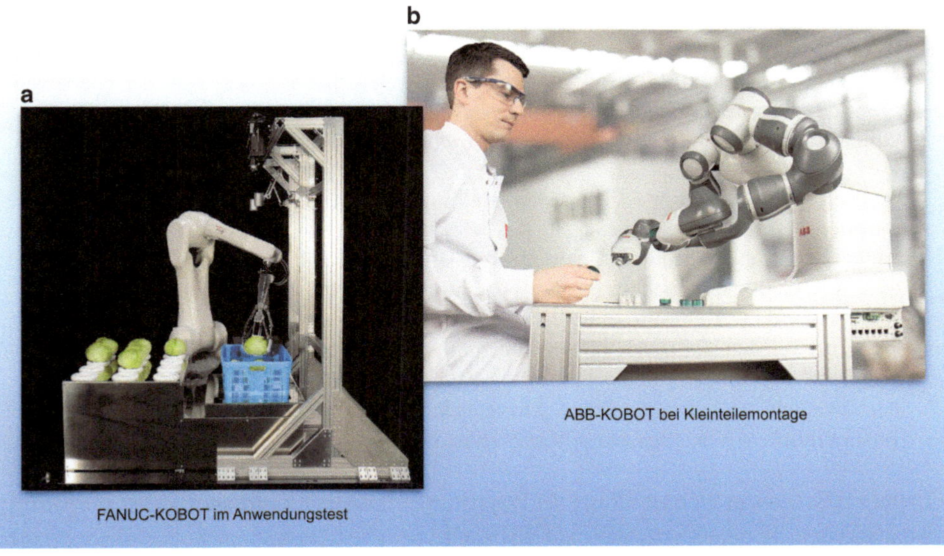

Abb. 5.11 Kollaborierende Roboter im praktischen Einsatz 5. (Aus: FANUC Deutschland GmbH (**a**), ABB Asea Brown Boveri Ltd. (**b**))

ob Kollaboration und Kooperation mit Robotern nachhaltige Vorteile mit sich bringen – nicht nur im technischen und wirtschaftlichen Sinn, sondern ebenso im sozialen und ökologischen.

Fachquellenauswahl (siehe auch Literaturverzeichnis): Ronzhin et al. 2016; Ludwig 2015; Schlatt 2015; Dautenhahn, Saunders 2011; Sarkar 2007.

5.3   Ein unsicherer Zahlenblick in eine Roboterzukunft

Industrieroboter boomen!

Diese Schlagzeile fasst zusammen, was der World Robotics Report 2016[24] beinhaltet, der am 29. September 2016 in Frankfurt am Main präsentiert wurde. Daraus lässt sich Folgendes aus einer Kurzfassung – IFR press release bzw. IFR-Pressemitteilung – extrahieren:

> Bis 2019 werden mehr als 1,4 Millionen neue Industrie-Roboter in den Fabriken rund um den Globus installiert. [...] Beim Wettlauf um die Automation im produzierenden Gewerbe besetzt die Europäische Union einen weltweiten Spitzenplatz: 65 Prozent der Länder mit einer überdurchschnittlichen Anzahl von Industrie-Robotern pro 10.000 Arbeitnehmer stammen aus der EU. Die stärksten Wachstumsimpulse für die Roboter-Branche kommen jedoch aus China: 40 Prozent des weltweiten Marktvolumens an Industrie-Robotern werden 2019 alleine im Reich der Mitte verkauft.

Weitere Ergebnisse des Welt-Roboter-Reports 2016, die von der International Federation of Robotics (IFR) veröffentlicht wurden, sind:

> Die Zahl der weltweit eingesetzten Industrie-Roboter wird bis 2019 auf rund 2,6 Millionen Einheiten steigen. Das sind rund eine Million Einheiten mehr als im Rekordjahr 2015. Aufgeschlüsselt nach Branchen arbeiten derzeit rund 70 Prozent der Industrie-Roboter in den Segmenten Automobil, Elektro/Elektronik und Metall. 2015 legte die Zahl der operativen Einheiten in der Elektronikindustrie mit einem Plus von 18 Prozent am stärksten zu. Die Metallindustrie verzeichnete ein Plus von 16 Prozent und der Automobilsektor wuchs um zehn Prozent.
>
> Die Staaten der Europäischen Union sind im globalen Vergleich insgesamt in der Automation besonders hoch entwickelt. Das wird beispielsweise an der Roboterdichte in der Automobil-Industrie deutlich. Unter den Top-10-Nationen mit den meisten Industrie-Robotern pro 10.000 Arbeitnehmer gehört jedes zweite Land der Europäischen Union an. Die stark entwickelte Automation in Westeuropa zeigt sich zudem im gesamten produzierenden Gewerbe. Von den 22 Staaten mit einer überdurchschnittlichen Roboterdichte gehören 14 zur EU. Dabei liegt die Roboterdichte in den großen westeuropäischen Volkswirtschaften aktuell noch deutlich vor Aufsteiger China. Am größten ist der Abstand dabei zu Deutschland (301 vs. 49 Einheiten) – am kleinsten zu Großbritannien (71 vs. 49 Einheiten).

In dem IFR-Bericht werden China als Wachstumsmarkt und Nordamerika auf der Erfolgsspur gesehen. In einem Ausblick auf 2019 wird prognostiziert:

> Bis Ende 2016 wird die Zahl der weltweit in diesem Jahr neu installierten Industrie-Roboter um 14 Prozent auf 290.000 Einheiten steigen. Für 2017 bis 2019 wird mit einem weiteren globalen Zuwachs von durchschnittlich mindestens 13 Prozent im Jahr (CAGR) gerechnet. Auf solche Wachstumsaussichten haben sich die Roboter-Hersteller vorbereitet. Dafür wurden die Produktionskapazitäten erweitert oder die zumeist europäischen Hersteller betreiben neue Standorte in den großen Absatzmärkten China oder den USA.

---

[24] https://ifr.org/news/world-robotics-report-2016 sowie https://ifr.org/img/uploads/2016-09-29_Pressemitteilung_IFR_World_Robotics_2016_deutsch.pdf (Zugriff: 03.02.2017).

Von besonderem Interesse ist, wie die IFR die Entwicklung kollaborativer Roboter sieht:

Bei den technologischen Trends konzentrieren sich die Firmen in Zukunft auf die Mensch-Maschine-Kollaboration, vereinfachte Anwendung und Leichtbau-Roboter. Dazu kommen Zwei-Arm-Roboter, mobile Lösungen und die einfachere Integration von Robotern in bestehende Umgebungen. Im Trend liegen künftig modulare Roboter sowie Robotersysteme, die zu besonders attraktiven Preisen angeboten werden können.

Die IFR prognostiziert weiterhin in einer „Executive Summary" (Kurzfassung):[25]

- „Human-robot collaboration will have a breakthrough in this period."
  Übersetzt: Mensch-Roboter-Kollaborationen werden in dieser Periode [2016 bis 2019, d. A.] den Durchbruch schaffen.
- „Compact and easy-to-use collaborative robots will drive the market in the coming years."
  Übersetzt: Kompakte und leicht zu bedienende kollaborative Roboter werden den Markt in den kommenden Jahren lenken.

Was den aktuellen industriellen Einsatz von mobilen kollaborativen Humanoiden – ob sie sich rollend oder bipedal fortbewegen – betrifft, so scheint es gegenwärtig (Frühjahr 2017) auch der allgemeine Tenor aus deutschen Unternehmen und Fachverbänden wie dem VDMA – Verband Deutscher Maschinen- und Anlagenbau – zu sein, dass diese gegenüber ihren stationären „Kollegen" an den Produktionsbändern noch deutlich in der Minderheit sind.

Die Nachfrage nach Industrie-Robotern bei den Kunden wird ebenfalls von einem ganzen Bündel von Faktoren angetrieben. Dazu zählt die Handhabung neuer Materialien, Energieeffizienz, besser entwickelte Automationskonzepte, mit denen sich die reale Fabrikwelt und die virtuelle Welt im Sinne von Industrie-4.0 und das industrielle Internet der Dinge miteinander verknüpfen lassen. (siehe Welt-Roboter Report der IFR, 2016)

Die vier Abb. 5.12 bis 5.15 zeigen IFR-zugehörige Grafiken, deren Erläuterungen dem vorabstehenden IRF-Zitaten zu entnehmen sind.

Kleiner Statistik-Exkurs mit Einbindung der Trends aus Abb. 5.12 , 5.13, 5.14 und 5.15

Ich stehe Statistiken etwas skeptisch gegenüber.
Denn laut Statistik haben ein Millionär und ein armer Schlucker je eine halbe Million.
Franklin Delano Roosevelt (1882–1945), Politiker u. 32. US-Präsident

Es ist immer schwierig, Erhebung und Entstehung grafisch aufbereiteter Trendanalysen auf ihre Richtigkeit und Bewertbarkeit zu prüfen, insbesondere dann, wenn gerundete

---

[25] http://www.ifr.org/industrial-robots/statistics/   sowie   https://ifr.org/img/uploads/Executive_Summary_WR_Industrial_Robots_20161.pdf (Zugriff: 03.02.2017).

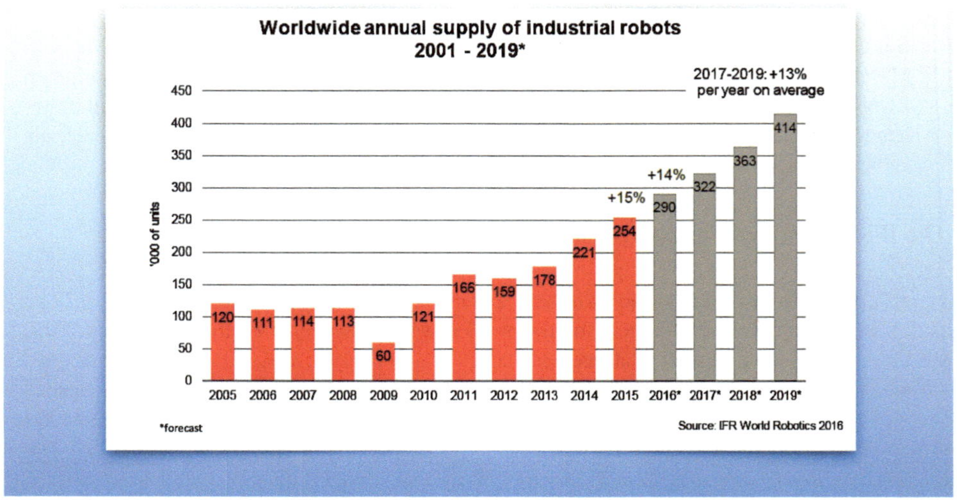

Abb. 5.12 Weltweite Lieferung von Industrierobotern 2001 bis 2015, 2016 bis 2019 als Vorhersage. (Aus: https://ifr.org/img/uploads/Executive_Summary_WR_Industrial_Robots_20161.pdf, Zugriff: 03.02.2017)

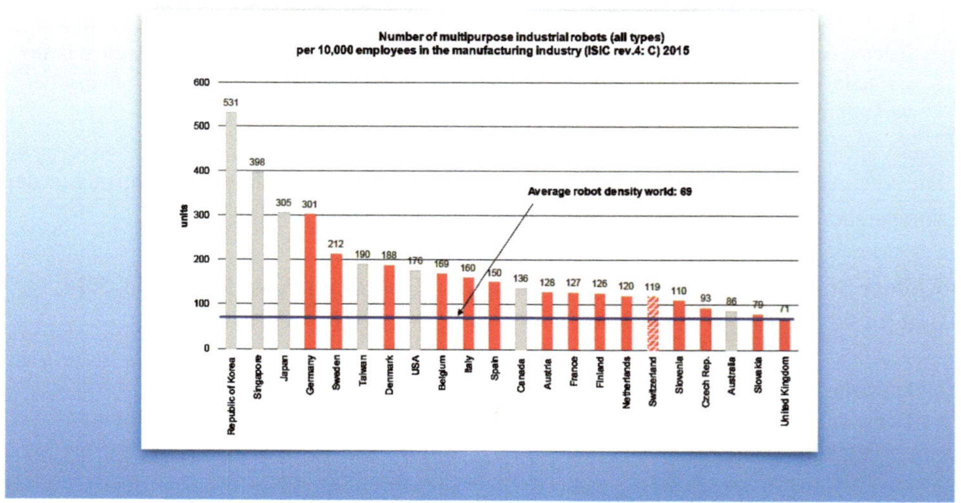

Abb. 5.13 Zahl Mehrzweck-Industrieroboter (alle Typen) pro 10.000 Arbeitnehmer in der produktionstechnischen Industrie des Jahres 2015. (Aus: https://ifr.org/img/uploads/Executive_Summary_WR_Industrial_Robots_20161.pdf, Zugriff: 03.02.2017)

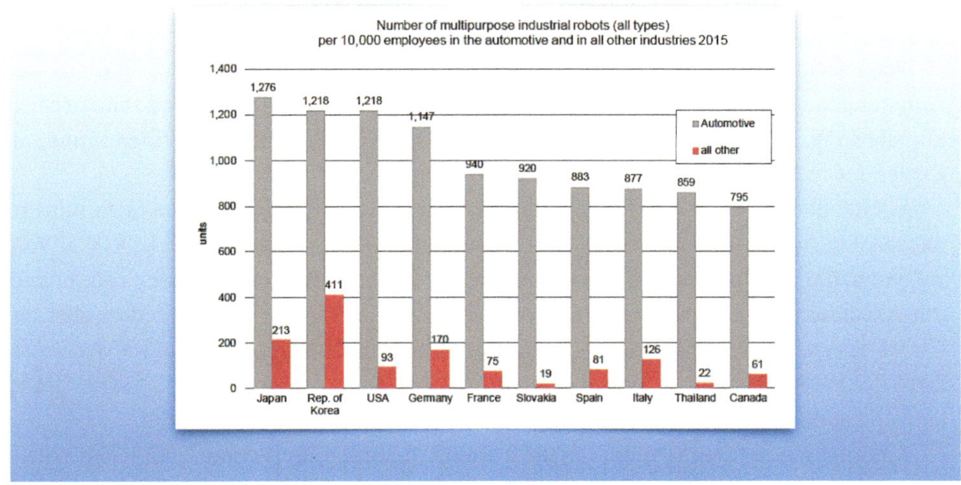

Abb. 5.14 Zahl Mehrzweck-Industrieroboter (alle Typen) pro 10.000 Arbeitnehmer in der Automobilindustrie und allen anderen Industrien des Jahres 2015. (Aus: https://ifr.org/img/uploads/ Executive_Summary_WR_Industrial_Robots_20161.pdf, Zugriff: 03.02.2017)

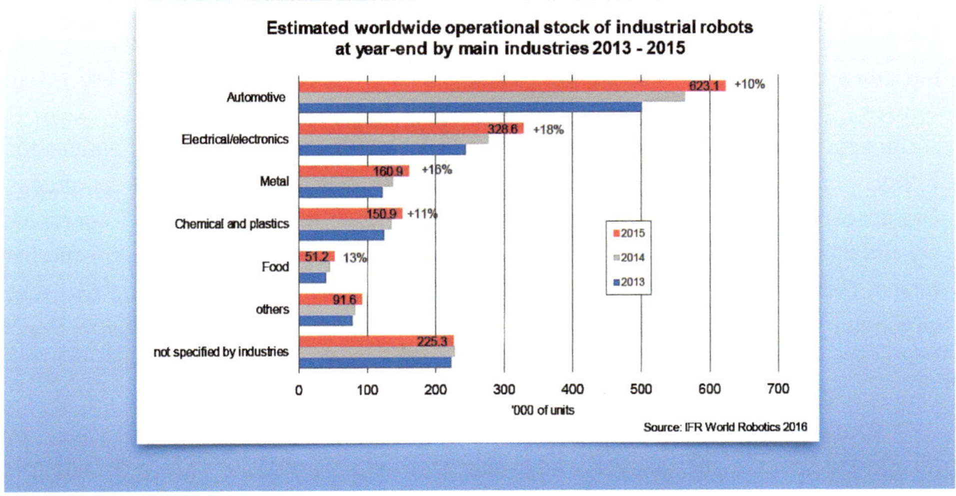

Abb. 5.15 Geschätzter weltweiter operativer Bestand an industriellen Robotern am Jahresende von wichtigen Industrien der Jahre 2013 bis 2015. (Aus: https://ifr.org/img/uploads/Executive_ Summary_WR_Industrial_Robots_20161.pdf, Zugriff: 03.02.2017)

Jahreswerte, grobe Mittelwerte, nicht benannte Methoden der Analyse und vieles mehr in Grafiken einfließen, die nur die Hersteller der Statistiken und ein enger „Roboterfachkreis" kennen.

Doch nicht jede Statistik lügt! Das sei ausdrücklich hervorgehoben. Allerdings sind Anleitungen, wie mit Statistik gelogen werden kann, spätestens seit Walter Krämers Buchklassiker „Wie lügt man mit Statistik" (Krämer 1991) ein durchaus bewährtes Mittel, um Zahlen ins rechte Licht zu rücken.

Alleine über einen relativ langen Zeitraum verlaufende Trends – zumal noch mit Prognosedaten für die Zukunft versehen – erwecken Zweifel an der Richtigkeit. Wer kann schon zukünftige Zahlentrends, ob für verkaufte Roboter, Wertpapiere oder Zahnbürsten mit Anschluss ans Internet der Dinge vorhersagen? Abb. 5.12 erlaubt sich dies aber, mit einem nahezu perfekten Geraden-Anstieg von 2012 bis 2019. Davon sind die Werte von 2016 bis 2019 Vorhersagen, besser: Ahnungen oder Vermutungen ohne jede reale Grundlage und somit dem Unerwarteten ausgesetzt, das man zu ignorieren scheint.

Was sagt eigentlich in Abb. 5.13 die Zahl 69 über die durchschnittliche Roboterdichte – aller möglichen, industriell eingesetzten Mehrzweckrobotertypen; doch welche Typen zählen dazu? – pro Zehntausend Arbeitnehmer aus? Wenig bis nichts. Ob der Landeswert überdurchschnittlich oder unterdurchschnittlich ist, hängt von unterschiedlichen Einflüssen komplexer Zusammenhänge im jeweiligen Land ab. Statistisch unterdurchschnittliche Werte können für ein Land höchst produktiv sein; statistisch überdurchschnittliche Werte hingegen problemanhäufend. Deutschland zeigt sich nach dem Zahlenspiegel in Abb. 2.13 zumindest in „vorderster überdurchschnittlicher" Front der aufgeführten Länder.

Die Abb. 5.14 und 5.15 beziehen sich primär auf die treibende Automobilindustrie, die als Vorreiter des industriellen Robotereinsatzes gilt. Hier zeigt sich – wie auch immer entstanden – ein relativ klares Bild gegenüber allen anderen Industrien, die zusammengefasst nur einen Bruchteil der Zahl Roboter einsetzen, die in der Automobilindustrie genutzt werden.

Im gegenwärtigen Stadium der Entwicklung von Kobots – erst recht von humanoiden Kobots – in industriellen Produktionsprozessen, aber auch für industrielle Verwaltungs-, Organisations- bzw. Bürotätigkeiten, beginnen sich erste praktische Kobot-Experimente bei einfachen repetitiven, sich dauernd wiederholenden Handhabungstätigkeiten durchzusetzen. Das gilt vor allem in technischen produktiven Abteilungen, wo bisher Menschen eintönige, sich wiederholende Arbeiten verrichteten. Der sooft prognostizierte *Durchbruch der Roboter* – siehe hierzu auch Abb. 5.12 und 5.13 – mag zahlenmäßig und ökonomisch untermauert sein.

Aber es werden vermutlich unerwartete Einflüsse, Kleinigkeiten, nicht beachtete minimale Fehler sein, die mangels Achtsamkeit schön anzusehende lineare Trendkurven plötzlich einbrechen lassen. Das ist nichts anderem als der Komplexität des Geschehens geschuldet.

▶ Das Prinzip Problemvorbeugung statt des Prinzips Problemnachsorge gilt auch in einer heraufziehenden „Ära der Roboter"!

Roboter welcher Gestalt, Beweglichkeit und Funktionalität auch immer unterliegen ebenso wie alle anderen Techniken einem *natürlichen* Verschleiß und begrenzter Lebensdauer. Statistiken über den zahlenmäßigen Einsatz von Robotern, einschließlich Zahlen über deren effektive Lebensdauer, Austauschzyklen, Fehlerhäufigkeiten, auch vorkommende aber nicht allgemein bekannt gewordene Verletzungen an Menschen und anderes mehr sind schwer zu finden und bleiben nicht selten als Betriebsgeheimnis versteckt. Wir werden in den kommenden Jahren noch mit Robotern und Überraschungen vielfältiger Art leben müssen.

5.4   Arbeit im analogen-digitalen Kosmos

Wo simmer denn dran? Aha. Heut hammer de Dampfmaschin.
Wat is en Dampfmaschin?
Da stelle mer uns emal janz dumm, und saachen:
En Dampfmaschin, dat is enne große runde schwarze Raum.
Un de große runde schwarze Raum, de hat zwei Löcher.
Dat eine Loch, do kümmp de Dampf erein,
dat andere Loch, dat krieje mer später.
    Paul Henkels als Professor Bömmel im Physikunterricht
    des Films: Die Feuerzangenbowle, 1944

5.4.1   Historische Umbrüche von „Industrie 1.0" bis „Industrie 4.0"

Die 2011 gestartete Initiative „Industrie 4.0", auch „*Vierte Industrielle Revolution*" genannt, wird als fortlaufender Transferprozess in eine neue Ära industrieller Arbeit und Produktion verstanden, der im erweiterten Sinn auch maßgeblichen Einfluss auf gesellschaftliche Veränderungen in sich birgt. Erinnert sei nur an das „Internet der Dinge" oder persönliche digitale Assistenten.

Wie hat alles begonnen? Welche Zeiträume prägen die Vorgänger des Terminus „Industrie 4.0", also „Industrie 1.0", „Industrie 2.0" oder „Industrie 3.0"? Die Abb. 5.16, 5.17, 5.18 und 5.19 skizzieren den zeitlichen Verlauf und die Änderung industrieller Technik durch zeittypische Arbeiter, Arbeit bzw. Arbeitsprozesse und Maschinen.

Der Beginn des neuzeitlichen Industriezeitalters wird oft mit der Erfindung der Dampfmaschine durch James Watt und sein 1869 erteiltes englisches Patent zurückgeführt.[26] Vergessen wird dabei oft, dass eine Reihe von Vorkämpfern großen Einfluss an Watts Erfindung hatte. Es waren in zeitlicher Reihenfolge *Otto von Guericke* (Luftdruckexperimente), *Christiaan Huygens* (Kolbenmaschine mit Schießpulver als Treibstoff), *Dennis Papin* (Zentrifugalpumpe, 1. Dampfmaschine mit Überdruck), *Thomas Savery* (Hersteller von Dampfpumpen, auf ihn geht die Einheit Horsepower – HP – oder Pferdestärke –

---

[26] https://de.wikipedia.org/wiki/James_Watt (Zugriff: 10.02.2017).

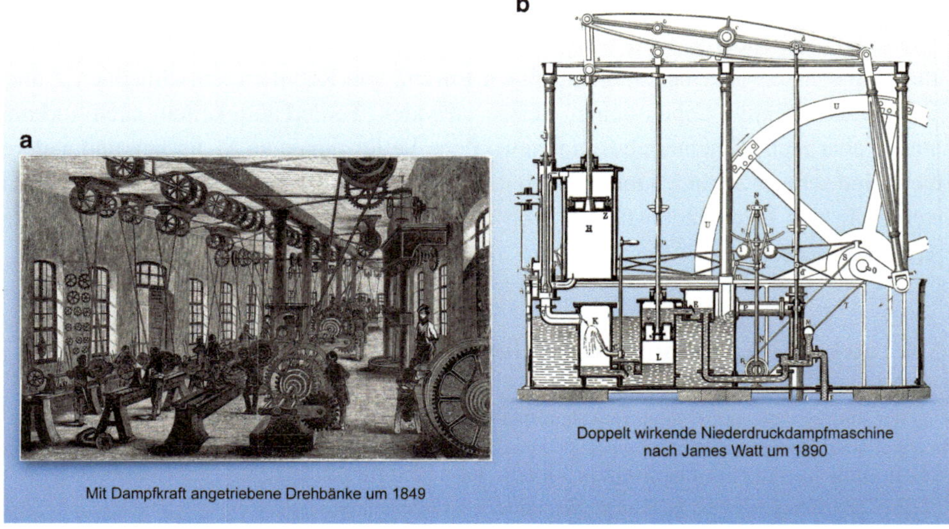

Abb. 5.16 a Mit Dampfkraftmaschine über Transmissionsriemen angetriebene Werkzeugmaschinen, hier Drehmaschinen, Montierungswerkstatt in der Maschinenbauanstalt von Maffei in Hirschau bei München (um 1849) (aus: https://de.wikipedia.org/wiki/Datei:1849_„Drehen_zu_Beginn"_am_Beispiel_der_Maschinenbauanstalt_Maffei..jpg, Leipziger Illustrierte Zeitung, Graveur: X. A. Roller, Zugriff: 10.02.2017). **b** Eine von James Watt entworfene, doppelt wirkende Niederdruckdampfmaschine mit Balancier (Balanciermaschine). (Aus: https://de.wikipedia.org/wiki/Datei:Dampfma_gr.jpg, Meyers Konversations-Lexikon, 4. Auflage v. 1885–1890, Zugriff: 10.02.2017)

PS – zurück) und schließlich *Thomas Newcomen* (erfand die atmosphärische Kolbenmaschine).[27] Insofern ist die Wattsche Dampfmaschine das Produkt einer evolutionären Entwicklung.

Der Einsatz von Wasserkraft- und Dampfkraftmaschinen ersetzte zunehmend die bis dahin ausschließlich genutzte Muskelkraft von Menschen und Tieren. Industriell eingesetzte Wasserkraft- und Dampfkraftmaschinen trieben zu Beginn des 19. Jahrhunderts erstmals Webstühle, später andere Produktions- bzw. Werkzeugmaschinen zur Massenproduktion an (Abb. 5.16). Arbeit, Arbeitslohn und Arbeitsproduktivität erfuhren dadurch eine bedeutende Veränderung. Der Technik- und Umwelthistoriker Joachim Radkau schreibt hierzu:

Die Gewöhnung an die Dampfmaschine veränderte die Art und Weise, wie Arbeit wahrgenommen wurde. Der Trend, dass nicht nur schwere „Knochenarbeit", sondern schließlich körperliche Arbeit überhaupt als Makel und bloßer „Lückbüßer der Mechanisierung" empfunden wurde, setzt sich bis in die Gegenwart fort. [. . .] Der Dampf als Triebkraft der „Industriellen Revolution": das ist ein Musterbeispiel jener Technikillusion, die oft den Blick

---

[27] http://industriegeschichte.webseiten.cc/startseite-industriegeschichte/lexikon/die-geschichte-der-industriellen-revolution/beitrag/die-entstehung-der-dampfmaschine.html (Zugriff 10.02.2017).

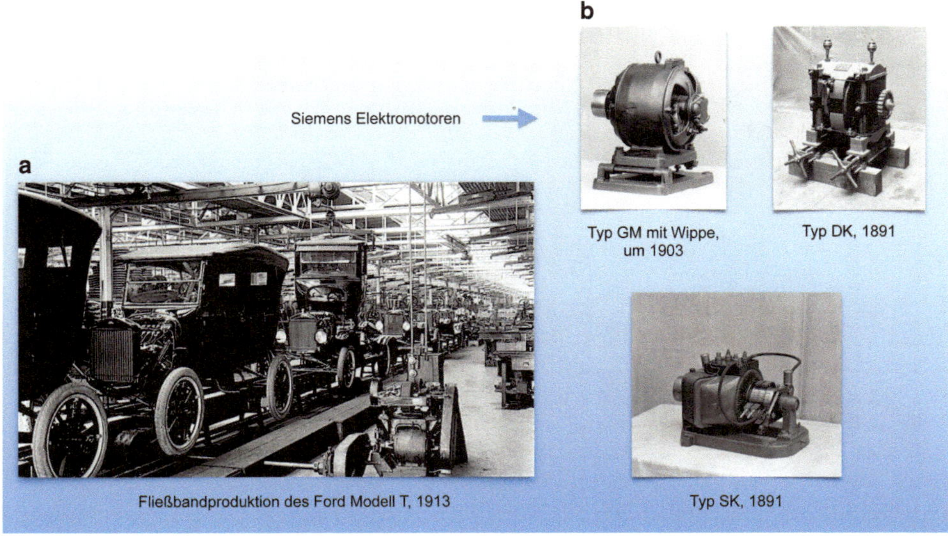

Abb. 5.17 a Fertigung von Fords „Modell T"; Einführung des ersten permanenten Fließbandes („moving assembly line") in der Ford Motor Company 1913 (aus: Ford/dpa/tmn). **b** Siemens Elektromotoren aus der Zeit um 1890 bis 1900. (Quelle: mit freundlicher Genehmigung der Siemens AG bzw. des Siemens Historical Institute)

> dafür versperrt, dass es nicht auf monströse Mechanismen, sondern auf die Wahrnehmung von Marktchancen und Standortvorteilen, auf Arbeitsfähigkeit und Organisation ankommt. (Radkau 2008, 36 f.)

Man könnte – auf die Gegenwart bezogen – nach Radkau folgern:

> Die Algorithmen als Triebkraft der „Vierten Industriellen Revolution". Es ist dasselbe Musterbeispiel für eine neue Technikillusion, die oft den Blick dafür versperrt, dass es nicht allein auf vernetzende und kontrollierende Mechanismen, sondern auf die Wahrnehmung von Marktchancen und Standortvorteilen, auf Arbeitsfähigkeit und Organisation ankommt sowie darauf, an welcher Stelle, mit welcher Arbeitsproduktivität Kosten gespart und Werte geschaffen werden.

Die Umgestaltung von Technik und Wirtschaft, sowie die daran geknüpften neue sozialen Verhältnisse, die sich in der Gesellschaft zeigten, sind Kennzeichen der *„Ersten Industriellen Revolution"* – heute unter dem Begriff *„Industrie 1.0"* bekannt.

Aus technischer Sicht werden die Antriebskraft Elektrizität sowie die Erfindung des Elektromotors durch Werner von Siemens und die damit zusammenhängende dezentrale Antriebsart von Maschinen zur Produktion und Massenproduktion, wie es die Einführung des Fließbandes verkörpert, als Beginn der sogenannten „Zweiten Industriellen Revolution" gekennzeichnet. Mit der Entdeckung des dynamoelektrischen Prinzips und

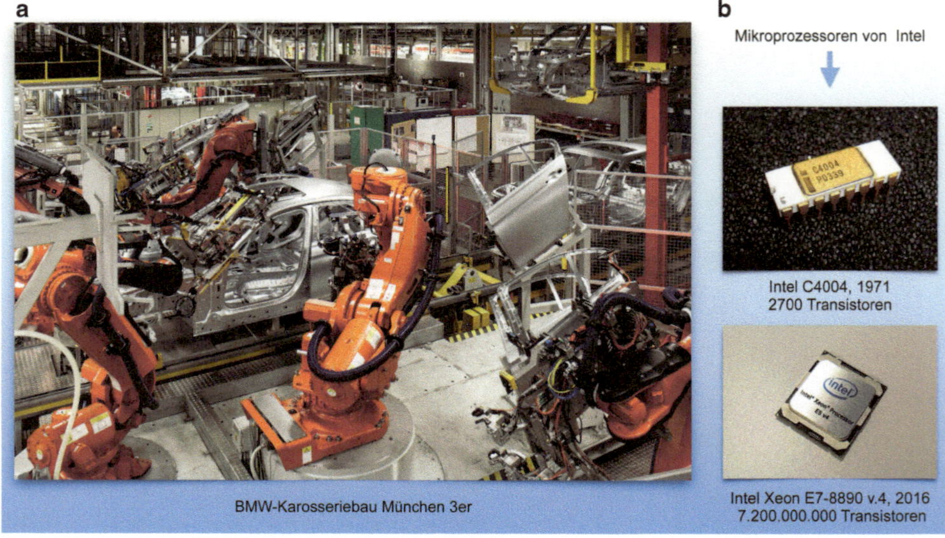

Abb. 5.18 a BMW-Karosseriebau München, 3er BMW (Quelle: BMW Group, mit freundlicher Unterstützung von Julian Friedrich, BMW München). **b** Mikroprozessor Intel C4004, weiße Keramik, Gold-Platte, 1971, Mikroprozessor Intel Xeon E7-8890 v4, 14 nm, 24core (E7-4809 v4), 2016. (Quelle: http://www.chip.de/artikel/CPU-Rangliste-Alle-Intel-und-AMD-Prozessoren-im-Test_69100830.html, Zugriff: 15.09.2016)

dem Bau des ersten elektrischen Generators 1866[28] wurde der „Leitsektor der Frühindustrialisierung" – die Textilbrache – abgelöst durch neue aufsteigende Industrien wie den Maschinenbau, die Chemie und die Elektrotechnik (Radkau 2008, 128). Der amerikanische Autobauer Henry Ford (1863–1947) begann im frühen 20. Jahrhundert (1913) mit der Fließbandarbeit zur Massenproduktion seines *Model-T*.[29] Zeitgeschichtlich gesehen war das der technische Durchbruch für eine repetitive Fertigung und auch der Beginn des Taylorismus durch seinen Namensgeber Frederic Winslow Taylor (1856–1915), der als Begründer der Arbeitswissenschaften gilt und zusammen mit Frank Bunker Gilbreth (1868–1924) diese neue Unternehmensphilosophie vertrat.

Aus Henry Fords Biographie wird neben seinem technischen und ökonomischen Verständnis auch sein soziales Engagement deutlich:

> Fließbandarbeit führte dazu, dass die „[…] Karosserien […] nacheinander an den einzelnen Produktions-Stationen vorbeibewegt (werden), während Arbeiter die Autoteile hinzufügten. Diese Erfindung sparte deutlich Zeit und verringerte die Herstellungskosten drastisch. Ford war dadurch in der Lage, Autos viel schneller zu produzieren und die Preise entsprechend zu reduzieren. (Der Preis für das erste Automobil betrug noch 850 $ und konnte schließlich auf 300 $ reduziert werden.) Das T-Model wurde fortan für Ford zu einer beispiellosen Er-

---

[28] https://de.wikipedia.org/wiki/Werner_von_Siemens (Zugriff: 10.02.2017).
[29] http://www.henry-ford.net/deutsch/biografie.html (Zugriff: 10.02.2017).

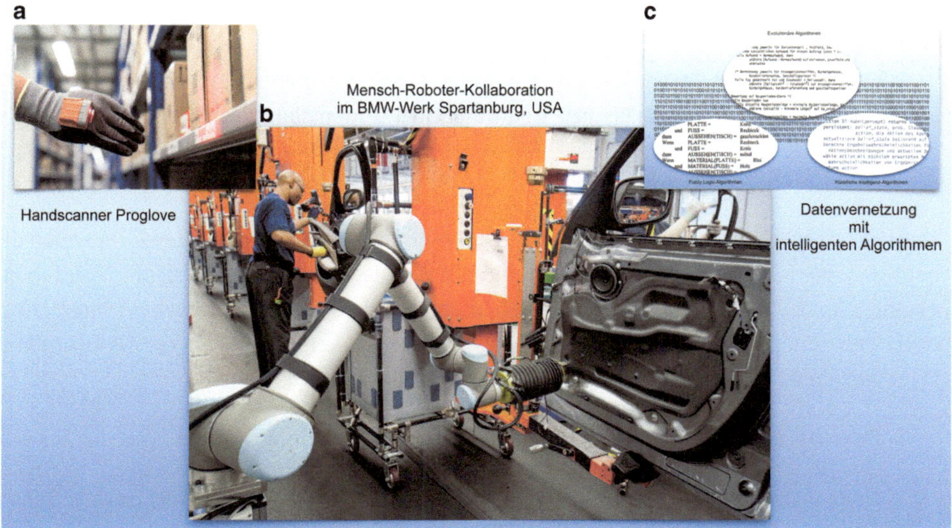

Abb. 5.19 Datenvernetzung und Algorithmen. **a** Innovativer Handscanner Proglove; **b** Mensch-Maschine-Kollaboration im BMW-Werk Spartanburg, USA (beide aus: BMW Group, mit freundlicher Unterstützung von Julian Friedrich, BMW München); **c** Symbolische Datenvernetzung mit „intelligenten" Algorithmen von Fuzzy Logic, Evolutionsstrategie und künstlicher Intelligenz

folgsgeschichte. In dem Zeitraum von 1908 bis 1925 fertigte und verkaufte die Ford Motor Company etwa 15 Millionen T-Models.

Anstatt das verdiente Geld ausschließlich zu verwenden, um sich ein Leben in purem Luxus zu erlauben, entschied Henry Ford, die Löhne zu erhöhen. Dies tat er natürlich auch, um die Produktivität und Qualität seiner Arbeitnehmer zu verbessern. Die Ford Motor Company bot ihren Arbeitnehmern einen Lohn von 5 $ pro Arbeitstag. Dies entsprach dem für die damalige Zeit höchsten Lohn überhaupt in der Automobilindustrie. Außerdem verringerte der Unternehmer die wöchentliche Arbeitszeit seiner Mitarbeiter. Von 6 Tagen à 8 Stunden (48-Stunden-Woche) auf 5 Tage à 8 Stunden (40-Stunden-Woche).

In einem Interview [...] kommentierte Henry Ford dies folgendermaßen:

Wir haben aufgehört, im Sinne eines Mindestlohns zu denken. Dieser gehört der Vergangenheit an, bevor wir beschlossen hatten, die höheren Löhne zu zahlen. Mittlerweile erhalten so wenige Menschen den Mindestlohn, dass wir uns diese Mühe nicht mehr machen. Wir versuchen, einem Mann das zu zahlen, was er wert ist. Und wir sind nicht geneigt, einem Mann, der sich nicht ‚lohnt', mehr als den Mindestlohn zu bezahlen. (http://www.henry-ford.net/deutsch/biografie.html, Zugriff: 10.02.2017)

Nicht mehr im Sinne eines Mindestlohns zu denken? Einen Mann zu bezahlen, was er wert ist? Das sind revolutionäre Sätze eines Unternehmers von vor 100 Jahren, trotz Fließbandarbeit. Wie denken heute Unternehmer über den Wert ihrer Mitarbeiter in einer Zeit zunehmender Arbeitsprozesse mit kollaborativen – humanoiden – Robotern? Welchen Wert haben Menschen und Roboter, die miteinander arbeiten? Sind es letztlich nur Kostenfaktoren oder mehr als das?

> Wenn nicht alle Vorzeichen täuschen, sind wir in einer Umwandlung begriffen. Sie geht überall vor sich, zwar langsam und unauffällig, aber desto sicherer. Wir lernen allmählich die Zusammenhänge zwischen Ursache und Wirkung verstehen. (Ford 1923, 312)

Henry Ford schrieb diese Zeilen in den 1920er-Jahren. Sie sind so aktuell, weil sie auch die heutige Umwandlung von analogen in digitale Arbeitsprozesse beschreiben. Noch interessanter für die Arbeitswelt, in der wir leben und auf deren Veränderungen wir uns vorbereiten müssen, sind Fords vier Punkte seines Glaubensbekenntnisses, das er als Grundlage „[...] unseres Schaffens" sieht:

1. Du sollst die Zukunft nicht fürchten und die Vergangenheit nicht ehren. Wer die Zukunft, den Misserfolg, fürchtet, zieht seinem Wirkungskreis selber Grenzen. Misserfolge bieten nur Gelegenheit, um von neuem und klüger anzufangen. Ein ehrlicher Misserfolg ist keine Schande. [...]
2. Du sollst die Konkurrenz nicht beachten. Wer eine Sache am besten macht, der soll sie verrichten. Der Versuch, jemandem Geschäfte abzujagen, ist kriminell – kriminell, da man dadurch aus Gewinnsucht die Lebensverhältnisse seiner Mitmenschen zu drücken und die Herrschaft der Gewalt an Stelle der Intelligenz zu setzen versucht.
3. Du sollst die Dienstleistung über den Gewinn stellen. Ohne Gewinn kein ausbaufähiges Geschäft. Dem Gewinn haftet von Natur aus nichts Böses an. Ein gut geleitetes Unter-nehmen muss und wird sogar für gute Dienste einen guten Gewinn abwerfen. Der Gewinn muss jedoch nicht die Basis, sondern das Resultat der Dienstleistung sein.
4. Produzieren heißt nicht billig einkaufen und teuer verkaufen. Es heißt vielmehr, die Rohstoffe zu angemessenen Preisen einkaufen und sie mit möglichst geringen Mehrkosten in ein gebrauchsfähiges Produkt verwandeln und an die Konsumenten verteilen. Hasardieren, Spekulieren und unehrlich Handeln heißt, den Vorgang zu erschweren. (ebd. 319 f.)

Es wäre nicht der schlechteste Rat an heutige Unternehmer – auch an Politiker, die im Rahmen von „Industrie 4.0" und anderen gesellschaftlichen Themen mit der Wirtschaft kooperieren – sich an Fords Worte zu erinnern.

Zur zweiten industriellen Revolution kommen noch Techniken der Telekommunikation, der Warenaustausch über Kontinente hinweg als erste Zeichen einer Globalisierung und die aufkommende Verkehrstechnik auf dem Wasser und in der Luft ergänzend hinzu. Durch Telekommunikation und den internationalen Warenaustausch werden Kontinente schneller überbrückt. Die Anfänge erdumspannender logistischer Prozesse, die mit heutigen elektronischen Mitteln durch einen Tastendruck ganze Transportflotten bewegen, waren schon erkennbar.

Waren die Treibstoffe der ersten und zweiten industriellen Revolution Dampf und Elektrizität, so ist es bei der „Dritten Industriellen Revolution" und bis heute die Elektronik. Dazu Vogel-Heuser et al.:

> Die 3. industrielle Revolution seit den frühen 1970er-Jahren bezeichnet den Einzug von Elektronik und Informationstechnologien in die Fabriken, wo sie seitdem für eine fortschreitende

Automatisierung der Produktionsprozesse sorgen. Diese dritte Phase des Industrialisierungsprozesses dauert bis heute an (vgl. [...] [acatech, Forschungsunion] 2013, S. 18). Die Leittechnik in der automatisierten Fabrik der Industrie 3.0 ist durch das hierarchische System der Automatisierungspyramide geprägt – vom ERP-System [ERP: „Enterprise Resource Planning", Planung unternehmerischer Ressourcen und Organisationsprozesse durch geeignete Softwarelösungen, d. A.] auf der Unternehmenssteuerungsebene bis hinunter zu den Ein- und Ausgabeschnittstellen auf der Feldebene. (Vogel-Heuser et al. 2017, Bd. 1, 119)

Ein herausragendes elektronisches Bauteil, das geeignet ist, im Mittelpunkt der dritten industriellen Revolution zu stehen, ist der Mikroprozessor. Er ist das „Herz" jedes Computers. Er bestimmt den Takt, wie langsam oder wie schnell wir mit bestimmten Programmen am Bildschirm des Computers arbeiten. Die Entwicklung von den 1970er-Jahren bis in die Gegenwart zeigt den rasenden Fortschritt und die damit verbundene Leistungsfähigkeit des kleinen Computerbauteils am Beispiel der Anzahl von Transistoren auf diesem Bauteil. Waren 1971 noch Mikroprozessoren vom Typ Intel 4004 mit 2700 Transistoren bestückt, so besitzen heutige Mikroprozessoren vom Typ Intel Xeon E7-8890 v4 eine Transistorenzahl von 7,2 Mrd.(!), siehe Abb. 5.18b.

Von Apples Macintosh Plus, der 1986 erschien und durch einen handgeschriebenen Text auf dem Bildschirm eine neue Ära von Mensch-Maschine-Schnittstelle einläutete, bis zu heutigen „Wanderungen" mit 3D-Brillen durch virtuelle Räume hat die dritte industrielle Revolution große technische Fortschritte vollbracht, wobei entwicklungstreibende Industrien wie die Automobil- und Informationsindustrie vorangehen.

Die dritte industrielle Revolution ist noch in vollem Gang, obwohl sich bereits die „Vierte industrielle Revolution", mit ihrem Anspruch einer alles beeinflussenden Netzwerkkonstruktion, allerorts massiv bemerkbar macht. Technisch gesehen besitzen die Industrienationen die Werkzeuge sowohl für zukunftsweisende fertigungstechnische (z. B. additive 3D-Verfahren) als auch für informationstechnische („intelligente" KI-Systeme) Prozesse. Nur: Je mehr Elektrik und Elektronik in die dritten und vierten industriellen Prozesse einfließen, umso intensiver wird die Frage nach *ausreichender Energieversorgung* gestellt und beantwortet werden müssen.

Es ist eine Binsenweisheit, dass mit komplexer werdenden Systemen auch deren Stör- bzw. Risikoanfälligkeit steigt. Erfahrungen aus der Kernenergiewirtschaft (z. B. Tschernobyl, UdSSR, 1986; Fukushima, Japan, 2011), der Chemieindustrie (z. B. Bhopal, Indien, 1984; Sandoz, Schweiz, 1986), der Rohstoffindustrie (z. B. Exxon Valdez, 1989; Deepwater Horizont, 2010) und viele weitere Beispiele warnen: Auch komplexe Informations- und Kommunikationsnetze, die kaum in Gänze zu kontrollieren sind, besitzen ein hohes Stör- und Risikopotenzial für die Menschheit.

Dabei sind noch nicht einmal die von uns selbst beeinflussten Naturbelastungen eingebunden (siehe Abschn. 3.1.1).

Soziale nachhaltige Problemlösungen um zukünftige Arbeit und Arbeitsplätze werden im Rausch digitaler Weiterentwicklung und im Kontext von „Industrie 3.0" und „Industrie 4.0" mit einbezogen. Aber grundlegend neue Wege zur dynamischen Stabilisierung einer Gesellschaft im Zeitalter eines *Digitalen Anthropozäns* sind noch nicht erkennbar – im Gegenteil (zur noch aktuellsten Fassung solch einer Beziehung siehe BMAS 2016)!

In der dritten industriellen Revolution wurde – zumindest in Deutschland 2011 – alternativlos reagiert, und der Wandel von Kernenergie zu regenerativer Energie, als zukünftige Energiewandlungsprodukte für industrielle und private Verbraucher, eingeleitet.

Der Soziologe und Ökonom Jeremy Rifkin, ein fundierter Kritiker gegenwärtiger industrieller Trends, hat in einem Essay (Rifkin 2011b) mit dem Titel „Die dritte industrielle Revolution" – ausgehend von einem Buch mit demselben Titel sowie untertitelt mit „Die Zukunft der Wirtschaft nach dem Atomzeitalter" (Rifkin 2011a) – seine Ansichten zum Thema erläutert. Auf einer Konferenz zum 50. Jahrestag der OECD stellte er fünf Säulen der dritten industriellen Revolution vor, die nur gemeinsam ihre Stärke entfalten können und die als Begleiter der OECD-Initiative für *grünes Wirtschaftswachstum* zu verstehen sind. Diese Säulen beschreibt er auch in einem Interview aus 2012, das hier zugrunde gelegt wird:[30]

Säule 1: „Die EU möchte bis 2020 ein Fünftel der von ihr benötigten Energie aus erneuerbaren Quellen beziehen."

Säule 2: „Wie können wir vorhandene Energien nutzen? Es gibt 191 Millionen Gebäude in der EU. Wir wollen jedes davon in ein kleines Kraftwerke verwandeln: Solarenergie vom Dach, Windenergie von den Flächen der Hauswände, geothermische Wärmenutzung vom Grund unter dem Gebäude. Auch Küchenabfälle können in Energie verwandelt werden, und so weiter. Dieser Pfeiler könnte die Wirtschaft ankurbeln, tausende kleine und mittlere Unternehmen könnten entstehen. Wir müssen den gesamten Gebäudebestand in Europa in den nächsten 40 Jahren überarbeiten."

Säule 3: „Wir müssen Energie speichern können, weil die Sonne ja nicht immer scheint und manchmal weht der Wind nachts, obwohl die Energie hauptsächlich am Tag gebraucht wird. Daher müssen wir alle Speichermöglichkeiten nutzen, hauptsächlich Wasserstoff. Wenn die Sonne auf Ihr Dach scheint, entsteht Strom. Wenn davon nicht alles benötigt wird, bietet Wasserstoff einen Speicher. Wenn die Sonne nicht scheint, kann auf diese Weise Energie bezogen werden."

Säule 4: „Hier muss das Internet mit dem Energienetz zusammengebracht werden, um eine neue Infrastruktur zu bilden. Wenn Millionen Gebäude in Europa Energie produzieren, sammeln und durch Wasserstoff speichern – so wie wir heute Medieninhalte digital speichern –, dann kann die nicht benötigte Energie mittels einer Software über das Internet verkauft werden, von der Irischen See bis hin nach Osteuropa. So wie wir jetzt schon Information zwischenspeichern und dann online teilen können."

Säule 5: „betrifft unsere Fortbewegung. Heute sind Elektroautos out, im Jahr 2015 wer-den Benzin- und Dieselfahrzeuge out sein. Dann werden wir unsere Fahrzeuge an Gebäude anschließen und mit grünen Strom oder Wasserstoff aufladen können. Beim Parken kann Energie bezogen oder verkauft werden."

Zu Rifkins Kritik ist anzumerken, dass vieles von dem, was Rifkin 2011/2012 zur dritten industriellen Revolution durch die „fünf Säulen" gesagt hat, im Wesentlichen den Energiesektor betrifft. Aber wie so oft steckt der Teufel im Detail – nicht zuletzt in der

---

[30] http://de.euronews.com/2012/05/31/rifkin-fuer-eine-neue-industrielle-revolution (Zugriff: 10.02.2017).

nachhaltigen praktischen Umsetzung. Energie ist eben der globale *Umkipppunkt*[31] oder *tipping point* unseres Lebens. Und – wie bereits weiter oben erwähnt – stellt auch eine ausreichende Energiebereitstellung für den zunehmenden Energieverbrauch in der dritten und vierten industriellen Revolution ein Kernelement für nachhaltigen Fortschritt dar. Insofern sind Energie- und digitale Informationstechnik direkt miteinander verknüpft. Energiespeicherung ohne zu starke Natur- und Umweltbelastung über längere Zeiträume ist noch eine exponierte Herausforderung. Das gilt auch für die nahezu ideale Wasserstofftechnologie mit dem sauberen Energieträger Wasserstoff. Sie ist – 200 Jahren nach der ersten funktionstüchtigen und leistungsfähigen Batterie Alessandro Voltas (1745–1827) – noch immer im Versuchsstadium.

Die Prophezeihung aus Rifkins Säule 5, auf das Jahr 2015 datiert, kann getrost noch etwas in die Zukunft geschoben werden. Wer allerdings – wie die Bundesregierung (nicht nur) in den Jahren 2011[32] bis 2014[33] – Kernkraftwerke im eigenen Land abschaltet, gleichzeitig aber für eigene Energiebedarfe im nahen Ausland Kernenergiestrom kauft und importiert, fördert in erster Linie weitere Risiken, statt sie zu vermeiden.

Die gemeinsame politisch-wirtschaftliche Fokussierung auf industrielle Revolutionen, die wie *reife* Softwareversionen angeboten werden – wenn 3.0 misslingen sollte, springen wir gleich auf 4.0 oder 4.3 oder 5.0 – lässt für eine digitale Zukunft mit naturverträglicher gesellschaftlicher Perspektive und einer wirtschaftlichen, sozialen und naturnahen Ausgeglichenheit deutlich Zweifel aufkommen.

Unbestritten entwickelt sich für die industrielle Revolution 4.0 der „Treibstoff", der bereits in der noch laufenden industrieller Revolution 3.0 seinen Dienst vollbringt, in Richtung einer noch wirkungsvolleren, dominanteren immateriellen Substanz: den digitalen Daten. Über allem schweben die unsichtbaren *Algorithmen* als Lenker und virtuelle „Denker".

▶ Allerdings ist die Fortführung von großen Datenbeständen oder „Big Data", einem eigenständigen Gebiet der Informationstechnik, zu großen Informationsbeständen, zu großen Wissensbeständen, zu besserem Können, zu effektiveren und effizienteren Handeln und zu erweiterter Kompetenz kein linear ablaufender Transformationsprozess, wie es der vorab skizzierte suggeriert. Warum?

Weil mit der Anhäufung riesiger Datenmengen – trotz bereits eingesetzter intelligenter Suchalgorithmen – das Fehler-, Stör- und Risikopotenzial ebenso steigt.

---

[31] Der Umkipppunkt beschreibt den Zustandspunkt oder den Moment einer bislang geradlinigen – linearen – Entwicklung, an dem durch Rückkopplungsprozesse Richtungswechsel stattfinden, die die vormals lineare Entwicklung in anderer Richtung lenken und zudem stark beschleunigen können. Verbunden ist dieser Umkipppunkt mit Gefahren, die bis zum Zusammenbruch des Entwicklungsprozesses führen können. Hierfür existieren eine Reihe von Praxisbeispielen (siehe Glossar).

[32] http://blog.zeit.de/gruenegeschaefte/2011/04/04/deutschland-importiert-jetzt-mehr-atomstrom/ (Zugriff: 11.02.2017).

[33] http://www.wiwo.de/technologie/green/tech/energiehandel-atomstrom-importe-aus-frankreich-erreichen-rekordhoch/13550910.html (Zugriff: 11.02.2017).

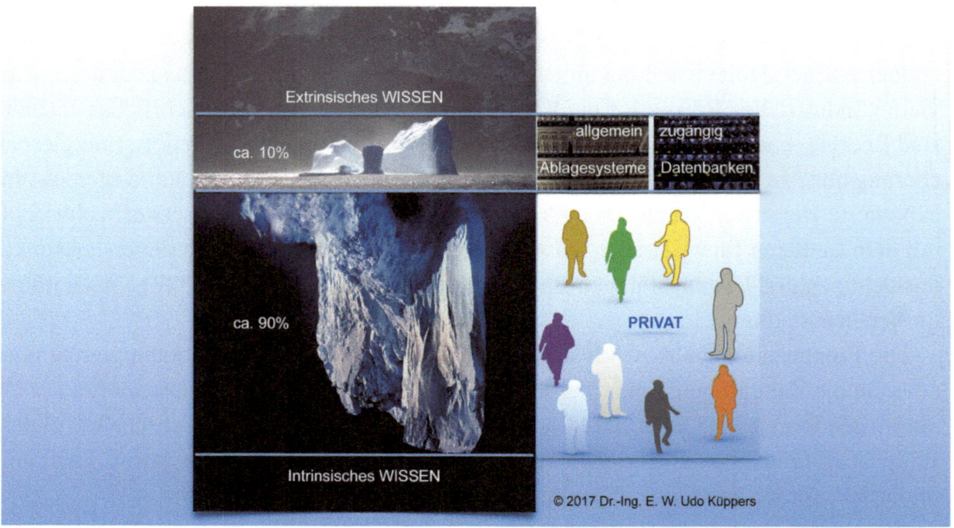

Abb. 5.20 „Eisbergmodell" des auf Daten und Informationen aufbauenden Wissens. (Foto: Uwe Kils)

Daten leiten sich aus Zeichen ab, den eine Bedeutung – Syntax – zugewiesen wird. Ein naheliegendes Beispiel ist die jedem Computer innewohnende *von-Neumann-Architektur*.[34] Werden Daten interpretiert, also mit Bedeutung verknüpft, steigen sie zu Informationen auf, die wiederum in einem Prozess der Vernetzung wertvolles Wissen liefern – wir erinnern uns aus Abschn. 2.3.2, Abb. 2.28 an die Wissenstreppe von North.

Der Mensch lernt und beherrscht diese *Wissenstreppe*, die noch Können, Handeln und Kompetenz als weitere *Treppenstufen* enthält, seit seiner Geburt. Der Mensch hat aber auch in späteren Jahren die Fähigkeit erlernt, Wissen zu differenzieren, und zwar in sogenanntes *implizites und explizites Wissen*, wie Abb. 5.20 am Beispiel des *Eisbergmodells* erläutert.

Die vierte industrielle Revolution überschwemmt uns partiell bereits bzw. wird uns überschwemmen mit einer Datenflut sondergleichen, gesteuert und gelenkt durch Intranets – Datennetze, die unabhängig vom öffentlichen Internet sind (z. B. betriebsintern), aber nicht sein müssen – öffentliches Internet, „Internet der Dinge" (IdD) oder durch alle zusammen.

Denn: Algorithmen dieser Netze filtern aus jedem von uns Daten, Informationen und Wissen für Zwecke, die wir als Nutzer nicht kontrollieren können – noch nicht.

Cyberphysische Systeme – siehe weiter unten – kennzeichnen die vierte industrielle Revolution. Darin werden auch Roboter eine Rolle spielen, deren Produktivität dadurch

---

[34] Die von-Neumann-Architektur – auch als SISD-Architektur (Single Instruction, Single Data) bezeichnet – verarbeitet nur Zeichen in Form von Null oder Eins, Strom an oder Strom aus usw. (s. Abschn. 2.3.4).

gesteigert wird, wie vielfach betont, u. a. in einer Expertise der Friedrich-Ebert-Stiftung (Buhr 2015).

Die vierte industrielle Revolution ist dabei, frühere analoge Prozesse zu digitalisieren. Das führt auch zu einem Wegfall klassischer Arbeitsplätze und Arbeit für Menschen, mit teils jahrzehntelangen Erfahrungen. Ob die häufig angeführten *„neuen Arbeitsplätze"* wirksamen und fachlich befriedigenden Ersatz für arbeitslos gewordene Menschen bieten, muss sich erst noch zeigen.

Nach Kaufmann (2015, 2) spielen folgende wirtschaftliche und technische Trends in Industrie 4.0 eine entscheidende Rolle:

- Digitalisierung
- Veränderung der Wertschöpfungsnetzwerke
- Individualisierung der Kundenanforderungen
- Veränderung der Geschäftsmodelle
- Eingebettete Systeme

Zugehörige „Komponenten von Industrie 4.0" sind (ebd. 5):

- Intelligente Maschinen/Geräte/Werkstücke
- Maschine-zu-Maschine-Kommunikation (M2M)
- Internet der Dinge
- Big/Smart Data oder große und „intelligente" Datenmengen
- Selbstlernende Systeme
- Augmented Reality oder erweiterte Realität

Erwähnt wird auch, das der Kunde Basis jedes Geschäftsmodells ist (ebd. 11). Bleibt zu hoffen, dass der Mensch, ob als Kunde oder als Arbeiter im Werk oder an seinem Arbeitsplatz zu Hause, Mittelpunkt jeder industriellen revolutionären Veränderung bleibt, mit welcher Versionsnummer sie auch immer begleitet wird.

5.4.2   Arbeit in „Industrie 4.0"

Was war der Auslöser für den Begriff „Industrie 4.0", aus dem sich ebenso die „Vorgänger" nachträglich ableiten? „Industrie 4.0"

[…] wurde als Zukunftsprojekt von der Akademie der Wissenschaften (acatech), zusammen mit den Verbänden VDMA, ZVEI und BITKOM, mit Teilnehmern aus diversen Forschungseinrichtungen, Universitäten und namhafter Unternehmen der deutschen Industrie konzipiert. In Industrie 4.0 suchen die Werkstücke in der Produktion selbstständig den schnellsten Weg durch die Werkhalle zur Maschine, rüsten sich die Maschinen automatisch durch Informationen des Werkstücks um, bestellen automatisch Ersatzteile. Wenn ein Fehler an der Maschine in der Zukunft prognostiziert wird, nimmt die Maschine eine Umplanung der Produktion vor etc. (Kaufmann 2015).

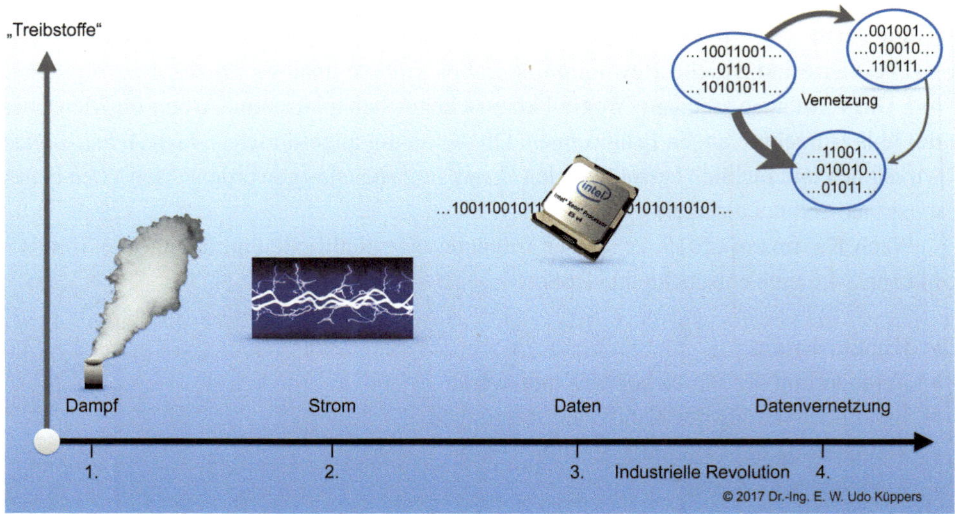

Abb. 5.21 „Treibstoffe" der ersten bis vierten industriellen Revolution. (Aus: „Strom"-Symbol: EnBW Energie Baden-Württemberg AG; Mikroprozessor: Intel Corp.)

Durch „Industrie 4.0" wird Produktionstechnik mit Informationstechnik bzw. Kommunikationstechnik vernetzt. In einem fortgeschrittenen Stadium der Entwicklung kommunizieren Maschinen mit Werkzeugen und Werkstücken derart miteinander, dass entlang der Lebenswegketten, von der Rohstoffbeschaffung bis zum aussortierten und zu ersetzenden Verschleißteil eine vollautomatische Produktion abläuft!? Wird der Mensch in diesem Transferprozess analoger „Mittelpunkt" bleiben oder doch mit zunehmender digitaler Vernetzung analoges „Mittel" – „Punkt". Abb. 5.21 visualisiert die zugehörigen „Treibstoffe" der einzelnen Perioden der „Industriellen Revolution".

> Technische Grundlage hierfür [für „Industrie 4.0", d. A.] sind intelligente, digital vernetzte Systeme, mit deren Hilfe eine weitestgehend selbstorganisierte Produktion möglich wird: Menschen, Maschinen, Anlagen, Logistik und Produkte kommunizieren und kooperieren in der Industrie 4.0 direkt miteinander. Produktions- und Logistikprozesse zwischen Unternehmen im selben Produktionsprozess werden intelligent miteinander verzahnt, um die Produktion noch effizienter und flexibler zu gestalten.[35]

Siehe zum Thema auch den Abschlussbericht des Arbeitskreises Industrie 4.0 (acatech, Forschungsunion 2013; Spath 2013).

Noch sind Menschen als Lenker und Ausführer unternehmerischer Prozesse, zumal solcher, die komplizierte oder komplexe Aufgaben beinhalten, unersetzbar. Wenn aber

---

[35] http://www.plattform-i40.de/I40/Navigation/DE/Industrie40/WasIndustrie40/was-ist-industrie-40.html;jsessionid=D7ED4118DED525F176F382A8F939369D (Zugriff: 04.02.2017).

bei zunehmender digitaler Vernetzung von Geräten und Produkten nicht nur Daten und
Informationen, sondern vermehrt auch Wissen aus den Köpfen von Menschen

- in Maschinenalgorithmen transferiert wird, diese
- auf Signale von mobilen kollaborierenden Robotern, die gerade eine Kiste Werkstück-
  rohlinge aus dem Hochregallager abgeholt haben,
- weil der kollaborierende „Roboterkollege" im Lager signalisiert hat, dass ein Transport
  zur Werkzeugmaschine – Wzm – fällig ist,
- nach Abgabe der digital erfassten Rohlinge an der Wzm diese signalisiert bekommt,
  dass
- ein Werkzeugwechsel vorzunehmen ist, der umgehend – weil digital signiert – durchgeführt wird und anschließend vollautomatisch den Fertigungsprozess, z. B. das Nu-
  tenfräsen, einleitet,
- nachdem der stationäre kollaborierende „Roboterkollege" an der Wzm den ersten Werkstückrohling in die Spannvorrichtung der Wzm eingelegt hat und nach
  Fertigstellung des Werkstückes dieses wieder in die Transportkiste eines mobilen
  kollaborierenden Roboters legt,
- der nach Abschluss des Fertigungsprozesse signalisiert bekommt, die Werkstücke zur
  weiteren Nachbehandlung und Qualitätsprüfen anschließend in die Montagehalle zu
  transportieren,
- wo sie von einem Team aus Mensch und kollaborierendem Roboter in einem komplizierten Vorgang an einem Verkaufsprodukt endmontiert werden,

– was macht dieser Digitalisierungsvorgang des Wissenstransfers von Mensch zu Maschine auf absehbare Zeit mit dem Arbeiter, mit dem Fachmann oder mit dem Produkti-
onsfaktor Arbeit?

Mit der Initiative zu „Industrie 4.0" ist zugleich auch eine sogenannte Plattform „Industrie 4.0" entstanden, die das übergeordnete Ziel verfolgt

> [...] die internationale Spitzenposition Deutschlands in der produzierenden Industrie zu
> sichern und auszubauen. Sie will den anstehenden digitalen Strukturwandel vorantreiben
> und die dafür notwendigen einheitlichen und verlässlichen Rahmenbedingungen schaffen.
> Je mehr sich die Wirtschaft vernetzt, desto mehr Kooperation, Beteiligung und Koordi-
> nation aller relevanten Akteure wird notwendig. Der Anspruch der Plattform ist es daher,
> im Dialog mit Unternehmen, Gewerkschaften, Wissenschaft und Politik ein einheitliches
> Gesamtverständnis von der Industrie 4.0 zu entwickeln. Handlungsempfehlungen für einen
> erfolgreichen Übergang zur Industrie 4.0 zu erarbeiten und anhand von Anwendungsbei-
> spielen aufzuzeigen, wie die Digitalisierung der industriellen Produktion in Unternehmen
> erfolgreich umgesetzt wird.[36]

Verknüpft mit der Industrieinitiative „Industrie 4.0" ist die neuen Hightech-Strategie *Innovation für Deutschland* der Bundesregierung, wobei „Industrie 4.0" eines von mehreren

---

[36] http://www.plattform-i40.de/I40/Navigation/DE/Industrie40/WasIndustrie40/was-ist-industrie-
40.html;jsessionid=D7ED4118DED525F176F382A8F939369D (Zugriff: 04.02.2017).

zentralen Aktionsfeldern der „Zukunftsaufgabe" „Digitale Wirtschaft und Gesellschaft" ist, neben „Smart Services", „Smart Data", „Cloud Computing", „Digitale Vernetzung", „Digitale Wissenschaft", „Digitale Bildung", „Digitale Lebenswelten".[37]

Nicht nur im Zuge dieser Initiativen explodiert[38] derzeit die Zahl der Fachliteratur zum Thema „Industrie 4.0", sei es in Buchform oder erst recht als Fachbeiträge in Zeitschriften und auf Konferenzen, so dass hier nur auf wenige hingewiesen werden kann, zumal das hier vorrangig behandelte Thema Roboter bzw. humanoide Roboter zwar integraler Teil von „Industrie 4.0" ist, aber doch einen anderen Schwerpunkt setzt. Empfehlenswerte Fachbücher zu „Industrie 4.0" sind folgende:

– Vogel-Heuser et al. (2017)	– Granig et al. (2017)	– Andelfinger et al. (2017)
– Sendler et al. (2016)	– Obermaier et al. (2016)	– Huber (2016)
– Hippermeier et al. (2016)	– Botthof et al. (2015)	– Kaufmann (2015)
– Halang et al. (2014)	– Bauernhansl et al. (2014)	– Sendler (2013)

„Industrie 4.0" und Cyber Physical Systems – CPS
In Deutschland ist das Schlagwort „Industrie 4.0" vorrangig verbreitet, obwohl der Begriff *Cyber Physical Systems* oder cyber-physikalische Systeme, der Unterbau von „Industrie 4.0" ist. Nach einer Definition stehen CPS

[…] für die Verbindung von physikalischer und informationstechnischer Welt. Sie entstehen durch ein komplexes Zusammenspiel von

- eingebetteten Systemen, Anwendungssystemen und Infrastrukturen – zum Beispiel Steuerungen im Fahrzeug, intelligente Kreuzungen, Verkehrsmanagementsysteme, Kommunikationsnetze und ihre Verknüpfungen mit dem Internet,
- auf Basis ihrer Vernetzung und Integration und
- der Mensch-Technik-Interaktion in Anwendungsprozessen. (Geisberger, Broy 2012, 17)

Der Begriff *eingebettete Systeme* oder *embedded systems* sagt aus, dass ein Computer in einem technischen Produkt die zuständige Datenverarbeitung, Codierung, Datenkontrolle, Steuerung oder Regelung von Signalen u. a. m. übernimmt. Bereits unzählige technische Geräte besitzen solche Systeme, sowohl im industriellen (Roboter-Signalverarbeitung, -Energiespeicher, Werkzeug-Codierung etc.) wie auch im alltäglichen Umfeld (CD-DVD-Blu-ray-Abspielgerät, Fernseher, Waschmaschine etc.).

Rahman Jamal, Direktor für Technik und Vertrieb der Europavertretung von National Instruments – NI (Hersteller wissenschaftlich-technischer Mess- und Prüfinstrumente sowie eingebetteter Systeme) – hat einen etwas anderen Blick auf den Begriff „Industrie 4.0":

---

[37] https://www.bmbf.de/pub_hts/HTS_Broschure_Web.pdf (Zugriff: 04.02.2017).
[38] Die Deutsche Nationalbibliothek weist alleine einen Bestand von 630 Literaturquellen zum Stichwort „Industrie 4.0" auf. Im Internet sind es über 22 Mio.

Nüchtern betrachtet ist der Sammelbegriff „Industrie 4.0" nichts anderes als die Fortsetzung des in den 70er-Jahren initiierten Konzepts der computerintegrierten Fertigung, kurz CIM, das auf eine durchgängige digitale Informationsverknüpfung innerhalb der Produktion abzielt. Auch wenn der Begriff Industrie 4.0 erstmalig auf der Hannover Messe 2011 aufkam und als Revolution gehandelt wurde, handelt es sich hierbei eher um eine lang anhaltende Evolution. Ich denke, viel interessanter als das Etikett Industrie 4.0 ist das eigentliche Fundament hierfür, das mit dem Schlüsselbegriff „cyber physical systems", kurz CPS, bezeichnet wird. (ftp://ftp.ni.com/pub/branches/germany/2013/artikel/04-april/22_jamal_der_ursprung_von_industie_4_0_computer_automation.pdf, Zugriff: 19.04.2017)

Der Ursprung des Begriffs CPS ist auf einen Vortrag des NI-Begründers James Truchard in 2006 zurückzuführen. „Hier demonstrierte Dr. Truchard grafische Systemdesign-Werkzeuge für die Umsetzung von cyber physical systems, einschließlich der Technologien für verteilte eingebettete Regel- und Steuersysteme auf der Basis von heterogenen parallelen Multiprozessor-Systemen." (ebd.)

Entwicklungsplattformen wie das bekannt NI-LabView als System Design Software werden in den USA seit 2006 praktisch genutzt und Projekte gefördert. Das neuere NI-LabView Robotics, für den Entwurf und die Implementierung autonomer Roboter-Steuerungssysteme, als typische CPS Systeme, ist eine logische technische Fortsetzung in Richtung Robotertechnik.

Während in Deutschland noch nach „Industrie-4.0"-Standards gesucht wird, sieht Jamal die Problematik eher bei CPS.

Diese sind von hoher Komplexität und einer durch kommerzielle Technologien getriebenen Dynamik geprägt. Die dadurch entstehende Schnelllebigkeit macht eine Standardisierung schon fast unmöglich. Einen Standard, der bis zum Ende durchdefiniert ist, kann und wird es deshalb nicht geben. Man wird zweigleisig fahren müssen: Einerseits so viel standardisieren wie möglich, andererseits aber nicht abwarten, sondern jetzt schon aktiv werden und versuchen mit Anwendern praktikable Lösungen umzusetzen. Wir werden also auch in diesem Markt mit De-facto-Standards wichtiger Player leben müssen und keine hundertprozentige Standardisierung bekommen! (ebd.)

Daraus folgert der Praktiker Jamal:

Generell ist das Embedded- und Automatisierungs-Know-how hierzulande [in Deutschland d. A.] hervorragend! Nur drehen sich aktuell die Diskussionen um Visionen, um eine mögliche Standardisierung und Aspekte der Interoperabilität und weniger um konkrete CPS-Realisierungen. Ich höre aus allen Richtungen: „Wir werden noch 10 bis 15 Jahre Anlauf-Entwicklung erleben." – Und wie „up to date" die deutsche Szene dann sein wird, lässt sich momentan nicht abschätzen! (ebd.)

Ein Resümee zu den derzeitigen Anforderungen und Realitäten von Industrie 4.0 und CPS könnte lauten: Während deutsche Industrien und deren Verbandsvertreter bei der Initiative „Industrie 4.0" deutsche Gründlichkeit schätzen und nach optimalen Lösungen suchen, arbeiten und verbessern US-Industrien seit 10 Jahren die Kernprobleme von CPS, als tragende Säule von „Industrie 4.0".

Doch ob Industrie 4.0 oder CPS – die Anforderungen, Potenziale und möglichen Probleme sind für beide sicherlich nicht allzu verschieden. Um ihre gesellschaftlichen Implikationen etwas näher beleuchten zu können, hat das Bundesministerium für Arbeit und Soziales (BMAS) vier Jahre nach Industrie 4.0-Initiative der Wirtschaft, im Jahr 2015 mit einem Grünbuch zu „Arbeit weiter denken" einen Dialogprozess „Arbeit 4.0" angestoßen, der am 29.11.2016 mit eine Abschlusskonferenz sein vorläufiges Ende fand.[39] Stellungnahmen zum Grünbuch wurden von über 50 Interessierten im Weißbuch „Arbeit weiter denken" eingearbeitet, darunter Wirtschaftsunternehmen wie die Daimler AG und die Robert Bosch GmbH, eine Vielzahl von Bundesverbänden, darunter der Bundesverband der deutschen Industrie (BDI) und der Bundesarbeitgeberverband Chemie e. V., sowie der Deutsche Städtetag, der Deutsche Landkreistag, verschiedene Stiftungen und auch das Kommissariat der deutschen Bischöfe.[40]

Die Zusammenfassung der Ergebnisse[41] aus dem Dialogprozess im Weißbuch Arbeit 4.0 (BMAS 2016), der als Diskussionsentwurf herausgestellt ist, zeigt viele Forderungen, aber kaum sachlich fundierte, konkret ausgearbeitete Lösungsstrategien.

„Wie können wir das Leitbild der ‚Guten Arbeit' auch im digitalen und gesellschaftlichen Wandel erhalten oder sogar stärken?", lautet die voranstehende Frage im Weißbuch Arbeit 4.0. Anschließend werden zu vier Kapiteln des Weißbuches „erste Antworten" auf „konkrete Fragen" des Grünbuchs formuliert. Wie folgt:

- ► Kapitel 1: *Die wichtigsten Treiber der Transformation in der gegenwärtigen Arbeitswelt* werden *benannt:*
  „[…] Digitalisierung, Globalisierung, demografischer Wandel, Bildung und Migration sowie der Wandel von Werten und Ansprüchen."
  Kapitel 2: *Die zentralen Spannungsfelder in „Arbeitswelt 4.0" werden gelistet, in denen:*
  „[…] neue Gestaltungsbedarfe für die Betriebe, die Beschäftigten, die Sozialpartner, Verbände, Kammern, die Politik in Bund und Ländern sowie weitere Akteure entstehen." Hierzu werden sechs Fragen aus dem Dialog behandelt:
  1. Digitalisierung und Arbeit für alle?
  2. Wirkung neuer Geschäftsmodelle bzw. *„digitale[r] Plattformen"* auf *„Arbeit der Zukunft"*?
  3. Wie vereinbaren sich Big Data und Datenschutz?
  4. Wie können kollaborierende Maschinen Menschen im Arbeitsprozess unterstützen?

---

[39] http://www.bmas.de/DE/Presse/Pressemitteilungen/2016/gute-arbeit-im-digitalen-wandel.html (Zugriff: 10.02.2017).

[40] http://www.arbeitenviernull.de. (Zugriff: 10.02.2017).

[41] http://www.arbeitenviernull.de/dialogprozess/weissbuch/zusammenfassung-der-ergebnisse.html (Zugriff: 10.02.2017).

5. Wie können Lösungen in flexibler Arbeitswelt zeitliche und räumliche Flexibilität auch für Beschäftigte verbessern?
6. Aussehen des zukünftigen Unternehmens einschließlich Teilhabe und sozialer Sicherheit?

Kapitel 3: *Das Leitbild „gute Arbeit im digitalen Wandel" wird vorgestellt.* Es baut auf dem deutschen Wirtschafts- und Sozialmodell auf. Gute Arbeit für alle Bürger ist das „*[. . .] zentrale Ziel.*"

Kapitel 4: „*[. . .] Gestaltungsaufgaben identifiziert und mögliche Lösungsansätze werden dargelegt.*" Arbeitsversicherung statt Arbeitslosenversicherung, Recht auf Weiterbildung und Wahlarbeitsgesetz werden besonders herausgestellt.

Keine „Industrie 4.0" ohne Kritik an diesem Terminus technicus und den damit verbundenen Inhalten. Der Organisationssoziologe Stefan Kühl äußerte sich in einer Rezension zum Grünbuch „Arbeit weiter denken", unter den Überschriften „Zeitdiagnosen 4.0" (Kühl, Arbeitspapier 2/2015), „Alles so vernetzt hier" (Kühl 2015) und „Das große Schaulaufen" im Interview (Schmitz 2016) zum Thema Digitalisierung und „Industrie 4.0" kritisch.

Was will man eigentlich mit Begriffen wie „Arbeit 1.0" bis „Arbeit 4.0" im Einzelnen ausdrücken? Noch vor wenigen Jahren wurden, so Kühl, ungefähre Zielvorgaben mit „Matrixorganisation", „Lean Management", „Business Reengineering" bezeichnet. Ergänzend dazu sind gut untermauerte Begriffe wir „Kybernetisches Managementmodell", „Lernende Organisation" oder „Organisationales Lernen", die weitgehend hierarchische, starre Arbeitsabläufe in Unternehmen aufbrechen und zu mehr Angepasstheit und Wandel führen, – so der Eindruck – zwar nicht obsolet geworden – im Gegenteil! Aber das im Weißbuch verkündete „Arbeiten 4.0", *Arbeit weiter denken*, scheint im Schulterschluss mit „Industrie 4.0" den nach wie vor zukunftsweisenden unternehmerischen Arbeits- und Managementansatz einer kybernetischen Organisationsstruktur zu überlaufen. Ob Digitalisierung, „Industrie 1.0 bis 4.0" oder „Arbeit 1.0 bis 4.0" – es verändert sich in der Tat vieles, was mit Arbeit und Arbeitsprozessen zu tun hat. Kühl sieht jedoch keine grundlegende Veränderung der Rationalisierungslogik. Man muss nicht – wie es Kühl in seinen „Zeitdiagnosen 4.0" (Kühl 2015) anreißt – bis Karl Marx und seinen Erkenntnissen über die Beziehung von Arbeit und Kapital zurückgehen, um eine stringente Rationalisierungslogik, von den mit Dampfkraft angetriebenen Webstühlen des späten 18. Jahrhunderts („Industrie 1.0") bis zur heutigen, digitalen *maschinellen* Kommunikation („Industrie 4.0"), zu erkennen.

„Gute Arbeit", „gerechte Löhne", „gute Unternehmenskultur" und „bedingungsloses Grundeinkommen" haben es vom ersten Grünbuch „Arbeiten 4.0", *„Arbeit weiter denken"* ins aktuelle Weißbuch „Arbeiten 4.0", *„Arbeit weiter denken"* geschafft. Dazu die Kommentare einiger an diesem Dialog Beteiligten:

Bundesverband der Personalmanager zu „gute Arbeit":

> Angesichts der Heterogenität der Entwicklungen müssen wir uns vielleicht auf eine Arbeitswelt der Zukunft einstellen, in der Arbeitnehmer, Freelancer, Solo-Selbstständige, Entrepreneure und – auch wenn dies niemand wünscht – eine gewisse Zahl prekär Beschäftigter auf den Arbeitsmärkten nebeneinander stehen und sich in ihren Wünschen und Bedürfnissen nicht mehr über einen Kamm scheren lassen. Der Anspruch, ihnen allen „gute Arbeit" zu ermöglichen, bliebe natürlich auch in einer solchen Konstellation erhalten, doch wären die Instrumente hierfür wesentlich differenzierter. (BMAS 2016, 181).

Auch der Bundesverband der Personalmanager reiht sich mit seinem Kommentar zu „guter Arbeit" in die „aufgeblähten" Worthülsen ohne Inhalt des BMAS-Diskussionspapiers ein.

Zu „gerechte Löhne":

Es findet sich – im Vorwort des Weißbuches –, in dem „[...] unsere Ziele" thematisiert sind, der Satz: „*Teilhabe am Arbeitsmarkt und gerechte Löhne.*" (ebd. 6).

Doch auf allen weiteren Seiten sind weder die Worte *gerechte Löhne* zu finden, noch ein Kommentar dazu!

Zu „gute Unternehmenskultur":

Unter Punkt 5 „Arbeit weiter denken": „Trends erkennen, Innovationen erproben, Sozialpartnerschaft stärken" steht im Weißbuch:

> Eine gute Unternehmenskultur zum einen und Investitionen, Gesundheitsförderung und Weiterbildung der Beschäftigten zum anderen leisten somit einen wesentlichen Beitrag zur betrieblichen Fachkräftegewinnung und letztlich zur gesamtwirtschaftlichen Produktivität. (ebd. 180 f.).

Was überhaupt unter einer „guten Unternehmenskultur" im Einzelnen zu verstehen ist, darüber schweigt sich das Weißbuch allerdings aus.

Und schließlich ist zu „bedingungsloses Grundeinkommen" im Anhang zu lesen:

> Grundeinkommen. Mit dem Begriff „Grundeinkommen" – häufig auch „bedingungsloses Grundeinkommen" oder „BGE" – wird ein sozialpolitisches Konzept bezeichnet, bei dem alle Bürger unterschiedslos ohne Bedarfsprüfung und ohne Gegenleistung regelmäßig eine festgelegte staatliche Transferleistung erhalten. National und international existieren diverse konkrete Ausgestaltungsvorschläge. (ebd. 200).

Dennoch findet sich nicht eine einzige Aussage – erst recht keine konkrete – zu dem gesellschaftlich aktuellen und heiß diskutierten Thema eines bedingungslosen Grundeinkommens im Weißbuch. Stattdessen werden Leser des *Diskussionsentwurfes Weißbuch Arbeiten 4.0* auf die *Pfadfindersuche* nach nationalen und internationalen „konkreten Ausgestaltungsvorschlägen" geschickt – ohne jede Einschränkung, also erdweit!

Die von Kühl aus dem Grünbuch heraus konstatierte große „Begriffswolke", deren Vermeidung er für das Weißbuch erhoffte, wird er vertrauensvoll im Weißbuch wiederfinden.

5.5   Arbeiten und Arbeiten lassen 2050

Es ist schlicht unmöglich, zu beschreiben, was in 33 Jahren für Arbeitsverhältnisse herrschen. Ob die Menschen sich in ihrer Freizeit olympische Wettkämpfe mit Disziplinen der Selbstoptimierung liefern oder kollaborative humanoide Roboter ganze Büros oder Werkhallen bevölkern – keiner weiß das. Aber immer wird die Neugier der Menschen getrieben von dem, was sie nicht erkennen können, weil es in der Zukunft liegt. Ihre Zukunftsvorstellungen basieren auf vergangenen und gegenwärtigen Erfahrungen gepaart mit Wünschen, Träumen und Visionen für zukünftige Ereignisse.

Die Natur bzw. die Evolution ist völlig blind für die Zukunft. Und doch erzielt sie Myriaden von Höchstleistungsprodukten, die jedes Spitzenprodukt aus Menschenhand dürftig aussehen lassen. Grund dafür sind unterschiedliche Entwicklungsstrategien. Während die Natur ganzheitlich operiert und ihre herausragenden Leistungen Schritt für Schritt adaptiert, verfallen Menschen, entlang kausalkettenartigen Vorgehens, bei der Entwicklung ihrer Spitzenprodukte vorgegebenen Zielen. – Es sind Ziele, die menschliche Kreativität zu technischen Höchstleistungen treibt, oft ohne sich der vernetzten Folgen bzw. Risiken für Natur und Gesellschaft bewusst zu sein. Technische industrielle Revolution statt natürliche Evolution sind zwei Schlagworte, die beide Entwicklungsstrategien kennzeichnen. Man muss kein Prophet sein, um herauszufinden, welche Entwicklungsstrategie letztlich die robustere, nachhaltig fortschrittlichere, effektivere und effizientere ist, die unserer Weiterentwicklung mehr hilft.

► Zum wiederholten Mal soll erwähnt werden, dass es dem „technischen Fortschritt" nichts nützt, wenn der Mensch sich den natürlichen – weil robusteren, effektiveren und effizienteren – Fortschritt im Detail und ganzheitlich, quasi per „copy and paste", als Blaupause aneignet. Aber mit Blick auf die vorhandenen und sich sicher vergrößernden anthropozänen Gefahren schadet es keineswegs, wenn der Mensch sich mehr die Prinzipien des natürlichen Fortschritts zu eigen macht und danach seinen eigenen „technischen digitalisierenden Fortschritt" ausrichtet.

Auch wenn keiner in die Zukunft schauen kann, wagt man ab und zu einen Blick in den Nebel, zum Beispiel im Rahmen einer Delphi-Studie zur *Zukunft der Arbeit 2050* (Daheim, Wintermann 2016). Sehr schnell wird mit Blick in das erste Kapitel aber klar, dass die Autoren nur einen „[…] Blick über den Tellerrand" wagen wollen, und eher offene Fragen stellen, statt vorschnelle Antworten zu geben oder dem *Orakel von Delphi* zu vertrauen. Sie stellen zwei zentrale Fragen heraus:

1. Welche Zukunft wollen wir?
2. Wie können wir entsprechend handeln?

Daraus ergeben sich zehn zentrale Aussagen (Daheim, Wintermann 2016, 9 f.):

1. **Wir wissen nicht genau, was kommt, aber wir können es gestalten**: Die Unsicherheit über den Verlauf der zukünftigen Entwicklung ist hoch – weil er von politischen Rahmensetzungen und der Zusammenarbeit der Akteure abhängt. Damit gilt aber auch: Wir können den Verlauf der Entwicklung gestalten. (ebd. 9)

Kommentar zu 1.: Gestalten können wir nicht nur zukünftige Arbeit. Wir müssen auch das Umfeld neugestalten, aus dem Rohstoffe und Arbeitsmittel entnommen und in das neue Produkte entlassen werden.

2. **Die globale Arbeitslosigkeit könnte auf 24 Prozent (oder mehr) im Jahr 2050 steigen.** Tun wir nichts oder nichts Grundlegendes zur Anpassung an die neuen Arbeitsrealitäten, dann wird sich dabei auch die soziale Schere weiter öffnen. (ebd.)

Kommentar zu 2.: Ob steigende Arbeitslosigkeit in klassischen, durch Technik und Maschinen ersetzten Berufen oder sinkende Arbeitslosigkeit durch neue, noch nicht bekannte Berufe: Beides kann eintreten, weshalb Industrie 4.0 et al. – gemäß Delphi-Studie – nicht ausschließlich zu höherer Arbeitslosigkeit führen müssen.

3. **Immer mehr Aufgaben können von Maschinen erledigt werden. An diesem technologischen Wandel geht kein Weg vorbei: Robotik, künstliche Intelligenz und Technologie-Konvergenz treiben die Entwicklung voran.** Der zentrale (und als sicher betrachtete) Treiber des Wandels ist der rasche, anhaltende technologische Fortschritt unter den Vorzeichen der Digitalisierung, der nahezu alle Berufsgruppen erfasst und dessen Tempo wahrscheinlich noch zunimmt. (ebd.)

Kommentar zu 3.: Diese ausschließlich dem technischen digitalen Fortschritt geschuldete monokausale Sicht der Dinge ist zweifelhaft, weil sie der vernetzten Realität nicht gerecht wird. Künstliche Intelligenz und Robotik, zumal kollaborative und humanoide Robotik, stecken immer noch in den Kinderschuhen. Je komplexer der technische Fortschritt, desto störanfälliger ist er. Entwicklungen stocken, gehen zurück und wieder voran. Ein *rasch anhaltender technologischer Fortschritt* ist eher Wunsch als Wirklichkeit.

4. **Auszugehen ist zunächst von einer Transformationsphase über die nächsten ein bis zwei Dekaden.** Hier setzt sich im Sinne des „digitalen Darwinismus" der bisherige Wandel der Arbeit fort, indem immer mehr Berufsgruppen und Tätigkeiten durch Automation ersetzt werden. **Dann steht der Übergang in ein gänzlich neues System des Arbeitens und Wirtschaftens an, in dem auch die Sozialsysteme entsprechend anders aussehen müssen, und in dem vielleicht das Prinzip der Lohnarbeit gänzlich überholt ist.** (ebd.)

Kommentar zu 4.: Der Begriff des „digitalen Darwinismus" ist ein synthetisches Produkt von Leuten, die nicht wissen, worüber sie sprechen! Darwin hat nie behauptet, dass seine Selektionstheorie die Basis für das Überleben des *Stärkeren* ist, wie es in Aussage 4 anklingt. *Survival of the fittest* bedeutet korrekt: *Überleben des Tauglichsten, des*

Geschicktesten! Hieraus ergibt sich 1.: Wären alle Fortschritte – auch die im Rahmen digitaler Entwicklungen –, die der Mensch auf den Weg gebracht hat, in Richtung Tauglichkeit gegangen, dann hätten wir heute nicht die Probleme mit den Folgelasten technischer Produkte und Prozesse oder die von uns verursachten Umweltprobleme und Naturkatastrophen. Und 2.: Es ist eben noch gar nicht ausgemacht, dass sich auch in der künftigen Arbeitswelt jede digitale Lösung als die tatsächlich „fitteste" erweist – was nicht ausschließt, dass sie im Rahmen eines „Vulgär"-Darwinismus dennoch jeweils zum Zuge kommt.

5. Arbeit ist heute schon mobil und multilokal, morgen ist sie virtuell und findet im Metaversum (dem kollektiven virtuellen Raum) statt. Arbeitgeber hinken der Entwicklung hinterher. Wahrscheinlich beschleunigt sich das Tempo der Veränderung weiter, aber schon bisher können Arbeitgeber und Arbeitsbestimmungen nicht mit dem Wandel mithalten. (ebd. 10)

Kommentar zu 5.: Es ist kaum vorstellbar, zumindest dann nicht, wenn noch der gesunde Menschenverstand zurate gezogen wird, dass wir morgen – mit Spezialbrillen auf der Nase oder, biotechnisch gesehen, mit erweiterter Realität, eingepflanzt in die Augen – in virtuellen Räumen miteinander sprechen, feiern, Kaffee trinken, durch den virtuellen Wald spazieren etc., abgesehen von damit verbundenen „digitalen" Krankheiten. Und wieder sprechen die Autoren der Studie von: „Wahrscheinlich beschleunigt sich das Tempo der Veränderung weiter … […]". Viel wahrscheinlicher ist, um bei dem Terminus zu bleiben, dass wir in Richtung eines rasenden Stillstands driften.

6. In den Sektoren Freizeit, Erholung und Gesundheit, in technologienahen Feldern und mit neuen Berufsbildern vom Empathie-Interventionist bis zum Algorithmen-Versicherer entsteht neue Arbeit. Es bilden sich Arbeitsbereiche und Berufe heraus, die geprägt sind von ureigenen menschlichen Fähigkeiten wie Empathie oder Kreativität. (ebd.)

Kommentar zu 6.: Empathie oder Kreativität ist bei jedem Beruf, in dem Menschen miteinander arbeiten oder ihre Freizeit miteinander verbringen, urmenschlich. So weit, so gut. Warum wird aber ein angeblich neuer Beruf wie der eines „Empathie-Interventionisten" herausgestellt? Erwarten die Autoren eine zunehmende digitale Radikalisierung im Umgang mit Menschen untereinander – also der Gegenpol zur „digitalen Demenz", den der Psychiater Manfred Spitzer (2012) ins Spiel brachte? „Profi-Empath" kann auch sein, wie ein fiktives Beispiel der Autoren der Studie im Jahr 2025 zeigt, wer Robotern menschliche Eigenschaften erklärt oder zumindest versucht zu erklären (ebd. 20). Eine überaus herausfordernde Aufgabe für einen Menschen, der sich in seinem Verhalten und mehr von Milliarden anderer Menschen unterscheidet.

Der neue Beruf eines „Algorithmen-Versicherers" ist schon plausibler und nachvollziehbar. Denn noch immer ist streitig, wie viel Schuld wer oder was bei einem kooperierenden oder kollaborativen Mensch-Roboter-Unfall oder Mensch-Maschine-Unfall oder einem Unfall zwischen Menschen und selbststeuernden Maschinen hat:

Der oder die direkt oder indirekt beteiligten Menschen, die beteiligte Maschine oder weitere in den Unfall indirekt verwickelte Maschinen, die umgebende Technik, unvorhersehbare Einflüsse auf den Unfall, der oder die Programmierer von Algorithmen der Maschinen, der oder die Menschen, die Algorithmen mit Prozesstechniken verbinden usw.

In dem Zusammenhang ist interessant, welchen weiteren „möglichen Zukunftsberufen" außer den zwei genannten die Studie ermittelt hat (ebd. 21):

– Empathie-Interventionist	– Algorithmen-Versicherer
– Innenausstatter für virtuelle Räume	– Kreativitätscoach
– Persönlicher Gesundheitsberater	– Biosignal-Trainer
– Bildungs-Portfolio-Optimierer	– Extrem-Genetiker/Syn-Biologe
– Metaversum-Hausmeister	– Virtueller Team-Assistent
– Ethik-Algorithmiker	– Persönlicher Lerncoach
– Wohnort-Makler für Wissensarbeiter	– Freizeit-Gestalter
– Beschäftigungsbeschaffer	
– Übersetzer Mensch-Maschine und Maschine-Mensch	

7. Von MOOC bis P2P: Einzelne gehen voran, während das Bildungssystem überfordert ist, sich aber revolutionieren und z. B. in die Richtung selbstgesteuerter Bildungsportfolios entwickeln muss. Weiterbildung und Bildung halten (bisher) nicht mit dem raschen technologischen Wandel Schritt, während Einzelne längst die neuen Formen des Lernens und Arbeitens vorleben. (ebd. 10)

Kommentar zu 7.: MOOC – Massive Open Online Courses – und P2P – Peer-to-Peer-Lernen – werden seit einigen Jahren, ausgehend von US-Elite-Universitäten, durch deren Professoren für die Allgemeinheit ins Internet gestellt (s. Abschn. 4.4.3). So kann sich jeder – für einen kleinen Beitrag – mit anschließender Prüfung des gelernten Stoffes – digital weiterbilden. Deutsche Universitäten und Hochschulen eifern dem amerikanischen Bildungsbeispiel zeitversetzt nach. Wobei ironischerweise die US-MOOCs inzwischen wieder deutlich zurückgefahren wurden, mangels persönlicher Betreuung, wegen uneffektiven Arbeitens u.v.m., während in Deutschland euphorisch auf zunehmende „digitale Bildung" gesetzt wird, ausgehend von den Grundschulen bis zu den Universitäten.

Klar ist aber: Bildung für „analog" denkende Menschen kann nicht ausschließlich durch digitale Bildungswerkzeuge verordnet werden! Einschlägige Hersteller von digitalen Tafeln, Stiften, Humanoiden im Bildungsbereich u.a.m. sehen das naturgemäß und geschäftsmäßig anders.

Klar ist auch: Wer Bildung Menschen angedeihen will, in welchem Alter auch immer, muss miteinander reden, und zwar zwischenmenschlich miteinander reden. Digitale Bildungsinstrumente können, zumal sie nicht zu ignorieren sind, bestenfalls effizientes Hilfsmittel für menschliche Bildung sein.

8. Es scheint, als müssten wir alle programmieren lernen, um den Algorithmen nicht hilflos gegenüberzustehen. Technologische Kompetenzen sind zukünftig dringend zu vermittelnde Basis-Kompetenzen. Dazu treten sogenannte Meta-Kompetenzen, die das Navigieren in volatilen Arbeitsmärkten und in wechselnden Umfeldern ermöglichen. (ebd.)

Kommentar zu 8.: Sollten wir zukünftig auch alle kochen lernen – die Betonung liegt auf alle –, nur weil uns Medien mit Kochkursen überschütten? Sollten zukünftig allen Säuglingen kurz nach der Geburt biotechnische Universal-Schnittstellen implantiert werden, dann würden sie vielleicht in frühen Jahren universitätsreife Leistungen erbringen und nicht den mühsamen Weg des analogen Schreiben-, Lesen- und Rechnenlernens gehen müssen?

Unstreitig ist, dass wir unser Lernspektrum erweitern müssen, um auf technische Fortschritte, wirtschaftliche Aspekte, gesellschaftliche Veränderungen und umweltorientierte Probleme wirksam und effizient reagieren zu können. Besser wäre es, wirksamere Voraussetzungen zu schaffen, um Folgeprobleme zu vermeiden, die auch die Digitalisierung unserer Gesellschaft mit sich bringt. Daran besteht nicht der geringste Zweifel. Wenn aber grundlegende Bedürfnisse und Fähigkeiten, die Menschen aus ihrer natürlichen Entwicklung mitbringen, durch digitale Werkzeuge und Methoden immer weiter zurückgedrängt werden, ist das ein Alarmzeichen höchster Güte (!), auf das – nicht nur politisch – reagiert werden muss.

9. Vielleicht muss gar keiner mehr arbeiten: Nach der Transformationsphase werden neue Wirtschafts- und Sozialsysteme notwendig. 60 Prozent der Experten sprechen sich für ein bedingungsloses Grundeinkommen aus. Nach der Übergangsphase wird ein gänzlich neues System entstehen, in dem z. B. Lohnarbeit überflüssig sein kann oder das Grundeinkommen die meisten Menschen ernährt. Es ist dringend notwendig, alternative Formen zu identifizieren, wie Einkommen für alle Bevölkerungsgruppen außerhalb von klassischer Lohnarbeit generiert werden kann. (ebd.)

Kommentar zu 9.: Allein der Gedanke, nicht mehr arbeiten zu können, erschaudert.

Grundeinkommen für alle ist ein gegenwärtig heiß diskutiertes Thema im Zusammenhang mit Arbeit und prekären Beschäftigungsverhältnissen, vor allem aber mit Rentenbeträgen, die nach 30–40 Jahren Arbeit an der Armutsgrenze liegen. Umso erstaunlicher ist, dass – wie bereits erwähnt (s. Abschn. 5.4.2) – etwa das „BMAS-Weißbuch Arbeiten 4.0" aus 2016, mit der prägnanten Forderung „Arbeit weiter denken", zwar den Begriff des Grundeinkommens historisch betrachtet und sich unter anderem auf den historischen Roman (!) „Utopia" von Thomas Morus (1478–1535) vor 500 Jahren bezieht sowie Milton Friedmans „negative Einkommenssteuer" erwähnt, aber sonst nichts Produktives zum Grundeinkommen beiträgt. Denn: „Die Diskussion um ein Grundeinkommen wurde im Rahmen von Arbeiten 4.0 nicht aktiv geführt, auch deshalb nicht, weil sich aus Sicht des BMAS weder eine Notwendigkeit noch eine gesellschaftliche Akzeptanz für einen so grundlegenden Systemwechsel abzeichnet."

Die von den Autoren der Delphi-Studie herausgestellte Aussage „Vielleicht muss gar keiner mehr arbeiten", kann getrost ins Reich der Phantasie verwiesen werden. Leben ohne Arbeit ist nicht nur undenkbar, sondern widerspricht dem menschlichen Naturell. Das wussten schon die Benedektiner, deren Leitspruch „Ora et labora" oder „Bete und arbeite" darauf hinzielt. Albert Camus (1913–1960) stellte sich Sisyphos als einen glücklichen Menschen vor. Er wurde der Sage nach durch die Götter gezwungen, unermüdlich einen Felsbrocken einen Berg hinauf zu wälzen, von wo der Stein selbstständig wieder hinabrollte und Sisyphos' Arbeit erneut begann (Camus 2016, 141–145). Obwohl uns diese Art der Arbeit auch bekannt ist, wenn wir an Fließbandarbeit oder andere repetitive, eintönige Arbeitsvorgänge denken, war und ist es Arbeit, die unser Leben bereichert. Die Art und Weise, wie Arbeit für Menschen physisch unbelasteter und kreativ fördernder gestaltet werden kann, ist seit Jahrzehnten und auch zukünftig Aufgabe der Arbeitswissenschaften und weiterer mit Arbeit befasster Institutionen.

Arbeit wird sich mit zunehmender Digitalisierung graduell ändern, aber für Menschen nie ausgehen. Was passiert, wenn sich „Resignation und Arbeitslosigkeit" in das demokratische Gemeinwesen eingraben, ist bei Jan-Philipp Küppers (2014) nachzulesen. Was daraus im gesellschaftlichen Umfeld entstehen kann, wenn zu Beginn von Daheim und Wintermanns Punkt 9 suggeriert wird, dass Menschen vielleicht zukünftig nicht mehr arbeiten müssen, zeigt eindrucksvoll die Studie von Marie Jahoda et al. (1975) über „Die Arbeitslosen von Marienthal", siehe auch Jahoda (1983).[42]

> 10. **Globale Megatrends lassen nationale Lösungen ins Leere laufen.** Rein nationale oder regionale Ansätze und Perspektiven greifen zu kurz, weil z. B. Wissensarbeit bald nahezu gänzlich ortsungebunden ausgeübt werden kann. (Daheim, Wintermann 2016, 10)

Kommentar zu 10.: Anthropozäne Veränderungen, also Umweltveränderungen durch Einflüsse der Menschen, sind ein Trend, dem sich alles andere unterzuordnen hat, auch die Megatrends zukünftiger Arbeit. Daher suggeriert die tabellarische Gleichstellung von Feldern wie Technologie, Gesellschaft, Politik, Wirtschaft und Umwelt, auf die „Megatrends mit starker Relevanz für die Zukunft der Arbeit" einwirken, ein falsches Bild der Wirklichkeit, was die Gewichtung der Einflussnahme und Beeinflussung betrifft (ebd. 27). Erst die netzwerkartige Durchdringung maßgebender Einflüsse auf Arbeit aus den genannten Feldern führt zu einem realistischen Blick und einer realistischen Zukunftsperspektive für Arbeit im gesamtgesellschaftlichen Kontext (Küppers 2013).

Literatur[43]

acatech, Forschungsunion (2013) Umsetzungsempfehlungen für das Zukunftsprojekt Industrie 4.0. Abschlussbericht des Arbeitskreises Industrie 4.0, April 2013

---

[42] Für Hinweise auf seinen Beitrag über *„Resignation und Arbeitslosigkeit"* sowie der „Marienthal-Studie" und Jahodas Beitrag über „Wieviel Arbeit braucht der Mensch" bin ich Jan-Philipp Küppers besonders dankbar.

[43] Ein Gesamtliteraturverzeichnis zum Buch ist auf der Internetseite des Verlags verfügbar: http://www.springer.com/de/book/9783658179199.

Andelfinger, V. P.; Hänisch, T. (Hrsg.) (2017) Industrie 4.0. Springer Gabler, Wiesbaden

Alpaydin, E.; Linke, S. (2008) Maschinelles Lernen. Oldenbourg, München

Andrews, D. et al. (2016) The global Productivity Slowdown, Technology Divergence and Public Policy: a firm level Perspective. Hutchins Center Working Paper #24, Harvard University, USA

Arntz, M. et al. (2016a) Arbeitswelt 4.0 – Stand der Digitalisierung in Deutschland. Dienstleister haben die Nase vorn. IAB Kurzbericht 22/2016, 12. Oktober, in Zusammenarbeit mit dem Zentrum für Europäische Wirtschaftsforschung – ZEW –, Bertelsmann, Bielefeld

Arntz, M.; Gregory, T.; Zierahn, U. (2016b) Die Digitalisierung stellt weit weniger Jobs in der OECD in Frage als erwartet. ZEW-Pressemitteilung v. 7. Juni

Arntz, M.; Gregory, T.; Zierahn, U. (2016c) The Risk of Automation for Jobs in OECD Countries: A Comparative Analysis. OECD Social, Employment and Migration Working Papers No. 189, Paris

Audi AG (2015) Neue Mensch-Roboter-Kooperation in der Audi-Produktion. Presseportal, 12. Februar 2015

BA-BERUFENET (o. J.) Datenbank der Bundesanstalt für Arbeit

Bauernhansl, T.; ten Hompel, M.; Vogel-Heuser, B. (Hrsg.) (2014) Industrie 4.0 in Produktion, Automatisierung und Logistik. Springer Vieweg, Wiesbaden

Bishop, C. M. (2008) Pattern Recognition and Machine Learning. Information Science and Statistics. Springer, Berlin 2008

BMAS (2016) Weißbuch Arbeit 4.0. Bundesministerium für Arbeit und Soziales, Stand November 2016

BMW Group (2013) Neuartige Mensch-Roboter-Zusammenarbeit in der BMW Group Produktion. Unternehmenskommunikation Presse-Information 10. September 2013

Botthof, A.; Hartmann, E. A. (Hrsg.) (2015) Zukunft der Arbeit in Industrie 4.0. Springer Vieweg, Heidelberg

Buhr, D. (2015) Soziale Innovationspolitik für die Industrie 4.0. Expertise im Auftrag der Abteilung Wirtschafts- und Sozialpolitik der Friedrich-Ebert-Stiftung, Bonn

Bundesagentur für Arbeit (2016) Arbeitsmarkt 2015. Arbeitsmarktanalyse für Deutschland, West- und Ostdeutschland. Bundesagentur für Arbeit, BA, Nürnberg

Camus, A. (2016) Der Mythos des Sisyphos. 21. Aufl., Original 1942, Rowohlt, Reinbek

Daheim, C.; Wintermann, O. (2016) Die Zukunft der Arbeit. Ergebnisse einer internationalen Delphi-Studie des Millennium Project. Bertelsmann-Stiftung, Gütersloh

Dautenhahn, K.; Saunders, J. (2011) New Frontiers in Human-Robot-Interaction. John Benjamin, Amsterdam

Dengler, K.; Matthes, B. (2015a) Folgen der Digitalisierung für die Arbeitswelt. In kaum einem Beruf ist der Mensch vollständig ersetzbar. IAB-Kurzbericht Nr. 24 des Instituts für Arbeitsmarkt- und Berufsforschung, IAB, Nürnberg

Dengler, K.; Matthes, B. (2015b) Folgen der Digitalisierung für die Arbeitswelt: Substituierbarkeitspotenziale von Berufen in Deutschland. IAB-Forschungsbericht 11/2015 des Instituts für Arbeitsmarkt- und Berufsforschung, IAB, Nürnberg

Dengler, K.; Matthes, B. (2016) Auswirkungen der Digitalisierung auf die Arbeitswelt: Substituierbarkeitspotenziale nach Geschlecht. Aktuelle Berichte 24/2016 des Instituts für Arbeitsmarkt- und Berufsforschung, IAB, Nürnberg

Destatis (2016) Das Produktivitäts-Paradoxon – Messung, Analyse, Erklärungsansätze. 25. Wissenschaftliches Kolloquium am 24. und 25. November, Wiesbaden

DGVU (2015) Entwurf 11/2015 FB HM-080 – Kollaborierende Robotersysteme. DGVU-Information, St. Augustin

Dlugosch, G. (2016) Lernfähige Maschinen. VDI-Nachrichten, Nr. 48, 2. Dezember, 15

Dörner, A.; Rickens, C.; Thelen, P. (2016) So sicher ist Ihr Job. DIE ZEIT, Nr. 234, 2.–4. Dez., S. 58–63

Eichhorst, W.; Arni, P.; Buhlmann, F.; Isphording, I.; Tobsch, V. (2015) Wandel der Beschäftigung – Polarisierungstendenzen auf dem deutschen Arbeitsmarkt. Institut zur Zukunft der Arbeit (IZA), Bertelsmann Stiftung, Gütersloh

Escherle, H. J.; Kaplaner, K. (1982). Wirtschaft zum Nachschlagen. Compact, München

Ford, H. (1923) Mein Leben und Werk. Autobiographie eines modernen Unternehmers. 4. Auflage Paul List Verlag, Leipzig

Forschungsunion, acatech (Hrsg.) (2013) Deutschlands Zukunft als Produktionsstandort sichern. Umsetzungsempfehlungen für das Zukunftsprojekt Industrie 4.0. Abschlussbericht des Arbeitskreises Industrie 4.0, April 2013

Fourçans, A. (1998) Die Welt der Wirtschaft. Campus, Frankfurt/Main, New York

Friedrich, H.; Wiedemeyer, M. (2013) Arbeitslosigkeit – ein Dauerproblem im vereinigten Deutschland? Dimensionen, Ursachen, Strategien. Springer VS, Wiesbaden

Geisberger, E.; Broy, M. (2012) agendaCPS. Integrierte Forschungsagenda Cyber-Physical Systems. acatech-Deutsche Akademie der Wissenschaften, Studie März 2012, München, Berlin

Gernigon, B. (2007) Labour relations in the public and para-public sector. Working paper No. 2, International Labour Office Geneva

Gordon, J. R. (2016) The Rise and Fall of American Growth. Princeton University Press, Princeton, New Jersey

Granig, O.; Hartlieb, E.; Heiden, B. (Hrsg.) (2017) Mit Innovationsmanagement zu Industrie 4.0. Springer Gabler, Wiesbaden

Halang, W. A.; Unger, H. (Hrsg.) (2014) Industrie 4.0 und Echtzeit. Springer Vieweg, Berlin, Heidelberg

Heer, C. (2016) The International Federation of Robotics. Welt-Roboter-Report 2016: europäische Union belegt Spitzenplatz im globalen Automations-Wettbewerb. econNEWSnetwork, Frankfurt/Main

Hippenmeyer, H.; Moosmann, T. (2016) Automatische Identifikation für Industrie 4.0. Springer Vieweg, Berlin

Huber, W. (2016) Industrie 4.0 in der Automobilproduktion. Springer Vieweg, Wiesbaden

Hülke, MN. (2015) Kollaborierende Roboter – Zum Stand von Forschung, Normung und Validierung, in: Piper, R.; Lang, K.-H. (Hrsg.) Sicherheitswissenschaftliches Kolloquium 2013–2014, Band 10. Schriftenreihe des Instituts für Arbeitsmedizin, Sicherheitstechnik und Ergonomie e. V. (ASER), Forschungsbericht Nr. 30, Institut ASER e. V., Wuppertal, S. 49–64

Ing-Diba (2015) Die Roboter kommen. Folgen der Automatisierung für den deutschen Arbeitsmarkt. Economic Research, 30. April

Jahoda, M. (1983) Wieviel Arbeit braucht der Mensch? Arbeit und Arbeitslosigkeit im 20. Jahrhundert. Beltz, Weinheim

Jahoda, M.; Lazarsfeld, P. F.; Zeisel, H. (1975) Die Arbeitslosen von Marienthal. Ein soziographischer Versuch. Edition Suhrkamp, Berlin

Kaufmann, T. (2015) Geschäftsmodelle in Industrie 4. 0 und dem Internet der Dinge. Der Weg vom Anspruch in die Wirklichkeit. Essential, Springer Vieweg, Wiesbaden

Kaupp, T. (2010) Human-Robot Collaboration: A Probabilistic Approach. VDM, Saarbrücken

Krämer, W. (1991) So lügt man mit Statistik. Campus, Frankfurt/Main

Kühl, S. (2015) Zeitdiagnosen 4.0. Arbeitspapier. Persönliche Mitteilung

Kühl, S. (2015) Alles so vernetzt hier, in: Frankfurter Allgemeine Zeitung, 22.9.2015

Küppers, E. W. U. (2013) Denken in Wirkungsnetzen. Nachhaltiges Problemlösen in Politik und Gesellschaft. Tectum, Marburg

Küppers, J.-P. (2014) Resignation und Arbeitslosigkeit. Eine Gefahr für das demokratische Gemeinwesen. Soziale Arbeit, 4, S. 140–148

Küppers, J.-P.; Küppers, E. W. U. (2016) Bedingt handlungsbereit. Die jüngste Migrationswelle und ihre Grenzen systemischer Krisenbewältigung in einer globalen Welt, in: ZPB 3/2015 (veröffentlicht im Dezember 2016). Nomos, Baden-Baden, S. 110–121

Ludwig, B. (2015) Planbasierte Mensch-Maschine-Interaktion in multimodalen Assistenzsystemen. Springer Vieweg, Berlin, Heidelberg

Malcher I. (2016) Der große Sprung, in: brand eins, Heft 07, Schwerpunkt: Digitalisierung, S. 72–75

Matthes, B.; Meinken, H.; Neuhauser, P. (2015) Berufssektoren und Berufssegmente auf Grundlage der KldB 2010. Methodenbericht der Statistik der BA, Nürnberg.

Matthias, B. (2015) ISO/TS 15066 – Collaborative Robots – Present Status. Conference: European Robotics Forum 2015, Vienna, Austria

Obermaier, R. (Hrsg.) (2016) Industrie 4.0 als unternehmerische Gestaltungsaufgabe. Springer Gabler, Wiesbaden

OECD (2014) Perspectives on Global Development 2014. Boosting Productivity to meet the Middle-Income Challange. OECD Publishing

Ottersbach H. J. et al. (2011) BG/BGIA-Empfehlungen zur Gestaltung von Arbeitsplätzen mit kollaborierenden Robotern. IFA, Sankt Augustin, http://publikationen.dguv.de/dguv/pdf/10002/bg_bgia_empf_u001d.pdf (Zugriff: 19.4.2017)

Radkau, J. (2008) Technik in Deutschland. vom 18. Jahrhundert bis heute. Campus, Frankfurt/Main

Reed, J. (1967) Simulation of Biological Evolution and Machine Learning. Journal of Theoretical Biology, Vol. 17, No. 3, S. 319–342

Rifkin, J. (2011a) Die dritte industrielle Revolution. Die Zukunft der Wirtschaft nach dem Atomzeitalter. Campus, Frankfurt/Main

Rifkin, J. (2011b) Die dritte industrielle Revolution. Essay, Handelsblatt, 21. September 2011

Ronzhin, A.; Rigoll, G.; Meshcheryakov, R. (Hrsg.) (2016) Interactive Collaboraive Robotics. First International Conference, ICR 2016, Budapest, Hungary, August 24–26, Proceedings. Springer International, Switzerland

Samuel, A. L. (1969) Some studies in machine learning using the game of checkers. II Recent progress. Annual Review in Automatic Programming, Vol. 6, No. 1, S. 1–36

Sarkar, N. (Ed.) (2007) Human robot Interaction. Intec Education and Publication, Vienna, Austria

Schlatt, A. (2015) Kollaborierende Roboter. Genios, München

Schmitz, W. (2016) Das große Schaulaufen. VDI-Nachrichten Nr. 24, S. 2–3

Solow, R. M. (1987) We'd better watch out. New York Times Book Review, July 12, S. 36

Spath, D. et al. (Hrsg.) (2013) Produktionsarbeit der Zukunft – Industrie 4.0. Studie, FhG-IAO

Spitzer, M. (2012) Digitale Demenz. Wie wir uns und unsere Kinder um den Verstand bringen. Droemer, München

Sendler, U. (Hrsg.) (2013) Industrie 4.0. Springer Vieweg, Heidelberg

Sendler, U. (Hrsg.) (2016) Industrie 4.0 grenzenlos. Springer Vieweg, Heidelberg

Statistisches Bundesamt (2016) Das Produktivitäts-Paradoxon – Messung, Analyse, Erklärungsansätze. 25. Wissenschaftliches Kolloquium am 24. und 25. November im Museum Wiesbaden

Steiger, H. (2016) Schicksal Produktivität, in: VDI-Nachrichten, Nr. 31/32, S. 1

Triplett, J. E. (1999) The Solow-Productivity Paradox: What do Computers do to Productivity? The Canadian Journal of Economics / Revue canadienne d'Economique, Vol. 32, No. 2, Special Issue on Service Sector Productivity and the Productivity Paradox, S. 309–334

Vogel-Heuser, B.; Bauernhansl, T.; ten Hompel, M. (Hrsg.) (2017) Handbuch Industrie 4.0, Bd. 1–4, 2. Aufl. Springer Vieweg, Berlin

Wollenberg, K. (Hrsg.) (2004) Taschenbuch der Betriebswirtschaft. Hanser, Leipzig

Das Wandern ist des Müllers Lust, das Wandern ist des Müllers Lust,
das Wa-andern.
Das muss ein schlechter Müller sein, dem niemals fiel das Wandern ein,
dem niemals fiel das Wandern ein,
das Wa-andern.
    Text: Wilhelm Müller (1794–1827), 1821[1]
    Vertont durch Carl Friedrich Zöllner (1800–1860).

Vermesse Dich selbst!
Lifelogging: „Ausweitung der Kampfzone"
    Stefan Selke, 2016

6.1 Ist Freizeiterleben mit allen Sinnen anachronistisch?

▶ Der Anachronismus oder: Freizeit, die ICH meine

Wir leben in einer durch die Zeit überholten Vorstellung von dem, was um uns herum und mit uns passiert – nahezu ohne dass wir davon etwas spüren. Und wenn wir es bemerken, ist es schon zu spät. Unser analoges, anachronistisches oder zeitwidriges Denken und Verlangen scheint auf Mitmenschen, die im Sog der Digitalisierung aufgewachsen sind, im wahrsten Sinn des Wortes wie „aus der Zeit gefallen" zu wirken. Abb. 6.1 versinnbildlicht diesen Zustand in noch prägnanter Weise. Die Digitalisierung unseres eigenen ICH ist der Krake der Jetztzeit. Individuelle spontane Waldspaziergänge sind von Gestern. Wir könnten uns in Gefahr bringen, weil morsche Äste von Bäumen auf uns fallen können, weil Tiere, die plötzlich aus dem Gebüsch rennen, uns – wie so schön leichtfertig

---

[1] http://www.lieder-archiv.de/das_wandern_ist_des_muellers_lust-notenblatt_300146.html (Zugriff: 13.2.2017).

© Springer Fachmedien Wiesbaden GmbH 2018
E. W. U. Küppers, *Die humanoide Herausforderung*,
https://doi.org/10.1007/978-3-658-17920-5_6

Abb. 6.1 Anachronismus: Ein Neandertalermann, ausgestorben vor ca. 350.000 Jahren, betrachtet den Humanoiden Romeo, Roboter existieren noch keine 600 Jahre. (Quelle: Neandertalermann: Neanderthal-Museum, mit freundlicher Unterstützung von Frau Saskia Hucklenbruch; Humanoide Romeo: Softbank Robotics)

dahingesagt wird – zu Tode erschrecken, weil wir auf von Laub bedeckten glitschigem Untergrund ausrutschen und Beine oder Arme oder beides brechen können.

Wie viel bequemer ist es doch, völlig losgelöst von natürlichen Gefahren – quasi aus der Naturzeit gefallen – sich zu Hause mit digitalen Medien einen Wald oder Urwald auf dem Computer, iPad oder Tablet zu entwerfen, dazu noch mit wilden Tieren, denen wir in der freien Natur wahrscheinlich nie begegnen. Wir „laufen" interaktiv über virtuelle Wege durchs Dickicht, springen „durch die Zeit" in Ozeane und sehen Auge in Auge einen Hai auf uns zu schwimmen, um im nächsten Moment mitten auf einem schneebedeckten Berggipfel zu landen, von dem wir in rasender Abfall zur nächsten „Jausenstation" fahren, wo bereits das Mittagessen wartet – natürlich alles virtuell, ohne Duft und Geschmack. Zumindest können wir uns bei dieser Art Skifahren kein Bein brechen und beim Essen nicht verschlucken. Toller digitaler Fortschritt!

Freizeit, oder *freie Zeit*, in der Menschen tun und lassen können was ihnen persönlich gefällt – natürlich im Rahmen gesellschaftlicher Grenzen –, wird mehr und mehr eingeengt. Der erkennbare Wahn humaner Digitalisierung wird bald unsere kleinsten asynchronen Faszienbewegungen – der Laie kennt den Fachbegriff als Bindegewebe – detektieren, die Häufigkeit von Schnupfen oder speziellen Kopfschmerzen über einen „Kontrollzeitraum" *in-situ*, also unmittelbar am Ort, erfassen, von gemessenen, leicht instabilen Gangarten auf beginnende Arthrose schließen, statistisch gemessene „Ausreißer" über körperimplantierte biotechnische Schnittstellen spezifischen Krankheiten zuordnen usw. usf.

Im Vorcomputerzeitalter wurde nach Schule und Hausaufgaben gespielt, getobt, gerauft, auf Bäume geklettert, sich richtig geärgert, andere geärgert, aber auch wieder alles vergessen, sich persönlich verabredet, kleine Radtouren unternommen, im nahen See schwimmen gegangen, Spiele mangels Geld selbst erfunden – und dabei waren Kreativität und Fantasie keine Grenzen gesetzt –, auf Heuballen gesprungen, mit Erdklumpen an kurzen Getreidehalmen „Wurfschlachten" ausgetragen usw. Man trug blutende Verletzungen davon, die aber im Spiel mit Verachtung gestraft wurden. Die Kleidung sah dementsprechend aus. Wieder zu Hause und „todmüde" empfing man ein „Donnerwetter" von den Eltern – aber: die freie Zeit, nach der Pflichtzeit Schule, wurde – im wahrsten Sinn des Wortes – mit allen Sinnen und vollem körperlichen Einsatz genutzt. Man schlief am Abend müde und zufrieden ein.

Die Technik der Zeit brachte es mit sich, dass bestimmte Haus- und Gartenarbeiten anfielen, sowie Einkaufstätigkeiten anfielen, nicht selten mit dem Fahrrad über Strecken von 5–10 km. Diese „Freizeit-Pflichtarbeiten" waren nicht immer beliebt, erforderten nicht geringen körperlichen Einsatz im Kindes- und Jugendalter – wurden aber letztlich, mal gewissenhaft, mal eher schlecht als recht, erledigt.

Am Wochenende traf man sich im Freundeskreis, wo auch immer, oft in Jugendheimen, in denen gleichaltrige Freunde und Bekannte in Bands spielten, später in Diskotheken. Verabredungen waren oft nicht erforderlich. Instinktiv wusste man, wer wo sein könnte, und hatte fast immer Glück mit seinen Ahnungen. Alles in allem: Freie Zeit wurde intensiv, mit einem breiten Spektrum an abwechslungsreichen Tätigkeiten, genutzt. Kontakte wurden – mangels geeigneter mobiler Technik – persönlich geführt. Aber der Zeitgeist ändert sich –, und mit ihm kommen neue Mittel der Gestaltung von Kontakten, Freizeit und – wie in Kap. 5 beschrieben – von Arbeit. Diese Auflistung kann nur als Momentaufnahme einer bestimmten Zeitperioden aus den 1950er/1960er/1970er-Jahren gesehen werden. Und heute?

Wenn wir den aktuellen Freizeit-Monitor 2016 zu Rate ziehen und daraus Teilaspekte mit vorab genannten, natürlich unvollständig bleibenden Freizeitaktivitäten aus vergangenen Jahrzehnten vor dem Computerzeitalter grob vergleichen, dann ist das heutige Kommunikationsmittel „Smartphone", für Jugendliche im Alter von 14–34 Jahren, mit 84 % „Kontaktbrücke" in den sozialen Medien (Rheinhardt 2016). Weiterhin nutzen Jugendliche in dem Alter das „Smartphone"

- für das Herumsuchen im Internet zu 89 %,
- für das Beschäftigen mit Spielen zu 71 %.

Einmal die Woche nutzen Jugendliche regelmäßige Freizeitaktivitäten durch:

- Internetnutzung zu 99 %
- Fernsehen zu 98 %
- Radio zu 90 %
- Telefonieren zu 90 %

- Beschäftigen mit dem eigenen Computer zu 88 %
- Seinen Gedanken nachgehen zu 82 %
- Zeitschriften, Zeitungen und Illustrierte lesen zu 43 %
- Kaffee trinken, Kuchen essen zu 41 %
- mit Nachbarn treffen/plaudern zu 34 %
- Zeit mit dem Partner verbringen zu 25 %
- Spazieren gehen zu 18 %
- Gartenarbeit durchführen zu 10 %.

Der nur beschreibende und im Detail unklare Freizeitmonitor zeigt jedoch deutlich die Affinität, die Neigung von Jugendlichen zu elektronischen Mitteln und Medien. Kein Wunder, denn damit sind sie aufgewachsen. Die Momentaufnahme des Zahlenspiels zeigt auch die Übermacht zwischenmenschlicher elektronischer Kommunikationswege, was zum kritischen Denken über dieses Verhalten anregen muss, im Gegensatz zu dem offensichtlichen Rückgang echter zwischenmenschlicher Freizeitkontakte. Vermutlich sind es keine kulturellen Gründe, die ins Feld geführt werden können, wie z. B. in Japan, die Jugendliche in unseren Breitengraden während ihrer Freizeit mehr virtuell interaktiv als persönlich, nahe und gegenüberstehend miteinander reden lassen.

Aus aktuell diskutierten neuen Techniken im Rahmen globaler digitaler Vernetzungen – Internet der Dinge – in Bildungseinrichtungen und Unternehmen ragen zwei neue Begriffe hervor: *BYOD*[2] (siehe auch Fabri et al. (2014)) und *LYOD*[3]. Der erste Begriff steht für *Bring Your Own Device*, der zweite steht für *Leave Your Own Device*: Bei BYOD sollen Schüler im Unterricht eigene Smartphones, Tablets etc. nutzen können, wohingegen bei LYOD die Schule diese elektronischen Helfer kontrolliert zur Verfügung stellt.

Hinter diesen Konzepten stehen natürlich Konzerne, die entsprechende Datenleitungen und Netzwerke zur Verfügung stellen, wie bei BYOD die Deutsche Telekom.

Kritische Stellungnahmen zur Nutzung von Smartphones kommen unter anderem von Gerald Lembke (2015, 2016), der sich mit *Digitalen Medien* auseinandersetzt und ähnliche Meinungen wie Manfred Spitzer (2012) (s. Abschn. 5.5, Stichwort „digitale Demenz") vertritt, was den Umgang mit Smartphones im Kindesalter betrifft.

An kritischen und befürwortenden Stimmen zur Nutzung von Smartphones, Tablets und weiteren „kleinen Helfern" in Bildung, Aus- und Weiterbildung fehlt es nicht. Verlieren Kinder, die mit Smartphones aufwachsen, ihre Jugend im menschlichen analogen Sinn? Das kommt darauf an, wie sie während ihres Wachstums auf diese alltäglichen Medien vorbereitet werden. Im Säuglingsalter mit Plastikbildschirmen und Plastiktastaturen konfrontiert zu werden – wie in den USA bereits geschehen –, ist wenig sinnvoll. Vollständige Freizügigkeit im Umgang mit Smartphones und digitalen Medien verbietet sich im Kinder- und Jugendalter ebenso, angesichts unkontrollierbarer Exzesse im Internet. Aber

---

[2] https://www.telekom-stiftung.de/sites/all/themes/animares/zeit-konferenz/documents/2016/ZfdS_2016_11_Telekom_Own_Device.pdf (Zugriff: 14.2.2017).
[3] http://www.zdnet.de/88198260/bring-device-war-gestern-die-zukunft-heisst-lyod/ (Zugriff: 14.2.2017).

welche (Mittel-)Wege sind geeignet, um fortschrittliche Bildung, Aus- und Weiterbildung in einer Zeit zu realisieren, die analoge menschliche Entwicklung stärkt, ohne neue digitale Techniken zu ignorieren?

▶ Es scheint die Ironie des Computer- und Roboterzeitalters zu sein, wenn einerseits Forschung und Entwicklung in Informatik und Computertechnik bestrebt sind, die semantische Lücke (s. Abschn. 2.3.4) zwischen Mensch und Maschine zu verkleinern, und zugleich die semantische Lücke realer zwischenmenschlicher Beziehungen vergrößern.

6.2   Die perfekt gesteuerte Kondition

Konditionierte Ertüchtigung

Das Geschäft ist eine nicht versiegende Goldgrube: Es dreht sich um kleine Anwendungsprogramme für alle Lebenslagen, abgekürzt Apps. Dem römischen dichter Juvenal (um 100 n. Chr.) wird das Zitat zugeschrieben: „[...] orandum est ut sit mens sana in corpore sano." – *Beten sollte man darum, dass ein gesunder Geist in einem gesunden Körper wohne.*[4]

Menschen möchten gerne *fit* bleiben, im Beruf und in der Freizeit. Diesen individuellen Wünschen entgegen zu kommen, sind für einschlägige Industrien und Krankenkassen Befehl. Unzählige „Fitness"-Apps tummeln sich im Markt, die fast alles messen, was es bei Menschen aus eigenem Antrieb zu messen gibt. Aber was bedeutet fit sein oder eine gute Fitness bzw. Kondition zu besitzen konkret?

Fit sein oder eine *gute Fitness* zu besitzen bedeutet laut Duden[5] in einer körperlichen Verfassung zu sein bzw. eine *Leistungsfähigkeit* zu besitzen, die aufgrund eines planmäßigen sportlichen Trainings erlangt wurde. Wie diese Fitness oder Leistungsfähigkeit erlangt wurde, was medizinisch erklärbar ist, kann einer gefühlten Fitness nicht entnommen werden. Genau an dieser Schnittstelle helfen persönliche, elektronische sensorische Fitness-Assistenten, die eine zunehmende Zahl körperlicher Vitalfunktionen messen, die Messwerte aufzeichnen, sie sogar diagnostizieren und Bewertungen für eine mögliche Änderung des Verhaltens geben. Dahinter verstecken sich – siehe künstliche Intelligenz bei Robotern, Abschn. 4.3 – nicht unähnliche mathematische Algorithmen in den kleinen Armbändern, Uhren, „Ohrsensoren" u. a. m., die – als bereits in Abschn. 5.4.2 erwähnte – mobile eingebettete Systeme – *embedded systems* – einen Datentransfer ins Internet oder direkt übers Internet zum Hausarzt durchführen. Fragen nach der Transfersicherheit dieser sehr persönlichen Daten und daraus ermittelbaren Informationen und Wissensmerkmalen sind seit Edward Snowdens Veröffentlichung von Geheimdienstdaten des amerikanischen Geheimdienstes NSA – National Security Agency – in 2013 obsolet.

Blutdruck, Blutzuckerspiegel, Herzfrequenz, Herzratenvariabilität, Atemfrequenz, Lauftempo, Schrittzahl, Schweißabsonderung, Körpertemperatur, Körpergewicht, sportli-

---

[4] https://www.aphorismen.de/suche?f_autor=1966_Juvenal (Zugriff: 14.2.2017).
[5] http://www.duden.de/rechtschreibung/Fitness (Zugriff: 14.2.2017).

che Aktivität, Ruhezeit, Erregungszustand – Stress –, Tinnitus und vieles mehr kann selbst gemessen werden. *Self-Tracking* ist der englische Begriff für diese Selbstmessung körperlicher Werte. Das Unternehmen Preventicus GmbH[6] in Jena hat nach eigenen Angaben in 2016 die erste medizinisch zugelassene Herzrhythmusanalyse mit App auf Smartphone entwickelt und auf den Markt gebracht. Werbung: „Herzrhythmusstörungen einfach per App erkennen EKG vergleichbare Genauigkeit klinisch bestätigt".

Eigenmessungen machen auch nicht vor Schlaf halt (Alvarez 2016). Eine App wie „DreamOn" „[...] will ihren Nutzern Träume einpflanzen" (ebd. 22), ein sehr zweifelhaftes Versprechen. Mit einem „Schlaftracker" können hingegen unterschiedliche Schlafphasen erfasst werden. Wozu diese Erkenntnis über das persönliche Schlafverhalten dient, ob tatsächlich Schlafstörungen vermutet werden können oder einschlägige Industrien mit App-plus-Schlafprodukten eine neue Marktnische entdecken, muss jeder für sich entscheiden. Die Frage danach, welches die richtige Gesundheits-App ist, scheint müßig, angesichts der Millionen Apps im Markt.

Die Internet-Portale www.quantifiedself.com/ und www.qsdeutschland.de verkörpern eine Freizeitsport-Bewegung, die einen selbsttragenden „*Adonis-Effekt*" zu frönen scheint: schöner, schneller, weiter (Nedo 2016). Mit dem Schlagwort *Quantified* Self wurde 2007 in den USA eine Bewegung angestoßen, die inzwischen zum Massenphänomen mutiert ist. Internationale Wettkämpfe um den schönsten Körper, die schnellste Laufzeit, die höchste Ausdauer, deren Ergebnisse bildreich ins Internet bzw. in deren sozialen Medien „gepostet" werden, auch in der Erwartung, mehr „Likes" zu bekommen als Mitbewerber, ist für den Sportsoziologen Johannes Nedo Ausdruck eines *Einheitsbildes von Körperschablonen* (s. Nedo 2016, 17). „*Lifelogging*" *oder Lebensaufzeichnung* ist ein weiterer Begriff, der den digitalen Trend zur Selbsterfassung von Körperfunktionen im wahrsten Wortsinn verkörpert. Stefan Selke (2016) beschreibt dies im Untertitel seines Buches *Lifelogging* als „Digitale Selbstvermessung und Lebensprotokollierung zwischen disruptiver Technologie und kulturellem Wandel". Nach Selke bezeichnet:

Lifelogging [...] als heuristischer Sammelbegriff vielfältige Formen der Selbstvermessung, die von Gesundheitsmonitoring über Orts- und Anwesenheitserfassung bis hin zur Leistungsvermessung am Arbeitsplatz reichen. Lifelogging bedeutet, menschliches Leben in Echtzeit zu erfassen, indem Körper-, Verhaltens- und Datenspuren digital aufgezeichnet und zum späteren Wiederaufruf vorrätig gehalten werden (Selke 2010, S. 107 f.) Damit ist Lifelogging letztlich personalisierte Informatik im Kontext von ‚Big Data'.
Die dabei genutzten Technologien reichen von miniaturisierten Kamera- und Sensortechniken, tragbaren Datenaufzeichnungssystemen (‚wearable computing') und Smart-Watches in der Verbindung von Apps bis hin zur Echtzeit-Datenübertragung und immer preisgünstigeren Speichertechnologien (z. B. Cloud Computing). Die eigentliche Innovation von Lifelogging besteht jedoch in der automatischen und im Alltag (meist) unbemerkten Datenerfassung. Unaufdringliche digitale Technologien ermöglichen es, kontinuierlich, passiv und ‚nicht-diskriminierend' Daten zu sammeln, ohne diesem Prozess zu viel Aufmerksamkeit widmen zu müssen. Der Logger wählt dabei nicht mehr aus, denn das System und dessen Sensoren erfassen permanent verschiedene Daten (z. B. biometrische Körper-, Orts-, Aktivitäts- oder

---

[6] http://preventicus-heartbeats.com (Zugriff: 14.2.2017).

Bilddaten). Auf diese Weise entsteht nach und nach eine ‚digitale Aura' der Person (Hehl 2008), die je nach Vorliebe Daten zu Gesundheit, Aufenthaltsorten, Produktivität, Finanzen, Hormonwerten oder Gefühlsstimmungen umfassen kann. Lifelogging kann als technische Form der Selbstbeobachtung und passive Form digitaler Selbstarchivierung verstanden werden. Damit sind zahlreiche Potenziale, aber auch Pathologien verbunden. (Selke 2016, S. 3 f.)

Selbstoptimierung und Selbstinszenierung – in einem weltweiten Wettkampf ausgetragen, ein Internet-öffentlicher Kampf, um die besten körperlichen Fitnessdaten, mit „Waschbrettbauch" bei den Männer und Bikinifigur bei den Frauen, führt weniger zu einer individuell optimierten Kondition und eher – so der Sportwissenschaftler Karl-Heinrich Bette in Nedo (2016) – zu standardisierten schablonenhaften Körperfiguren, siehe auch Bette (1999).

Natürliche Kondition

Apropos *Kondition*. Wie unterscheidet sich ein guter von einem weniger guten Sportreporter? Der gute Sportreporter beschreibt zum Beispiel einen Fußballsportler als schnell und beweglich im Lauf und kraftvoll im Abschluss. Der weniger gute Sportreporter beschreibt den Sportler nur als körperlich fit.

Eine individuelle, analog optimierte Kondition hört gegenüber der digital unterstützten, konditionierten Ertüchtigung grundsätzlich auch auf Signale des eigenen Körpers. Optimieren bedeutet – zumindest für Breitensportler – aber nie, das Maximale aus dem Körper herauszuholen. Sportliche und andere Optimierungspegel liegen immer unterhalb von Maximalpegeln, selten liegen beide auf einer Höhe, erst recht nicht, wenn mehrere Einflussgrößen zusammenkommen, wie bei der Kondition. Der Sportwissenschaftler Weineck (2010) beschreibt Kondition als ein Zusammenwirken von vier Einflussmerkmalen, die je nach Sportart, mehr oder weniger beansprucht werden, um entsprechende optimale Leistungen erbringen zu können (siehe auch Abschn. 6.4):

Kondition setzt sich aus *Kraft* plus *Schnelligkeit* plus *Ausdauer* plus *Beweglichkeit* zusammen. Alle vier Komponenten der Kondition sind an der Gesamtleistungsfähigkeit des Menschen beteiligt. Eine fünfte übergreifende Komponente kommt noch hinzu: Der Wille, seine Konditionsleistung zu erhöhen, gepaart mit Freude am Sport, ohne dem Leistungsgedanken Vorrang zu geben. Aus dieser natürlichen Perspektive sind Körperbewegung und Fortschritt der persönlichen Kondition zwar auch an Disziplin gebunden und können Glücksgefühle auslösen, wie das eines Hochgefühls beim Langstreckenlauf – *Runners High* –, aber ohne jeden digitalen Konditionsdruck.

Bewegen wie uns noch oder lassen wir uns bewegen?

Beides scheint wohl zuzutreffend. Auch mit Blick auf zukünftige humanoide Robotertechniken. Noch müssen wir uns selbst anstrengen, um Leistungen, welcher Art auch immer, zu erbringen, medizinische und pharmazeutische Helfer einmal außer Acht gelassen. Menschen sind evolutionär gesehen Bewegungssubjekte. Sie sind nicht dazu geboren, still zu sitzen und zu warten, bis Dienstleistungen an ihnen vollzogen werden, Immobilität durch

Verletzung und andere Ereignisse einmal ausgeschlossen. Menschen lieben Bewegung, wenn sie nicht zu eintönig daherkommt. Der Zeitpunkt, wo Menschen in Arbeit und Freizeit mit adäquater, korrespondierender Technik konfrontiert werden, die nicht sie selbst, sondern kooperierende und kollaborierende Roboter übernehmen können, ist bereits gekommen. Diese Maschinen mit menschlichem Aussehen arbeiten oder werden in nicht ferner Zukunft zig mal kräftiger, schneller, ausdauernder und beweglicher arbeiten, als es Menschen je könnten. Vielleicht verpassen wir den Zeitpunkt, ab dem Menschen ihre von frühester Kindheit erlernte Mobilität nicht mehr stärken und stabilisieren können wie bisher, weil wir nicht mehr so gefordert werden, beim Arbeiten oder in der Freizeit. Sicher sind nicht alle von uns gleichermaßen betroffen. Aber der technische Fortschritt ist in aller Regel nicht aufzuhalten – nur zu lenken.

Es kommt demnach wesentlich darauf an, für eine nachhaltige Mensch-Maschine-Gesellschaft Lenkungsmechanismen zu etablieren. Diese müssen einerseits – von Menschen gebauten – Robotern und anderen, als „intelligent" bezeichneten Maschinen oder künstlichen Verfahren, z. B. mit selbstorganisierenden und selbstreplizierenden Algorithmen, notwendige Grenzen in humanen gesellschaftlichen Umfeldern setzen. Den Konstrukteuren dieser Roboter sind vorab aus ethischer Sicht ebenso klare Handlungsstränge mitzugeben. Aber der entscheidende Punkt ist – andererseits –, sicherzustellen, dass die Evolution weiter trägt. Das ist eine in ihren Ausdehnungen noch nicht erkennbare, herausfordernde und notwendige Aufgabe, die Asimovs fast 80 Jahre alten Science-Fiction-Robotergesetzen (s. Abschn. 2.2.5) wie einfache Rezepte aussehen lassen: nützlich, aber – in der globalen herausfordernden Breite ihres wachsenden Wirkungsumfeldes – nicht tauglich.

6.3   Uchi mata mit einem Humanoiden

Noch gibt es keinen Grund, ängstlich zu sein, wenn humanoide Roboter mit Algorithmen programmiert werden, die es den Maschinen und uns erlauben, Hand in Hand zu arbeiten oder Freizeitaktivitäten zu vollbringen. Drei Sportarten werden herausgestellt und gefragt: Können Maschinen bereits mit Menschen konkurrieren?

Das ca. 700 Jahre alte Geschicklichkeitsspiel *Boule* wird für Humanoide sicher eine der leichteren Übungen sein – oder? Eine handtellergroße Wurfkugel soll – mit präzisem Schwung – möglichst nahe an eine, in einigen Meter Entfernung liegende, kleinere Zielkugel geworfen werden. Mitspieler versuchen dasselbe. Gewonnen hat, wer seine Wurfkugel nach mehreren Durchgängen am nächsten an die Zielkugel platziert. Es ist nicht nur Geschicklichkeit, sondern auch Taktik mit im Spiel. Das Spiel besitzt einfache Regeln, erfordert aber ein komplexes Verständnis für die dynamische Spielsituation. Hinzu kommt, dass zum Beispiel Unebenheiten des Wurfplatzes die geworfene Kugel in überraschend andere Bahnen lenken, als es Spieler erwarten durften. Noch ist nicht bekannt, ob Boule-spielende Humanoide gesichtet wurden.

Am anderen Ende der Spieleskala stehen die beiden Ausdauer- und Konzentrationsspiele GO und Schach. Die Regeln sind nicht trivial, aber auch nicht schwer zu lernen.

Um Weltmeister zu werden, ist jedoch jahrzehntelanges Training notwendig. Der aktuelle GO-Weltmeister Lee Sedol verliert trotz seiner reichen Erfahrung gegen die Google-Software AlphaGo, mit programmiertem neuronalem Netz, in fünf Spielen 4:1.[7] Der aktuelle Schachweltmeister Magnus Carlsen hat sich bis heute (Februar 2017) noch keinem Schachcomputer als Spielgegner gestellt. Er sieht in einen Schachcomputer keinen Gegner.[8]

Eine weitere Sportart ist Judo – *Der sanfte Weg*. Judo ist eine Kampfsportart. Sie ist eine der komplexesten Techniken des Zweikampfsports und wurde durch den Japaner Jigoro Kano (1860–1939) begründet. Der grundlegende Aufbau der Judotechniken gliedert sich in drei Haupttechnikbereiche: *Nage Waza* = Wurftechniken/Stand-, Selbstfalltechniken; *Katame Waza* = Bodentechniken, Halte-, Würge- u. Hebeltechniken; Ukemi Waza = Falltechniken und ergänzende Kombinations-, Konter- und Abwehrtechniken.

Eine Wurftechnik wie der *Uchi-mata* in Abb. 6.2 ist ein hochkomplexer Vorgang, der sich aus verschiedenen dynamischen Phasen des Angreifens, Verteidigens, Wurfansetzens, Ausweichens, Täuschens, Aushebens und schließlich Werfens zusammensetzt – und zwar von jedem der beiden Kämpfer, mit unterschiedlicher Intensität und Raffinesse. Es werden vermutlich noch viele Jahrzehnte vergehen, bis Programmierer – sollte die Aufgaben überhaupt nützlich sein – Humanoiden die Fähigkeit verleihen, Judo mit Menschen zu betreiben und aus Zweikämpfen zu lernen.

Sportarten und viele weitere Freizeitaktivitäten zur Ertüchtigung des Menschen werden noch – in der Mehrzahl – eine Weile von Menschen alleine durchgeführt werden. Auch wenn Programmierer von Fußball spielenden Humanoiden, auf speziellen, dafür ausgerichteten Humanoiden-Weltmeisterschaften, schon davon träumen, in einigen Jahren gegen den Fußball-Weltmeister der Menschen antreten und gewinnen zu wollen. Selbst wenn es gelingen sollte, dass immer mehr Maschinen – in welchen Wettkämpfen auch immer – gegen Menschen antreten und gewinnen – was wird damit gewonnen? Ein Pokal für die humanoide Gewinnermannschaft? Eine Urkunde für den besten Humanoiden des Spiels? Erprobung neuer Techniken und Algorithmen werden es sicher sein. Deren Einsatz für gesellschaftliche Fortschritte, über Spiel und Freizeit hinaus, bleibt die große Herausforderung.

Aber Ausnahmen scheinen die Regel zu bestätigen – oder? Der deutsche Roboterhersteller Kuka zeigt eindrucksvoll, wie der Tischtennis spielende Roboter „*Kuka KR Agilus*", laut Kuka der schnellste Roboter auf der Erde, gegen Timo Bolt, einer der besten Tischtennisspieler der Welt, brilliert – aber noch nicht gewinnen kann. Nur: Es war ein Werbefilm voller unrealistischer Szenen, echte „fake-news", wie es seit jüngster Zeit heißt.

In Japan lernt der Roboter *Bushido – Weg des Ritters –* des Roboterherstellers Yaskawa Electric Corporation, den Schwerkampf. Vorgabe war eine Zeitlupenaufnahme der

---

[7] http://www.spiegel.de/netzwelt/gadgets/alphago-besiegt-lee-sedol-mit-4-zu-1-a-1082388.html (Zugriff: 13.2.2017).

[8] http://www.focus.de/sport/mehrsport/schach-weltmeister-ueberzeugt-magnus-carlsen-computer-waere-kein-gegner_id_5438337.html (Zugriff: 13.2.2017).

Abb. 6.2 Uchi-mata, Innen-Oberschenkelwurf. (Quelle: Falk Scherf, mit freundlicher Unterstützung von Erik Gruhn, Deutschen Judo-Bund, Frankfurt)

Bewegungen von Isao Machii, einem Meister der Schwertkampftechnik. Auch hier fand kein echtes Duell Mensch gegen Roboter statt.[9] Ebenfalls in Entwicklung ist ein T.P.T., als neuer *persönlichen Taekwondo Trainingsroboter*, den italienische Roboter-Forscher 2013 auf der italienischen Meisterschaft für Taekwondo präsentierten (Musculo et al. 2016). Technische Details wie schwingende Bewegungen, Höhenverstellbarkeit, Bewegen über die Kampfmatte u. a. m. des auf einer Plattform stehenden Trainingsroboters, ermöglichen Kämpfern, verschiedene Trainingstechniken zu üben.

Von der ursprünglichen, vorab getätigten Behauptung, dass Roboter noch lange nicht reif seien, für echte Mensch-Roboter-Wettkämpfe bei Spielen, die komplexe Bewegungen, Geschicklichkeit und Konditionsmerkmale vereinen, muss vorerst nichts zurückgenommen werden.

6.4   Homo ludens, Homo faber, Homo humanoide, Humanoide

Mit *„Analoge Freizeitaktivität oder digitale konditionierte* Ertüchtigung" ist Kap. 6 überschrieben. Spielen spielt in diesem Kontext eine herausragende Rolle. Spielen in der Freizeit – aber auch während der Arbeitszeit (!), z. B. auf der Suche nach neuen Problemlösungen – ist ein urmenschliches Bedürfnis.

---

[9] http://www.spiegel.de/wissenschaft/technik/japan-roboter-lernt-samurai-schwertkampf-a-1037936.html (Zugriff: 15.2.2017).

Homo ludens

Homo ludens – der spielende Mensch – lernt von frühester Kindheit an. Spielen ist keine erzwungene Handlung, sondern geschieht freiwillig. Es weckt Neugier und Fantasie und übt zugleich den Umgang mit positiven (Freude, Spaß, Teilhabe etc.) und negativen (Ärger, Wut, Neid, ausgegrenzt sein etc.) Gefühlen. „Spiel ist nicht Spielerei, es hat hohen Ernst und tiefe Bedeutung" erkannte der deutsche Pädagoge Friedrich Wilhelm August Fröbel (1782–1852).[10] „Sein besonderes Verdienst besteht darin, die Bedeutung der frühen Kindheit nicht nur erkannt, sondern durch die Schaffung eines Systems von Liedern, Beschäftigungen und ‚Spielgaben' die Realisierung dieser Erkenntnisse vorangetrieben zu haben."[11]

In einem Text zur Einführung in die Pädagogik des Spiels schreibt Retter (2003) über den niederländischen Pädagogen Johan Huizinga (1872–1945), der 1938 ein Buch mit dem bezeichnenden Titel „Homo ludens" (der spielende Mensch bzw. der Mensch als Spielender) schrieb, mit seinem Neologismus – Wortneuschöpfung – wolle Huizinga ausdrücken,

> [...] dass weder die Bezeichnung **homo sapiens** [der vernunftbegabte Mensch, d. A.] noch der Terminus **homo faber** [der schaffende Mensch, d. A.] passend sei, sondern erst der Begriff **homo ludens** [der spielende Mensch, d. A.] dem eigentlichen Aspekt menschlichen Seins gerecht werde zumindest ein notwendiges Pendant zum homo faber darstelle (vgl. Huizinga 1981, Vorwort). (Retter 2003, 17).

Spielen mit Fantasie und Kreativität hört nicht an analog-digitalen Grenzen auf. Kinder im frühesten Alter werden mit digitalen Medien konfrontiert, wie sinnvoll das im Einzelnen auch auf die Entwicklung des Kindes sein mag. Spielen an Computern und Smartphones im Jugendalter, ob als Einzelperson gegen virtuelle Gegner oder bei kooperativ gestalteten Computerspielen in Gruppen, kann auch den Spieltrieb fördern, kann bei strategischen Spielsituationen am Bildschirm zu kreativen *Spielzügen* führen und bei Stresssituationen auch den bekannten Adrenalinschub auslösen. Umgekehrt kann auch ein Spielgewinn das Belohnungs- und Verstärkungssystem des Gehirns anregen, um Glücksgefühle zu erzeugen. Wer einmal gewinnt, kann auch ein zweites, drittes, viertes Mal gewinnen usw., die Gefahr liegt allerdings auf der Hand (Stichwort *Digitale Demenz*, s. Abschn. 5.5).

Andererseits bewältigen Kinder und Jugendliche, die Erfahrung im Umgang mit Computern besitzen, ein selbst für technisch gebildete Experten schwierig zu lösendes Problem mit spielerischer Leichtigkeit und erstaunlichen Lösungsvorschlägen – Lösungsvorschläge, auf die wissenschaftlich Gebildete kaum gekommen wären, vermutlich weil sie zu sehr in fachlichen Kategorien denken, in denen sie sich auskennen (Problem: Angst, über den Tellerrand des eigenen Wissensgebietes zu schauen und Fehler zu machen).

---

[10] https://www.friedrich-froebel-online.de (Zugriff: 15.2.2017).
[11] https://de.wikipedia.org/wiki/Friedrich_Fröbel (Zugriff: 15.2.2017).

Der deutsche Regisseur Max Reinhardt (1873–1943) reflektierte einst über Schauspieler:[12]

> Ein Schauspieler ist ein Mensch, dem es gelungen ist, die Kindheit in die Tasche zu stecken und sie bis an sein Lebensende darin aufzubewahren.

Könnte es sein, dass bei der vorab geschilderten – nicht zu verallgemeinernden – Problemlösung zwischen Kindern und Erwachsenen, und im umgekehrt proportionalen Sinn von Reinhardts Aussage einige Ingenieur-, Natur- und Sozialwissenschaftler beim Erwachsenenwerden vergessen haben, ihre Kindheit mitzunehmen?

Homo faber

Homo faber – der schaffende Mensch – wird aus anthropologischer Sicht zur Trennung von Menschen aus älteren Zeitperioden und Menschen aus neuzeitlicher Periode verwendet.[13] Homo faber schafft aktiv eine Veränderung der Natur und der Umwelt auf unserem Planeten – siehe Abschn. 3.1, das Anthropozän. Das schließt auch die Lebensumstände ein, die durch technische, wirtschaftliche, soziale bzw. kulturelle Umbrüche einen Wandel erfahren, wie den der weltweiten Digitalisierung, dass vorausschauende Prognosen nur mit hoher Unsicherheit zu treffen sind.

Eine größere Bekanntheit erlangte der Terminus Homo faber durch Max Frischs (1911–1991) Roman „Homo faber" im Jahr 1957 (Frisch 1970). Darin setzt Frisch die Hauptfigur Walter Faber, ein Ingenieur, ins Verhältnis zum anthropologischen Begriff des Homo faber. Der Ingenieur Faber besitzt dabei eine klare technische Weltanschauung, die er mit rationalem Verstand verteidigt, bis unerwartete Ereignisse auf ihn einbrechen. Technik und Natur, klare Struktur und Zufall verknüpfen sich miteinander.

Nichts anderes als das, was in Frischs Roman Walter Faber widerfährt, spielt sich Tag für Tag im wirklichen Leben ab. Wir schmieden Pläne, entwickeln Strategien, befolgen Vorschriften, setzen diese praktisch um. Sie lassen uns eine Zeit lang sorglos werden, weil sie funktionieren – bis etwas Unerwartetes passiert! Dazu zählen z. B. auch Unfälle mit Robotern. Wir ändern daraufhin bisherige Pläne, weil Fehler erkannt wurden, bauen zusätzliche Sicherheiten gegen *kalkulierte mögliche* Gefahren ein – und doch sind dadurch zufällige Ereignisse nie auszuschließen. Es ist ein immerwährendes Spiel von *Zufall und Notwendigkeit*, nicht nur im evolutionären Sinn, wie es der Biochemiker und Nobelpreisträger Jacques Monod in seinem gleichnamigen Werk beschreibt (Monod, 1971).

Homo humanoide

Werfen wir einen visionären Blick auf eine weitere Entwicklungsstufe – auf den *Homo humanoiden – den digitalisierenden Menschen,* wie der Autor ihn nennt. Kann der *Homo humanoide* überhaupt existieren? Viele vernetzte und verzweigte Wege in die Zukunft stehen bereit, wie es in Abb. 2.2 angedeutet wird, einen Weg in Richtung Mensch-Maschine-

---

[12] https://www.aphorismen.de/suche?f_autor=10716_Max+Reinhardt (Zugriff: 15.2.2017).
[13] https://de.wikipedia.org/wiki/Homo_faber_(Anthropologie) (Zugriff: 15.2.2017).

Mutation zu beschreiten. Rein funktional, mit geeigneten biologisch-technischen Implantaten und Schnittstellen, ist es bereits möglich, ein neues Hörgefühl zu bekommen, die verlorene Hand wieder biologisch-technisch zu ersetzen, mit künstlichen Sehimplantaten wieder besser als zuvor zu sehen, mit Beinprothesen Rekorde zu laufen und vieles mehr.

Bioprothetik oder bionische Prothetik ist ein Jahrzehnte altes Experimentierfeld. Wir greifen diese Technikentwicklung hier auf, weil sie Homo humanoide tangiert, gewissermaßen als Erweiterung zum eigentlichen Thema Humanoide.

Ein *Homo humanoide* besitzt letztlich auch das Potenzial, nicht nur fehlende geistige und körperliche Funktionen des Menschen biotechnisch zu ersetzen, sondern auch deren Leistungen enorm zu steigern. Es wird zu dessen Entwicklung nur ein anderer Weg in die Zukunft eingeschlagen, als der des Humanoide. Menschen, die durch Implantate eine technisch-physikalisch-chemische Leistungssteigerung erfahren, weit jenseits der eigenen Organismusvitalität, zudem mit einer biologisch-künstlichen Lebensverlängerung. Homo-humanoide Augen, die ein größeres Strahlenspektrum – von ultraviolett bis infrarot – überstreichen, als es der Mensch mit seinen eng begrenzten sichtbaren Bereich des Lichts kann, homo-humanoide Ohren, die von Infraschall bis Ultraschall hören, homo-humanoide Riechrezeptoren, die alle Gerüche in feinsten Nuancen erkennen, homo-humanoide Stabilisatoren, die die Tragfähigkeit des eigenen Körperskeletts vervielfachen, homo-humanoide Kräfte, die das mehrfache an Arm- und Fingerkraft erlauben. Beispiele dieser Art lassen sich beliebig fortsetzen, wenn wir an unsere Organe und die damit verbundenen Stoffwechselprozesse denken.

Für die Menschen öffnet sich damit eine Tür in bislang unerforschtes Gelände, wo die alles entscheidende Frage gestellt werden muss: Wie weit gehen wir mit den Möglichkeiten, den Menschen als evolutionäres Ergebnis einer langen Entwicklungsreihe mit nicht biologischen Werkzeugen in relativ kurzer Zeitspanne zu verändern? Daran schließt sich ergänzend die Frage an: Wo liegen die Grenzen, um sich einerseits noch als Mensch, andererseits schon als Homo humanoide zu fühlen?

Zwischen Mensch und Humanoide bzw. humanoidem Roboter baut sich noch eine weitere Art der Interaktion, neben den bekannten kollaborativen und kooperierenden Anwendungen in Unternehmen und Dienstleistungen, auf. Diese Interaktion ist gekoppelt mit *Virtueller Realitiät – Virtual Reality VR –* und nicht an physischen Kontakt gebunden. Der Philosoph und Neuroethiker Thomas Metzinger (2017) hat ein internationales Forschungsprojekt der Europäischen Union über Jahre als Ethiker begleitet. Das EU-Projekt *VERE*[14] *– Virtual Embodiment and Robotic Re-Embodiment, Virtuelle Verkörperung und Wiederverkörperung in Robotern –* nutzt virtuelle Realität für die immaterielle Wandlungen und Handlungen von Menschen in Körpern von Robotern, und dies über große Entfernungen. Dazu Metzinger:

> Wie wäre es, mit dem eigenen Geist in einen Roboter hineinzuschlüpfen? Können Sie sich
> vorstellen, die Welt durch die Augen einer Maschine zu sehen und diese direkt mit ihren

---

[14] http://www.vereproject.eu (Zugriff: 20.3.2017).

eigenen Gedanken zu steuern? Wie würde es sich wohl anfühlen, wenn Ihr körperliches Ich-Gefühl allmählich mit dem Roboter verschmilzt? (Metzinger 2017, 6)

Wissenschaftler aus Israel und Frankreich (Cohen et al. 2014) haben ein derartiges Experiment durchgeführt. Dazu Metzinger:

> [...] Versuchspersonen, die sich in einem Scanner in Israel befanden, steuerten einen humanoiden Roboter in Frankreich, und zwar nur, indem sie sich die Körperbewegungen des Roboters vorstellten. Dem Versuch lag die Technology der sogenannten funktionalen Echtzeit-Magnetresonanztomopraphie zugrunde. Diese erlaubt es, einfache Handlungsabsichten einer Versuchsperson auszulesen, indem man Aktivierungsmuster in deren Gehirn mittels einer speziellen Software klassifiziert. Daraus lassen sich Motorbefehle an einen humanoiden Roboter übertragen, der sie in körperliche Handlungen verwandelt, während die Versuchsperson gleichzeitig das gesamte Experiment durch die Augen des Roboters visuell miterleben kann. (Metzinger 2017, 6)

Technisch-physikalisch sicher ein elegantes Experiment, aber ethisch und gesellschaftlich durchaus zu hinterfragen, wenn nicht sogar – mit Blick auf Konfliktsituationen – erschreckend. Mit geeigneten biophysikalischen Schnittstellen und ortsunabhängigen tragbaren tMRT-Scannern – funktionale Echtzeit-MRT – öffnen sich völlig neue Mensch-Humanoide-Interaktionen, deren Anwendungen – wenn sich die Technik eines Tages durchsetzen sollte – sicher auch Bereiche von humanoiden kooperierenden Dienstleistungen und humanoiden kollaborierenden Arbeitsprozessen erfassen. Nicht auszuschließen ist, dass diese VR-Mensch-Humanoide-Technik auch für Kriseneinsätze bzw. Kriege genutzt wird.

Derartigen „Zukunftsexperimenten" mit hohem Zerstörungspotenzial „einen Riegel vorzuschieben", erfordert nicht erst dann, wenn in Jahren oder Jahrzehnten erste Einsätze geplant werden, sondern jetzt, klare ethische und rechtliche Rahmenbedingungen seitens der gesellschaftlichen Entscheider, insbesondere der Politiker. Madary und Metzinger reagieren mit einem „*Erste[n] Verhaltenskodex für die Nutzung von Virtual Reality*" (Madary, Metzinger 2016).

> Der digitalisierende Mensch – Homo humanoide –, dessen Fähigkeiten noch durch virtuelle oder erweiterte – augmented – Realität gesteigert werden kann, und die vermenschlichte Maschine – Humanoide – zeigen Entwicklungen auf, die mit Werkzeugen neuester Generation möglicherweise einmal um die Deutungshoheit in gesellschaftlichen Bereichen wetteifern. Wie weit dieser Wettstreit geht, wie hart er gefochten wird, und die menschliche Neugier, in Unbekanntes vorzustoßen, ist unbegrenzt, obliegt uns selbst und unseren analogen vorausschauenden, nicht zuletzt höchst spannenden und abenteuerlichen Wegen der Entwicklung.

Humanoide

Aber bleiben wir erst einmal bodenständig und bei *Humanoiden*, wie hinlänglich aus den Kapiteln vorab bekannt. Es sind von Menschen geschaffene, technische elektronische Robotermaschinen, die so programmiert sind, dass sie menschliche Eigenschaften nachahmen, mit Menschen auf verschiedene Arten kommunizieren können und – wenn spezielle Algorithmen dies zulassen – auch selbstständige Arbeiten erledigen.

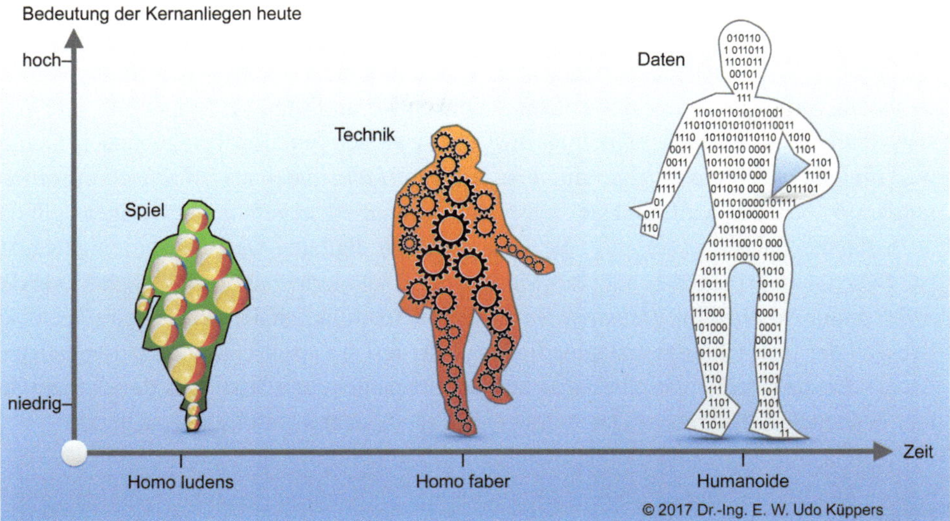

Abb. 6.3 Homo ludens, Homo faber und Humanoide, symbolisiert mit ihren Kernanliegen Spiel, Technik und Daten, in heutiger Zeit

Weder sind *Humanoide* mit den evolutionär entwickelten Eigenschaften eines homo sapiens, eines vernunftbegabten Menschen, vergleichbar, noch sind der Maschine Fähigkeiten eines Homo ludens oder eines Homo faber „angeboren".

Humanoide stehen völlig außerhalb der evolutionären Entwicklungsreihe des Menschen, werden aber wie gesagt von diesen mit technischen Mitteln ins künstliche Leben gerufen. Hinsichtlich des energetischen „Treibstoffes" und der künstlichen, eintönigen Nahrung von *Humanoiden, die sie „am Leben erhalten"*, stehen *elektrischer Strom* und *digitale Daten* zur Verfügung. Und letztere sind die Essenz zu deren Weiterentwicklung. Insofern sind *Humanoide datenverarbeitende künstliches Geschöpfe.*

Humanoide dringen trotz oder wegen ihrer Künstlichkeit und gegebenen Fähigkeit – quasi en passant – in den Evolutionsprozess der Natur, in den Weiterentwicklungsprozess von Menschen, Tieren und Pflanzen vor. Schnittstellen, die dadurch offenbar werden, öffnen völlig neue Wege im Zusammenleben, die mit mehr oder weniger Risiken verbunden sind, wie vorhergehende Kapitel im Detail bereits aufgezeigt haben.

Eine nicht oft genug zu wiederholende Maxime ist daher: Ob bei der Arbeit, in der Freizeit oder hinsichtlich des überaus gefährdeten Zustandes unseres Planeten, bedarf es auch und gerade bei *Humanoiden* angepasster Entwicklungsstrategien, die zuallererst den Fortbestand der menschlichen Art und weiterer evolutionärer Lebewesen sichern. Ohne die ist auch eine sinnvolle vorteilhafte Weiterentwicklung von *Humanoiden* kaum möglich. Abb. 6.3 symbolisiert den Homo-ludens, den Homo-faber und den Humanoiden mit ihren typischen Merkmalen des Spielens, der Technik und der Datenverarbeitung.

Energie benötigt jedes Lebewesen und jede künstliche Existenz. Daher ist ohne Energieversorgung kein Fortschritt möglich. Es ist eine Wirkungsbeziehung, die sich der monokausalen Wenn-dann-Logik bemächtigt. Der monotone Verarbeitungsstoff *digitale Daten* ist im vorliegenden Zusammenhang – denken wir an Daten-, Informations- und Wissensverarbeitung – weitaus stärker als die Energie an sich funktional eingebunden. Gerade weil *digitale Daten* das einzige Mittel ist, das von *Humanoiden* als „*Mobilitäts-Verarbeitungsstoff*" benötigt wird, sind sie angreifbar, manipulierbar, zerstörbar. Übrigens gilt das auch für die Energieversorgung, die weitgehend in digitalen Datennetzen eingebunden ist. Neben dem primären Schutz des Menschen bei kooperierenden und kollaborierenden Spielen und Arbeiten mit *Humanoiden* ist auch deren funktionaler Schutz selbstverständlich Teil der Entwicklungsstrategie, die dabei ist, unsere Gesellschaft umzukrempeln und dabei scheinbar keinen gesellschaftlichen Bereich außer Acht lässt. Aus dieser Sicht des hier behandelten Themas ist Datenschutz auch fundamental Gesellschaftsschutz.

Literatur[15]

Alvarez, S. (2016) App in die Falle. Immer mehr Menschen wollen inzwischen ihre Nachtruhe optimieren. Sie messen Traumphasen, kaufen intelligente Wecker und teure Matratzen. Das Geschäft boomt. GUTE NACHT. Das lukrative Geschäft mit dem Schlaf. In: Tagesspiegel, Nr. 22731, 17. April, S. 22

Bette, K.-H. (1999) Sport und Individualisierung. In: Bette, K.-H. (1999) Systemtheorie und Sport. S. 147–191. Suhrkamp, Berlin

Cohen, O. et al. (2014) fMRI-Based Robotic Embodiment: Controlling a Humanoid Robot by Thought Using Real-Time fMR1. Presence Teleoperators & Virtual Environments, June 2014, S. 229–241

Fabri, B.; Muuß-Merholz, J.; Kolkmann, M.; Moje, T. (2014) Die 10 wichtigsten Antworten zu Bring-Your-Own-Device (BYOD). 24. Oktober, #PB21 I Web 2.0 in der politischen Bildung, ein Projekt der Bundeszentrale für politische Bildung (bpb), Bonn

Frisch, M. (1970) Homo faber. Rowohlt, Reinbek

Hehl, W. (2008). Trends in der Informationstechnologie. Von der Nanotechnologie zu virtuellen Welten. vdf Hochschulverlag, Zürich

Hutzinga, J. (1981) Homo ludens. Vom Ursprung der Kultur im Spiel. Reinbek, Hamburg

Lembke, G. (2015) Die unheilvolle Macht des Smartphones. Kommentar, https://www.it-daily.net/analysen/11560-die-unheilvolle-macht-der-smartphones (Zugriff: 19.4.2017)

Lembke, G. (2016) Im digitalen Hamsterrad. Ein Plädoyer für den gesunden Umgang mit Smartphone & Co. Heidelberg: medhochzwei, Heidelberg

Madary, M.; Metzinger, T. K. (2016) Real Virtuality: A Code of Ethical Conduct. Recommendations for Good Scientific Practice and the Consumers of VR-Technology. Review Article, Front. Robot. AI, 19 February 2016

Metzinger, T. K. (2017) I, Robot. DIE ZEIT, Nr. 13, 23. März, S. 6.

---

[15] Ein Gesamtliteraturverzeichnis zum Buch ist auf der Internetseite des Verlags verfügbar: http://www.springer.com/de/book/9783658179199.

Monod, J. (1971) Zufall und Notwendigkeit. Philosophische Fragen der modernen Biologie. Piper, München

Musculo, G. G.; Recchiuto, T. (2016) T.P.T. a novel Taekwondo personal trainer robot. Robotics and Autonomous Systems, Vol. 83, S. 150–157

Nedo, J. (2016) Bleibt doch einfach mal bei euch! Tagesspiegel, Nr. 22717, 3. April, S. 17

Retter, H. (2003) Einführung in die Pädagogik des Spiels. Basistext zur Lehrveranstaltung, TU Braunschweig

Rheinhardt, U. (2016) Freizeitmonitor 2016, Stiftung für Zukunftsfragen, eine Initiative von British American Tobacco, Hamburg

Selke, S. (2010). Der editierte Mensch. Vom Mythos digitalisierter Totalerinnerung durch Lifelogging, in: Selke, S.; Dittler, U. (Hrsg.) Postmediale Wirklichkeiten aus interdisziplinärer Perspektive, Heise, Hannover, S. 96–117

Selke, S. (2016) Ausweitung der Kampfzone Rationale Diskriminierung durch Lifelogging und die neue Taxonomie des Sozialen, in: Selke (Hrsg.) Lifelogging. Springer VS, Wiesbaden, S. 309–339

Selke, S. (2016) (Hrsg.) Lifelogging. Springer VS, Wiesbaden.

Spitzer, M. (2012) Digitale Demenz. Wie wir uns und unsere Kinder um den Verstand bringen. Droemer, München

Weineck, J. (2010) Optimales Training. Leistungsphysiologische Trainingslehre unter besonderer Berücksichtigung des Kinder- und Jugendtrainings. 16. durchgesehene Auflage. Spitta-Verlag, Balingen

Muße im digitalisierenden humanoiden Anthropozän

„Muße ist der schönste Besitz von allem."
  Sokrates (470–399 v. Chr.) zugeschrieben

„Für alles gibt es eine Ruhe und eine Zeit für Arbeit."
  Vergil (70 v.–19 n. Chr.)

„Gar nichts tun, das ist die allerschwierigste Beschäftigung
und zugleich diejenige,
die am meisten Geist voraussetzt."
  Oscar Wilde (1854–1900)

7.1 Erschöpfte offene Gesellschaft – Getriebene im Netz digitaler Verdichtung

Kap. 4 trägt die Überschrift „Das ICH, die Optimierung und die Gesellschaft". Zugespitzt und verkürzt formuliert wird daraus: „ICH oder WIR?" Es ist der Zeitgeist, die Denkweise oder das Lebensgefühl, von dem ICH umfangen bin und WIR umfangen sind.

Der Verlauf der letzten Jahre bis Jahrzehnte zeigt eine Tendenz zu immer mehr individuellem Verhalten in einer Welt zunehmender Komplexität. Deglobalisierung kämpft gegen Globalisierung (Küppers 2018), Dezentralisierung gegen Zentralisierung, Individualisierung gegen Gemeinsamkeit, und analoge Prozesse stehen digitalen Prozessen gegenüber. Es bleibt eine offene Frage, wohin sich die gegenwärtig zunehmende Digitalisierung des ICH und die des abnehmenden WIR entwickeln. In seinem Buch „50 Schlüsselideen der Zukunft" (2014) diskutiert der Publizist Richard Watson auch „Offene Fragen", die das individuelle und gemeinsame in unserer Zeit betreffen, und fragt rhetorisch:

Könnte es nicht sein, dass wir uns angesichts einer zunehmend vernetzten Welt mit ihren Klimaveränderungen und den knapper werdenden Ressourcen wieder besinnen auf die Vorrangstellung der Gruppe oder der Gesellschaft an sich?

© Springer Fachmedien Wiesbaden GmbH 2018
E. W. U. Küppers, *Die humanoide Herausforderung*,
https://doi.org/10.1007/978-3-658-17920-5_7

> Wir leben in einer Welt, die zunehmend global, urban, rastlos und entwurzelt ist. Man erzählt uns, wir seien alle einzigartig und innerhalb bestimmter Grenzen frei, alles zu tun, alles zu glauben und alles sein zu dürfen, ganz gleich, welche weitergehenden Auswirkungen unsere Handlungen oder Überzeugungen haben mögen. [...].
>
> Es gibt bereits zahllose Debatten darüber, welche Richtung der Kapitalismus in Zukunft einschlagen sollte, und einige fragen sich gar, ob Demokratie und die Suche nach dem individuellen Glück auf Dauer nicht größere Probleme schaffen als sie lösen.
>
> Nichtsdestotrotz steht in der überwiegenden Mehrzahl der Länder das Individuum nach wie vor im Mittelpunkt, sodass wir derzeit einen globalen Ausbruch von Ich-Bezogenheit erleben, bei dem ein ungehemmter Kapitalismus in Verbindung mit einem gewissen Anspruchsdenken und dem Hochhalten individueller Rechte jegliche Gedanken an Bescheidenheit, Selbstbeschränkung, Rücksicht und persönliche Verantwortung übertrumpft. Und die Technologie wirkt obendrein weltweit als Beschleuniger für diese Entwicklung. Produkte und Erfahrungen, die einst weitgehend rationiert waren oder gemeinschaftlich genutzt wurden, sind zunehmend frei und für jeden verfügbar. Digitalisierung bedeutet nicht zuletzt, dass viele Produkte und Erfahrungen heute so personalisiert werden können, dass sie den Marotten und Wünschen der individuellen Nutzer entsprechen. (Watson 2014, 188)

Nichts anderes als der Weg ins Internet der Dinge, die Entwicklung zum persönlichen humanoiden Partner und – um es auf die Spitze zu treiben – die Selbstanfertigung seines eigenen ICH, zumindest noch rein äußerlich, durch die additive 3D-Fertigungstechnik steht hinter Watsons Aussagen. Es ist ein gefahrvoller Trend zu individuellen Zielgrößen. Kann das in Zukunft die digital getriebene dominante Bestandsgröße unserer Gesellschaft sein?

Ein Blick auf die Evolution zeigt, dass Diversität ein starker – wenn nicht sogar der stärkste – Motor für nachhaltigen robusten Fortschritt ist. Eine digitale Einbahnstraßenentwicklung, die auch mit dem Begriff der *universellen Singularität* verbunden ist, bleibt – auch nach Überzeugung des Autors – eine Fiktion. Watson fragt daher auch zurecht: „*Wo bleibt das Wir?*" (ebd. 190). Digitale Vernetzung schafft digitale Freunde – aber auch mehr persönliche Einsamkeit. Persönliche Kontakte können verloren gehen und gehen verloren je mehr Zeit im digitalen Netz zugebracht wird.

> [...] Vielleicht wird die Zukunft ja noch personalisierter sein, und kurzfristige Genuss- und Vergnügungssucht werden auf Kosten von Empathie und Nachhaltigkeit gut gedeihen. Vielleicht werden wir alle ein Leben führen, das höchst sinnlich, interaktiv und individuell ist – und per iPad der Selbstvergessenheit frönen. Ja, es könnte noch lange so weitergehen. Es könnte aber auch ein anderes, plausibleres Szenario geben: Ressourcenverknappung, Klimawandel und digitale Vernetzung bringen die Menschen körperlich und geistig wieder näher zusammen. (ebd. 190 f.)

Es sind Hoffnungen, auf die wir uns stützen. Obwohl wir die Zerstörung unseres Planeten tagtäglich vor Augen geführt bekommen, obwohl wir die Gefahren der Globalisierung erkennen, obwohl wir die Gefahren der Digitalisierung kennen, die begleitet wird von starken Personalisierungskräften, fällt es uns schwer, sich dagegen zu wehren und persönlich handelnd aktiv zu werden. Es braucht schon ein sehr starkes und globales WIR-

Abb. 7.1 ICH-WIR-Zusammengehörigkeit im Zeitalter des digital getriebenen Anthropozäns

Gefühl, verbunden mit visionären ICHs, um im Sinne nachhaltiger Gesellschaft, Wirtschaft, Technik, Natur und Umwelt nicht nur Strategien zu entwickeln, sondern noch mehr sie durchsetzungsstark anzuwenden.

Der Rahmen des interdisziplinär thematisierten Inhaltes dieses Buches kann, trotz bewusst offenlegender Verknüpfungen von Themenkomplexen untereinander, nur eingeschränkt dieses WIR-Gefühl vermitteln. Aber es bleibt ein *geformter Mosaikstein*, der sich einbettet im Zusammenspiel unseres Lebens und sich speist aus der Stärke evolutionärer Prinzipien. Dieses ICH-WIR-Zusammenspiel wird visuell ausgedrückt in Abb. 7.1, durch ein – um unseren Erdball – ohne Anfang und Ende geschlungenes *Möbiusband*, auf dem sich Individualisten und Gruppierungen nicht aus dem Weg gehen und Lösungen nur gemeinsam erarbeitet werden können, ob sie globalen oder deglobalen, wirtschaftlichen oder naturnahen, analogen oder digitalen Charakter besitzen.

7.2   Mit digitalem Volldampf in den rasenden Stillstand?

Es ist eine paradoxe Situation in unserer Zeit des kommunikativen Umbruchs. Menschen ertüchtigen sich in ihrer knappen arbeitsfreien Zeit, mit Hilfe digitaler kleiner Helfer, bis zur Erschöpfung, um leistungsfähig zu bleiben für den nächsten Arbeitszyklus – der sie wieder mit „digitalen Armen" umschlingt. Schnelligkeit und chronische Müdigkeit werden zu einem Normalzustand. Wir sind nicht mehr in der Lage, unserem Körper und unserem Geist die notwendigen Ruhepausen zu gönnen, die wir als gesunden Organismus benötigen, um nachhaltig „in Form" zu bleiben. Der Soziologe und Politikwissenschaftler

Hartmut Rosa spricht von *„rasendem Stillstand und akuter Zeithungersnot"*[1], der wir uns hingeben. Rosa spricht von einer „Explosion der Möglichkeitshorizonte und einer Steigerung in fast allen Lebensbereichen" (Rosa, in: ©ORF 2015). Das macht Rosa daran fest, dass Haushalte heute 10.000 Objekte besitzen, gegenüber 400 Objekten um 1900. Auch das Internet, generell die Digitalisierung trägt dazu bei, dass wir heute viel mehr Kontakte zu anderen besitzen als früher, siehe auch Rosa 2013, 2016.

Nur entscheidend dabei ist, dass Zeit selbst nicht gesteigert werden kann! Die Konsequenz daraus ist: Wir verdichten die Zeit durch Arbeit. Mehr Arbeit in weniger Zeit gibt uns das „[…] Gefühl einer Steigerung des Lebenstempos." (ebd.).

Bei Freizeit und „Entspannung" in sogenannten Wellness-Oasen suchen viele durch Arbeit gestresste Menschen Erholung vom Alltag. Mit dem Begriff *Intensiv-Entschleunigung* wird geworben. Wasserspiele in Gruppen am Morgen, Yoga und Taichi am Nachmittag mit anschließendem Moorbad und abends natürlich „gesunde" Ernährung konsumieren – Rosa hält diese Art von Polarisierung für nicht besonders hilfreich, für den Menschen selbst und seine Kultur.

> Genau genommen verfehlen wir das gelingende Leben an beiden Enden, im gehetzten Stress, wo wir nicht mehr zu uns selber kommen, wo wir ein natürliches resonantes Weltverhältnis ausbilden könnten, aber auch in der Entschleunigungsphase, wo wir gar nichts mehr tun, weil nämlich Leben dort gelingt, wo wir in dem sind, was [der ungarische Psychologe, d. A.] Csíkszentmihályi Flow nennt, [Csíkszentmihályi 2014, 2007] also wo die Herausforderungen oder die Anforderungen an uns sich ungefähr in der Balance befinden mit dem, was wir selber auch tun können oder tun wollen. (Rosa, in: ©ORF 2015)

Mihály Csíkszentmihályis Bergsteiger-Beispiel verdeutlich den *Flow* auf plastische Weise:

> Er [der Bergsteiger, d. A.] hat den Gipfel erreicht, ist froh darüber und wünscht sich gleichzeitig, es gehe immer so weiter. Er klettert nicht, um den Gipfel zu erreichen, sondern um des Kletterns willen. Das Ziel dient eigentlich nur als Vorwand, um das Flow-Erlebnis genießen zu können. (Reheis 1998, 46)

Um wieder auf einen bekannteren Begriff zurückzukommen, der in Abschn. 2.3.2 bereits angesprochen wurde: Die *Work-Life-Balance* entspricht in etwas dem, was Rosa mit dem Verfehlen des „gelingenden Lebens an beiden Enden" beschreibt, wobei die Metapher der Waage paradoxerweise noch dazu beiträgt, die Verfehlungen zu verstärken.

Rosa verweist zudem auf die kollektiven Strukturen von Arbeit, die Steigerungsmechanismen beinhalten, die Menschen zwingen, *entweder nach oben zu laufen oder nach unten zu rutschen* (Rosa, in: ©ORF 2015). Ruhezonen, in denen wirkliche Entspannung im Zustand des *Flow* gegeben ist, sind Mangelware. Rosa spricht auch von einem Abgrund

---

[1] Dieses und folgende Zitate mit dem Kennzeichen (©ORF 2015) sind dem Beitrag „Die erschöpfte Gesellschaft", 2015, ©ORF-Belvedere, Wien, Markus Guschlbauer entnommen. Autoren: Franziska Mayr-Keber & Constanze Griessler.

hinter uns – der unter anderem mit dem Verlust des Arbeitsplatzes verbunden ist –, dem wir entkommen müssen und daher gezwungen werden, immer schneller und schneller zu arbeiten – bis zum *Burn-out*. Eine Ziellinie, um etwas zu erreichen oder erreicht zu haben, um dann auch entspannt durchzuatmen, fehlt – nach Rosa – den meisten Menschen.

Alles in allem spricht Rosa von einem fast kollektiven Schuldgefühl und begründet das mit dem Abarbeiten einer „To-do"-Aufgabenliste, die immer größer ist als das, was abgearbeitet werden kann. Das führt uns direkt in eine Zwickmühle der Arbeit. Denn wird nur ein Bruchteil der Arbeitsliste erledigt, fühlt man sich schuldig, nicht alles geschafft zu haben. Wurden aber sämtliche Aufgaben der „To-do"-Liste erledigt, kann dies unter Umständen nicht nur körperliche oder geistige Belastungen nach sich ziehen, sondern auch Schuldgefühle wecken, keine Zeit für sich selbst gehabt zu haben, für Freizeit, die sie mit anderen verbringen wollten usw.

> Die Folge davon ist, dass wir das verlieren, was wir früher einmal Muße nannten. Muße ist ein Zustand, in dem wir das Gefühl haben, das Tagwerk ist erledigt. Jetzt gibt es keine legitimen Erwartungen mehr an mich. (Rosa, in: ©ORF 2015).

Rosas treffliches Beispiel ist ein Landwirt, der am Ende des Tages, wenn die Tiere versorgt waren und es dunkel war, buchstäblich nichts mehr zu tun hatte. Das war dann der Zeitpunkt, wo Muße aufkam. Die Betonung liegt auf *war*.

Im 18. Jahrhundert und früheren Zeiten der Antike war Muße, eine selbst bestimmende Zeit ohne Zwang, ebenso ein Thema, wie es heute wieder verstärkt in den Fokus rückt, im Gefüge zunehmender kollaborierender Mensch-Maschine-Beziehungen einerseits und digital gesteuerter Freizeitgestaltung andererseits.

Jean-Jaques Rousseau hatte, neben anderen Philosophen der Antike, in seinen „Träumereien eines einsamen Spaziergängers" (Rousseau 2003, 88–93; siehe auch Sloterdijk 2015, 23) gleichsam eine ebenso treffende Metapher für den Zustand der Entspannung und Muße wie die von Rosas Landwirt:

> Bei stillem Wasser sprang ich in einem Kahn, und ruderte bis zur Mitte [des Bieler Sees, d. A.]. Dort streckte ich mich im Boot aus, den Blick zum Himmel gerichtet, und ließ mich von der Strömung treiben, nicht selten stundenlang, und versank dabei in tausend verworrenen, aber herrlichen Träumereien, die keinen eigentlichen Gegenstand hatten und mir doch hundertmal süßer waren als alles, was man gemeinhin die Freuden des Lebens nannte. [...] Was eigentlich genießen wir in solch einer Stimmung? Nur uns selbst und unser eigenes Dasein, nichts jedenfalls, das außerhalb von uns wäre. (Rousseau 2003, 88)

Rousseaus „*Rêverie*" oder Träumerei entspricht dem Zustand, den Csíkszentmihályi mit dem neuzeitlichen Begriff „*Flow*" beschreibt. Insofern ist Muße ein uraltes Anliegen der Menschen und wird nur in Zeiten gesellschaftlicher Umbrüche, wie der heutigen, wieder stärker wahrgenommen.

Nichtsdestotrotz, echte Mußezeit scheint in heutigen angespannten Transformationszeiten, in der täglich neue Erwartungen auftauchen, die erfüllt werden müssen, kaum möglich. Der Mensch schafft es – wenn überhaupt – immer seltener, Muße und Fortschrittsgeschwindigkeit – und noch weniger Beschleunigung auf der Überholspur – in ein gesundes Verhältnis zu bringen. Treiben wir dadurch uns selbst und unsere Arbeit, bewusst oder unbewusst, in die Arme von Stellvertretern, die wir selbst erschaffen haben, in die Arme von Robotern oder humanoiden Robotern? Bekanntlich benötigen Roboter keine Mußezeit. Aber – so kann gefragt werden: Haben die Menschen tatsächlich mehr Mußezeit, wenn Roboter zunehmend unsere Arbeit übernehmen? Können die Menschen im fortgeschrittenen Stadium von Roboterarbeiten, mangels eigener Ziellinien, mit weniger Arbeitszeit und mehr freier Zeit, überhaupt noch zurück in ein Stadium echter Muße finden?

Karl Marx hat in seiner berühmten 11. Feuerbach-These 1845 folgenden Satz formuliert:

> Die Philosophen haben die Welt nur verschieden interpretiert; es kommt aber darauf an, sie zu verändern. (Marx 1969, 7)

Darauf hinweisend hat der Philosoph Herbert Schnädelbach – in einem Referat an der Humboldt-Universität Berlin, SZ v. 4./5.3.1995 – geantwortet, dass diese marxsche Aussage heute – in 1995 – ins Gegenteil verkehrt werden muss:

> Wir verändern heute viel zu viel, so dass wir mit der Interpretation nicht mehr hinterherkommen. (zit. nach Reheis 1998, 113)

Traf dieses Zitat Ende des 20. Jahrhunderts zu, kurz vor der Jahrtausendwende, die geprägt war von euphorischem Aufbruch in die Zukunft, erinnert sei nur an die von den Vereinten Nationen ausgerufenen acht Millenniumziele (United Nations 2000), so trifft es fast 20 Jahre später, begleitet von rasanten technischen Entwicklungen mit beigestellten digitalisierenden Veränderungen in allen Lebensbereichen umso mehr zu.

7.3 Die Zeit – Was wir darunter verstehen oder verstehen sollten

> Ich nehme mir Zeit, bevor ich einen Fehler mache,
> entgegnete Franklin freundlich.
> Stan Nadolny, Die Entdeckung der Langsamkeit (1987, 199)

In enger Verknüpfung mit dem echten Zustand der Muße steht die *Langsamkeit* oder die *Entschleunigung*, letztere jedoch nicht im Sinne einer erzwungenen Entschleunigung, wie vorab in Abschn. 7.2 beschrieben, sondern als Loslassen von den Dingen des Alltags, auf den eigenen inneren Zeitrhythmus hören, ohne bereits an die nächste „To-do"-Liste zu denken.

> Durch die aktive Entschleunigung werden jene Rhythmen in Natur, Individuum und Gesellschaft, die die kapitalistische Programmlogik verschüttet hat, wieder zur Geltung gebracht. Die Befreiung von dieser Programmlogik wird uns allerdings im Endeffekt tatsächlich die

Chance bescheren, uns im Alltag sehr viel öfter als heute einfach treiben lassen zu können. (Reheis 1998, 154).

Flow erleben in Arbeitskantinen, Arbeitsruheräumen, „Ruheinseln" inmitten von umgebender Arbeit, kann nicht gelingen. Und Arbeit 4.0, wie sie einige Industrielle und Politiker gerne sehen, s. Abschn. 5.1, bleibt im Takt kapitalistischer Rhythmen. Arbeitspersonen werden zwar gerne und immer wieder als Mittelpunkt der Arbeit herausgestellt – auch in der Tendenz zunehmender Mensch-Roboter-Kollaborationen in Unternehmen. Es muss aber jedem bewusst sein, dass auch unternehmerische Prozesse, die Mensch-Roboter-Kollaborationen beinhalten, letztlich dem kapitalistischen Gewinnstreben unterliegen – nicht mehr und nicht weniger. Eher den Flow im Arbeitsprozess zu empfinden als umgekehrt, macht den Flow-Effekt im Arbeitsprozess gänzlich zunichte – zumal Mensch-Roboter-Kollaborationen bei einfachen Handreichungen eher zu Roboter-Roboter-Kollaborationen in einem unermüdlichen 24-Stunden-Takt tendieren.

Der emeritierte Zeitforscher Karl-Heinz Geißler spricht in einem ZEIT-Dossier (Coen, Stephan 2017, 15–16) von „modernen Diktatoren" und meint damit unsere Uhren, die den Takt bei allen möglichen Handlungen vorgeben. Ob Uhren, Fließbandtakte oder andere Zeitmesser, sie lassen uns kaum Zeit, an uns selbst zu denken. Man könnte auch sagen, sie sind die modernen grauen Herren – die Zeitdiebe – aus Michael Endes Roman „Momo" (Ende 1973), die Zeit für den *Flow* stehlen und uns in permanentem Bereitschaftszustand halten, ob zum Arbeiten oder zum Freizeitgestalten. Gleitzeiten sind letztlich auch nur gezielte – oder programmierte – Unpünktlichkeiten, wie Geißler beteuert. Und weiter stellt er fest:

Zeit kann weder verbraucht noch genutzt, sie kann nur gelebt werden. (Geißler 2007, 13)

Doch kaum einer von uns denkt in dieser Kategorie von Zeit,

[w]eil wir die Zeit mit Vorliebe ans Geld koppeln. „Zeit ist Geld" – so lautet die allseits bekannte Maxime, an der wir unser Leben ausrichten. Die Formel reduziert die Zeit aufs Quantitative des Geldes, die Qualität der Zeit wird dabei ignoriert. Nur aufgrund dieser Reduktion lässt sich im „Zeitgewinn" jener Sinn entdecken, der, wie heute der Fall, die Beschleunigung zum Erfolgsmodell des Handelns macht. Schnelligkeit enthält in dieser Logik einen positiven Eigenwert: Schnell ist gut – langsam ist schlecht. Dies fordert der stumme Zwang der Zeit-ist-Geld-Logik. (ebd.; zum Thema Zeit siehe auch Baier (2000))

„Zeit ist Geld" stärkt die kapitalistische These von Gewinn durch Arbeit. „Gelebte Zeit" stärkt das Selbstbewusstsein, ob durch Arbeit oder frei bestimmbare, zwanglose Aktivitäten außerhalb der Arbeit. Beide Prinzipien sind nicht unabhängig voneinander. Durch sich wandelnde digitalisierende Arbeitsstrukturen mit Robotern werden sie, die beiden Prinzipien, mehr denn je gefordert, eine nachhaltige Verbindung einzugehen. Eine Verbindung, die zugleich technischen Fortschritt gewährleistet *und* die biologischen Bedürfnisse und Notwendigkeiten der Menschen resilient erhält. Alleingänge beider Prinzipien sind im gegenwärtigen Wandel der Zeit wenig zielführend.

Literatur[2]

Baier, L. (2000) Keine Zeit. 18 Versuche über die Beschleunigung. Kunstmann, München

Coen, A.; Stephan, B. (2017) Uhren sind moderne Diktatoren. ZEIT-Dossier, Nr. 2, 5. Januar

Csíkszentmihályi, M. (2007) FLOW: Das Geheimnis des Glücks. Klett-Cotta, Stuttgart

Csíkszentmihályi, M. (2014) Flow im Beruf. Klett-Cotta, Stuttgart

Ende, M. (1973) Momo. Thienemann, Stuttgart

Geißler, K. A. (2007) Alles Espresso. Kleine Helden der Alltagsbeschleunigung. Hirzel, Stuttgart

Küppers, E. W. U. (2018) Biokybernetik und Deglobalisierung. Handlungsmuster für nachhaltige Prozesse in unserer Gesellschaft. In: Fürst, R. (Hrsg.), Deglobalisierung. ©Springer.com, voraussichtliches Erscheinen Herbst/Winter 2017

Marx, K. (1969) Thesen über Feuerbach, in: Marx-Engels Werke, Band 3. Original 1845. Dietz, Berlin, S. 5–7

Nadolny, S. (1987) Die Entdeckung der Langsamkeit. Piper, München

Reheis, F. (1998) die Kreativität der Langsamkeit. Neuer Wohlstand durch Entschleunigung. 2. Aufl., Primus, Darmstadt

Rosa, H. (2013) Beschleunigung und Entfremdung. Suhrkamp, Berlin

Rosa, H. (2016) Resonanz: Eine Soziologie der Weltbeziehung. Suhrkamp, Berlin

Rousseau, J.-J. (2003) Träumereien eines einsamen Spaziergängers. (Original: Les rêveries du promeneur solitaire. Lausanne 1782). Reclam, Stuttgart

Sloterdijk, P.(2015) Stress und Freiheit. Sonderdruck Suhrkamp, Berlin

United Nations (2000) United Nations Millennium Declaration, 18. September 2000, A/res/55/2

Watson, R. (2014) 50 Schlüsselideen der Zukunft. (Original 2012), Spektrum Sachbuch, Springer, Berlin, Heidelberg

---

[2] Ein Gesamtliteraturverzeichnis zum Buch ist auf der Internetseite des Verlags verfügbar: http://www.springer.com/de/book/9783658179199.

„Nichts ist so beständig wie der Wandel."
  Heraklit von Ephesos (520–460 v. Chr.)

„Du musst selbst zu der Veränderung werden,
die du in der Welt sehen willst."
  Mohandras Karamchand – Mahatma – Gandhi (1869–1948)

Auf den Internet-Webseiten „ReportLinker.com", „new.sap.com", „ke-next.de", „government-2020.dupress.com", natürlich auch der International Federation of Robotics „http://www.ifr.org" und anderen überschlagen sich Roboter-Prognosen und -Trends für die kommenden Jahre. Auch die deutsche Expertenkommission Forschung und Innovation – EFI – hat 2016 ein Gutachten zu *Forschung, Innovation und technologischer Leistungsfähigkeit Deutschlands* beigesteuert. Darin enthalten ist auch ein Kapitel B2 „Robotik im Wandel" (EFI 2016, 48–59). Zwei große Bereich, in denen Roboter tätig sind, werden unterschieden: Industrieroboter und Serviceroboter. Letztere gliedern sich noch nach ihrem Einsatzbereich in privat und gewerblich.

Der industrielle Trend läuft laut dem EFI-Gutachten in Richtung *kollaborative Leichtbauroboter,* die gegenüber ihren konventionellen Roboterkollegen preiswerter, flexibler im Einsatz und leichter zu bedienen sind. Preiswerter in der robotischen Arbeitsstunde bedeutet, dass bei unter 1 Dollar pro Stunde die Lohnkosten von Fabrikarbeitern in Niedriglohnländern unterboten werden. Laut EFI-Literaturquelle 137[1] wurde für einen chinesischen Fabrikarbeiter, aufgrund einer Marktanalyse von Rethink, 1,36 Dollar kalkuliert.

Voll- und Teilzeitautomatisierung nehmen zudem verstärkt Einfluss auf den Dienstleistungssektor, wo humanoiden Robotern von Hausarbeit, Sicherheit, Unterhaltung, Pflege, Logistik, Verteidigung, Rettung, Reinigung, Unterwasserarbeiten, Öffentlichkeitsarbeit u. a. m. eine breite Palette von Handlungsfeldern zur Verfügung steht. Servicerobotik wird in dem EFI-Gutachten daher auch als weltweiter Wachstumsmarkt gesehen.

---

[1] https://www.nzz.ch/digital/die-befreiung-der-roboter-1.18546014 (Zugriff: 25.02.2017).

© Springer Fachmedien Wiesbaden GmbH 2018
E. W. U. Küppers, *Die humanoide Herausforderung*,
https://doi.org/10.1007/978-3-658-17920-5_8

Der Fahrzeugbau ist die treibende Kraft für die Anwendung von Industrierobotern. Dies gilt nach Abb. B 2–3 (ebd. 52) des EFUI-Gutachtens für alle genannten Ländern, für das Jahr 2014, also Japan, USA, Deutschland, Südkorea und China. Deutschland führt mit 60 % den relativen Einsatz von Robotern im Automobilbau an.

So weit einige Ergebnisse der Studie zum Thema Robotik. Die Expertenkommission empfiehlt:

- Die Bundesregierung sollte eine explizite Robotikstrategie entwickeln, wie sie andere Länder bereits haben. Dabei sollte eine der wachsenden Bedeutung der Servicerobotik angemessene Förderung vorgesehen werden.
- Die sehr starke Konzentration des Robotereinsatzes auf die Automobilindustrie in Deutschland ist kritisch zu beurteilen. Förderprogramme sollten die Potenziale moderner Roboter für den Einsatz in Branchen jenseits der Automobilindustrie stärker berücksichtigen.
- An den Hochschulen muss die Robotikforschung ein stärkeres Gewicht erhalten. Ausgründungen aus der Forschung sollten stärker als bisher unterstützt werden.
- In der dualen Berufsausbildung müssen die Anforderungen und Chancen einer stärkeren Nutzung von Robotern vermittelt werden. Wichtig ist, nicht nur auf den Einsatz von Robotern in der Industrie abzustellen, sondern verstärkt auch den Einsatz von Servicerobotern in den Blick zu nehmen.
- Lebenslanges Lernen und damit Weiterbildungsangebote in Robotikanwendungen und -entwicklung sollten sowohl für Berufs- als auch für Hochschulabsolventen systematisch ausgebaut werden. Hierbei stellen MOOCs eine große Chance dar.
- In der Hochschulausbildung sollte eine stärkere Verschränkung von Ingenieurs- und Informatikausbildung erfolgen. Gleichzeitig sollten gezielt Ausbildungsschwerpunkte in der Robotik gestärkt werden. (ebd. 14 f.)

Einige dieser Empfehlungen wurden in den vorherigen Kapiteln teils sehr ausführlich behandelt, auch mit kritischen Ergänzungen des Autors versehen.

Die Kapitelüberschrift – „Cui bono?" – formuliert, mit Blick auf die Fortentwicklung der Robotik bzw. der humanoiden Robotik, die zentrale Frage, die über rein technische Belange hinaus von gesellschaftlicher Bedeutung ist: Wem nützt das alles? Wer hat die Vorteile, wer die Nachteile? Wie sieht eine nachhaltige Entwicklung von *Menschen und Humanoiden im Zeitalter des Anthropozäns* aus?

Eine Metapher könnte den Weg weisen, wohin die Reise im digitalen Zeitalter geht oder weitergeht. Zu jeder Zeit ist technischer Fortschritt untrennbar mit „negativen" Begleiterscheinungen verknüpft. Innovative Produkte bzw. Produkte des täglichen Bedarfs locken Käufer durch die Haupteingänge von Supermärkten, die von Organisationen des Fachhandels mit Waren der neusten „Generation" beliefert werden. Die Palette der Produktinnovationen scheint unerschöpflich, aber auch trügerisch, wenn wir Verpackungen von Produkten genauer unter die Lupe nehmen und feststellen müssen, dass einerseits mehr Luft als Packgut – der innovative Gegenstand der Begierde selbst – angeboten und auch gekauft wird, andererseits als neu deklarierte Produktinnovationen nur mit neuem Verpackungsdesign präsentiert werden (Küppers, Tributsch 2002, 43–62). Daran hat sich auch 15 Jahre nach der vorab genannten Buchveröffentlichung wenig geändert. Das teuerste Packgut „Luft" wird in vielen Fällen immer noch bedenkenlos – oder wäre skrupellos das passendere Adjektiv? – transportiert; die Kosten werden ehedem auf uns Verbrauchern umgelegt.

Die Kehrseite innovativer Produktinnovationen, die unseren digitalen Alltag auf vielfältige Weise bereichern, finden wird an den Abfallrampen der Hinterausgänge von Supermärkten oder verstreut über den ganzen Erdball. Diese Stoffgemische am Ende eines Wertschöpfungs- bzw. Nutzungsprozesses werden immer noch achtlos und gedankenlos in die lebende Natur geworfen. Es sind beileibe nicht nur Verpackungen, sondern auch Lebensmittel in beträchtlichem Umfang. Alleine die weggeworfenen Nahrungsmittel in Nordamerika und Europa würden ausreichen, alle Hungernden auf unserer Erde zu ernähren (Trojanow 2013, 17).

An den vorangehenden Schilderungen wird deutlich, wie absurd und naiv, wie inhuman und gedankenlos argumentiert wird, wenn in Streitgesprächen der Satz fällt: *Entscheidend ist, was hinten raus kommt!*

▶ „Handy", „Mobile Phone", „Tablet", „iPad", „iWatch" und zunehmend kleine Humanoide sind die „Lebensmittel" unseres digitalisierenden Fortschritts!

Wir essen sie zwar nicht wie Lebensmittel, aber wir „konsumieren" sie in allen Lebens- und Arbeitslagen, quer durch alle gesellschaftlichen Schichten, bei Tag und bei Nacht. Natürlicher und programmierter Verschleiß – Obsoleszenz – sorgen für Nachschub – bei Bedarf oder „on demand". Was bei Lebensmitteln Verpackungsstoffe mit teils persistenten belastenden Umweltwirkungen sind, verstärkt sich bei den digitalen Konsumprodukten noch exponentiell durch die Vielzahl an Kunststoffen und elektronischen Bauteilen mit teils hochgiftigen Stoffen.

Kann schon im Verpackungsbereich bei naturbelastenden Werkstoffen kaum von konsequenter nachhaltiger Vermeidung, Verminderung und Wiederverwertung gesprochen werden, dann erst recht nicht bei digitalen elektronischen Konsumprodukten. Daran ändert auch die tröpfchenweise Erkenntnis eines naturverträglichen Wirtschaftens nicht viel, wenn wir uns die Produktionsunfälle in Afrikas und Asiens Niedriglohnländern vor Augen führen. Denn dort wird der Großteil der in den Industrienationen genutzten elektronischen digitalen Helfern gefertigt; zugleich aber auch mit *„logistischen Teufelskreisen"* der Großteil unserer *„Digitalisierungsabfälle"* wieder zugeführt.

Und was geschieht in der digitalisierenden Zukunft mit Menschen, die durch Roboter, ob sie als Humanoide eines Tages Dienstleistungen vollbringen, die nicht wenige Berufe mit mehrjähriger Ausbildungszeit obsolet machen könnten, oder als kollaborierende Roboter in Werkhallen repetitive und anspruchsvolle Arbeiten von Menschen übernehmen? Laufen Menschen, die in diesen Arbeitssektoren tätig sind, Gefahr, überflüssig zu werden? Dazu Trojanow (2013) auf der Titelseite seines Buches:

Die meisten Menschen leben im Treibsand zwischen Erfolg und Überflüssigkeit. Sie kämpfen darum, nützlich zu bleiben, wesentlich zu werden – nicht abzustürzen in die spätkapitalistischen Müllhalden, aus denen es keine Rettung gibt. Es geht um alles.

Auf der Rückseite seines Buches bringt Trojanov die Gefahrensituation der Menschen auf den Punkt:

> Wer nichts produziert und nichts konsumiert, ist überflüssig – so die mörderische Logik des Spätkapitalismus.

Der Soziologe Zigmunt Bauman (2005) formuliert:

> Die Produktion „menschlichen Abfalls" – konkreter ausgedrückt: nutzloser Menschen [...] – ist ein unvermeidliches Ergebnis der Modernisierung und eine untrennbare Begleiterscheinung der Moderne. Sie ist ein unvermeidlicher Nebeneffekt des Aufbaus einer gesellschaftlichen Ordnung (jede gesellschaftliche Ordnung stuft ein Teil ihrer Bevölkerung als „deplatziert", „ungeeignet" oder „unerwünscht" ein) und des wirtschaftlichen Fortschritts (der sich nicht weiterentwickeln kann, ohne vormals effektive Arten „den eigenen Lebensunterhalt zu verdienen", herabzustufen und abzuwerten und damit den Menschen, die so wirtschaften, unweigerlich ihre Existenzgrundlage zu entziehen). (Baumann 2005, 12 –13)

Weisen Baumans Worte auf die Gefahr hin, die sich bereits bei einfachen Arbeiten in Produktionsprozessen oder in Dienstleistungssektoren ausbreitet, dass vormals produktive Menschen durch effizienter arbeitende Roboter ersetzt und in den Stand „*nutzloser Menschen*" versetzt werden? Aber was bedeutet es überhaupt für Menschen, im Kontext von Mensch-Roboter-Arbeiten als nutzlos abgestempelt zu werden?

Cui bono?

Wem nützt es, wenn Robotertechnik zielstrebig voranschreitet und Menschen – zuerst im Niedriglohnbereich von Produktionsarbeit und Dienstleistung, dann in anspruchsvolleren Bereiche, z. B. von Arbeitsvorbereitung und Verwaltung, später im Logistikbereich menschenloser Transportfahrten und schließlich im Management als daten- und informationsgestützte und Wissen generierender Assistent einer noch menschlichen Führungskraft – zur Arbeitsuntätigkeit verdammt? Zukunftsszenarien dieser oder ähnlicher Art sind nicht völlig von der Hand zu weisen, wenn sie auch noch sicher mit dem Unerwarteten konfrontiert werden.

Der Mensch bleibt Dreh- und Angelpunkt aller Zukunftsperspektiven, auch wenn sie digital infiltriert werden. Um auf Baumann zurückzukommen: Kein Mensch kann für sich in Anspruch nehmen, nutzlos zu sein oder als nutzlos „abgestempelt" zu werden! Insofern existiert für Menschen immer Arbeit, die sie – auf welche Art auch immer – nützlich vollbringen können, auch und gerade für einen gesellschaftlichen Fortschritt.

Technischer Fortschritt ist immer eingebunden in einen gesellschaftlichen Rahmen. Dies nicht nur zu wissen, sondern auch danach zu handeln, ist eine Sisyphusarbeit, der man sich immer wieder bewusst werden muss, erst recht in Zeiten gesellschaftlicher Umbrüche.

Der Informatiker Manfred Broy und der Philosoph Richard David Precht (2017) bemängeln das Fehlen einer gesellschaftspolitischen Verantwortung, wenn *Daten sich auf dem Weg machen, Seelen zu verzehren.*

> Kein Zweifel, dass die Digitalisierung die Produktivität gewaltig beflügeln wird. Doch was ist, wenn sie dafür immer weniger Menschen brauchen, [...]? (ebd.)

Die beiden Autoren fordern ein *„positives Zukunftsszenario"*, für eine neue Form der Gesellschaft, Wirtschaft und Lebensführung und stellen drei Kernfrage heraus:

1. Wie können die Veränderungen in Folge der digitalen Transformation in der Arbeitswelt so genutzt werden, dass sich stabile und menschliche Bedingungen ergeben.
2. Wie kann das enorme Potenzial digitaler Technik gebändigt werden, sodass es einer Weiterentwicklung intellektueller Fähigkeiten dient?
3. Wie können – im Sinne der Digital-Charta – die neuen Möglichkeiten in Hinblick auf das Sammeln und Auswerten von Daten so gestaltet werden, dass zentrale Werte der Menschenwürde erhalten bleiben? (ebd.)

Natürlich gelten die drei Forderungen nicht nur – wie in Frage 1 angedeutet – für die digitalisierende Arbeitswelt, sondern für alle Bereiche menschlichen Lebens und Arbeitens. Und es müssen nicht nur politische Entscheidungsträger die gesellschaftliche Zukunft in die Hand nehmen! Urbane Bürgerinitiativen mit „Community Organizing" nach Saul Alinsky (Fehren, 2008; Rabe, Alisnky, 1988) sind unter Umständen schneller, effizientere, neue Arbeitsformen zu entwickeln und für „nutzlose" oder „überflüssige" Menschen aus konventionellen oder durch Roboter verdrängten Arbeitsprozessen und Arbeitsplätzen neue fortschrittliche Arbeitsperspektiven zu schaffen.

Ein Lösungsvorschlag wäre, angesichts der nicht geringer werdenden globalen umwelt- und naturbelastenden Probleme, mit risikoreichen Lebensentwicklungen von Menschen im Zeitalter des Anthropozäns:

▶ Eine konsequente Umkehr ökonomischer, und im Verbund ökologischer und gesellschaftlicher Zielstrategien. Dies gelingt dadurch, dass nicht gefragt wird: Wie erreiche ich mit maximaler Effizienz ein primäres Ziel mit unvermeidlichen, aber wirtschaftlich zweitrangigen Folgeproblemen? Sondern dass folgende Maxime zwingend in den Mittelpunkt von Entwicklungen gestellt wird:

Unter welchen Zielvorgaben vermeide ich konsequent Folgeprobleme, ohne dabei den technischen ökonomischen Fortschritt zu gefährden und zugleich gesellschaftliche Robustheit zu stärken und Naturverträglichkeit zu gewährleisten.

Mit anderen Worten: *Wie entwickeln wir neue Systemische Denk- und Handlungsmuster einer neuen nachhaltigen Politik im 3. Jahrtausend?* Für Details der postulierten praktischen Umsetzung dieser Forderungen siehe Küppers (2011a).

Der Kybernetiker Frederic Vester und sein Leitmotiv „Vernetztes Denken" sind schließlich Ansporn, mehr denn je danach zu fragen, wie ein Design für eine – zunehmend von Digitalisierung und Robotik eingenommene – Umwelt des Überlebens aussehen soll? Welches sind die konkreten Herausforderungen an die Gestaltung der analogen und digitalen Welt von morgen?. Vesters fünf Hauptaspekte (Vester 1988, 206–232), die – ergänzt durch den Metaaspekt „DENKEN" – den weiteren Verlauf dieses Kapitels aufgliedern, bedürfen heute, in unserer sich temporeich verändernden, digitalisierenden Gesellschaft, im Zeitalter des Anthropozäns, mit Robotern als „Partnern", noch fundamentalere Aufmerksamkeit, als ihnen bereits zukommt.

Die folgenden sechs Aspekte sind aus diesem Grund als vernetztes Herausforderungsgerüst für die vorab postulierte, konsequente Umkehr ökonomischer, und im Verbund ökologischer und gesellschaftlicher Zielstrategien zu verstehen. Menschen und von Menschen programmierte Roboter *müssen* sich in gemeinsamer Strategie den Herausforderungen stellen, allen politischen und anderen Widerständen zum Trotz.

Für die nachfolgenden sechs Herausforderungen in anthropozäner Zeit werden nicht unbedingt unbekannte Zielvorstellungen und Kriterien beschrieben, die als Orientierungshilfen für nachhaltige Weiterentwicklungen dienen können. Der entscheidende Punkt für die praktische Umsetzung ist jedoch immer eine *„kritische Masse"* von Menschen, mit dem Willen, werthaltige Veränderungen auch gegen eine Mehrheit durchsetzen zu wollen, die dem Fetisch des *homo oeconomicus*, eines rationalen, stets Nutzen maximierenden Agenten bzw. der ökonomischen Effizienz frönt.

Die fatale Dreiecksbeziehung (Schellnhuber 2015) zwischen Klima, Mensch und Kohlenstoff, zu der sich zunehmend Roboter gesellen, treibt die Folgen bisheriger menschlicher Einflüsse auf unserem Planeten weiter voran. Ob technische Innovationen von Humanoiden oder andere Roboterexistenzen, die auch auf Energie, Rohstoffe und Daten aus Datenbankmaschinen und diese wiederum auf Energie und Rohstoffe angewiesen sind, helfen, vor uns liegende Problem besser zu meistern als ohne sie, bleibt eine spannende Frage mit noch spannenderen Antworten.

▶ Das über alles schwebende Ziel ist die Stärkung der Überlebensfähigkeit des Menschen, auch mit intelligent programmierter Hilfe von Robotern bzw. humanoiden Robotern. Die Evolutionsstrategie der Natur selbst ist nicht von Belang. Sie wird so oder so ihren Weg in die Zukunft finden.

Energie – Cui bono?

▶ Konsequent der Arbeitsfähigkeit der Energie – der Exergie – zum Vorteil!

Nach der sehr bekannten Definition ist *Energie* die Fähigkeit, Arbeit zu verrichten. Bei der Umwandlung von einer Energieform in die andere geht nichts verloren (1. Hauptsatz der Thermodynamik). Dabei lässt sich die Primärenergie nicht vollständig in Arbeit umwandeln (2. Hauptsatz der Thermodynamik).

Exergie ist derjenige Anteil der Energie, der in Arbeit umgesetzt werden kann; während der übrigbleibende Anteil der Energie – die *Anergie* – keinen Beitrag zur Arbeitsfähigkeit leistet. Energie für sich genommen sagt also noch nichts darüber aus, wie viel Arbeit durch ein bestimmtes Energiesystem verrichtet werden kann.

Das nicht nur durch die „International Federation of Robotics" – IFR – prognostizierte zunehmende Heer von Robotern in Produktionsprozessen und Dienstleistungen fordert ebenso einen zunehmenden – vermutlich eher exponentiell als linear steigenden – Bedarf an Energie. Exakte zahlen zum Energieverbrauch von Robotern im praktischen Einsatz sind schwer zu erfassen und unterliegen nicht selten auch der unternehmerischen Vertraulichkeit.

Ist das Umwandlungsprodukt Strom, wie bei Robotern vergangener, heutiger und sicher auch zukünftiger Generationen, dann spielen verwendete Nutzungssysteme zur Energieumwandlung eine entscheidende Rolle für eine Minimierung der Energieverluste während der Roboterarbeit. Stromwandlung durch Wasserkraft (Wirkungsgrad $\zeta = 0{,}8$), Gezeitenkraft (Wirkungsgrad $\zeta = 0{,}8$) und Brennstoffzellen (Wirkungsgrad $\zeta = 0{,}6$) (Fricke, Borst, 1981, 25 f.) sind die Favoriten, die dem Energieverbrauch von Robotern die wirkungsvollste Exergie oder Arbeitsfähigkeit bescheren.

Daraufhin sollten Politiker in Deutschland und ihre bis dato unvollkommene *Energiewende nach Fukushima 2011,* nun bereits im sechsten Jahr danach, konsequent hinarbeiten. Hinzu kommt, dass eine Tendenz zur Zentralisierung von Energiewandlung und Energieverteilung wider die Natur ist.

▶ Langzeitbewährte energetische Netzwerke der Natur überleben nicht durch biosphärisch zentralisierte Energiewandlungsprozesse!

Sich an Prinzipien natürlicher Energiewandlung und deren Nutzungssystemen zu orientieren, würde vermutlich robusteren und nachhaltigeren Energiesystemen in der Technosphäre zum Vorteil gereichen. Voraussetzung ist, dass die technischen Fähigkeiten vorhanden sind, sich natürliche langzeitbewährte Prinzipien zu eigen zu machen und dies auch politisch durchzusetzen.

Was die Natur bei ihren energetischen Nutzungssystemen in aller Regel bei Raumtemperaturen vollbringt, ist zwar weit jenseits technischer Möglichkeiten. Darüber hinaus reicht an den durchschnittlichen Leistungsbedarf eines menschlichen Organismus mit ca. 20 W kaum ein humanoider Roboter, der unter Umständen einen Menschen von seinem angestammten Arbeitsplatz verdrängt, geschweige denn Industrieroboter an Bandstraßen, heran. Wie auch immer: Es kann nicht oft genug wiederholt werden, wenn von Umwandlungsprodukten, Nutzungssystemen und Wirkungsgraden im Zusammenhang mit Energie gesprochen wird:

▶ Dienstleistungs- oder Produktionssysteme – wie humanoide Roboter – benötigen zu ihrer Herstellung selbst Energie und zusätzlich Energie, um arbeiten zu können.

Dieses Faktum einer mehrfach gekoppelten Energie wird oft bei Kalkulationen von Energieverbrauch und Energiekosten unterschlagen, ebenso wie der Mangel an Verständnis, dass nicht Energie sondern Exergie die entscheidende physikalische Größe bei werthaltigen Energiewandlungsprozessen ist.

Rohstoff und Werkstoff – Cui bono?

▶   Konsequent der Materialvielfalt bei minimaler Naturbelastung zum Vorteil!

Materialien der Natur sind – durch vernetzte Kreislaufprozesse unterstützt – Quelle des Reichtums, der sich durch die Materialvielfalt, von Einzellern wie Amöben und Kieselalgen bis zu uns Menschen, ausbreitet. Natürliche Materialkreisläufe sorgen dafür, dass die verwendeten Werkstoffe, in welcher Zusammensetzung sie auch funktional optimiert sind, zu 100 % wiederverwertet werden. Diese vernetzte, rückgekoppelte Stoff- bzw. Materialverarbeitung ist ein grundlegendes Organisationsmerkmal für den Erhalt und den Ausbau von Ordnung in belebter und unbelebter Natur. Wo dieses fehlt, wie in vielen technisch-wirtschaftlichen Organisationsstrukturen mit ihren physikalischen chemischen Prozessen, sind Folgeprobleme vorprogrammiert.

Die Erdkruste besitzt – in der Reihenfolge der Häufigkeit ihres Vorkommens nach Masseanteilen – Sauerstoff mit 50,5 %, gefolgt von Silicium mit 27,5 %, Aluminium mit 7,3 %, Eisen mit 3,38 %, Calcium, Kalium, Natrium zw. 2,79 und 2,19 % und andere Elemente (Lindner, Hoinkis 1997, 101). Die meisten Elemente sind an andere gebunden, wie Sauerstoff an Wasserstoff, woraus das Molekül Wasser, H_2O, entsteht. Aus diesen Grundbausteinen der belebten und unbelebten Natur bilden Organismen Verbindungen, die biologische Funktionen erfüllen, die wiederum Gegenstand bionischer Forschung und Entwicklung sind. (Küppers 2015)

Aus demselben Stofffundus der Natur, angereichert mit künstlich-chemisch hergestellten Stoffformulierungen von über zehntausend unterschiedlichen Kunststoffen, wie typischerweise Polyvinylchlorid PVC, Polyamid PA, Polypropylen PP oder Polymethamethylacrylat PMMA, arbeiten wir Menschen in der Technosphäre, letztlich auch für die Herstellung von humanoiden Robotern. Das Werkstoffproblem vieler technischer Produkte, natürlich auch in zunehmendem Maß bei Produkten „im Rausch der Digitalisierung", folgt vorab der Logik technischer Funktionalität und erst danach der Logik natur- und umweltverträglicher wiederverwertbarer Werkstoffe.

Werkstoffe unterscheiden sich von Rohstoffen dadurch, dass sie durch einen Fertigungsprozess zu einer bestimmten Form oder Funktion gebracht werden, während Rohstoffe das Ausgangsmaterial für Werkstoffe sind. Kunststoffe sind auch in der Roboterentwicklung nicht wegzudenken, wenn wir uns die kleinen Humanoiden wie NAO, Romeo, Asimo, Pepper und andere digitale, plastikumhüllte Helfer im Internet der Dinge vor Augen führen. In vielen Lebens- und Arbeitsbereichen scheinen Kunststoffe das Rückgrat der Gesellschaft zu sein, ohne deren Einsatz keine Fortentwicklung möglich ist. Aber der Schein trügt – aus zwei Gründen:

1. Die Kehrseite der Kunststoffeinsätze in beruflichem und privatem Umfeld, quer durch alle gesellschaftlichen Bereiche, ist – nach über 150 Jahren Existenz auf unserem Planeten[2] – zur „Todesdroge" vieler Lebewesen im Wasser, an Land und in der Luft

---

[2] https://de.wikipedia.org/wiki/Kunststoff (Zugriff: 28.02.2017).

geworden. Riesige Kunststoff-Müllstrudel bedecken die Weltmeere, Tiere verenden an Makro- und Mikroplastik, das sich in deren Mägen sammelt und nicht verdaut werden kann, Menschen essen Fische mit kleinsten Kunststoffpartikeln, ohne es zu wissen, usw.

2. Trotz aller technischen Fortschritte in der Werkstofftechnik: Die Natur hat immer noch die wirksamsten Lösungen für alle denkbaren Anwendungen, ob Materialien hart oder weich, transparent oder opak, biegsam oder starr, antibakteriell oder feuerfest sind. Die Reihe langzeitoptimierter Werkstoffe der Natur ließe sich beliebig fortsetzen (s. Küppers 2015, 24–28). Ihre technischen Qualitäten suchen in der Technosphäre Ihresgleichen, wenn der Maßstab der Naturverträglichkeit und nachhaltigen Material-verarbeitung angesetzt wird. Die Entwicklung zukünftiger Robotergenerationen sollte sich daher auch und vermehrt der werkstofflichen Nachhaltigkeit widmen, auch wenn technosphärisch erzeugte Werkstoffverbünde bestimmter Funktionen, mangels geeig-neter naturverträglicher Ersatzstoffe, noch notwendig sind.

Der „*Roboter-Materialritt*" auf der allgemeinen Kunststoffwelle ist – wie auch bei allen anderen Kunststoffprodukten – jedenfalls nicht berauschend, mit Blick auf die anthropo-zänen Auswirkungen, die wir Menschen auch dadurch entfalten.

Natur und Umwelt – Cui bono?

▶   Konsequent der Biodiversität zum Vorteil!

Wir verändern artenreiche Naturlandschaften, um sie – aus Gründen des Nahrungs-mittelbedarfs – in Monokulturen mit einer einzigen Pflanze zu verwandeln. Wir nut-zen Herbizide, um unerwünschte Pflanzen in Monokulturen am Wachstum zu hindern, und Pestizide, um unerwünschte Tiere zu töten. Wir experimentieren mit genveränderten Pflanzen, ohne deren Langzeitwirkungen auf Menschen und Natur geprüft zu haben. Wir vernichten Urwald und damit – mit an Sicherheit grenzender Wahrscheinlichkeit – auch unbekannte Arten. Menschen haben in wenigen Jahren die Erde derart vertechnisiert, dass in einigen Regionen über Jahrmillionen perfekt an die Umwelt angepasste, funktionale Nahrungsnetze, die wir – wenn überhaupt – nur ansatzweise kennen, vollkommen zerstört wurden.

Die unbequeme Wahrheit der Erderwärmung durch den Klimawandel (s. Böckmann 2017; Brasseur 2017), der sich in Regionen von Permafrostböden wie in Sibirien, Arktis und Antarktis deutlich zeigt, kann nicht mehr geleugnet werden. Obwohl wir nicht nur um die selbst verursachten Natur- und Umweltprobleme wissen, sondern auch wie werthaltig dynamische Gleichgewichte der Natur, zum Beispiel das der Selbstreinigungskraft unse-rer Gewässer, für unser Lebens sind, wie überaus nützlich riesige Waldflächen als CO_2-Senken sind und zugleich einem undurchschaubaren Netz von Pflanzen und Tieren ihr Überleben sichern – trotz alledem beteiligen wir uns nach wie vor aktiv an der von Kosten getriebenen ökonomischen Zerstörung unserer Natur und Umwelt. Wir handeln wider besseres Wissen.

In welchem Zusammenhang stehen Humanoide oder Roboter anderer Gestalten und Funktionen mit Natur und Umwelt – mit unserer Biosphäre? Können Roboter helfen, die zerstörerische Kraft menschlicher *„monocultures of mind"* (Shiva 1997) wieder in werthaltige Bahnen zu lenken?

Zu Frage eins: Für Probleme mit hochkomplexen Strukturen tragen Menschen die alleinige Verantwortung. Wenn sie Humanoide beispielsweise für Rekultivierungsaufgaben von verschmutzen ertragslosen Böden oder „umgekippten" Gewässern ohne Leben oder als aktive Wiederaufforstungshelfer programmieren, wären das vorteilhafte Aufgaben, vorausgesetzt, sie kollidieren nicht mit dem „Freisetzen" menschlicher Arbeitskräfte.

Zu Frage zwei: Nein. Roboter, ob Humanoide oder andere Maschinen, sind bekanntlich die Geschöpfe von Menschen und daher keine eigenständigen Problemlöser, auch nicht, wenn künstliche Intelligenz in diese technische Entwicklungsrichtung voranschreitet.

Es ist aus heutiger Sicht – technisch gesehen – möglicherweise noch viel zu früh, in diesen Roboterkategorien von komplexen Anwendungsaufgaben zu denken, die keine definierten Randbedingungen besitzen, wie bei Schach- und GO-Spielen. Viele sogenannte Plattformen der Robotik testen zudem noch im Labor Funktionen aus, und diejenigen Exemplare von Humanoiden, wie aktuell *„Handle"* von Boston Dynamics, mit zwei Rollen zur Fortbewegung und zwei Greifarmen für das Transportieren von Lasten, werden vermutlich nicht für Zwecke einer Naturrekultivierung oder Luftreinhaltung verwendet.

Menschlicher Lebensraum – Cui bono?

▶ Konsequent der Vermeidung sozialer, struktureller und kostenintensiver Folgelasten zum Vorteil!

Städte entwickeln sich zunehmend zu einer wachsenden Kraft (UN-HSP, 2016). Lebten 1995 noch 43 % der Weltbevölkerung in urbanen Regionen, so waren es 2015 bereits 54 %. In vielerlei Hinsicht wird Urbanisierung begleitet von sozialökonomischen Verbesserungen. Asien ist zum Beispiel zu 48 % urbanisiert, Heimat für 53 % der Weltbevölkerung und wurde zum globalen Kraftwerk mit 33 % der weltweiten Produktionsleistung. Megastädte in mit einer zweistelligen Millionenzahl von Einwohnern ragen aus der andauernden Urbanisierung heraus. Das Anwachsen der urbanen Bevölkerung wurde noch prozentual übertroffen durch die Landeinnahme der Städte. Zudem altert die Weltbevölkerung rapide. 25 % der gesamten Bevölkerung auf der Erde – mit Ausnahme Afrikas – sind 60 Jahre alt und älter in 2050 (ebd. 9). Dezentralisierung ist in dem Zusammenhang grundlegend für eine kontinuierliche Weiterentwicklung und nicht ein letztes Erfordernis (ebd. 11).

Im Faktencheck (ebd. 1) wird noch herausgestellt, dass die Städte für mehr als 70 % (!) der Umweltverschmutzung durch Kohlendioxid-Emissionen verantwortlich sind – weniger die Städte selbst, als die Menschen mit ihren Fahrzeugproduktionen und -gefahrenen, abgasreichen Verkehrsmitteln, Heizungen, Kraftwerken u. v. m.

Vier Fakten und fünf grundsätzliche (politische) Kriterien stellt die UN-Studie heraus (Original in Englisch):

Fakt 1:   Urbane Regionen stehen weltweit enormen Herausforderungen und Änderungen gegenüber, mehr noch als vor 20 Jahren.

Fakt 2:   Städte betreiben Wirtschaft, Soziales und kulturelle Umweltforschung, die radikal anders sind als die veralteten Modelle des 20. Jahrhunderts.

Fakt 3:   Langlebige urbane Probleme der letzten 20 Jahre, einschließlich urbanes Wachstum, Änderungen bei familiären Strukturen, eine wachsende Zahl städtischer Bewohner, die in Elendsvierteln und informellen Siedlungen leben, mit der Herausforderung, ihnen urbane Dienste anzubieten.

Fakt 4:   Verbunden mit diesen andauernden urbanen Tendenzen sind neuere Trends in städtischen Verwaltungen und Finanzen: aufkommende städtische Probleme, einschließlich Klimaveränderung, Ausgrenzung und heraufziehende Ungleichheit, herauskommende Unsicherheit und plötzlicher Anstieg bei internationalen Wanderungsbewegungen. (ebd. 1)

Kriterium 1:   Wenn ein funktionierendes Management vorhanden ist, begünstigt die Verstädterung sozialen und wirtschaftlichen Aufstieg und bessere Lebensqualität für alle.

Kriterium 2:   Das gegenwärtige Modell der Urbanisierung ist in vieler Hinsicht untragbar.

Kriterium 3:   Weltweit sind viele Städte völlig unvorbereitet für die Herausforderungen einer Urbanisierung.

Kriterium 4:   Eine neue Geschäftsordnung ist erforderlich, um die Herausforderungen wirksam anzugehen, um Vorteile aus den Möglichkeiten durch die Urbanisierung zu ziehen.

Kriterium 5:   Die neue städtische Agenda sollte Städte und Siedlungen von Menschen fördern, die umweltverträglich, widerstandsfähig, sozialverträglich, sicher und gewaltfrei und wirtschaftlich ergiebig sind. (ebd. 1)

Das letzte der fünf genannten UN-Kriterien klingt gerade so, als ob ein Referent alle denkbaren Vorteile aneinandergereiht hat, ohne darüber nachzudenken, wie diese im Einzelnen und erst recht im vernetzten Zusammenhang zu realisieren sind. Es kommen erhebliche Zweifel auf, ob derartige Listen von Kriterien und die genannten Ziele, die erdweit umgesetzt werden sollen, aber höchst differenziert zu betrachten sind, überhaupt realistische Chancen besitzen, in relativ kurzer Zeit und Tat umgesetzt zu werden.

Wo Zweifel auftauchen, sind auch Befürworter nicht weit. Urbanisierung und Datenverarbeitung, präziser: Big-Data-Verarbeitung stehen in engem Schulterschluss beieinander. Wo zukünftige städtische und kommunale Planung den Weg der Nachhaltigkeit gehen, werden Daten benötigt, die zur Zeit nur fragmentarisch zur Verfügung stehen.

Der Autor sieht bei der erforderlichen Datenerfassung und Datenauswertung einen noch nicht ausreichend gelösten Datenschutz für jeden beteiligten Bürger gewährleistet. Aber insbesondere für die Phase der Umsetzung in praktische handhabbare Lösungen, für die zunehmenden Ballungsgebiete, in denen sich mehr und mehr Menschen einengen, sieht der Autor die Entscheidungsträger vor Ort nur unzureichend gerüstet. Warum? Weil nach hinreichenden Erfahrungen aus städtischen und kommunalen Studien und Projekten in Deutschland mangelhafte bis ungenügende Beherrschung dynamischer Organisationsprozesse bislang jeden nachhaltigen Fortschritt – wie er durch das UN-Kriterium 5 ausgedrückt wird – im Keim erstickt (Küppers, Küppers 2013; Küppers 2011a, 2011b).

Fortschrittliche Datenmanagement-Ansätze, die zu einer neuen städtischen und kommunalen Struktur bzw. Qualität für Bewohner führen können, sind bereits vorhanden oder im Fokus der Anwendung. Mit „informierten Bürgern" einer Stadt können unter Umständen beträchtliche Kosten gespart werden, die Städten oder Kommunen entlasten, wie es Beispiele in der „ZEIT-Beilage" „SZ-Scala GmbH" v. 30. März 2017 angedeutet wird:

- Eine Datenanalyse zur besseren Auslastung von Häfen, selbstverständlich auch unter Berücksichtigung von Ebbe- und Flut-Pegel.
- Datenübermittlung zwischen Verkehrsleitzentralen und Individualverkehr zur Stauminimierung.
- Ein „Digitalberater" und „Webgeograph" liefert Bürgern einer Stadt Informationen über Wochenmärkte und Kinderpflege. Oder: Wo gibt es in der Stadt frei zugängliche Obst- und Nussbäume?
- Eine kommunal gepflegte, digital zugängliche Komplettübersicht aller leerstehenden Wohnungen und Häuser in Ballungsgebieten könnten Bürgern und Verwaltung Zeit und Kosten sparen.
- „Wie wäre es, wenn man Bürger per E-Mail informieren könnte, sobald im Stadtrat ein Thema verhandelt wird, das sie betrifft oder interessiert?"
- Autofahrern – zumal ortsfremd – würde es helfen, auf einer „App" einen Überblick über alle freien Parkplätze zu bekommen usw. usf.

Natürlich setzen einige der aufgezählten Beispiele hilfreicher Bürger-Kommunikation die digitale Erfassung und Online-Verarbeitung der lokalen Infrastruktur, die noch nicht überall vorliegt, durch die Bediensteten der Stadt oder Kommune voraus. Die Folge ist, dass einige gute städtische bzw. kommunale kommunikative Anwendungen für Bürger wieder in eine unkalkulierbare „Zeitschleife" versetzt werden.

Vor dem Hintergrund nicht weniger urbaner Entwicklungstendenzen, insbesondere von Entscheidungsträgern in Ballungsgebieten, kann gefragt werden: Was können Roboter, respektive Humanoide in einem urbanen Lebensraum, mit den gezeigten Szenarien, für Menschen tun? Oder: Wie können Roboter angesichts der immensen Problemanhäufung – die stetig weiterwächst – in den zunehmend bevölkerten urbanen Gebieten helfen, notwendige Ziele, die mit den UN-Kriterien 1 bis 5 verknüpft sind, zu erfüllen?

Angesichts eines unverstellten und klaren Blicks auf die Urbanisierung und deren belastende Begleiterscheinungen werden programmierte humanoide Roboter selbst dann wenig zur Verbesserung der Lage beitragen können, wenn sie technisch-funktional dazu in der Lage wären. Den Unberechenbarkeiten von Menschen, die derart desaströse Lebensraumlagen – wie im UN-HSP-Bericht beschrieben – ursächlich zu verantworten haben, können letztlich nur die Menschen selbst mit einem anderen Blick, mit systemischer Weitsicht für lebenserhaltende und stärkende Entwicklungen auf die sich fortpflanzenden problemreichen Prozesse urbaner Lebensräume entgegensteuern.

Überhaupt ist zu fragen: Was passiert mit den ländlichen, kulturell und natürlich gewachsenen Räumen, wenn zunehmend Menschen in Städten ihren Erfolg suchen und ihr Überleben sichern wollen? Bleiben diese sich selbst überlassen? Der Natur könnte – sehr lange vorausschauend gesehen – nichts besseres passieren. Aber: Nützt das der zusammenrückenden urbanen Bevölkerung?

Für Humanoide in urbanen Lebensräumen, die dort bald als gute dienstbare Geister in häuslicher Umgebung das Frühstück bereiten, Gebrechlichen dabei helfen, ihre Kleidung anzuziehen, und sie durch die entvölkerten Landstriche an Seen zur Entspannung vom städtischen Stress transportieren, wo sie Geschichten über die frühere Landbevölkerung erzählen, wäre letzteres eine neue Aufgabe!

Ungleiche „Partner" Mensch und Humanoide – Cui bono?

▶   Konsequent der Lebenserhaltung und dem Lebensfortschritt einerseits und der angepassten Roboterdienste andererseits zum Vorteil!

Der Mensch lebt trotz zunehmender Technisierung nach wie vor in seinem eigenen biologischen Rhythmus, nach seiner eigenen *inneren Uhr,* die in der Regel das Auf und Ab seiner Leistungsfähigkeit bestimmt. Humanoide Roboter besitzen keine eigenen, über Jahrzehnte gefestigten Erfahrungswerte des Lebens. Sie werden gefertigt, um etwas zu tun, was der Mensch vorgibt. Der Mensch bestimmt die Geschwindigkeit, mit der sich der Humanoide nützlich machen soll. Diese Geschwindigkeit kann unter Umständen deutlich von der menschlich zumutbaren Geschwindigkeit, mit der gearbeitet oder die Freizeit verbracht wird, abweichen. Echtes kollaboratives Arbeiten erfordert einen Rhythmus, bei dem der Mensch nicht überfordert wird. Hat der Humanoide eine kollaborative Lernphase absolviert, kann er selbstständig mit deutlich höherer Geschwindigkeit und unermüdlichem Takt Arbeiten verrichten, sofern es die Arbeitssituation zulässt. Der Mensch rückt dann ins *„zweite Glied".* Er wird im wahrsten Wortsinn mangels Leistung ersetzbar. Die nicht unbekannten, unternehmerischen treibenden Kräfte sind Produktmaximierung und Kostenminimierung pro Zeit.

Dem Menschen bleibt der Wechsel auf anspruchsvollere Arbeit, sofern er dafür Fähigkeiten besitzt oder ausgebildet ist oder wird. Andererseits droht der Verlust von Arbeit und Arbeitsplatz.

Schneller, größer, höher, weiter, tiefer sind treibende Ziele von Arbeit und Produktivität, die durch den Kapitalismus nahtlos den Weg von analogen zu digitalen Sphären geschafft haben. Eine semantische Lücke wie bei dem Sprachverständnis zwischen Mensch und Roboter bzw. Mensch und Maschine (s. Abschn. 2.3.4) existiert nicht. Es bleibt eine permanente Gefahr schleichenden Auseinanderdriftens, die Fähigkeiten von Menschen untergräbt, während andere Menschen Humanoide mit Fähigkeiten programmieren, die für Menschen unerreichbar sind. Arbeit ist für Menschen untrennbarer Teil ihrer Existenz. Sie *kann,* durch die fortschreitende Entwicklung in der Robotik, schneller als jeder andere

Technikfortschritt bisher, zu einem gesellschaftlichen Generalproblem anwachsen – sie kann, muss aber nicht.

Wo Arbeitskräfte fehlen, können Humanoide mit entsprechenden Fähigkeiten einspringen. Der wachsende Dienstleistungssektor, ein prognostiziertes dominierendes Anwendungsfeld für Humanoide, ist aber auch nicht gefeit vor Arbeitskonflikten bei ungleichen „Partnerschaften" von Mensch und Roboter. Bereits vorhandene und kommende „partnerschaftliche" Konfliktsituationen mit *„organisatorischen Strategien der Hochachtsamkeit"* vorbeugend zu durchleuchten, um geeignete Vorsorge vor unerwarteten Ereignissen treffen zu können oder zumindest darauf vorbereitet zu sein, scheint noch nicht im Fokus einer durch Humanoide veränderten, dienstleistenden Gesellschaft angekommen zu sein.

- Risikobehandlungen in unserer digitalisierenden Gesellschaft werden immer noch mehr durch Nachsorgeökonomie und Nachsorgepolitik statt Vorsorgeökonomie und Vorsorgepolitik bestimmt.
- Eine „Monokultur des Denkens" („monoculture of mind") dominiert immer noch eine „Inter- bzw. Transdisziplinarität des Denkens" („multiculture of mind").
- Geldwert verschleiert immer noch den wahren Wert eines Produktes.
- Denken und Handeln sind immer noch von kurzsichtigen „short-term-missent" statt umsichtigen „long-term-forseeing" Strategien geprägt.

Die zuerst genannten Argumente der vier Gegenüberstellungen praktizierter Sicht- und Handlungsweisen auf die Dinge gehört im Sinne einer nachhaltigen Zukunftsperspektive abgeschafft – zumindest aber dringend und deutlich erkennbar zugunsten der zweiten Argumente geändert.

DENKEN, Vernetztes Denken, Zusammenhänge erkennen – Cui bono?

▶ Konsequent der natürlichen Realität zum Vorteil!

Denken in vernetzten Arbeits- und Lebensräumen ist für Menschen eine Herausforderung der besonderen Art. Dies ist deshalb so, weil wir selbst Teil einer unfassbaren, vernetzten dynamischen und daher komplexen Entwicklungsgeschichte sind. Alles was wir tun oder unterlassen wirkt sich mehr oder weniger stark auf andere Menschen oder Gegenstände aus. Wir sind nicht in der Lage, diese vernetzten Wirkungsbeziehungen in ihrem vollen Umfang zu erkennen. Was wir sehen, sind nur kleine Veränderungen des Lebens, die durch unsere Handlungen beeinflusst werden.

Und dennoch ist sie, die Dynamik vernetzter komplexer Zusammenhänge, der Garant für eine nachhaltige Weiterentwicklung des Lebens auf der Erde. Die Evolution praktiziert sie seit Jahrmilliarden – mit unvergleichlichem Erfolg! Myriaden von Lebewesen entwickeln sich in ihren Lebensräumen Jahr für Jahr, mit ausgeklügelten, langzeitbewährten und durch schärfste Qualitätskontrollen gesicherten Leistungen, zu Spezialisten und Generalisten, die im technischen Umfeld des Menschen ihresgleichen suchen.

Die zugehörige Disziplin Bionik bzw. Systembionik zeigt, als Transferdisziplin zwischen Natur und Technik, wie diese Naturleistungen in unserer Technosphäre nutzbar eingesetzt werden können. Die unüberschaubare Vielzahl werthaltiger natürlicher Prinzipien und raffinierter Funktionen sind aber nicht leicht zu durchschauen. Die Natur hat es nicht eilig. Sie experimentiert ohne Zielvorgaben; übrigens eine Methode, die sich Menschen nicht leisten können. Hier gilt die bevorzugte kausale strategische und operative Methode zur Problemlösung: Je schneller desto kostensparender. Wegen ihrer *Langsamkeit* in der Entwicklung oder gerade deswegen (!) hat die Natur – vielen Katastrophen und Einbrüchen zum Trotz – überlebt und wird auch weiterhin ihre Überlebensstrategie fortsetzen.

Wir Menschen sind demgegenüber seit zirka 70 Jahren, seit den ersten Atombombenexplosionen in der Atmosphäre, zunehmend damit befasst, unsere natürliche Lebensgrundlage so massiv anzugreifen, dass Wissenschaftler bereits ein neues Erdzeitalter mit dem Begriff *Anthropozän* (s. Abschn. 3.1) prägen. Wem wird es nützen oder zum Vorteil gereichen, wenn wir unsere Strategien technisch-wirtschaftlicher Entwicklungen so weiter betreiben wie bisher? Die Evolution lässt sich davon nicht beeindrucken – im Gegenteil.

Im Kontext des Buches bleibt auch die Frage offen: Können humanoide Roboter und „Maschinenkollegen" wirklich helfen, eine Umkehr unserer selbstverschuldeten Lebensraumzerstörungen aufzuhalten, zumindest sie abzuschwächen, wenn es doch Menschen sind, die diese Roboter steuern oder über Regelungsprozesse zu selbstständigen Handlungen leiten? Die Betreuung eines bettlägerigen Menschen durch einen Humanoiden ist eine Sache, die Wiederherstellung zerbombter Lebensräume in Städten, die Rekultivierung zerstörter oder vergifteter Naturlandschaften eine andere.

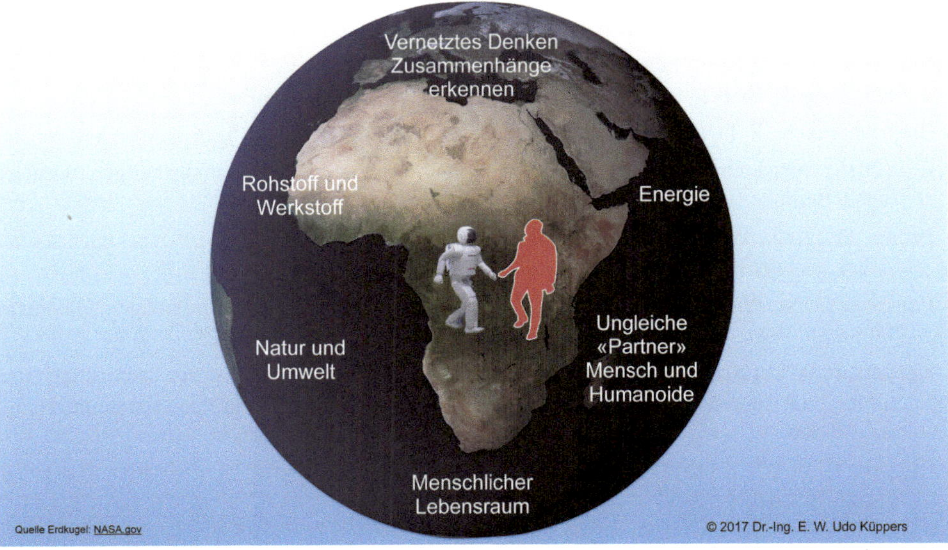

Abb. 8.1 Menschen und Roboter: Vernetzte Fundamentalstrategien im Anthropozän

Bevor Humanoide mithelfen können, die von Menschen geschaffenen Probleme vielleicht effektiver und effizienter zu beheben, müssen wir uns Gedanken darüber machen, ob unsere kausalen – vielfach monokausalen – Strategien für die Entwicklung von Produkten, Verfahren und Organisationsprozessen, die uns Fortschritte, aber ebenso viele Rückschritte gebracht haben, nicht grundlegend geändert werden müssen.

Es ist der *kognitiven Dissonanz*, einem unangenehmen Gefühl oder Spannungszustand, geschuldet, dass wir unser Leben und Arbeiten nicht – grundlegend – ändern, neue – fundamental andere – Lösungswege verfolgen, obwohl wir die Gefahren durch unser herkömmliches Handeln auf uns zukommen sehen.

Vielleicht wird es eine der größten kommenden Herausforderungen für Menschen sein, nicht superintelligente autonome Roboter zu entwickeln, sondern zu erkennen, dass die eigene Weiterentwicklung und das damit verbundene Denken und Handeln in Zusammenhängen, mit dem Blick für nachhaltige Veränderungen unserer Lebensumwelt, der eigentliche Entwicklungsfortschritt ist, den wir dringender denn je benötigen.

Abb. 8.1 fasst alle sechs genannten Cui-bono-Merkmale als Herausforderung vorhandener und kommender Mensch-Roboter-Kooperationen bzw. Mensch-Roboter-Kollaborationen zusammen.

Literatur[3]

Bauman, Z. (2005) Verworfenes Leben. Die Ausgrenzung der Moderne. Hamburger Edition HIS, Hamburg

Böckmann, C. (2017) Eine unbequeme Wahrheit. VDI-Nachrichten, 3. März 2017, Ausgabe 09 (http://www.vdi-nachrichten.com/Technik/Eine-unbequeme-Wahrheit, Zugriff: 19.4.2017)

Brasseur, G. P.; Jacob, D.; Schuck-Zöller, S. (Hrsg.) (2017) Klimawandel in Deutschland. Entwicklung, Folgen, Risiken und Perspektiven. Springer Spektrum, Heidelberg.

Broy, M.; Precht, R. D. (2017) Daten essen Seele auf. In: DIE ZEIT, Nr. 5, 26.1.2017, S. 8

EFI (2016) Gutachten zu Forschung, Innovation und technologischer Leistungsfähigkeit Deutschlands. Berlin

Fehren, O. (2008) Wer organisiert das Gemeinwesen. Zivilgesellschaftliche Perspektiven sozialer Arbeit als intermediärer Instanz. Edition Sigma, Berlin

Fricke, J.; Borst, W. L. (1981) Energie. Ein Lehrbuch der physikalischen Grundlagen. Oldenburg, München, Wien

Küppers, E. W. U. (2011a) Systemische Denk- und Handlungsmuster einer neuen nachhaltigen Politik im 3. Jahrtausend. In: Zeitschrift für Politikberatung, Zeitschrift für Politikberatung, H. 3–4, S. 377–398

Küppers, E. W. U. (2011b) Die systemische Kommune. Fachzeitschrift für alternative Kommunalpolitik, 1/2011, S. 52–54

---

[3] Ein Gesamtliteraturverzeichnis zum Buch ist auf der Internetseite des Verlags verfügbar: http://www.springer.com/de/book/9783658179199.

Küppers, E. W. U. (2015) Systemische Bionik. Impulse für eine nachhaltige gesellschaftliche Weiterentwicklung. Springer Vieweg, Wiesbaden

Küppers, E. W. U.; Küppers, J.-P. (2013) Ein Pakt für das Gemeinwesen. Über das vertagte vernetzte Denken in komplexen Räumen der Politik. Zeitschrift für Politikberatung, H. 3–4, S. 177–183

Küppers, E. W. U.; Tributsch, H. (2002) Verpacktes Leben – Verpackte Technik. Bionik der Verpackung. Wiley-VCH, Weinheim

Lindner, E.; Hoinkis, J. (1997) Chemie für Ingenieure. 11. Aufl., Wiley-VCH, Weinheim

Rabe, K.-K.(Hrsg.); Alinsky, S. D. (Autor) (1988) Anleitung zum Mächtigsein. Ausgewählte Schriften. Lamuv TB 36, Göttingen

Schellnhuber, H. J. (2015) Selbstverbrennung. Bertelsmann, München

Shiva, V. (1997) Monocultures of the mind. Zed Books, London, New York

Trojanow, I. (2013) Der überflüssige Mensch. Residenz, St. Pölten, Salzburg, Wien

UN-HSP (2016) Urbanization And Development: Emerging Futures. World Cities Report 2016, United Nations Human Settlements Programme, Nairobi, Kenya

Vester, F. (1988) Leitmotiv vernetztes Denken. Für einen besseren Umgang mit der Welt. Heyne, München

Das Buch nähert sich dem Ende. Wenn Sie – liebe Leserinnen und Leser – bis hierher durchgehalten haben, wenn Sie sich durch das Gestrüpp der verschiedenen Kapitel, Fachbegriffe, Erklärungen, Beziehungen, Aneinanderreihungen, Vorschriften, Bildersprachen und anderes mehr gekämpft haben, dann kann der Autor vielleicht annehmen, bei Ihnen ein gewisses Interesse zum Thema Humanoide im Speziellen, zur Robotik im Allgemeinen und zu uns selbst, als maßgebender Auslöser der neuen erdgeschichtlichen Epoche des Anthropozän im Besonderen geweckt zu haben.

Es war immer das Ziel des Buches, eine breite Leserschaft mit dem Thema Humanoide anzusprechen. Leserinnen und Leser also, die – über die Faszination des technisch Machbaren und die Detailverliebtheit von Ingenieuren und Naturwissenschaftlern hinaus – auch interessiert sind an gesellschaftlichen Zusammenhängen, die mit der neuen Technik unweigerlich verknüpft sind. Kapitel 8 stellt – dem Rechnung tragend – daher die alles entscheidende Frage: Cui bono? Wem zum Vorteil?

Jede neue Entwicklung wird immer zuerst skeptisch beäugt. Zeigt sie erste Erfolge für die Forscher und Entwickler und darüber hinaus auch für Anwendungen, die Menschen ihre Arbeit oder ihr Leben erleichtern, ist scheinbar ein vielversprechender Weg beschritten worden. Das dieser Weg nicht geradlinig verläuft und sich nicht Erfolg an Erfolg reiht, ist eine Binsenweisheit. Kleinere Stolpersteine werden aus dem Weg geräumt. Neue Ideen und Konstruktionen beflügeln die Menschen, Größeres zu wagen und in die Praxis umzusetzen.

Menschen haben aber die Angewohnheit, Probleme, vor denen sie stehen, mit analytisch scharfem Verstand und mit dem Blick fürs Detail anzugehen und zu bewältigen. Wir besitzen aber nicht die Fähigkeit, 20, 50, 100 oder gar 1000 Einflussgrößen – technisch spricht man auch von Parametern – eines Problems gemeinsam in den Griff zu bekommen, obwohl es der Realität entspricht. Bereits eine Handvoll verschiedener Parameter, 5–7 zum Beispiel, bringen uns ins Schwitzen, wenn wir deren Wechselbeziehungen untereinander analysieren und möglichst fehlerfrei einer Lösung zuführen sollen.

© Springer Fachmedien Wiesbaden GmbH 2018
E. W. U. Küppers, *Die humanoide Herausforderung*,
https://doi.org/10.1007/978-3-658-17920-5_9

Die komplexen Zustände um uns herum erfordern aber vielfach ein solches Vorgehen. Daher bedienen wir uns Maschinen und Apparaturen, denen wir Rechenvorschriften eingeben, die schneller, umfangreicher, dauerhafter und fehlerfreier als Menschen arbeiten, zumindest dann, wenn mechanische Abläufe dominieren. Kooperierende und kollaborierende Humanoide leisten bereits beachtliche Dienstleistungen für und mit Menschen. Wie sich diese Mensch-Maschine-„Partnerschaften" weiterentwickeln, ist noch nicht in aller Klarheit erkennbar. Vieles was heute über Jahre und Jahrzehnte prognostiziert wird, ist Wunschdenken. Einige durchdachte und realistisch einschätzbare Prognosen über kommende Generationen von Humanoiden lassen auf gewisse Erleichterungen im Umgang mit Menschen hoffen, die immer älter und auch pflegebedürftiger werden. Nicht umsonst ist der Gesundheitssektor heißumkämpft als ein weltweit aktives Betätigungsfeld mit verschiedenen Einsatzmöglichkeiten von Humanoiden. Auf der anderen Seite kann einem die Entwicklung martialisch aussehender „Kampfroboter" in Angst und Schrecken versetzen. Kampfverbände aus Humanoiden und Menschen in Kriegsgebieten oder hautnahe Kontrollen an Landesgrenzen, ob Flughäfen, Bahnhöfen oder Zollstationen, durch humanoides „Maschinenpersonal" sind gewöhnungsbedürftig. Zwischen dem programmierten humanoiden Auftrag, humanes Leben zu pflegen und zu erhalten, und dem Auftrag, Leben in Konfliktzonen zu vernichten, öffnet sich ein weites Feld potenzieller Möglichkeiten für humanoide Robotik. Es ist und bleibt letztlich der Mensch selbst, der die Richtung bestimmt, wie sich Humanoide im Zeitalter des Anthropozäns weiterentwickeln.

Der weit vorausblickende deutsche Computerpionier Konrad Zuse (1910–1995), der mit seinem Computer Z3 im Jahr 1941 die erste intakte Rechenmaschine auf der Erde entwickelte, kannte – wie einige andere seiner Kollegen, unter ihnen der deutsche und US-amerikanische Informatiker Joseph Weizenbaum (1923–2008) – die Tücken des Geschäfts mit Computern. Beide Pioniere haben früh die Chancen einer Computerisierung erkannt, aber zugleich auch deren Folgen für das Leben öffentlich diskutiert. Mit einem Konrad Zuse zugeschriebenen Zitat, das in der heutigen Zeit zunehmender Digitalisierung treffender nicht sein kann, soll daher auch geendet werden:

> Die Gefahr, dass der Computer so wird wie der Mensch, ist nicht so groß wie die Gefahr, dass der Mensch so wird wie der Computer.

Zahl

3D-Druckverfahren auch 3D-Drucken – D steht für Dimension –, ist eine weltweit akzeptierte generische Bezeichnung für alle automatisierten Schichtbauverfahren. Als Generative Fertigungsverfahren werden alle Fertigungsverfahren bezeichnet, die Bauteile durch Auf- oder Aneinanderfügen von Volumenelementen (Voxeln), vorzugsweise schichtweise, automatisiert herstellen (3D-Aufbau). Generative Fertigungsverfahren sind in Deutschland (VDI 3403) und in den USA (ASTM F2792) genormt. Jeder, der ein Textprogramm (einen Word-Prozessor) bedienen und das Ergebnis mithilfe eines 2D-Druckers als Brief ausdrucken kann, versteht unmittelbar, dass mithilfe eines Konstruktionsprogramms und eines 3D-Druckers ein dreidimensionales physisches Bauteil entstehen kann (Quelle: Gebhardt, A. (2013) Generative Fertigungsverfahren. Hanser, München, S. 3).

A

Abszisse auch Abszissenachse oder x-Achse, ist die in einem kartesischen, senkrecht aufeinander stehenden Koordinatensystem verlaufende horizontale Achse ($\rightarrow$ Ordinate).

ADHS steht für Aufmerksamkeits-Defizit-Hyperaktivitäts-Störung, eine schon im Kindesalter beginnende psychische Störung. Mittlerweile stellen hyperkinetische Störungen wie ADHS zusammen mit Störungen des Sozialverhaltens die häufigsten psychischen Störungen im Kindesalter dar. ADHS ist auf verschiedenen Wegen (Sport, Ernährung, Medizin u. a. m.) therapierbar. Auch Erwachsene können von ADHS betroffen sein (Quelle: http://www.adhs.de und http://www.adhs.de/5erwachs/5erwachs. html; Zugriff: 19.04.2017).

Adonis-Effekt steht für ein Muskelaufbauprogramm. Durch Training wird Gewicht ab- und werden Muskeln aufgebaut.

Affinität bezeichnet das Verlangen aufgrund ähnlichen Verlangens nach jemandem oder nach etwas.

Agent des Internets oder Agenten des Internets sind intelligente Programme, die den Datendschungel des Internet nach verborgenen Informationen durchforsten und Aufgaben

© Springer Fachmedien Wiesbaden GmbH 2018
E. W. U. Küppers, *Die humanoide Herausforderung*,
https://doi.org/10.1007/978-3-658-17920-5

für Auftraggeber durchführen. Damit verknüpft ist auch der Begriff des „intelligenten Netzlotsen".

Akustik ist die Lehre vom Schall und seiner Ausbreitung, wobei der Schall die wellenförmige Ausbreitung von Schwingungen – Ursache von Geräuschen – ist. Das Durchbrechen der Schallmauer bei Flugzeugen in einer Flughöhe von ca. 11 km mit Überschallgeschwindigkeit (v > 343 m/s) führt zu einem lauten Knall (Quelle: Tipler et al. (2015) Physik, Springer, Berlin, Heidelberg, S. 455 ff.).

Algorithmus ist eine eindeutige wohldefinierte Folge von Rechenvorschriften bzw. Operationen, die zur Lösung eines Problems führen. Algorithmen können in Computerprogrammen implementiert werden. Dadurch wird bei einer definierten Eingabe eine definierte Ausgabe bzw. Lösung erreicht. Der Wert eines bestimmten Algorithmus bestimmt seine Leistungsfähigkeit, die Genauigkeit seiner Ergebnisse, seinen Anwendungsbereich, seine Kompaktheit und die Geschwindigkeit, mit der er arbeitet (Quelle: Penrose, R. (2002) Computerdenken. Spektrum Akademischer Verlag, Heidelberg, Berlin, S. 16).

Alpha-Wellen Schwankungen des durch Kopfhaut und Schädel abgeleiteten elektrischen Potentials der Hirnaktivität mit einer Frequenz von 8 bis 12 pro Sekunde. (Quelle: http://www.spektrum.de/lexikon/biologie/alpha-wellen/2443; Zugriff: 19.04.2017).

Android hier verknüpft mit humanoiden Robotern, ist der Name für eine Maschine mit menschenähnlichem, zumeist männlichem Aussehen. Weibliche humanoide Roboter werden *Gynoide* genannt (Quelle: https://de.wikipedia.org/wiki/Androide; Zugriff: 19.04.2017).

Anergie ist derjenige Energieanteil, der nicht in Arbeit umgewandelt werden kann, also nicht technisch nutzbar ist (→ Exergie).

Animaloid Roboter bzw. Maschine in tierähnlicher Gestalt.

anthropomorph menschähnlich oder von menschlicher Gestalt

Anthropozän Der Begriff geht auf den niederländischen Klimaforscher J. P. Crutzen und den US-amerikanischen Biologen E. F. Stoermer zurück und bezeichnet die aktuelle, durch Menschen geprägte geologische Epoche, im Anschluss an die vorherige Epoche des zirka 11.700 Jahre langen Holozäns. Der wahrscheinliche Beginn des Anthropozäns ist noch nicht endgültig bestimmt und schwankt zwischen der Mitte des 18. Jahrhunderts (Erfindung der Watt'schen Dampfmaschine) und 1950 (Auswirkungen der Atombombenabwürfe).

App, Apps kleine elektronische Programme, die Arbeiten an – mobilen – Computern oder Mobile Phones erleichtern sollen.

Artificial Intelligence AI, englisch für → *„Künstliche Intelligenz KI".* AI bzw. KI ist ein Teilgebiet der Informatik. Es wird versucht, durch (→) Algorithmen Programme zu entwickeln, die dem menschlichen Neuronennetz und seinen Prozessen nachempfunden werden. Dadurch soll ein intelligentes Verhalten bei Maschinen bzw. Robotern simuliert werden.

Atemfrequenz Zahl der Atemzüge pro Zeiteinheit, zum Beispiel 20 pro Minute.

Augmented Reality, Augmented Learning (englisch für → *„erweiterte Realität"* bzw. erweitertes Lernen) ist eine computerunterstützte Erweiterung realer Wahrnehmung. Beispiele sind elektronische grafische Einblendungen auf Bildschirmen, zur Erläuterung bestimmter Bilddarstellungen oder Filmsequenzen.

Avatar „Ein Avatar (Substantiv, maskulin; der Avatar) ist eine künstliche Person oder eine Grafikfigur, die einem Internetbenutzer in der virtuellen Welt zugeordnet wird, beispielsweise in einem Computerspiel." (https://de.wikipedia.org/wiki/Avatar_(Internet); Zugriff: 19.04.2017). Siehe auch den Kinofilm „Avatar" von James Cameron, 2009.

B

Belletristik verschiedene Formen von Unterhaltungsliteratur.

Bewusstsein ist als genereller Begriff schwierig zu definieren, weil es von verschiedenen Fachdisziplinen mit unterschiedlichen Bedeutungen belegt ist. Der Neurobiologe Christoph Koch beschreibt es so: „Wenn kein Bewusstsein ist, ist nichts. Unseren Körper und die Welt mit ihren Bergen und Menschen, Bäumen und Hunden, Sternen und Melodien nehmen wir nur durch unser subjektives Erleben, unsere Gedanken und Erinnerungen wahr. Wir handeln und bewegen uns, sehen und hören, lieben und hassen, erinnern uns an Vergangenes und stellen uns Zukünftiges vor. Letztlich aber begegnen wir der Welt in all ihren Manifestationen nur über unser Bewusstsein. Und wenn das Bewusstsein endet, endet für uns auch die Welt." (Quelle: Koch, C. (2013) Bewusstsein. Springer, Heidelberg, S. 37)

Bifurkation, Multi-Bifurkation hier Gabelung, Mehrfachgabelung, Verzweigung.

Big Data große Datenmengen, die nur in Zehnerpotenzen erfassbar sind, z. B. 10^{13}.

Biodiversität, biologische Vielfalt bezeichnet gemäß der UN-Biodiversitäts-Konvention (Convention on Biological Diversity, CBD) „die Variabilität unter lebenden Organismen jeglicher Herkunft, darunter unter anderem Land-, Meeres- und sonstige aquatische Ökosysteme und die ökologischen Komplexe, zu denen sie gehören". Damit umfasst sie die Vielfalt innerhalb sowie zwischen Arten, darüber hinaus die Vielfalt der Ökosysteme selbst. Nach dieser Definition besteht die Biodiversität auch aus der genetischen Vielfalt. (Quelle: https://de.wikipedia.org/wiki/Biodiversität; Zugriff: 19.04.2017).

Biokybernetik, biokybernetisch hier biologische Kybernetik. Sie befasst sich mit den Steuerungs- und Regelungsvorgängen in Lebewesen und dem Ökosystem.

Biomechatronische Systeme sind mechatronische – mechanisch-elektronische – Systeme, die Prinzipien bzw. Techniken der Natur für ihre Verbesserungen bzw. technischen Fortschritte nutzen.

Bionik/Systemische Bionik ist eine interdisziplinäre Wissenschaftsdisziplin, die sich bewährte biologische Produkt-, Verfahrens- und Organisationsprinzipien zunutze macht, um diese in technische Anwendungen zu transformieren. Die Systemische Bionik legt bei diesem biologisch-technischen Transformationsprozess den Systemgedanken zugrunde. Dabei werden bionische Lösungen nicht isoliert und detailfokussiert von der vernetzten Natur betrachtet, sondern diese mit in den bionischen Lösungsprozess einbezogen. Das Ziel ist, durch ganzheitliche Lösungsstrategien der natürlichen Nachhaltigkeit auch in der Technosphäre gerecht zu werden (Quelle: Küppers, E. W. U. (2015) Systemische Bionik. Springer, Wiesbaden).

Biosphäre ist derjenige Raum der Erde, auf dem Leben wächst.

Biotop kennzeichnet einen bestimmten Lebensraum der Erde, der von einer bestimmten Lebensgemeinschaft bevölkert wird. Flüsse, Wälder, Wüsten, Heiden, Polarbereiche, Städte etc. werden Biotop genannt.

Blutdruck ist der Druck – gemessen in Kraft pro Flächeneinheit – des Blutes in einem mit Blut durchflossenen Gefäß. Die heute gängige Messeinheit ist mm Hg (Hg = Quecksilber). Ein typischer Wert ist 120/80. Der erste Wert wird systolischer Wert genannt (Systole, Teil des Herzzyklus, hier Zusammenziehen des Herzmuskels mit Hinauspressen des Blutes aus der rechten und linken Herzkammer), der zweite ist der diastolische Wert (Erschlaffung des Herzmuskels mit Bluteinströmung in die Herzkammern) (Quelle: https://www.blutdruckdaten.de/lexikon/blutdruck-normalwerte.html; Zugriff: 19.04.2017).

Blutzuckerspiegel Blutzucker ist der Anteil von Glucose im Blut. Der Blutzuckerspiegel wird nach dem Internationalen Einheitssystem SI in mg/dl (Milligramm pro Deziliter) oder mmol/l (Millimol pro Liter) gemessen. Ein typischer Wert – nüchtern gemessen – ist 120 mg/dl.

Boolesche Algebra eine in der Mathematik spezielle Art der Berechnung, die logische Operatoren der Art „und", „oder", „nicht" mit mengentheoretischen Verknüpfungen, wie Durchschnittsmenge, Vereinigungsmenge, Komplementärmenge (z. B. von Zahlen) nutzt. Die Boolesche Algebra geht auf den englischen Mathematiker George Boole (1815–1864) zurück und ist Grundlage für die Entwicklung digitaler Elektronik (Quelle: https://de.wikipedia.org/wiki/Boolesche_Algebra; Zugriff: 19.04.2017).

BORG-Queen (Figur aus der Fernsehserie und Kinofilmreihe „Star Trek") vergleichbar mit der technischen Singularität nach Ray Kurzweil, wonach in Zukunft verschiedene Theorien zu einer einzigen zusammengefasst werden, wodurch sich technischer Fortschritt mit (→) KI enorm beschleunigten lassen soll (Quelle: https://de.wikipedia.org/wiki/Raymond_Kurzweil; Zugriff: 19.04.2017).

Burn-out-Syndrom englisch für *„ausbrennen", „ausgebrannt sein"*. Ein Syndrom, das bis zur völligen Erschöpfung und Arbeitsunfähigkeit führen kann.

Business as usual englisch für *„mache weiter so wie bisher"*, betreibe dein Geschäft wie immer.

BYOD (→ LYOD) Abkürzung für *„Bring Your Own Device"*. Wird in Verbindung mit digitaler Bildung benutzt, bei der Schüler ihre eigenen elektronischen Lernmittel im Unterricht nutzen.

Byte Informationseinheit der Digitaltechnik, die aus acht Zeichen – Bit, in Form von 0 und 1 – besteht. Beispiel: 00110010.

C

Chatbots, Bots werden textbasierte, auf natürlicher Spracheingabe und -ausgabe gestützte, elektronische Gesprächssysteme genannt, mit denen Menschen mit Maschinen in einen Dialog treten können.

Chronostratigraphie, chronostratigraphisch Teil der geologischen Stratigraphie (= Schichtenkunde), die zur Altersbestimmung von Gesteinskörpern benutzt wird.

Cloud Computing englisch für „Schichtwolke". Teil der elektronischer IT-Infrastruktur, die als Dienstleistung übers Internet Nutzern Speicherplätze, Programme, Datenbanken u. a. m. zur Verfügung stellt, zur Entlastung der eigenen Rechnerkapazität.

Cognobotics, Cognobots ähnlich wie (→) Chatbots, nur reagieren Cognobots als elektronische Programme – zusammen mit KI – auf menschliche Emotionen und menschliches Verhalten.

Convenience englisch für „*Bequemlichkeit*", Komfort, Zweckdienlichkeit

Cortex cerebri lateinisch für „*Großhirnrinde*" oder äußere, an Nervenzellen reiche Schicht des Gehirns.

Creative Commons, CC, englisch für „*schöpferisches Gemeingut*", ist eine Non-Profit-Organisation, die in Form vorgefertigter Lizenzverträge eine Hilfestellung für Urheber zur Freigabe rechtlich geschützter Inhalte anbietet (Quelle: http://de.creativecommons.org/was-ist-cc/; Zugriff: 19.04.2017).

Crowdfunding englisch für „*Schwarmfinanzierung*", wobei Crowd für Menschenmenge steht. Mit der „Zukunftsidee" für ein Produkt wird z. B. im Internet für die Finanzierung geworben. Beteiligte Geldgeber erhalten – zum Beispiel in Form einer stillen Beteiligung – einen Anteil am zukünftigen möglichen – nicht sicheren – Produkterfolg.

Cyberphysische Systeme, CPS, sind technische Systeme mit einliegenden kleinen Computern bzw. Software, die über Dateninfrastrukturen wie dem Internet kommunizieren können. Werkzeugmaschinen, Hausgeräte, PKW, Brandschutzmelder, Heizungsanlagen und vieles mehr besitzen CPS, die über Fernabfragen Daten erfassen und bearbeiten können.

Cyborg wird ein Mischwesen genannt, das teils aus Mensch bzw. menschlichem Organismus, teils aus Maschine besteht.

D

DATA (Figur aus der Fernsehserie „Star Trek") Android mit immensem Wissen und Hochgeschwindigkeitsverarbeitung von Daten.

Daten können gemessene oder beobachtete Angaben, Werte oder Diagnosen sein, die durch verschiedene Verfahren gewonnen wurden. Generell existiert keine einheitliche Definition.

Datenbrille, 3D-Datenbrille Brille mit eingebettetem kleinen Computer (→ embedded systems), auf die elektronische Zusatzinformationen für zum Beispiel Konstruktionsarbeiten an Maschinen projiziert werden, die dem Arbeiter die Arbeit erleichtern sollen.

Deep Learning englisch für „*tiefgehendes Lernen*". Wird als Optimierungsverfahren in Zusammenhang mit Künstlichen Neuronalen Netzen – KNN – verwendet.

Default-Mode-Nervennetz englisch für „*Ruhezustandsnetzwerk*" ist eine Gruppe von Netzwerkbereichen unseres Gehirns, die im Zustand der Muße aktiv und bei der Durchführung von Arbeiten inaktiv sind (Quelle: Raichle, M. E. et al. (2001) A default mode of brain function. PNAS, Jan. 16, S. 676–682).

Deglobalisierung beschreibt den ökonomisch gesteuerten Rückzug von Staaten und Staatengebilden aus internationalen Marktverknüpfungen bzw. -verträgen. Ein Ziel dieser Strategie ist die Stärkung der eigenen Wirtschaft, die einhergeht mit Handelsschranken bzw. Zöllen gegenüber Importen. Das Gegenteil von Deglobalisierung ist Globalisierung.

Demographie, Demografie ist die Wissenschaft, die sich theoretisch-statistisch mit der Entwicklung der Bevölkerung eines Landes und ihrer Struktur befasst.

Desoxyribonukleinsäure, DNS, englisch DNA ist ein spiralförmiges Biomolekül und Träger der Erbsubstanz in Lebewesen.

Destruktivität beschreibt eine Geisteshaltung von Menschen, die auf Zerstörung von Personen und Sachen gerichtet ist. Der Psychoanalytiker Erich Fromm (1900–1980) beschreibt Destruktivität als „bösartige Aggression" (Zerstörungswut, Grausamkeit, Mordgier u. Ä.). Er analysierte sie als ein menschliche Leidenschaft bzw. Charakterstruktur; zugleich aber auch als ein Wesensmerkmal, der in kapitalistischen Gesellschaften verstärkt wird. Das Gegenteil von Destruktivität ist Konstruktivität. (Quelle: Fromm, E. (1977) Anatomie der menschlichen Destruktivität, Rowohlt, Reinbek bei Hamburg).

Dialog, dialogisch bezeichnet ein zwischen zwei oder mehreren Menschen stattfindendes Gespräch oder eine schriftliche Rede und Gegenrede. Das Gegenteil von Dialog ist Monolog.

Didakta, Didacta Bildungsmesse in Deutschland.

Digitalisierungsabfälle hier den Wertstoffprozessen folgende Abfälle aus Geräten wie Computer, Tablets, Mobile Phones, Festplatten, Radios, Fernsehern etc., die zum Großteil in Billiglohnländer Asiens hergestellt und nach Nutzung dort und in Afrika wieder entsorgt werden.

dissipativ zerstreuend. Eine dissipative Struktur – zerstreuende Struktur – ist ein Phänomen, bei dem sich eine selbstorganisierte dynamische Ordnungsstruktur innerhalb eines nichtlinearen Systems fern vom thermodynamischen Gleichgewicht bildet – „Inseln der Ordnung in einem Meer von Unordnung". Dissipative Systeme sind offene Nichtgleichgewichtssysteme, die mit der Umwelt Energie und Materie austauschen. Beispiel: Jeder Mensch ist ein dissipatives Nichtgleichgewichtssystem, weil er sich (dynamisch) permanent verändert, Energie und Materialien in Form von Nahrung zu sich nimmt und nicht verwertete Energie und Materialien ausscheidet bzw. an die Umwelt abgibt (Quelle: Prigogine, I.; Stengers, I. (1981) Dialog mit der Natur. Neue Wege naturwissenschaftlichen Denkens. Piper Verlag, München, Zürich).

DNA-Test ein molekularbiologisches Verfahren zur Bestimmung genetischer Merkmale bei Menschen.

Dopamin Überträgerstoff an den Kontaktstellen zwischen Nervenzellen.

Drohnen sind fliegende unbemannte Luftfahrzeuge, darunter fallen auch sogenannte Quadro- oder Multicopter, die vier oder mehr rotierende Tragflügel besitzen. Sie sind mit technischen Mitteln wie hochauflösenden Kameras ausgerüstet und können durch Fernsteuerung für verschiedenste Zwecke genutzt werden, z. B. für Überwachungen von Verkehrsflüssen, Waldschäden, aber auch für militärische Einsätze.

Dynastien sind Geschlechterfolgen von Familien bzw. Herrschern.

E

E-Learning englisch für *„elektronisch unterstütztes Lernen"*.

Ebola-Epidemie tödlich verlaufende Virus-Krankheit, zuletzt 2014 in westafrikanischen Ländern ausgebrochen.

Effizienz, ökonomische Effizienz Effizienz – englisch „efficiency" – beschreibt ein Nutzen-Aufwand-Verhältnis, welches zum Erreichen eines bestimmten Ergebnisses benötigt wird. Effizienz kann somit als ein Kriterium verstanden werden, mit dem beschrieben wird, ob ein Ziel in einer bestimmten Art und Weise zu erreichen ist. Vergleichbare deutsche Begriffe sind Wirksamkeit oder auch Wirtschaftlichkeit. Der Begriff der Effizienz ist eng verbunden mit dem Begriff der *„ökologischen" „Suffizienz"*, einem möglichst geringen Verbrauch an Energie und Rohstoff. Beide Begriffe sind für nachhaltiges Konsumieren von großer Bedeutung. Bei der ökonomischen Effizienz handelt es sich um ein „Entscheidungskriterium, das von mehreren ökologisch gleich wirksamen Maßnahmen (ökologische Treffsicherheit) diejenige auswählt, die mit den geringsten volkswirtschaftlichen Kosten verbunden ist (auch Kosteneffizienz genannte). Kosteneffizienz verlangt, dass die ,Grenzvermeidungskosten' aller Unternehmen identisch sind, was durch unterschiedliche Vermeidungsmengen erreicht wird." (Quelle: https://www.nachhaltigkeit.info/artikel/effizienz_1719.htm; Zugriff: 19.04.2017). Klimabeispiel zu *Grenzvermeidungskosten:* „Die bei der Vermeidung einer zusätzlichen Tonne von Treibhausgasen bezogen auf das aktuelle Niveau entstehenden Kosten." (Quelle: http://www.co2-handel.de/lexikon-223.html; Zugriff: 19.04.2017).

eingebettete Systeme, embedded systems sind kleine Computer, die in technischen Systemen integriert sind ($\rightarrow$ *Cyberphysische Systeme*).

EKG ist die Abkürzung für Elektrokardiogramm. Es zeichnet die Aktivitäten aller Herzmuskelfasern über die Zeit auf. Unterschieden wird zwischen Ruhe-EKG und Belastungs-EKG.

Emergenz, emergent, englisch für *„auftauchen"*, ist das Herausbilden neuer Eigenschaften und Strukturen in Systemen, die aus dem Zusammenwirken von Einzelelementen des Systems entstehen, aber durch die Analyse der Eigenschaften einzelner Systemelemente nicht vorhersagbar ist.

En passant französisch für *„im Vorbeigehen"*, **„beiläufig"**.

Energie ist die Fähigkeit, Arbeit zu verrichten. Energie teilt sich in einen Anteil ($\to$ ***Exergie***), der sich unbeschränkt in Arbeit umwandelt, und einen Anteil „*Anergie*", der sich nicht in Arbeit umwandelt (s. a. $\to$ ***Erste Hauptsatz der Thermodynamik***). Die Maßeinheit für Energie ist das Joule [J].

Engelskreis, Gegenteil: Teufelskreis sind Begriffe aus der Systemdynamik. Sie werden in Zusammenhang mit rückgekoppelten Verbindungen bzw. dynamischen Flussgrößen zwischen Systemelementen benutzt. Beispiel: Der Zufluss eines Wasserstroms in einen Behälter erhöht den Wasserstand im Behälter. Hält der Zufluss an, führt dies zum Überlaufen des Wassers im Behälter. Daraus ergibt sich der Teufelskreis: Je mehr Wasser zufließt, umso eher findet ein Überlauf statt. Daraus entstehen Folgeprobleme wie Überschwemmung, Reinigungsarbeiten etc. Wird der Zufluss des Wassers im Behälter durch einen Abfluss reguliert, stellt sich ein dynamischer Wasserstand – je nach Wasserabflussmenge – ein, der das gesamte System stabilisiert und ein Überlaufen verhindert. Folgeprobleme finden durch diesen „*Engelskreis*" nicht statt, weil jede Änderung des Zuflusses durch eine Änderung des Abflusses kontrolliert werden kann.

Entropie oder „*Unordnung*" ist eine fundamentale „***Zustandsgröße der Thermodynamik***" mit der Maßeinheit [Joule/Kelvin]. Einfach formuliert enthält derjenige Körper mehr Entropie, dessen Temperatur höher ist. Bei sich berührenden Köpern ungleicher Temperatur fließt Entropie immer vom wärmeren zum kälteren Körper, bis ein Temperaturausgleich stattfindet.

Entschleunigung, Gegenteil „***Beschleunigung***", hier in Zusammenhang von Arbeitsbelastung und frei zur Verfügung stehender Zeit zu sehen. Entschleunigung wird oft in Verbindung mit „Wellness" – Wohlfühlen – benutzt, bei dem Menschen in sogenannten „Wellness-Oasen", oft übers Wochenende, Entspannung suchen, um dann wieder in der Folgewoche „fit" zu sein für neue „beschleunigte" Arbeitsbelastungen.

Episode, episodisch hier „*nebensächliches Ereignis*". Der Begriff Episode wird vielfach verwendet, unter anderem auch literarisch als Nebenhandlung in einem Roman.

Erster Hauptsatz – 1. HS – der Thermodynamik wird auch als „***Energieerhaltungssatz der Thermodynamik***" beschrieben, der aussagt, dass Energien ineinander umwandelbar sind, aber nicht neu gebildet oder vernichtet werden. Auf den Energiebegriff bezogen bedeutet das: Energie = Exergie + Anergie = konstant. Kein Energieanteil geht verloren, es findet nur ein Wandlungsprozess untereinander statt.

Erweiterte Realität, ER ($\to$ „***Augmented Reality***", AR)

Ethik, ethisch Teilbereich der Philosophie, befasst sich mit der Voraussetzung von menschlichem Handeln und dem Bewerten dieses Handelns. Vernunft ist die Basis der Ethik. Praktisch zeigt sich Ethik in vielen alltäglichen Handlungen, z. B. bei der Massentierhaltung von Tieren, die wir trotz des Wissens um die katastrophalen „*unethischen*" Zustände der Tierhaltungen verzehren. Ethik ist eine praktische Wissenschaft, die bereits um 350 v. Chr. von Aristoteles begründet wurde.

Ethik, normativ, deskriptiv Die normative Ethik prüft und bewertet die vorhandenen Sitten- und Moral-Empfehlungen bzw. -Gesetze und schlägt entsprechende Handlungsanweisungen vor. Demgegenüber befasst sich die deskriptive Ethik mit der Beschreibung von gelebter Sitte, Moral und Werten innerhalb einer Kultur bzw. Gesellschaft.

Evolution, evolutionär entwicklungsgeschichtliche Betrachtung der Veränderung vererbbarer Merkmale von Lebewesen in einer Population über Generationen. Neue Erkenntnisse führen auch zu Belegen für *„epigenetische"* – nicht auf Genmutation beruhenden individuellen – Veränderungen von Lebewesen.

Exabyte 10^{18} Byte oder 1.000.000.000.000.000.000 Byte ($\rightarrow$ ***Byte***).

Exergie ist derjenige Anteil der Energie, der vollständig in Arbeit umgewandelt werden kann.

Exoskelett, auch *„Außenskelett"*, ist eine äußerlich am Menschen befestigte Stützkonstruktion, die helfen soll, durch Krankheiten oder Unfälle immobil gewordene Menschen beim Wiedererlernen von Gehen und Laufen zu unterstützen.

expressiv *„ausdrucksvoll"*, *„ausdrucksstark"*.

F

Festmeter ist in der Forstwirtschaft ein Raummaß für Rundhölzer. Ein Festmeter fm entspricht einem Kubikmeter [m^3] fester Holzmasse ohne Zwischenräume.

Feuerregime Feuer ist ein unregelmässiges und heterogenes Phänomen. Waldbrände lassen sich zum Beispiel nach ihrer Typologie klassieren. Man unterscheidet: Je nach vorherrschender Wetterlage und Brandtypologie können Waldbrände ganz unterschiedliche Intensität, Saisonalität und Häufigkeit haben. Die Kombination dieser Elemente nennt man „Feuerregime". (Quelle: http://www.waldwissen.net/waldwirtschaft/ schaden/brand/wsl_erosion_nach_waldbrand/index_DE, Zugriff: 19.05.2017).

Fitness englisch für *„allgemeines körperliches und geistiges Wohlfühlen"*.

Flow englisch für *„fließen"*, *„strömen"*. Der Begriff entstammt der Psychologie und wurde durch den ungarische Psychologen Mihály Csíkszentmihályi allgemein bekannt. Ein „Flow"-Erlebnis ist ein besonderer körperlicher und geistiger Zustand des Glücks oder Wohlbefindens, der z. B. nach der Entdeckung einer bislang unbekannten Spezies, dem Erreichen eines Berggipfels nach anstrengender Klettertour u. s. w. eintritt. Flow-Erlebnisse können bei Kindern und Erwachsenen eintreten, wobei nach dem Psychologe Siegbert A. Warwitz „Handeln und Bewusstsein miteinander verschmelzen (eine Außenwelt existiert nicht)" (Quelle: https://de.wikipedia.org/wiki/Flow_ (Psychologie); Zugriff: 19.03.2017).

Folgeprobleme sind Probleme, die zum Beispiel nach dem Erreichen eines Ziels überraschend eintreten, ohne dass vorher damit kalkuliert oder gerechnet werden konnte. Sie sind auch unter dem Begriff *„Unerwartete Ereignisse"* bekannt und führen nicht selten zu Belastungen oder zerstörerischen Auswirkungen von/auf Personen, Materialien und zur Anhäufung von Folgekosten. Beispiele sind aus dem Baubereich durch mangelhafte Stabilität bzw. ungeeignete Baustoffe oder erhebliche Zeitverzögerung durch unqualifizierte Organisationsplanung, im Energiesektor bei Kraftwerkunfällen durch undurchschaubare komplexe Zusammenhänge, in der Politik durch „faule" Kompromisse u. a. m. einer breiten Öffentlichkeit bekannt.

Free and Open Source Software, FOSS englisch für *„freie Software"* bzw. freien Zugang zu Quellenprogrammen.

Functional englisch für *„funktional"*, **„funktionsgemäß"**, **„einer Funktion entsprechend"**.

G

Gamma-Wellen stehen in Verbindung mit der Messung von Gehirnwellen durch eine Elektroenzephalografie – EEG. Ein Elektroenzephalogramm zeichnet zeitabhängig die Aktivität größerer Gruppen von Nervenzellen des Gehirns auf der Kopfhaut auf, darunter verschiedene Frequenzmuster. Gamma-Wellen besitzen eine Frequenz von 38 bis 100 Hertz bzw. Schwingungen pro Sekunde. Gamma-Wellen treten auf bei starken Konzentrationen, z. B. beim Buchschreiben oder Buchlesen, bei intensiven Lernprozessen und beim Meditieren.

Gauß, Johann Carl Friedrich Gauß Deutscher Mathematiker, Astronom, Physiker (1777–1855). Auf Gauß gehen die nichteuklidische Geometrie, zahlreiche mathematische Funktionen, Integralsätze, die Normalverteilung „Glockenkurven-Verteilung", erste Lösungen für elliptische Integrale und weiteres mehr zurück (Quelle: https://de.wikipedia.org/wiki/Carl_Friedrich_Gauß; Zugriff: 19.04.2017).

Gauß'sche Prozessmodell oder **Gauß-Prozess** ist ein *„stochastischer Prozess"* aus der *„Wahrscheinlichkeitsrechnung"*. Darin ist jede endliche Teilmenge von zufallserzeugten Variablen mehrdimensional normalverteilt. Gaußprozesse werden zur mathematischen Modellierung des Verhaltens von Systemen auf Basis von Beobachtungen angewendet (Quelle: https://de.wikipedia.org/wiki/Gauß-Prozess; Zugriff: 19.04.2017).

Gen Editing oder Genome Editing englisch für *„genetisches Schneiden"*. Es beschreibt eine molekularbiologische Methode, bei der zielgerichtet die DNA, das Erbgut von Menschen, Pflanzen und Tieren verändert werden kann.

Genmutationen Veränderung des Erbgutes in einzelnen Genen.

Genom Gesamtheit der materiellen Träger von Erbinformationen.

Genschere *„CRISPR/Cas9"*, ein gentechnisches Verfahren, mit dem rückstandsfrei ein buchstabengetreuer Eingriff in das Erbgut gelingt.

geozentrisch oder *„geozentrisches Weltbild"* stellt die Erde als Mittelpunkt des Universums dar. Unternehmen können auch ihren Hauptsitz als geozentrisch zu den umliegenden Tochterunternehmen im In- und Ausland betrachten (→ *heliozentrisch*).

Gerontologie, gerontologisch ist die Wissenschaft bzw. die Untersuchungsvorgänge vom Alter der Menschen.

Grafik- bzw. Bildformate, GIF, TIFF, PNG, JPEG, beschreiben den Aufbau von Bilddateien. **GIF**: Graphic Interchange Format, beschränkt auf 256 Farben; **TIFF**: Tagged Image File; Format, hochwertig, Farbtiefe 32 bit; **PNG**: Portable Network Graphics, bis 16,7 Mio. Farben; **JPEG**: Joint Photographic Expert Group, 24 bit Farbtiefe.

Großhirnrinde, Hirnrinde, Cortex (→ *Cortex cerebri*).

Großhirnrinde, motorisch, somatosensorisch Der Bereich des *„Motorcortex"* oder *„motorische"* oder *„somatomotorische Rinde"* ist ein abgegrenzter Bereich der

Großhirnrinde. Der Motorcortex steuert willkürliche Bewegungen und stellt aus einfachen Bewegungsmustern komplexe Abfolgen zusammen. Der *„somatosensorische Cortex"*, **„Empfindungen dienend"**, ist für die zentrale Verarbeitung haptischer Wahrnehmungen zuständig, wie Berühren, Druck Vibration, Temperatur, ebenso Schmerzempfinden.

Gynoid oder Fembot beschreibt einen weiblich aussehenden humanoiden Roboter.

Gyroskop ist eine Kreiselinstrument, das unter anderem in der Navigation zur aktiven Lageregelung genutzt wird.

H

handlungsorientiert zum aktiven Handeln angeleitet oder gefördert werden. Zum Beispiel im Unterricht, in dem Schüler oder Studierende durch Anleitung selbstständig theoretische und praktische Arbeiten durchführen. Handlungsorientierter Unterricht steht in Verbindung mit ganzheitlich beanspruchten Aktivitäten.

Haptik durch Berührung gewonnene Wahrnehmung.

Hardware ist der gerätetechnische Teil eines datenverarbeitenden Systems, eines Computers.

heliozentrisch oder *„heliozentrisches Weltbild"* stellt als kopernikanisches, astronomisches Modell die Sonne als Mittelpunkt, um die die Planeten unseres Sonnensystems kreisen. Mit zunehmender Genauigkeit der Messungen wurde das heliozentrische Weltbild im 18. Jhd. durch die Newtonsche Himmelsmechanik abgelöst – Bewegung aller Himmelskörper durch wechselseitige Gravitation (→ *geozentrisch*).

Herzfrequenz Zahl der Herzschläge pro Zeiteinheit.

Herzratenvariabilität, Herzfrequenzvariabilität beruht auf der Fähigkeit des Organismus, die Frequenz des Herzrhythmus zu verändern.

Hippocampus „Teil des Gehirns, der an der Unterseite des Gehirns in der Nähe des Hirnstamms liegt und der für die Speicherung von Informationen für längere als wenige Minuten sowie das Abrufen der gespeicherten Informationen wichtig ist." (Quelle: Madeja, M. (2012) Das kleine Buch vom Gehirn. dtv, München, S. 203).

Holismus, holistisch Lehre von der Ganzheit, ganzheitlich. Dahinter steht die Vorstellung, „[...] dass natürliche (gesellschaftliche, wirtschaftliche, physikalische, chemische, biologische, geistige, linguistische usw.) Systeme und ihre Eigenschaften als Ganzes und nicht als Zusammensetzung ihrer Teile zu betrachten sind. Der Holismus vertritt die Auffassung, dass ein System als Ganzes funktioniert und dies nicht vollständig aus dem Zusammenwirken aller seiner Einzelteile verstanden werden kann. Die entgegengesetzte Position hierzu ist der Reduktio-nismus beziehungsweise Atomismus, der versucht, das zusammengesetzte System als Ergebnis der Elemente und ihrer Eigenschaften zu beschreiben. Hauptargument des Holismus gegen den Reduktionismus ist oftmals eine nicht vollständige Erklärbarkeit des Ganzen aus den Eigenschaften seiner Teile." (Quelle: https://de.wikipedia.org/wiki/Holismus; Zugriff: 19.04.2017)

Holographie, Holografie, holografisch Darunter werden physikalische Verfahren verstanden, die den Wellencharakter des Lichts für Darstellungen – räumliche Darstellungen – nutzen, die mit fotografischen Mitteln nicht erreicht werden. Beispiele finden sich auf deutschen Geldscheinen.

Holozän ist die jüngste, ca. 11.700 Jahre andauernde Zeitspanne der Erdgeschichte, die sich anschickt, durch das (→ **Anthropozän**) abgelöst zu werden.

homo faber der Mensch, der technikorientiert ist.

homo humanoid der Mensch, der humanoide Züge besitzt.

homo ludens der Mensch, der spielt.

homo sapiens der besonders weise und kluge Mensch.

Homunculus „Menschlein", ein künstlich geschaffener Mensch.

Hotspots *„Brennpunkte"* sind aus klimatischer geologischer Sicht entscheidende Einflüsse für eine Klimaveränderung, sofern sie zerstört werden oder nicht mehr existieren. Hierzu zählen u. a. *Moore*, das *Great Barrier Reef* an Australiens Ostkünste, der *Amazonasurwald, Biotope für seltene Lebewesen* u. v. m.

Humanoid Roboter mit menschenähnlichem Aussehen und ebensolchen Funktionen.

Humboldtsches Bildungsideal charakterisiert eine ganzheitliche Ausbildung in Wissenschaft und Kunst mit den jeweiligen Fachdisziplinen.

I

Impedanz ist eine elektrische Größe und wird „*Wechselstromwiderstand*" genannt. Die Impedanz ist das Verhältnis der elektrischen Spannung U an einem Verbraucher – ein Bauteil oder eine Leitung – zur am Verbraucher gemessenen Stromstärke I.

Inferior minderwertig, unterlegen.

Information ist eine Teilmenge an Wissen. Nach Klaus North – *Norths Wissenstreppe* – führen Daten, denen eine bestimmte Bedeutung zuerkannt wird, zu Information; und Information gelangt durch Vernetzung zu Wissen.

informell formlos, ohne Formalität.

Infrarot Teilbereich elektromagnetischer Strahlung, jenseits des von Menschen gesehenen sichtbaren Lichtspektrums, zwischen 780 nm [nm] und 1 Millimeter [mm]. Sichtbares Licht liegt im Bereich von 400 bis 700 nm.

Infraschall ist Schall in einem Frequenzbereich von 16–20 Herz (Schwingungen pro Sekunde) und von Menschen nicht wahrnehmbar. Elefanten, Giraffen und Wale verständigen sich durch Infraschall.

Intelligenz, fluide, kristalline, mehrdimensionale Allgemein ist Intelligenz die Fähigkeit, durch abstraktes logisches Denken und folgerichtiges Handeln Aufgaben und Probleme zu lösen. Fluide, kristalline, mehrdimensionale Intelligenz werden in der Psychologie genutzt. *Fluide I.* ist die Fähigkeit, logisch – induktiv und deduktiv – zu denken und Probleme zu lösen. Induktives Vorgehen schließt vom Einzelnen und Besonderen aufs Allgemeine, deduktives Vorgehen vom Allgemeinen auf das Besondere. Flexibilität und Kreativität sind zwei wesentliche Elemente fluider I. *Kristalline I.* resultiert aus Lernprozessen des Lebens. Dazu zählen Allgemeinbildung und Schulwissen. *Mehrdimensionale I.-Modelle* vereinen „[...] eine sehr große Menge unterschiedlicher ‚Intelligenzen' [...], und zwar als Produkt einiger weniger Faktoren, die unterschiedliche Ausprägungen aufweisen können. Dabei beruhen auch diese Modelle auf Faktorenanalysen und sind somit ein anschaulicher Beleg dafür, auf welch unterschiedliche Weise man die im Prinzip gleiche Datenlage interpretieren kann." (Quelle: https://psycholography.com/tag/mehrdimensionale-modelle/; Zugriff: 19.04.2017).

Intelligenz, natürliche Intelligenz ist auf menschliche Intelligenz bezogen.

Interdisziplinarität, interdisziplinär nutzt zur Lösung von Problemen Denkweisen, Methoden oder Ansätze aus verschiedenen Disziplinen. Sie ist fachübergreifend und verbindet Einzeldisziplinen aus an sich wesensfremden Fachbereichen miteinander. Interdisziplinärer Unterricht kommt somit dem ganzheitlichen – holistischen – Unterricht nahe. Siehe beispielsweise auch (→ **Systemische Bionik**).

Interstellar im Raum zwischen den Sternen.

IT-Verbände, Bitcom, Initiative D21 Verbände der Informationstechnologie; Bitcom: Bundesverband Informationswirtschaft, Telekommunikation und neue Medien e. V.; D21: Deutsche Partnerschaft von Politik und Wirtschaft zur Ausgestaltung der Informationsgesellschaft.

J

Judikative Richterliche Gewalt im Staat.

K

Kanban ist ein japanischer Begriff und bedeutet so viel wie „**Karte**" oder „**Beleg**". Kanban ist eine Methode zur Produktionsprozesssteuerung. Die Orientierung erfolgt ausschließlich am realen Verbrauch von Materialien am Ort der Bereitstellung und der Verarbeitung. Mit Kanban soll die Wertschöpfungskette auf jeder Fertigungsstufe kostenoptimal gesteuert werden.

Kansei ist eine kurze japanische Zeitperiode zwischen 1759 und 1829, in der der 11. Shogun Tokugawa Ienari versuchte, eine tolerante aufgeschlossene Verwaltung zu organisieren.

Kansei-Engineering japanisch für „*emotionale, gefühlsbetonte Ingenieurwissenschaft*". Das psychologische Gefühl und die Bedürfnisse der Kunden sollen sich bei der Entwicklung und Verbesserung von Produkten und Dienstleistungen in deren Design bzw. Gestalt wiederspiegeln.

kategorischer Imperativ ist nach Immanuel Kant (1724–1804) das grundlegende Prinzip der Ethik. Es lautet in seiner Grundformulierung: „*Handle nur nach derjenigen Maxime, durch die du zugleich wollen kannst, dass sie ein allgemeines Gesetz werde.*"

Kobot, Cobot kollaborative oder kollaborierende Roboter, collaborative Robots.

Kobot-Kontroverse ist eine Diskussionsgrundlage darüber, welche Chancen und Risiken bestehen, dass Kobots – kollaborative Roboter – Arbeiter in Unternehmen verdrängen bzw. ersetzen.

Kognitive Dissonanz ist ein Begriff aus der Psychologie und bezeichnet einen Gefühlszustand, der entsteht, wenn Menschen mehrere Kognitionen, z. B. *Gedanken, Wünsche, Einstellungen*, besitzen, diese aber nicht in Einklang zu bringen sind. Daraus entsteht ein Gefühl der Unsicherheit, der Unausgewogenheit, des „Aus-dem-Gleichgewicht-"seins.

Kokon ist ein aus Sekreten hergestelltes Gehäuse zum Schutz von Eiern oder Jungtieren.

Kollaboration, kollaborieren miteinander arbeiten.

Kollektive Intelligenz (→ **Schwarmintelligenz**) oder „*Gruppenintelligenz*" ist ein (→ **emergentes**) Phänomen, das sich bei vielen Vögeln, Insekten und Fischen zeigt. Einerseits bilden Zugvögel wie Schwäne und Gänse Flugformationen, mit dem Ziel, über lange Strecken Energie zu sparen, andererseits sind Schwärme von Singvögeln und Fischen eher durch Feinde geschützt, als wenn sie einzeln fliegen oder schwimmen. Eine generelle Verständigung aller Tiere untereinander existiert nicht. Jedes Tier kommuniziert – aufgrund beschränkter Intelligenz – durch „*wenige Regeln*" nur mit dem oder den direkten Nachbarn. Als „*Gesamtorganismus*" sind sie dann sicherer und geschützter und die Chancen zu überleben steigen.

Komplexität ist ein nicht einheitlich zu fassender Begriff. Mehr als 50 Definitionen aus verschiedenen Fachdisziplinen zeigen dies. Generell kann Komplexität mit Vielschichtigkeit, Dynamik, Veränderbarkeit, gegenseitigen Abhängigkeiten – Interdependenzen – von Einflussgrößen beschrieben werden. Ein System ist komplex, wenn es viele Einflussgrößen besitzt, diese miteinander interagieren, sich meist ein nichtlineares Verhalten zeigt und sich mit der Zeit ändert. Komplexe Systeme hoher Variablenzahl sind als Ganzes schwer zu verstehen und zu kontrollieren, weswegen eine Reduktion von Komplexität zwecks besserer Überschaubarkeit oft ein Mittel ist, das System für Menschen handhabbar zu gestalten. Die Gefahr dabei ist aber, ausgeblendete Teile des komplexen Systems nicht hinreichend genau bei spezifischen Lösungsfindungen zu berücksichtigen, mit dem Resultat, unerwartete – oft problemanhäufende – Folgen herbeizuführen.

Kondition hier körperliche – auch geistige – Leistungsfähigkeit durch Kraft, Schnelligkeit, Ausdauer und Beweglichkeit.

Kongruenz, kongruent bedeutet Übereinstimmung.

konkav bedeutet „*nach innen gewölbt*" – wie eine Schale, in der Kugeln liegen.

Konnektionismus, konnektionistisch wird als Lösungsansatz bei Problemen in der Kybernetik genutzt, insbesondere im Zusammenhang mit dem Verhalten künstlicher neuronaler Netze. Mit diesen wird die aus einem scheinbar chaotischen Systemverhalten heraustretende Systemordnung simuliert, sogenannte „*Ordnungsinseln im Meer des Chaos*". Anwendungsgebiete sind neben der KI-Forschung die Biologie, die Neurophysiologie, die Neuroinformatik, die Psychologie u. a.

Konnektom ist der Ausdruck für die Gesamtheit der Verbindungen im Nervensystem eines Lebewesens.

konvex bedeutet „*nach außen gewölbt*" – wie die Oberfläche einer Kugel.

Kumulation, kumulativ bedeutet „*Ansammlung*" oder „*Anhäufung*".

Künstliche Intelligenz KI (→ **Artificial Intelligence AI**)

Kurzzeit- oder Arbeitsgedächtnis „Funktion des Gehirns, wahrgenommene Informationen Sekunden bis Minuten zu speichern" (Quelle: Madeja, M. (2012) Das kleine Buch vom Gehirn. dtv, München, S. 206).

Kybernetik, kybernetisch Nach dem Begründer der Kybernetik Norbert Wiener (1894–1964) ist Kybernetik die Wissenschaft der Steuerung und Regelung lebender Organismen und Maschinen. Beispiele: Der menschliche Organismus regelt seine Körpertemperatur – über alle Jahreszeiten – nahezu konstant auf 37 °C. Die Raumtemperatur wird durch das System Heizkörper, Thermostat, Außentemperatur auf angenehme 20 Grad Raumtemperatur geregelt.

L

Land grabbing englisch für *teils illegale „Aneignung von Land"*, auch als *„Landraub"* bekannt. Es sind insbesondere Agrarflächen, die z. B. durch in- und ausländische – u. a. chinesische und arabische – Unternehmen, Finanzspekulanten, Regierungsmitglieder im eigenen Land in Afrika stattfinden und nicht selten zu großen ertragreichen Monokultur-Plantagen umgebaut werden. Ziel ist, mit wenig Kostenaufwand hohe Gewinne abzuschöpfen. Nebenbei werden auch subsidiäre Kleinbauernwirtschaften und deren Existenz zerstört.

Langzeitgedächtnis Mit dieser Funktion des Gehirns werden wahrgenommene Informationen über Stunden bis Jahre gespeichert. (→ **Kurzzeit- oder Arbeitsgedächtnis**).

Leistungsmodulation, leistungsmoduliert bedeutet die Veränderung bzw. Anpassung der Leistung eines Netzes – Datennetz, Energienetz u. a. – an den momentanen Bedarf.

Leviathan hier bezogen auf den englischen Staatstheoretiker Thomas Hobbes (1588–1679). Hobbes stellt den Leviathan als einen Souverän dar, der über das Gemeinwesen, über Land, Städte und Bewohner herrscht. Ursprünglich geht der Begriff Leviathan auf ein mythologisches Seeungeheuer zurück, vor dessen unumschränkter Macht jeder menschliche Widerstand zwecklos ist.

Lifelogging, englisch für *„Lebensaufzeichnung"*, beschreibt – zumeist mit elektronischen Mitteln wie Mobile Phone, „Handy" und passenden Apps – die Protokollierung verschiedener Aspekte des täglichen Lebens, zum Teil kontinuierlich über 24 h pro Tag. In dem Zusammenhang ist auch der Begriff *„self tracking"*, englisch für *„Selbstverfolgung, Vermessung des Ich"*, zu sehen. Die in den USA begonnene Bewegung *„Quantified Self"*, englisch für *„Aufzeichnung persönlicher und umweltbezogener Daten"*, ursprünglich aus dem Sportbereich und erweitert auf das persönliche Leben, gilt als Vorläufer des Lifelogging.

Likes, englisch für *„gefallen, gefällt mir"*, sind Funktionstasten mit „Daumen-hoch-Symbol" im Internet, insbesondere im sozialen Netz „Facebook". Damit wird einer Aussage zugestimmt und eine „positive" Wertung registriert. Das Gegenteil ist *„Dislike"*, englisch für *„gefällt mir nicht, lehne ich ab"*.

limbische Zentren, limbisches System Gruppe von Teilen im Gehirn, die an der Entstehung und Wahrnehmung von Emotionen beteiligt ist (Quelle: Madeja, M. (2012) Das kleine Buch vom Gehirn. dtv, München, S. 207).

logistischer Teufelskreis siehe auch *(→ Kanban)*. Im Zusammenhang von Bedarfs-, Bestands- und Prozesssicherheit eines Produktionsprozesse bildet sich ein logistischer Teufelskreis, wenn sich wegen einer hohen Bedarfs-, Bestands- und Prozessunsicherheit hohe Sicherheitsbestände in den Lägern und in der Produktion aufbauen, die durch Kanban verhindert werden sollen.

Long-term-headed/long-term-forseeing englisch für **„geleitetes/vorausschauendes Denken"** (→ **Short-term-missent**).

LYOD (→ BOYD) Abkürzung für „Leave Your Own Device". Wird in Verbindung mit digitaler Bildung benutzt, bei der Schülern elektronische Lernmittel im Unterricht zur Verfügung gestellt werden.

M

Magnetresonanztomopraphie MRT, Echtzeit MRT oder tMRT ist ein bildgebendes Verfahren, hauptsächlich eingesetzt in der medizinischen Diagnostik. Mit MRT können Struktur und Funktion von Körperorganen bzw. -geweben erkannt werden. tMRT nimmt in Echtzeit – als Film – die Veränderung bzw. Bewegung von Organen, z. B. den Herzschlagrhythmus, auf.

Massenextinktionen sind Massenaussterben, die zu drastischen Verlusten von Arten in geologisch kurzen Zeiträumen von mehreren zehntausend bis hunderttausend Jahren führen.

Matthäus-Prinzip, Matthäus-Effekt bedeutet sprichwörtlich: „Wer hat, dem wird gegeben." In der Soziologie weist der Matthäus-Effekt darauf hin, das gegenwärtige Erfolge eher durch frühere Erfolge als durch aktuelle Leistungen gegeben sind. Ursächlicher Namensbezug ist ein Satz aus dem **Matthäus-Evangelium – Mt 25,29**: „Denn wer da hat, dem wird gegeben, dass er die Fülle habe; wer aber nicht hat, dem wird auch das genommen, was er hat."

Mechatronik, mechatronisch Mechatronische Technik führt interdisziplinär Technik und Elektronik zusammen, die ergänzt werden durch Information, Elektro- und Feinmechanik, Mikroelektronik u. a. m. *(→ eingebettete Systeme, embedded systems)*.

Meeting englisch für *„Besprechung"*.

Meme hier *„Bewusstseinsinhalt, Gedanke"*.

Migration hier als **„Ein- und Auswanderung"** von Menschen eines Landes gesehen. Wird auch im Zusammenhang mit bestimmten Pflanzen- und Tierarten benutzt, wobei nicht endemische – nicht heimische – Pflanzen in artfremden Biotopen überproportional wachsen und dadurch heimische Arten verdrängen. Bei Tieren wird Migration bei Zugvögeln benutzt, die über tausende Kilometer von einem Land zum anderen „ein- bzw. auswandern".

Mikroprozessor ein kleines Rechenwerk mit allen elektronischen Bauteilen eines Prozessors, „programmierbares Rechenwerk", vereint auf einem „Mikrochip" oder „integriertem Schaltkreis IC", zum Steuern anderer Bauteile. Jeder Computer oder andere Maschinen (Waschmaschinen etc.) besitzt als Kern einen speziellen programmierbaren Mikrochip, mit dem bestimmte Funktionen und Abläufe in Maschinen gesteuert werden. (→ *eingebettete Systeme, embedded Systems*).

Millenniumziele Die Millenniumsentwicklungsziele der Vereinten Nationen waren acht Entwicklungsziele für das Jahr 2015, die im Jahr 2000 von einer Arbeitsgruppe aus Vertretern der Vereinten Nationen, der Weltbank, des Internationalen Währungsfonds IWF und des Entwicklungsausschusses Development Assistance Committee der OECD formuliert worden sind (Quelle: http://www.un-kampagne.de/index-11305.php; Zugriff: 19.04.2017). Dazu Jean Ziegler, UN-Sonderberichterstatter für das Recht auf Nahrung und Autor des Buches „Das Imperium der Schande" (2005. Bertelsmann, Gütersloh), „Die Weltlandwirtschaft könnte problemlos 12 Mrd. Menschen ernähren. Das heißt, ein Kind, das heute an Hunger stirbt, wird ermordet." (Quelle: We Feed the World, 2005; Artikel Das tägliche Massaker des Hungers – Wo ist Hoffnung? metall Nr. 5/2006 – http://gutezitate.com/zitat/166668)

Mimik erkennbare Bewegungen der Oberfläche des Gesichts.

Mobile Phone handliche Telefone, besser: „*Smartphone*", mit vielfältigen Funktionen, wie telefonieren, Texte schreiben, Musik hören, Video sehen, im Internet nach Daten suchen usw.

Möbiusband ist ein endloses in sich gewundenes Band ohne Anfang und Ende. Ein Möbiusband oder eine Möbiusschleife ist definitionsgemäß eine Fläche, die nur eine Kante und eine Seite hat. Sie ist nicht orientierbar. Zwischen Unter und Oberfläche bzw. Innen- und Außenfläche kann nicht unterschieden werden. Das Möbiusband wurde 1858 von dem Göttinger Mathematiker und Physiker Johann Benedict Listing (1808–1882) und dem Leipziger Mathematiker und Astronomen August Ferdinand Möbius (1790–1868) beschrieben (Quelle: https://de.wikipedia.org/wiki/Möbiusband; Zugriff: 19.04.2017).

Monokultur des Denkens weist auf ein einseitiges, auf ökonomischen Erfolg ausgerichtetes Denken und handlungsorientiertes Umsetzen in die Praxis hin. Monokultur des Denkens führt zu Ungleichgewichten in Natur, gesellschaftlichem Leben und Technik, oftmals angewendet in Entwicklungsländern, durch Zerstörung von „*subsidiären*", lokalen kleinräumigen Wirtschaftsverbünden. In der Regel werden große landwirtschaftliche Flächen durch eine einzige Pflanze Zwecks Gewinnmaximierung zweckentfremdet. Die Folgen sind nachhaltige Bodenzerstörungen unter Verwendung genetisch manipulierter Pflanzen, giftiger Pestizide und Herbizide. Der Begriff *Monokultur des Denkens* wurde von Vandana Shiva, einer indischen Umweltaktivistin, durch ihr Buch „Monocultures of the Mind" (1993. Zed Books und Third World Network, London, New York, Penang) einer breiten Öffentlichkeit publik gemacht.

Multiagent, Multiagenten sind zusammenarbeitende „*Einheiten eines Systems*", die gemeinsam Probleme lösen sollen. Sie sind sowohl in der Natur – z. B. Ameisenstaat – als auch in der Technik – als verknüpfte Softwareprogramme im Internet – erkennbar.

Multifunktionsanzeige ist ein zumeist elektromechanisches elektronisches Gerät mit verschiedenen Anzeigen auf einem Bildschirm, wodurch der Nutzer verschiedene Funktionen einer Maschine – z. B. die eines PKWs – abfragen kann.

Multimodalität „[...] bezeichnet im Wesentlichen eine Theorie der Kommunikation und *‚Soziosemiotik‘*. Multimodalität beschreibt Kommunikationsmethoden in Form von textlichen, auditiven, sprachlicher, räumlichen und visuellen Ressourcen bzw. Modalitäten, die zum Erstellen von Nachrichten genutzt werden." (Quelle: https://de.wikipedia.org/wiki/Multimodalitaet; Zugriff: 19.04.2017). *„Semiotik"* befasst sich als Wissenschaft mit Zeichensystemen aller Art, z. B. Bilderschrift, Sprache, Gestik, technische Zeichen etc.

Multitasking, englisch für *„Mehrprozessbetrieb"*, beschreibt die Fähigkeit eines (technischen oder anderen) Systems, quasi mehrere Vorgänge parallel durchzuführen. Menschen wird bei Handlungen auch *„Multitaskingfähigkeit"* unterstellt. Tatsächlich ist dies aber eine hintereinander ablaufende Handlungskette von mehreren unterschiedlichen Tätigkeiten, die sich in kurzer Zeit abwechseln. Eine volle Konzentration des Menschen auf mehrere Handlungen, die scheinbar gleichzeitig ablaufen, ist nicht möglich.

MUßE ist ein Gefühlszustand von schöpferischer Ruhe, Erholung, Entspannung, den eine Person aus eigenem Antrieb nutzt.

N

Nachhaltigkeit ist ein Prinzip aus der Natur. Danach werden Ressourcen nur insoweit genutzt, wie sie der Fortentwicklung dienen. Ein unüberschaubares Netzwerk von stofflichen, energetischen und kommunikativen Prozessen hat über Jahrmillionen zum Fortbestand unzähliger Arten in der Natur bis heute geführt. Die Menschheit ist auf dem Weg *(→ Anthropozän)* dieses einmalige Netzwerk der Nachhaltigkeit unwiederbringlich zu zerstören. Der Begriff Nachhaltigkeit entstand in der Forstwirtschaft und wurde von Johann Hannß Carl von Carlowitz (1645–1714) 1713 in seinem Werk „Silvicultura oeconomica" beschrieben. Danach sollen nur so viele Bäume abgeholzt und junge Bäume nachgepflanzt werden, dass eine kontinuierliche Nutzung des Rohstoffes Holz gewährleistet ist. Die RIO-Konvention *Nachhaltigkeit* aus 1992, ein UN-Übereinkommen zur biologischen Vielfalt, besagt, dass der Schutz der Vielfalt auch die Vielfalt der Arten, der genetischen Ressourcen und die Diversität von Lebensräumen und Ökosystemen beinhaltet und dass diese stark an soziale und wirtschaftliche Merkmale gekoppelt sind (Quelle: https://de.wikipedia.org/wiki/Biodiversitäts-Konvention; Zugriff: 19.04.2017).

Nahrungskette, Nahrungsnetze Eine *Nahrungskette* ist ein Modell für die linearen energetischen und stofflichen Beziehungen zwischen verschiedenen Arten von Lebewesen, wobei jede Art Nahrungsgrundlage einer anderen Art ist, ausgenommen die Art am Ende der Nahrungskette (Quelle: https://de.wikipedia.org/wiki/Nahrungskette; Zugriff: 19.04.2017). *Nahrungsnetze* zeichnen – realistischer als Nahrungsketten – die Vielfalt der stofflichen und energetischen Verknüpfungen zwischen unterschiedlichen pflanzlichen und tierischen Arten der Natur auf.

Neuronales Netz, natürlich NN, künstlich KNN Mit „*Neuronales Netz*" wird die Gesamtheit der untereinander verbundenen Neuronen im menschlichen Gehirn beschrieben. Neueste Untersuchungen ergeben eine im menschlichen Gehirn vorhandene Neuronenzahl von ca. 86 Mrd. (nach Ermittlungen der brasilianischen Neurowissenschaftlerin Suzana Herculano-Houzel und Kollegen in 2009). Hinzu kommen noch ca. 10.000 Verbindungen je Nervenzelle – Neuron.

Neurozentrismus „Als Neurozentrismus bezeichnet man den Ansatz der Philosophie, die Gehirn und Denken gleichsetzt. Die Grundidee des Neurozentrismus lautet, ein geistiges Lebewesen zu sein, bestehe in nichts weiterem als dem Vorhandensein eines geeigneten Gehirns. Man kritisiert damit die Bestrebungen der Naturwissenschaft und auch Teilen der Philosophie, den Menschen als determiniertes Wesen zu begreifen, bzw. den Versuch, das bewusste menschliche Handeln als ein Oberflächenphänomen zu entlarven, dessen wahre Wirklichkeit in den Gehirnprozessen zu suchen ist. Da diese Hirnprozesse Teil eines umfassenden Naturgeschehens seien, das wiederum einem strengen Determinismus entsprechen soll, seien die menschlichen Handlungen durch diese Hirnprozesse eindeutig bestimmt. Folglich sei die Freiheit eine Illusion." (Quelle: http://lexikon.stangl.eu/16514/neurozentrismus/; Zugriff: 19.04.2017).

Nieten-Hypothese (der biologischen Vielfalt) besagt als Metapher, dass jede Niete eines Flugzeuge zu dessen Zusammenhalt beiträgt, so wie jede Art der Natur für den Fortbestand des Ökosystems wichtig ist.

O

Olfaktorik „*Riechwahrnehmung*", „**Wahrnehmung von Gerüchen**".

Open Access, englisch für „*freier Zugang*", „**offener Zugang**" zu verschiedenen Sachen und Personen. Wird oft in Verbindung mit Computern bzw. Computerprogrammen, wissenschaftlichen Informationen oder dem Internet verwendet.

Optik Die „*Lehre vom Licht*".

Orakel von Delphi war ein Stätte der Weissagung in der griechischen Antike, nahe der Stadt Delphi.

Ordinate, auch Ordinatenachse oder y-Achse, ist die in einem kartesischen, senkrecht aufeinander stehenden Koordinatensystem verlaufende vertikale Achse ($\rightarrow$ ***Abszisse)***.

Organic computing, englisch und wörtlich für „*organische Datenverarbeitung*", ist eine interdisziplinäre Forschungsinitiative, die sich mit der Erforschung und Entwicklung von Methoden befasst, um die sich zunehmend komplexer, dynamischer, angepasster, autonomer entwickelnden Systeme besser verstehen zu lernen und fehlertoleranter betreiben zu können.

P

Pandemien sind Krankheiten, die sich über Länder und Kontinente verbreiten. Demgegenüber sind Epidemien räumlich begrenzt.

Perzeption ist ein vorrangig unbewusster, individueller Vorgang von Informations- und Wahrnehmungsverarbeitung. Im Bewusstsein werden Bilder erzeugt, die Teile der Wirklichkeit widerspiegeln. Sowohl die Gesamtheit aller Wahrnehmungen als auch deren Inhalte werden mit dem Begriff der Perzeption verbunden.

Pharmakokinetik beschreibt die Gesamtheit der Prozesse, denen ein Arzneistoff im Körper unterliegt (Quelle: https://de.wikipedia.org/wiki/Pharmakokinetik; Zugriff: 19.04.2017).

Pharmakologie ist die Lehre von den Arzneimitteln.

Photosynthese ist der zentrale Vorgang des Lebens, des Aufbaus von organischen aus anorganischen Stoffen durch Licht. Grüne Pflanzen sind die Beherrscher der Photosynthese, die energiereiche Biomoleküle aus energieärmeren Stoffen mittels Licht erzeugen. Vereinfacht lässt sich der Vorgang folgendermaßen beschreiben: Mit Kohlendioxid – CO_2 – als Ausgangsstoff plus elementarem molekularem Wasserstoff – H – werden durch Lichtzufuhr ein energiereicher organischer Stoff – CH_2O – und Wasser – H_2O – gebildet.

PISA-Bildungsstudien nach OECD ist eine turnusmäßig durchgeführte Bildungsstudie der Organisation für wirtschaftliche Zusammenarbeit und Entwicklung – OECD.

Plantoide werden Roboter mit pflanzenähnlichem Aussehen genannt.

Positron ist ein Synonym aus *Positive Landung* und Elek*tron – e⁺*. Positron ist ein Elementarteilchen und wirkt als Antiteilchen zum Elektron – e⁻.

präskriptiv bedeutet vorschreibend statt nur festlegend.

Probabilistik, probabilistisch bedeutet Aussagen, die auf Wahrscheinlichkeiten beruhen. Beispiel: Eine Aussage über einen Unfall ist mit einer bestimmten Wahrscheinlichkeit wahr – oder falsch.

Produktivitätsparadox, angewendet auf den Dienstleistungssektor, sagt aus, dass mit zunehmenden Investitionen in der Informations- und Kommunikationstechnik keine erhöhte unternehmerische oder volkswirtschaftliche Produktivität einhergeht. Eine generelle Eindeutigkeit der Aussage für das Verhältnis von zunehmenden I+K-Investitionen und stagnierenden Produktivitätssteigerungen liegt aber nicht vor.

Q

QR-Code steht für „**Quick Response-Code**", englisch für *„schelle Antwort-Code"*, und ist ein aus dem Japanischen kommende Markierungsart von Produkten (Symbol ist ein kleines Quadrat mit vielen kleineren Quadraten innenliegend). Der QR-Code ist robust aufgrund seiner automatischen Fehlerkorrektur.

Quantenmechanik ist eine physikalische Theorie zur Beschreibung der Eigenschaften bzw. Gesetzmäßigkeiten von Materie.

Quantified Self ($\rightarrow$ **Lifelogging**).

R

Radiokarbon-Methode, C14-Methode ist eine Messmethode zur Altersbestimmung für Zeitspannen bis 50.000 Jahre.

Rasender Stillstand und akute Zeithungersnot hier nach dem Soziologen Hartmut Rosa, bedeutet sinngemäß, dass die Menschen in einer schnelllebigen Zeit, trotz enormer Anstrengung und Arbeitsüberhäufung, die viel Zeit verbraucht, kaum „von der Stelle kommen". Wir nutzen immer schnellere Mittel um uns fortzubewegen, schaffen dadurch aber kaum mehr freie Zeit, die wir anderweitig nutzen könnten, z. B. für Muße. Wir sind in „*Zeitnot*" und „*hungern nach Zeit*", weil die Mobilitäts- und Flexibilitätszwänge uns zunehmend überfordern.

Rebound-Effekt hier Effekt der Ökonomie, der besagt, dass eine Effizienzsteigerung von z. B. treibstoff- oder abgasreduzierenden PKW für das einzelne Fahrzeug und die Umwelt gut ist, aber durch die höhere Zahl energieeffizienter PKW-Käufe oder durch mehr gefahrene Kilometer pro Zeit deren Verbrauch insgesamt wieder ineffizienter wird und nicht zuletzt die Umwelt mehr belastet wird.

Redundanz, redundant bedeutet „*Überfluss*", „**überflüssig**". Informationstechnisch heißt Redundanz das Weglassen von Informationen ohne Informationsverlust. Technisch bedeutet Redundanz das Vorhandensein zusätzlicher Reserven oder Sicherheiten.

Reminiszenz, Reminiszenztherapie Reminiszenz bedeutet „*Erinnerung*"; Reminiszenztherapie ist ein Verfahren speziell für ältere Menschen, die an Gedächtnisstörungen bzw. Demenz leiden. Die Therapie macht sich zunutze, dass im Alter vor allem Erinnerungen im Langzeitgedächtnis verfügbar sind.

Remix Culture englisch und wörtlich für „*neu gemischte Kultur*". Der Begriff steht für eine Gesellschaft, die es erlaubt, vorhandenes geschütztes oder personenbezogenes Material oder Produkte, z. B. in Form von Malereien oder Texten, mit neuen individuellen Veränderungen zu versehen und daraus ein neues kreatives Produkt zu gestalten. Beispiel: Detailveränderung eines historischen Bildes mit neuen Farben. Ein früher Vertreter dieser Kunst war Andy Warhol (1928–1987).

Replicant aus Spuren seiner Erbsubstanz geklonter Mensch oder wiederholte Herstellung eines identischen Produktes

Replizierbarkeit ist eine Anforderung innerhalb des quantitativen wissenschaftlichen Ansatzes und bedeutet, dass eine Untersuchung unter denselben Bedingungen unter Anwendung derselben Methode wiederholt werden kann und dann auch dieselben Ergebnisse gefunden werden. Technisch wird auch der Begriff Reproduzierbarkeit oder Wiederholbarkeit genutzt, z. B. bei (→ **3D-Druckverfahren**).

Resilienz, resilient „*Robustheit*", „*robust*".

Roboter, kooperierende, kollaborierende (→ **Kobot, Cobot**).

rotatorisch „*drehend*", „*kreisend*".

Routinearbeit oft durchgeführte Arbeit oder Zyklen von Arbeit, die „im Schlaf" beherrscht werden.

Rückkopplung, Rückkopplungsprozesse, positiv, negativ Begriffe aus der Kybernetik oder Systemtechnik. Sie beschreiben dynamische Verknüpfungen – Flüsse – zwischen Systemelementen nach Art eines Kreislaufs. Beispiel: Wirken bei einem Gespräch zwischen zwei Menschen die gegenseitigen Argumente zunehmend verletzend, so schaukelt sich die Gesprächssituation auf, bis es möglicherweise zu Handgreiflichkeiten und Verletzungen kommt. Das gegenseitige Aufschaukeln der Situation wird als *„positive Rückkopplung"* bezeichnet, die das System – hier ein Gespräch zwischen zwei Menschen – zerstören kann. Wirkt einer der Personen besänftigend auf das zunehmend aggressive Gesprächsverhalten der anderen Person, kann dies zur Beruhigung des Gesprächs führen. Beide Gesprächspartner wirken mit ihren Reden gegenläufig zueinander – *„negative Rückkopplung"*. Dadurch wird eine heraufziehende kritische Situation entschärft. Die Lage beruhigt und stabilisiert sich.

S

Schwarm-Algorithmen sind mathematische, durch künstliche neuronale Netze unterstützte Rechenvorschriften bzw. Algorithmen, die auf der Analyse des Schwarmverhaltens von sozialen Insekten oder Vögeln basieren und in der Ausführung für technische Maschinen wie Roboter genutzt werden.

Schwarmintelligenz (→ **kollektive Intelligenz**).

Schwarmroboter sind programmierte Roboter, zum Beispiel unbemannte Drohnen, die als Einzelne, mit minimalen Befehlen programmiert, im Kollektiv eine übergeordnete – emergente – Aufgabe erledigen.

Selbstdiagnosezyklen ist eine regelmäßige Überprüfen der Funktionen des eigenen Systems durch das System selbst.

Selbstmessung, Self-Tracking bezieht sich auf die Nutzung elektronischer Messsysteme in Form kleiner Apps in Uhren oder Smartphones, mit deren Hilfe selbst körpereigene und andere Funktionen und Daten über Blutdruck, gelaufene Kilometer u. a. gemessen werden können.

Semantische Lücke wird als Verständigungslücke zwischen Mensch und Computer bezeichnet.

Serotonin ist ein *„Gewebshormon"* und *„Neurotransmitter"*, wobei letzterer als Botenstoff an chemischen *„Synapsen"* – Stellen neuronaler Verknüpfung – die Erregung von einer Nervenzelle zur anderen überträgt. Auf Serotoninmangel reagieren Menschen mit depressiver Stimmung, während Serotoninüberschuss das Glückgefühl stärkt.

Short-term-missent englisch für **„kurzsichtiges Denken"** (→ **Long-term-headed/long-term-farseeing**)

Sigmoide Aktivitätsfunktion ist eine besondere S-förmige Form der Übertragung von Aktionen, die bei künstlichen neuronalen Netzen angewendet wird und das Input-Signal eines Neurons in Bezug zum Aktivierungswert des Neurons setzt. Ist dieser erreicht, „feuert" das Neuron ein Output-Signal.

Singularität, singulär weist auf einen Einzelfall oder Sonderfall hin.

Smart-Watches sind Uhren mit mehreren Funktionen (→ **Selbstmessung, Self-Tracking**).

Soft Robotic ist eine Unterdisziplin von Robotik, die mit weichen, beweglichen Materialien operiert.

Software englisch für *„weiche Ware"* *oder veränderbare Ware*, Programme, Algorithmen.

Spiegelexperimente, Wahrnehmung ist ein Instrument oder eine Methode, der Psychologie, die zur Selbsterkennung genutzt wird, zum Beispiel bei kleinen Kindern, auch bei Primaten und anderen Tieren.

Stratum, Strata archäologisch gesehen eine bestimmte Schicht oder Schichten der Ausgrabung.

Subsidiarität, subsidiär „ist eine politische, wirtschaftliche und gesellschaftliche Maxime, die Selbstbestimmung, Eigenverantwortung und die Entfaltung der Fähigkeiten des Individuums, der Familie oder der Gemeinde anstrebt. Das *‚Subsidiaritätsprinzip'* legt eine genau definierte Rangfolge staatlich-gesellschaftlicher Maßnahmen fest und bestimmt die prinzipielle Nachrangigkeit der nächsten Ebene: Die jeweils größere gesellschaftliche oder staatliche Einheit soll nur dann, wenn die kleinere Einheit dazu nicht in der Lage ist, aktiv werden und regulierend, kontrollierend oder helfend eingreifen. Hilfe zur Selbsthilfe soll aber immer das oberste Handlungsprinzip der jeweils übergeordneten Instanz sein." (Quelle: https://de.wikipedia.org/wiki/Subsidiaritaet; Zugriff: 19.04.2017) (→ **Monokultur des Denkens**).

SUV bedeutet *„Sports Utility Vehicle"*, englisch für *„Geländelimousine"*, und ist ein leistungsstarkes Fahrzeuge mit relativ hohem Energieverbrauch.

System, dissipativ dynamisch, offen, geschlossen, isoliert Mit System wird die Gesamtheit von miteinander verbundenen Elementen gekennzeichnet. Ein System grenzt sich mit seiner inneren Ordnung gegenüber der Umwelt durch eine Systemgrenze ab. *„Dissipative Systeme"* werden vor allem in der *Chaos- und der Systemtheorie* verwendet und bezeichnen physikalische, chemische oder biologische Systeme, bei denen die Größe eines Volumenelements im Phasenraum – Menge aller möglichen Zustände eines *„dynamischen"*, sich mit der Zeit verändernden, Systems – mit der Zeit gegen null geht (Systeme, bei denen das Phasenraumvolumen konstant bleibt, heißen *konservative Systeme*). Nichtlineare dissipative Systeme können chaotisches Verhalten zeigen. *„Offene Systeme"* wie z. B. der Mensch werden von Energie und Materie sowie Information durchdrungen, während *„geschlossene Systeme"* wie z. B. eine Solarzelle nur Energie durchlassen. *„Isolierte Systeme"* ohne jeden Durchfluss von Energie, Materie und Information sind in der Biosphäre nicht vorhanden. Eine typische Thermooder Isolierkanne ist nur ein teilisoliertes bzw. geschlossenes System, weil mit der Zeit Wärme nach außen diffundiert.

T

Tablet, englisch für „Tafel", wird hier im Zusammenhang mit Computern benutzt, die in einem tafelähnlichen Gehäuse untergebracht sind.

Taichi Tai Chi Chuan ist eine chinesische innere Kampfkunst (Nèijiaquán) und wird allgemein als die höchste oder ultimative Hand/Faust bzw. Kampfkunst übersetzt. Es gibt unterschiedliche Schreibweisen wie z. B. Tàijíquán, T'ai Chi Ch'uan, Taijiquan und Taiji Quan. Im deutschen Sprachraum wird häufig „Tai Chi" oder „Taiji" benutzt. Es umfasst zahlreiche Aspekte, wie z. B. die Gesundheit, Meditation und Selbstverteidigung sowie die Möglichkeit zur persönlichen Entfaltung. Jede Bewegung der Tai-Chi-Chuan-Form hat eine oder mehrere Bezüge zur Kampfkunst. Am deutlichsten erkennt man dies in den Waffenformen (Quelle: https://taiji-forum.de/taichi-taiji/; Zugriff: 19.04.2017).

Teufelskreis (→ Engelskreis).

thermodynamisches Gleichgewicht ist der Zustand eines abgeschlossenen thermodynamischen Systems mit konstanter innerer Energie, Volumen, verallgemeinerten Koordinaten und Teilchenzahl, bei dem entsprechend dem (→ **Zweiten Hauptsatz der Thermodynamik**) die (→ **Entropie S**) bei jeder infinitesimalen virtuellen Veränderung konstant bleibt und ihren Maximalwert annimmt ($S = S_{max}$).

Tipping point, englisch für *„Umkipppunkt"*, beschreibt einen Moment der Veränderung, die vorher durch lineare Entwicklungen gekennzeichnet ist und ab dem Kipppunkt abrupt die Richtung und Geschwindigkeit wechselt. Tipping points sind Entscheidungspunkte für zum Beispiel klimatische Veränderungen, die nicht mehr reversibel bzw. umkehrbar sind und in eine Katastrophe führen können.

To-do-Aufgabenliste eine Aneinanderreihung von Aufgaben, die noch erledigt werden müssen.

Transistoren sind elektronische Halbleiterbauteile. Mit ihnen werden niedrige elektrische Spannungen und Ströme gesteuert. Anwendungsbereiche sind die Nachrichtentechnik, die Leistungselektronik und Datenverarbeitungsanlagen wie Computer.

translatorisch bedeutet geradlinig oder linear.

U

Uchi-mata ist ein japanische Begriff aus der Kampfsportart Judo und bedeutet *„innerer Schenkelwurf"*. Uchi-mata gehört zu der Gruppe der *Nage-waza – Standwürfe*.

Ultrakurzzeit-Gedächtnis oder **sensorisches Gedächtnis** speichert 2 s lang alle Arten von Sinneseindrücken kurzzeitig ab, ohne dass wir es beeinflussen können.

Ultraschall, US ist ein Frequenzbereich des Schalls oberhalb unserer Hörfrequenz, zwischen 16 Kilohertz und 1 Gigahertz.

ultraviolett, UV ist ein Bereich elektromagnetischer Strahlung, die für Menschen unsichtbar ist und unterhalb von 400 nm Wellenlänge liegt.

Umkipppunkt (→ Tipping point).

Unternehmensverbände VDMA, ZVEI, BITCOM VDMA: Verband Deutsche Maschinen und Anlagenbau e. V.; ZVEI: Zentralverband Elektrotechnik und Elektronikindustrie; BITCOM: Bundesverband Informationswirtschaft, Telekommunikation und neue Medien e. V.

User englisch für *„Nutzer"*, *„Benutzer"*, oft in Zusammenhang mit Computerarbeiten.

Utilitarismus *„Nützlichkeitsprinzip"* ist eine Form zweckorientierter Ethik. Die systematische Entwicklung des Utilitarismus geschah durch die Engländer Jeremy Bentham (1748–1832) und John Stuart Mill (1806–1873).

V

vegetativer Zustand Ein vegetativer Zustand ist gekennzeichnet durch das Fehlen von Ansprechbarkeit und Aufmerksamkeit als Folge einer massiven Funktionsstörung beider Großhirnhemisphären, aber mit ausreichender Restfunktion von Zwischenhirn und Hirnstamm, um autonome und motorische Reflexe und Schlaf-Wach-Zyklen zu bewahren. (Quelle: http://www.msdmanuals.com/de-de/profi/neurologische-krankheiten/koma-und-gestoertes-bewusstsein/vegetativer-und-minimal-bewusster-zustand; Zugriff: 19.04.2017).

Verantwortungsdiffusion ist ein Phänomen, hier bezogen auf Aufgabenverteilungen in Organisationen. Mitarbeiter erkennen die Notwendigkeit der Durchführung einer Aufgabe, führen diese aber nicht aus. Begründet wird diese Einstellung oft mit der unzureichenden Klärung zwischen der eigenen organisatorischen Rolle und dem Charakter der Aufgabe. Im Hinblick auf Natur und Umwelt und deren durch Menschen verursachte Schäden sind viele für eine Schadenbehebung, sie selbst fühlen sich aber dabei nicht angesprochen. Typisches Beispiel ist der Umgang mit unnatürlichen – künstlichen – Stoffen des täglichen Lebens, wie die Vielzahl von Verpackungen aus Kunststoff, die eigentlich überflüssig sind, aber immer wieder gekauft und benutzt werden.

verbal, nonverbal *„sprachliche"* und *„textliche"* – mit Worte und Schrift – und *„nichtsprachliche"* – ohne Worte, durch Gesten – stattfindende Kommunikation.

Vier-Seiten-Modell v. Miteinander-kommunizieren ist ein durch den Kommunikationspsychologen Friedemann Schulz von Thun entwickeltes Modell, das eine Nachricht durch vier Aspekte beschreibt: *Sachinhalt, Selbstoffenbarung, Beziehung* und *Appell*.

Virtuelle Realität, VR *„scheinbare Realität"* beschreibt einen Vorgang, bei dem die Darstellung und gleichzeitige Wahrnehmung der Wirklichkeit und ihrer physikalischen Eigenschaften in einer in Echtzeit computergenerierten, interaktiven virtuellen Umgebung stattfindet.

Vitalfunktionen sind in der Medizin lebenswichtige Vorgänge im Wachzustand, während der Atmung und des Kreislaufes.

von-Neumann-Architektur ist eine Referenzmodell für Computer, entwickelt von dem US-amerikanischen Mathematiker John von Neumann (1903–1957). Danach besitzt ein gemeinsamer Datenspeicher sowohl Daten als auch Programmbefehle. Die Architektur ist eine sogenannte SISD-Architektur – Single Input Single Output. Befehle und Daten können nur hintereinander verarbeitet werden und nicht parallel. Fast alle heutigen Computer basieren auf der von-Neumann-Architektur.

Vorbewusstsein „Das *Vorbewusste* ist ein von Sigmund Freud [1856–1939, d. A.] definierter Begriff zur Bezeichnung eines Systems des psychischen Apparats, das zusammen mit den zwei anderen Systemen (das Unbewusste und das Bewusste) sein erstes topisches Modell der menschlichen Psyche darstellte. Mit dem Begriff bezeichnete Freud einen Bereich der menschlichen Psyche, der im strengen Sinne mit dem System Unbewusst nicht gleichzustellen sei." (Quelle: https://de.wikipedia.org/wiki/Das_Vorbewusste; Zugriff: 19.04.2017).

W

wearable computing, englisch für *„tragbare Datenverarbeitung"*, ist eine neue Entwicklung der Computertechnik, in Verbindung mit tragbaren Datenbrillen, smarten Uhren und in Kleidung eingebetteter kleiner Computer bzw. elektronischer Bauteile zur Datenaufnahme und -verarbeitung.

Wirkungsgrad einer technischen Apparatur oder Maschinen ist z. B. das Verhältnis zwischen nutzbarer Energie und zugeführter Energie, deren Ergebnis dimensionslos und immer kleiner 1 ist.

Wirtschaften ist – grundlegend – eine Aktivität des Menschen, bei der ein geplantes und effizientes Entscheiden über begrenzte Ressourcen zu einer hohen Befriedigung der Bedürfnisse führt.

Wissen, implizit, explizit Wissen entsteht nach North (→ **Information**) durch Vernetzung von Informationen. Dabei ist implizites Wissen persönliches Wissen und nicht für jedermann frei zugänglich. Demgegenüber ist explizites Wissen, gespeichert z. B. in Datenbanken, Dokumenten, Texten etc. in der Regel frei zugänglich.

WLAN ist das Akronym für *„Wireless local area network"*, englisch für *„öffentliches lokales Datennetz"*.

Work-Life-Balance englisch für *„Arbeit-Freizeit-Gleichgewicht"*. Mit diesem Begriff wird häufig im Zusammenhang mit Entspannung, Abschalten von stressiger Arbeit, Wohlfühlen etc. geworben. Es wird suggeriert, dass Arbeit und freie Zeit bzw. Körper und Geist einem sogenannten inneren Gleichgewicht – oft symbolisiert durch zwei Waagschalen – gehorchen. Das ist – milde gesprochen – Unsinn, weil ein Organismus nicht teilbar ist.

Y

Yoga ist eine philosophische Lehre aus Indien. Sie beinhaltet eine Vielzahl geistiger und körperlicher Übungen, die zur Entspannung führen sollen. Yoga als Begriff bedeutet sowohl „Integration" als auch „Vereinigung". Jeder Weg zur „Selbsterkenntnis" kann als Yoga bezeichnet werden, weswegen im Hinduismus verschiedene Namen für Wege zur persönlichen, individuell angepassten Selbsterkenntnis vorhanden sind.

Z

Zentrale Prozesseinheit CPU, *„Central Processing Unit"*, besitzt jeder Computer. Die CPU ist über ein Bussystem mit Speicher, Eingabe- und Ausgabeeinheit verbunden. Die programmgesteuerte CPU verarbeitet Daten, die aus Eingabeeinheit(en) oder Speichern gelesen werden. Ergebnisse werden an Speicher oder Ausgabeeinheiten weitergegeben. Der Transport der Daten erfolgt über parallele Datenleitungen, den sogenannten Datenbus. Alle Teile zusammen bilden einen Mikrocomputer.

Zweiter Hauptsatz – 2. HS – der Thermodynamik trifft eine Aussage über die *„Richtung eines Prozesses"* und über das *„Prinzip der Irreversibilität"* oder *„Unumkehrbarkeit"*. Die Vorzugsrichtung von Prozessen formulierte der Mathematiker und Physiker Rudolf Claudius (1822–1888) durch den 2. HS wie folgt: *„Es gibt keine Zustands-*

änderung, deren einziges Ergebnis die Übertragung von Wärme von einem Körper niederer auf einen Körper höherer Temperatur ist." Im 2. HS wird zudem zwischen ($\rightarrow$) **Exergie** und ($\rightarrow$) **Anergie** von Energie unterschieden. Tatsache ist ferner, dass der Wirkungsgrad einer Wärmekraftmaschine den Carnot-Wirkungsgrad nicht überschreiten kann. Der „*Carnot-Faktor*" ist der *höchste theoretisch mögliche* Wirkungsgrad bei der Umwandlung von Wärmeenergie in mechanische Energie ($\rightarrow$ **Erster Hauptsatz der Thermodynamik**).

Sachverzeichnis